벤슨의

미생물학실험

이건형 박석환 박성주 박정우 박진숙 성치남
송홍규 안태석 이강석 이근광 이영만 이오형
정두일 정춘수 조남영 차창준 최원자 공 역

Benson's

Microbiological Applications

Laboratory Manual in General Microbiology

Thirteenth Edition

Alfred Brown
Emeritus Professor, Auburn University

Heidi Smith
Front Range Community College

Mc Graw Hill Education

도서출판 동화기술

Benson's Microbiological Applications, 13th Edition

1 2 3 4 5 6 7 8 9 10 DHT 20 15

Original: Benson's Microbiological Applications, 13th Edition © 2014
By Alfred Brown, Heidi Smith
ISBN 978-0-07-766802-0

This authorized Korean translation edition is jointly published by McGraw-Hill Education Korea, Ltd. and Dong Hwa Technology Publishing Co. This edition is authorized for sale in the Republic of Korea.

This book is exclusively distributed by Dong Hwa Technology Publishing Co.

When ordering this title, please use ISBN 978-89-425-9031-5

Printed in Korea

저자 소개

알프레드 브라운 (Alfred Brown)

- Auburn University의 미생물학 명예교수
- B.S. Microbiology, California State College, Long Beach
- Ph.D. Microbiology, UCLA

연구 분야 주요 연구 분야는 자색 비황세균의 생리학이다. 이 연구에는 박테리오클로로필과 광합성 막 합성이 어떻게 공조하는가가 포함되어 있다. 아트라진과 같은 제초제는 광합성 전자전달에서 유비퀴논의 결합부위를 결정하는 데 사용하고 있다. 이 결합은 광합성 작용중심에 있는 단백질의 L-소단위체에서 일어난다. 아트라진에 대한 저항에는 제초제가 단백질에 결합하는 것을 방해하고 전자전달을 억제하는 L-소단위체에서 단일 아미노산의 변화가 포함된다. 이것은 어떻게 아트라진이 식물에서 전자전달을 억제하고, 이러한 제초제에 대한 저항이 어떻게 갈대군집에서 발전하는가와 비교한다. 또한 실험실에서는 어떻게 설포닐유레아 제초제가 가지 친 아미노산 경로에 결정적인 효소인 아세토락테이트 씬타제(acetolactate synthase, ALS)를 억제하는가를 연구하고 있다. 최근에는 대학원생들과 지붕재료를 제조하는 회사를 상담하였다. 지붕자재에는 칼슘카보네이트가 있기 때문에 남세균이 쉽게 그들 표면에서 증식하여 오염 문제를 야기한다. 결과적으로 이 세균들에 의해 지붕자재에 탈색이 생기고, 산업에 중대한 재정적인 손실을 끼쳤다. 실험실에서는 문제를 일으키는 다양한 남세균들을 분리하여 분류학적으로 특성을 밝혔다. 또한 그들을 조절하는 데 사용할 수 있는 가능한 성장 억제제를 실험하였다.

교육 경로 브라운 박사는 30년 이상 미생물학의 다양한 과정을 가르쳤다. 과정에는 일반미생물학, 의학미생물학, 미생물생리학, 응용 및 환경미생물학, 광합성, 미생물학 방법론, 대학원과정으로 생물막이 포함된다. 2008년에 오우번대학교에서 정년을 하였고, 미생물학 명예교수로 재직해 있다. 현재, 이 실험서를 계속 작업하고 있고 폭넓게 여행하고 있다.

행정 오우번대학교에 재직 중에 브라운 박사는 대학 전자 현미경실의 책임자로 봉사하였다. 그는 또한 식물 및 미생물학과 학과장과 생물학과 학과장으로 봉사하였다.

헤이디 스미스(Heidi Smith)

- Front Range Community College
- B.A. Biology/Pre-Medicine, Taylor University, IN
- M.S. Biology, Bowling Green State University, OH

헤이디 스미스는 콜로라도 포트콜린스에 있는 프론트 레인지 지역대학(FRCC)의 미생물학 분야의 선도 교수진이며, 매학기 미생물학, 해부학/생리학, 생화학을 포함한 다양한 생물학 분야를 가르친다. 헤이디는 또한 프로그램을 철저하게 만들기 위해 교수진들과 함께 대학의 상급코스에서 5년간 책임자로 봉사하고 있다.

학생의 성공은 FRCC에서 최우선 전략이고, 헤이디의 개인적 열정이며, 그녀는 개인적인 목표를 달성하기 위해 최선을 다해 지속적으로 일하고 있다. 지난 몇 년 동안, 헤이디는 학생 학습과 학습 결과를 측정하는 데 효율을 기하기 위해 LearnSmart, LearnSmart Labs, Connect와 같은 디지털 기구를 개발하는 분야에서 전국에 있는 교수들과 협동할 기회를 가졌었다. 이러한 협동 경험과 기구들은 교수법 접근에 혁명적이었고 그녀의 교수 과목, 특히 미생물학을 접목한 관련 내용을 온라인으로 전달하여 학생의 학습 수행에 극적인 영향을 주었다.

헤이디는 미국미생물학회(ASM)의 활동적인 회원이고 학부교육자들의 정기모임에서 교수기법과 온라인, 그리고 대면 교육실습을 발표하였다. 또한 학부생 지도에서 핵심 미생물 개념의 지침서로 지원되는 학부생을 위한 미생물학 지침서 ASM 대책위원회의 구성원으로 봉사하였다.

L — LEARNSMART LABS MICROBIOLOGY: Indicates a LearnSmart Lab™ activity is available for all or part of this exercise. For more information, visit mhhe.com/lslabsmicro.

기초 미생물 실험실 안전

모든 학생과 강의자는 미생물 실험실에서 안전의 필요성에 대하여 초점을 맞추어야 한다. 실험실이 환상적이고 흥분되는 학습 분위기라도, 인식해야 할 위험요소와 사고를 방지하고 미생물 오염을 막기 위하여 지켜야 할 규칙이 있다. 다음 안내사항은 실험실에 있는 모든 사람들에게 안전한 학습 분위기를 보장하는 데 필요한 정보를 제공할 것이다.

미생물 실험실은 실험실내에 있는 사람들이나 인근에 있는 사람들에게 동일한 전염병 위험에 노출될 수 있는 특별하고 종종 독특한 작업환경이다. 감염은 미생물학사를 통해서 살펴보면 실험실에서 이루어졌었다. 초기 보고서에서는 실험실과 관련된 장티푸스, 콜레라, 비저병, 브루셀라증, 파상풍과 같은 실험실 관련 사례들을 기록되었다. 최근 보고서에서는 *Bacillus anthracis*, *Bordetella pertussis*, *Brucella*, *Burkholderia pseudomallei*, *Campylobacter*, *Chlamydia*, 그리고 *Clostridium tetani*, *Clostridium botulinum*과 *Corynebacterium diphtheriae*로부터 기원된 독소들이 실험실 작업자와 건강관련 개인들에서 보고되었다. 이러한 병원체와 그들의 치료할 수 있는 항생제들에 대하여 더 많은 지식을 갖는 동안, 안전과 취급은 아직까지 최우선 과제이다.

The "Biohazard" symbol must be affixed to any container or equipment used to store or transport potentially infectious materials.

Courtesy of the Centers for Disease Control.

"봉쇄"라는 용어는 실험실에서 미생물을 다루고 취급하는 안전한 방법과 과정을 서술하는 데 사용된다. 모든 미생물학자들에 의해서 실행되는 중요한 실험실 과정은 **무균기술**이다. 무균기술은 작업자 자신이 미생물에 의해 감염되는 것을 막아주고, 다른 사람들과 작업지역이 오염되지 않게 확신시키고, 또한 미생물 배양이 원하지 않는 미생물들로 불필요하게 오염되지 않는 것을 확신시켜 준다. 봉쇄에는 개인과 인근 실험실이 포함되고 좋은 미생물학적 기술과 적절한 안전장비의 사용이 제공된다. 봉쇄는 또한 감염체가 실험실에서 벗어나지 않고 실험실 밖의 환경을 오염시키지 않게 보장한다. 그러므로 봉쇄는 실험실 디자인 요소들뿐만 아니라 좋은 미생물학적 기술과 실험실 규약에 달려 있다.

생물안전수준(Biosafty Level, BSL)

미생물 취급을 위한 생물안전 수준은 질병을 유발하는 생물체의 잠재력과 병원체를 안전하게 다루는 조건을 나타낸다. 미국질병관리본부는 생물을 수준으로 분류하고 취급과 안전 평가를 위한 필요한 지침서를 만든다. 그러한 수준들은 맹독성, 병원성, 항생제내성 양상, 백신과 치료 유용성, 그리고 다른 요인들 같은 많은 요인을 고려한다. 권장 생물안전성은 다음과 같다:

1. **BSL 1**—건강한 성인에게 질병을 일으키는 것이 알려지지 않은 미생물; 표준미생물 실행 적용(standard microbiological practices, SMP); 안전장비 불필요; 배수구 요구. 예: *Bacillus subtilis*, *Micrococcus luteus*.
2. **BSL 2**—인간의 질병과 관련된 미생물; SMP 적용+제한된 접근, 생물학적 위험신호 표시, 예리한 경계, 그리고 생물학적 안전 지침 필요; 생물안전캐비닛(BSC)은 비말/ 분사와 같은 작업을 위해 사용한다; 실험복, 장갑, 얼굴 보호대가 필요; 오염된 폐기물은 고압멸균.

이 실험서에 사용되는 모든 미생물들은 BSL 1이나 BSL 2로 분류된다. 예, *Staphylococcus aureus*, *Streptococcus pyogens*. 메모: 비록 학생들이 배양하고 작업하는 몇몇 미생물들은 BSL 1과 BSL 2로 분류되더라도, 이러한 미생물들은 임상시료에서 얻은 동일한 미생물의 첫 번째 분리균과 같이 동일한 감염 위험을 나타내지 않는 실험실 균주들이다. 따라서 이들 실험실 균주들은, 대부분의 학생교육 실험실에서 볼 수 있는 일반적인 과정과 장비를 사용하여 다룰 수 있다. 하지만, 많은 세균들은 기회병원균이므로 모든 미생물들은 적절한 기술과 경고로 관찰하여 다룰 것을 강조한다.

3. **BSL 3**—심각하거나 치사정도를 나타내고 공기전파의 잠재력이 있는 토착/외래 미생물; BSL 2 조작 + 규제된 접근; 세탁 전 모든 폐기물과 실험복 오염물

제거; 미생물에 대한 혈청기준선 결정; BSC는 모든 시료조작에 사용; 필요하다면 호흡기보호대 사용; 복도 통로로부터 물리적 격리; 이중문 통과; 실험실 쪽으로 공기흐름 방지; 배출 공기가 순환되지 않아야 한다. 예, *Mycobacterium tuberculosis*와 수포성 구내염 바이러스(vesicular stomatitis virus, VSV).

4. **BSL 4**—생명 위협 특성이 있거나 알려져 있지 않은 전파 위험이 있는 위험/외래 미생물; BSL3 조작 + 실험실에 들어가기 전 옷 바꿔입기; 실험실을 떠날 때 샤워 필요; 모든 물질들은 반출 시 오염물질을 제거하여야 함; 입구에 양압이 개인복장이 필요함; 단독/격리된 건물; 전용 공기공급/배출 그리고 오염방지 체제. 예, Ebola와 Lassa virus.

각각의 생물안전 수준은 실험실 실습과 기술, 안전장비, 실험실 시설로 구성된다. 각각의 조합은 작업 수행, 기록, 또는 감염체의 의심 경로를 파악하는 데 특히 적절하다. 모든 안전수준에서 일반적인 것은 표준 실행 특히, 무균기술이다.

표준 실험실 규칙과 실습

1. 학생들은 실험에 사용되지 않는 책이나 물건들은 지정된 장소에 보관하여야 한다. 실험노트, 실험서, 필기구 같은 필요한 물건들만 학생 작업공간에 반입할 수 있다.
2. 실험실에서 먹고 마시고, 껌을 씹는 것, 담배 피우는 것은 허용되지 않는다. 학생들은 실험 중에 콘택트 렌즈를 만지는 것과 화장하는 것도 자제하여야 한다.
3. 안전장비
   a. 일부 실험은 실험하는 동안 실험복을 입어야 한다. 다른 경우는 그것이 선택적이거나 필요하지 않다. 실험복은 학생들이 미생물에 오염되는 것과 염색약과 화학약품에 오염되는 것을 막아줄 수 있다. 실험이 끝날 때, 실험복은 일반적으로 실험담당자의 지시에 따라 실험실에 보관한다. 실험복, 장갑, 안전장비는 우선 적절하게 오염물을 제거하지 않으면 실험실 밖으로 입고 나가서는 안 된다.
   b. 실험을 수행 중에는 장갑을 끼울 경우도 있다. 그것은 상처가 있을 경우 특히 중요하다. 장갑은 미생물에 의한 오염으로부터 손을 보호하고 염색약이나 다른 시약이 손에 접촉하는 것을 막아 준다.
   c. 안면보호대/안전안경은 실험하는 동안 실험담당자에 의해 요구될 수 있다. 안전안경은 물질이 눈에 접촉하는 것을 막아준다. 안전안경은 UV광선을 막아주기 때문에 특히 자외선으로 작업할 때 눈에 상처를 주지 않게 끼워야 한다. 만일 실험과정에 튀기는 것/분무기가 포함되어 있으면, 안면보호대를 써야 한다.
   d. 사고가 났을 때 눈 씻는 곳과 샤워하는 장소를 알아두어야 한다. 구급약이 있는 곳도 알아 두어야 한다.
4. 실험실에서 샌들이나 발끝이 나온 신발은 신어서는 안 된다. 사고로 미생물이나 시약이 떨어졌을 때 심각한 상처나 감염이 될 수 있다.
5. 머리카락이 긴 학생들은 불을 다루는 실험을 할 때 사고를 방지하기 위해 머리카락을 뒤로 묶어야 한다. 긴 머리카락은 또한 배양 실험을 할 때 오염원이 될 수 있다.
6. 일과를 시작하기 전에, 작업대는 목적에 맞는 소독약으로 닦아야 한다. 또한, 하루의 일과가 끝났을 때, 실험 과정 중의 어떤 오염이 제거되었는지를 확인하기 위해 소독제로 작업대를 처치하여야 한다. 작업표면에 놓인 오염된 피펫이나 백금이(루프), 바늘, 또는 면봉에 의해 작업표면이 오염되지 않게 하라. 생물학적 유해물질 보관함을 닦는 데 사용한 오염된 종이 타올은 제거한다.
7. 개방된 불꽃에서 작업할 때에는 특히 조심하라. 분젠 버너의 불꽃은 종종 사용하지 않을 때 보이지 않는다. 알코올과 개방된 불꽃으로 작업할 때 주의는 필수적이다. 알코올은 인화성이 높고, 유리막대를 알코올에 담글 때 불이 쉽게 일어난다. 실험실에서 퇴실할 때는 항상 가스 잠그는 것을 확인한다.
8. 손이 베이거나 상처가 났을 때는 오염을 방지하기 위해 밴드로 덮어야 한다. 만일 실험하는 동안 상처를 입거나 베였을 때는, 즉시 실험담당자에게 알려야 한다.
9. 실험실에서 입으로 피펫팅하는 것이 금지되어 있다.

모든 피펫은 피펫보조기로 수행하여야 한다. 유리 피펫을 피펫보조기에 끼울 때 유리가 깨져 심각한 상처를 입힐 수 있으므로 특히 주의하여라.

10. 실험실에서 출구와 소화기가 있는 장소를 알아두어라.
11. 가장 중요한 것은, 실험실에 들어오기 전에 실험서를 읽는 것과 실험 과정을 이해하는 것이다. 그러한 방법이 실험 중에 일어날 수 있는 잠재적인 위험에 익숙해질 것이다.
12. 소형원심분리기로 실험할 때에는 안전 작동에 익숙해야 하고 모든 원심분리용 관은 원심분리하기 전에 단단히 봉해져 있는 것을 확인해야 한다.
13. 전기영동 장비로 실험할 때는 전기충격을 막기 위해 조심해서 지시에 따르도록 한다.
14. 만일 여러분이 어떤 알러지가 있거나 실험에 참여함으로써 복잡해질 수 있는 의료상태라면, 실험책임자에게 알린다. 임신한 여성은 주치의와 실험책임자에게 실험에 등록할 것인지를 상의한다.
15. 그렇게 하라고 지시받지 않았을 때는, 주변에서 분리한 어떤 미지의 미생물도 잠재적인 병원균이 될 수 있으므로 배양해서는 안 된다.
16. 실험 시 핸드폰, 계산기, 화장품과 같은 어떠한 개인 용품도 다루어서는 안 된다.
17. 여러분은 여러분이 안내받았던 안전사항과 주의사항, 그리고 실험 과정 중에 다루었던 미생물의 위해 특성에 관하여 안전 동의서의 서명을 요구받을 수 있다.
18. 실험실에서는 매달려 있는 보석류를 착용하지 않도록 한다.

생물학적 폐기물의 처리

모든 오염된 물건들은 적절히 처분하고 적합한 용기에 담아라:

1. 생물학적 위험 용기—생물학적 위험 용기는 깨끗한 멸균 봉지에 넣는다; 일회용 페트리 접시, 사용한 장갑, 그리고 오염된 종이 타올과 같은 물건들은 용기에 처리해야 한다; 유리기구, 시험관, 또는 예리한 물건들은 이 용기에 넣어서는 안 된다.
2. 예리한 물건 용기—예리한 물건, 슬라이드, 커버 글래스, 깨진 유리, 일회용 피펫, 그리고 파스퇴르 피펫은 이 용기에 폐기 처분해야 한다. 만일 담당자가 지시하면, 오염된 면봉, 나무 스틱, 소형원심분리용관을 용기에 담아도 된다.
3. 선반과 카트, 쓰레기 통 등을 소독하라—오염된 배양관, 배지를 담았던 유리기구, 그리고 다른 유리기구들은 오염을 제거하고 세척하는 곳에 놓는다.
4. 쓰레기 통—오염되지 않은 물건들, 종이, 쓰레기들은 이 용기에 처분해야 한다. 어떤 경우도 실험실 쓰레기는 이 용기에 처분해야 한다.

다른 물건들은 실험담당자가 지시하는 대로 처분한다. 그런 것들에는 처분하기 전에 소독통에 들어 있는 피가 묻어 있는 슬라이드 글라스가 해당된다.

응급사항

표면 오염

1. 엎지른 모든 것을 실험담당자에게 보고한다.
2. 엎지른 곳은 종이 타올로 덮고, 종이 타올을 소독제로 완전히 적신다.
3. 최소한 20분 동안 소독제가 작용하도록 한다.
4. 유리나 단단한 물건들은 핀셋이나 숟가락으로 옮기고 적절한 방법으로 폐기물을 제거한다.

개인 오염

1. 실험담당자에게 보고한다.
2. 노출된 지역을 비누/물, 세척제 (눈)와 생리식염수 (입)로 씻는다.
3. 응급처치(first-aid)를 활용한다.

선택된 감염원에 대한 생물안전성 수준

생물안전성 수준(BSL)	대표적인 위험	생물체
BSL 1	건강한 성인에 질병위험 있는 것 같지 않음	*Achromobacter denitrificans* *Alcaligenes faecalis* *Bacillus cereus* *Bacillus subtilis* *Corynebacterium pseudodiphtheriticum* *Enterococcus faecalis* *Micrococcus luteus* *Neisseria sicca* *Proteus vulgaris* *Pseudomonas aeruginosa* *Staphylococcus epidermidis* *Staphylococcus saprophyticus*
BSL 2	건강한 성인에 보통의 위험; 집단을 통해 퍼질 것 같지는 않음; 효과적 처리 즉각 대처	*Enterobacter aerogenes* *Escherichia coli* *Klebsiella pneumoniae* *Mycobacterium phlei* *Salmonella enterica var.* *Typhimurium* *Shigella flexneri* *Staphylococcus aureus* *Streptococcus pneumoniae* *Streptococcus pyogenes*
BSL 3	건강한 성인에 질병의 원인이 됨; 집단에 전파될 수 있음; 효과적 처리로 즉각 대처	*Blastomyces dermatitidis* *Chlamydia trachomatis* *Coccidioides immitis* *Coxiella burnetii* *Francisella tularensis* *Histoplasma capsulatum* *Mycobacterium bovis* *Mycobacterium tuberculosis* *Pseudomonas mallei* *Rickettsia canadensis* *Rickettsia prowazekii* *Yersinia pestis*
BSL 4	건강한 성인에게 질병의 원인이 됨; 치사 위험이 있으며, 백신이나 항생제 처리에 반응하지 않음	*Filovirus* *Herpesvirus simiae* *Lassa virus* *Marburg virus*

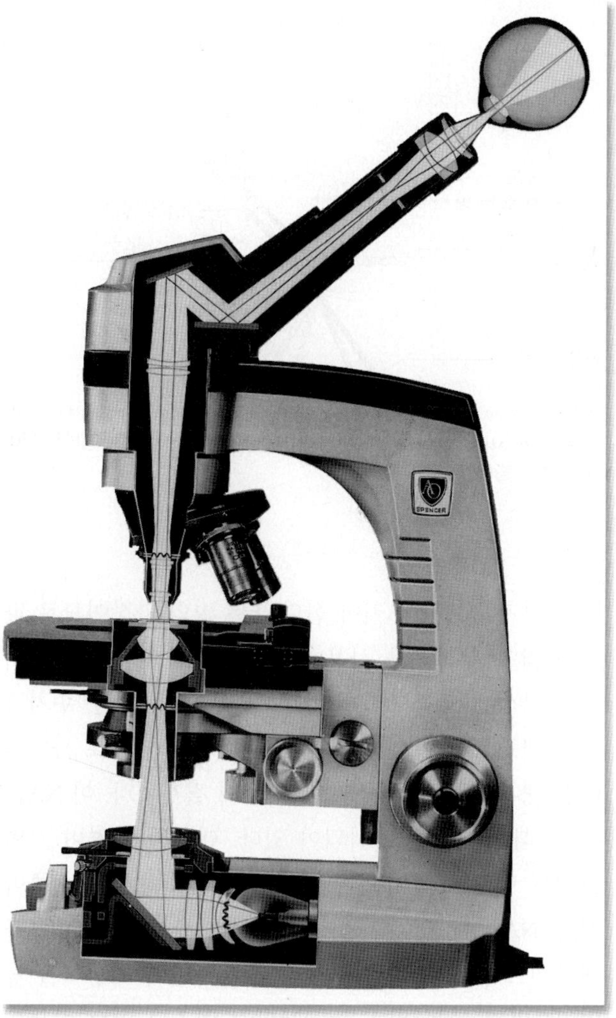

그림 1.3 현미경에서 빛이 이동하는 경로.

것이 있다. 후자의 경우 좋은 상(image)을 얻은 경우, 톱니의 위치를 적어놓으면 나중에 다시 그 자리를 찾기 쉽다.

광원(light source) 현미경은 시료를 통과한 빛이 렌즈를 통하여 상이 맺히는 것을 관찰하는 기기이다. 초기 현미경은 평면거울 또는 오목거울로 빛을 모아 투과시키기도 하였다. 근래에 사용하는 현미경은 전구(lamp)를 사용하며, 이 전구의 밝기는 전압조절기(voltage control)로 조절된다. 이 전압 조절기로 가장 낮은 빛을 광원으로 사용할 경우에도, 빛이 너무 강하여 시료를 관찰하기 어려운 경우가 있다. 이 경우, 즉 빛의 강도를 낮춰야 할 경우에는 **중립 밀도 필터**(neutral density filter)를 사용하여 빛의 강도를 약하게 하여 관찰한다. 올림푸스 CX41 모델에서는 따로 이 필터를 광원 위에 올려놓아 사용한다. 대부분의 현미경에는 이 필터가 장착되어 있다.

렌즈 시스템(lens systems) 모든 현미경은 3개의 렌즈 시스템 즉 접안렌즈(ocular), 대물렌즈(objective)와 콘덴서(condenser)로 구성되어 있다. 빛은 렌즈를 통과하면서 굴절하고 이 과정에서 파장에 따라 굴절각도가 달라지는 무지개 현상이 나타난다. 이를 색수차라고 하며, 이 색수차 때문에 해상력이 떨어진다. 따라서 현미경의 대물, 접안렌즈와 콘덴서는 이 색수차를 없애기 위해 몇 개의 오목·볼록렌즈로 구성되어 있다. 특히 색을 관찰하는 형광현미경의 대물렌즈에는 이 색수차를 없앤 achromatic lens 또는 apochromat lens를 사용해야 원래의 색에 가까운 영상을 얻을 수 있으며, 암시야 현미경에서도 색수차를 없앤 렌즈를 사용해야 해상력이 좋아진다.

접안렌즈(ocular 또는 eyepiece)는 눈과 가장 가까운 렌즈 시스템이다. 렌즈가 하나인 것과 양쪽의 눈으로 볼 수 있도록 2개의 대안렌즈로 구성된 것(쌍안 현미경)이 있다. 렌즈가 하나인 경우에는 한 눈으로는 현미경의 상을 보고 다른 한 눈으로는 그림으로 표현하는 훈련을 받으면 정확하게 그림을 그릴 수 있다. 쌍안 현미경의 경우 관찰자의 두 눈이 초점거리가 서로 다르므로 보정하는 장치가 있다. 대개의 경우 10×배율의 대안렌즈를 사용하며, 특수한 경우 5×와 15×의 배율을 사용한다.

대물렌즈(objectives)는 배율이 다른 3~4개가 노즈피스(nosepiece)에 부착되어 있으며 빙글빙글 돌아가도록 되어 있다. 실험이 끝난 후에는 항상 가장 낮은 배율의 대안렌즈가 정위치에 놓여 있어야 한다. 대물렌즈들은 배율은 다르지만 축은 항상 일치하도록 만들어졌으며, 초점거리도 비슷하게 되어 있다. 즉 저배율로 초점을 맞춘 후에 고배율의 대안렌즈로 볼 경우 초점 거리는 약간 이동하면 맞춰진다. 흔히 사용되는 대물렌즈의 배율은 10×, 40×, 100×이며, 4×도 사용된다. 100×는 이머젼 오일을 사용하여 시료를 관찰한다.

마지막 렌즈 시스템은 **콘덴서**(condenser)이다. 콘덴서는 재물대 밑에 붙어 있으며 광원으로부터 나온 빛을 모으고 광도를 조절하는 역할을 한다. 이 콘덴서는 상하로 이동이 가능하며 조리개가 붙어 있어 광도를 조절한다. 그림 1.3은 광원으로부터 나온 빛이 콘덴서, 대물렌즈와 접안렌즈를 거쳐 우리의 눈에 상이 맺히는 과정을 보여준다.

초점조절나사(focusing knobs) 현미경의 기능을 확인하는 가장 중요한 부품이다. 대물렌즈와 시료 사이의 거리를 조절하는 나사로 **조동 조절 나사**(coarse adjustment knob)와 **미동 조절 나사**(fine adjustment knob)로 구성되어 있다. 조동 조절 나사는 저배율로 관찰할 때에 초점을 찾기 위해 사용하고, 미동 조절 나사는 정확한 초점을 찾을 때에 사용한다.

접안렌즈 정렬(ocular adjustments) 접안렌즈가 두 개로 구성된 경우, 반드시 두 개의 렌즈 사이의 거리를 맞추고 두 눈의 굴절률이 다른 것을 보정해야 한다. 접안렌즈가 붙어 있는 패널을 좌우로 당기거나 밀면서 두 눈 거리에 맞도록 접안렌즈의 위치를 조절한다. 시료에 초점을 맞추면서 두 눈의 굴절률 차이를 보정해야 한다. 그 방법은 다음과 같다. 먼저 오른쪽의 렌즈에 초점을 맞추도록 조동 조절 나사와 미동 조절 나사를 조절한다. 그 다음 왼쪽 접안렌즈에 붙어 있는 **굴절률 조절 나사**(diopter adjustment ring)를 돌려가며 초점을 맞춘다(그림 1.2 참조). 이렇게 조절하면 두 눈으로 명확한 상을 얻을 수 있다.

해상력

현미경에서 배율은 대물렌즈와 접안렌즈의 배율의 곱이다. 즉 대물렌즈가 100×이고, 접안렌즈가 10×이면 눈에 맺히는 상의 배율은 1,000×이다. 배율과 다른 개념으로 해상도가 있다. 떨어져 있는 두 점을 구분하는 것이 **해상도**(resolution) 또는 **해상력**(resolving power)이다. 구분이 가능한 두 점 간의 거리가 짧을 수록 해상력이 높다고 한다. 해상력은 다음의 수식에 의한다.

$d = 0.5\ \lambda/NA$

[d = 해상력으로 구분되는 두 점의 거리,
λ= 빛의 파장,
NA = 개구 수치(numerical aperture)]

즉 d 값이 크면 해상력이 나쁜 것이고, d 값이 작으면 해상력이 좋은 것이다. 따라서 해상력이 좋으려면 d 값이 작던지, NA값이 커야 한다. λ는 빛의 파장이므로 파장이 짧은 푸른색을 사용하면 되고, 이 이유로 콘덴서에 푸른색 필터를 사용하는 것이다. NA는 개구 수치라 하여 렌즈로 들어오는 빛의 각도와 렌즈와 시료 사이의 매질(대부분의 경우 공기)에 의하여 결정된다. 이 NA값은 각 대물렌즈에 표시되어 있다. 렌즈의 직경이 크면 클수록 렌즈로 들어오는 광량이 많아져 해상력이 좋아진다. NA값이 클수록 좋은 렌즈이며 해상력이 좋다. 또 대물렌즈에서 긴 파장의 빛을 제거하면서 해상력을 높일 수 있고, achromat, apochromat 렌즈가 이런 종류이다. 형광현미경에 사용하는 대물렌즈는 반드시 이런 종류의 대물렌즈를 사용해야 한다.

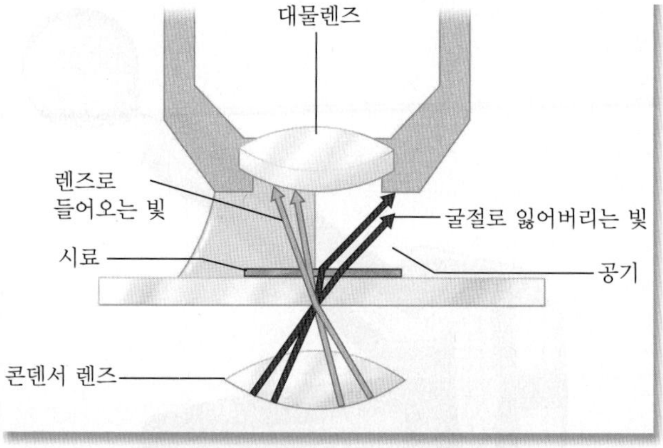

그림 1.4 이머젼 오일을 사용하는 경우 잃어버리는 빛이 적어 해상력이 좋아진다.

NA값을 결정하는 것 중 렌즈와 시료 사이의 매질이 있다. 대부분은 공기이지만, 물 또는 오일을 사용할 경우 NA값이 커지게 된다. 그림 1.4는 콘덴서에서 올라오는 빛이 슬라이드 글라스(유리)를 거쳐 공기 중으로 전달되면서 잃어버리는 빛을 나타내었다. 이 잃어버리는 빛의 양을 줄이려면 렌즈직경이 크게 하면 가능하지만 무한정 커질 수 없는 한계가 있다. 또 다른 방법은 빛이 렌즈로 모이도록 다른 매질을 사용하는 것이다.

100× 대물 렌즈에서 이머젼 오일을 사용하는 것은 바로 이 NA값을 증가시키기 위함이며, 이 원리에 따라 이머젼 오일을 40×렌즈에 사용하면 더 좋은 해상력을 얻을 수 있다. 또 이머젼 오일 대신 물을 사용하여도 좋은 해상력을 얻을 수 있으나, 관리를 잘못할 경우 현미경을 훼손할 수 있어 주의해야 한다. 일반적인 광학현미

경에서 해상도는 약 0.2 μm이다. 즉 0.2 μm보다 가까운 두 점은 하나로 보인다는 것이다. 배양된 세균의 크기는 1 μm 정도이므로 쉽게 관찰할 수 있으나, 내부세포기관은 구분하기가 어렵다.

해상력을 높이려면 다음과 같은 방법으로 현미경을 사용하면 된다.

- **푸른색 필터**(blue filter)를 사용하여 콘덴서에서 나오는 빛의 파장을 짧게 한다.
- 가능한 한 콘덴서를 위로 올려 대물렌즈로 들어오는 빛의 양을 늘려준다.
- 조리개를 가급적 닫지 않는다. 조리개를 닫으면 음영대비(contrast)가 잘 나타나지만, 해상력은 떨어진다.
- **이머젼 오일**을 사용한다. 특히 100×렌즈에서는 필수적이다.

해상력과 배율은 다른 것이다. 따라서 접안렌즈를 10×에서 20×으로 바꾸면 해상력은 높아지지 않고 명확하지 않은 상이 커 보일 뿐이다.

렌즈 관리

렌즈는 항상 청결한 상태로 관리해야 한다. 렌즈에 먼지, 오일 등 오염물질이 묻어 있으면 원하는 해상력을 얻을 수 없다. 렌즈 관리에 필요한 물품과 관리 방법은 다음과 같다.

렌즈 페이퍼(cleaning tissues) 광학적으로 안정적이라고 인정된 제품만 사용해야 한다. 렌즈를 닦는 데 사용되는 종이는 보푸라기 등 먼지가 발생하지 않는 것을 사용한다. 렌즈 페이퍼는 렌즈를 닦을 때만 사용하는 것이 아니고 렌즈를 현미경 본체에서 분리한 경우, 먼지의 유입을 막는 방법으로도 사용된다(그림 1.5). 흔히 사무실에서 사용하는 화장지나 미용티슈는 보푸라기가 많이 발생하여 현미경 관리에는 부적절하다.

유기용매(solvents) 현미경 렌즈를 세척할 때에 사용되는 유기용매에는 알코올, 자일렌(xylene), 아세톤(acetone)이 있다. 이 중 아세톤은 강력한 용매로 렌즈를 보존하는 코팅막이 제거될 수 있어 특수한 경우에만 사용해야 한다.

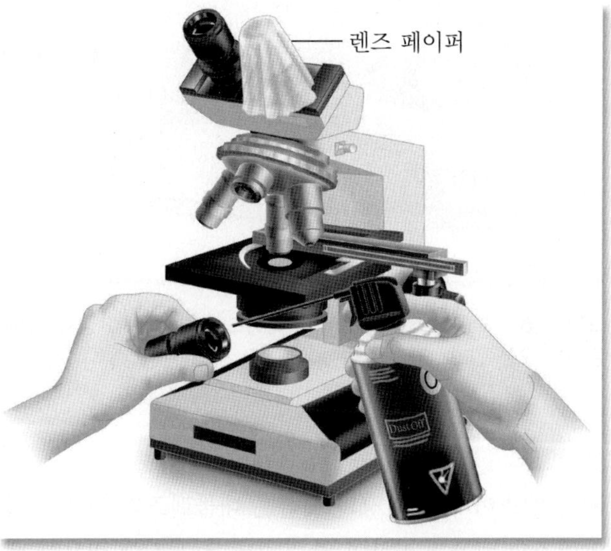

그림 1.5 접안렌즈를 떼어낸 경우 반드시 렌즈 구멍을 렌즈 페이퍼로 막아 먼지가 안 들어가게 해야 한다. 에어브러시나 고압가스로 렌즈를 청소한다.

접안렌즈 접안렌즈가 더러워졌는지는 현미경을 볼 때에 렌즈를 빙빙 돌리면서 관찰한다. 렌즈가 더러워졌으면, 그 얼룩이 움직이므로 더러워졌음을 알 수 있다. 또 접안렌즈의 위를 닦았는데도 얼룩이 남아 있으면 렌즈의 아래쪽이 더러워진 것이다. 이때에는 에어브러시로 가볍게 털어내는 것이 좋다. 접안렌즈를 떼어 낼 경우 반드시 렌즈 구멍은 렌즈 페이퍼로 막아놓아 먼지가 들어가지 못하도록 해야 한다(그림 1.5).

대물렌즈 대물렌즈는 손과 시료로부터 오물이 잘 묻는다. 또 이머젼 오일을 사용할 경우, 반드시 닦아 놓아야 한다. 앞에서 언급한 유기용매를 렌즈 페이퍼나 면봉으로 닦아 주면 된다.

콘덴서 콘덴서에는 먼지가 잘 쌓인다. 에어브러시와 렌즈 페이퍼로 자주 닦아주어야 한다.

실험 방법

현미경에는 대개 3개의 대물렌즈가 장착되어 있다. 즉 10×의 저배율, 40×의 건조-고배율(high-dry), 100×의 의 오일-고배율(oil-immersion) 렌즈가 일반적으로 사용

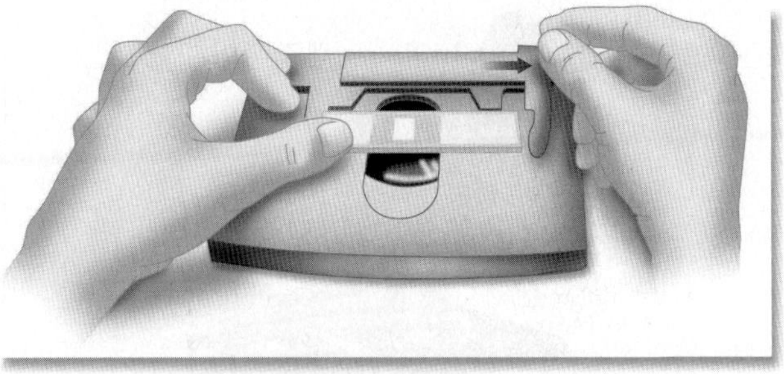

그림 1.6 재물대(스테이지)에 슬라이드 글라스를 고정할 때에 클립을 오른쪽으로 당겨 고정한다.

되는 렌즈이다. 현미경의 배율은 대물렌즈의 배율과 접안렌즈의 배율을 곱하여 얻은 값이다. 관찰에 필요한 배율은 시료의 종류에 따라 선택한다. 일반적인 현미경 관찰 방법은 저배율로 먼저 초점을 맞추고 점차 고배율로 대물렌즈를 바꾸면서 관찰하는 것이다.

다음의 실험 과정에 따라 현미경을 정리하고 사용하도록 한다.

저배율(10X) 사용 시료를 볼 때 가장 먼저 사용하는 것이 바로 이 배율이다. 저배율이므로 슬라이드의 큰 부분이 보이고 초점 맞추기도 쉽다. 그리고 어느 부분을 볼 것인가도 확인이 된다. 그 다음 고배율로 관찰이 가능하다.

1. 현미경의 재물대에 시료가 들어 있는 슬라이드 글라스를 올려놓는다. 반드시 시료가 위로 향해야 한다. 그림 1.6은 슬라이드 글라스를 설치하는 그림이다.
2. 광원의 전원을 켠다. 이때 전압은 반드시 최저 상태여야 한다. 전압이 높은 상태로 되어 있으면 램프의 수명이 짧아진다. 슬라이드 글라스를 광원의 중심에 놓도록 이동한다.
3. 콘덴서를 가장 높은 위치로 이동한다.
4. 10×의 대물렌즈가 정위치에 있는가를 확인한다.
5. 조동 조절 나사를 돌려 대물렌즈와 시료를 가장 가까운 위치에 놓도록 조절한다.
6. 미동 조절 나사를 이용하여 대물렌즈를 시료 반대쪽으로 움직여 초점을 맞추고 보고자 하는 부분으로 슬라이드 글라스를 이동한다. 5번과 6번은 반드시 지켜야 한다. 눈이 렌즈에 닿아 있어 시료와 대물렌즈의 거리를 확인할 수가 없다. 만일 대물렌즈와 시료가 떨어진 상태에서 서로 가깝게 되도록 나사를 돌리면 렌즈와 슬라이드 글라스가 충돌하면서 렌즈에 흠집을 남길 수 있다.
7. 초점이 맞춰지면 광원의 조리개와 전압, 콘덴서의 위치와 조리개를 조절하여 깨끗하고 명확한 상을 얻도록 한다. 광량을 줄이면 음영대비(contrast)가 명확하게 되고 **심도**(depth of field)가 커져 좋은 상을 얻을 수 있다. 그러나 해상력은 떨어지므로 광량을 잘 조정해야 한다.
8. 슬라이드 글라스를 움직여 가장 좋은 상을 찾는다.
9. 접안렌즈의 청결을 다시 확인한다.
10. 배율을 높일 때에는 40× 렌즈 다음에 100× 렌즈로 바꾼다.

건조-고배율 실험(40X) 고배율을 보고자 할 때 사용한다. 10×로 초점을 맞춘 후에 40× 렌즈로 돌려 상을 찾는다. 대개의 경우 미동 나사를 약간 움직이면 초점이 맞는다. 따라서 조동 조절 나사는 절대로 사용하지 않아야 한다.

대물렌즈들은 배율이 달라도 초점거리는 같도록 되어 있다. 이를 **공초점거리**(parfocal)라 한다. 즉 저배율로 맞춘 초점거리는 고배율에서도 같은 위치가 된다. 배율이 높아진 만큼 렌즈로 들어오는 빛의 양은 줄어들게 되므로 콘덴서를 조절하여 광량을 늘려야 한다. 이 경우 먼저 조리개를 더 열고 그다음에 전압을 올려 광량을 높이는 것이 순서이다. 램프의 수명은 저전압에서 더 오래 지속되므로 가능한 한 저전압에서 램프를 사용하는 습관을 가져야 한다. 조리개를 활짝 열어도 빛이 강하지 않으면 전압을 올려 원하는 빛의 세기로 시료를 관찰한다. 이때에 해상력을 높이기 위해 콘덴서를 가장 높은 곳으로 올려놓아 사용한다.

이머젼 오일 실험(100X) 오일-고배율 렌즈는 이머젼 오일을 사용하는 렌즈이다. 오일을 사용하는 목적은 앞에서 설명한 대로 광량을 최대한 확보하여 해상력을 높이려는 것이다(그림 1.4 참조). 이 대물렌즈도 공초점거리

표 1.1 배율에 따른 대물렌즈의 이동거리

렌즈	배율	초점거리 (mm)	렌즈 이동거리 (mm)
저배율	10×	16.0	7.7
건조-고배율	40×	4.0	0.3
이머젼오일 사용	100×	1.8	0.12

때문에 모든 렌즈의 초점거리가 같으므로 저배율에서 고배율로 렌즈를 바꿀 때 따로 초점거리를 맞추지 않아도 원하는 상을 얻을 수 있다. 저배율(10×) 또는 건조-고배율(40×)에서 100×렌즈로 바꿀 때 시료에 이머젼 오일 몇 방울을 떨어뜨리고, 100× 렌즈를 오일 속에 담근다. 렌즈가 시료를 건드리지 않을까 하는 우려는 하지 않아도 된다. 공초점 때문에 저배율에서 초점이 맞았다면 100× 렌즈에서도 이머젼 오일을 사용하여도 초점거리가 같으므로 렌즈가 시료나 슬라이드 글라스에 접촉할 수 없기 때문이다. 이때에 콘덴서 조리개를 최대한 열어 해상력을 좋게 해야 하며, 같은 이유로 콘덴서는 가장 높은 위치로 올려야 한다. 콘덴서 필터가 여러 개일 경우에는 파장이 짧은 푸른색과 초록색 필터를 사용한다. 100×렌즈는 세균 관찰에 빈번하게 사용되므로 사용법을 정확히 알아야 한다.

렌즈배율에 따라 대물렌즈의 이동거리가 달라진다. 즉 10× 렌즈는 7.7 mm 이동하지만, 100× 렌즈는 0.12 mm 만 이동하게 된다(표 1.1). 따라서 100× 렌즈는 이동 거리가 짧으므로 초점을 맞출 때에 슬라이드 글라스와 충돌할 가능성이 높아 주의해야 한다. 마지막으로 꼭 해야 할 일은 실험이 끝나면 반드시 렌즈 페이퍼로 이머젼 오일을 제거하고 깨끗하게 정리해야 한다.

현미경 정리

사용한 현미경 정리는 현미경의 기능을 유지하는 중요한 과정이다. 실험은 현미경을 정리하고 보관함에 넣는 것으로 종료된다. 다음 사람이 바로 사용할 수 있도록 깨끗하게 정리해 놓아야 한다. 실험이 끝나면 다음을 점검한다.

1. 재물대에서 슬라이드 글라스를 빼낸다.
2. 이머젼 오일을 사용한 경우, 반드시 렌즈와 재물대에 묻은 오일을 깨끗하게 닦아야 한다. 오일이 묻은 슬라이드 글라스는 그대로 보관하여도 된다.
3. 10× 대물렌즈를 정위치한다.
4. 현미경 높이를 원래의 위치로 한다(모델에 따라 높이를 조절할 수 있다).
5. 광원 램프가 이동 가능한 모델인 경우 램프를 가장 높은 위치에 놓는다.
6. 전기선을 잘 접어 바닥 몸통 근처에 놓는다.
7. 재물대를 가운데에 오도록 놓는다.
8. 먼지 덮개를 덮는다.
9. 별도의 전압기가 있는 경우 분리하여 지정된 위치에 놓는다.
10. 정해진 보관함에 넣는다.

실험 보고서

실험 보고서 1을 광학 현미경 실습 전에 작성하여 제출한다. 이 과정을 통하여 현미경의 구조와 작동에 대한 이해를 충분히 하고 실험에 임할 수 있다. 담당교수는 현미경 실험 시작 전에 이 보고서를 거두어 가도록 한다.

B. 대응형 문제

다음 물음에 맞는 현미경 구성품(콘덴서, 건조-고배율 대안렌즈, 저배율 렌즈, 접안렌즈, 이머젼 오일)을 짝지으시오.

1. 가장 큰 해상력을 제공하는 렌즈는?
2. 두 번째로 큰 해상력을 제공하는 렌즈는?
3. 가장 낮은 해상력을 제공하는 렌즈는?
4. 이동거리가 가장 짧은 렌즈는?
5. 조동 조절 나사로 초점을 맞추는 렌즈는?
6. 슬라이드 글라스 위의 시료에 빛을 모아 주는 렌즈는?
7. 눈에 가장 가까운 렌즈로 어느 현미경 모델에서는 두 개의 렌즈로 구성되어 있다. 이 렌즈는?
8. 굴절률 조절(diopter adjustment)이 필요한 렌즈는?
9. 통과하는 빛은 조리개로 조절할 수 있는 렌즈는?

C. 참-거짓 문제

1. 아세톤은 대물렌즈 닦기에 적합한 물질이다.
2. 보푸라기가 없는 광학적으로 안전한 종이만 렌즈를 닦을 때에 사용해야 한다.
3. 현미경의 배율은 렌즈 시스템의 배율에 의하여 결정된다.
4. 조동 조절 나사는 모든 렌즈로 초점을 맞출 때에 사용할 수 있다.
5. 저배율로 초점을 맞춘 후에는 고배율 렌즈로 교체할 경우에 슬라이드 글라스에 렌즈가 충돌하지 않는다.

D. 선택형 문제

1. 현미경의 해상력은 다음 무엇에 의하여 결정되는가?
   a. 렌즈의 배율
   b. 렌즈의 개구 수치
   c. 빛의 파장
   d. a와 b
   e. b와 c
2. 조동 조절나사와 미동 조절나사의 이동거리는
   a. 대물렌즈와 접안렌즈의 거리
   b. 정안 렌즈 사이의 거리
   c. 접안렌즈와 눈까지의 거리
   d. 재물대와 콘덴서까지의 거리
   e. 재물대와 대물렌즈까지의 거리

답

대응형

1. ______
2. ______
3. ______
4. ______
5. ______
6. ______
7. ______
8. ______
9. ______

참-거짓

1. ______
2. ______
3. ______
4. ______
5. ______

선택형

1. ______
2. ______

3. 현미경에서 배율이 높아져도 초점거리가 일정한 현상을 무엇이라고 하는가?
   a. 쌍안현미경(binocular)
   b. 근시(myopic)
   c. 공초점(parfocal)
   d. 반사광(refractive)
   e. 해상력(resolute)
4. 접안렌즈로 10× 렌즈와 대물렌즈로 100× 렌즈를 사용할 경우 이 현미경의 배율은?
   a. 10×.
   b. 100×.
   c. 200×.
   d. 1000×.
   e. 2000×.
5. 낮은 배율에서 상의 명암 대비(image contrast)를 높이는 방법은?
   a. 조리개를 닫는다.
   b. 한 눈으로만 관찰한다.
   c. 조리개를 연다.
   d. 슬라이드 글라스에 오일을 떨어뜨린다.
   e. 푸른색 필터를 사용한다.
6. 100× 렌즈를 교체하기 전에 반드시 해야 할 일은 다음 중 무엇인가?
   a. 저배율 렌즈에서 관찰하고자 하는 부분을 중앙에 놓는다.
   b. 조동 조절 나사를 사용하여 재물대를 내려놓는다.
   c. 슬라이드 글라스에 오일을 떨어뜨린다.
   d. a와 c가 옳다.
   e. 모두 옳다.

3. ______________________

4. ______________________

5. ______________________

6. ______________________

암시야 현미경

Darkfield Microscopy

EXERCISE

2

학습목표

이 실험을 수행한 후 여러분은 다음의 사항을 알 수 있을 것이다.

1. 시료를 암시야 현미경으로 관찰한다.
2. 암시야 현미경과 광학현미경의 조명 시스템의 차이를 확인한다.

살아 있는 생명체를 관찰할 경우, 생물시료, 특히 세포기관은 광투과성이 좋아 일반적인 광학현미경으로는 잘 보이지 않는다. 이 경우 배경의 빛을 없애고 시료가 반사하는 빛만 보면 세포기관을 잘 볼 수 있다. 집 밖에서 밝은 배경으로 먼지를 볼 때 먼지는 잘 볼 수 없으나, 배경이 어두운 실내에서는 약간의 빛만으로 쉽게 볼 수 있는 원리와 같다. 이러한 원리를 따라 암시야 현미경은 배경을 어둡게 하고 생물체를 구분하는 방법으로 임상에서는 매독의 진단에 응용하고 있다. 그림 2.1은 매독 원인균인 스피로헤터(spirochaete)를 암시야 현미경으로 관찰한 모습이다. 어두운 배경에 나선형인 세균의 모습이 뚜렷이 보인다.

암시야 현미경은 광학현미경의 콘덴서를 교체하거나 콘덴서 아래에 암시야 현미경용 장치를 부착하여 사용한다. 형광 현미경(실험 4)도 일종의 암시야 현미경이다.

암시야 현미경의 원리는 다음과 같다. 광원에서 나온 빛은 콘덴서를 거쳐 대물렌즈로 들어가지 않는다(그림 2.3). 이 경우 빛이 대물렌즈를 거치지 않으므로 배경은 어둡게 나타난다. 이 상태에서 시료를 놓으면, 시료를 통하여 굴절된 빛만 대물렌즈로 들어오게 되어 시료만 밝게 보인다.

암시야를 만드는 방법에는 여러 가지가 있으나 여기에서는 2가지, 즉 별 조리개(stra diaphragm)와 심장형 콘덴서(cardioid condenser)를 소개한다. 각 실험실 조건에 맞추어 적절한 방법을 사용하기 바란다.

별 조리개

암시야 현미경을 만드는 가장 쉬운 방법은 그림 2.2와 같은 별 조리개(star diaphragm)를 광학현미경의 콘덴서의

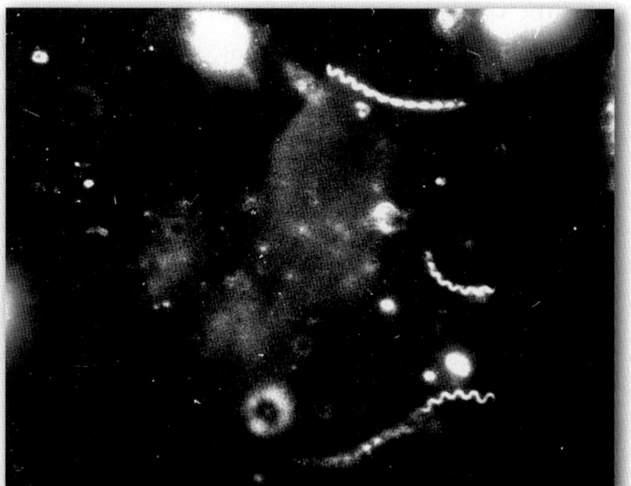

그림 2.1 매독균(*Treponema pallidum*)을 암시야 현미경으로 본 모습. 나선형 모양의 세균은 밝게 빛난다.
Centers for Disease Control and Prevention/Susan Lindsley

그림 2.2 별 조리개를 콘덴서에 끼우는 모습. 이 조리개로 저배율의 암시야를 얻을 수 있다.
© McGraw-Hill Education, Auburn University Photographic Services

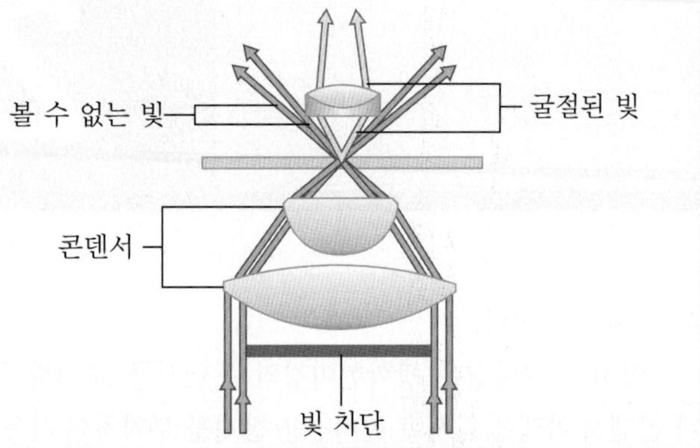

그림 2.3 암시야 현미경에서 별 조리개 때문에 빛이 대물렌즈로 들어가지 못한다. 배경이 어두운 이유이다.

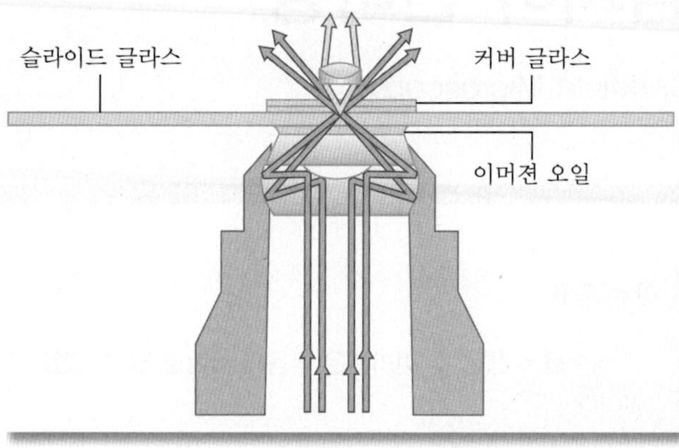

그림 2.4 심장형 콘덴서를 사용하면 시료를 통과하면서 굴절된 빛을 더 많이 대물렌즈로 보낼 수 있다.

필터 끼우는 곳에 올려놓는 것이다. 이 장치는 그림 2.3과 같이 빛을 대물렌즈 밖으로 굴절시키는 역할을 한다. 이 장치가 없을 경우 불투명한 종이로 디스크(disk)를 만들어 콘덴서의 필터 끼우는 곳에 맞게 넣어도 된다. 광학 현미경의 콘덴서에 필터를 넣을 수 있는 장치가 없으면 유리필터를 놓아도 된다. 이 필터를 파랑, 빨강 등 다양한 필터를 사용하면 현미경을 다양하게 응용할 수 있다.

이 암시야 현미경을 사용할 때 주의할 점은 다음과 같다.

1. 생체량이 큰 생물체를 저배율로 본 경우 적합하다. 고배율로 관찰하기는 매우 어렵다.
2. 조리개를 최대한 열고, 전압을 높여 가급적 광량을 많이 보내야 한다. 이렇게 하여 반사광량이 많아지도록 한다.
3. 시료를 가운데 두어야 한다.
4. 콘덴서를 위, 아래로 움직여 최적조건을 찾아야 한다.

심장형 콘덴서

앞에서 설명한 별 조리개는 고배율에서는 적당한 방법이 아니다. 고배율로 관찰할 경우 심장형 콘덴서(cardioid condenser) 또는 포물면 콘덴서(paraboloid condenser)가 필요하다.

그림 2.4는 이 콘덴서를 사용할 때 빛의 경로를 나타내고 있다. 콘덴서에서 올라온 빛은 프리즘의 반사 등 과정을 거쳐 대물렌즈 밖으로 퍼져 나가게 되고, 시료를 통한 빛만 대물렌즈로 들어오게 되어 있다.

현미경에서 콘덴서가 가장 이상적으로 빛을 모으기 위해서는 다음의 단계를 따라야 한다.

심장형 콘덴서 사용에 필요한 준비는 다음과 같다.

재료

- 슬라이드 글라스 자체가 빛을 굴절시키므로 암시야 현미경에서 사용하는 슬라이드 글라스는 규격유리로 두께가 1.15~1.25 mm에 맞는 것(No. 1)을 사용해야 하며, 흠집, 먼지 등이 묻지 않은 깨끗한 것만을 사용해야 하며, 항상 커버 글라스를 사용해야 한다.

1. 재물대 아래의 콘덴서를 최대한 올린다.
2. 콘덴서 위에 빈 슬라이드 글라스를 놓는다.
3. 10× 대물렌즈로 밝은 링(ring)의 초점을 맞춘다.
4. 이 밝은 링이 가운데 오도록 암시야 콘덴서의 중앙 나사를 돌려 맞춘다.
5. 빈 슬라이드 글라스를 뺀다.
6. 오일 이머젼 대물렌즈에 사용하는 퍼넬 스탑(funnel stop)이 있는 경우, 이 장치를 설치한다(이 장치는 오일 이머젼 대물렌즈의 개구 수치를 콘덴서의 개구 수치보다 낮게 만드는 역할을 한다).
7. 콘덴서 위에 이머젼 오일을 떨어뜨리고 시료가 있는 슬라이드 글라스를 올려놓아 밀착시킨다.

- 슬라이드와 커버 글라스는 반드시 광학적으로 완전한 것을 사용해야 한다. 흠집 등은 빛의 불규칙적인 굴절을 만들어 상이 흐리게 맺히는 원인이

된다.

- 슬라이드 글라스와 커버 글라스는 오일과 그리스 등이 묻어 있으면 안 된다.
- 항상 커버 글라스를 사용한다.

8. 100× 렌즈를 사용할 경우, 이머젼 오일을 떨어뜨린다.
9. 만일 배경이 어둡지 않고 음영대비가 명확하지 않을 경우 10× 대물렌즈로 바꾼 후 각 부분을 재정비한다. 그래도 같은 현상이 나타나면 시료가 너무 두꺼운 것이다.
10. 100× 대물렌즈에서 이머젼 오일을 사용하여도 명확한 초점이 맞춰지지 않으면 얇은 커버글라스를 사용하고 커버 글라스 위와 슬라이드 글라스와 콘덴서 사이에 이머젼 오일을 더 넣어 사용한다.

실험 보고서

이 실험은 다양한 생물을 관찰하는 PART 2와 관련이 있다. 이 실험 방법을 자세히 읽고 다음의 암시야 현미경에 대한 실험 보고서를 작성하여 제출한다.

실험 보고서 2

이름: ____________________

날짜: ________ Section: ____________________

실험 2. 암시야 현미경

A. 단답형 문제

1. 암시야 현미경과 광학현미경을 비교하고 어떤 시료를 암시야 현미경으로 보아야 하는가를 설명하시오.

2. 암시야 현미경에서 콘덴서를 지난 빛이 모두 대물렌즈 밖으로 나간다면, 밝게 보이는 시료는 어느 빛으로 보이는가?

3. 심장형 콘덴서(cardioid condenser)가 별 조리개보다 좋은 이유는?

4. 암시야 장치가 없을 경우 광학현미경을 암시야 현미경으로 사용할 수 있는 방법은?

위상차 현미경

Phase-Contrast Microscopy

EXERCISE 3

학습목표

이 실험을 수행한 후 여러분은 다음의 사항을 알 수 있을 것이다.

1. 세포 구조 물질의 밀도가 다르고 이 밀도 차이를 위상차 현미경으로 볼 수 있다. 이 원리를 이해한다.
2. 살아 있는 세포를 위상차 현미경으로 관찰한다.
3. 위상차 현미경을 정렬한다.

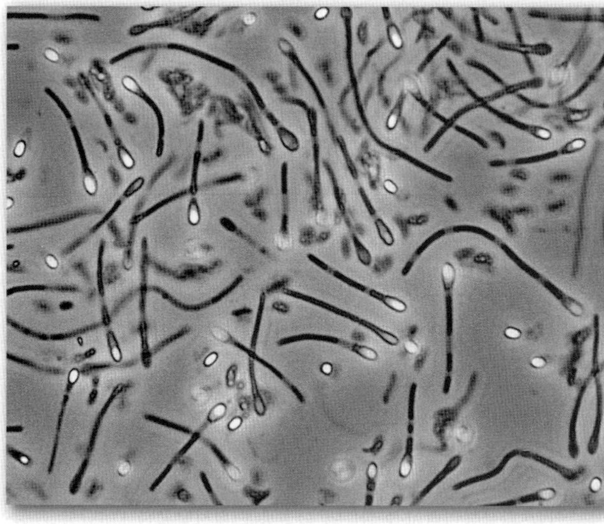

그림 3.1 내생포자형성 세균의 위상차 상.
ⓒ Stephen Durr

생물체를 광학현미경으로 볼 때에는 생물세포가 빛을 투과하므로 대부분의 경우 염색을 하여 보게 된다. 세포를 염색하면, 세포는 죽게 되므로 살아 있는 상태로 볼 수 없다. 세포염색의 목적은 염색된 부분과 주위의 음영대비(contrast)를 높여주는 것이다. 살아 있는 생물은 투명하기 때문에 이들을 볼 때에는 특별한 장치가 필요하다.

염색하지 않은 상태에서 세포와 주위의 음영대비를 높여주는 것이 위상차 현미경이다. 이 현미경은 1930년대에 네덜란드 물리학자 체르니케(F. Zernike)가 만들었으며, 이 공로로 1953년 노벨상을 수상하였다. 이 **위상차 현미경**(phase-contrast microscope)은 살아 있는 세포의 활동, 활성도, 운동 등을 관찰하는 데 사용한다. 그림 3.1은 내생포자형성 세균(endospore forming bacterium)을 위상차 현미경으로 관찰한 것이다. 내생포자는 밝게 빛나고 있어 쉽게 확인할 수 있다.

위상차 현미경은 광물리학을 이용한 것이므로 광물리학을 먼저 이해해야 한다. 빛은 진폭(amplitude)과 파장(wave length)을 가진 파동이다(역자 주: 빛의 이론에는 입자론도 있다). 대부분의 물질에 빛이 통과하면 빛의 진폭이 줄어들고, 그 결과 현미경에서는 어둡게 나타난다. 그림 3.1에서 세포가 어둡게 보이는 것이 바로 이 현상 때문이다. 반면에 진폭에 영향을 받지 않고 투과된 빛은 밝게 나타난다. 그림 3.2(1)에서 표시된 것처럼 진폭이 크게 줄어들면 검게, 영향을 받지 않은 것은 밝게 나타난다. 또 다른 현상으로는 세포와 같이 투명한 물질에 빛이 통과하면 진폭은 변하지 않고 파동이 1/4 늦어진다. 이러한 현상을 **위상이동**(phase shift)라고 한다(그림 3.2(2)). 이러한 위상이동으로는 명암이 크게 달라지지 않는다.

일반적인 광학현미경에서도 이러한 위상이동이 일어나지만 세포기관이 주위의 매질과 어둡게 나타나지 않아 구분하기가 쉽지 않다. 따라서 광학현미경에서는 염색을 하여 세포기관을 어둡게 만들어야 관찰이 가능하다. 반면에 위상차 현미경에서는 1/4만큼 파동이 늦게 이동된 것을 이용하여 밝게 또는 어둡게 관찰할 수 있다.

빛의 두 가지 경로

빛은 투명한 물질을 투과하면 아무런 영향을 받지 않은 **직사광**(direct)과 파동이 지연된 **회절광**(diffracted)의 두 종류의 빛이 나온다. 직사광은 매질(medium)로부터 진폭과 파장에 아무런 영향을 받지 않은 상태이다. 반면에 회절광은 매질의 밀도 차이 때문에 파동이 1/4 느려진 상태

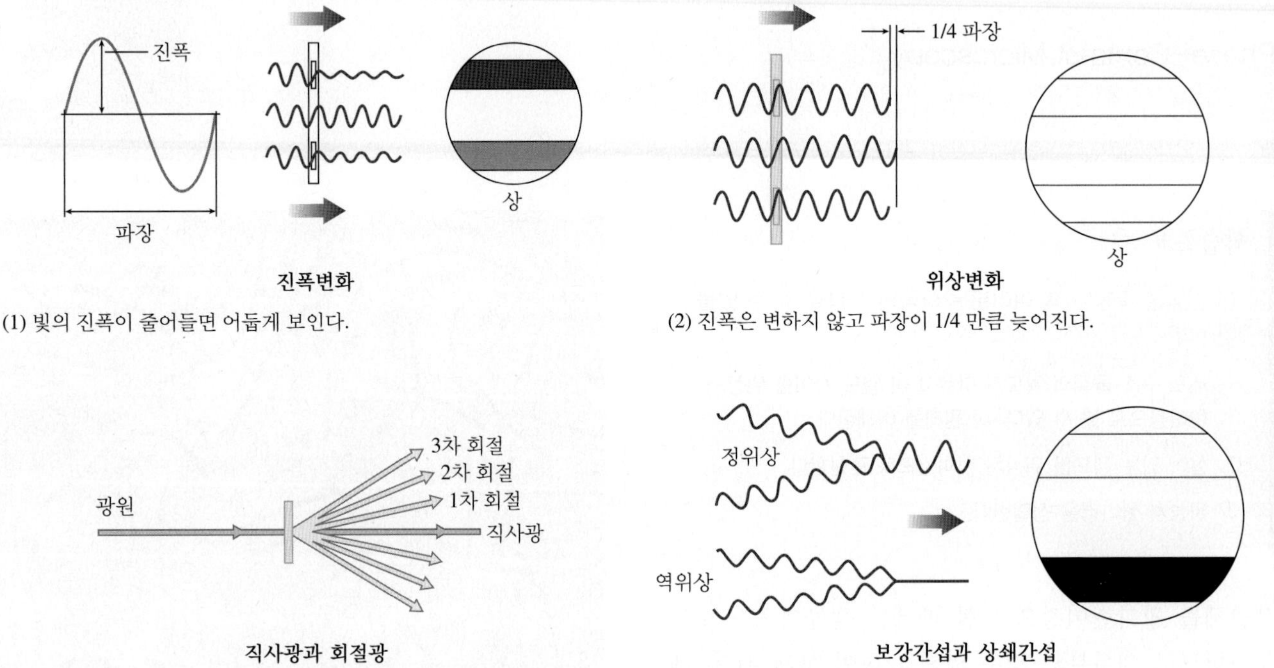

(1) 빛의 진폭이 줄어들면 어둡게 보인다.

(2) 진폭은 변하지 않고 파장이 1/4 만큼 늦어진다.

(3) 모든 빛은 투명한 물체를 통과하면 몇 번에 걸쳐 굴절하게 되며, 이를 회절광이라고 한다. 이 회절광은 직사광보다 1/4만큼 파장이 늦어진다.

(4) 두 빛이 만나면 위상에 따라 어둡고 밝게 된다.
(위) 만일 같은 위상이면 보강간섭으로 밝게 되고,
(아래) 역위상인 경우 에는 상쇄간섭으로 어둡게 보인다.

그림 3.2 위상차 현미경에서 사용하는 광물리학.

의 빛으로 바뀐다. 그림 3.2(3)에 이 두 빛을 나타내었다.

이 두 종류의 광이 만나게 되면, 파동이 중첩되면서 진폭이 달라진다. 만일 위상(phase)이 같은 빛이 만나면 진폭이 2배가 되는 보강간섭으로 밝은 영상이 생기고, 반대로 위상이 정반대인 두 빛이 만나면 상쇄간섭으로 빛이 소멸되어 어둡게 된다. 이를 간섭(interference)라고 한다(그림 3.2(4)).

위상차 현미경

Zernike가 처음 만든 위상차 현미경은 다양한 종류의 조리개와 파동을 늦추거나 빠르게 하는 재질이 사용되었다. 그림 3.3은 현재 사용 중인 위상차 현미경에서 빛의 경로를 나타내고 있다. 기존의 광학현미경과 다른 점은 (1) 조리개의 형태와 (2) 위상 판(phase plate)이다.

조리개에는 **애뉼라 스탑**(annular stop)이 포함되어 있는데, 이것은 콘덴서로부터 시료로 동그란 원형의 빛만 보낸다. 위상 판은 대물렌즈에 끼어 있는 특수한 광학장치로 페이즈 링(phase ring)에 의하여 파동이 1/4만큼 빨라지거나 늦어지게 만든다(그림 3.3). 반면에 산란된 빛은 이미 생물시료를 통과하면서 1/4 늦게 위상이동이 일어난 상태이고, 이 빛은 위상 판에 설치된 페이즈 링을 통과할 때에 아무런 영향을 받지 않는다. 따라서 1/4 빠르게 위상 이동된 빛과 시료를 통과하여 1/4 늦게 위상 이동된 빛이 만나면 상쇄간섭 때문에 검게 보이고, 1/4 늦게 위상 이동된 빛과 시료를 통과한 빛이 만나면 보강 간섭 때문에 밝게 보이는 것이다. 위상차 현미경에도 밝게 보이는 명위상차 현미경(bright phase contrast microscopy)과 어둡게 보는 암위상차 현미경(dark phase contrast microscopy)이 있다.

현미경 정렬

대부분의 위상차 현미경은 광학현미경에 장치를 부착하

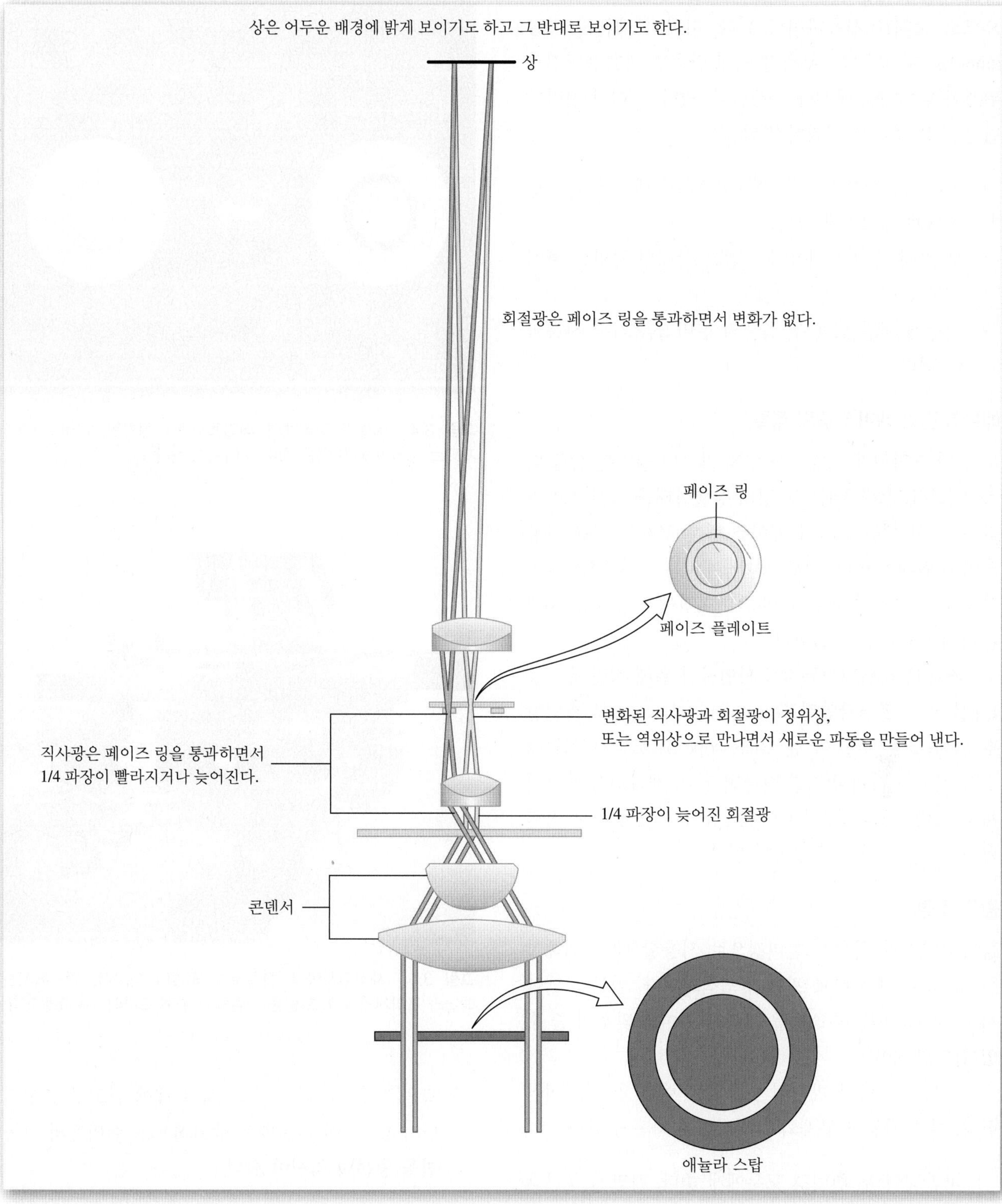

그림 3.3 위상차 현미경에서 빛의 흐름도.

여 사용한다. 광학현미경에서 사용하는 콘덴서의 아래에 애뉼라 스탑(annular stop)을 부착하고, 대물렌즈에 페이즈 링(phase ring)을 부착하면 된다.

위상차 현미경에서 사용하는 대물렌즈는 일반 광

학현미경에 사용하여도 해상도에 큰 영향을 미치지 않으므로 그대로 사용하여도 된다. 따라서 애눌라 스탑(annular stop)의 탈 · 부착만 쉽게 만들면 광학현미경과 위상차 현미경을 동시에 사용할 수 있다. 그러나 편리한 만큼 다음 조건을 지켜야 한다.

- 애눌라 스탑에 있는 링(애눌라 링)과 페이즈 링을 정확하게 정렬해야 한다.
- 두 가지 형태로 사용하기 좋은 상태의 광량을 조절해야 한다.
- 이렇게 되면 쉽게 두 종류의 현미경을 각각 사용할 수 있다.

애눌라 링과 페이즈 링의 정렬

두 링이 정확하게 정렬되어 있지 않으면 원하는 상을 얻을 수 없다. 그림 3.4는 두 링의 정렬상태를 표시하고 있다. 반드시 애눌라 링과 페이즈 링은 정해진 짝을 사용하여 정렬해야 한다. 일부 현미경에서는 그림 3.5와 같이 나사를 돌려 정렬한다. 또 다른 현미경에서는 그림 3.6과 같이 조절나사로 조절한다.

제대로 정렬되었는지를 확인하기 위해 접안렌즈 중 1개를 빼고 **정렬확인렌즈**(centering telescope)로 확인할 수 있다(그림 3.7). 이 렌즈(telescope)로 보면서 애눌라 링과 페이즈 링의 위치를 맞추면 된다. 제작회사에 따라서는 그림 3.8과 같은 정렬확인 장치가 있어 따로 정렬확인렌즈를 사용하지 않아도 된다.

광원 조정

광학현미경과 위상차 현미경으로 사용할 때 주의해야 할 또 다른 것은 바로 광원의 최적화이다. 일부 모델에서는 간단히 애눌라 스탑을 부착하여 이를 맞추어 줄 수 있다(그림 3.9).

그러나 다양한 방법이 있으므로 이를 알아 두어야 한다. 발생 가능한 문제와 해결방법은 다음과 같다.

1. 파란빛이 두 현미경 모두에게 좋다. 따라서 푸른색 필터(blue filter)를 광원 위에 놓아둔다.
2. 위상차 현미경의 밝기는 전압과 바닥 몸통(base)에 부착된 조리개로 조절한다. 광학현미경보다 위상차 현미경에서 더 많은 광량이 필요하다.
3. 광원으로부터 나온 빛은 시야 내에 골고루 분산되어야 한다. 이것은 매우 중요하므로 현미경의 작동법을 충분히 익혀야 한다.

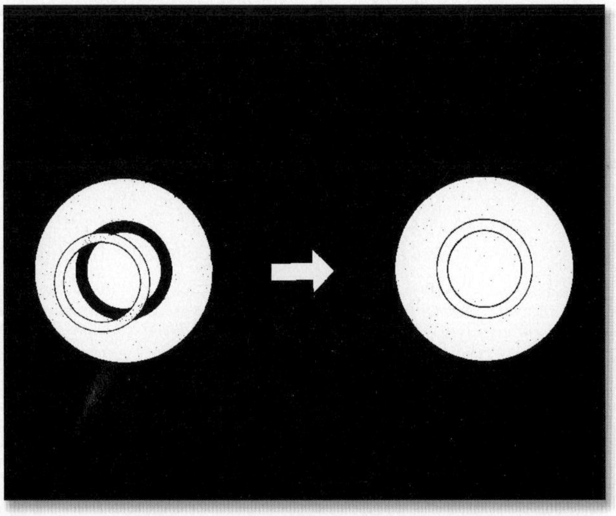

그림 3.4 애눌라 조리개와 페이즈 링이 정렬된 모습(오른쪽). 제대로 정렬이 되면 검은 링이 보이지 않는다.

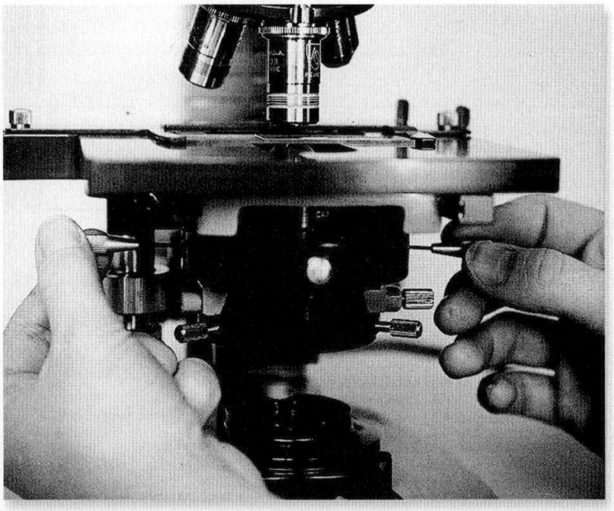

그림 3.5 제작회사마다 정렬하는 방법이 다르다. 여기에서는 애눌라 조리개와 페이즈 링을 정렬하기 위해 드라이버로 조절한다.

실험

광원과 링들이 정렬되었으면 다음을 반드시 명심하고 확인한다.

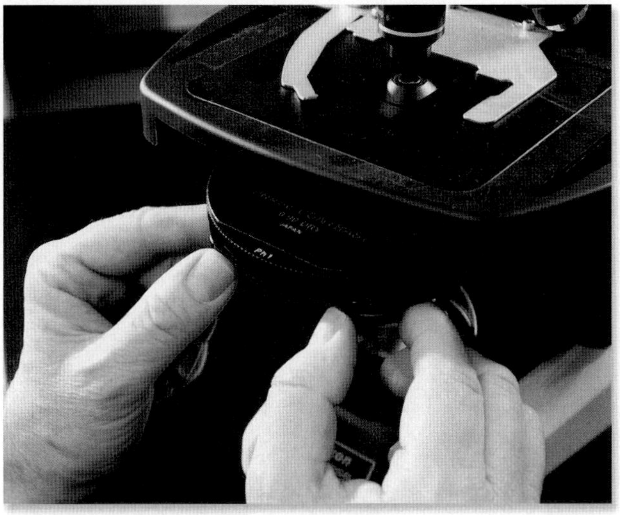

그림 3.6 또 다른 모델의 위상차 현미경에서는 나사를 돌려 조절한다.

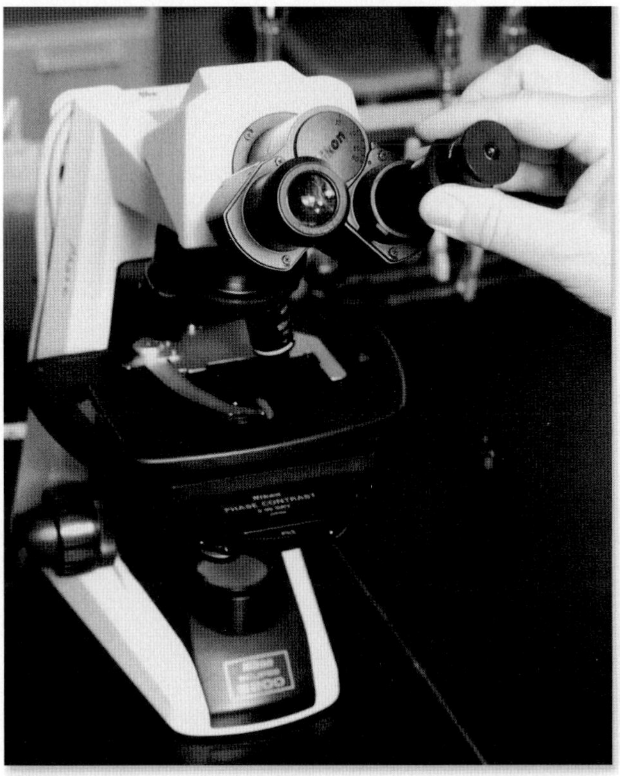

그림 3.7 정렬확인렌즈를 접안렌즈 구멍에 끼우는 모습.

- 표면이 깨끗하고 흠이 없고, 그리스 등 기름기와 화학물질이 묻어 있지 않은 광학적으로 안정한 슬라이드 글라스와 커버 글라스를 사용한다.

그림 3.8 또 다른 모델의 위상차 현미경에서는 정렬확인렌즈를 대신하는 장치가 있다.

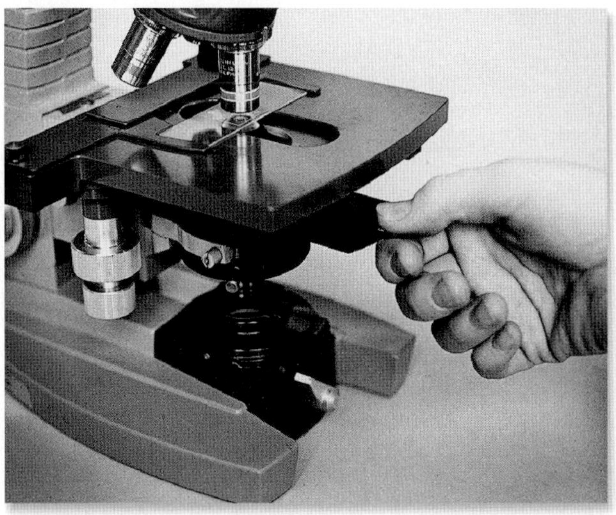

그림 3.9 애뉼라 스탑을 부착하는 모습. 모델마다 다양한 장치가 설치되어 있다.

- 현적법(hanging drop technique; 행잉 드롭 방법) 방법보다 기존의 방식대로 시료 위에 이머젼 오일을 떨어뜨려 관찰한다. 현적법은 잔류물이 많이 남기 때문이다(역자 주: 현적법은 액체 시료를 관찰하는 방법으로 오목한 슬라이드 글라스에 시료를 넣고 재물대에 거꾸로 슬라이드 글라스를 놓고 관찰하는 방법이다).

- 위상차 현미경은 살아 있는 생물 관찰에만 사용한다. 염색한 시료는 위상차 현미경으로 관찰하기 어렵다.

위의 사항을 확인하고 다음 순서대로 위상차 현미경을 사용한다.

1. 액체시료를 슬라이드 글라스에 준비하고, 이 슬라이드 글라스를 재물대에 놓고 광학현미경용 10× 렌즈로 관찰한다.
2. 초점이 맞으면, 같은 배율의 위상차 현미경용 렌즈로 바꾸고, 여기에 맞는 애뉼라 스탑을 맞춘다.
3. 광량을 조절한다. 처음에는 바닥 몸통(base)에 있는 조리개를 사용하고, 다음에 전압을 조절한다. 위상차 현미경으로 사용할 때에는 광량이 많아야 한다.
4. 고배율로 대물렌즈와 여기에 맞는 애뉼라 스탑을 맞추어 시료를 관찰한다.
5. 이머젼 오일을 사용할 경우, 콘덴서 위와 커버 글라스 위에 각각 떨어뜨린다.
6. 위상차 현미경에서 흔히 나타나는 현상 중 하나는 배경에 링(ring)이 보이는 'halo effect'가 나타나는 것이다. 이는 정상적인 것이다.

실험 보고서

이 실험은 다양한 생물을 관찰하는 PART 2와 관련이 있다. 원생동물과 조류를 위상차 현미경으로 관찰할 경우 광학현미경보다 훨씬 더 명확하게 관찰할 수 있다. 이 실험 방법을 잘 읽고 실험 보고서 3을 작성하여 제출한다.

실험 보고서 3

이름: ______________________

날짜: ________ Section: ______________

실험 3. 위상차 현미경

A. 단답형 문제

1. 광학현미경으로 생물 세포를 관찰할 때에는 염색하여 관찰한다. 위상차 현미경에서는 염색이 필요 없다. 염색하지 않을 때의 장점은?

2. 빛은 투명한 물질을 통과하면 직사광(direct)과 회절광(diffracted)의 두 종류의 빛이 나온다. 이 두 종류의 빛을 설명하시오.

3. 빛의 상쇄간섭과 보강간섭을 설명하시오.

4. 명위상차 현미경(bright phase contrast microscopy)와 암위상차 현미경(dark phase contrast microscopy)의 차이점을 설명하시오.

5. 애뉼라 링(annular ring)과 페이즈 링(phase ring)이 제대로 정렬되었는지를 확인하는 방법을 설명하시오.

B. 선택형 문제

1. 위상차 현미경은 광학현미경과 다른 점은?
   a. 접안렌즈에 푸른색의 필터
   b. 애뉼라 스탑에 있는 조리개
   c. 대물렌즈에 부착된 위상판(phase plate)
   d. a와 c가 옳다.
   e. 모두 옳다.

답

선택형

1. ______________

2. 시료를 통과한 직사광(direct rays)이 위상차 현미경에 부착된 페이즈 링(phase ring)을 지나면서 파장이 1/4 빨라졌다면, 회절광은?
   a. 직광과 같은 위상
   b. 직광보다 1/2 늦어진 위상
   c. 직광보다 3/4 늦어진 위상
   d. 직광과 정반대의 위상
   e. b와 d가 옳다.

3. 위상차 현미경에서 보강 간섭이 일어나려면 직광과 회절광은 어떤 상태이어야 하는가?
   a. 정상 위상
   b. 정 반대의 위상
   c. 1/4 늦어진 위상
   d. 모두 옳지 않다.

4. 위상차 현미경은 다음 중 어느 시료를 관찰하기에 적합한가?
   a. 커버 글라스를 덮지 않은 살아 있는 생물체
   b. 커버 글라스가 덮여 있는 염색한 시료
   c. 현적법으로 준비한 살아 있는 시료
   d. 커버 글라스를 덮은 살아 있는 생물체

2. ______________

3. ______________

4. ______________

형광현미경

Fluorescence Microscopy

EXERCISE **4**

학습목표

이 실험을 수행한 후 여러분은 다음의 사항을 알 수 있을 것이다.

1. 형광현미경의 원리를 이해하고 세포가 자세히 보이는 이유를 확인한다.
2. 형광 표지를 형광현미경으로 관찰한다.

형광현미경은 미생물학 연구와 임상 진단 등에서 매우 중요하게 사용되는 기기이다. 형광면역법 등은 현대 의학에서 AIDS, 레지오넬라증, 탄저병(anthrax)과 같은 임상 진단에 필수적인 과정인데, 결과물은 반드시 형광현미경으로 관찰해야 한다. 즉 특이한 단백질에 결합하는 항체에는 형광물질이 표지되어 있어 형광현미경으로 이 표지물질을 확인하여 질병을 진단하는 것이다(그림 4.1). 그러나 형광현미경은 자외선을 사용하기 때문에 매우 위험한 기기이다. 가장 큰 위험은 눈으로 들어오는 자외선이다. 따라서 형광현미경의 구조와 작동법을 정확히 이해하고 안전하게 사용해야 한다.

형광현미경(그림 4.2)은 앞에서 설명한 광학현미경과 몇 가지 점에서 다르다.

- 현광현미경은 수은 램프에서 발생하는 자외선(UV)을 광원으로 사용한다.
- 임시야 콘덴서(darkfield condenser)를 사용한다.
- 필터(filter)를 사용하여 특정 파장의 자외선만을 시료로 보낸다. 이 특정 파장의 자외선은 시료에 포함된 형광물질을 여기시켜(excite) 우리 눈에 보이는 가시광선을 내보내게 한다.

형광현미경의 원리

분자가 에너지를 받으면 고에너지 상태(singlet state)가 되는데, 이 과정을 여기(excite)라고 한다. 고에너지 상태가 원래 상태로 돌아오면서 받은 에너지의 일부만 빛,

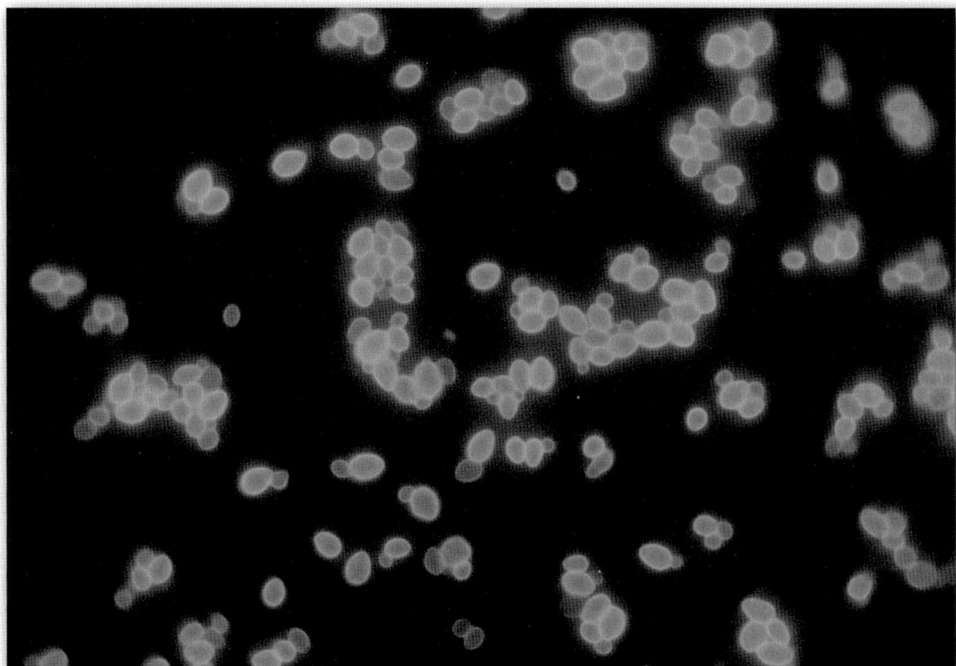

그림 4.1 형광현미경으로 관찰한 형광 항체 염색된 무좀균(*Candida albicans*). Centers for Disease Control

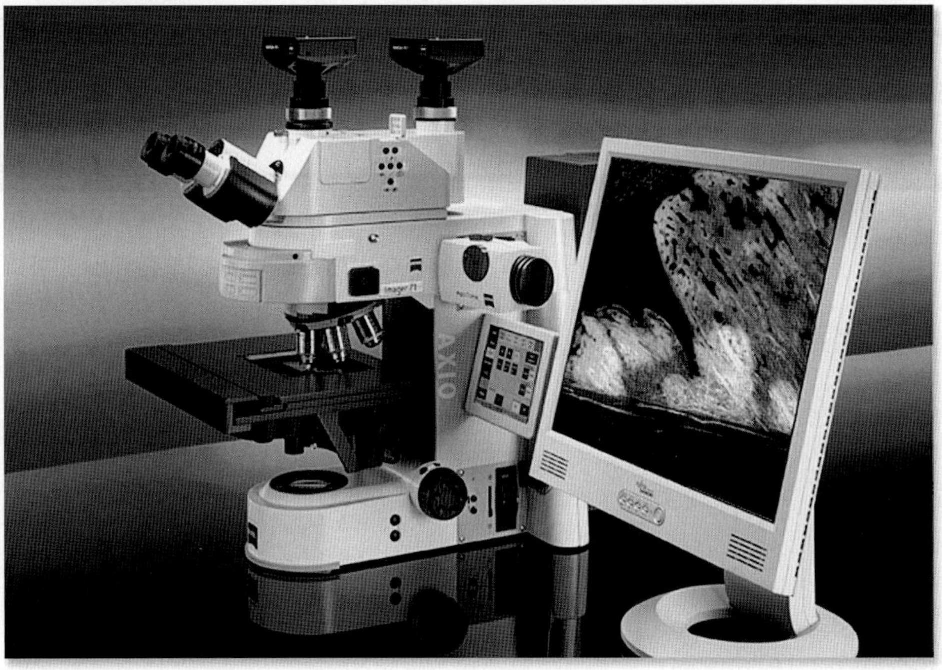

그림 4.2 형광현미경의 모습. 디지털화되어 대형 화면과 컴퓨터에 저장하고 연산하여 생체량을 구할 수도 있다.
Picture used with the permission of Carl Zeiss AG

열, 화학에너지 형태로 내놓는다(그림 4.3). 이때 빛이 나오면 이를 **발광**(photoluminescence)이라 한다. 이 발광에는 여기 상태에서 저에너지 상태로 전환되는 시간이 10^{-4}초 이내인 **형광**(fluorescence)과 10^{-4}초 이상인 **인광**(phosphorescence)로 구분된다. 형광에서는 항상 자외선보다 긴 파장의 빛이 나온다.

형광현미경으로 관찰하고자 하는 미생물의 내부기관은 반드시 형광을 띠거나 **형광염색물질**(fluorochrome)로 염색되어 있어야 한다. 형광염색물질에는 auromine O, acridine orange, fluorescein이 있으며, 이들 물질은 항체와 같은 생체물질에 표지될 수 있으며, 표지된 생체물질은 세포 또는 세포 내의 단백질과 결합하여 형광을 띠게 된다. 세균이 갖고 있는 bacterio chlorophyll, 식물체에 포함된 엽록소와 메탄세균의 세포기관은 자외선을 받으면 형광을 낸다. 이러한 현상을 자기형광(autofluorescence)라고 한다. 따라서 조류(algae)를 형광현미경으로 보면 엽록소가 자기형광을 띠므로 붉은색으로 보인다. 형광에서 가장 중요한 점은 바로 **소멸현상**(quenching)이다. 이 소멸현상은 형광물질이 에너지가 강한 자외선을 지속적으로 받게 되면 형광이 약해지고 없어지는 현상이

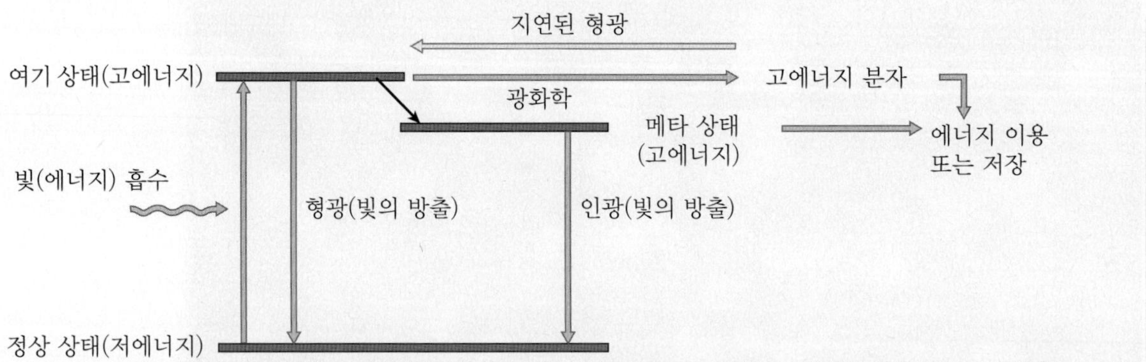

그림 4.3 빛이 흡수되는 과정(흡수; absorption)과 빛을 내는 과정(방출; emission).

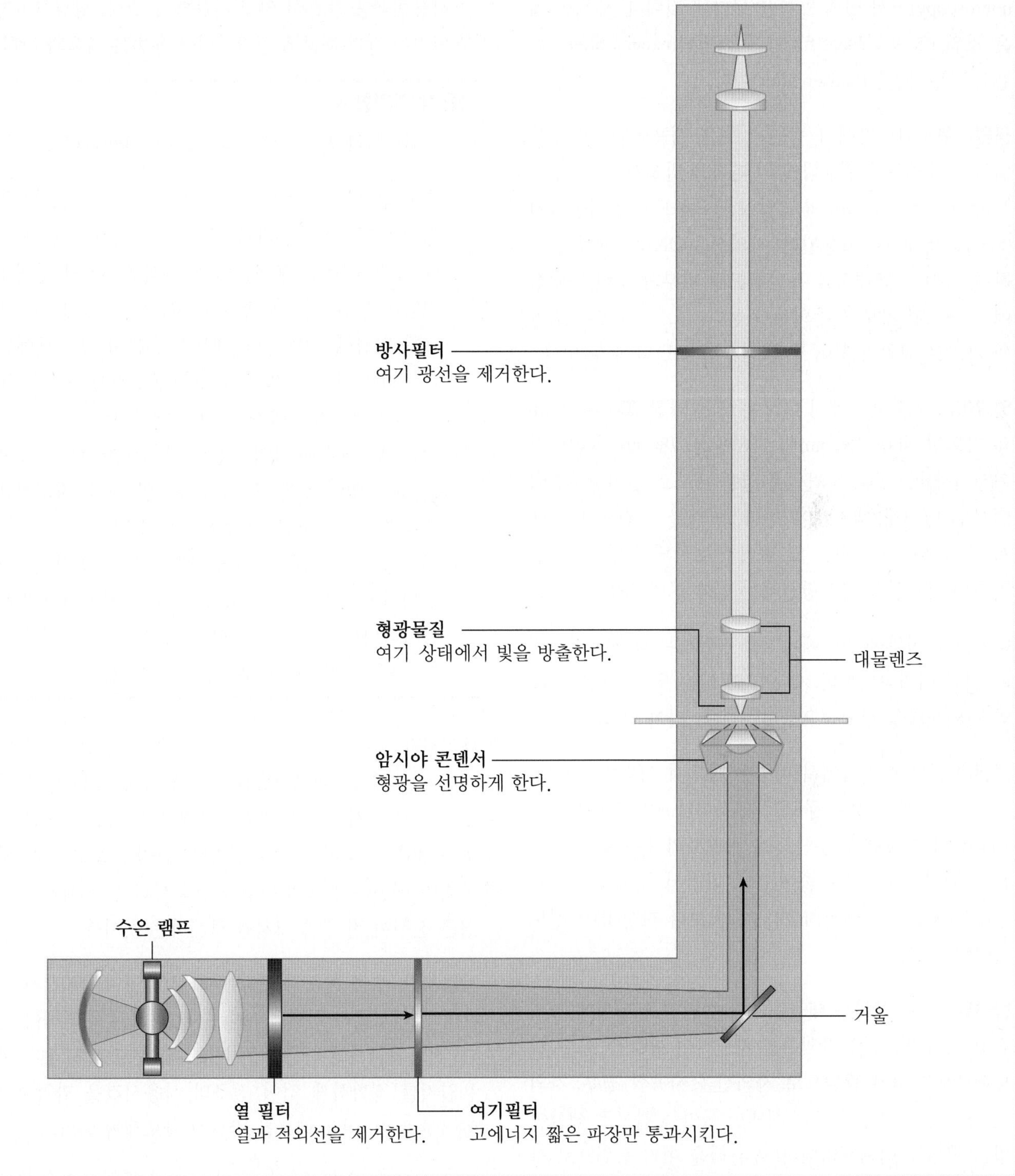

그림 4.4 투과형광현미경에서 빛의 흐름도. [역자 주: 이 투과형광현미경은 자외선이 바로 눈으로 들어와 매우 위험하다. 이런 단점을 보완한 것이 방사형광현미경(epifluorescence microscope)이다. 이 현미경은 시료에서 나온 형광만 보기 때문에 자외선이 직접 눈으로 들어오지는 않는다.]

다. 이 현상 때문에 관찰하는 시간에 제약을 받고 사진을 찍을 때에 상이 사라지는 문제가 있다. 이 소멸현상을 지연시키는 물질이 있으니 잘 선택하여 사용하도록 한다.

현미경의 구성

그림 4.4는 투과형광현미경(transmittance fluorescence

microscopy)에서 빛의 흐름을 나타낸 것이다. 중요한 것은 광원, 열 필터(heat filter), 여기필터(exciter filter), 콘덴서와 방사필터(barrier filter)이다.

광원 형광현미경에서 광원은 수은 램프이다. 이 수은 램프는 자외선과 푸른색 빛의 파장을 발생시킨다. 이 수은 램프는 18,000 Volt의 고압이 필요하므로 전압공급기(power supply)가 사용된다. 자외선은 DNA 변이를 유발하며, 눈에는 백내장을 유발하므로 피부와 눈이 자외선에 노출되지 않도록 주의해야 한다. 또, 램프 안은 고압의 가스로 채워져 있어 잘못 다루면 폭발할 수도 있다.

열 필터 수은 램프에서 나오는 빛은 파장 200~400 nm의 자외선, 400~780 nm의 가시광선, 780 nm이상의 적외선이 있다. 이중 적외선은 열을 내므로 현미경시스템에서는 반드시 제거해야 한다. 이러한 목적으로 콘덴서 앞에 열을 흡수하는 열 필터가 설치되어 있다. 이 열 필터는 자외선과 가시광선에는 영향을 미치지 않는다.

여기필터 형광물질에 에너지를 전달하는 파장만 골라내는 것이 여기필터이다. 이 여기필터는 초록, 파랑, 보라와 자외선만을 선택적으로 보내도록 되어 있다.

콘덴서 형광현미경에서 배경은 반드시 어두워야 한다. 이 역할을 하는 것이 바로 콘덴서이다. 이 콘덴서는 또 자외선의 상당량을 분산시켜 관찰자의 눈으로 들어가는 자외선 양을 대폭 줄여준다. 따라서 대물렌즈의 개구수치(NA)는 콘덴서의 개구 수치보다 항상 0.05 정도 낮아야 한다.

방사필터 이 필터는 대물렌즈와 접안렌즈 사이에 자리잡고 여기 광원, 즉 자외선을 차단하여 형광만 볼 수 있도록 한다. 여기 광원으로 자외선을 사용할 경우, 자외선 자체는 우리 눈으로는 식별이 불가능 하므로 색깔이 없는 필터는 백색유리이다. 푸른색을 여기 광원으로 사용하였을 경우, 노랑—오렌지색을 띠는 필터를 사용한다. 이 필터는 긴 파장의 형광에는 영향을 미치지 않고 짧은 파장의 빛을 차단한다.

현미경의 사용법

형광현미경은 제조업체에 따라 차이가 있으므로 반드시 사용법을을 충분히 읽고 사용해야 한다. 형광현미경의 원리는 같기 때문에 일반적인 사용법은 다음과 같다.

사용상 주의할 것

다음 내용을 항상 염두에 두어 사고를 예방해야 한다.

1. 수은 램프는 고압의 가스가 차 있으므로 폭발의 위험이 있다. 상온 상태에서는 안전하지만, 사용 중일 때, 또는 사용 직후에는 고온 상태로 8기압 상태의 고압이 된다. 따라서 절대로 고온인 상태에서는 램프를 점검하면 안 된다. 램프가 충분히 식는 데에는 15~20분 정도 시간이 필요하므로, 사용 후 15~20분 후에 재작동하던가, 점검을 해야 한다.
2. 수은 램프에서는 자외선 등이 강렬하게 나오므로 보호 장구 없이 수은 램프를 보면 안 된다. 자외선은 백내장을 유발하고, 망막을 손상시킨다.
3. 현미경으로 시료를 관찰할 때, 반드시 방사필터가 정위치에 있어야 한다. 관찰 도중 여기필터와 또는 방사필터를 빼는 것도 눈에 치명적이므로 삼가야 한다. 사용이 미숙한 경우, 이러한 실수를 한다.

대기시간 수은 램프는 전원이 들어오고 제대로 빛을 낼 때까지 대기시간이 필요하다. 대개의 경우 2분 후부터 빛이 나오기 시작한다. 관찰하기에 가장 적당한 빛은 작동 후 30분 이후이다. 그 시간 안에 전원을 끄고, 켜는 반복적인 행동은 램프의 수명을 단축시킨다. 경제적인 운영은 전원이 켠 후 2~3시간 작동하는 것이다.

사용시간 수은 램프의 수명은 400시간이며, 200시간 이후에는 언제든지 수명을 다할 수 있으므로 주의해야 한다. 전압공급기에 사용시간이 표시되는 모델도 있다. 사용일지를 정확하게 적어 전구의 사용시간을 파악하고 있어야 하며, 여유 램프를 반드시 확보해야 한다.

필터의 선택 가장 흔히 사용하는 필터의 조합은 여기필터 BG12, 방사필터 OG1이다. 그림 4.5는 두 필터의 파장을 표시하고 있다. 여기필터는 400 nm에서 피크(peak)인데, 이 파장은 보라(violet)이다. 방사필터를 통과하는 빛의 파장 중 가장 짧은 것(약 500 nm 부근)은 녹색, 녹색-노랑 계열이다. 암시야(dark field)를 원하면, 푸른색이 들어간 BG38을 추가로 사용하면 된다. 이 여분의 필

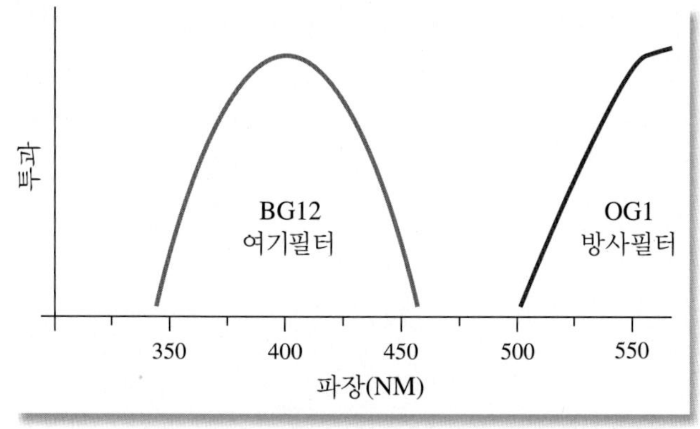

그림 4.5 BG12 와 OG1 필터가 통과시키는 빛의 파장. 여기필터인 BG12 필터는 보라색인 400 nm의 빛만 내보내고, 방사필터인 OG1 필터는 초록색보다 긴 파장만 통과시킨다. 따라서 보라색은 방사필터를 통과하지 못하게 되어 명확한 색과 상을 얻을 수 있다.

터는 램프와 열 필터 사이에 장착하면 된다.

실험 시료를 관찰할 때에는 10× 대물렌즈와 40× 대물렌즈를 사용하는 것이 좋다. 형광현미경은 광학현미경으로도 사용할 수가 있으므로 전원을 켠 후 대기 시간동안 먼저 광학현미경 상태에서 시료를 관찰하여 초점을 맞추고 형광현미경 상태로 만들면 간편하다. 이때에 수은 램프에서 나오는 빛은 차단한다. 대물렌즈에 조리개가 달려 있는 경우가 있으며, 이 렌즈 조리개를 이용하여 시야의 명암을 조절할 수 있다. 고배율인 100× 대물렌즈를 사용할 경우 반드시 형광현미경용 오일을 사용해야 한다. 최근에는 광학-형광현미경 겸용오일이 일반화되어 있다.

실험 보고서

실험 보고서 4를 작성하여 제출한다.

역자 주: 위에서 설명한 것은 투과형광현미경(transmission fluorescence microscopy)이다. 이외에도 많이 사용되는 것에는 방사형광현미경(epifluorescence microscopy)이 있다. 두 형광현미경의 차이점은 광원으로부터 나온 빛이 시료를 통과하는가(투과형광현미경) 시료 위에서 쪼이는가(방사형광현미경)에 따라 구분된다. 그 외의 원리는 동일하다. 최근에는 공초점현미경(confocal microscope)에 형광이 응용되었고, 2개의 다른 파장의 여기필터(exciting filter)를 사용하는 이중 빔(double beam)을 사용하여 여러 파장의 형광을 얻는 현미경도 있다.

실험 보고서 4

이름: ______________________

날짜: ________ Section: ______________________

실험 4. 형광현미경

A. 단답형 문제

1. 인광과 형광을 구분하여 설명하시오.

2. 파장과 에너지를 설명하시오.

3. 소멸현상(quenching)을 설명하시오.

4. 수은 램프가 위험한 이유를 설명하시오.

5. 수은 램프에서 대기시간이 중요한 이유를 설명하시오.

6. 형광현미경에서 암시야 콘덴서(darkfield condenser)를 사용할 때에 장점 두 가지를 설명하시오.

7. 형광현미경에서 이머젼 오일을 사용할 때에 주의해야 할 점은 무엇인가?

8. 전자가 정상 상태로 돌아갈 때 흡수에너지에서 어떤 일이 일어나는지 설명하시오.

B. 선택형 문제

1. 세포의 표면 또는 내부에 잇는 특정한 단백질을 형광물질로 표지할 수 있다. 이때에 사용하는 물질은?
   a. 항체
   b. 엽록소
   c. 메탄
   d. b와 c가 옳다.
   e. 모두 옳다.
2. 열 필터(heat filter)는 쓸모가 없이 열을 내는 무엇을 없애기 위한 것인가?
   a. 적외선
   b. 자외선
   c. 가시광선
   d. b와 c가 옳다.
   e. 모두 옳다.
3. 수은 램프에서 만들어진 빛은 접안렌즈를 통과할 때까지 지나는 구성품의 순서는?
   a. 방사필터, 열 필터, 콘덴서, 슬라이드 글라스, 대물렌즈, 여기필터
   b. 여기필터, 방사필터, 슬라이드 글라스, 콘덴서, 대물렌즈, 열 필터
   c. 여기필터, 콘덴서, 열 필터, 슬라이드 글라스, 대물렌즈, 방사필터
   d. 열 필터, 여기필터, 콘덴서, 방사필터, 슬라이드 글라스, 대물렌즈
   e. 열 필터, 여기필터, 콘덴서, 슬라이드 글라스, 대물렌즈, 방사필터
4. 형광의 파장은 ______________________.
   a. 항상 여기 파장보다 길다.
   b. 항상 여기 파장보다 짧다.
   c. 여기 파장과 비슷하다.
   d. 경우에 따라 여기 파장보다 길기도 하고 짧기도 하다.
5. 형광현미경에서 방사필터의 역할은?
   a. 모든 빛을 차단한다.
   b. 형광 빛을 선택적으로 투과시킨다.
   c. 여기 광원을 제거한다.
   d. b와 c가 옳다.

답

선택형

1. ______________
2. ______________
3. ______________
4. ______________
5. ______________

현미경으로 길이 측정하기

Microscopic Measurements

EXERCISE

5

학습목표

이 실험을 수행한 후 여러분은 다음의 사항을 알 수 있을 것이다.

1. 접안 마이크로미터로 재물대 마이크로미터를 보정한다.
2. 보정된 접안 마이크로미터로 시료의 길이를 정확하게 측정한다.

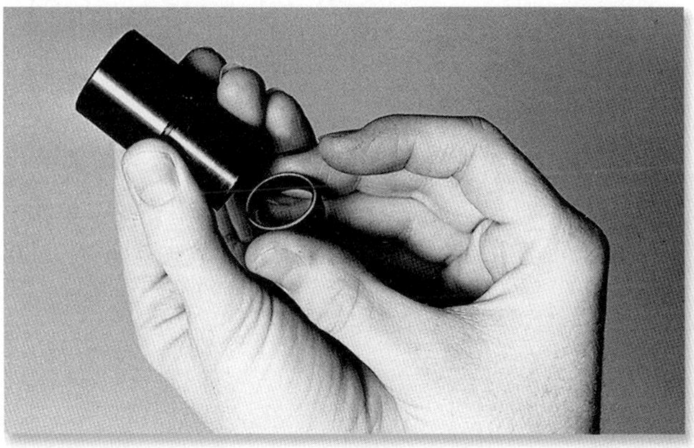

그림 5.1 접안 마이크로미터를 접안렌즈에 끼우는 모습.

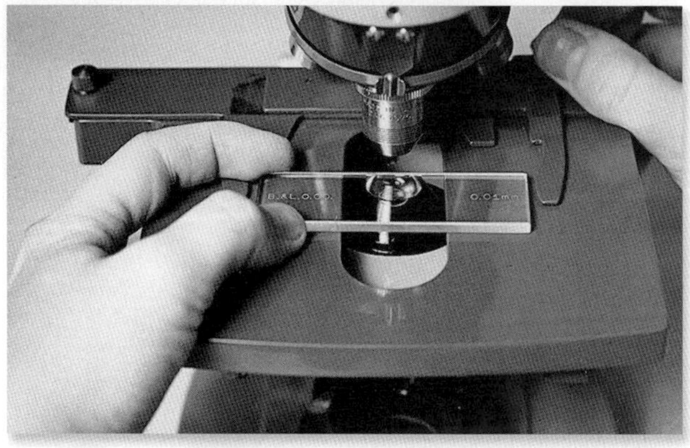

그림 5.2 재물대에 재물대 마이크로미터를 설치하는 모습. 이것으로 접안 마이크로미터를 보정할 수 있다.

생물의 생체량을 측정하기 위해 반드시 대상 생물의 길이와 폭 등 정확한 길이를 확인해야 한다. 세균과 같은 작은 생물체는 현미경에서 길이를 측정해야 하며, 이 경우 접안렌즈에 **접안 마이크로미터**(ocular micrometer)가 부착되어 있어야 한다. 마이크로미터에는 정확한 길이를 측정하기 위해 줄자와 같이 눈금이 표시된 것(그림 5.4(b) 참조), 10×10으로 칸이 구분된 것 등 다양한 종류가 있다. 이 마이크로미터는 원형의 디스크 형태이며, 한 쪽 접안렌즈에 쉽게 장착할 수 있다(그림 5.1). 그러나 모델에 따라 직경이 달라지므로 가지고 있는 현미경 모델과 맞는 접안 마이크로미터를 확보하고 있어야 한다.

어떤 종류의 접안 마이크로미터를 사용하든지, 가정 먼저 할 일은 이 접안 마이크로미터를 정확하게 보정(calibration)하는 것이다. 보정은 재물대에 재물대 마이크로미터를 올려놓고 접안 마이크로미터로 정확한 길이를 비교하여 측정한다. 이 실험의 주요한 목적은 현미경에 장착된 다양한 배율의 대물렌즈를 사용하여 접안 마이크로미터를 보정하는 것이다.

보정 과정

접안 마이크로미터는 임의로 정해놓은 길이이므로 배율이 변하면 그 길이도 변하게 된다. 이 문제를 해결하려면 반드시 **재물대 마이크로미터**(대물 마이크로미터; objective micrometer라고도 한다)로 보정을 해주어야 한다(그림 5.2). 이 재물대 마이크로미터의 작은 눈금은 0.01 mm(10 μm)이다(그림 5.4(c)).

보정 과정은 다음과 같다. 먼저 접안 마이크로미터와 대물 마이크로미터를 서로 겹쳐 눈금이 일치되도록 한다(그림 5.4(a)). 그 다음, 재물대 마이크로미터 눈금 칸 하나에 접안 마이크로미터 눈금 칸 몇 개와 일치하는지를 확인한다. 그림 5.4에서는 재물대 마이크로미터 5개 눈금에 접안 마이크로미터 35개가 정확히 일치한다.

따라서 접안 마이크로미터 눈금 35개는 50 μm(즉, 10 μm × 5개)에 해당되고, 눈금 하나의 길이는 50/35 =

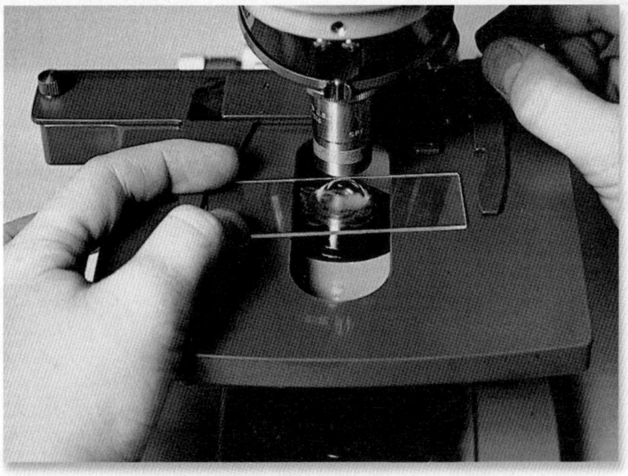

그림 5.3 보정을 마친 다음에는 시료를 올려놓는다.

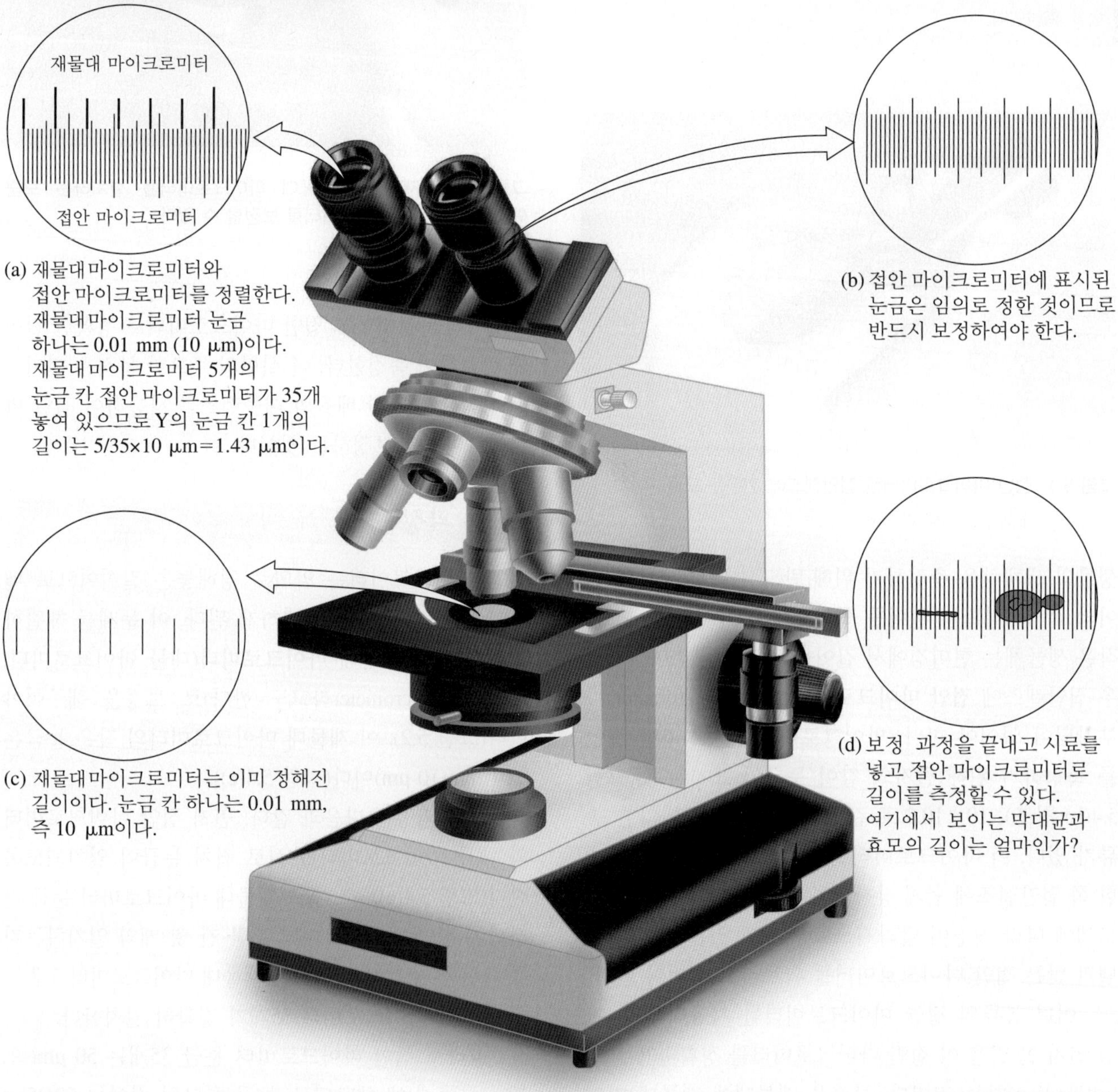

그림 5.4 접안 마이크로미터의 보정 과정.

1.43 μm가 된다.

그 다음은 재물대 마이크로미터를 빼고 시료를 올려놓은 후 시료의 길이와 폭을 측정하면 된다(그림 5.3). 그림 5.4(d)는 세균시료를 접안 마이크로미터를 사용하여 보았을 경우에 나타나는 상(image)이다. 보정을 하고 나면 재물대 마이크로미터가 없어도 각 세균의 길이와 폭을 측정할 수 있다. 보정 과정은 다음과 같다.

재료

- 접안 마이크로미터 또는 마이크로미터 디스크가 포함된 접안렌즈
- 재물대 마이크로미터

1. 접안 마이크로미터가 포함된 접안렌즈가 준비되면, 접안렌즈 하나를 이 렌즈와 바꾸어 끼운다. 따로 접안 마이크로미터가 있으면, 이 미터를 접안렌즈의 아래 또는 렌즈 사이에 끼우도록 한다. 어느 경우라도 주의를 기울여 접안렌즈나 그 안의 내용물이 떨어지지 않도록 해야 한다. 미터 눈금을 유리 디스크의 표면에 놓고 이 표면이 반드시 위로, 즉 눈에 가까이 위치되도록 설치해야 한다. 마이크로미터를 붙이고 떼어 낼 때에는 반드시 담당교수의 허락과 감독하에서만 작업을 해야 한다.
2. 재물대 마이크로미터를 재물대에 올려놓고 광원의 중앙에 오도록 정렬한다.
3. 배율 렌즈인 10× 대물렌즈를 정위치에 놓고 재물대 마이크로미터의 눈금에 초점을 맞춘다. 이때에 조동 조절 나사를 사용하고 광량을 줄인다. 재물대 마이크로미터는 두꺼워서 자동 정지 장치(automatic stop: 역자 주-재물대가 렌즈와 일정한 거리를 유지하여 충돌을 방지하는 장치)가 있는 현미경에서는 이 자동 정지 장치를 해제한 후에 사용해야 초점을 맞출 수 있다.
4. 접안렌즈를 시계 방향 또는 시계 반대 방향으로 돌리면서 접안 마이크로미터와 재물대 마이크로미터의 눈금이 겹치도록 정렬한다.
5. **저배율 대물렌즈**를 사용할 경우 8번부터 계속하여 실험한다.
6. 40× 렌즈를 사용할 경우에도 8번부터 계속하여 실험한다.
7. 100× 렌즈를 사용할 경우, **이머젼 오일**을 재물대 마이크로미터에 한두 방울 떨어뜨려 사용한다. 다음 단계부터 진행한다.
8. 재물대 마이크로미터의 한 끝이 접안 마이크로미터의 끝과 일치하도록 재물대를 움직여 정렬한다. 재물대 마이크로미터의 한 눈 금 칸(division)은 가장 작은 길이로 절대 길이가 0.01 mm 이다(그림 5.4(a) 참조). 재물대 마이크로미터와 접안 마이크로미터의 끝을 일치시킨 후에 재물대 마이크로미터의 눈금 한 칸에 접안 마이크로미터 눈금 칸이 몇 개와 일치하는지를 정확하게 측정하면 접안 마이크로미터의 눈금 하나의 절대 길이를 알 수 있다.

   예: 재물대 마이크로미터 3개의 칸에 접안 마이크로미터 눈금 칸이 20개가 일치한다. 이 경우 접안 마이크로미터 하나의 눈금 칸은 다음과 같이 구할 수 있다.

   접안 마이크로미터 눈금 칸 길이 = 3/20 × 0.01
   = 0.0015 mm
   = 1.5 μm

   접안 마이크로미터 눈금 칸 길이를 확인한 후에는 재물대 마이크로미터를 빼고 슬라이드 글라스를 놓고 시료의 길이를 측정한다. 물론 이머젼 오일이 묻은 재물대 마이크로미터는 깨끗하게 닦아 보관한다.

측정하기

다음 실험 과정에서 원생동물, 조류, 균류와 세균을 관찰하게 되는데, 생물의 길이를 측정할 경우 이 실험 과정을 이용하면 된다. 또 후에 미지의 생물을 관찰할 경우에도 길이 측정으로 동정하는 데에 도움이 된다.

중요한 점: 실험 후에 접안 마이크로미터를 분리하여 따로 보관한다.

실험 보고서

실험 보고서 5를 작성하여 제출한다.

역자 주: 배율마다 접안 마이크로미터의 길이가 달라지므로 노트에 배율과 실제 길이를 기록하여 놓는다. 실제로 10×, 40×, 100×의 대물렌즈를 바꿔 사용할 경우, 각 길이는 상관성이 있다. 접안 마이크로미터를 10×10 격자로 된 것을 사용할 경우 격자의 넓이를 구하여 놓으면 그 격자 안에 들어간 세균, 원생동물, 조류의 수를 정량화할 수 있다.

실험 보고서 5

이름: ____________

날짜: ______ Section: ____________

실험 5. 현미경으로 길이 측정하기

A. 단답형 문제

1. 접안 마이크로미터와 재물대 마이크로미터를 비교하고 차이점을 설명하시오.

___

___

2. 접안 마이크로미터 눈금 칸 13개가 재물대 마이크로미터 2개의 눈금 칸과 일치한다. 이 경우 접안 마이크로미터 눈금 칸 16개를 차지하는 세포의 실제 길이(μm)는 얼마인가?

___

___

3. 각 배율마다 접안 마이크로미터를 보정(calibration)해야 하는 이유는 무엇인가?

___

___

PART 2

미생물 탐구

미생물은 주변에 흔하다. 원생동물, 조류, 규조, 아메바와 같은 진핵 미생물은 연못과 호수에 풍부하다. 세균은 동물과 관련되어 발견되며, 토양과 수계에서 풍부에 풍부하고 지각 깊은 곳에서 채집한 시료에서 분리되었다. 세균은 또한 그들을 대류의 흐름에 의해 다른 환경으로 이동시키는 공기에도 존재한다. 초기 미생물의 현대의 친척인 고세균은 산성 화산 온천수, 산소가 전혀 없는 혐기성 환경, 극고염분의 호수와 습지 같은 대부분의 극한 환경을 점유하고 있다. 남세균은 연못과 호수, 석회석, 그리고 집 지붕을 보호하는 지붕널에서조차도 자라는 것이 발견되는 광합성 원핵생물이다. 균류는 대부분의 일반 환경에서 발견되는 매우 다양한 미생물 그룹이다. 예를 들어, 그것들은 토양에 있는 복잡한 분자들을 분해하여 땅을 비옥하게 한다. 하지만 종종 필요 없는 생물체이기도 하다. 목욕탕 샤워기에 곰팡이를 쓸게 하고, 그것들의 포자는 알레르기를 일으킨다. 그것들의 분포를 묘사하는 가장 좋은 방법은 흔하고 모든 곳에서 발견된다고 말하는 것이다.

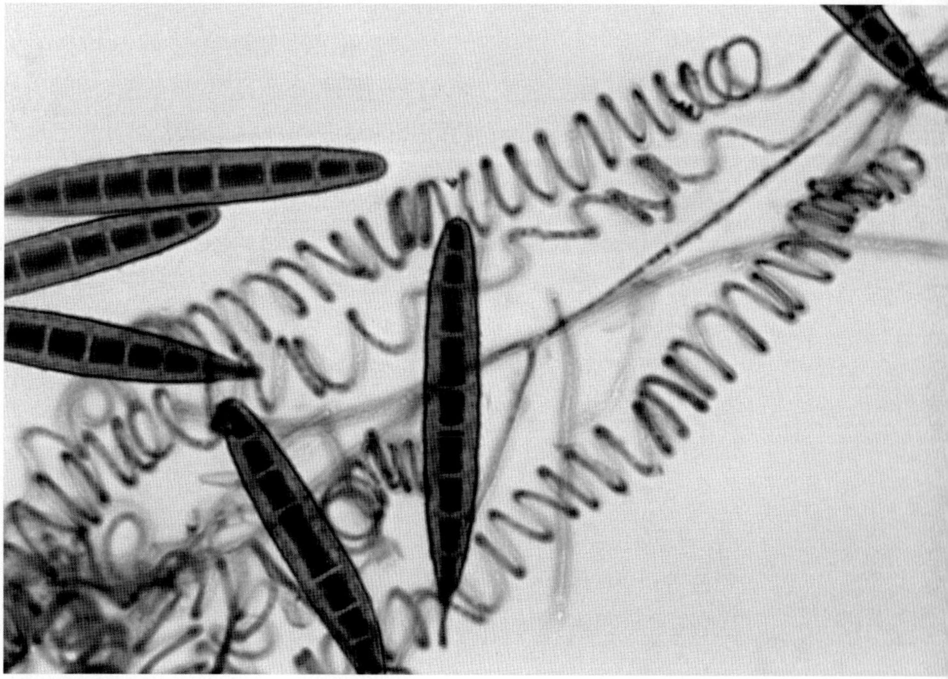
CDC/Dr. Lucille K. Georg

생물학자들의 호기심을 자극하는 질문은 다양한 생물이 어떻게 서로 관련되어 있으며 개개의 생물이 진화 도표에서 어디에 위치하는가이다. 분자생물학적 기법은 생물의 유전적 연관성을 분석하고, 다양한 생물이 진화 도표에서 어디에 위치하는지를 결정하는 방법을 제공하였다. 생화학적 실험 자료를 곁들여서 리보솜 RNA 분자의 서열을 비교함으로써 연구자들은 다양한 생물들의 진화 도표상의 위치에 관한 현재의 생각을 보여주는 계통수를 개발해 왔다. 그 진화 도표는 생물계를 3개의 영역으로 나눈다.

세균 영역 이 생물들은 원핵세포 구조를 갖는다. 이들은 미토콘드리아나 엽록체 같은 소기관이 결여되어 있고 핵막이 있는 조직적인 핵이 없으며, 많은 광역 스펙트럼 항생제에 의해 억제되는 70S 리보솜을 지닌다. 대부분은 펩티도글리칸으로 구성된 세포벽으로 둘러싸여 있다. 세균과 남세균은 이 영역의 구성원이다.

진핵생물 영역 이 영역의 생물들은 진핵세포 구조를 갖는다. 그것들은 미토콘드리아나 엽록체 같은 막으로 둘러싸인 소기관을 가지며, 핵막으로 둘러싸인 조직적인 핵이 있고, 광역 스펙트럼 항생제에 의해 억제되는 않는 80S 리보

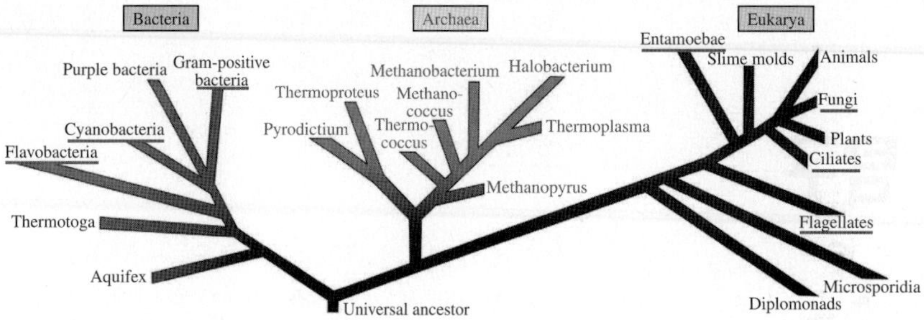

솜을 지닌다. 식물, 동물, 그리고 원생동물, 조류, 균류와 같은 미생물이 이 영역에 속한다. 식물은 섬유소로 구성되어 있는 세포벽이 있으며 균류는 키틴으로 구성된 세포벽이 있다. 반면에 동물은 세포벽 구조가 결여되어 있다.

고세균 영역 고세균은 진핵생물과 세균의 특징을 모두 보여준다. 이 생물들은 시생대에 존재하였던 고대 미생물의 친척으로 여겨진다. 대응 세균처럼, 그것들은 소기관이 결여되고 조직화된 핵이 없는 단순한 세포 구조를 갖고 있다. 그것들은 세균처럼 70S 리보솜을 갖고 있으나 단백질 구성과 리보솜의 형태는 진핵세포의 리보솜과 더 유사하다. 진핵세포와 같이, 고세균의 리보솜은 항생제에 민감하지 않다. 그것들은 세포벽이 있지만 그 구조는 펩티도글리칸으로 구성되어 있지는 않다. 이 생물들의 주요 서식지는 화산 온천수나 극히 높은 염분이 있는 환경, 산소가 없는 환경과 같은 극한 환경이다. 따라서 그것들은 "호극한성 생물(extremophiles)"이라고 한다. 산성 호열성균, 호염성균, 메탄세균이 고세균의 예이다.

PART 2의 실험을 통하여 이러한 생물들을 공부할 기회를 가질 것이다. 연못물에서 아메바, 원생동물, 다양한 조류, 규조류, 남세균을 볼 것이다. 다양한 환경에 생장 배지를 노출시킴으로써 세균을 관찰할 것이다. 균류는 배양과 견본 슬라이드를 통해서 연구할 것이다. 고세균은 극한환경에서 자라고 또한 특수한 배양기술을 요하기 때문에, 이 미생물들은 볼 수 없을 것이다.

MICROBIOLOGY

EXERCISE 6

연못물에 존재하는 미생물들 – 원생동물, 조류, 남세균

학습목표

이 실험을 수행한 후 여러분은 다음의 사항을 알 수 있을 것이다.

1. 수계 환경으로부터 습윤 표본(wet mount)을 준비한다.
2. 조류와 원생동물에 속해 있는 다양한 진핵생물을 동정하고, 그들을 원핵 남세균과 구별한다.
3. 원핵세균과 진핵 조류를 구별한다.

이 실험에서는 연못물에서 발견되는 다양한 생물들을 공부할 것이다. 그러한 것들에는 원핵 남세균들뿐만 아니라 조류와 원생생물로 분류되는 진핵생물들이 포함된다. 그러한 생물들의 몇몇을 규명하는 데 도움을 주기 위해 삽화와 설명이 제공된다. 또한 작은 선충류와 곤충 애벌레, 미소갑각류, 윤충류, 그리고 다른 무척추동물들을 관찰할 수 있다. 여러분의 담당교수는 이 실험서에서 제시되지 않는 이러한 생물들을 규명하기 위해 추가 재료를 제공할 수도 있다.

이 실험의 목적은 연못 서식지에 존재하는 다양한 생물들과 친숙해지는 데 있다. 직접 동정한 것의 대부분은 형태적 특성과 차이를 비교하는 것이 포함될 것이다. 그러한 생물들을 연구하기 위해 연못물의 다양한 시료의 습윤 표본(wet mount)을 만들 것이다. 그것은 피펫으로 현미경 슬라이드에 연못물을 한 방울 떨어뜨려 커버 글라스로 덮으면 된다. 최상의 결과를 얻기 위해, 다음과 같은 지침에 따른다.

1. 비누와 물로 슬라이드 글라스와 커버 글라스를 깨끗하게 닦는다.
2. 최대 수의 생물을 얻기 위해 피펫을 병의 바닥까지 집어넣는다. 병의 중간에서는 더 적은 생물이 발견된다.
3. 핀셋으로 필라멘트 형태의 조류를 제거한다. 너무 많은 재료를 사용하는 것은 피한다.
4. 먼저 낮은 배율의 대물렌즈로 슬라이드 글라스를 관찰한다. 더 선명한 대조를 제공하기 위해 조리개로 빛을 감소시킨다.
5. 관심 대상의 생물을 발견하면, 높은 배율의 건조 대물렌즈를 제자리로 돌리고 적절한 대비를 얻을 수 있도록 빛을 조절한다.
6. 관찰한 생물을 동정하기 위해 그림 6.1~6.7과 교재를 참조한다.
7. 실험 보고서에 관찰한 것을 기록한다.

재료

- 연못물이 들어 있는 시료 병
- 현미경 슬라이드 글라스와 커버 글라스
- 파스퇴르 피펫, 피펫보조기, 핀셋
- 마킹 펜
- 참고문헌
- 원생동물, 아메바, 조류의 견본 슬라이드

생물 탐사

원생생물과 남세균(cyanobacteria)의 인상적인 다양성은 실험 하는 동안에 만난 것이다. 여러분들은 그러한 생물들을 형태적 특성에 기초하여 동정하고 범주를 정하라고 할 것이다. 전통적으로, 그러한 형태적 특성은 정식적인 분류 도표를 작성하는 사용되어지곤 했다. 하지만 유전적 분석에서는 그러한 분류표는 생물 간의 진화적 관계를 나타내지는 않는다고 언급하였다. 현재에는, 원생생물학자들간에 원생생물의 어떤 분류표가 세계적으로 받아질 수 있는지에 대해 활발한 논쟁중이다. 어떻게 원생생물을 분류하느냐에 대한 과학자들 간의 의견일치의 부족 때문에, 그리고 단순히 생물을 관찰하여 진정한 진화적 관계를 결정하지 못하기 때문에, 여러분들은 실험에서 만나게 되는 생물의 범주를 정하기 위해 형태에 기초한 비공식적인 체계를 사용할 것이다. 표 6.1은 여러분이 보는 몇몇 중요 형태적 그룹에 대한 여러분의 이

표 6.1 생물의 분류

원핵생물 (세균 영역)	진핵생물 (진핵생물 영역)
Cyanobacteria (그림 6.7)	Protozoa
	Diplomonads and Parabasalids
	Euglenozoans
	Euglenids (그림 6.2, 삽화 1, 2)
	Kinetoplastids
	Alveolates
	Ciliates
	Dinoflagellates (그림 6.3, 삽화 10, 11)
	Apicomplexans
	Stramenophiles
	Diatoms (그림 6.6)
	Golden algae (그림 6.3, 삽화 1–4)
	Amoebozoans
	Gymnamoebas (그림 6.1, 삽화 6)
	Entamoebas
	Algae
	Red and green algae
	Unicellular red algae
	Unicellular green algae (그림 6.2, 6.3, 6.4)

해를 도울 것이다. 그것들이 공식적으로 인정되는 분류 그룹이 아니라는 것을 명심해야 한다. 그러나 그것들은 특수한 물리적 특성에 기초하여 실험실에서 생물을 동정하고 범주를 정하는 데 유용하다.

진핵생물

원생동물

원생동물은 원생생물이며, 그것은 "첫 번째 동물"을 의미한다. 그것들은 300년 전에 단순한 현미경으로 빗물 시료를 연구하였을 때 레이벤후크(Leewenhoek)에 의해 관찰되었던 생물들 중의 일부이다. 원생동물은 처음에는 단세포이며, 무색이고, 세포벽이 없는 생물로 분류되었고, 운동성을 기초로 하여 더 세분하여 분류되었다. 하지만 현대 유전학적인 분석으로 이들 생물들은 서로 관련이 없는 다양한 그룹임을 보여주었다. 그것들은 대부분 종속영양체이며, 조류의 특징인 단단한 섬유소 세포벽이 결여되거나 균류의 특징인 키틴 세포벽이 결여된 단세포 생물이다. 섬모, 편모, 또는 허족과 같은 운동을 위한 특수한 구조들은 이전의 분류표에서 중요하였지만, 유전적 분석은 그들을 다음과 같은 특성을 지닌 그룹으로 세분된다.

중복편모충류(Diplomonads)와 파라바실리아류(Parabasalids) 이들은 두 개의 핵을 갖고, 전자전달 구성분과 크렙스 회로 구성분이 결여된 축소된 미토콘드리아인 **미토솜**(mitosome)이라는 소기관을 갖는다. 지알디아 람브리아(*Giardia lamblia*)는 호수나 냇가의 오염된 물을 마셔 설사하는 병에 걸리는 지아르디아증을 유발하는 중복편모충류(diplomonad)이다. 파라바실리아류는 골지체와 관련이 있는 **부기저체**(parabasal body)가 존재하는 것이 특징인 생물이다. 이들은 미토콘드리아가 없지만 대신에 수소가스를 방출하는 혐기성 호흡을 수행하는 하드로게노솜(hydrogenosome)을 갖고 있다. 몇몇은 개미의 소화관에서 서식하여 개미를 위해 섬유소를 소화시킨다. 그것들은 또한 척추동물의 장이나 비뇨생식기

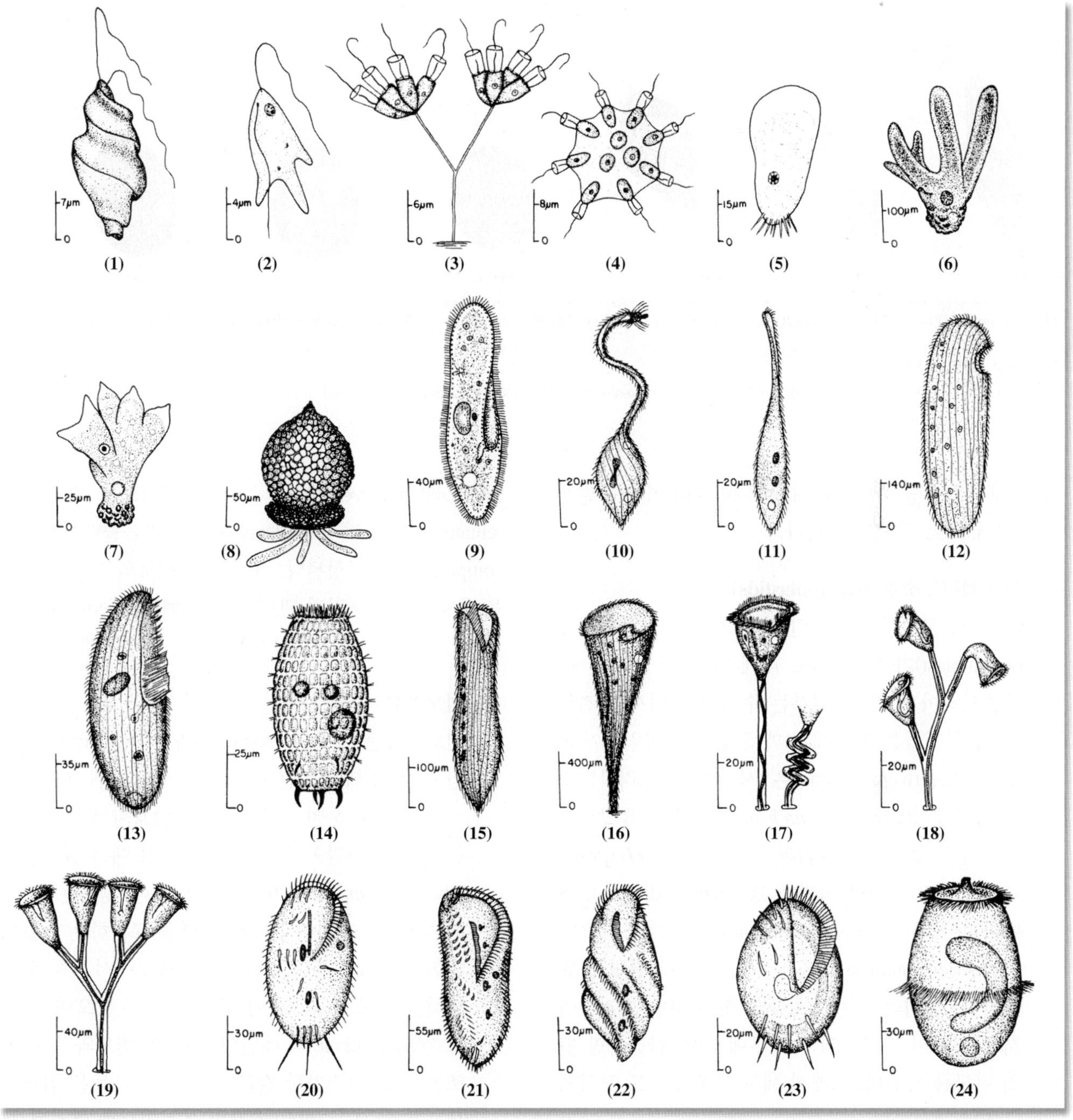

(1) *Heteronema*
(2) *Cercomonas*
(3) *Codosiga*
(4) *Protospongia*
(5) *Trichamoeba*
(6) *Amoeba*
(7) *Mayorella*
(8) *Difflugia*
(9) *Paramecium*
(10) *Lacrymaria*
(11) *Litonotus*
(12) *Loxodes*
(13) *Blepharisma*
(14) *Coleps*
(15) *Condylostoma*
(16) *Stentor*
(17) *Vorticella*
(18) *Carchesium*
(19) *Zoothamnium*
(20) *Stylonychia*
(21) *Onychodromus*
(22) *Hypotrichidium*
(23) *Euplotes*
(24) *Didinium*

그림 6.1 원생동물.

에서 감염을 유발하는 심각한 병원체이다. 트리코모나스 바지날리스(*Trichomonas vaginalis*)는 사람에게 성병을 일으키는 파라바실리아류이다.

유글레노조안(Euglenozoans) 이 생물들은 단세포이며 편모와 관련이 있는 독특한 수정 막대를 갖고 있는 다양한 그룹이다. 일부는 병원체이며 일부는 자유유영을 한

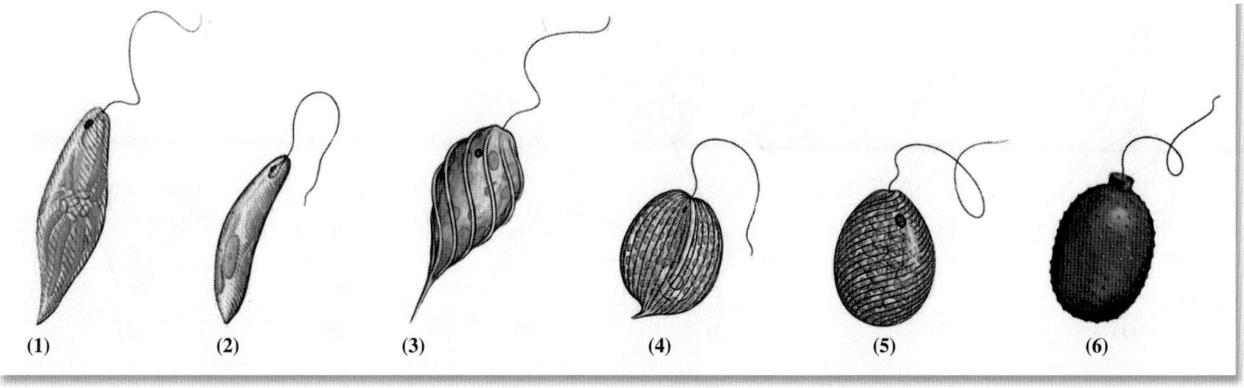

(1) *Euglena* (700×) **(2)** *Euglena* (700×) **(3)** *Phacus* (1000×) **(4)** *Phacus* (350×) **(5)** *Lepocinclis* (350×) **(6)** *Trachelomonas* (1000×)

그림 6.2 편모성 연두벌레.
(Courtesy of the U.S. Environmental Protection Agency, Office of Research & Development, Cincinnati, OH 45268)

다. 그것들은 운동핵편모충류(kinetoplastids)와 연두벌레류(euglenids)로 구성되어 있다.

- **운동핵편모충류(Kinetoplastids)**
  운동핵편모충류는 커다란 DNA 덩어리인 동원질체(kinetoplast)가 있는 세포 내에 한 개의 커다란 미토콘드리아가 있다. 일부는 수계 환경에서 발견되고 다른 것들은 사람에게 매우 심각한 병원체이다. 트리파노솜(trypanosome)은 사람에게 트리파노소마 브르세이(*Trypanosoma brucei*)에 의해 유발되는 아프리카 수면병과 트리파노소마 크루지(*Trypanosoma cruzi*)에 의한 차가스 병(Chagas' disease), 레슈마니아 메이저(*Leishmania major*)에 의한 레슈마니아증(leishmaniasis)과 같은 여러 가지 질병에 관여한다. 트리파노솜은 초승달 형태이며, 기저체에서 기원되며 세포질막의 일부에 의해 둘러싸인 단일 편모를 가진다. 그래서 세포 몸체가 파도 모양의 구조를 형성한다.

- **연두벌레류(Euglenids)**
  연두벌레류는 엽록체를 갖고 있으므로 종속영양체 또는 광합성체로 자랄 수 있다. 그것들은 세균들을 잡아먹을 수 있는 물에서 주로 자라는 비병원체이다. 먹이는 세포막으로 먹이를 둘러싸고 그 먹이를 세포로 보내는 **식포작용**(phagocytosis)으로 섭취한다. 연두벌레(*Euglena* : 그림 6.2, 삽화 1, 2)는 이 그룹의 일원이다.

알베오레이트(Alveolates) 알베오레이트는 섬모충류(ciliates), 쌍편모류(dinoflagelates), 에피콤플렉산류(apicomplexans)로 구성된다. 이 그룹은 세포의 삼투압 균형을 유지하는 세포막과 관련이 있는 **폐포**(alveoli)라는 주머니를 갖고 있다. 에피콤플렉산류는 절대기생체이다.

- **섬모충류**
  섬모충류는 소핵(micronuclei)과 대핵(macronuclei)인 두 가지 핵을 갖는 것이 특징이다. 소핵 유전자는 생식 기능을 하며, 세포 기능을 암호화하는 유전자는 대핵과 연관이 있다. 섬모충류의 예는 짚신벌레(*Paramecium* : 그림 6.1, 삽화 9)이다. 생식은 두 짚신벌레가 융합하여 그들의 소핵을 교환하는 접합에 의한다. 섬모충류는 일반적으로 세포에서 운동을 담당하는 섬모로 둘러싸여 있다. 섬모는 짧으며, 미세소관(microtubule)의 배열이 9 + 2인 편모와 같은 구조를 갖는 머리카락 같은 구조이다. 운동은 섬모가 세포를 앞 또는 뒤로 조절된 움직임으로 추진될 때 일어난다. 섬모는 또한 소화 기능도 한다. 섬모는 생물체의 세포구(cytostome)나 구위(oral groove)에 배열되어 세균과 같은 먹이를 세포의 입으로 보내고, 그 곳에서는 식포에 둘러싸여 식포작용에 의해 세포 속으로 보낸다. 많은 짚신벌레는 내공생하는데, 예를 들어, 보티셀라(*Vorticella*)와 쥬샴니움(*Zoothamnium* : 그림 6.1, 삽화 17, 19)과 같은 원핵생물들이 그들의 세포질이나 대핵에 머물러 있다. 섬모충류는

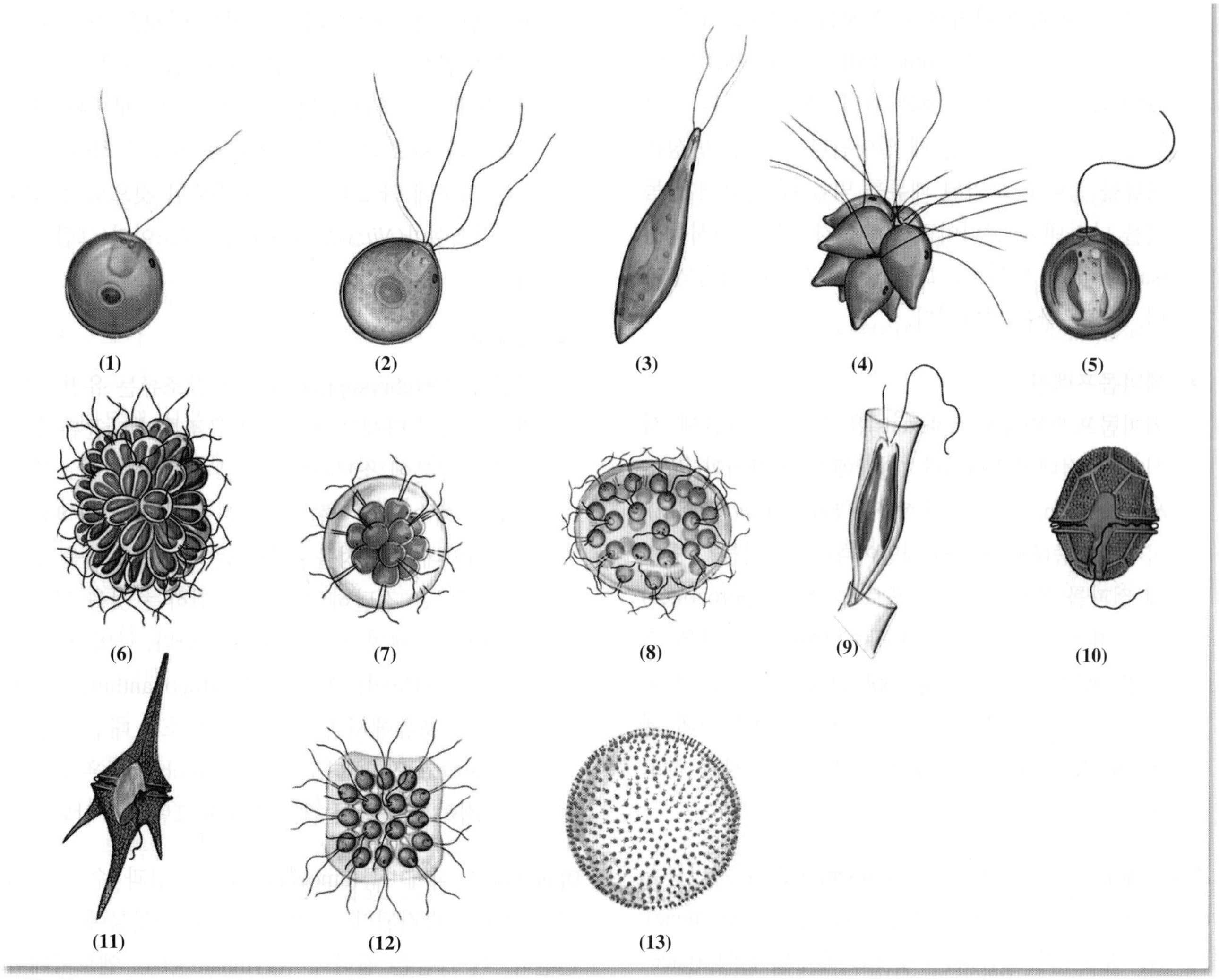

(1) *Chlamydomonas* (1000×)
(2) *Carteria* (1500×)
(3) *Chlorogonium* (1000×)
(4) *Pyrobotrys* (1000×)
(5) *Chrysococcus* (3000×)
(6) *Synura* (350×)
(7) *Pandorina* (350×)
(8) *Eudorina* (175×)
(9) *Dinobryon* (1000×)
(10) *Peridinium* (350×)
(11) *Ceratium* (175×)
(12) *Gonium* (350×)
(13) *Volvox* (100×)

그림 6.3 편모성 녹조류.
(Courtesy of the U.S. Environmental Protection Agency, Office of Research & Development, Cincinnati, OH 45268)

색깔을 띨 수 있다. 즉, 스텐토(*Stentor* : 그림 6.1, 삽화 16)는 푸른색, 브레파리스마(*Blepharisma* : 그림 6.1, 삽화 13)는 분홍색, 파라메시움 부사리아(*Paramecium busaria* : 그림 6.1, 삽화 9)는 초록색이다. 초록색은 내공생하는 조류 세포 때문이다. 섬모충류는 소와 같은 반추동물 전위의 중요한 서식자이다. 그것들은 위에서 동물의 영양분이 되는 섬유소와 전분을 분해한다. 그것들은 또한 반추위에서 세균의 수를 유지하기 위해 반추위에 있는 세균을 잡아먹는다. 섬모충류 발란티디움 콜리(*Balantidium coli*)는 종종 사람에게 감염되는 가축의 장내 병원균이고, 엔트아메바 히스토리티카(*Entamoeba histolytica*)와 유사한 장내 질병을 일으킨다.

- **쌍편모류**

쌍편모류(그림 6.3, 삽화 10, 11)는 서로 다른 크기의 두 개의 편모를 가진 것이 특징이다. 편모는 세포를 감싸고 요동칠 때 회전된다. 이 생물은 해수와 담수에서 모두 존재한다. 고니아락스(*Gonyaulax*)는 해양 연안에 있는 쌍편모류이다. 일부 종들은 형광성이며 파도가 해변을 부딪치거나 보트가 물살을

(blue-green algae)"로 분류되었다. 하지만 조직적인 핵이나 엽록체, 그리고 다른 소기관들이 결여되어 있기 때문에 원핵세포이다. 70S 리보솜을 가지며 세포벽에 펩티도글리칸(peptidoglycan)을 갖고 있다. 이들은 박테리오클로로필(bacteriochlorophyll)이 있고, 산소를 만들지 않는 혐기성 광합성을 수행하는 녹황세균 및 자황세균과는 다르다. 그림 6.7은 자주 발견되는 몇 종을 임의적으로 보여준다.

전에 묘사하였던 남조류는 많은 종이 검정, 자색, 붉은색, 청록색을 포함한 다양한 녹색 계통이므로 다소 잘못된 것이다. 다양한 색깔은 세포에 존재하는 엽록소 *a*, 카로티노이드, 피코빌리단백질이 포함된 광합성 색소의 비율이 다르기 때문이다. 후자의 색소는 단백질과 결합하여 피코빌리단백질(phycobiliprotein)을 형성하는 알로피코시아닌(allophycocyanin), 피코시아닌(phycocyanin), 피코에리스린(phycoerythrin)으로 구성되어 있다. 피코빌리단백질은 광계에서 빛을 수확하는 역할을 한다. 재미있는 것은 이것들의 구조는 또한 홍조류에서도 발견된다. 이 세균들에는 조직적인 엽록체가 존재하지 않으므로, 색소와 광계는 겹겹이 싸인 평형막으로 되어 있는 틸라코이드(thylakoids)에 조직화되어 있다.

실험 보고서

실험 보고서 6을 작성하여 제출한다.

실험 보고서 6

이름: ____________________

날짜: ________ Section: ____________________

실험 6. 연못물에 존재하는 미생물들 - 원생동물, 조류, 남세균

A. 결과

담수미생물에 대한 본 실험에서, 다음 표에 관찰한 것을 기록하시오. 동정될 생물의 수는 시간과 재료의 이용도에 달려 있다. 담당교수는 기록해야 할 각 형태의 수를 지시할 것이다.

동정할 수 있는 형태의 속명을 기록하시오. 또한, 그 생물이 속하는 그룹을 나타내시오. 식별할 수 없는 미생물들은 제공된 공간에 그린다. 동정된 것들은 그릴 필요가 없다.

1. 원생동물

속(GENUS)	그룹	병 번호	미동정 생물 그림

2. 조류

속(GENUS)	그룹	병 번호	미동정 생물 그림

3. 남세균

속(GENUS)	병 번호	미동정 생물 그림

B. 단답형 문제

1. 조류와 원생동물, 남세균은 어느 영역(domain)인가?

2. (a) 조류와 식물의 유사성 한 가지를 말하시오. (b) 차이점 한 가지를 말하시오.

3. 원생동물이 나타내는 운동성의 세 가지 기작을 비교하시오.

4. (a) 어느 미생물이 이전에 “남조류(blue-green algae)”로 알려져 있는가?
   (b) 이들은 왜 조류가 아닌가?

5. 무엇이 “적조”를 붉게 하는가?

6. 말라리아 원인체의 속은 무엇인가? 어느 그룹에 속하는가?

7. 미토솜(mitosome)은 무엇인가? 어느 생물에서 그것들이 있는가?

8. 동원질체(kinetoplast)는 무엇인가? 어느 병원체가 이 구조를 갖고 있는가?

9. 알베오레이트(Alveolate: 원생생물의 주요 superphylum)에서 어느 구조가 삼투압 균형을 조절하는가?

10. 섬모류에서 소핵의 기능은 무엇을 하는가?

11. 규조각(frustule)은 무엇인가? 그리고 어느 독특한 화합물이 이 구조를 구성하는가?

12. 엽록소를 제외하고, 남세균에서 발견되는 추가적으로 빛을 수확하는 색소는 무엇인가?

C. 빈칸 채우기 문제

1. 생물의 각 형태에서, 세포 특성과 기능이 존재하는지를 빈칸에 표시하시오.

특성 또는 기능	원생동물	조류	남세균
핵			
편모			
허족			
섬모			
광합성 색소			
엽록체			
세포벽			

MICROBIOLOGY

EXERCISE 7

세균의 편재

Ubiquity of Bacteria

학습목표

이 실험을 수행한 후 여러분은 다음의 사항을 알 수 있을 것이다.

1. 자연에 존재하는 세균을 배양할 수 있다.
2. 채취한 세균의 종류와 수가 여러 가지 환경에 따라 다르다는 것을 알게 된다.

지구상 생물량(biomass)의 대부분은 세균과 기타 미생물이다. 피부나 소화관의 표면에 서식한다. 사람의 경우, 상주균의 수가 몸 전체 세포수의 10배 이상 많다. 식물의 경우, 잎 표면이나 뿌리혹에서 발견되는데 대기로부터 질소를 고정하기 위해 식물과 공생관계를 이룬다. 식물과 동물의 여러 가지 질병의 원인이기도 하다. 우리는 하수오물이나 쓰레기의 분해를 위해 세균에 의존한다. 세균은 토양에서도 매우 중요한 데 왕성하게 질소와 탄소를 순환시켜 토양을 비옥하게 한다. 해양에도 세균이 많은데 순환과 무기질화에 기여한다. 해양에서 몇몇 세균은 독특한 대사능으로 아주 뜨거운 열수공 근처에서도 살며, 열수공과 관련한 화산 활동으로부터 배출된 황화 수소나 기타 기체를 이용한다. 지각 깊은 곳에서 채취한 시료에서도 분리된다. 옐로우 스톤 국립 공원 같은 장소의 황열천에서 형형색색의 꽃 모양을 이룬다. 핵심적으로, 세균은 사람이 찾을 수 있는 거의 모든 장소에서 발견된다. 이와 같이 지구상에서 세균이 발견되지 않는 곳은 거의 없다.

로버트 코흐(Robert Koch)가 그의 실험실에서 처음으로 세균을 연구하였을 때, 첫 번째 도전 중의 하나는 군집의 세균을 개개의 종별로 배양하는 방법을 고안하는 것이었다. 초기의 방법은 감자나 당근 같은 채소 조각을 사용하거나 고기 육수에 젤라틴을 더하는 것이었다. 이런 고체배지 위에서 개개의 세균 세포들이 눈에 보일 정도로 자라는 것을 발견하였다. 한 개의 세포가 분열을 거듭하면 **콜로니**(colony)를 만들고(그림 7.1), 한 개 콜로니의 세포 수는 10억(10^9)개 이상일 수도 있다. 그러나 한 개의 콜로니는 예를 들어, 포도상구균(streptococci)같이 사슬을 이루는 세포를 영양배지에서 키울 때처럼 한 개 이상의 세포로부터도 생길 수 있다. 일찍이 동료의 부인인 헤쎄부인이 고체화 재료로 한천(agar; 아가) 사용을 제안함으로써 코흐 험실에서 세균 세포의 배양은 엄청나게 개선되었다. 한천배지의 한 가지 중요한 장점은 다루기 쉽고, 코흐가 연구하던 세균에 의해 분해가 잘 되는 젤라틴과 달리 병원균들에 의해 분해되지 않는다는 것이다. 코흐 실험실 기사인 페트리(R. J. Petri)가 실험실 주변, 특히 공기로부터 세균의 오염을 방지하기 위하여 뚜껑 있는 접시를 사용함으로써 순수배양은 더욱 발전하였다. *Bacillus anthracis*에 의해 야기되는 탄저병 등 그들이 연구하던 병원균들을 분리하고 배양하는 수단을 제공했기 때문에 이런 방법들은 코흐 실험실의 아주 중요한 성과이다. 미생물학자들은 오늘날 아직도 세균을 배양하는 데 한천과 페트리(petri) 용기를 사용한다.

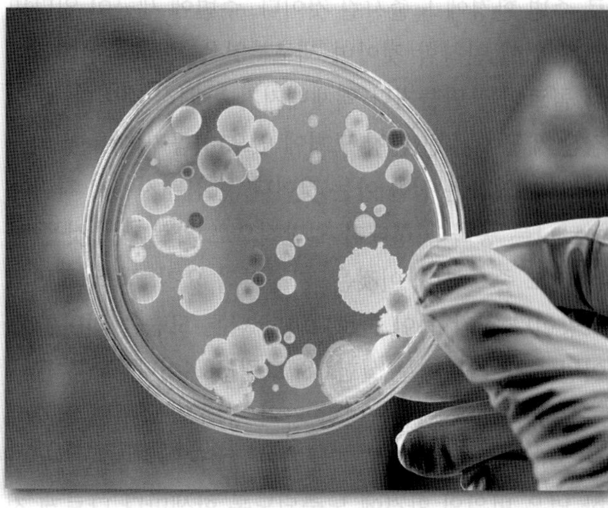

그림 7.1 환경에 노출된 영양한천배지(플레이트).

세균의 [illegible] 에 보통 세균을 키울 수 있는 단일 배지는 존재하지 않는다. 그러나 많은 세균은 한천으로 고[illegible]체는 추출물에서 자라는데, 그 예로 영양 배지를 들 수 있다. 이 실험에서 부균 세균 배지를 여러 가지 방법으로 주변 환경에 노출시킬 것이다. 주위에 세균이 있다면 배지 위에 안착한 사이에 세균 군집은 배지 한천에서 콜로니를 만들거나 액체배지가 탁해질 것이다. 주요 점은 세균이 주변 환경 도처에 있으며 공기 대류에 의해 퍼질 수 있다는 점을 아는 것이다. 한천배지에서 자라는 콜로니는 종마다 형태가 일반적으로 다르다는 것을 아는 것도 중요하다. 이것은 가장자리 요철, 색소, 표면의 모양이나 질감 등이 콜로니마다 다른 모습을 의미한다. 이러 특징들의 예는 실험 38, 그림 38.4이다.

무균 세균배지를 여러 가지 방법으로 주변 환경에 노출시킬 세 종류의 무균 배지가 주어질 것이다. 가능한 한 넓은 범위의 환경에 노출되도록 학생마다 다르게 지정될 것이다. 면봉을 이용해 물건이나 표면의 세균을 채취한다든지, 영양배지가 들어 있는 페트리 접시를 다른 환경에서 공기 중에 노출시킬 것이다. 지정 번호는 다음 도표에 자세하게 기술되었다.

재료

학생당

- 시험관 한 개의 영양배지
- TSA 배지
- Sharpie 표지펜

[illegible]

2. [illegible]
3. [illegible] 슬라이드 [illegible] 배지를 [illegible] 슬라이드를 높이 들어 대부분의 배지를 슬라이드 밖으로 나오게 한다.
4. 물기 있는 슬라이드로 신체의 한 부분, 예를 들면 손, 귀, 코 [illegible] 등의 부위를 훑은 후 배지 [illegible] 문힌다.
5. [illegible]
6. 혈액배지에 기침을 하여 각 개인의 이름과 날짜를 플레이트에 기입한다.
7. 37°C에서 이틀 동안 배양한다.

평가

48시간 후, 영양배지와 두 개의 플레이트를 관찰한다. 시험관의 [illegible] 혼탁[illegible] 한지를 관찰한다.

오염되지 않은 시험관이나 플레이트와 비교한다. 혼탁하다는 것은 무슨 징후인가? 혈액배지에서 어떤 콜로

TSA 배지에 노출방법	학생 번호
1. 실험실 공기에 30분간 노출	1, 10, 19, 28
2. 실험실 외의 방에서 30분간 노출	2, 11, 20, 29
3. 건물 밖의 환경에서 30분간 노출	3, 12, 21, 30
4. 노출 배지에 먼지를 주입	4, 13, 22, 31
5. 배지에 물기 젖은 입술 주입	5, 14, 23, 32
6. 배지에 지문 주입	6, 15, 24, 33
7. 배지에 여러 동전 주입	7, 16, 25, 34
8. 배지에 머리카락 주입 (10 strokes)	8, 17, 26, 35
9. 선택: 그 외 다른 방법	9, 18, 27, 36

실험 보고서 7

이름: ______________________

날짜: ________ Section: ______________

실험 7. 세균의 편재

A. 결과

1. TSA 배지와 혈액배지를 관찰한 후 다음 표에 그 결과를 기록하시오. 플레이트에 대해서는 오염의 정도 및 자란 생명체가 세균류인지 균류인지의 차이를 정량적으로 평가하고자 하니, 결과를 다음과 같이 정량화하시오.

   0 (생장 없음)
   \+ 1에서 10 콜로니 +++ 51에서 100 콜로니
   ++ 11에서 50 콜로니 ++++ 100 콜로니 이상

   미생물을 잘 퍼지게 하기 위해 배지가 든 시험관을 잘 흔든 후 혼탁도를 관찰하시오. 배지가 깨끗하면 세균 생장은 일어나지 않은 것이다. 생장이 없을 경우를 0으로 표시한다. 시험관이 혼탁하면 마지막 칸에 +를 기록하시오.

학생 이름	플레이트 노출 방법		콜로니 수		배지	
	TSA 배지	혈액 배지	세균	사상균	종류	결과

수업 결과를 통하여 아래 질문에 답하시오.

2. 자란 콜로니 수를 지침으로, 시료를 채취한 지역 중 어느 지역에 세균이 가장 많은가?

3. 왜 그 지역이 가장 미생물 수가 많은지 그 이유를 가정하시오.

4. a. 플레이트 중 콜로니가 전혀 자라지 않은 플레이트가 있는가?

b. 채취된 지역이 진짜 멸균된 상태라 생각하는가?

c. b의 답이 '아니오'일 경우, 플레이트에 생장이 없는 것을 어떻게 설명할 수 있겠는가?

d. b의 답이 '예'일 경우, 설명하시오.

B. 단답형 문제

1. 현미경으로 관찰 시, 세균의 콜로니 형태는 균류의 것과 어떤 면이 다른가?

2. 오염의 정도를 콜로니 크기보다 수로 정하는 이유를 설명하시오.

3. 피부에서 세균을 발견한 학생이 있는가? 균류는? 설명하시오.

4. 미생물 생장 수준은 피부에서 어떻게 조절되는가? 물체의 표면에는? 공기 중에는?

5. 세균과 진핵미생물을 아래 특성면에서 비교, 설명하시오.

a. 크기

b. 유전물질의 형성과정

c. 리보솜

d. 세포벽

e. 호흡과 광합성

f. 운동기작

MICROBIOLOGY

EXERCISE

8

곰팡이 : 사상균과 효모

Fungi: Molds and Yeasts

학습목표

이 실험을 수행한 후 여러분은 다음의 사항을 알 수 있을 것이다.

1. 효모와 곰팡이를 구별할 수 있다.
2. 현미경적 형태와 콜로니의 특징들을 바탕으로 몇 가지의 흔한 곰팡이를 동정할 수 있다.
3. 현미경적 형태를 근거로 효모와 점균류(슬라임 몰드)의 과실체를 동정할 수 있다.

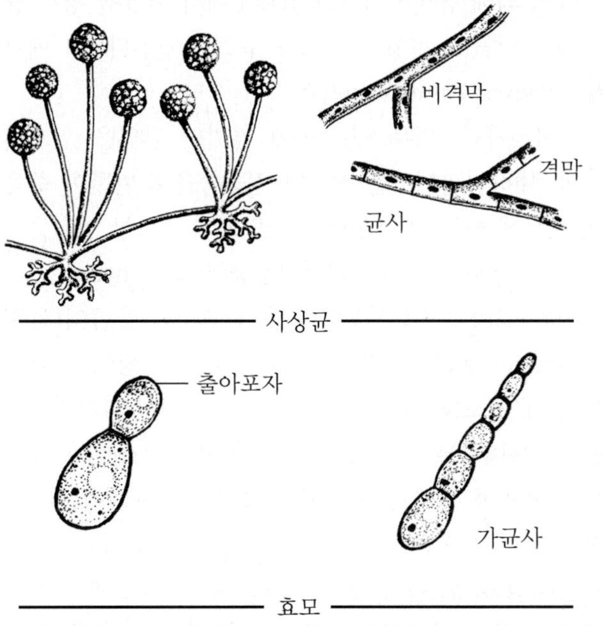

그림 8.1 사상균과 효모의 구조 차이.

곰팡이는 유기물로부터 영양을 얻는 부생생물이면서 진핵생물들로 이루어진 크고 다양한 집단이다. 곰팡이는 사상균, 버섯류, 곰팡이, 효모 사상균을 포함한다. 셀룰로오스로 이루어진 세포벽을 가진 식물과 달리, 곰팡이의 세포벽은 *N*-아세틸-글루코사민 중합체인 키틴(chitin)으로 이루어져 있다. 몇 가지는 물에서만 서식하지만 대부분의 곰팡이는 열대지방에 분포한다. 곰팡이는 **세포외 효소**(exoenzyme)를 분비해서 복합다당류와 단백질을 단당류, 펩티드와 아미노산으로 분해해 영양원으로 사용한다. 죽은 식물체나 동물체 부식을 책임짐으로써 환경의 유기적, 생물학적 물질의 무기화(mineralization)와 순환에 필수적이다. 예를 들어, 죽은 나무는 거의 예외 없이 목재부패곰팡이에 의해 분해되고 순환된다. 목재는 셀룰로오스와 페놀화합물인 리그닌으로 이루어진 복합체이다. 곰팡이는 목재 구성 화합물을 분해할 수 있는 있다는 점에서 독특하다. 낮은 pH, 62°C에 이르는 고온 같은 여러 가지 크게 다른 환경에서도 자랄 수 있다. 독특한 대사능과 다양한 생장능 때문에 때로는 골칫거리가 된다. 과일이나 채소 같은 음식의 심각한 경제적 손실을 초래한다. 욕실 같은 습한 곳에서도 곰팡이가 피기도 한다.

사상균(molds)은 현미경으로 볼 때 둥글고 실타래처럼 얽힌 **균사**(hyphae)로 이루어진 콜로니를 만드는 곰팡이다. 균사에는 다른 구조를 가진 두 가지가 있다. 하나는 격막(septa) 혹은 가로지르는 벽(cross-wall)으로서 각각의 세포를 분리하여 전형적인 진핵 구조를 가지도록 하는 것이 특징이다. 이 형태의 균사에서는 격막에 있는 구멍을 통하여 각 구역 사이에 세포질이 유동한다. 두 번째 형태는 비격막(coenocytic) 균사로서 세포 사이에 격막이 없다. 비격막 균사에서는 반복적으로 분열한 핵이 콜로니 전체에 걸쳐 세포질 유동에 의해 움직여 다수의 핵이 존재한다. 사상균 콜로니는 균사말단에서 자라는데, 이를 정점 생장(apical growth)이라 한다. 균사가 가지를 치고 실타래 같이 얽혀 기질 표면을 덮어 **균사체**(mycelium)를 만든다. 우리가 보는 사상균 콜로니는 기질 균사체를 이루는 균사가 만드는 방석이다. 사상균 콜로니는 자주 동정에 유용한 특징적인 색소를 띤다. 기질 균사체가 가지치고 분화하면 스포란지아스포아나 코니디오스포아같은 특화된 생식 구조가 생기기도 한다.

효모(yeast)는 통상적으로 균사가 없다. *Saccharomyces cerevisiae*같은 효모는 주로 출아(budding)에 의

해 증식하는데, 출아란 싹이 생기고 자라 딸세포가 되어 어미 세포로부터 떨어지는 과정이다. 그러나 가끔 딸세포가 어미 세포로부터 떨어지지 않고 사슬 모양의 **위균사**(pseudohyphae, 그림 8.1) 어떤 병원성 곰팡이는 **이형태성**(dimorphic)이다. 감염된 조직에서는 효모형으로 출아에 의해 증식하지만 영양배지에서 배양될 경우 균사체를 만들고 전형적인 포자 구조를 가진다. 그 예가 *Histoplasma capsulatum*이다.

머리카락, 피부, 손발톱에 경미한 감염을 일으키지만, 내장기관에서는 심각한 진균증을 유발하여 죽음에 이르게 하는 등 곰팡이는 사람에게 중요한 병원균이다. *Trycophyton* 같은 **피부사상균**(dermatiphytes)은 사람의 머리카락, 피부, 손발톱을 감염시켜 무좀이나 백선(ring worm)을 유발한다. 많은 다른 곰팡이는 감염된 곳에 병소(lesion)가 생기는 것이 특징인 피하진균증을 유발한다. 두 가지 예가 스포로트리코시스(피부 표면의 림프관에 생기는 궤양)를 일으키는 *Sporothrix*와 발에 감염하여 흔히 부종(edema)이나 부기(swelling) 등의 균종(mycetoma)을 유발하는 *Madurella*이다. 병원성 진균은 모든 내장기관에서 균증을 유발한다. 이들에 다음 것들이 포함된다: *Blastomyces*, 북아메리카형 블라스토마이세스증; *Coccidioides*, 콕시디오이데스 진균증; *Histoplasma*, 히스토플라스마증; *Paracoccidioides*, 남아메리카형 블라스토마이세스증; *Histoplasma*는 간, 지라, 림프절을 점진적으로 감염시킨다. 내장균증을 일으키는 곰팡이는 보통 이형태성으로 25℃의 배양배지에서 자랄 때는 균사체를 만들지만 37℃의 조직에서 자랄 때는 효모형으로 출아한다.

효모는 사람도 감염시킨다. *Cadida albicans*는 인체 여러 곳을 감염시킨다. 이 곰팡이는 특히 신생아의 입이나 혀를 감염시켜 **아구창**(thrush)을 유발한다. 이 경우 출생 시 산모의 질로부터 들어오며, 출생 시 신생아의 입에는 상주균이 없기 때문에 자리 잡고 자랄 수 있다. 이 곰팡이는 소화관뿐만 아니라 질도 감염시킨다. 가끔 심장이나 중추신경계도 감염시켜 심장내막염이나 수막염을 유발하기도 한다. 또 다른 *Candida*종인 *C. glabrata*는 후천성면역결핍증(AIDS) 환자 같은 면역 결핍 환자의 주된 감염원이다. *Cryptococcus neoperformans*는 피부, 뼈, 중추신경계를 감염시키며 AIDS 환자의 8%에서 발병한다.

곰팡이는 또한 식물의 병원균이기도 해서 매년 상당한 경제적 손실을 가져온다. 옥수수, 곡물, 가축 먹이용품, 땅콩 같은 농작물에 감염한다. 암 유발물질인 아플라톡신은 땅콩과 곡물을 감염시키는 곰팡이가 만든다. 미국 정부는 아플라톡신의 양을 측정해서 사람이 소비하는 땅콩 제품허용량을 결정한다. *Claviceps* 곰팡이는 곡물에 감염해서 환각을 일으키고 심하면 죽게 하는 맥각 알칼로이드(ergot alkaloid)을 만든다. 매사추세츠 식민지 시절 세일럼(Salem) 마녀재판을 야기한 마을 소녀들의 원인 모를 발작이 감염된 곡물로 만든 빵에 들어있는 맥각에 의한 중독이라는 설도 있다.

곰팡이는 음식물을 만드는 데 쓰일 뿐 아니라 식품의 일부이기도 하다. 곡물과 포도를 효모로 발효시켜 포도주나 맥주 같은 음료를 만든다. 소, 양, 염소의 젖으로 만드는 로크포르 치즈(푸른곰팡이가 있고 냄새가 강한 프랑스산 치즈)는 *Penicillium*을 이용한다. 담자균인 *Agaricus* 버섯류와 곰보 버섯(morel)은 사람이 바로 먹는 음식이기도 하다. 하지만 *Amanita* 같은 버섯은 먹으면 죽을 정도로 맹독성이다.

곰팡이는 식물과 남세균에서 상호 이익이 되는 공생관계를 가진다. **균근**(mycorrhizae)은 곰팡이와 식물 뿌리 사이의 밀접한 공생관계이다. 곰팡이는 식물이 인산기나 물 같은 무기물을 용이하게 흡수하게 하고 그 댓가로 식물로부터 영양원인 탄수화물을 공급받는다.

곰팡이는 조류와 **이끼**(lichens)라고 하는 남세균과도 공생관계를 형성한다. 이런 관계의 약 85%는 실모양 혹은 단일 세포 조류, 10%는 남세균, 그리고 4%는 조류와 남세균 공통으로 보인다. 아마도 그런 공생을 통해 광합성을 하는 공생 파트너로부터는 고정된 탄소를, 남세균으로부터는 고정된 질소를 얻는 확실한 방법이므로 모든 곰팡이의 20%는 이끼와 공생을 하는 것으로 추정된다. 자낭균은 공생 곰팡이의 80%에 달한다. 이끼는 나무, 바위, 집 지붕에서도 볼 수 있을 정도로 주변에 흔하다. 곰팡이의 역할은 이끼 콜로니를 표면에 잘 붙게 하고 비와 바람에 의한 침식과 마르는 것을 막아준다. 공생 곰팡이는 또한 이끼산(lichen acids)을 합성하여 광합

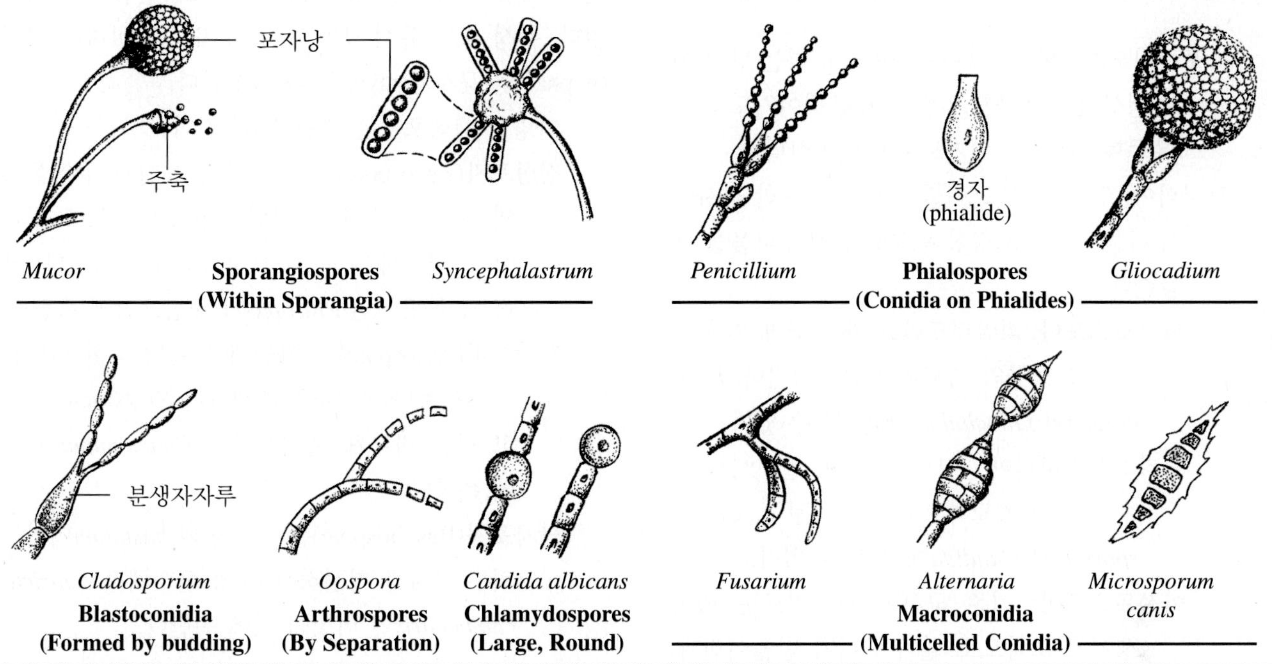

그림 8.2 균류의 무성생식 포자의 형태.

성을 하는 파트너가 필요로 하는 무기영양분을 주위 환경으로부터 녹여내고 침착시킨다. 공생 곰팡이는 또한 광합성 파트너가 물을 쉽게 섭취하도록 한다. 이끼는 주변의 많은 독성화합물에 취약하다. 이끼는 이산화황이나 중금속 같은 화합물에 취약하기 때문에 산성비 같은 오염의 중요한 지표생물종이다.

다양하고 수많은 생물이 전통적으로 곰팡이로 분류되므로 수생균류, 말불버섯(puff ball), bracket 곰팡이, 효모, 사상균 등을 포함한다. 이 생물들은 유전학적 배경이 다르므로 적어도 두 개의 조상으로부터 진화했다고 믿어진다. 곰팡이를 분류하는 작업은 복잡하고 변화무쌍하다. 곰팡이 그룹을 분류하는 전통적인 체계는 주로 형태와 생식 기작에 의존한다. 그러나 현대의 분류 체계는 그룹과 종과의 관계를 명확하게 하는 유전학적 분석을 이용한다. 최근의 곰팡이 유전학적 분석에 의하면 형태학적 특징에 의존한 곰팡이 분류는 생물체들 사이의 진화적 혹은 계통적 관계를 반영하지 못한다. 그러나 곰팡이 분류를 시작하는 실험실에서는 여전히 형태학적 특징을 통해 쉽게 동정하고 특징을 연구한다. 이번 실험에서는 효모와 사상균의 염색슬라이드와 생체 슬라이드를 관찰할 예정이다. 곰팡이의 포자는 공기 중에 많으며, 육안이나 현미경을 이용하여 관찰하기에 적당한 배지를 이용하면 쉽게 배양할 수 있다. 그리고 여러 가지 곰팡이를 현미경으로 관찰하고 형태학적 특징에 기초한 동정을 시도할 것이다. 여러 효모와 사상균을 동정하기에 앞서 사상균과 효모의 차이점에 익숙해지도록 한다. 그림 8.1에서 보듯이 효모는 단세포이며 사상균은 다세포성이다.

곰팡이 포자: 무성과 유성

곰팡이 포자는 곰팡이 증식에 있어서 필수적이고, 무성방법과 유성방법으로 만들어진다. 전통적 분류는 곰팡이 포자의 형태와 그와 관련된 구조에 크게 의존하였다. 포자 크기, 색깔, 모양, 과실체 유형 등 형태학적 특징에 기초하였다. 다음은 두 가지 유형의 포자에 대한 기술이다.

무성포자

무성포자는 세포분열과 콜로니 위로 뻗은 특별한 균사의 분화에 의해 만들어진다. 그림 8.2는 무성포자의 유형을 보여준다.

스포란지오스포아: 스포란지움이라고 하는 낭 안에서 생성되는 포자를 일컫는다. 움직이기도 하고 (유동형) 못 움직이기도 (고정형) 한다.

코니디아: 코니디오스포아를 만드는 특수한 균사에서 만들어지는 고정형 무성포자이다. 다음을 포함한다.

피알로스포아: 피알리드라고 하는 꽃병 혹은 플라스크 모양의 세포에서 만들어진다. *Penicillium*과 *Gliocladium*에서 볼 수 있다.

블라스토코니디아: 실모양 곰팡이 일부에서 볼 수 있으며 효모세포에서 발아된다. *Cladosporium*과 *Candida*에서 볼 수 있다.

아쓰로스포아: 기존 균사에 가로지르는 벽이 생기고 조각으로 떨어져 나가 만들어진다. *Geotrichum*과 *Galactomyces*에서 볼 수 있다.

클라미도스포아: 둥글거나 고르지 않고 두꺼운 벽이 있다.

생식포자

곰팡이는 단세포이면서 또 유전학적으로 구별되는 두 개의 배우자세포가 합쳐짐으로써 이배체 세포를 형성하고 이들이 감수분열과 유사분열을 수행하여 생식포자(sexual spore)를 생성한다.

유성생식 또한 gametangia 라는 특수 균사체들의 융합에 의해 일어난다. 생식포자는 열, 건조 상태, 화학물질에 내성이 있으나 세균류의 내성포자만큼은 내성이 없다. 무성 또는 유성 생식의 두 포자는 발아하여 균사(hyphae)와 균사체(mycelia)를 형성한다.

다양한 생식포자는 그림 8.3과 같다.

접합포자(Zygospore)는 균사체의 융합과 유전물질의 교환에 의해 생성되어 gametangia를 형성한다. 균사체는 +, –의 생식포자를 가진다. 흔히 빵 곰팡이인 *Rhizopus*가 접합포자에 속한다.

자낭포자(Ascospore)는 타원형 혹은 길쭉한 형태로 생겼으며 세포 내에 존재하는 자낭(ascus)이라고 하는 반수체 생식포자로 *Chaetomium*이 이에 속한다.

담자포자(Basidiospore)는 타원형의 *basidium*이라는 외부 포자를 형성하는 유성 반수체로 *Agaricus camperstris*인 버섯이 이에 속한다.

곰팡이의 미세 분류

곰팡이는 rRNA 분석에 따라 다음의 다섯 그룹으로 나눈다.

Chytridiomycetes

이들은 근본적으로 수생이며 단세포 혹은 균사체를 형성한다. 그들은 수생환경에 적응하는 편모성의 유주자(zoospore)를 생성한다.

일부는 양서류에 기생하여 병을 일으키는 병원균으로 작용하며 *Batrachochytrium dendrobatidis*의 경우, 개구리 피부의 호흡을 방해하여 병을 일으킨다.

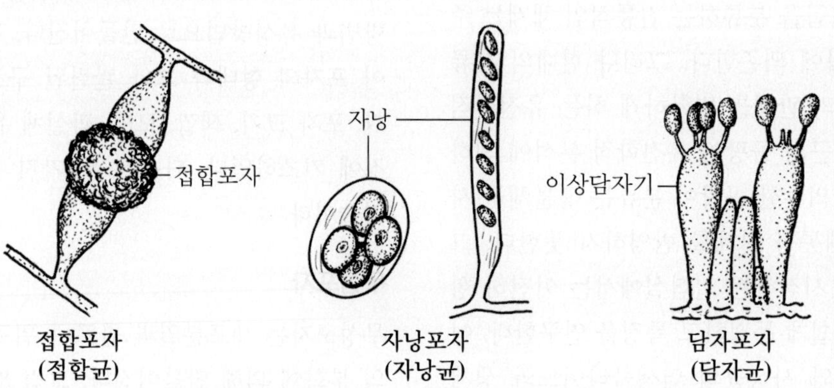

그림 8.3 유성생식 포자의 형태.

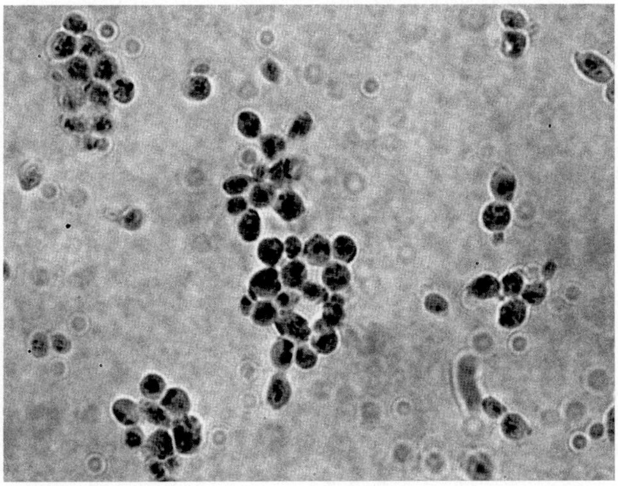

그림 8.4 메틸렌 블루로 염색된 *Saccharomyces cerevisiae.*

Zygomycetes

이들은 다핵의 균사체를 생성한다. 유성인 접합포자 혹은 운동성이 없는 무성의 스포란지오스포아를 형성한다. 일부는 음식 부패에 중요한데, 빵 곰팡이인 *Rhizopus stolonifer*가 이에 속한다. 이들은 다습한 환경을 좋아한다.

Glomeromycetes

160종 되는 적은 그룹으로 식물의 ectomycorrhizae(외생균군)로 존재한다. 이들은 관속 식물의 서식처를 제공하는 중요 역할을 한다.

이 곰팡이의 균사체는 부푼 낭의 형태인 arbuscules라는 구조를 형성하며 식물의 세포벽을 뚫고, 식물이 땅으로부터 필요한 무기물을 흡수하는 데 도움을 준다.

Ascomycetes

이 곰팡이는 큰 그룹으로 그 종이 다양하여 단세포인 *Saccharomyces cerevisiae*로부터 다세포 균사체인 소위 빵 곰팡이인 *Neurospora crassa* 등이 이에 속한다.

자낭포자라 하는 생식포자는 주머니 같이 생긴 자낭을 생성한다. 무성생식의 경우 코니디오스포아를 형성한다. 어떤 것들은 식물 뿌리에 외생규군과 같이 혹은 남세균과 같이 자의류(이끼)를 형성한다.

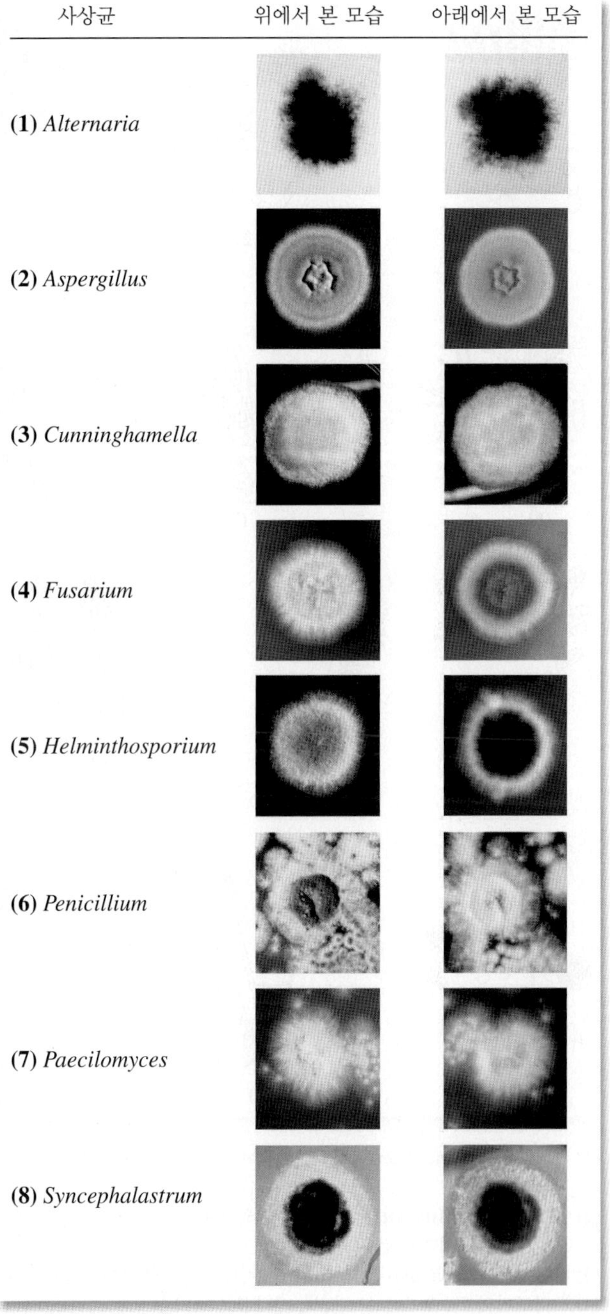

그림 8.5 일반적인 사상균의 일부 콜로니 특성.

Basidiomycetes

Basidiomycetes는 현재 30,000종 이상이 알려져 있으며 버섯, 걸상버섯 등이 이에 속한다. 이 두 종류가 다른 점은 *Aagricus campestris* 같은 버섯은 식용인데 비해 *Amanitia* 같은 걸상버섯은 독성이 있다. 보통 Basidiomycetes는 반수체 균사로 땅에서 자란다. 그러나 확연히 다른

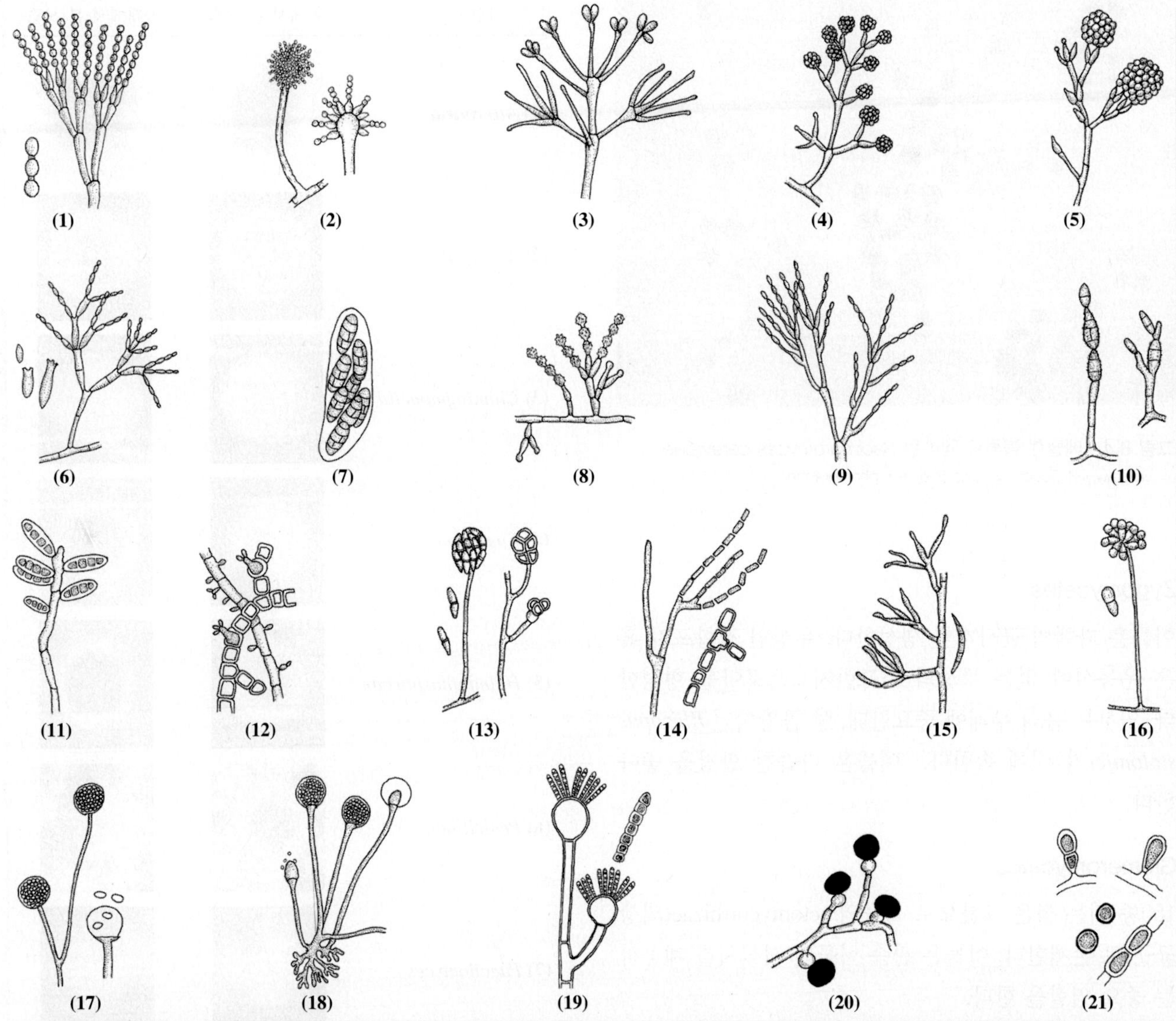

(1) 페니실리움(*Penicillium*) - 청색을 띤 녹색, 피알로스포아의 솔빗 같은 정렬
(2) 아스퍼질러스(*Aspergillus*) - 표면에 황색부분이 있는 청색을 띤 녹색. 아스퍼질러스나이거는 검은색임.
(3) 버티실륨(*Verticillium*) - 연분홍을 띤 갈색, 타원형의 마이트로코니디아
(4) 트리코더마(*Trichoderma*) - 녹색, 페니실륨과 비슷
(5) 글리오카디움(*Gliocadium*) - 진한 녹색, 페니실리움과 비슷함, 페니실륨보다 빠른 성장.
(6) 글래도스포리움(*Cladosporium* (*Hormodendrum*)) - 옅은 노색에서 회색의 표면, 회색에서 검은색의 뒷표면, 블라스토코니디아
(7) 플레오스포라(*Pleospora*) - 황갈색의 녹색 표면이며 갈색에서 검은색의 뒷표면
(8) 스코푸라리옵시스(*Scopulariopsis*) - 옅은 갈색 마이크로코니디아
(9) 파실로마니세스(*Paecilomyces*) - 노란 갈색, 타원형의 마이크로코니디아
(10) 알터나리아(*Alternaria*) - 둘레가 회색이며 진녹색을 띤 검은색의 표면, 검은색의 뒷면
(11) 바이포라리스(*Bipolaris*) - 회색둘레에 검은색 표면
(12) 푸루라리아(*Pullularia*) - 검은색으로 빛나는 가죽같은 표면, 두꺼운 세포벽과 출아스포아
(13) 디플로스포리움(*Diplosporium*) - 담황색의 털같은 표면, 뒷면은 갈색에 둘러싸였으며 중앙에 빨간색
(14) 오스포아(*Oospora* (*Geotrichum*)) - 담황색 표면
(15) 후사리움(*Fusarium*) - 노란색, 오렌지색, 빨간색, 자주색의 변종. 낫모양의 마이크로코니디아
(16) 트리코테시움(*Trichothecium*) - 하얀색에서 분홍색의 표면
(17) 뮤코(*Mucor*) - 자이코마이세트, 점액성의 스포란지아. 진한 색소를 가진 포자
(18) 리조퍼스(*Rhizopus*) - 자이코마이세트, 진한 색소를 가진 포자
(19) 신세팔로스트럼(*Syncephalastrum*) - 자이고마이세트
(20) 나이그로스포아(*Nigrospora*) - 검은 코니디아
(21) 몬토스포라(*Montospora*) - 옅은 회색 주변에 진한 회색 중앙, 황갈색 코니디아

그림 8.6 일반적인 사상균의 일부 현미경 모습.

교배형을 가진 균주가 생기며 이들은 융합하여 두 핵 상태의 균사체를 현성한다. 생장조건이 좋을 때, 예를 들면 습기가 충분할 때, 균사체는 담자과(basidiocarp)로 분화하여 땅 위로 나와 버섯 구조를 볼 수 있다. Basidiocarp 밑에 있는 납작한 줄무늬의 gill(아가미처럼 생긴 것)은 핵이 존재하며 이 핵이 융합하여 이배체 상태의 basidium을 만든다. 이들은 두 번의 감수분열을 통해 4개의 반수체 핵인 basidium을 만든다. 각 핵은 basidiospore로 분화하여 바람 등의 자연 조건에 따라 퍼져 새 서식지에서 새 생장 주기를 통해 번식한다. 또 다른 버섯인 *Coprinus*는 분비된 chitinase로 basidiocarp를 분해하여 basidium을 생성하여 퍼져간다.

설명한 모든 곰팡이를 이 실험에서 다룰 수는 없다. 대부분의 경우, Zygomycete와 Ascomycetes에 속한다. 담당교수의 지도를 받아 따르기 바란다.

실험 방법

사상균과 효모를 공부하는 데는 여러 가지 방법이 가능하다.

효모 실험 빵 만드는 효모, 술 만드는 효모에 관여하는 *Saccharomyces cerevisiae*를 학습에 사용할 예정이다(그림 8.4). 표본 슬라이드나 살아 있는 생명체를 사용할 것이다.

재료

- *Saccharomyces cerevisiae*의 표본 슬라이드
- *Saccharomyces cerevisiae*의 액체배양
- 메틸렌 블루 염색
- 슬라이드 글라스와 커버 글라스

표본 슬라이드 표본 슬라이드 사용 시, 고배율이나 오일 이머젼법으로 관찰한다. 전형적인 **출아포자**나 **자낭포자**를 관찰할 것이다. 실험 보고서에 관찰한 생물체를 그려 본다.

생체자료 *Saccharomyces cerevisiae*의 액체배지가 준비되면 위상차나 광학현미경으로 물기 있는 슬라이드(wet mount; 습윤 표본)를 관찰한다. 미생물 두세 백금이를 따서 슬라이드에 놓은 후 메틸렌 블루 염색을 한다. **핵**과 **액포**를 관찰한다.

사상균 실험

한 시간 동안 공기 중에 노출한 후 실온에서 3~5일 배양한 사브로드 배지(Sabouraud's agar)를 관찰한다. 이 배지는 낮은 pH로 사상균 선별 조건에 맞는다. 잘 된 플레이트에는 색깔이 다른 많은 콜로니가 나타날 것이다. 콜로니들의 독특한 실사형을 주의깊게 관찰한다. 플레이트 바닥과 바닥의 콜로니 색깔들이 어떻게 다른지 관찰한다. 콜로니 표면의 색깔, 예상치 못한 색소, 균사형태, 포자형은 균류 동정에 필요한 주요 특성이다.

그림 8.5는 사브로드 배지에서 자라는 흔한 균들이다. 사상균의 콜로니 형태가 오래 배양되면서 형태가 변하는 것을 주의한다. 그림 8.5은 10일에서 21일 된 콜로니의 사진이다.

균사와 포자의 슬라이드를 만들어 현미경으로 관찰하기까지는 동정결과를 단정지을 수 없다. 그림 8.6은 사상균 속을 현미경으로 동정 시 차이점을 도식화한 것이다.

두 가지 선택 사상균 콜로니 슬라이드를 만들 때, 하나는 이 장에서 소개한 방법에 따라 습식 표본을 만들거나 실험 24에서 소개한 방법대로 슬라이드를 만드는 것이다. 아래 단계는 콜로니로부터 직접 염색 슬라이드를 만드는 방법이다.

재료

- 사브로드 배지의 균 배양
- 슬라이드 글라스와 커버 글라스
- 락토페놀 커튼 블루 염색
- 끝이 뾰족한 외과용 칼과 해부바늘, 곰팡이 배양 표본 슬라이드

1. 플레이트 뚜껑을 열고 해부 현미경 하에서 균사구조와 포자형성을 관찰한다. 포자를 더 명확히 관찰하기 위해 필요하면 배율을 높인다. 흰 콜로니는 제외한다. 그들은 미성숙된 콜로니이며 아직 포자형성을 시작하지 않은 때문이다.
2. 그림 8.5와 8.6을 참조로 콜로니 특성과 낮은 배율

에서 관찰한 균사와 포자형에 근거하여 첫 번째 동정을 한다.

3. 균사체의 일부를 외과용 칼과 해부바늘을 사용하여 슬라이드에 옮긴 후 락토페놀 커튼 블루 염색약을 한 방울 떨어드려 습식 슬라이드를 만든다. 균사체를 해부바늘이나 이쑤시개로 조심스럽게 헤쳐 놓는다. 커버슬립으로 시료를 잘 덮고 낮은 배율에서 균사나 포자를 관찰한다. 높은 배율로 포자를 자세히 관찰한다. 시료를 그림 8.6과 비교하여 현미경에서 관찰한 형태에 근거하여 동정한다.
4. 서로 다른 콜로니들을 위 방법으로 관찰한다.

비고: 과실체를 보존하는 또 다른 방법은 **셀로판 테이프 기법**이다. 락토페놀 커튼 블루 1~2 방울을 슬라이드에 떨어뜨린다. 깨끗한 셀로판 테이프를 슬라이드보다 약간 작게 잘라 끈끈한 쪽을 곰팡이 콜로니 표면에 부드럽게 접촉한다. 곰팡이 콜로니가 묻어 있는 쪽을 락토페놀 커튼 블루 염색약에 닿도록 슬라이드에 붙인다. 저배율로 그리고 건조상태 고배율로 관찰한다.

표본 슬라이드 표본 슬라이드가 있다면 우선 건조상태 고배율로 관찰한 후에 이머젼 오일을 처리하고 다시 자세히 관찰한다. 스포란지아스포아, 피알로스스포아, 코니디오스포아 같은 전형적인 구조물을 찾아서 보고서 해당란에 그 그림을 그려라.

실험 보고서

실험 보고서 8을 작성하여 제출한다.

실험 보고서 8

이름: ______________________

날짜: ________ Section: ______________

실험 8. 곰팡이: 사상균과 효모

A. 결과

1. **효모 실험**

   아래 원에 *Saccharomyces cerevisiae*의 대표 세포를 그리시오. 찾았으면 출아포자와 자낭포자를 보이는 대로 그리고 이름을 기록하시오.

준비된 슬라이드

살아 있는 세포

2. **사상균 실험**

   다음 표에 실험에서 동정한 균 속명을 나열하시오. 콜로니 묘사에는 콜로니의 직경, 윗부분과 아랫 부분의 색깔을 표시한다. 현미경으로 관찰한 형태에서는 슬라이드에서 관찰한 미생물을 그리시오.

속명	콜로니 묘사	현미경으로 관찰한 형태 (그리기)

B. 단답형 문제

1. 비격막이란 용어는 무엇을 의미하는가?

2. 어떤 기준이 전통적인 분류체계의 기초가 되는가? 전통적인 분류로는 알 수 없는 것을 제공하는 현대적 분류방법은 어떤 것이 있는가?

3. 곰팡이와 식물의 세포벽은 어떻게 다른가?

4. 피부나 손발톱에 감염하는 곰팡이 중의 하나는 무엇인가?

5. "이형성"이란 용어는 무엇을 의미하는가? 이형성인 생물 예 한 가지를 들어 보시오. 그것이 유발하는 질병은 무엇인가?

6. 접합포자와 코니디오스포아는 어떻게 다른가?

7. 무슨 식품이 곰팡이에 의해 만들어지는가?

8. 버섯과 독버섯의 차이점은 무엇인가?

9. 왜 Salem 마녀재판에 곰팡이가 연루되었을지도 모른다고 가정되는가?

10. 식품제조에 곰팡이가 어떻게 중요한가?

11. 외생균근은 무엇인가?

12. 재활용되기 위해 목재의 어떤 성분이 목재 부패 곰팡이에 의해 분해되어야만 하는가?

PART 3

미생물 취급

미생물을 처음 공부하는 학생에게 가장 중요한 실험기술 중 하나는 무균조작 기술이다. 이 기술은 미생물을 다룰 때 무균조건을 유지하는 것을 확실하게 해주는 방법이다.

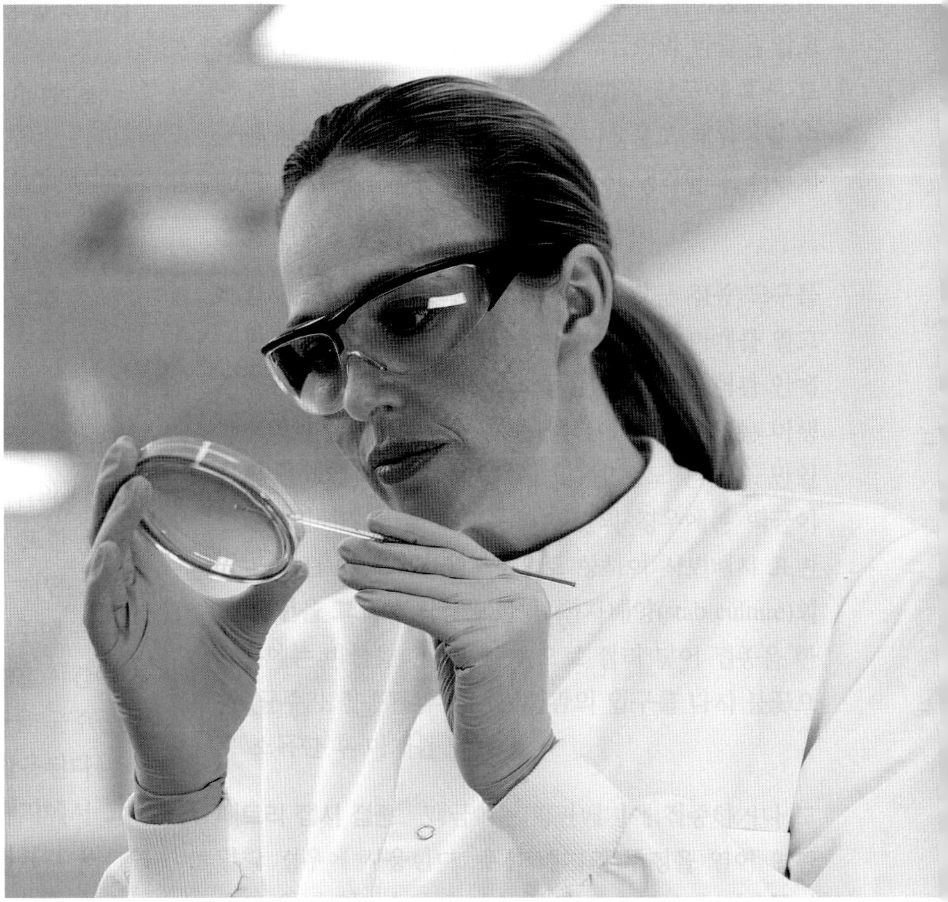

ⓒ Getty RF

이와 같은 것을 배우기 위해 가장 중요한 두 가지 사항은 아래와 같다.

1. 오염미생물이 균주 혹은 배양물에 들어가지 않게 해야 한다.
2. 미생물을 실험하는 사람이 다루고 있는 균주에 의해 오염되지 않아야 한다.

무균조작기술은 미지의 생물체 특성을 연구하는 데 매우 중요하다. 실험을 수행하려면 보관 균주를 다양한 실험 배양액으로 여러 번 접종을 하여야 한다. 이때 오직 원하는 미생물만을 매번 접종하고 다른 미생물이 오염되지 않게 하는 것이 절대적으로 필요하다. 또한 무균조작방법은 생물체가 혼합되어 있는 분리원으로부터 세균의 단일균주만을 순수분리하는 데 필수적이다. 평판배지 획선접종법(streak–plate), 주가평판법(pour–plate)은 미생물의 단일 종을 분리하는 데 매우 유용한 방법이다. 한 생물이 단일 종으로 순수 분리되어 모균주로 보관되면 나중에 균주를 다시 배양이 필요하여 사용하더라도 무균조작기술만이 모균주가 순수한 상태인 것을 확실하게 한다.

병원성 세균을 다루는 사람은 취급하는 어떤 병원균도 사고로 유출되어 본인 혹은 주변 사람에게 위해를 미치지 않도록 확실히 하여야 한다. 무균조작을 실패할 경우는 분명히 많은 사람에게 심각한 위협을 주게 된다.

다음의 실험들에서 미생물 균주를 다루고 조작할 수 있는 기술을 배울 것이다. 이 과정을 완전히 숙지하게 되면 자신감을 갖고 한 종류의 배양액에서 다른 것으로 미생물을 접종할 수 있게 된다. 또한 순수분리 균주를 얻기 위해 혼합된 균주로부터 한 생물만을 분리할 수 있게 된다. 이 과정들은 이 실험서 전체에 걸쳐 요구되는 중요한 실험 방법이기 때문에 이 과정에서 숙지하는 것은 절대적으로 필요하다.

작업공간의 최종 소독 모든 실험이 완전히 종료되면 작업공간을 소독약으로 처리하여 작업 중 혹시 남아 있을지 모르는 생물을 완전히 사멸시켜야 한다.

세균균주를 무균적으로 접종하는 연습을 하기 위하여 다음과 같은 3가지 방법을 본 실험에서 수행한다.

1. 액체배양 균주를 액체배지 시험관에 접종하는 방법
2. 한천사면배지에 배양된 균주를 한천사면배지로 접종하는 방법
3. 한천평판배지에서 배양된 균주를 한천사면배지로 접종하는 방법

액체배양 균주를 다른 액체배지 시험관에 접종하는 방법

액체배양 균주를 액체배지 시험관에 접종하는 방법은 먼저 배양액으로부터 배양균주를 꺼내는 과정을 나타낸 그림 9.1과 어떻게 멸균된 새로운 액체배지에 접종하는

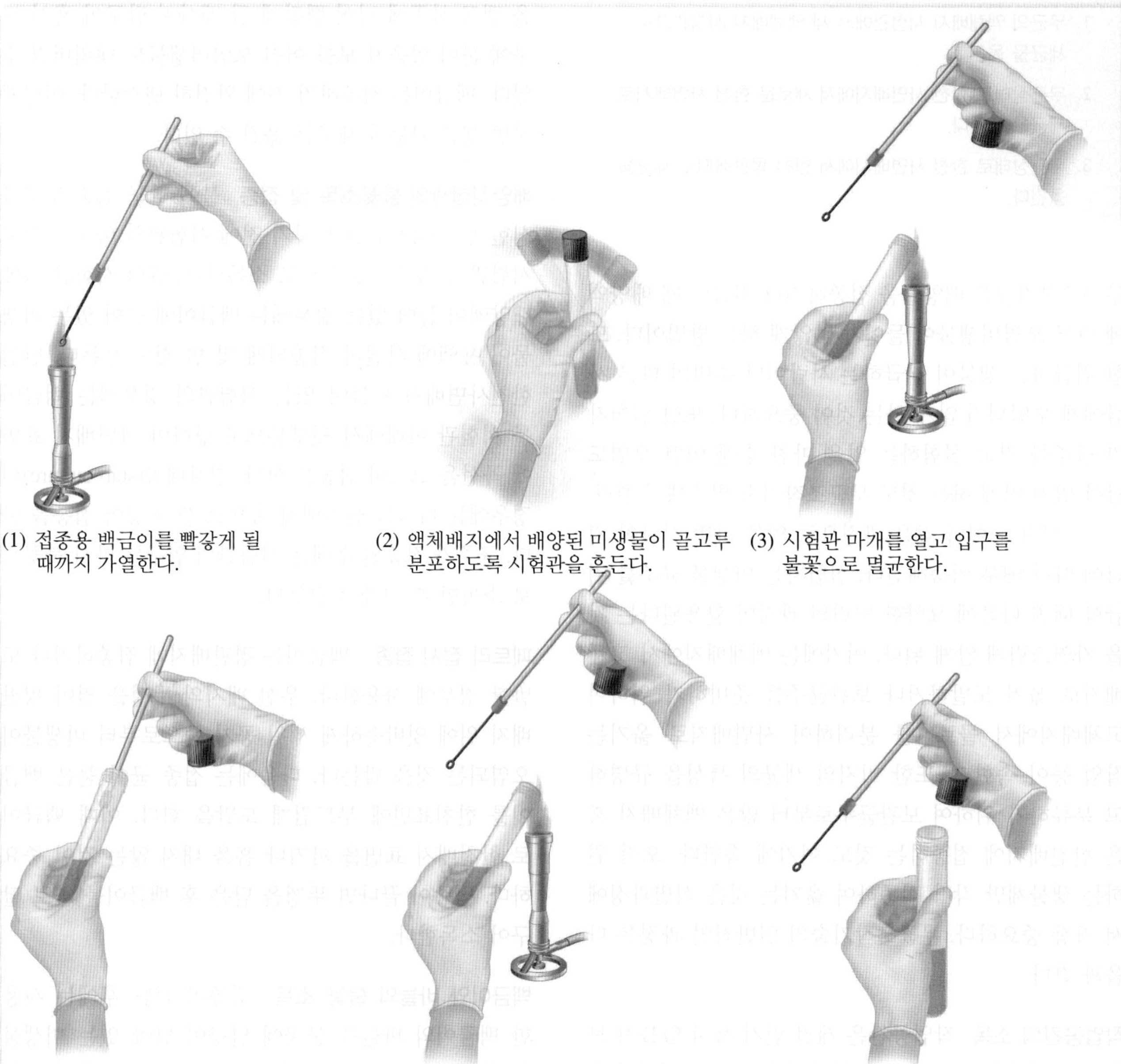

(1) 접종용 백금이를 빨갛게 될 때까지 가열한다.
(2) 액체배지에서 배양된 미생물이 골고루 분포하도록 시험관을 흔든다.
(3) 시험관 마개를 열고 입구를 불꽃으로 멸균한다.
(4) 시험관으로부터 백금이 가득 미생물 배양액을 꺼낸다.
(5) 백금이를 시험관으로부터 꺼낸 후 시험관 입구를 다시 불꽃으로 멸균한다.
(6) 마개를 닫는다.

그림 9.1 접종용 백금이를 이용하여 액체배양 균주를 꺼내는 과정.

가를 나타낸 그림 9.2에 설명하였다.

재료

- 액체배양 대장균(*Escherichia coli*) 균주
- 멸균된 액체영양배지 시험관
- 접종용 백금이
- 알코올 램프 또는 소각로(incinerator)
- 실험대용 소독약과 종이타올
- 마킹 펜

1. 소독약으로 실험대의 표면을 문질러 닦아 준비한다. 이때 스폰지 혹은 종이타올을 사용한다.
2. 마킹 펜으로 멸균된 액체 영양배지 시험관에 *E. coli* 균주명과 실험자의 이름 약자를 표시한다.
3. 접종용 백금이를 빨갛게 달궈질 때까지 멸균한다. 백금이의 전체 선이 가열되어야 한다(참고 그림 9.1(1)).
4. 백금이를 잡은 반대편 손으로 시험관을 가볍게 흔들

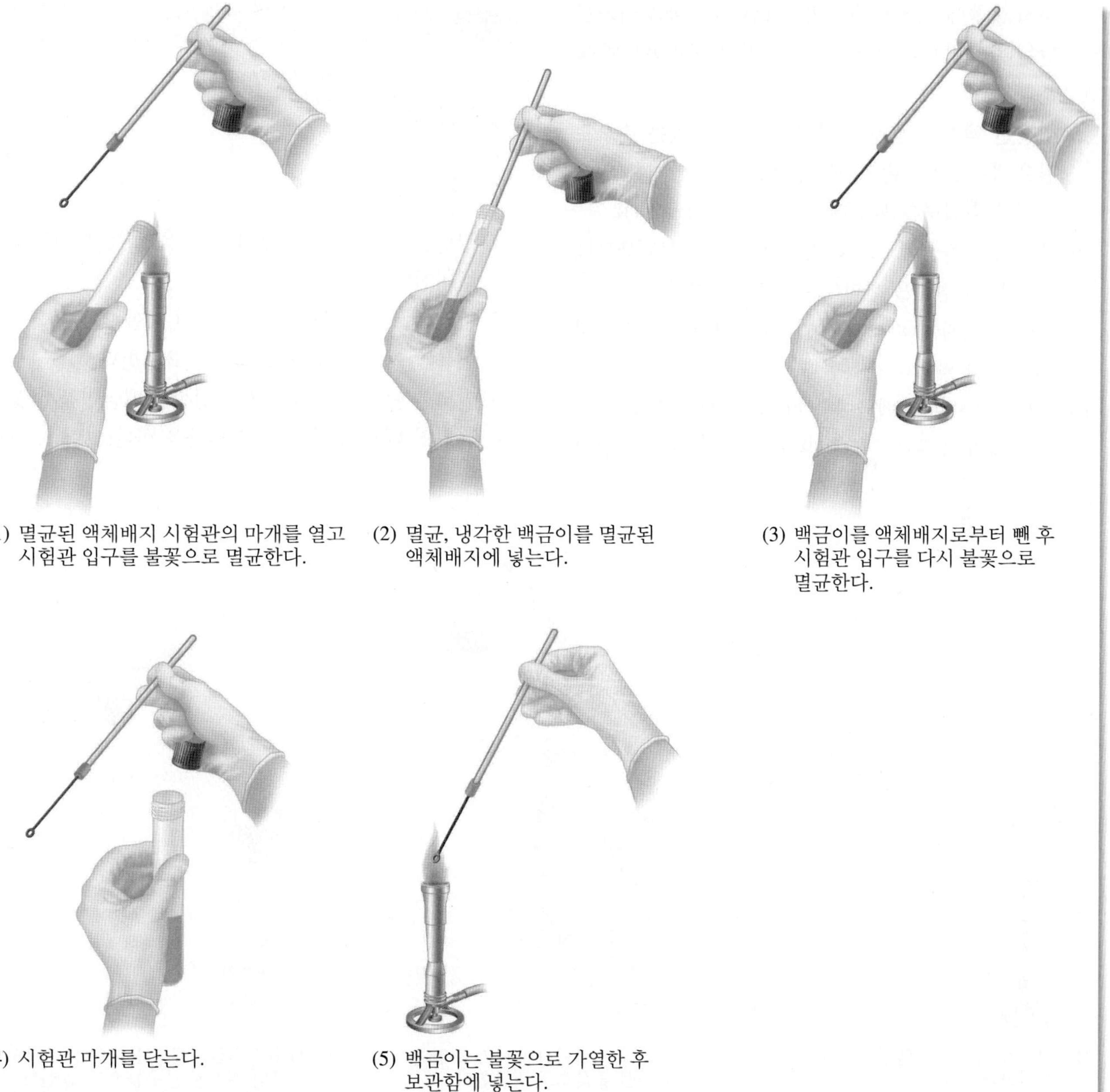

(1) 멸균된 액체배지 시험관의 마개를 열고 시험관 입구를 불꽃으로 멸균한다.

(2) 멸균, 냉각한 백금이를 멸균된 액체배지에 넣는다.

(3) 백금이를 액체배지로부터 뺀 후 시험관 입구를 다시 불꽃으로 멸균한다.

(4) 시험관 마개를 닫는다.

(5) 백금이는 불꽃으로 가열한 후 보관함에 넣는다.

그림 9.2 액체배양배지에 접종하는 과정.

어 균주 배양액이 잘 섞이도록 한다(그림 9.1(2) 참조).

5. 백금이를 잡고 있는 손의 새끼손가락으로 시험관의 마개를 열은 후 잡고 있는다. 그림 9.1(3)에 나타난 바와 같이 시험관의 입구를 불꽃에 소독한다. 주의: 만약 소각로를 사용한다면 시험관을 불꽃소독하지 않는다.
6. 접종용 백금이를 배양액에 집어넣는다(그림 9.1(4)).
7. 배양액이 묻은 백금이를 꺼낸 후 시험관의 입구를 다시 불꽃에 소독하고(그림 9.1(5)) 시험관의 마개를 닫는다(그림 9.1(6)). 배양시험관을 시험관꽂이에 놓는다.
8. 멸균된 액체 영양배지 시험관을 비어 있는 손으로 잡은 후 반대편 손의 새끼손가락으로 마개를 열어 시험관의 입구를 불꽃에 소독한다(그림 9.2(1)).
9. 백금이를 불꽃에 소독하지 않은 채 멸균된 액체배지에 넣어 접종을 한다(그림 9.2(2)). 백금이에 묻은 생물을 배지에 퍼지게 하기 위해 백금이를 시험관에 넣었다 빼었다 반복한다.
10. 시험관으로부터 백금이를 뺀 후 시험관 입구를 다시 불꽃에 소독하고(그림 9.2(3)), 마개를 닫는다(그림 9.2(4)).
11. 백금이를 불꽃으로 멸균한다(그림 9.2(5)). 시험관꽂이에 놓는다.
12. 접종된 배지를 37°C에서 24~48시간 배양한다.

세균을 사면배지로부터 옮겨 접종하는 경우

한천 사면배지에 배양된 균주를 멸균된 영양한천 사면배지에 접종하기 위하여 그림 9.3의 과정을 따른다.

재료

- 한천 사면배지에 배양된 *E. coli*
- 멸균된 영양한천 사면배지
- 접종용 백금이
- 알코올 램프, 소각로
- 마킹 펜

1. 실험을 하기 전에 실험대 표면을 소독약으로 닦아 준비한다.
2. 마킹 펜으로 영양한천 사면배지 시험관에 실험자의 이름 약자와 균주명(*E. coli*)을 표시한다.
3. 알코올 램프의 불꽃 위에서 접종용 백금이를 빨갛게 달궈질 때까지 잡고 있어 멸균을 한다(그림 9.3(1)).

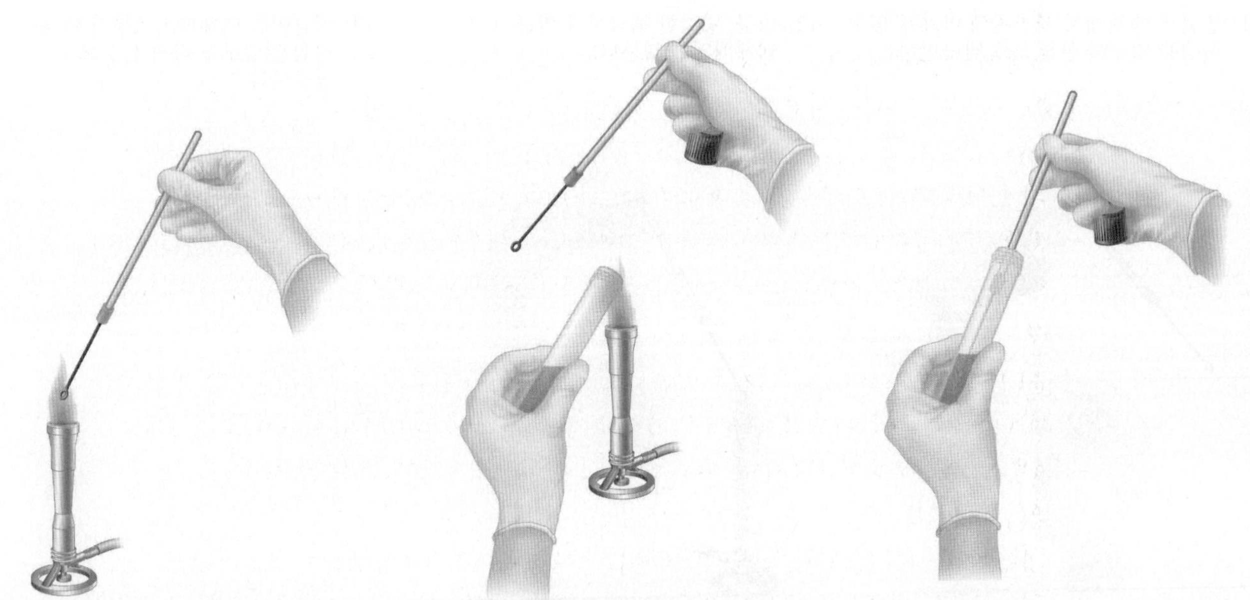

(1) 접종용 백금이를 빨갛게 될 때까지 가열한다.
(2) 사면배지 시험관의 마개를 연 후 입구를 불꽃으로 멸균한다.
(3) 접종용 백금이를 이용하여 사면배지로부터 배양된 균주를 약간 묻힌다.

(계속)

그림 9.3 사면배지에서 배양한 균주를 영양한천 사면배지로 접종하는 과정.

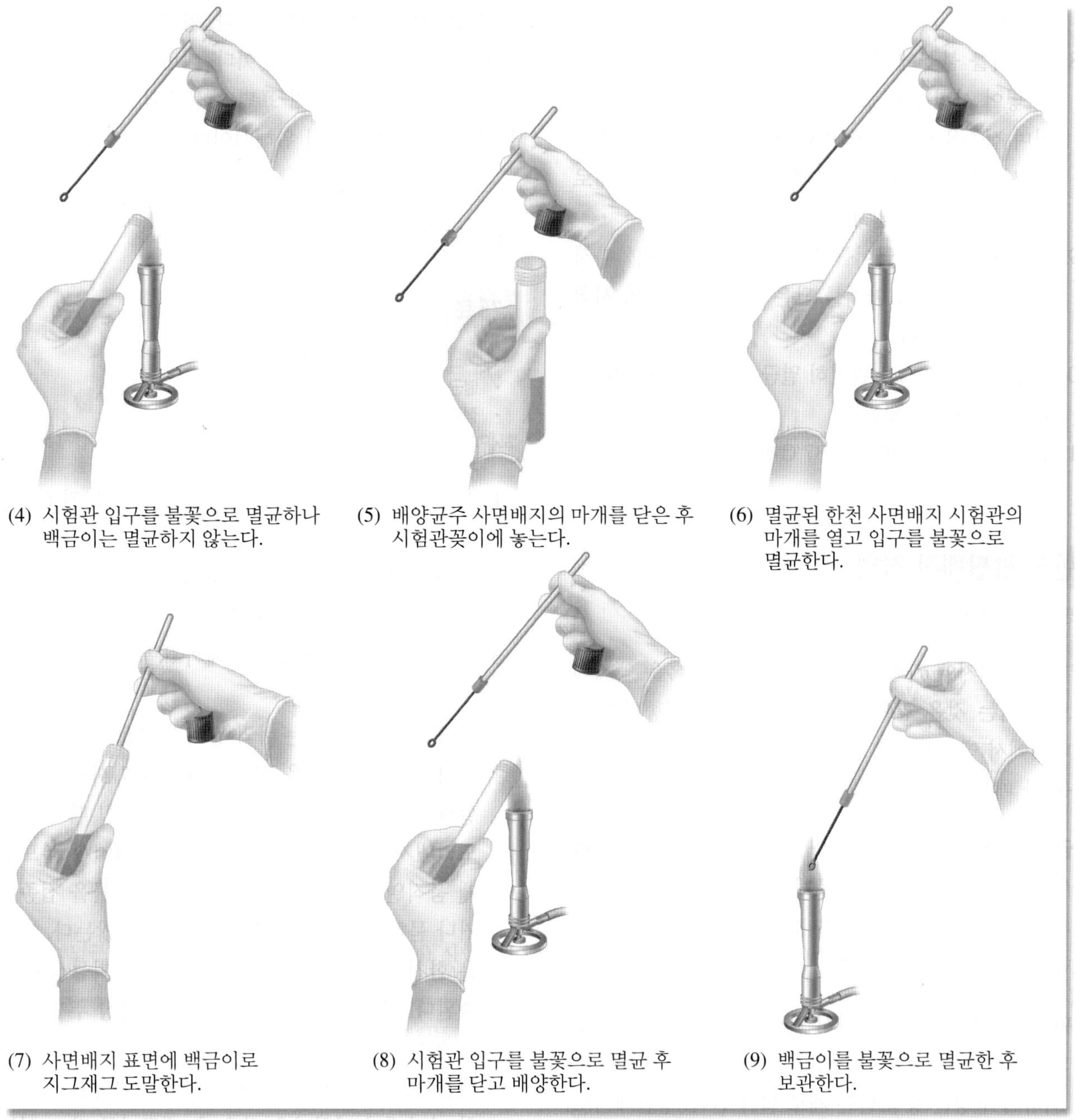

그림 9.3 (계속)

백금이의 전체 선이 가열되어야 하며, 그 후 완전히 식은 다음에 사용하여야 한다.

4. 백금이를 잡은 반대편 손으로 대장균이 배양된 사면배지 시험관을 잡아 백금이를 잡고 있는 손의 작은 손가락으로 시험관의 마개를 열은 후 잡고 있는다(그림 9.3(2)).
5. 시험관의 입구를 불꽃에 소독하고 완전히 식은 접종용 백금이를 시험관에 넣는다. 백금이에 배양균주를 약간 묻힌 후(그림 9.3(3)) 시험관으로부터 백금이를 뺀다.
6. 시험관의 입구를 불꽃에 소독하고(그림 9.3(4), (5)) 손에 화상이 입지 않도록 조심하여 시험관의 마개를 닫아 시험관꽂이에 놓는다.
7. 멸균된 영양한천 사면배지 시험관을 비어 있는 손으로 잡은 후 반대편 손의 새끼손가락으로 마개를 열어 시험관의 입구를 불꽃으로 멸균한다(그림

9.3(6)).

8. 백금이는 [illegible]

10. 백금이를 불꽃으로 완전히 멸균하여(그림 9.3(9)) 식힌 후 보관함에 넣는다.

11. 접종된 한천사면배지를 [illegible] 한다.

한천 평판배지 작업

(평판배지로부터 사면배지로 접종)

한천평판배지에 자란 콜로니를 사면배지 혹은 [illegible] 지로 옮기는 것은 앞에서 설명한 두 가지 접종방법(액체배지에서 액체배지로 접종, 사면배지에서 사면배지로 접종)과 매우 유사하다.

백금이와 바늘 [illegible] 천의 표면을 찢거나 파지 않을 것이다. 바늘 천자 배양을 [illegible]

평판배지의 취급 페트리 접시 안의 영양배지는 항상 오염되지 않게 한다. 공기 중에 노출되어 오염되는 것을 막기 위하여 뚜껑은 항상 닫은 채로 둬야 한다. 평판배지로부터 미생물을 접종해야 할 경우에는 [illegible] 일부분만 열어서 작업을 취하야 한다.

불꽃소독 과정 접종용 백금이는 앞에서 기술한 시험관 작업 방법처럼 같은 방법으로 불꽃에 달구어야 한다. 한 가지 다른 점은 평판배지를 작업할 때에는 페트리 접시(일회용 플라스틱제품의 경우)를 결코 불꽃에 넣지 않게 한다.

페트리 접시의 라벨 및 배양 접종된 배지가 들어 있는 페트리 접시의 바닥에 라벨을 붙인다. 평판배지는 거의 항상 [illegible]

평판배지로부터 사면배지로 접종하기 위해 [illegible]

- 콜로니가 접종된 영양한천배지
- 멸균된 영양한천 사면배지
- 접종용 백금이

1. 제일 먼저 작업공간을 소독약으로 닦은 후 건조시킨다.
2. [illegible] 한천사면배지에 [illegible] 표시한다.
3. 접종용 백금이를 빨갛게 될 때까지 불꽃에 가열한 후(그림 9.4(1)) 식힌다.
4. 그림 9.4(2)에서 보는 바와 같이 멸균된 백금이로 콜로니를 분리할 수 있을 정도로 페트리 접시의 뚜껑을 살짝 들어야 한다. 백금이로 미생물을 묻힐 때 한천을 [illegible] 백금이는 한천 표면에서 [illegible] 게 움직일 수 있다. 한천배지에서 콜로니를 접종하거나 분리하는 동안 뚜껑을 완전히 열지 않는다. 이것은 한천 표면이 공기에 [illegible] 증가시킨다. 평판에서 미생물을 옮긴 후 항상 뚜껑을 닫아 놓는다.
5. 백금이를 잡고 있는 반대편 손으로 멸균된 영양한천 사면배지 시험관을 [illegible]
6. 시험관 입구를 불꽃으로 소독한 후 백금이를 시험관에 넣어 사면배지 표면에 구불구불한 모양 혹은 지그재그 모양으로 접종을 한다(그림 9.4(3)). 이때 한천 표면이 백금이에 의해 상하지 않게 조심한다.
7. 시험관으로부터 백금이를 제거한 후 다시 시험관 입구를 불꽃으로 소독하고 뚜껑을 닫는다(그림 9.4(4)).
8. 백금이를 불꽃으로 완전히 멸균하여(그림 9.4(5)) 식

실험 보고서 9

이름: ______________________

날짜: ________ Section: ______________

실험 9. 무균조작기술

A. 결과

1. 접종은 모두 성공하였는가? ______________________

2. 성공하였다는 증거는 어떤 것이 있는가? ______________________

3. 성공하지 못한 증거는 무엇이 있는가? ______________________

B. 단답형 문제

1. 실험실에서 미생물 배양을 할 때 무균조작 기술이 필수적인 이유 세 가지를 제시하시오.

2. 시험관 배양 접종 시 열을 어떻게 사용하는지 두 가지 예를 제시하시오.

3. 접종용 백금이를 사용하여 평판배지로부터 세균 시료를 꺼내거나 평판배지에 접종할 때 어떻게 해야 공기오염을 막을 수 있는가?

4. 한천 평판배지의 어느 부분에 라벨을 적어야 하는가?

5. 한천 평판배지를 어떻게 배양하여야 하며, 그 이유는?

6. 소독약은 어떤 미생물에 효과가 있으며, 또한 어떤 종류의 미생물에 효과적이지 않은가? 실험자의 실험에서는 어떤 종류의 소독약을 사용하고 있는가?

C. 선택형 문제

1. 실험공간의 표면을 소독하기 위해 소독약은 언제 사용하는가?
   a. 실험 과정 시작 전에
   b. 모든 실험이 끝난 후
   c. 살아 있는 미생물을 쏟은 경우에는 언제나
   d. b와 c가 옳다.
   e. 모두 옳다.

2. 접종용 백금이로 배양된 시험관으로부터 미생물을 꺼내기 위하여 시험관의 마개는 ______________________________.
   a. 열은 후 이빨로 잡고 있는다.
   b. 열은 후 백금이를 잡고 있는 손의 손가락으로 잡고 있는다.
   c. 백금이를 잡고 있는 손의 손가락으로 열은 후 반대편 시험관을 잡고 있는 손의 손가락으로 잡고 있는다.
   d. 백금이를 잡고 있는 손의 손가락으로 열은 후 실험대 위에 놓는다.
   e. 위의 어떤 방법도 사용할 수 있다.

3. 접종용 백금이 혹은 바늘을 열에 멸균할 때는 ____________________.
   a. 한번만 잠깐 댄다.
   b. 정확히 5분간 멸균한다.
   c. 완전히 백금이와 바늘 전체가 빨갛게 될 때까지 멸균한다.
   d. 손잡이가 빨갛게 될 때까지 멸균한다.
   e. 백금이와 바늘 끝 부분이 빨갛게 될 때까지 멸균한다.

답

선택형

1. ____________________
2. ____________________
3. ____________________

MICROBIOLOGY

순수배양기술

Pure Culture Techniques

EXERCISE 10

학습목표

이 실험을 수행한 후 여러분은 다음의 사항을 알 수 있을 것이다.

1. 획선 접종법을 이용하여 혼합 배양에서 콜로니를 분리 획득한다.
2. 주가 평판법과 백금이 희석을 이용하여 콜로니를 분리 획득한다.
3. 한천 사면배지에 단일 콜로니를 옮겨 생장시켜 순수 콜로니를 획득하여 분리된 콜로니를 평가한다.

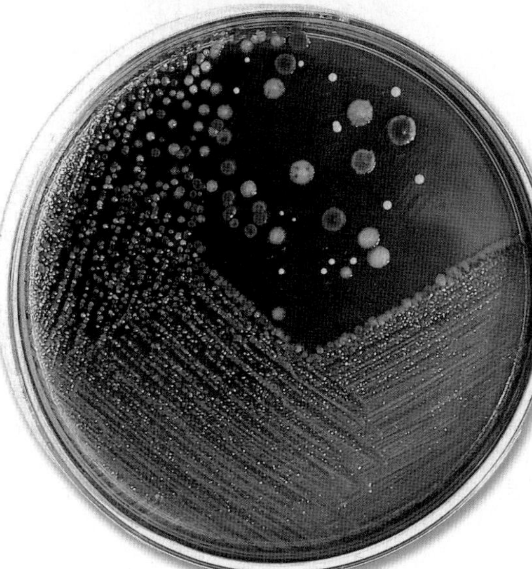

그림 10.1 획선접종법은 세 가지 다른 세균이 잘 분리된 콜로니를 보여준다.

인체, 토양, 물 혹은 어떤 환경이든 세균의 군락에 대하여 연구를 하면, 자연환경에는 세균이 혼합된 집단으로 존재한다는 것을 알 수 있다. 즉 세균이 단일 종으로 있는 경우는 매우 드문 경우이다. 의학미생물학의 아버지의 로버트 코흐(Robert Koch)는 하나의 특정 미생물이 하나의 특정 질병을 일으킨다는 것을 증명하기 위해서 다른 모든 세균으로부터 병원균만을 분리하여 병원균의 특성을 규명해야 한다는 것을 인식한 사람 중 하나이다. 병원성 세균에 대한 연구로부터 그의 실험실은 세균의 **순수배양**(pure culture) 균주를 얻는 방법을 포함하여 미생물과학에 많은 기술을 개발하는 데 공헌하였다. 혼합배양물은 여러 종류의 생물이 포함되어 있는 반면 순수배양은 생물체의 한 유형이 포함되어 있다. 오염된 배양액은 원하는 생물뿐만 아니라 불필요한 생물도 포함되어 있다. 따라서 우리는 순수배양 균주를 갖고 각 개체의 배양학적, 형태학적, 생리학적 특성 연구가 가능하게 되었다.

미생물학자에게는 순수배양 균주를 얻는 몇 가지의 방법이 있다. 일반적으로 사용하는 두 가지 방법은 평판배지에 **획선접종법**(streak plate)과 **주가평판법**(pour plate)이 있다. 두 가지 방법 모두 시료의 세균 세포를 하나의 세포가 분열하여 하나의 **순수한 콜로니**(pour colony)가 형성될 수 있는 정도까지 희석하는 과정이 포함되어 있다. 그러므로 콜로니는 한 세균 세포로부터 유래하여 동일한 후손으로 구성되어 있다는 가정 하에 후속 세균연구에 사용되고 있다.

이 실험에서는 혼합된 배양세균을 분리하기 위하여 획선접종법과 주가평판법을 모두 사용한다. 세균은 색상, 모양 및 기타 특징으로 콜로니의 특성에 의해 구별될 수 있다. 일단 분리된 콜로니는 계대 배양되고, 완전 순수분리되었는가를 확인하기 위해 균주를 준비한다.

획선접종법

획선접종법(streak-plate method)은 순수배양을 위해 미생물학자들에 의해 사용되는 방법이다. 그것은 간단하고 재료의 경제성을 가능하게 한다. 그러나 연습을 통해 얻을 수 있는 특정 수준의 기술을 요구한다. 강사는 하나 이상의 방법을 시도하거나 사분면 획선접종법 중 하나에 집중할 수 있다. 그림 10.1은 혼합 배양된 세균 콜

사분면 획선접종법 (방법 A)

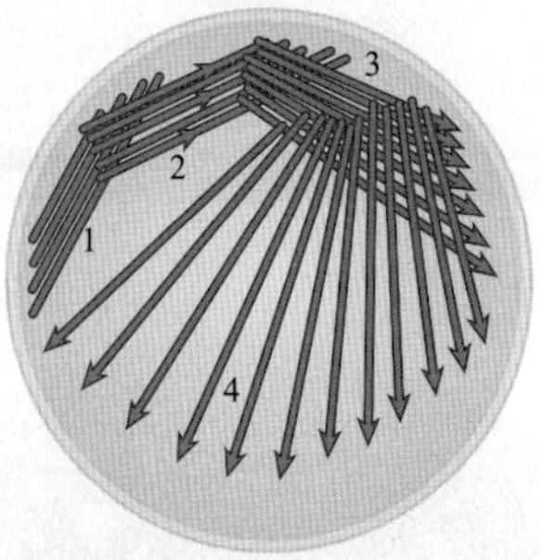

(1) 평판배지 가장자리에 가까운 1지역 부분에 백금이에 가득 묻힌 균주를 획선 접종한다. 백금이를 가볍게 획선하여 배지 표면을 상하지 않게 한다.
(2) 백금이를 불꽃에 달구고 약 5초간 식힌 후 1지역으로부터 2지역으로 5~6번 획선한다. 획선하기 전에 백금이를 평판배지의 멸균된 부분에 가볍게 대어 완전히 식힌다.
(3) 백금이를 다시 불에 달구고 식힌 후 2지역으로부터 3지역으로 6~7번 획선한다.
(4) 백금이를 또 다시 불에 달구고 식힌 후 3지역으로부터 4지역으로 평판배지의 나머지 부분을 최대한 활용하여 될 수 있는 대로 여러 번 획선한다.
(5) 백금이를 보관함에 넣기 전에 불꽃으로 멸균한다.

사분면 획선접종법 (방법 B)

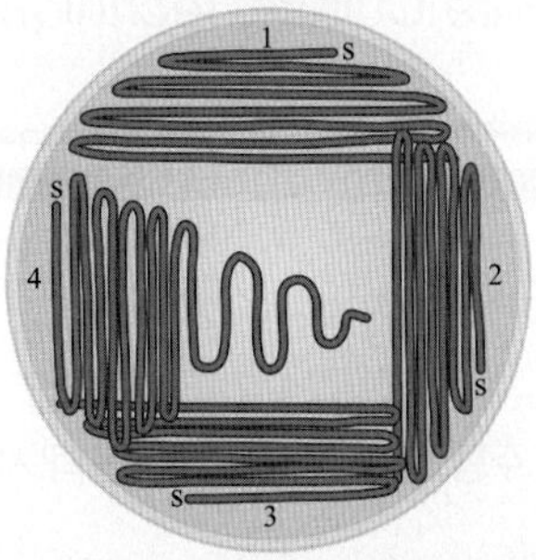

(1) s로 표시된 점으로부터 시작하여 1지역 부분에 백금이 가득 묻힌 균주를 구불구불하게 좌우로 획선접종한다. 이때에도 백금이를 가볍게 획선하여 배지 표면을 상하지 않게 한다.
(2) 백금이를 불꽃에 달구고 약 5초간 식힌 후 1지역으로부터 2지역으로 5~6번 획선한다. 획선하기 전에 백금이를 평판배지의 멸균된 부분에 가볍게 대어 완전히 식힌다.
(3) 페트리 접시를 닫은 채로 90도 돌린 후 첫 번째 획선 부분을 몇 번 스치며 2지역에 구불구불하게 좌우로 획선한다.
(4) 백금이를 다시 불꽃에 달군 후 식히고, (3) 방법과 같이 반복하여 페트리 접시를 돌린 후 3지역에서 획선한다.
(5) 백금이를 다시 불꽃에 달군 후 식히고, (4) 방법과 같이 반복하여 페트리 접시를 돌린 후 4지역에 획선하고 그림에 나타난 바와 같이 끝 부분을 길게 늘여 획선한다.
(6) 백금이를 보관함에 넣기 전에 불꽃으로 멸균한다.

방사상 획선접종법

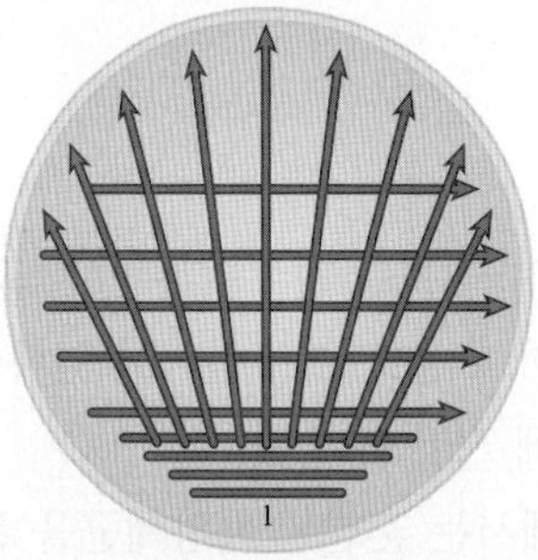

(1) 평판배지의 가장자리에 가까운 1지역부터 백금이에 가득 묻힌 균주를 획선 접종한다. 백금이를 가볍게 도말하여 배지 표면을 상하지 않게 한다.
(2) 백금이를 불꽃에 달구고 약 5초간 식힌 후 평판배지의 멸균된 부분에 가볍게 대어 완전히 식힌다.
(3) 1지역부터 시작하여 반대 방향으로 7~8번 직선으로 획선한다.
(4) 다시 백금이를 달군 후 충분히 식혀 1지역으로부터 시작하여 그은 선에 교차하게 획선한다.
(5) 백금이를 보관함에 넣기 전에 불꽃으로 멸균한다.

그림 10.2 세 가지 접종법.

로니가 확산하고, 그림 10.2의 방법 B에서 제대로 만든 사분면 획선접종법으로 어떻게 분리해야 하는지 보여준다. 순수한 단일콜로니는 사분면으로부터 분리하고 추가 실험과 연구를 위해 사용될 수 있도록 평판 콜로니 사이 간격이 매우 중요하다. 이는 혼합 또는 오염된 배양되지 않는다는 것을 보장한다.

그림 10.2는 순수한 콜로니를 얻을 수 있는 획선접종법의 세 단계를 보여준다. 지금까지 가장 많이 이용한 방법은 A와 B에 보여진 사분면 획선접종법이다. 모든 방법은 단일 세포가 한 영역 내에서 침적되고 생장해 별개의 세균 콜로니를 생성시킬 때까지 플레이트 표면에서 세포를 물리적으로 희석시킨다. 초보 학생들은 미래의 성공이 달려 있는 단독 배양 획득 기술 습득을 위한 획선접종법 숙달부터 시작해야 한다. 이는 특히 미상의 세균에 대한 식별과 관련된 PART 8에서의 실험에서 더욱 그렇다.

재료

- 전기전열판과 물이 담긴 비이커
- 알코올 램프 또는 소각로
- 접종용 백금이, 온도계, 마킹 펜
- 20 mL의 영양한천배지와 1개의 멸균된 페트리 접시
- *Serratia marcescens* 또는 *Escherichia coli*,
- 그리고 *Micrococcus luteus* 또는 *Chromobacterium violaceum*의 혼합균주

1. 실험실에서 사용하는 소독약(Roccal, Zephiran, Betadine 등)으로 스폰지, 종이타올을 이용하여 실험대의 표면을 깨끗이 소독하여 준비한다.
2. 멸균된 페트리 접시 아래 면에 실험자의 성명과 실험일자를 마킹 펜을 이용하여 라벨한다.
3. 그림 10.3에 나타낸 과정을 따라 영양한천배지가 들어 있는 시험관을 녹이고, 50°C로 식힌 후 멸균된 페트리 접시에 붓는다. 페트리 접시에 배지를 부은 후 한천이 골고루 편평하게 퍼지도록 페트리 접시를 부드럽게 돌려준다. 이때 페트리 접시 옆면에 배지가 튀지 않게 조심한다.

   배지를 굳게 하는 데 사용하는 한천은 끓이면 액체가 되고 약 42°C에서는 다시 고체로 굳게 된다. 페트리 접시에 한천배지를 붓기 전에 식히지 않으면 페트리 접시 뚜껑에 수분이 응축되는 결과를 초래한다. 이와 같이 뚜껑에 물방울이 맺히는 것은 한천배지 표면에 떨어져 배지 표면에 미생물을 퍼지게

(1) 영양한천배지를 5분정도 끓여 녹인다.

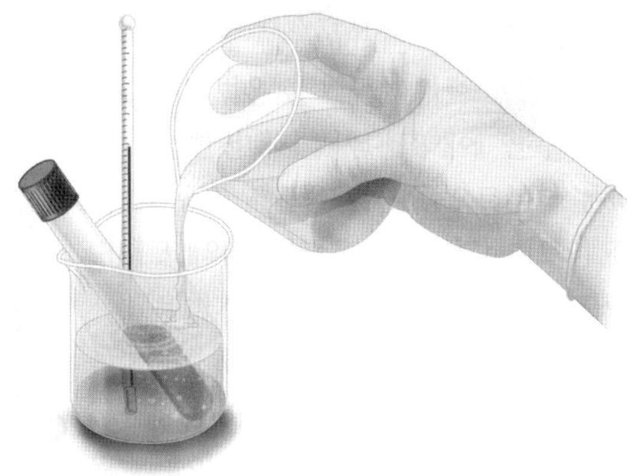

(2) 녹인 영양한천배지 시험관을 50°C 온도로 맞춘 후 5분간 유지한다.

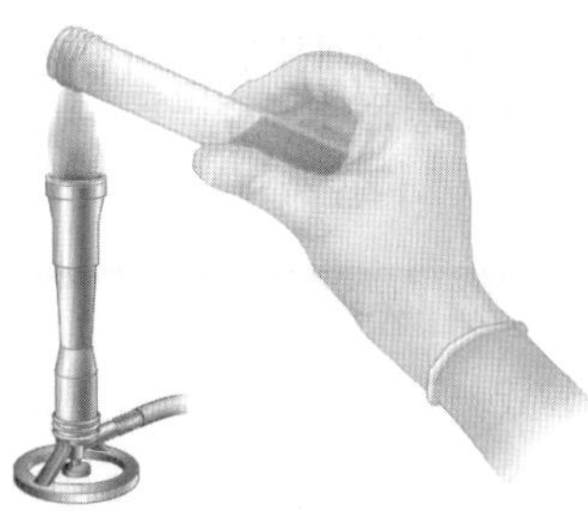

(3) 시험관의 마개를 열고 입구는 불꽃으로 멸균한다.

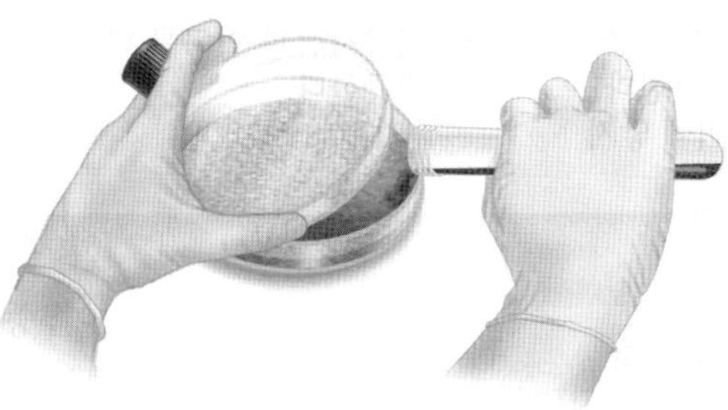

(4) 시험관에 들어 있는 배지를 페트리 접시에 부은 후 굳힌다.

그림 10.3 도말용 한천평판배지를 만드는 과정.

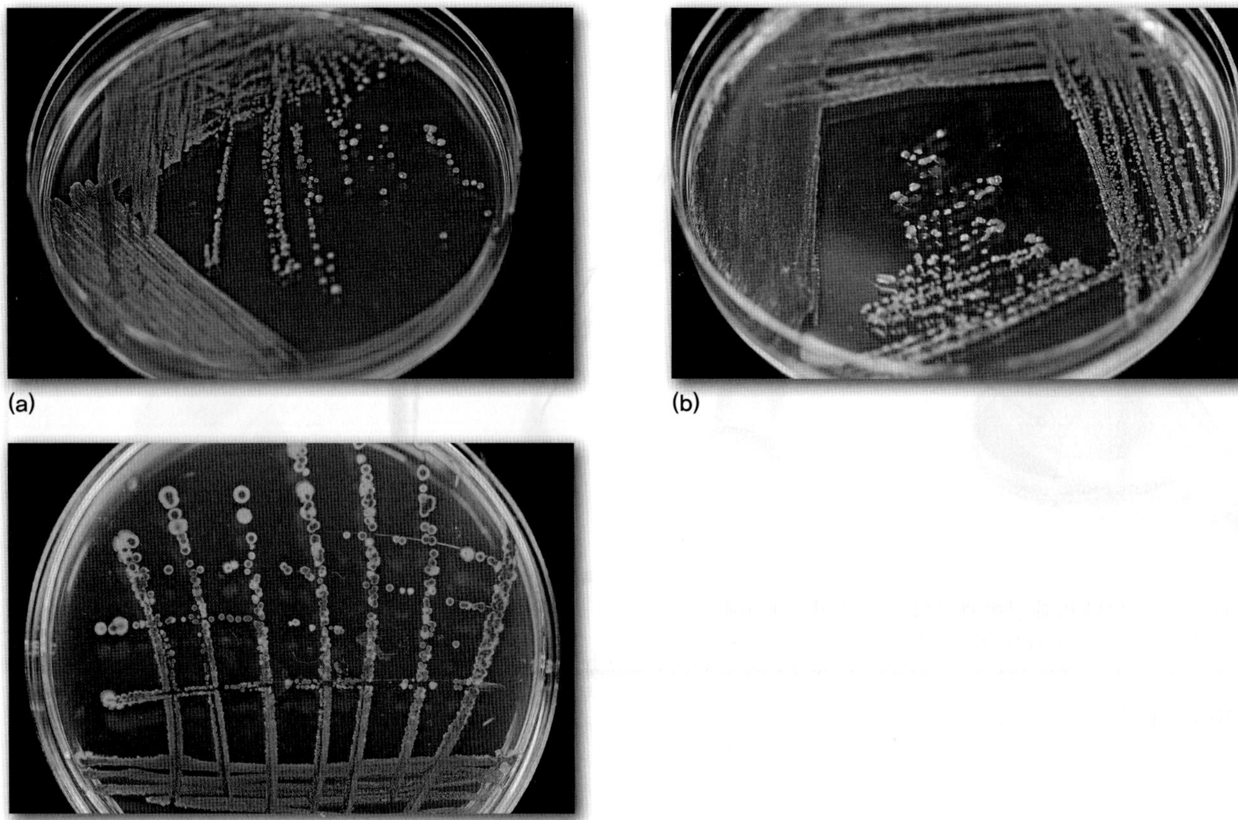

(a) (b) (c)

그림 10.5 콜로니를 분리하기 위해 그림 10.4의 세 가지 절차를 사용한 평판배지. (a) 사분면 획선접종법 A; (b) 사분면 획선접종법 B; (c) 방사상 획선접종법.

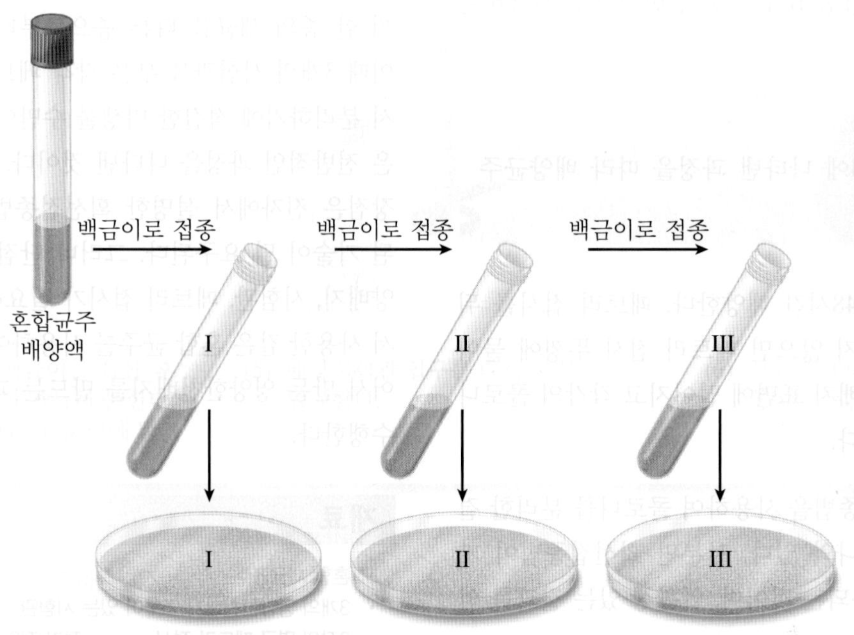

그림 10.6 미생물을 분리하기 위한 주가평판법(백금이 희석법)의 3단계 과정.

1. 3개의 영양한천배지가 들어 있는 시험관에 마킹 펜으로 I, II, III 기호를 표시하고, 전기전열판 위의 비커 안에 물을 집어넣어 녹인다. 비이커 안에 뜨거운 물을 넣어 끓이기 시작하면 시간을 절약할 수 있다.
2. 시험관 안의 배지가 녹는 동안 3장의 페트리 접시 바닥에 I, II, III으로 표시한다.
3. 획선접종법에서 사용했던 방법과 같이 배지가 들어있는 시험관을 50°C로 식힌다.
4. 그림 10.6에 나타낸 과정을 따라 혼합균주를 백금이 가득히 떠서 첫 번째 시험관에 접종한다. 그림 10.7에 나타낸 바와 같이 시험관을 취급하는 방법과 순서대로 한다.
5. 첫 번째 시험관을 충분히 섞은 후 백금이로 가득히 떠서 두 번째 시험관에 접종한다. 매번 시험관은 위

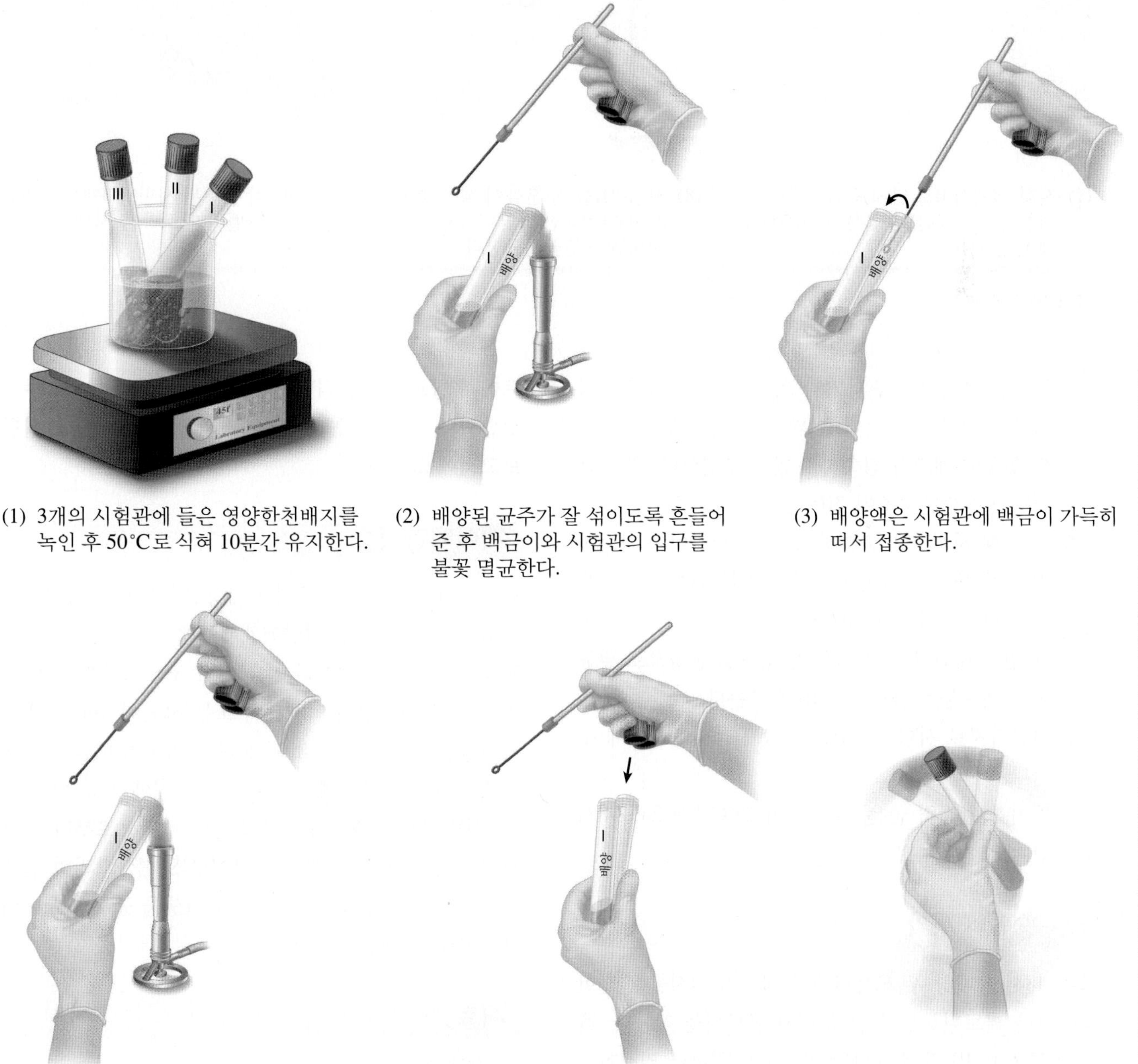

(1) 3개의 시험관에 들은 영양한천배지를 녹인 후 50°C로 식혀 10분간 유지한다.

(2) 배양된 균주가 잘 섞이도록 흔들어 준 후 백금이와 시험관의 입구를 불꽃 멸균한다.

(3) 배양액은 시험관에 백금이 가득히 떠서 접종한다.

(4) 백금이 시험관 그리고 배양액 시험관의 입구를 불꽃으로 멸균한다.

(5) 시험관 각각의 마개를 닫은 후 배양액 시험관은 시험관 꽂이에 놓는다.

(6) 시험관을 흔들거나 손바닥 사이에서 굴려 접종한 미생물이 잘 섞이도록 한다.

(계속)

그림 10.7 주가평판법을 이용하여 미생물을 접종할 때 시험관 취급 과정.

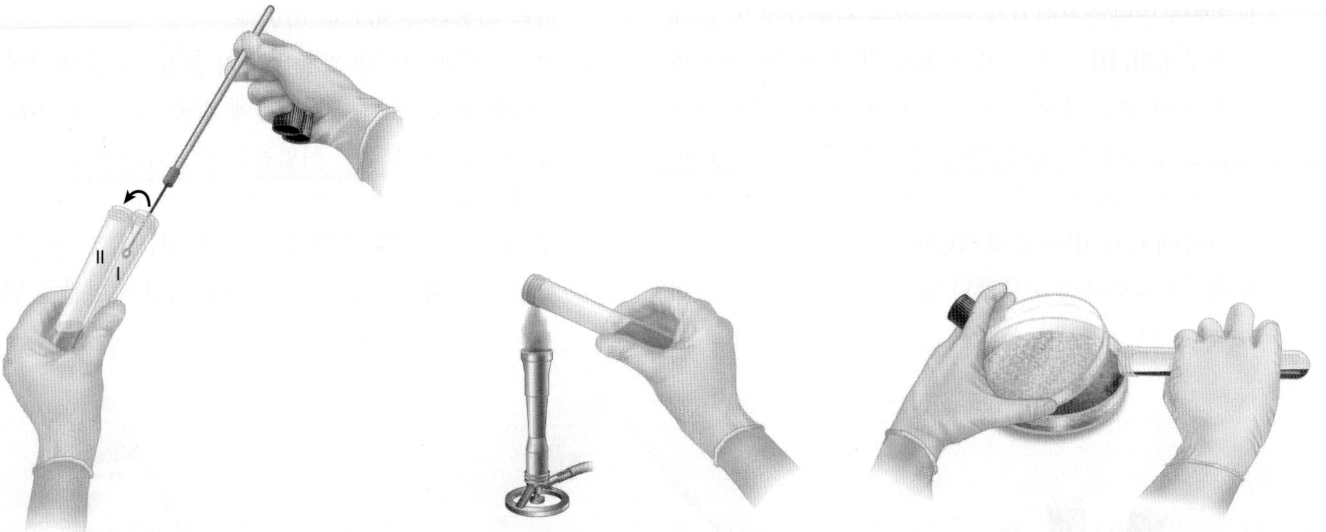

(7) 시험관I에서 II로 다시 백금이로 접종하고 시험관I은 항온 수조(50℃)에 넣는다.

(8) 시험관II를 잘 흔들어 섞은 후 시험관III에 한 백금이 접종하고 각 시험관을 불꽃멸균한다.

(9) 각 접종된 시험관 3개를 각각의 라벨된 페트리 접시에 붓는다.

그림 10.7 (계속)

쪽과 아래쪽으로 흔들거나 양 손바닥 사이에서 강하게 굴려서 잘 섞는다. 이때 어느 경우에도 시험관의 입구에 배지가 접촉하지 않게 조심한다. 첫 번째 시험관을 항온수조에 집어넣는다.

6. 두 번째 시험관을 충분히 섞은 후 백금이에 가득히 떠서 세 번째 시험관에 접종하고 두 번째 시험관은 다시 항온조에 집어 넣는다.
7. 세 번째 시험관을 잘 섞은 후 입구를 불꽃으로 멸균하고 내용물을 플레이트 III에 붓는다.
8. 마찬가지로 시험관 I, II를 각각 플레이트 I, II에 붓는다.
9. 배지가 완전히 굳은 후 뒤집어 25℃에서 24~48시간 배양한다.

두 방법의 평가

24~48시간 배양 후 모든 4개의 페트리 접시를 관찰한다. 다른 콜로니로부터 잘 분리된 콜로니를 찾는다. 플레이트 I, II, III 간에 나타난 콜로니가 얼마나 밀집한가를 판단한다. 그 중에 단일 콜로니를 분리하기에 가장 적절하게 자란 플레이트를 선택하여 단일 콜로니를 분리한다. 실험자는 다른 것과 구별되게 가장 좋은 플레이트에서 콜로니를 분리할 수 있는가? 획선접종법과 주가평판법에 의해 접종한 평판배지의 콜로니 모양을 실험보고서에 그린다.

계대배양기술

연속하여 순수배양 균주의 계대방법은 페트리 접시로부터 분리한 콜로니를 영양액체배양액 또는 영양한천 사면배지에 옮기는 것이다. 백금이로 조심스럽게 단일 분리된 콜로니를 집어 액체배지 또는 사면배지에 옮긴다. 액체영양배가 접종이 잘 되게 하기 위하여 백금이를 액체배지 시험관에서 빼기 전에 액체배지에서 몇 번 돌린다. 사면배지의 경우에는 시험관의 바닥으로부터 시험관의 입구 쪽으로 향하여 백금이로 S자를 그리며 접종한다. 실험자가 분리한 서로 다른 미생물 균주의 계대배양을 다음 과정을 따라 한다.

재료

- 영양한천 사면배지
- 접종용 백금이
- 알코올 램프

1. 각각의 시험관에 *Micrococcus luteus*, *Serratia*

*marcescens*를 기입한다.

2. 획선접종 또는 주가평판법에서 잘 분리된 빨간색 콜로니를 선정하여 접종용 백금이를 이용하여 *S. marcescens*라고 라벨된 시험관에 접종한다.
3. 노란색/크림색 색깔의 콜로니를 위와 같은 방법으로 *M. luteus*라고 라벨된 시험관에 접종한다.
4. 시험관을 25°C에서 24~48시간 배양한다.

사면배지의 평가

배양 후 사면배지를 관찰한다. *S. marcescens* 배양균주는 빨간색인가? 만일 이 균주를 25°C 이상의 온도에서 배양하였다면 높은 온도가 균주의 적색색소 형성을 저해하여 빨간색이 아닐 수도 있다. 사면배지의 모양을 그려보라. *M. luteus* 배양균주의 색깔은? 또한 사면배지의 모양을 그려보라.

실험자는 각각의 균주를 현미경으로 관찰하기 전에는 배양균주가 순수분리되었는지 확신할 수 없을 것이다. *S. marcescens* 배양균주에 *M. luteus*가 오염되어 있거나 반대의 경우도 가능하다. 각각의 배양균주를 고정하여 그람염색을 한다(실험 15 참조). *S. marcescens*는 그람음성 짧은 간균인 반면, *M. luteus*는 그람양성 구균이다. 실험 보고서에 그람염색 결과를 그린다.

실험 보고서

실험 보고서 10을 작성하여 제출한다.

실험 보고서 10

이름: ______________________

날짜: ________ Section: ______________

실험 10. 순수배양기술

A. 결과

1. 획선접종 평판배지 평가

   실험자의 평판배지에 콜로니 분포를 원 안에 그리시오. 콜로니를 구분하기 위해 *Serratia macescens*는 빨간색, *Micrococcus luteus*는 노란색, *Chromobacterium violaceum*은 보라색으로 그리시오. 시간이 있으면 담당교수는 실험자의 평판배지를 검사하여 점수를 기입하시오.

   점수 ____________

2. 주가 평판배지 평가

   플레이트 II, III 위의 콜로니 분포를 나타내시오. 단 플레이트 II는 사등분한 부분만을 이용한다. 만일 플레이트 II에 너무 많은 콜로니가 있는 경우 플레이트 II와 같은 과정으로 한다. 색깔을 사용하여 나타내시오.

   플레이트 II

   플레이트 III

3. 계대배양 평가
색연필을 이용하여 아래의 사면배지 모양에 콜로니의 생장 모습을 그려보고, 우측 원 안에는 그람염색의 결과로 나타낸 각각의 균주 세포를 그리시오.

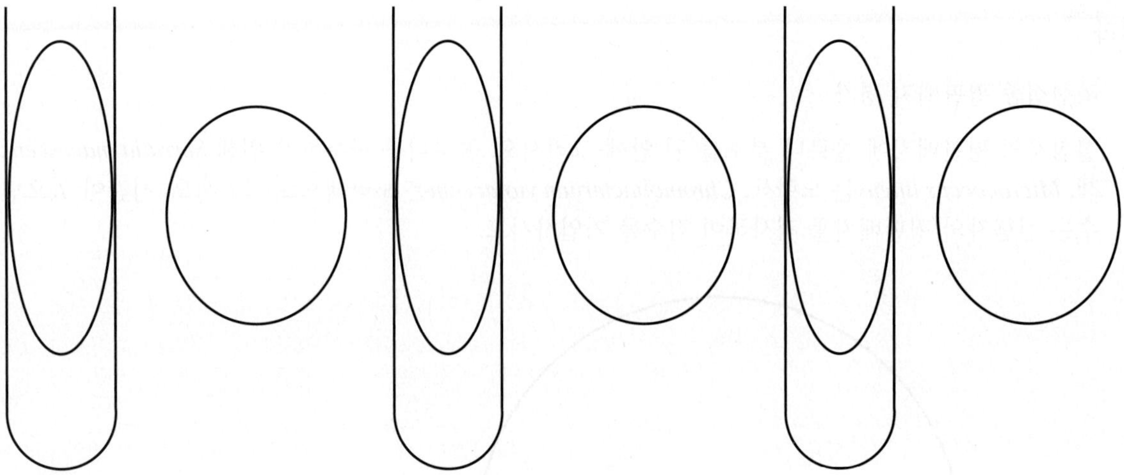

Serratia marcescens ***Micrococcus luteus*** 또는 ***Chromobacterium violaceum*** ***Escherichia coli***

4. 획선접종 평판배지와 주가 평판배지의 결과를 비교하시오. 어떤 방법이 가장 좋은 균주의 분리를 나타내었는가?

____

____

5. 실험자의 사면배지에서 순수배양 균주가 자랐는가? 어떻게 그것을 확인할 수 있는가?

____

____

B. 단답형 문제

1. 고체배지상의 세균의 생장에 관하여 '콜로니'라는 용어를 정의하시오.

____

____

2. 어떤 콜로니 특성을 세균종을 구분하는 데 사용할 수 있는가? 예를 들어, 실험자의 획선접종 평판배지에 *Serratia marcescens*와 *Micrococcus luteus*의 콜로니 특성을 비교하시오.

____

____

3. 왜 희석이 순수배양의 준비에 필요한 부분인가?

4. 획선접종법이 주가평판법보다 장점이 무엇인가?

5. 주가평판법이 획선접종법보다 장점이 무엇인가?

6. 배양 시험관 안에 넣기 전에 접종이 끝난 후에 각각 백금이를 불꽃으로 소독하는 이유는 무엇인가?

7. 녹은 영양한천배지를 플레이트 안에 붓기 전에 왜 반드시 한천배지를 먼저 50°C로 식히는가?

8. 플레이트를 배양 중에는 뒤집어 놓아야 하는 이유를 설명하시오.

(7) 백금이의 미생물을 슬라이드 위의 목표원의 중심에 놓는다.

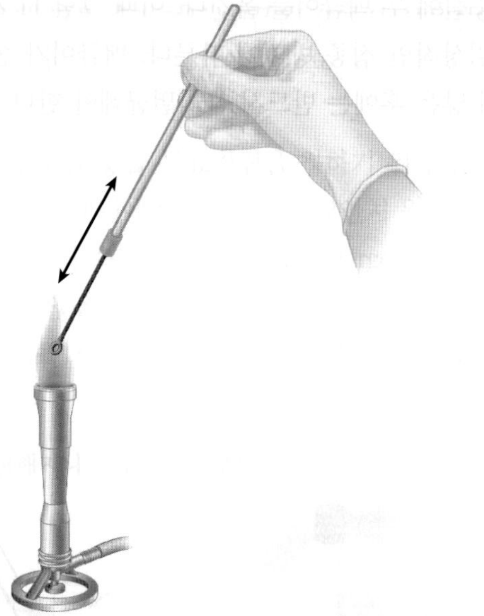

(8) 배양으로부터 미생물을 다시 백금이로 떠내거나 백금이를 정리해 놓기 전에 다시 불꽃멸균한다.

그림 11.2 (계속)

5. 목표원의 범위 내에 미생물을 도말한다.
6. 자연적인 물의 증발에 의해 슬라이드를 건조시킨다. 열을 가하지 않는다.
7. 도말표본이 공기 중에서 완전히 건조된 후에 슬라이드를 빨래집게로 집어서 알코올램프의 불꽃에 몇 차례 통과시킨다.

주의

열에 지나치게 노출되면 시료가 튈 수 있기 때문에 슬라이드를 너무 오래 가열하지 않도록 한다. 슬라이드의 아래쪽을 만져서 따뜻하게 느껴지면 된다.

이 단계에서는 슬라이드를 잡기 위해서 빨래집게를 사용할 것인지 여부는 선택할 수 있다. 담당교수의 추천에 따른다.

평판배지와 사면배지로부터

영양한천배지나 신체의 일부와 같은 고체배지로부터 세균의 도말 표본을 준비할 때에는 그림 11.1의 오른쪽에 기술된 절차에 따른다.

재료

- 현미경 슬라이드
- 접종바늘과 백금이
- 마킹 펜
- 슬라이드 집게(빨래집게)
- 분젠 버너

1. 슬라이드를 비누 또는 Bon Ami를 사용하여 뜨거운 물로 씻고, 깨끗이 씻은 슬라이드는 끝을 잡아서 사용한다.
2. 마킹 펜으로 슬라이드의 왼쪽 편에 미생물명 또는 미생물들의 약자를 적는다.
3. 슬라이드의 아래에 마킹 펜으로 "목표원"을 표시한다(앞 페이지의 단계 3에 있는 설명 참조).
4. 백금이를 불꽃멸균하여 식힌 후, 두 백금이의 물을 목표원의 중심에 옮긴다.
5. 접종 바늘을 불꽃멸균 후 식힌다. 아주 적은 양의 미생물을 취하여 슬라이드 위에 있는 물에 섞는다. 목표원 범위 내에 혼합물을 편다. 미생물이 액체에 잘 현탁되었는지 확인한다. 접종이를 제자리에 두기 전에 접종이를 먼저 반드시 불꽃멸균한다.

6. 자연적인 물의 증발에 의해 슬라이드를 건조시킨다. 열을 가하지 않는다.
7. 슬라이드가 완전히 건조된 후에 슬라이를 빨래집게로 집어서 분젠 버너의 불꽃에 몇 차례 통과시킨다. 열에 지나치게 노출되면 시료가 튈 수 있기 때문에 슬라이드를 너무 오래 가열하지 않는다.

실험 보고서

실험 보고서 11을 작성하여 제출한다.

실험 보고서 11

이름: ____________________

날짜: ________ Section: ____________

실험 11. 도말표본법

A. 단답형 문제

1. 액체배지로부터의 도말표본의 준비와 고체배지로부터의 도말표본 준비는 어떻게 다른가?

2. 도말표본 준비에 사용하는 세포의 양을 제한하는 것이 왜 중요한가?

3. 슬라이드상에 도말 표본을 만들 때 열 고정을 하는 목적은 무엇인가? 슬라이드가 불꽃으로 가열되면 어떤 문제가 발생할 수 있겠는가?

LEARNSMART LABS MICROBIOLOGY

EXERCISE 12

단순염색

Simple Staining

학습목표

이 실험을 수행한 후 여러분은 다음의 사항을 알 수 있을 것이다.

1. 세균 세포의 얇은 도말을 준비하고 단순염색한다.
2. 광학현미경으로 세균을 관찰하는 데에 있어 염색이 왜 필요한지를 이해한다.
3. 서로 다른 세균 세포의 형태를 관찰한다.

세균 세포는 약 80%가 물로 구성되어 있기 때문에 거의 대비차가 없고 따라서 대부분의 세포가 존재하는 수용성 환경과 구분이 잘 안 된다. 이 대비차가 없기 때문에 광학현미경으로 세포를 관찰하거나 수용액상의 현탁액 내에서 세포의 내부구조를 관찰하는 것은 극히 어렵다. 세균 세포의 대비차를 증가시켜 명시야 현미경으로 잘 관찰할 수 있도록 하기 위해 현미경 슬라이드에 도말표본을 준비한다. 도말표본은 세포를 슬라이드에 잘 부착시키고 더욱 중요한 것은 세포 구조가 온전히 보존되도록 열 고정을 하는 것이다.

세균 세포를 염색하기 위해 한 가지 색깔의 염료를 사용하는 것을 **단순염색**(simple staining)이라 한다. 단순염색을 하기 위해 가장 흔히 사용되는 염료로 메틸렌 블루(methylene blue), 염기성 푹신(basic fuchsin), 그리고 크리스탈 바이올렛(crystal violet)이 있다. 이 염료들은 양성으로 하전되는(양이온의) 발색단(색을 띄게 하는 이온그룹)을 갖기 때문에 **염기성 염료**(basic dye)라 한다. 이 염료들은 세포 표면에 순 음전하를 띠는 화학기를 갖는 세균 세포들과 잘 반응한다. 그러므로 세포와 염료의 양이온 발색단 사이에는 높은 정전기적 친화력이 있다. 양이온 발색단과는 대조적으로 음이온 발색단(음성으로 하전되는)을 갖는 염료는 **산성 염료**(acidic dye)라 한다. 에오신(sodium^{+} eosinate^{-})이 이러한 염료이다. 음이온 발색단인 eosinate^{-}는 정전기적 반발력 때문에 음성으로 하전된 세균 세포를 염색하지 않는다.

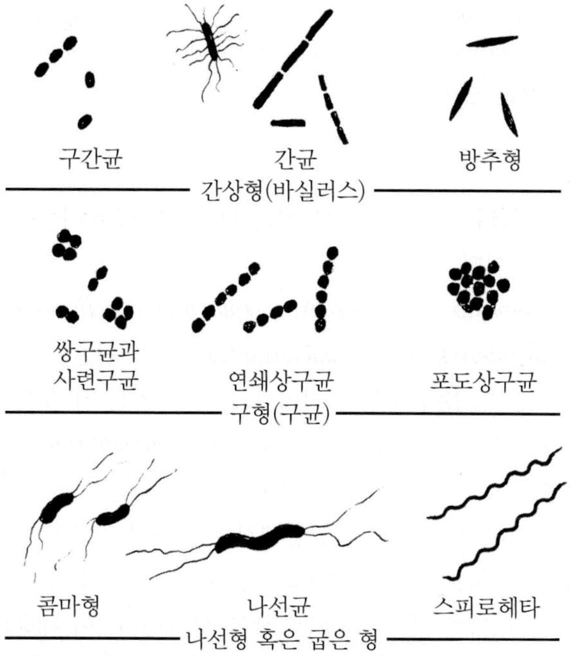

그림 12.1 세균 형태.

단순염색은 세균 세포의 형태를 결정하는 데 사용할 수 있다. 그림 12.1에 대부분의 일반적인 세균 세포의 형태를 도해하였다. 세균 세포는 세 가지 형태로 그룹 지을 수 있다: **간균**(막대형), **구균**(구형), **나선균**(코르크따게 모양의 간균). 막대형 혹은 간균은 세포 끝부분이 둥글거나 평평하거나 뾰족한 모양일 수 있다. 방추형 세균은 끝이 뾰족한 간균으로 사람의 구강에 흔히 존재한다. 구균은 단독으로, 사슬형태로, 테트라드(4개 세포 묶음)로, 혹은 불규칙한 덩어리로 존재할 수 있다. 포도상구균은 포도송이를 닮은 세포덩어리로 존재하는 반면 대부분의 연쇄상구균은 사슬형으로 존재한다. 나선형 세균은 스피로헤타, 나선균, 굽은 간상형인 콤마형으로 존재할 수 있다. 매독의 원인균인 *Treponema pallidum*은 스피로헤타로 너무 가늘어서 명시야 현미경으로는 관찰

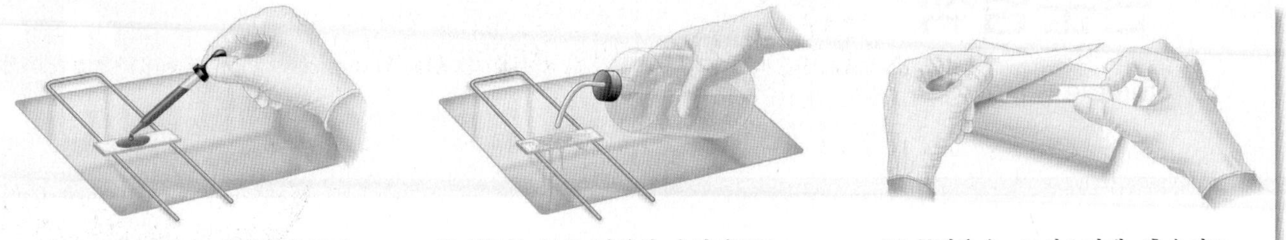

그림 12.2 단순염색법.

할 수 없다. 콜레라를 일으키는 *Vibrio Cholerae*는 콤마형 세균이다.

*Staphylococcus aureus, Streptococcus lactis, Bacillus megaterium, Corynebacterium xerosis*를 단순염색 실험(그림 12.2)에 사용할 것이다. *C. xerosis*는 사람에 디프테리아를 일으키는 *Corynebacterium diphtheriae*와 연관성이 있다. 각기 다른 형태와 배열을 갖는 이들 세포를 염색하기 위하여 이 실험에서는 염기성 염료인 메틸렌 블루(methylene$^+$, chloride$^-$)를 사용할 것이다. 코리네박테리아를 가지고 단순염색을 실시하면 이 세균의 동정에 사용되는 고유한 특징들을 나타내기 때문에 단순염색으로 많은 정보를 알아낼 수 있다. 이 특징들에는 다형성, 이차염색성 과립, 세포의 울타리 모양의 배열 등이 있다.

다형성(pleomorphism)은 형태의 불규칙성, 즉 여러 가지의 다른 형태를 의미한다. *C. diphtheriae*는 기본적으로 간상형(rod-shaped)인데 이것은 또한 곤봉 모양(club-shaped), 정자 모양(spermlike), 바늘 모양(needle-shaped)으로 나타난다. *Bergy's Manual*은 "다형성(pleomorphism)"과 "불규칙성(irregular)"이라는 용어를 같은 뜻으로 사용하고 있다(그림 12.3).

이차염색성 과립(metachromatic granules)은 세포내의 뚜렷한 붉은 보라색의 과립인데 세균을 메틸렌 블루로 염색하였을 때에 드러난다. 이 과립은 볼루틴(volutin), 이차 다중인산염 덩어리이다.

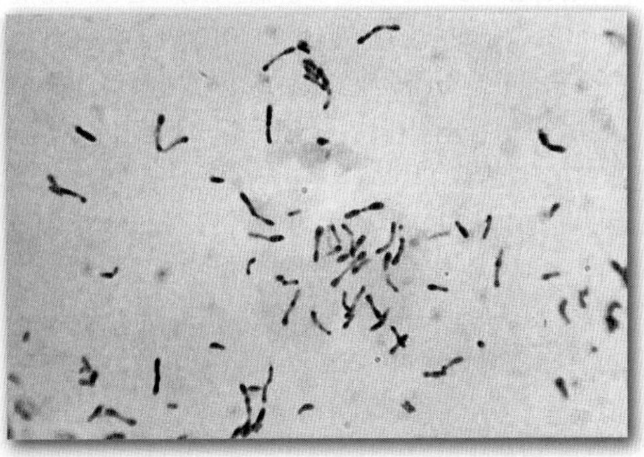

그림 12.3 곤봉 모양의 세포를 보여주는 *Corynebacterium*의 메틸렌 블루 염색.
Centers for Disease Control

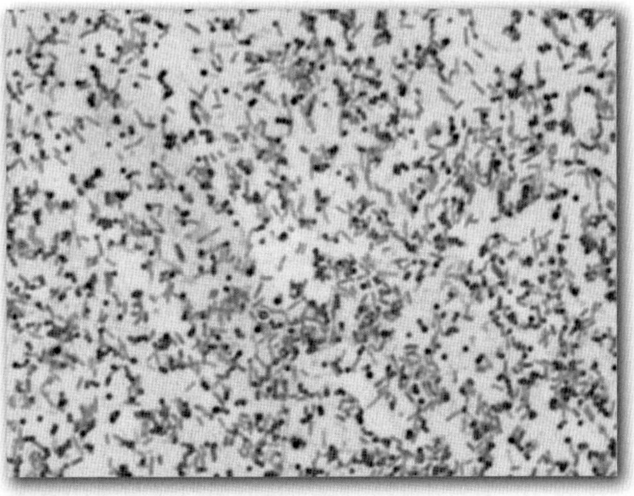

그림 12.4 *Bacillus subtillis*와 *Staphlococcus aureus*의 단순염색.
© McGraw-Hill Education. Auburn University Research Instrumentation Facility/Michael Miller, photographer.

울타리모양 배열(palisade arrangement)은 간상형 세포의 평행 배열을 나타낸다. 또한 "말뚝울타리(picket-fence)"배열이라고도 하는 이 특징은 많은 코리네박테리아에 흔하다.

실험 방법

그림 12.2에 간단히 설명한 방법을 이용하여 *S. aureus*, *S. lactis*, *B megaterium*, 그리고 *C. xerosis* ATCC 373의 도말표본을 준비한다. 도말표본 준비를 위해 실험 11을 참조하시오.

재료

- *S. aureus*, *S. lactis*, *B megaterium*, *C. xerosis*의 사면배양
- 메틸렌 블루
- 세정 병
- 흡수지

슬라이드를 관찰한 후에 그림 12.4에 있는 현미경 사진과 비교하시오. 관찰 내용을 실험 보고서 12에 작성하여 제출한다.

실험 보고서 12

이름: ______________________

날짜: ________ Section: ______________

실험 12. 단순염색

A. 결과

1. 단순염색으로 염색한 후 *Corynebacterium xerosis*에서 관찰되는 주목할 만한 물리적 특징 세 가지는 무엇인가? 이러한 특성이 나타나도록 세균을 그리시오.

Corynebacterium xerosis

2. 연쇄상구균의 배열과 세포의 형태는 어떠한가?

연쇄상구균

3. 포도상구균의 배열 및 세포의 형태는 어떠한가?

포도상구균

4. 간균의 배열 및 세포의 형태는 어떠한가?

간균

B. 단답형 문제

1. 발색단(chromophores)이란 무엇인가?

___

2. 산성 염료에 의해 세균 세포가 염색되는 이유는 무엇인가?

___

3. 크리스탈 바이올렛은 어떤 종류의 염료의 예인가?

___

4. 볼루틴(volutin)은 무엇으로 구성되어 있는가?

___

5. 세포의 울타리모양 배열(palisade arrangement)이란 어떤 것을 말하는가?

___

6. 염기성 염료와 산성 염료의 차이점은 무엇인가?

___

7. *Vibrio cholerae*는 어떤 모양인가?

___

8. 방추형 세균은 일반적으로 인간의 어디에서 발견되는가?

___

매질염색

Negative Staining

EXERCISE

13

학습목표

이 실험을 수행한 후 여러분은 다음의 사항을 알 수 있을 것이다.

1. 펴기 슬라이드(slide-spreading)법이나 백금이로 펴기(loop-spreading)를 이용하여 세균 세포를 매질염색한다.
2. 매질염색을 이용하여 치아나 구강 세균을 관찰한다.
3. 매질염색에서 세균의 서로 다른 형태를 구별한다.

매질염색(negative stain)은 세균의 형태를 연구하거나 세균 세포와 연합되어 있는 캡슐과 같은 외부구조를 연구하는 데 유용하다. 매질염료들은 산성이며 따라서 음전하를 띤 발색단을 가지므로 세균 세포로 침투하지 않고 오히려 유사하게 하전된 세균 세포를 밀어낸다. 세포를 둘러싸고 있는 배경이 매질염색에 의해 착색되어 결과적으로 세포를 음성적으로 또는 간접적으로 염색하는 결과를 초래하게 된다. 보통 세포는 어두운 배경에 대비되어 투명한 물체로 보이게 된다(그림 13.1 참조). 매질염료의 예로 인디아잉크와 니그로신이 있다. 매질염색은 적은 양의 미생물을 염료와 혼합하는 과정과 슬라이드의 표면에 매우 얇은 막으로 펴는 과정으로 구성된다. 매질 염색을 할 때 매질 염료를 첨가하기 전에 열 고정(heat fixation)을 하지 않는다. 때때로 매질염색은 캡슐과 같은 구조를 더 잘 관찰하기 위해 세포염색(positive staning)과 병행할 수도 있다. 이 경우 캡슐은 어두운 배경에서 염색된 세포를 둘러싼 후광으로 관찰된다.

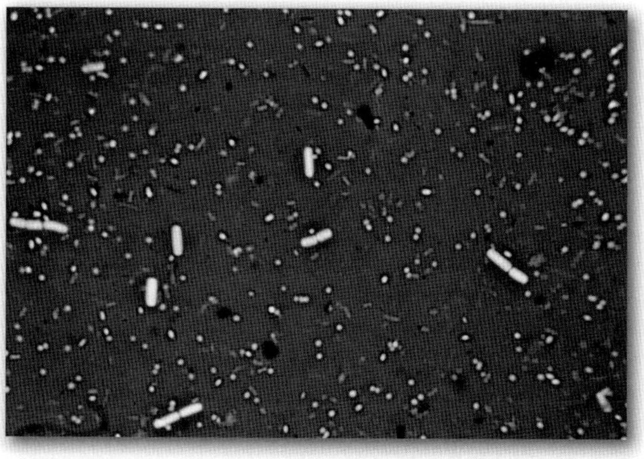

그림 13.1 니그로신을 이용한 *Bacillus*와 *Staphylococcus*의 매질염색.

매질염색은 또한 세포의 치수를 정확히 측정하는 데 유용하다. 열 고정 과정이 없기 때문에 세포가 줄어들지 않으므로 세포의 크기가 열 고정에 의해 측정한 것보다 더 정확하다. 세균 세포를 둘러싸고 있는 캡슐을 관찰하려면 열 고정을 하지 않는 것 또한 중요한데, 가열에 의해 캡슐이 심하게 줄어들기 때문이다. 매질염색은 세포가 너무 가늘어 통상적인 염료로는 쉽게 염색이 되지 않는 스피로헤타를 관찰하는 데도 유용하다.

두 가지 방법

매질염색은 두 가지 방법으로 수행할 수 있다. 그림 13.2는 좀 더 일반적으로 사용되는 방법을 예시하고 있는데, 이 방법에서는 미생물을 한 방울의 니그로신에 혼합한 후 또 다른 슬라이드를 이용하여 슬라이드위에 고르게 편다. 목적은 한쪽 끝은 두껍게 다른 쪽 끝은 깃털처럼 얇은 시료를 만들어 내는 것이다. 너무 두꺼운 곳과 너무 얇은 곳 사이의 어딘가에 미생물을 관찰하기에 이상적인 지점이 나올 것이다.

그림 13.3은 두 번째 방법을 보여준다. 이 방법에서는 니그로신 염료 한 방울 대신에 한 백금이만의 염료에 미생물을 혼합한다. 미생물을 슬라이드의 중심에서 더 작은 면적으로 접종바늘로 편다. 이 방법에서는 펴기 슬라이드(spreader slide)를 사용하지 않는다.

다음 방법에 의해 치아 사이에 있는 세균이나 특수한 세균의 슬라이드를 만들 수 있다는 것에 주목하시오. 담당교수는 실험자가 사용해야 할 방법들을 지시하고

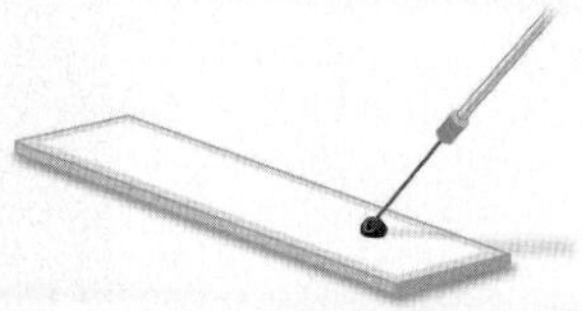

(1) 미생물을 니그로신이나 인디아잉크의 작은 방울에 분산시킨다. 현탁액은 슬라이드 직경의 1/8 "을 초과하지 않아야 하고 슬라이드의 끝부분에 놓는다.

(2) 펴기 슬라이드(spreader slide)를 현탁액 방울과 접촉시켜 현탁액이 펴기 슬라이드의 가장자리를 따라 확산되도록 현탁액 방울을 향해 이동시킨다.

(3) 일단 펴기 슬라이드가 바닥 슬라이드에 있는 액체방울에 닿으면, 그림에서 보는 바와 같이 현탁액이 펴기 슬라이드의 가장자리를 따라 퍼지게 될 것이다.

(4) 펴기 슬라이드를 왼쪽으로 밀어서 바닥 슬라이드 상에서 현탁액이 끌리도록 한다. 슬라이드는 공기 건조시킨 후 유침렌즈로 관찰한다.

그림 13.2 펴기 슬라이드를 이용한 매질염색법.

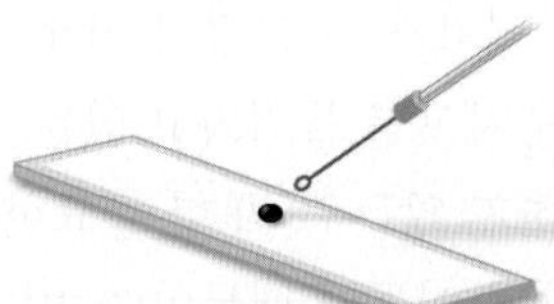

(1) 한 백금이의 니그로신이나 인디아잉크를 깨끗한 현미경 슬라이드의 중앙에 놓는다.

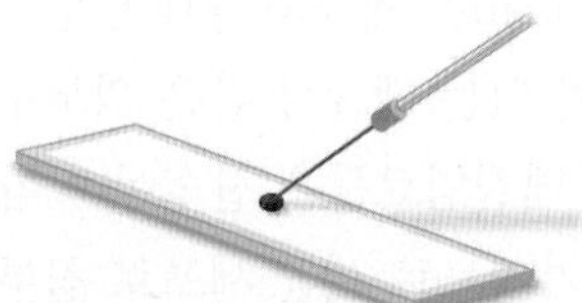

(2) 멸균 접종바늘(inoculating wire)을 사용하여 미생물을 옮겨 염료와 섞는다.

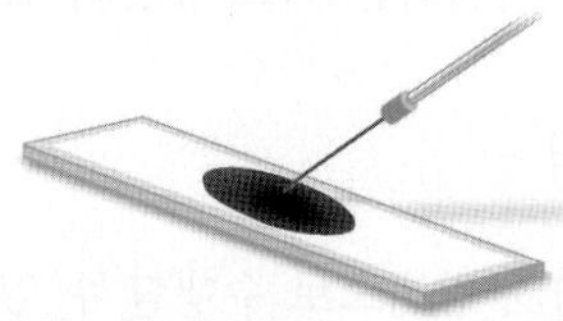

(3) 세균 현탁액을, 접종바늘로 1 cm 또는 2 cm 범위에 걸쳐 고르게 도말한다.

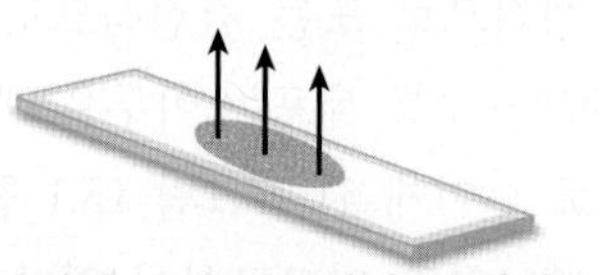

(4) 일단 표본이 완전히 공기 건조되면, 유침렌즈로 관찰한다. 빨리 건조시키기 위해 열을 사용해서는 안 된다.

그림 13.3 매질염색의 두 번째 방법.

몇몇 기본적인 무균기법(aseptic techniques)을 설명할 것이다. 성공적으로 염색할 수 있도록 여기에 여러 가지 선택사항들을 제공하였다.

재료

- 현미경 슬라이드(깨끗한 가장자리를 가진)
- 니그로신 용액 혹은 인디아잉크
- *S. aureus*와 *B. megaterium*의 사면배양
- 접종바늘과 백금이
- 멸균된 이쑤시개
- 분젠 버너
- 마킹 펜

1. 슬라이드를 만들기 전에 실험대를 소독약(disinfectant)으로 닦아낸다.
2. 2~3개의 현미경 슬라이드를 Bon Ami로 닦아서 먼지와 기름때를 모두 제거한다.
3. 그림 13.2 또는 13.3을 참조하여 슬라이드에 적당한 양의 염료를 넣는다.
4. **구강 미생물**: 치아틈 사이에서 멸균 이쑤시개로 소

량의 시료를 떼어내서 슬라이드 위에서 염료와 혼합한다. 미생물 덩어리는 반드시 이쑤시개나 멸균 백금이를 사용하여 부스러뜨린다. 백금이를 사용할 때에는 반드시 불꽃멸균한다.

주의

이쑤시개를 사용한 후 소독제가 든 비이커에 버린다.

5. **배양으로부터**: 멸균된 접종바늘(straight wire)로 매우 소량의 세균을 사면배양으로부터 취하여 슬라이드 위에 놓은 염료의 중심으로 옮긴다.
6. 슬라이드 상에 혼합물을 그림 13.2 또는 13.3의 방법에 따라 편다.
7. 슬라이드를 공기 건조시킨 후 유침렌즈를 이용하여 관찰한다.

실험 보고서

실험 보고서 13에 몇 가지 대표적인 미생물의 형태를 그리시오. 슬라이드의 시료가 구강 미생물이라면 세균뿐만 아니라 효모와 균사를 찾아본다. 스피로헤타도 존재할 것이다.

실험 보고서 13

이름: ______________________

날짜: ________ Section: ______________

실험 13. 매질염색

A. 결과

1. 구강시료의 매질염색에서 발견되는 서로 다른 형태의 미생물을 그리시오. 구강시료에서 연쇄상구균, 효모, 스피로헤타를 어떻게 구분하겠는가?

구강미생물
(니그로신)

B. 단답형 문제

1. 매질염색은 어떤 종류의 발색단과 관련이 있는가?

2. 매질염색의 예를 드시오.

3. 세포 크기를 측정하는 경우 일반적으로 어떤 염색단계를 생략하는가? 그 이유는?

4. 매질염색에 의해 세균의 어떤 외부 구조를 관찰할 수 있는가?

않는다. 협막을 관찰할 때, 도말한 시료를 염색하기 전에 열로 고정하면 협막이 수축되거나 파괴되어 관찰되지 않는다. 안토니방법(그림 14.1)에서는 도말표본을 공기건조시킨 후 크리스탈 바이올렛으로 2분간 염색한다. 20% 황산구리(copper sulfate)용액으로 씻은 후 여과지로 살짝 눌러 물기를 없앤다. 유침렌즈로 관찰하면 협막은 세포 주위의 후광으로 나타나며, 세포는 어두운 보라색으로 보인다(그림 14.2). 이 방법으로 *Klebsiella pneumoniae*의 협막을 염색할 것이다.

재료

- 36~48시간 배양한 *Klebsiella pneumoniae*
- 1%(wt/vol) 크리스탈 바이올렛
- 20%(wt/vol) 황산구리 용액
- 황산구리 폐용액 용기
- 사용한 슬라이드 처리용 소독제

실험 방법

1. 현미경 슬라이드 위에 얇게 도말한 *Klebsiella pneumoniae*를 준비한다.
2. 공기 중에서 건조시킨다. 도말을 열 고정하면 협막이 수축되거나 파괴되므로 열 고정하지 않도록 한다.
3. 1% 클리스탈 바이올렛을 슬라이드의 도말 위에 떨어뜨리고 2분간 놓아둔다.
4. 슬라이드를 폐용액 용기 위로 가져가서 클리스탈 바이올렛을 20% 황산구리로 조심스럽게 씻어낸다. **주의: 황산구리와 염료는 싱크대에 직접 씻어내지 않는다.**
5. 슬라이드를 여과지로 살짝 눌러 건조시킨다.
6. 염색된 시료를 유침렌즈로 관찰하고 그림 14.2와 비교한다. 실험 보고서 14에 결과를 기록한다.
7. 실험이 끝나면 사용한 슬라이드를 반드시 소독제가 든 용기에 처리한다.

주의: 협막염색은 실험 13의 매질염색 방법을 사용해서도 할 수 있다. 니그로신이나 인디아잉크를 염료로 사용할 수 있으며 세포는 어두운 배경에 대해 주변에 후광을 갖는 것으로 나타난다.

관찰 이머젼 오일을 처리한 슬라이드를 관찰하고 그림 14.2와 여러분의 슬라이드를 비교한다. 실험 보고서 14에 결과를 기록한다.

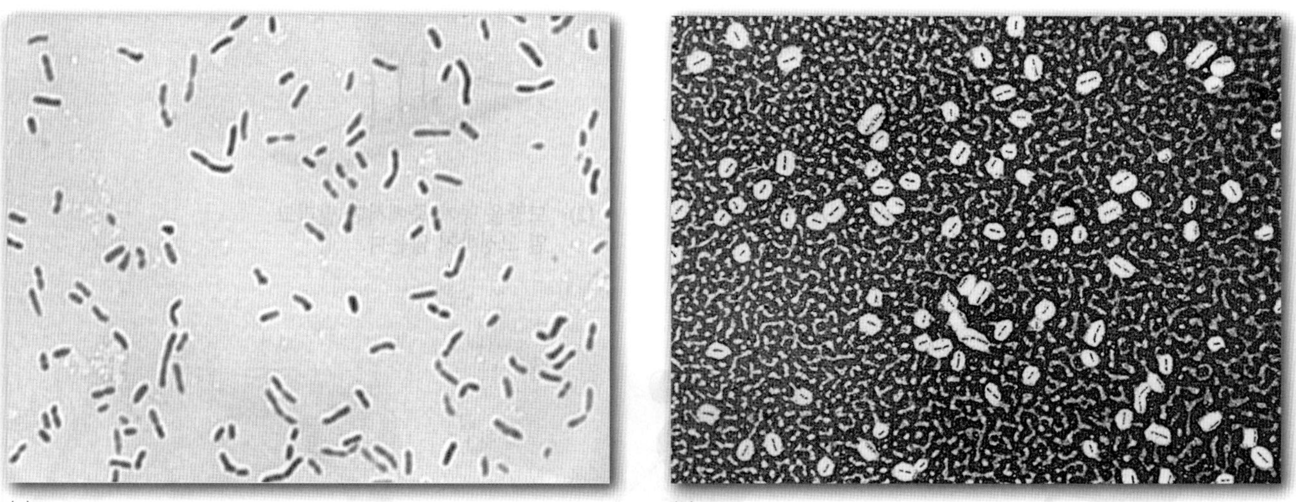

(a) (b)

그림 14.2 (a) 안토니 방법에 의한 *Klebsiella*의 협막염색. (b) *Klebsiella*의 협막을 보여주고 있는 매질염색.

실험 보고서 14

이름: ______________________

날짜: ________ Section: ______________

실험 14. 협막 염색

A. 결과

1. *Klebsiella pneumoniae*를 협막염색한 후 관찰되는 협막의 모양을 그리시오. 협막 염색시약을 사용하지 않을 경우 협막이 어떻게 보이는지 설명하시오.

Klebsiella pneumoniae
(협막염색)

B. 단답형 문제

1. 세균 세포에서 협막 혹은 글리코칼릭스(glycocalyx)가 하는 두 가지 기능은 무엇인가?

____

____

2. 세균 협막 또는 글리코칼릭스를 구성하는 생물분자에는 어떠한 것이 있는가?

____

____

3. *Steptococcus mutans*가 갖는 협막은 무슨 기능을 하는가?

____

____

4. 협막염색을 하기 위해 열 고정을 한다면 어떤 결과가 초래되겠는가?

____

____

EXERCISE 15

그람염색

Gram Staining

학습목표

이 실험을 수행한 후 여러분은 다음의 사항을 알 수 있을 것이다.

1. 미생물학에서 그람염색의 중요성을 설명한다.
2. 그람양성과 그람음성의 세포벽의 차이를 요약한다.
3. 두 유형의 세균이 분별되도록 하는 데 그람염색 과정의 각 단계가 어떻게 작용하는지를 설명한다.
4. 그람양성세포와 그람음성세포의 얇은 도말을 준비하고 그람염색법을 사용하여 염색한다.
5. 그람양성세포와 그람음성세포를 현미경하에서 구별한다.

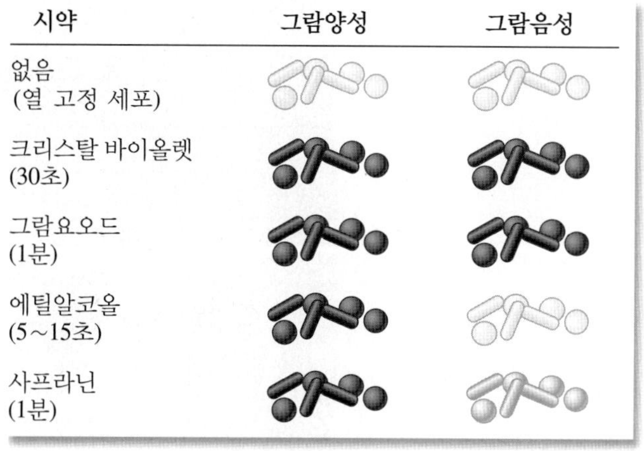

그림 15.1 그람염색 과정 중 각 단계에서 나타나는 색의 변화.

1884년 덴마크의 내과의사인 그람(Hans Christian Gram)은 감염된 폐 조직에서 진핵세포의 핵과 세균을 구분하는 염색방법을 개발하고 있었다. 그람은 염색과정에서 어떤 염료들이 일부 유형의 세균 세포에는 남아 있으나 다른 세균 세포에서는 제거된다는 것을 발견하였다. 그람이 발표한 내용은 세균학에서 가장 중요한 염색, 즉 그람염색의 기초가 되었다. 그람염색은 임상과 연구 현장에서 사용되는 가치 있는 진단 도구로써 비록 새로운 분자 기법은 개발되지 않았으나, 미지의 세균의 동정하는 데 아직도 널리 사용되는 방법이다. 그람염색은 흔히 실험실에서 미지의 세균 종에 대해 첫 번째로 실시하는 실험이며, 어떤 경우에는 세균에 대한 임시 동정 결과를 제공하기도 한다. 내과의사는 세균 감염에 대한 올바른 치료방법을 결정하기 위해서 임상시료를 그람염색하기도 한다.

그람염색은 분별염색(differential stain)의 한 예이다. 분별염색은 세포나 세포내의 구조물들이 서로 다른 염색 반응을 보인다는 사실을 이용하여 서로 다른 종류의 염료를 사용하여 구분한다. 그람염색에서는 두 종류의 세포, 즉 그람양성세포와 그람음성세포가 세포벽의 구조와 조성에 따라 구분된다. 이러한 두 유형의 세포들은 염색을 실시한 후, 보라색, 그리고 분홍 혹은 빨강, 각각의 색깔에 의해 동정될 수 있다. 그람염색법은 그람양성 세균에서는 보라색의 염료 복합체가 계속 유지되나 반면 그람음성 세균에서는 탈색된다는 사실에 기초하고 있다. 그람음성 세균은 탈색되므로 현미경으로 관찰하기 위해서는 빨강색 염료로 대조 염색을 해야 한다.

그림 15.1은 그람염색 과정의 각 단계에서 나타나는 세균의 색을 도해하였다. 그람양성 세균과 그람음성 세균 모두 처음에는 **1차 염료**(primary stain)인 크리스탈 바이올렛으로 염색한다. 그 다음 단계에서 요오드(Gram's iodine)를 도말 시료에 첨가한다. 요오드는 **매염제**(mordant)로 작용하여 그람양성 세균에서는 크리스탈 바이올렛과 불용성의 복합체를 형성한다. 여기까지는 그람양성 세균과 그람음성 세균 모두 동일하게 보라색을 나타낸다. 그람양성 세균의 경우 크리스탈 바이올렛-요오드 복합체가 탈색과정에서 알코올이나 아세톤에 의해 **탈색**(decolorization)되지 않으므로 현미경하에서 보라색을 띤다. 반면, 그람음성 세균은 색소-매염제 복합체가 탈색되어 색이 없어지게 된다. 따라서 사프라닌을 대조염료로 사용하여 그람음성세포를 분홍색이나 빨강

그림 15.2 그람양성 세균과 그람음성 세균의 세포벽 비교.

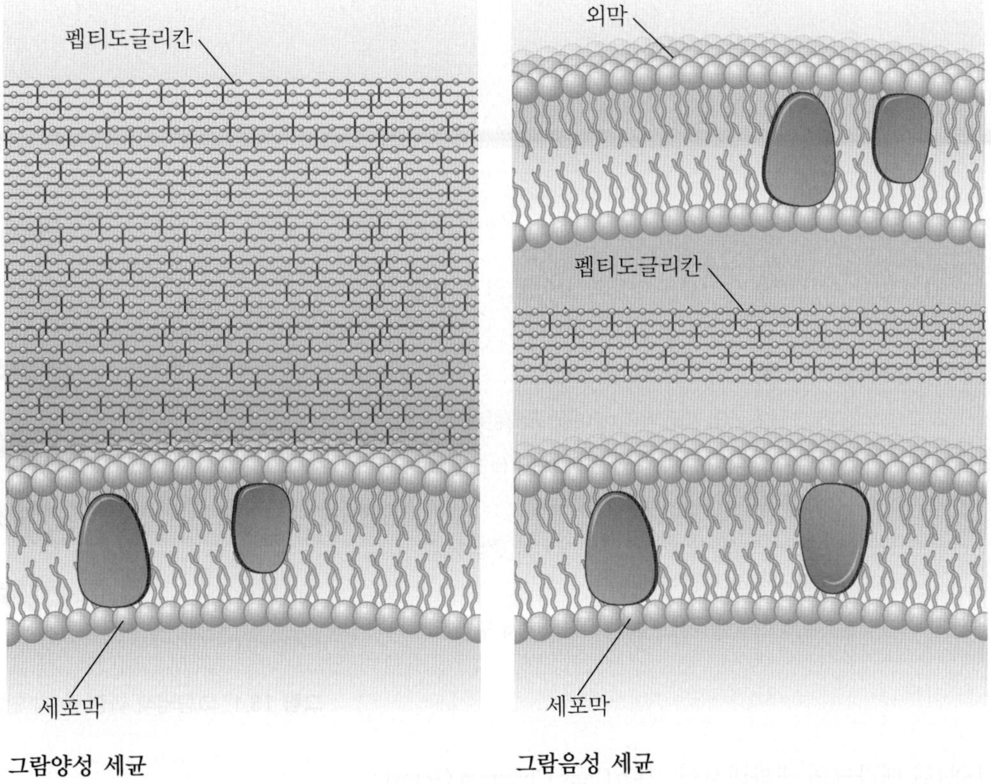

색으로 염색한다. 사프라닌은 그람양성세포에도 부착하지만 크리스탈 바이올렛은 사프라닌보다 더 색이 진하므로 그람양성 세균은 계속 보라색으로 남아 있게 된다.

그람염색이 작동하는 메커니즘에 대해서는 아직 완전하게 알려지지는 않았다. 그러나 그람염색법에 의한 그람양성 세균과 그람음성 세균의 차이는 세포벽의 구조 및 화학적 차이와 관련이 있는 것으로 알려져 있다(그림 15.2). 전자현미경으로 관찰하면 그람양성 세균의 세포벽을 구성하는 **펩티도글리칸**(peptidoglycan) 층은 두껍다는 것을 확인할 수 있다. 반면에 그람음성 세균은 그람양성 세균에 비해 매우 얇은 펩티도글리칸 층을 갖고, 그 바깥쪽에 외막이 둘러싸고 있다.

도말표본이 탈색과정을 거치는 동안, 두껍고 조밀하게 연결된 그람양성 세균의 펩티도글리칸 분자는 크리스탈 바이올렛-요오드 복합체를 붙잡아 이들이 제거되는 것을 막는 반면, 그람음성 세균의 경우, 탈색제가 외막(outer membrane)에 있는 지질을 녹여, 염료-매염제 복합체가 얇은 펩티도크리칸 층을 통해 빠져나가게 한다.

어떤 세균들은 그람 부정(gram-variable)으로 간주한다. 왜냐하면 일부 세포들은 크리스탈 바이올렛 염료가 빠져나가 대조염색을 했을 때 빨간색으로 나타나는 반면, 일부 세포들은 크리스탈 바이올렛 염료를 유지하기 때문이다. 항산성(acid-fast) 세균이라고 하는 또 다른 세균들은 "왁스성" 지질로 구성된 독특한 세포벽이 있다. 결핵과 한센병(leprosy)의 원인균인 Mycobacteria가 항산성 세균이다. 이 세균 세포들은 그람염색법으로 염색한 후, 무반응이거나 그람양성으로 나타날 수 있다. 이러한 종류의 세포벽을 가진 세균들을 동정하기 위해서는 특수한 항산성 염색법을 사용한다(실험 17 참조).

비록 그람염색법은 아주 간단한 실험이지만, 정확한 결과를 얻기 위해서는 많은 연습과 경험이 있어야 한다. 여러 가지 요인이 이 실험의 결과에 영향을 줄 수 있다.

1. 16~18시간 동안 배양된 세균을 사용해야만 한다. 이 시간보다 오래 배양된 그람양성 세균은 그람 부정 세균이나 그람음성 세균으로 변화되어 잘못된 결과를 얻을 수 있다(그러나 그람음성 세균은 그람양

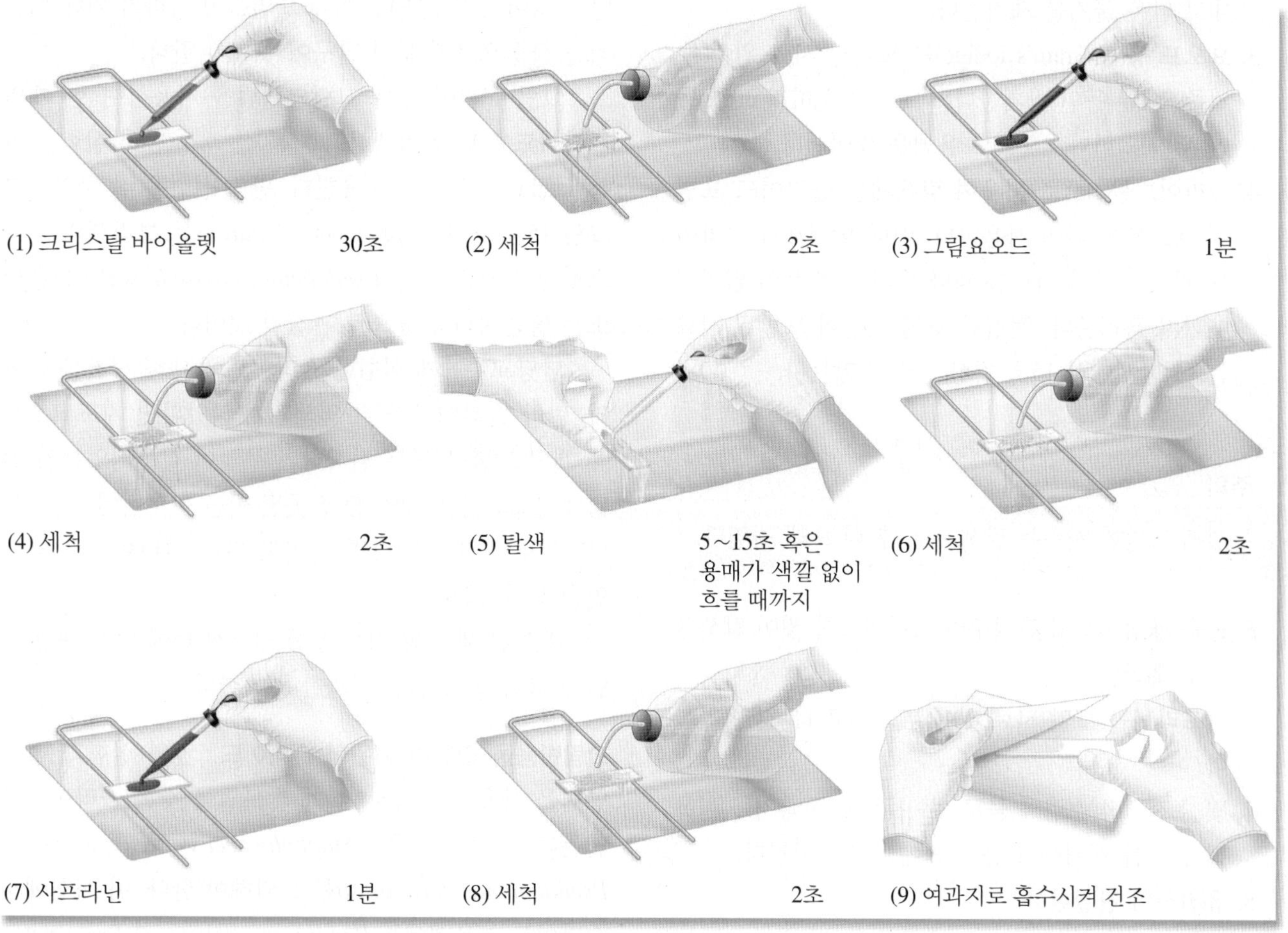

그림 15.3 그람염색 방법.

성 세균으로 변화하지 않는다는 것을 명심하라).

2. 아주 얇게 도말하는 것이 매우 중요하다. 얇게 도말하면 세포들이 어떻게 배열해 있던지 세포들의 배열과 각각의 세포를 관찰할 수 있다. 그러나 두껍게 도말하면 1차 염료를 붙잡아 두어 탈색되는 것을 방해한다. 따라서 이렇게 염색시약을 붙잡고 있는 세포들은 그람양성 세균으로 틀리게 나타난다.
3. 그람염색법에서 탈색은 가장 중요한 단계이다. 만약 탈색시약이 과도하게 사용되면 결국 그람양성 세균에서도 염료-매염제 복합체도 제거되어 그람음성 세균으로 나타난다.

이 실험 중에는 염색 결과가 요구되는 수준에 도달하였는지 확인하기 위해 여러 종류의 세균을 염색할 기회를 갖게 될 것이다. 이 방법을 지금 완전히 터득하지 않으면 앞으로의 실험에 어려움을 겪는다는 점을 명심하고 시간을 내서 부정확한 결과가 나온 염색법은 반복해서 연습한다.

재료

- *Staphylococcus aureus*, *Pseudomonas aeruginosa*, *Escherichia coli*, *Moraxella catarrhalis*의 배양액
- 영양한천 사면배지 위에 배양된 *Bacillus megaterium*
- 그람염색 시약 키트와 세척병
- 여과지

그람염색법

1. **크리스탈 바이올렛** 염색시약을 열 고정한 도말 시료 위에 뿌려주고 30초간 방치한다(그림 15.3 참조).
2. 증류수가 담긴 세척병으로 염색시약을 간단히 씻어

내고 남은 물기를 제거한다.

3. **요오드 용액**(Gram's iodine)을 도말한 시료 위에 뿌려주고 1분 동안 방치한다(지도교수에 따라 30초 동안 두기도 한다). 요오드 용액을 씻어낸다.
4. 슬라이드를 45°로 기울여 **탈색제**를 슬라이드 표면에 흐르도록 하여 사용한다. 이때 탈색제가 슬라이드 위의 도말한 시료를 지나 흘려 내려 색이 없어질 때까지 흘려준다. 적정한 양의 세균이 도말된 시료는 이 단계에서 15초 이상 걸리지 않는다.

주의

두껍게 도말한 시료는 탈색하는 데 더 오래 걸린다.

5. 물을 조심스럽게 흘려주며 슬라이드를 씻어 탈색을 멈추게 한다.
6. **사프라닌**을 도말 시료 위에 뿌려주고 1분간 방치한다.
7. 몇 초간 조심스럽게 물로 씻어 준 후, 여과지를 이용해 물기를 제거하고 공기 중에서 건조시킨다.
8. 유침하여 관찰한다.

그람염색 실험

이 그람염색 실험에 사용되는 세균들은 다양한 형태와 염색 특성을 갖고 있다. 일부 간균과 구균은 그람양성 세균이고, 나머지는 그람음성 세균이다. 일단 그람염색법을 이미 알고 있는 그람양성 세균과 그람음성 세균으로 실험을 하게 되면 이 세균들을 다른 세균 종들의 그람 반응을 결정하기 위한 대조(control)로 사용할 수 있다. 포자형성 세균의 그람염색 반응도 관찰하게 될 것이다.

그람염색 연습 슬라이드 두 개의 슬라이드를 준비하고, 각각의 슬라이드에 세 종류씩 세균을 도말한다. 각각의 슬라이드 왼쪽에는 *Staphylococcus aureus*, 슬라이드의 오른쪽에는 *Pseudomonas aeruginosa*를 도말한다. 그리고 가운데에는 이 세균들을 각각 백금이 두 개 정도의 양을 섞어서 도말한다. 이때 오염을 방지하기 위해 백금이를 불꽃으로 충분히 달구어 주어야 한다.

그림 15.3에 있는 그람염색법을 사용하여 한 개의 슬라이드를 먼저 염색하고 다른 한 개는 남겨 실험을 반복할 필요가 있다면 사용한다. 만약 실험을 잘 하였다면 그림 15.4a처럼 *Staphylococcus aureus*는 보라색의 구균으로 관찰될 것이며, *Pseudomonas aeruginosa*는 분홍색 또는 빨간색의 간균으로 관찰될 것이다.

담당교수에게 실험한 슬라이드에 대해 평가를 받아라. 만약 슬라이드가 잘 염색되지 않았다면 지도교수는 세 개의 도말을 모두 검사하여 무엇이 잘못되었는지 설명해 주고, 실험 방법 중 잘못된 곳을 바로잡아 줄 것이다. 만약 시간이 있다면 나머지 다른 슬라이드로 염색 연습을 반복한다.

관찰된 세균 몇 개를 실험 보고서 15에 있는 해당 원안에 그려 넣어 실험 결과를 기록한다.

그람반응을 결정하기 위한 슬라이드 앞의 실험과 같은 방법을 사용하여 다시 세 개의 도말을 갖는 슬라이드를 만든다. 전처럼 왼쪽에 *Staphylococcus aureus*, 오른쪽에 *Pseudomonas aeruginosa*를 도말해야 한다. 이 실험에서 슬라이드 가운데에는 *Bacillus megaterium*과 *Escherichia coli*의 혼합액으로 도말하여 하나의 슬라이드를 만든다. 다른 슬라이드에는 중심에 *Moraxella catarrhalis*의 도말을 만든다. 이미 *Staphylococcus aureus*와 *Pseudomonas aeruginosa*의 그람 반응을 알고 있기 때문에 이들을 각 슬라이드 위의 세균에 대해 그람염색 방법이 제대로 수행되었는지를 알 수있는 대조로 사용 가능하다.

그람염색법을 사용하여 이 두 슬라이드를 염색하고 유침하여 관찰한다. 실험 보고서의 해당 원안에 몇 개의 세균을 그려 넣는다. 그리고 세 종류의 세균 모두에 대한 그람 반응을 결정한다. *Bacillus megaterium*이 도말된 슬라이드를 관찰 할 때 간균에서 투명한 부분을 찾아본다. 이 부분이 바로 내생포자(endospore)이다. 내생포자는 그람염색법에서 사용한 염료가 침투하지 않기 때문에 그림 15.4d에서 보이는 것처럼 세포에서 투명한 구멍으로 나타날 것이다.

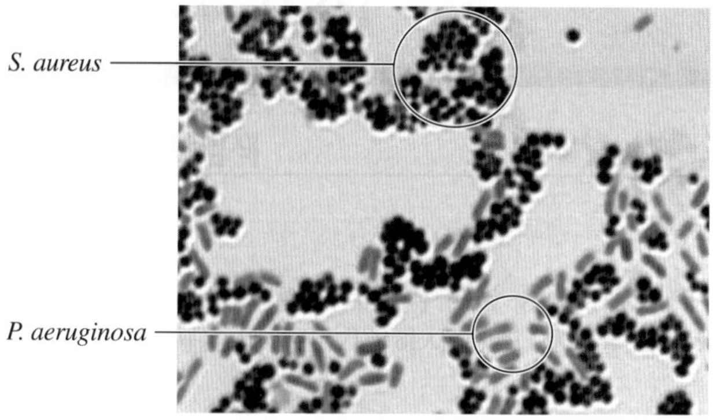

(a) 그람염색: *Staphylococcus aureus*와 *Pseudomonas aeruginosa*

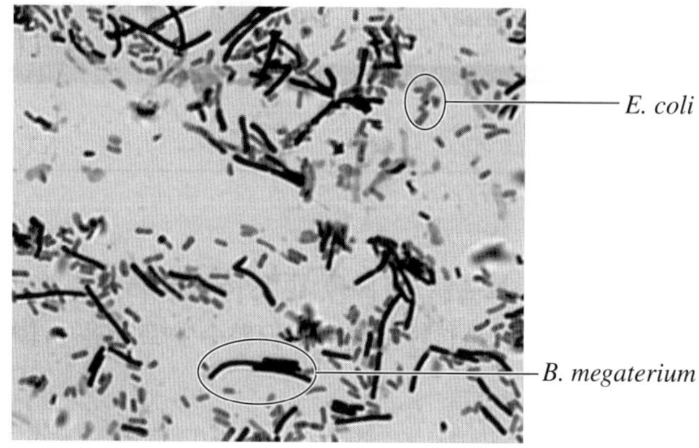

(b) 그람염색: *Bacillus megterium*과 *Escherichia coli*

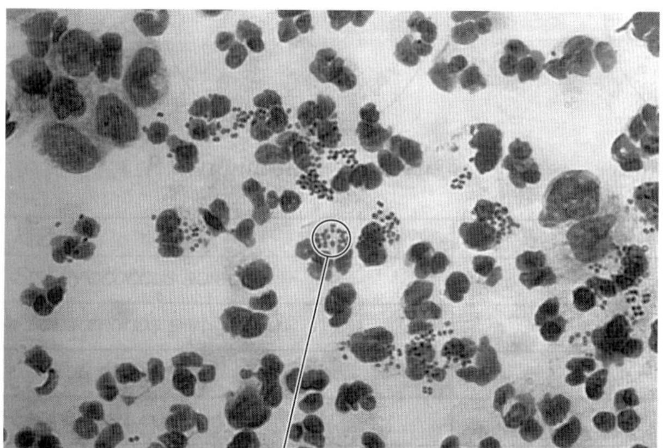

(c) 그람염색: 환자 시료의 그람음성 쌍구균

(d) 그람염색: 내생포자형성 간균

그림 15.4 그람염색된 세균의 현미경 사진.

(a), (b) © McGraw-Hill Education. Auburn University Photographic Services; (c) CDC/Dr. Norman Jacobs; (d) CDC/Dr. Gilda Jones

6. 내생포자를 파괴하기 위해서는 어떤 조건이 필요한가? 어떤 장치에서 이 조건들이 충족되겠는가?

7. 그람염색 후 내생포자의 색은 무슨 색인가?

8. 포자염색에서 2차 염색시약은 무엇인가?

9. 포자염색 후 영양세포의 색은 무슨 색인가?

10. 다음 세균의 세 가지 속 중에서 내생포자를 만들지 않는 것은? A. *Clostridium*; B. *Mycobacterium*; C. *Bacillus*?

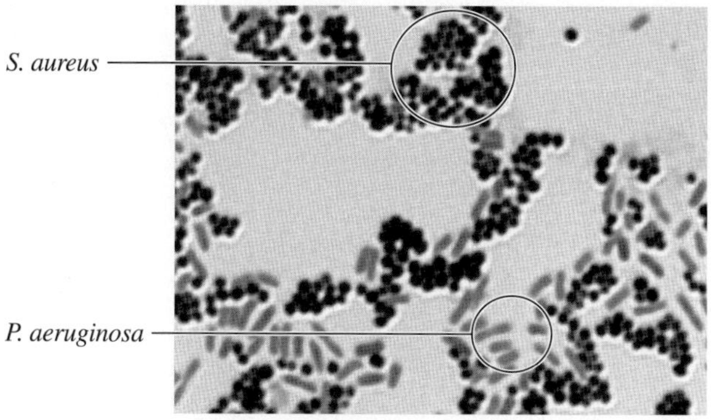

(a) 그람염색: *Staphylococcus aureus*와 *Pseudomonas aeruginosa*

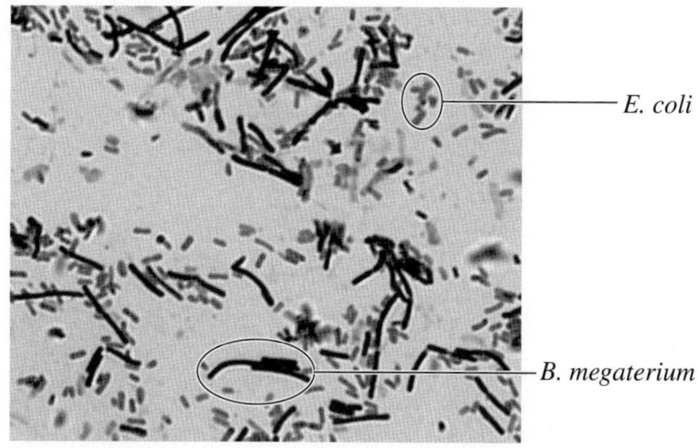

(b) 그람염색: *Bacillus megterium*과 *Escherichia coli*

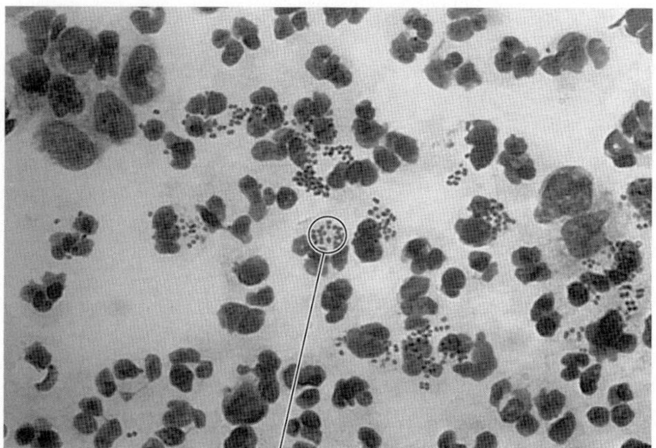

(c) 그람염색: 환자 시료의 그람음성 쌍구균

(d) 그람염색: 내생포자형성 간균

그림 15.4 그람염색된 세균의 현미경 사진.

(a), (b) © McGraw-Hill Education. Auburn University Photographic Services; (c) CDC/Dr. Norman Jacobs; (d) CDC/Dr. Gilda Jones

실험 보고서 15

이름: ______________________

날짜: ________ Section: ______________________

실험 15. 그람염색

A. 결과

그람염색된 세포를 그리고 각 세균 종을 기입하여라. 결과에 근거하여 주어진 표 안에 각 세균의 그람 반응, 세포 형태, 세포 배열을 기입하시오. 이 결과를 확인하여 실험이 올바르게 수행되었는지 판단하시오.

*P. aeruginosa*와 *S. aureus* *B. megterium*과 *E. coli* *M. catarrhalis*

세균 종	그람 반응	세포 형태	세포 배열
Staphylococcus aureus			
Pseudomonas aeruginosa			
Bacillus megaterium			
Escherichia coli			
Moraxella catarrhalis			

B. 단답형 문제

1. 그람염색을 분별염색으로 간주하는 이유는 무엇인가?

2. 그람양성 세균과 그람음성 세균은 세포 구조에 있어 어떻게 다른가? 이 차이는 이들 세균의 염색 특성에 어떤 영향을 미치는가?

3. 배양 시간이 그람염색 반응에 어떤 영향을 주는가? 유효한 그람 반응을 얻기 위한 최적의 배양시간은?

4. 그람염색 방법에서 어느 단계가 가장 잘못되기 쉬운가? 만일 잘못되었다면 그 단계가 최종 결과에 어떻게 영향을 미치겠는가?

5. 매염제의 기능은 무엇이며, 그람염색법에서 어떤 시약이 이 목적으로 사용되는가?

____

____

6. 그람염색법에 사용되는 시약을 순서대로 나열하고, 염색 과정에서 이들의 일반적인 역할을 기술하시오.

____

____

7. 그람양성세포 또는 그람음성세포 중 어느 유형의 세포에서 세포벽의 지질다당류(lipopolysaccharid)를 발견할 수 있는가?

____

____

C. 대응형 문제

다음의 그람염색된 세포에 대한 설명과 예상되는 결과(자주색, 분홍색, 무색)를 대응시키시오.
각 세균 종에 대한 정확한 그람 반응을 기억해내는 데 도움이 필요하다면, 본 실험실 보고서의 처음에 있는 차트를 참고하시오. 선택은 한 번 이상 할 수 있다.

1. 1차 염색 전의 *Staphylococcus aureus* ______________

2. 1차 염색 후의 *Pseudomonas aeruginosa* ______________

3. 매염제 첨가 후의 *Bacillus megaterium* ______________

4. 탈색 후의 *Staphylococcus aureus* ______________

5. 탈색 후의 *Moraxella catarrhalis* ______________

6. 탈색 후의 *Pseudomonas aeruginosa* ______________

7. 대조 염색 후의 *Bacillus megaterium* ______________

8. 사프라닌을 사용하는 것을 잊었을 때 현미경 하의 *Escherichia coli* ______________

9. 탈색제를 사용하는 것을 잊었을 때 현미경하의 *Escherichia coli* ______________

10. 요오드를 사용하는 것을 잊었을 때 현미경하의 *Bacillus megaterium* ______________

MICROBIOLOGY

포자염색: 두 가지 방법

Spore Staining: Two Methods

EXERCISE 16

학습목표

이 실험을 수행한 후 여러분은 다음의 사항을 알 수 있을 것이다.

1. 세균 세포의 내생포자염색을 할 수 있고 염색된 슬라이드에서 내생포자를 제시한다.
2. 영양세포와 내생포자를 구별한다.

*Bacillus*와 *Clostridia* 속에 속하는 세균 종들은 필수영양소가 고갈될 경우, **내생포자**(endospore)라고 하는 휴지 단계(resting stage)를 만드는 복잡한 생활사를 갖는다. 내생포자는 생장에 좋지 않은 환경에서도 이들 세균을 생존할 수 있게 해준다. 그러다가 이용할 수 있는 영양소가 생기면 내생포자는 발아 과정을 거쳐 새로운 영양세포(vegetative cell)를 형성하여 생장을 다시 시작한다. 내생포자는 매우 탈수된 구조로 대사를 활발히 하지 않는다. 더구나 이들은 보통 영양세포를 죽이거나 훼손할 수 있는 열(heat), 방사선(radiation), 산(acid), 소독제(disinfectant)와 같은 많은 화학물질에 대해 내성을 갖는다. 내생포자의 내성은 부분적으로 포자 주변을 둘러싸서 보호장벽을 형성하는 단백질의 껍질(coat) 또는 **포자외막**(exosporium)에 기인한다. 열에 대한 내성은 내생포자의 수분함량과 관련이 있다. 수분함량이 많을수록 내생포자는 열에 더 약하다. 포자형성 과정에서 내생포자의 수분함량은 영양세포의 10~30%까지 감소한다. 내생포자가 형성되는 동안 칼슘 디피콜린산염과 포자 특이단백질(spore-specific protein)이 세포질 젤을 형성하여 내생포자의 원형질 양을 최소로 줄인다. 뿐만 아니라 내생포자 주위에 두꺼운 피질(cortex)을 형성하고, 그 피질의 수축에 의해 더 작은 탈수 구조를 만든다. 칼슘 디피콜린산염은 영양세포에는 존재하지 않는다. 이 화학물질과 포자 특이 단백질에 의해 형성된 젤은 내생포자 안으로 들어오는 물의 양을 조절한다. 따라서 내생포자는 탈수상태를 유지할 수 있게 된다.

내생포자는 열이나 화학물질에 의해 쉽게 파괴되지 않기 때문에 멸균하는 데 필요한 조건을 규정해야 한다. 예를 들면, 열에 의해 내생포자를 파괴하려면 121℃를 만드는 압력하의 수증기에 15분에서 20분간 노출시켜야 한다. 이러한 조건은 **고압증기멸균기**(autoclave)에서 만들어진다.

내생포자가 저항 특성을 갖는다는 것이 바로 염색시약이 내생포자에 잘 침투하지 않음을 의미한다. 예를 들면, 실험 15의 그람염색 과정에서 내생포자가 쉽게 염색되지 않는다는 것을 확인할 수 있었다. 만약 내생포자를 갖는 세균을 크리스탈 바이올렛과 같은 일반적인 염색시약으로 염색하면, 내생포자는 영양세포 안에서 염색되지 않은 부분으로 나타난다. 그러나 말라카이트 그린(malachite green)으로 염색하는 과정에서 열을 가하면, 염색 시약이 내생포자 내로 침투되어 갇히게 된다. 침투된 말라카이트 그린은 이어지는 물이나 다른 탈색제에 의한 세척과정에서도 제거되지 않는다. 즉 포자염색의 경우 열(heat)이 염색 시약의 착색을 도와주는 매염제 역할을 한다.

쉐퍼-풀톤 방법

그림 16.1에서 설명하고 있는 쉐퍼-풀톤 방법(Schaeffer-Fulton method)은 세포의 내생포자 부분을 말라카이드 그린으로, 그리고 영양세포는 사프라닌으로 염색하는 방법이다. 이 염색법으로 포자형성균을 제대로 염색하면 분홍색의 포자낭(sporangium)에 들어 있는 녹색의 내생포자를 확인할 수 있다. 그림 16.1은 내생포자 염색 후의 *Bacillus*와 *Clostridium*이 어떻게 보이는지를 나타낸다.

*Bacillus megaterium*의 도말을 준비하여 공기 건조시킨다. 공기 건조된 도말을 열 고정한 후에 그림 16.2에

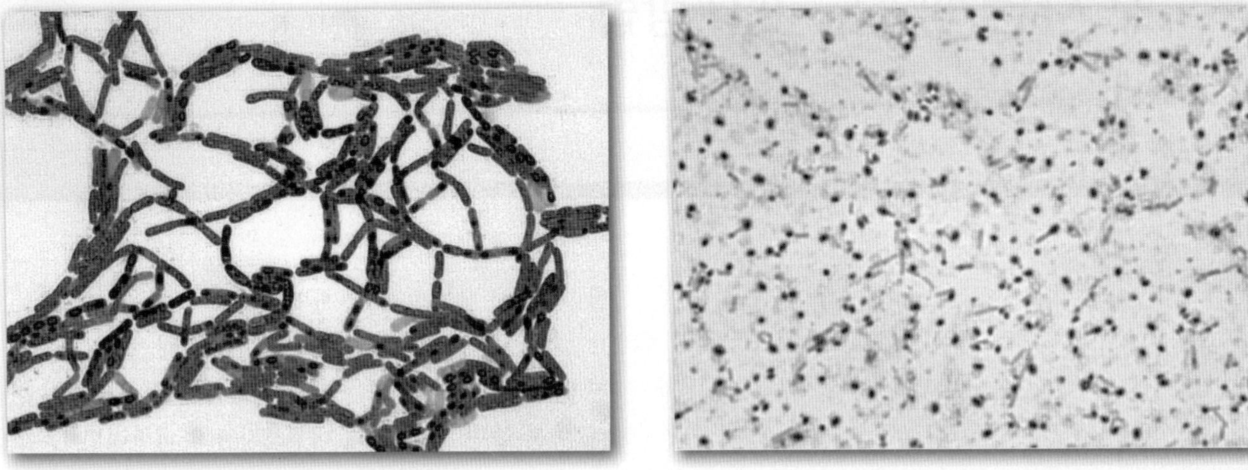

(a) (b)

그림 16.1 (a) *Bacillus*와 (b) *Clostridium*의 포자염색.

16.1(a) CDC/Courtesy of Larry Stauffer, Oregon State Public Health Laboratory 16.1 (b) © McGraw-Hill Education, Auburn University Research Instrumentation Facility/Michael Miller, photographer.

(1) 작은 종이타올로 도말 시료를 덮고 말라카이트 그린을 종이타올에 충분히 적셔준다. 5 분간 끓는 물 위에서 수증기를 쪼여준다. 만약 염색시약이 모두 증발하면 염색시약을 추가로 투입한다.

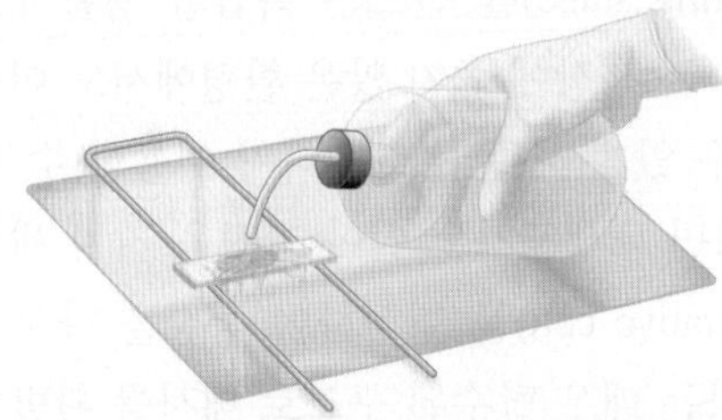

(2) 슬라이드를 충분히 식힌 후 종이타올로 여분의 염색시약을 제거하고 물로 30초간 씻어준다.

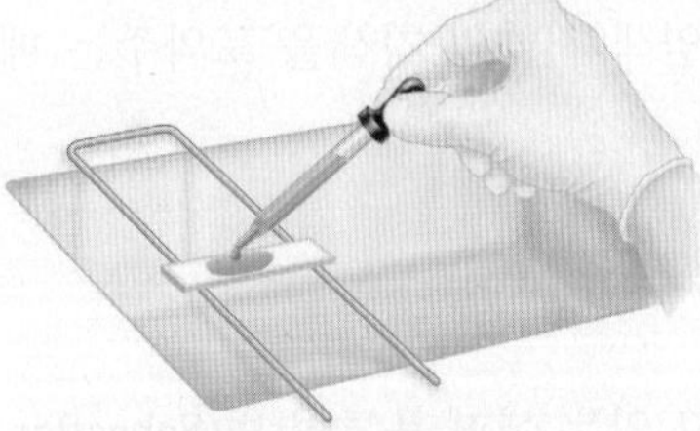

(3) 사프라닌으로 약 20초간 대조염색을 한다.

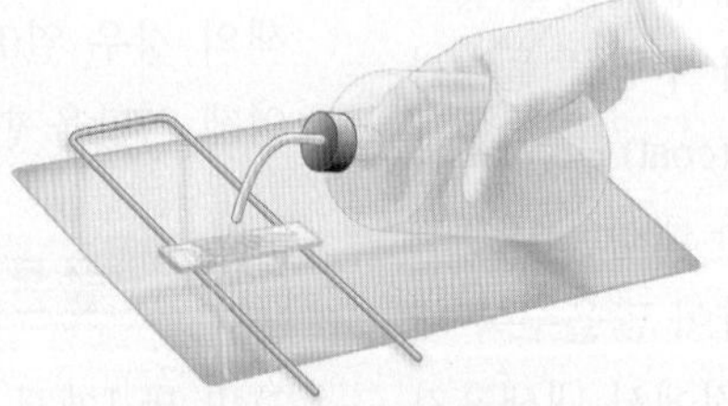

(4) 사프라닌을 제거하기 위해 물로 간단히 씻어준다.

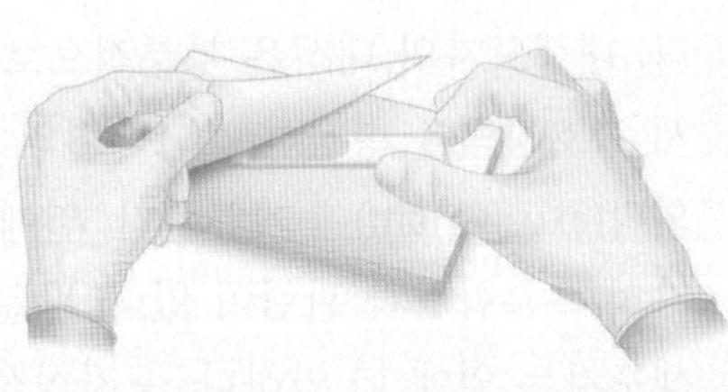

(5) 여과지로 물기를 제거하고 유침하여 관찰한다.

그림 16.2 쉐퍼-풀톤 포자염색법.

요약되어 있는 방법에 따라 염색을 실시한다.

재료

- 24~36시간 동안 영양한천 사면배지에서 배양한 *Bacillus megaterium*
- 전기 열판(electric hot plate)과 작은 비이커(25 mL)
- 각각 5%의 말라카이트 그린과 사프라닌 병이 포함된 포자염색시약

키트

도너 방법

도너 방법(dorner method)을 이용해 내생포자를 염색하면 색깔이 없는 포자낭 안에 붉은색으로 보이는 포자가

관찰된다. 이때 니그로신(nigrosin)이 어두운 배경을 만들어 색을 대비시키는 데 이용된다. 그림 16.3에 도너 방법의 6단계를 설명하고 있다. 이 방법의 3단계인 가열단계에서 포자낭과 내생포자가 모두 염색이 되지만, 포자낭의 카볼푹신(carbolfuchsin) 분자는 배경의 니그로신으로 확산되므로 탈색하게 된다.

도너 방법을 사용하여 *Bacillus megaterium* 슬라이드를 준비하고 그림 16.3에 나와 있는 방법에 따라 염색을 실시한다.

재료

- 카볼푹신
- 니그로신
- 전기 열판(electric hot plate)과 작은 비이커(25 mL)
- 작은 시험관(10×75 mm)
- 시험관 꽂이
- 24~36시간 동안 영양한천 사면배지에서 배양한 *Bacillus megaterium*

빠른 포자염색법

포자를 빠르게 염색하는 방법(quick spore stain)은 쉐퍼-풀톤 방법의 변형된 방법으로, 동일한 염색시약을 사용한다.

재료

- 36시간 이상 사면배지에서 배양한 *Bacillus megaterium*
- 말라카이트 그린 염색액
- 사프라닌 염색액
- 염색 랙(staining rack)
- 빨래집게

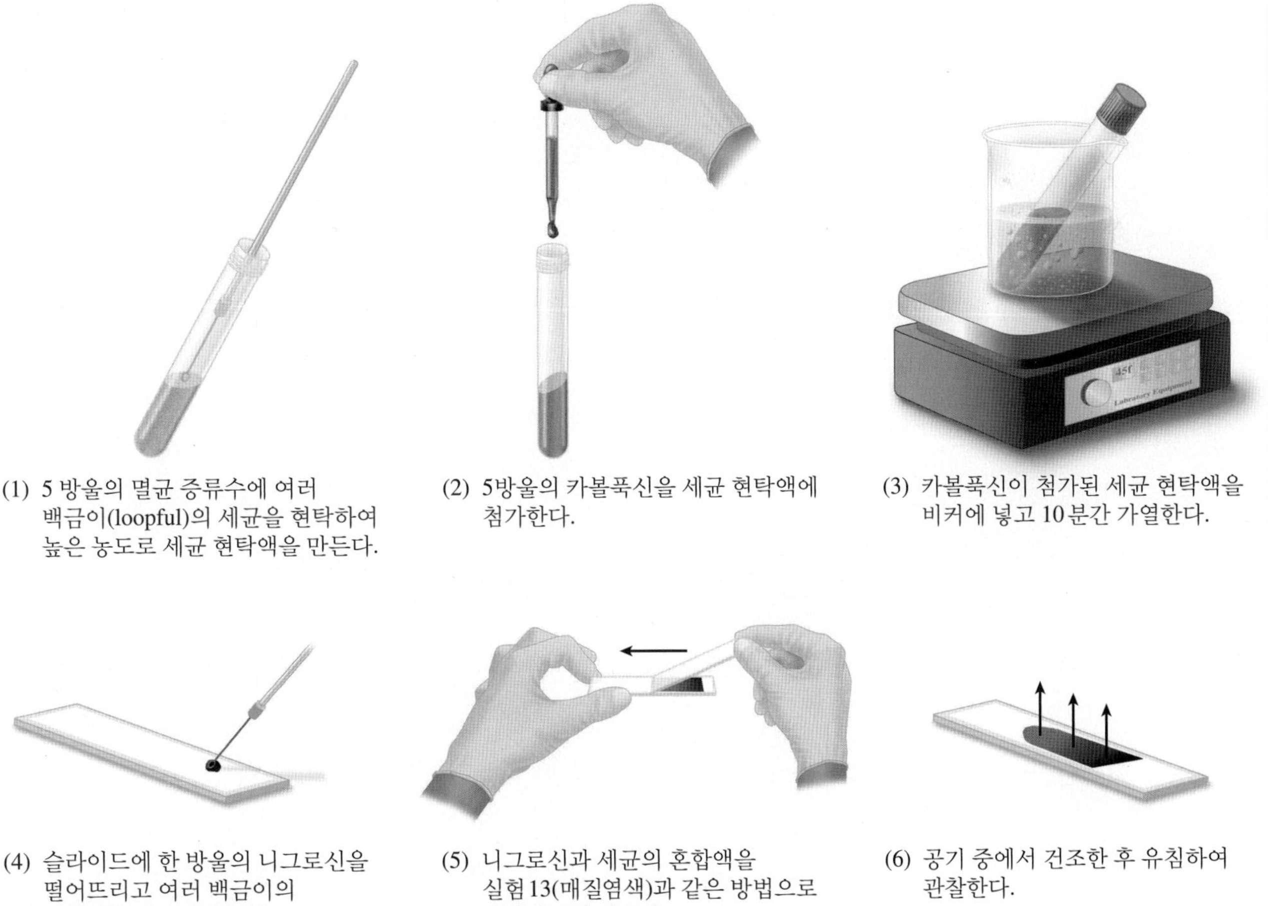

(1) 5 방울의 멸균 증류수에 여러 백금이(loopful)의 세균을 현탁하여 높은 농도로 세균 현탁액을 만든다.

(2) 5방울의 카볼푹신을 세균 현탁액에 첨가한다.

(3) 카볼푹신이 첨가된 세균 현탁액을 비커에 넣고 10분간 가열한다.

(4) 슬라이드에 한 방울의 니그로신을 떨어뜨리고 여러 백금이의 세균현탁액과 섞어준다.

(5) 니그로신과 세균의 혼합액을 실험 13(매질염색)과 같은 방법으로 슬라이드에 펴준다.

(6) 공기 중에서 건조한 후 유침하여 관찰한다.

그림 16.3 도너 포자염색법.

방법

1. 세균을 슬라이드에 도말한 후 공기 중에서 건조시킨다.
2. 공기 중에 건조한 도말 슬라이드를 빨래집게로 잡고 분젠 버너 불꽃 속을 10번 통과시킨다. 이때 슬라이드가 깨질 정도로 과도하게 가열하지 않도록 주의한다.
3. 가열 후 도말한 시료 위에 바로 말라카이트 그린을 흥건히 뿌리고 5분간 방치한다.
4. 흐르는 물로 도말 시료를 조심스럽게 씻어준다.
5. 사프라닌으로 45초간 염색한다. 포자는 녹색으로, 영양세포는 빨간색으로 보일 것이다.

실험 보고서

유침렌즈로 세균을 관찰하고 실험 보고서 16의 해당 원에 몇 개의 세포를 그리시오.

실험 보고서 16

이름: ______________________

날짜: ________ Section: ______________

실험 16. 포자염색: 두 가지 방법

A. 결과

포자 염색한 슬라이드에서 관찰된 세포를 그리시오. 영양세포와 포자를 구별하시오.

B. megaterium
(쉐퍼-풀톤 방법)

B. megaterium
(도너 방법)

B. 단답형 문제

1. 세균에서 내생포자의 기능은 무엇인가?

____

____

2. 내생포자의 보호 장벽으로 작용하는 외부 구조에는 어떤 것이 있는가? 이것은 무엇으로 구성되어 있는가?

____

____

3. 영양세포에 비해 내생포자에 존재하는 수분은 얼마나 적은가?

____

____

4. 포자염색의 매염제는 무엇인가?

____

____

5. 어떤 특이한 화합물이 내생포자의 내열성(heat resistance)에 중요한가?

____

____

6. 내생포자를 파괴하기 위해서는 어떤 조건이 필요한가? 어떤 장치에서 이 조건들이 충족되겠는가?

7. 그람염색 후 내생포자의 색은 무슨 색인가?

8. 포자염색에서 2차 염색시약은 무엇인가?

9. 포자염색 후 영양세포의 색은 무슨 색인가?

10. 다음 세균의 세 가지 속 중에서 내생포자를 만들지 않는 것은? A. *Clostridium*; B. *Mycobacterium*; C. *Bacillus*?

MICROBIOLOGY

EXERCISE 17

항산성 염색: 킨욘 방법

Acid-Fast Staining: Kinyoun Method

학습목표

이 실험을 수행한 후 여러분은 다음의 사항을 알 수 있을 것이다.

1. 세균 세포의 항산성 염색을 한다.
2. 혼합염색에서 항산성 염색 세포와 비 항산성 염색 세포를 구분한다.
3. 염색의 기초를 설명하고 병원미생물학에서 이 염색의 중요성을 설명한다.

Mycobacterium 세균과 일부 *Nocardia* 세균들은 세포벽에 높은 지질 함량을 가지고 있는데, 이러한 세포벽 지질 중의 하나가 **마이콜산**(mycolic acid)이라고 하는 왁스(wax)성 물질이다. 이 물질은 복합지질(complex lipid)로 지방산과 지방산알코올로 구성되며, 길이가 80개 탄소에 이르는 탄화수소 사슬을 갖는다. 이 물질은 특히 이들 세균의 염색 특성에 영향을 주어, 미생물학에서 일상적으로 사용되는 많은 염색 시약에 의해 이들 세균이 염색되는 것을 방해한다. 항산성 염색은 인간에게 나병을 일으키는 *Mycobacterium leprae*와 결핵의 원인균인 *Mycobacterium tuberculosis*를 동정하는 데 있어 중요한 진단 도구로 사용된다.

항산성(acid-fast) 세균의 세포벽은 대부분의 염색 시약이 세포 내로 침투하는 것을 막기 때문에 항산성 세균의 염색을 촉진시키기 위해서는 염색시약이 더 잘 스며들게 하는 방법을 사용할 필요가 있다. 지얼-닐센(Ziehl-Neelsen) 방법에서는 일차 염색시약인 카볼푹신(carbolfuchsin)이 페놀을 함유하고 있고, 염색 과정에서 세포를 5분간 가열한다. 페놀과 열(heat)은 카볼푹신이 세포 내로 침투하는 것을 촉진한다. 열은 매염제로 작용하여 염료 복합체가 마이콜산과 세포벽 지질에 더 잘 침투하도록 만든다. 일단 세포에 침투된 염색시약은 탈색제인 산-알코올 용액으로 처리해도 제거되지 않는다. 따라서 이러한 세균을 **항산성**(acid-fast) 세균이라 한다. 그런데 비항산성(non acid-fast) 세균의 경우, 1차 염색시약이 산-알코올에 의해 제거되기 때문에 항산성 염색법에서 비 항산성 세균을 관찰하기 위해서는 메틸렌 블루를 사용하여 대조 염색을 해야 한다. 지얼-닐센 방법에서 카볼푹신과 페놀로 염색처리를 하는 동안, 세포를 가열하는 것에 안전 문제가 있을 수 있다. 페놀은 가열되면 기화되어 눈과 점막에 독성이 있는 유해한 증기를 발생시킨다. **킨욘 항산성 염색법**(Kinyoun acid-fast method)은 1차 염료인 염기성 푹신(basic fuchsin, 카볼푹신의 대체)과 페놀의 농도를 증가시켜 염색과정에서 세포를 가열할 필요가 없게 만든 변형된 방법이다. 염기성 푹신과 페놀의 농도가 증가되어 염료가 세포로 충분히 침투할 수가 있으며, 산 알코올(acid alcohol)로 탈색할 때 염기성 푹신이 제거되지 않는다. 세포를 염색하는 동안 페놀 증기가 발생하지 않기 때문에 이 방법이 더 안전하다.

항산성 염색에서 *Mycobacterium*과 같은 항산성 세균은 산-알코올에 의해 탈색되지 않는다. 따라서 염기

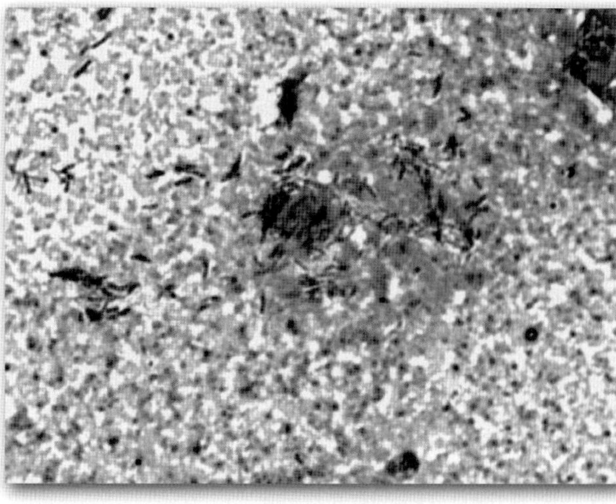

그림 17.1 *Mycobacterium smegmatis*와 *Staphylococcus aureus*의 항산성 염색.

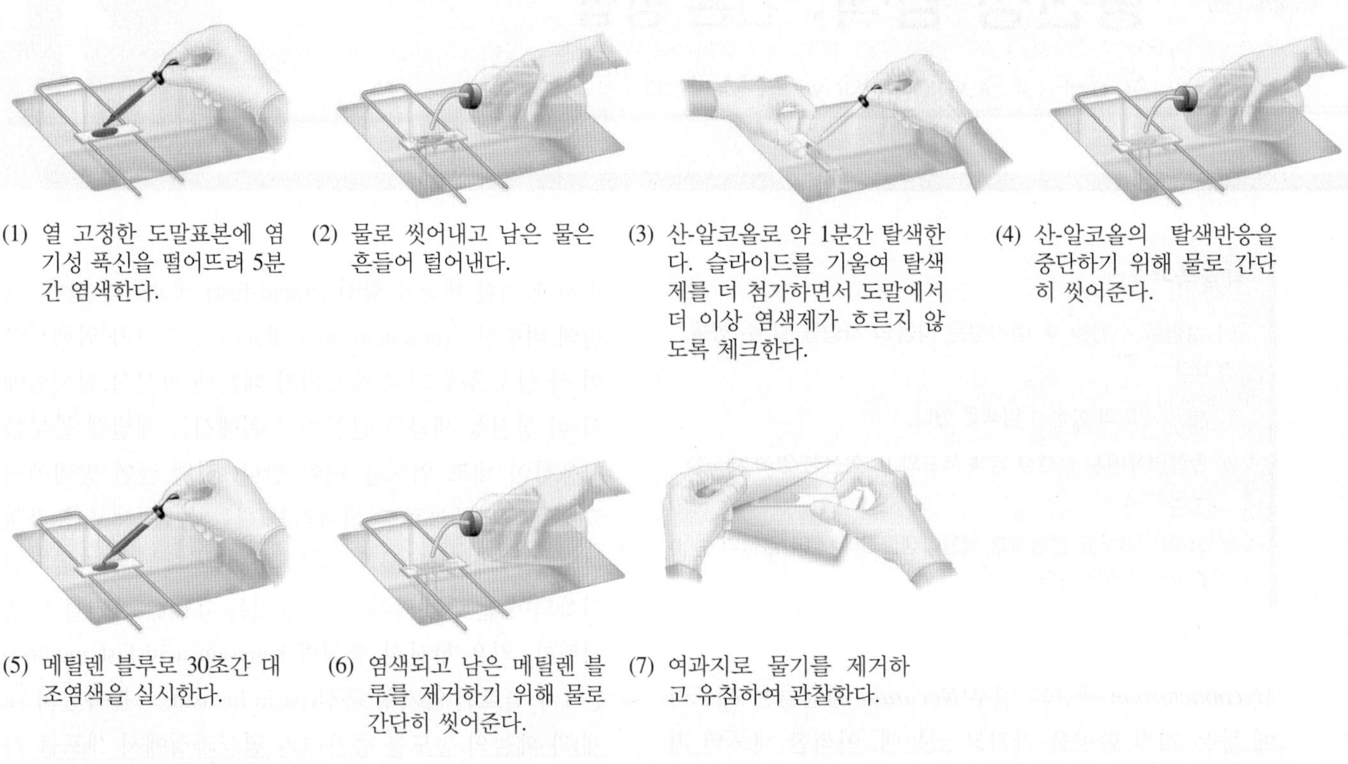

그림 17.2 킨욘 항산성 염색법.

성 푹신에 의해 분홍이나 빨간색으로 염색된다. *Staphylococcus*와 같은 비 항산성 세균은 산-알코올에 의해 탈색되므로 염색한 슬라이드에서 이러한 세포를 관찰하기 위해서는 2차 염료인 메틸 렌블루를 사용해야만 한다. 이 세균들은 염색 후 파랑색으로 보인다(그림 17.1).

다음 실험에서는 *Mycobacterium smegmatis*와 *Staphylococcus aureus*의 혼합액으로 킨욘 방법을 사용하여 항산성 염색을 실시한다. 실험에 사용되는 *M. smegatis*는 토양과 인간의 외부 생식기에서 발견되는 비병원성의 항산성 간균(rod)이고, *S. aureus*는 인체에 존재하는 정상 세균총(normal flora)이면서 심각한 잠재적 병원균이기도 한, 비항산성 구균이다.

재료

- 48시간 동안 영양한천 사면배지에서 배양한 *Mycobacterium smegmatis*
- 영양 배지에서 액체배양한 *S. aureus*
- 항산성 염색 시약 키트(염기성 푹신, 산-알코올, 메틸렌 블루)

도말시료 준비 두 백금이 정도의 *S. aureus* 배양액을 슬라이드 위에 놓고, 적은 양의 *M. smegatis*를 접종 바늘을 이용해 슬라이드 위의 배양액으로 옮긴 후 섞어주어 혼합배양 도말을 준비한다. *Mycobacteria*는 밀납성분을 가지고 있어 서로 뭉치는 성질을 갖는다. 따라서 접종바늘로 세균 덩어리를 잘 분산시켜야 한다. 도말 시료는 공기 건조시킨 후 열로 고정한다.

염색 그림 17.2에 요약되어 있는 방법에 따라 염색한다.

관찰 유침하여 관찰하고, 그림 17.1과 비교한다.

실험 보고서

실험 결과를 실험 보고서 17에 작성하여 제출한다.

실험 보고서 17

이름: ____________________

날짜: ________ Section: ____________________

실험 17. 항산성 염색: 킨욘 방법

A. 결과

항산성 염색을 실시한 슬라이드에서 염색된 세포를 그리시오. 항산성 세포와 비 항산성 세포를 구별하시오.

M. smegmatis*와 *S. aureus
(킨욘 방법)

B. 단답형 문제

1. *Mycobacterium*이 염색에 저항성을 나타내는 이유는 무엇 때문인가?

2. 항산성 세균에는 그 외 어떤 속(genus)이 있는가?

3. 항산성 염색에서 일차 염료는 무엇인가?

4. 항산성 염색에서 이차 염료는 무엇인가?

5. 지얼-닐센 항산성 염색에서 매염제는 무엇인가?

6. 2차 염료를 첨가한 후 *Mycobacterium*은 무슨 색을 나타내는가?

7. 그람염색, 포자염색, 항산성 염색 중 나병 간균(leprosy bacillus)을 염색하는 데 가장 유용한 방법은?

8. 지얼-닐센 염색법에 비해 킨욘 염색법의 장점은 무엇인가?

운동성 결정

Motility Determination

EXERCISE 18

> **학습목표**
>
> 이 실험을 수행한 후 여러분은 다음의 사항을 알 수 있을 것이다.
>
> 1. 세균 세포의 습윤 표본(wet mount)을 준비한다.
> 2. 습윤 표본에서 운동성 세균과 비운동성 세균을 구별한다.
> 3. 진정한 운동성과 브라운 운동, 슬라이드상의 다른 힘에 의한 운동의 차이를 설명한다.

운동성은 간균이나 스피로헤타에서 발견되며 구균에서는 거의 발견되지 않는다. 세균에서 운동을 담당하는 주요 소기관은 **편모**(flagella)이다. 편모는 세포를 환경에서 영양분이 있는 곳으로 이동하게 하거나 산(acid)과 같은 해로운 물질로부터 멀어지게 하는데, 그러한 복잡한 과정을 **화학주성**(chemotaxis)이라 한다. 편모는 단단한 나선형 구조로 세포 밖으로 10 μm 정도 돌출되어 있다. 하지만 지름은 0.2 μm 밖에 안 되는 아주 가느다란 구조로 광학현미경의 해상력으로는 관찰할 수 없다. 광학현미경으로 편모를 관찰하기 위해서는 특수한 방법으로 염색해야 한다. 개별 세균 편모는 나선형으로 생긴 단단한 필라멘트로 구성되어 있으며 이 필라멘트가 편모 구조의 본체(main body)를 구성한다. 필라멘트는 축(shaft)에 부착된 갈고리(hook)로 연결되며, 축은 일련의 고리(ring)에 삽입되어 있다. 이때 고리의 수는 그람양성 세균과 그람음성 세균에 따라 다르다(그림 18.1). 그람양성 세균은 세포 막 부위 위치한 S와 M 고리를 갖는다. 그람음성 세균도 S와 M 고리를 가지며 추가적으로 L과 P, 두 개의 고리를 더 갖는데 이 고리들은 세포의 외막과 펩티도글리칸과 연관되어 있다. 축, 고리, 부속(accessory) 단백질들이 편모의 기저체(basal body)를 구성한다. 기저체는 세균 세포의 세포막/세포벽 부위에 위치한다. 편모는 양성자동력에 의해서 회전하는데, 양성자동력은 기저체

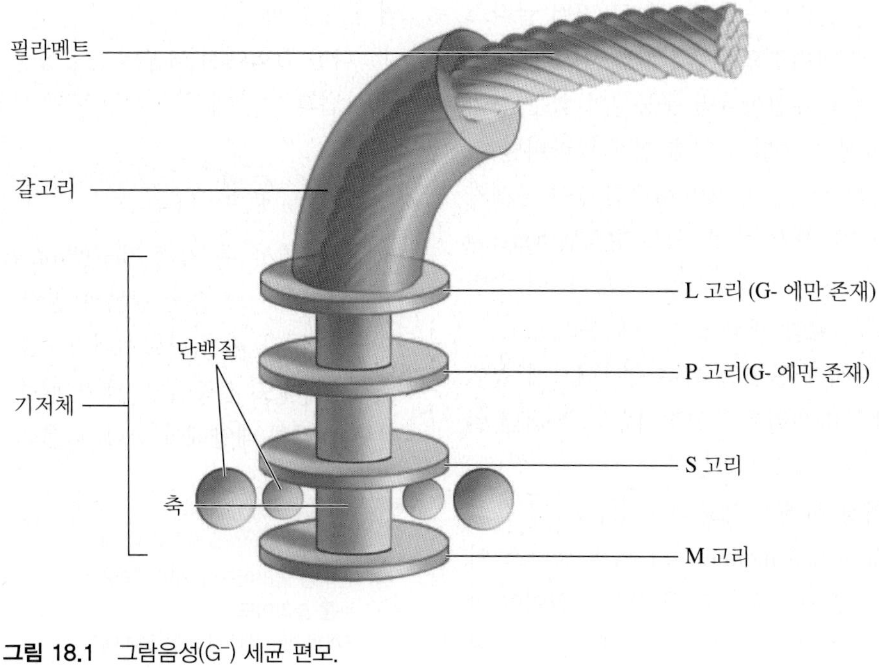

그림 18.1 그람음성(G⁻) 세균 편모.

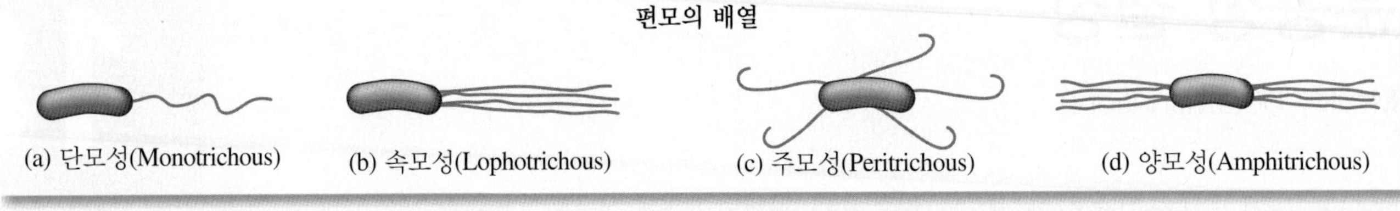

그림 18.2 편모의 배열.

와 연관된 단백질이 세포막을 가로질러 양성자를 운반하면서 전하의 차이 만들어 낼 때 발생한다. 양성자동력은 S와 M 고리의 회전을 유도하고 결과적으로 축, 갈고리, 필라멘트의 회전을 초래한다. 기저체에 있는 다른 단백질들은 편모의 회전 방향을 반대로 바꿀 수 있다. 단단하고 나선형인 편모의 운동은 보트 엔진의 프로펠러 회전과 유사하다. 따라서 필라멘트의 운동은 배가 엔진과 프로펠러에 의해서 물살을 가르고 나아가는 것과 거의 동일한 방식으로 세균 세포를 움직이게 한다. 이것은 편모를 회초리처럼 쳐서 세포를 움직이게 하는 진핵 편모와는 대조적이다.

운동성과 세포주위의 편모의 배열(그림 18.2)은 분류학적으로 중요한 특성으로, 세균의 특성을 파악하는데 유용하다. 운동성은 여러 가지 방법에 의해 결정할 수 있다. 1. 습윤 표본, 2. 현적 슬라이드, 3. 반고체배지. 세균 세포를 **습윤 표본**으로 현미경 관찰함으로써 운동성을 결정할 수 있다. 이 방법에서는 한 방울의 살아 있는 세포 시료를 현미경 슬라이드에 올려놓고 커버 글라스로 덮은 다음 위상차 현미경으로 관찰한다. 현미경 시야에서 세포들이 빠르게 유영한다면 운동성이 있는 것이다. 하지만 습윤 표본은 증발에 의해 쉽게 말라버릴 수 있으며, 이 점은 특히 장시간 관찰이 필요한 경우 문제가 된다. 건조는 그림 18.3에서 볼 수 있는 **현적법**(hanging drop technique)을 사용하면 지연시킬 수 있다. 이 방법은 한 방울의 세포 시료를 커버 글라스에 올려놓고, 그것을 가운데가 오목하게 들어간 특수 슬라이드에 엎어놓는다. 덮개 주변은 바셀린으로 고정시킨다. 그러면 밀폐된 공간이 형성되어 건조를 막는다.

초보자는 현미경 하에서 세포의 진정한 유영 운동을 **브라운 운동**(Brownian motion)이나 커버 글라스 아래의 물 흐름으로 유발되는 운동과 구분할 수 있어야 한다. 브라운 운동은 방향성 운동이 아니라 세포를 흔들거나 "빠르게 움직이게 하는(jiggle about)" 분자 충돌에 의한 운동이다. 유침 렌즈에 초점을 맞출 때 가해지는 압력 때문에 혹은 습윤 표본이 건조될 때 커버 글라스 아래에서 만들어질 수 있는 흐름으로 인해 세포가 움직이는 것처럼 보일 수 있다. 이 때문에 세포들은 현미경 시야에서 휩쓸려("sweep") 가듯이 보인다.

운동성을 결정하는 또 다른 방법은 반고체 한천배지에 접종하는 것이 있다. 그러한 배지는 한천의 농도가 0.4%인데, 이는 세균이 배지 속에서 "유영하는데" 방해가 되지 않는다. 이 방법에서는 세균을 반고체배지에 접종바늘로 찔러서 접종한다. 만일 그 세균이 움직이면 그것은 접종한 선(line)에서 배지 주변의 접종하지 않은 곳으로 유영하여 배지를 혼탁하게 만든다. 비운동성 세균들은 접종한 선에서만 발견된다. 티푸스, 바실러스와 같은 병원성 세균의 경우 운동성을 결정하기 위해 현미경 기법보다 반고체배지의 사용을 종종 더 선호한다. 이는 습윤 표본을 만들 때 발생할 수 있는 병원균에 의한 감염 잠재성 때문이다.

다음 실험에서 세균의 운동성을 결정하기 위해 현미경 방법과 배양배지 방법을 모두 사용할 것이다.

1차 실험

1차 실험에서 두 가지 세균(*Proteus vulgaris*와 *Micrococcus luteus*)의 습윤 표본과 현적 슬라이드를 만들 것이다. 시험관 배지(반고체배지 또는 SIM 배지)와 연성 한천배지에도 접종한다. 배지 접종은 다음 단계의 2차 실험을 위해 배양해야 한다. 다음과 실험을 진행한다.

재료

- 현미경 슬라이드와 커버 글라스
- 누름 슬라이드
- 2개의 반고체배지 또는 SIM 배지

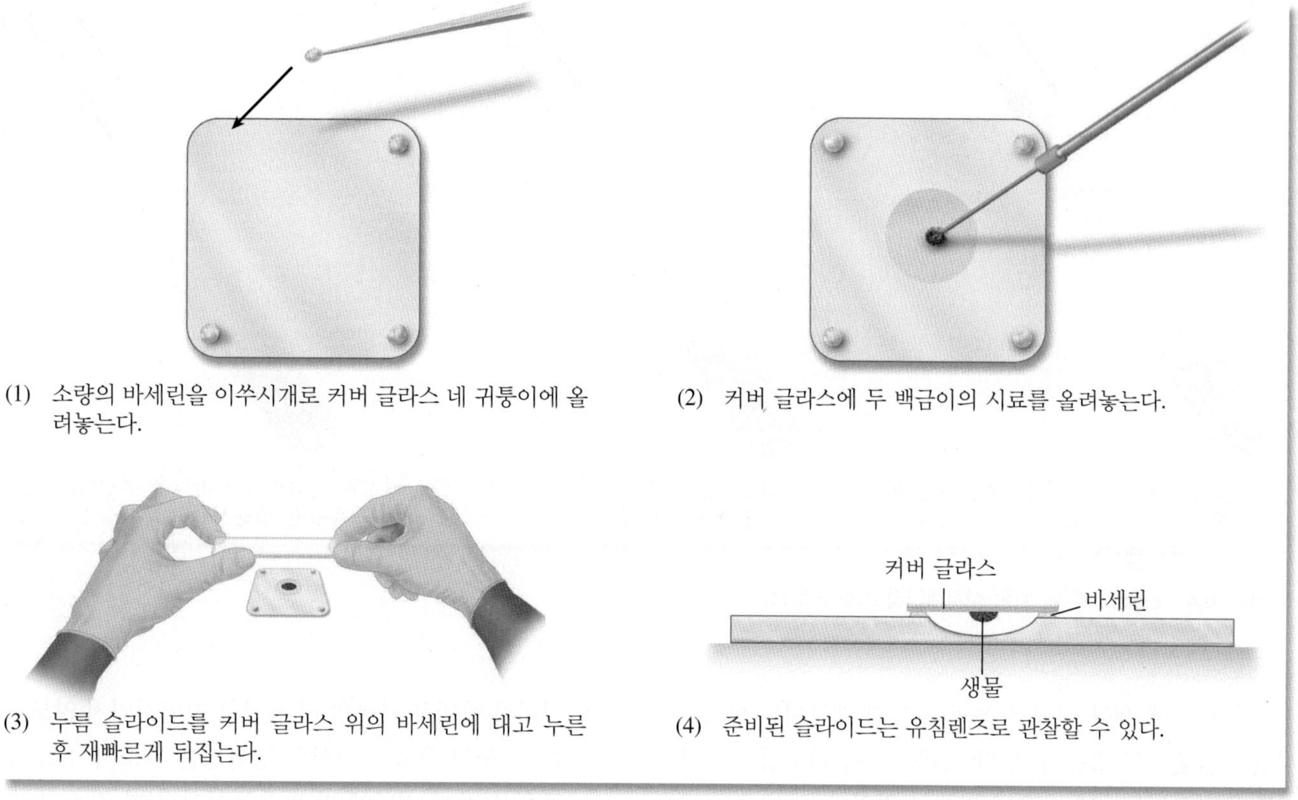

(1) 소량의 바세린을 이쑤시개로 커버 글라스 네 귀퉁이에 올려놓는다.

(2) 커버 글라스에 두 백금이의 시료를 올려놓는다.

(3) 누름 슬라이드를 커버 글라스 위의 바세린에 대고 누른 후 재빠르게 뒤집는다.

(4) 준비된 슬라이드는 유침렌즈로 관찰할 수 있다.

그림 18.3 현적 슬라이드(hanging drop slide).

- 1개의 연성 한천영양배지(한 장 당 20~25 mL의 연성 한천이 들어 있는 것)
- *Proteus vulgaris*와 *Micrococcus luteus*의 영양배지 배양액(어린 배양)
- 접종이와 접종 바늘
- 분젠 버너와 소각로

습윤 표본 여러 백금이의 세균을 사용하여 슬라이드 위에 세균 각각의 습윤 표본을 준비한다. 유침 대물렌즈를 이용하여 다음 지시에 따라 관찰한다.

- 긁힘이 없는 깨끗한 슬라이드와 커버 글라스만을 사용한다. 위상차 현미경 사용 시 특히 중요하다.
- 각 슬라이드에 세균의 이름을 적는다.
- 조리개와 전압조절기를 조작할 때 세균을 볼 수 있도록 빛을 충분히 줄인다. 염색하지 않은 세균은 매우 투명하여 보기 어렵다.
- 진정한 운동성을 입증하기 위해서는 세균 길이의 몇 배나 되는 방향성의 움직임을 찾아본다. 또한 동일 시야에서 서로 다른 방향으로 움직일 것이다.
- 브라운 운동은 무시한다. 브라운 운동은 보이지 않는 분자들이 세균과 충돌하여 생기는 진동운동이다. 만일 관찰되는 유일한 운동이 방향성 운동이 아니라 요동치는 것이라면 그 세균은 비운동성이다.
- 만일 몇몇 세포들만이 운동성을 보인다면, 그 세균은 운동성이 있는 것으로 간주한다. 특징적으로 주어진 순간에 몇몇 세포들만이 움직일 것이다.
- 진정한 운동성과 물의 흐름을 혼동하지 않도록 한다. 물의 흐름은 온도변화나 건조에 의해 발생하는 모세관 현상 때문이다. 모든 물체는 한 방향으로 직선으로 움직인다.
- 그리고, 마지막으로, 습윤 표본은 준비가 되면 항상 즉시 관찰한다. 왜냐하면 준비하고 시간이 지나면 운동성은 감소하기 때문이다.

현적 슬라이드 그림 18.3을 참조하여 각 세균들의 슬라이드를 준비한다. 깨끗한 커버 글라스를 사용하도록 하고 마킹 펜으로 각각의 슬라이드에 균주명을 적는다. 커

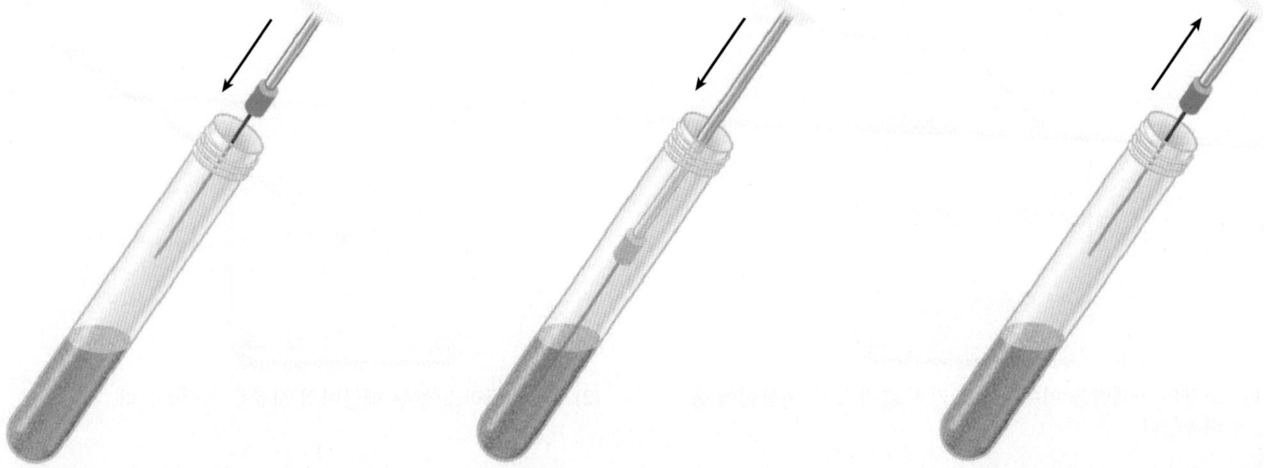

(1) 세균이 묻어 있는 접종바늘을 시험관 벽에 닿지 않게 시험관에 집어넣는다.
(2) 접종바늘이 배지의 2/3 지점까지 들어가게 한다.
(3) 배지와 시험관에서 바늘을 꺼낸다. 시험관 목 부분을 멸균시키고 뚜껑을 닫는다.

그림 18.4 운동성 실험을 위한 천자배양법(stab culture).

버 글라스에 세균 시료를 올려놓을 때 백금이는 반드시 먼저 불꽃으로 달군다. 일단 슬라이드를 현미경으로 재물대에 올려놓으면 다음과 같이 관찰한다.

1. 먼저 낮은 배율의 대물렌즈로 슬라이드를 관찰한다. 만일 현미경에 자동 멈춤 장치가 있다면 멈춤 장치를 사용하지 말고, 대신에 물체에 초점이 맞도록 조동 조절 나사를 사용한다. 누름 슬라이드가 두꺼울수록 멈춤 점에서 초점을 맞추기 어렵다.
2. 일단 낮은 배율에서 물체가 나타나면, 고배율의 건조(유침렌즈가 아닌) 대물렌즈로 그 위치에서 초점을 맞추고 빛을 다시 조절한다. 모든 세균은 표면 장력 때문에 물방울 가장자리로 몰리므로, **물방울 가장자리로 초점을 맞춘다**.
3. 만일 사용하는 현미경이 위상차 현미경이라면 고배율의 건조 대물렌즈로 바꾼다. 매달린 물방울(hanging drop)은 위상차 현미경에서 요구되는 얇은 시료는 아니지만 위상차 현미경이 꽤 잘 작동된다는 것을 발견할 수 있을 것이다.
4. 만일 유침렌즈를 사용하고자 한다면 간단히 고배율 건조 대물렌즈를 정 위치에서 밖으로 돌려놓고, 커버 글라스에 이머젼 오일을 첨가한 후 대물렌즈를 제자리에 놓아 유침렌즈로 관찰한다.
5. 이러한 방법을 사용할 때 시간을 지연시키지 않도록 한다. 물의 응축은 시야의 명확성을 감소시키고, 세균은 시간이 지남에 따라 운동성이 점차 감소할 수 있다.
6. 149쪽의 습윤 표본에서 언급한 세균 운동성의 모든 특성을 다시 살펴본다.

시험관법(tube method) 각 세균을 다음 지시에 따라 반고체 혹은 SIM 배지가 든 시험관에 접종한다.

1. 반고체배지(또는 SIM 배지) 시험관에 실험자 이름과 균주명을 약자로 적는다.
2. 접종바늘을 달군 후 식히고, 시험관 목 부분을 불에 멸균시킨 후 배지에 접종바늘을 집어넣는다.
3. 배지 시험관의 뚜껑을 열고 나서 목 부분을 불로 멸균시키고, 접종바늘이 그림 18.4에서 보는 바와 같이 바닥 아래쪽 2/3 지점에 닿게 찔러 접종한다. 뚜껑을 닫기 전에 다시 시험관의 목 부분을 불로 멸균한다.
4. 다른 배양액에 대해서도 2와 3번을 반복한다.
5. 시험관은 실온에서 24~48시간 배양한다.

평판배지법(plate method) 연성 평판배지의 바닥에 1/2 인치의 원 2개를 1인치 떨어지게 표시한다. 한 원에는

ML이라고 쓰고, 다른 원에는 PV라고 쓴다. 이 원들은 세균배양액을 천자 접종할 목표원이다. 평판배지에 실험자의 이름도 약자로 적는다.

적절한 무균기법을 사용하여 ML이라고 쓴 원의 중심에 *M. luteus*를, 다른 원 중심에는 *P. vulgaris*를 찔러 접종한다. 접종한 평판배지는 실온에서 24~48시간 배양한다.

2차 실험

1차 실험에서 접종하여 배양하였던 다음의 재료를 모은다.

재료

- 이전에 접종하여 배양한 운동성 배양 시험관
- 이전에 접종하여 배양한 페트리 접시

*M. luteus*와 *P. vulgaris*가 접종된 두 시험관을 비교하고 운동성의 증거로 탁한지를 살펴본다. *Proteus*는 운동성을 나타내야 한다. 정말로 그러한가? 실험 보고서에 결과를 기록한다.

천자배양한 두 개의 연성 배지의 모양을 비교하고 두 천자배양의 차이점을 기술한다.

평판배지법은 결과에서 시험관법보다 어떤 점이 더 나은가?

실험 보고서

실험 보고서 18을 작성하여 제출한다.

c. 물흐름 운동

4. 습윤 표본과 현적 슬라이드 표본 중 어느 것이 더 증발에 내성이 있는가? 어느 것이 위상차 현미경에서 더 잘 관찰되는가?

5. 운동성 결정에 사용되는 반고체배지에 사용되는 한천의 농도는? 전형적인 고체배지와 비교할 때 어떠한지(실험 19 참조) 설명하시오.

6. 세균의 운동성을 결정하는 데 종종 반고체배지를 슬라이드법보다 더 선호하는 이유는 무엇인가?

7. 만일 SIM 배지가 *Proteus vulgaris*의 운동성 결정에 사용된다면, 배지에서 관찰되는 주목할 만한 변화는 무엇인가? (힌트: SIM이라는 글자가 무엇을 나타내는지 알기 위해 실험 41을 참조한다.)

PART 5

배양 방법

미생물에는 모든 형태의 영양요구성이 나타난다. 이런 대사 다양성이 미생물 배양방법을 복잡하게 만든다. 이 PART에서는 세균, 곰팡이 및 점균류를 가장 성공적으로 배양할 수 있다고 증명된 기술들을 소개하고 있다.

먼저 소개되는 4개 실험(19, 20, 21, 22)은 세균 배양에 사용되는 기본 기술이다.

이 PART에서는 이들 실험 과정의 기본 기술단계를 완벽하게 기술하고 있다. 현미경 검사법, 슬라이드 기술, 배양 방법의 완벽한 이해는 이 실험서에 수록된 나머지 실험을 수행하는 데 있어 탄탄한 기초가 될 것이다. 실험 숙련 과정의 일환으로서 이 실험서에 수록되지 않은 독자적인 실험 계획을 추가로 수행한다면, 이 실험서를 통해 습득한 지식과 기술이 더욱 원숙해질 것이다.

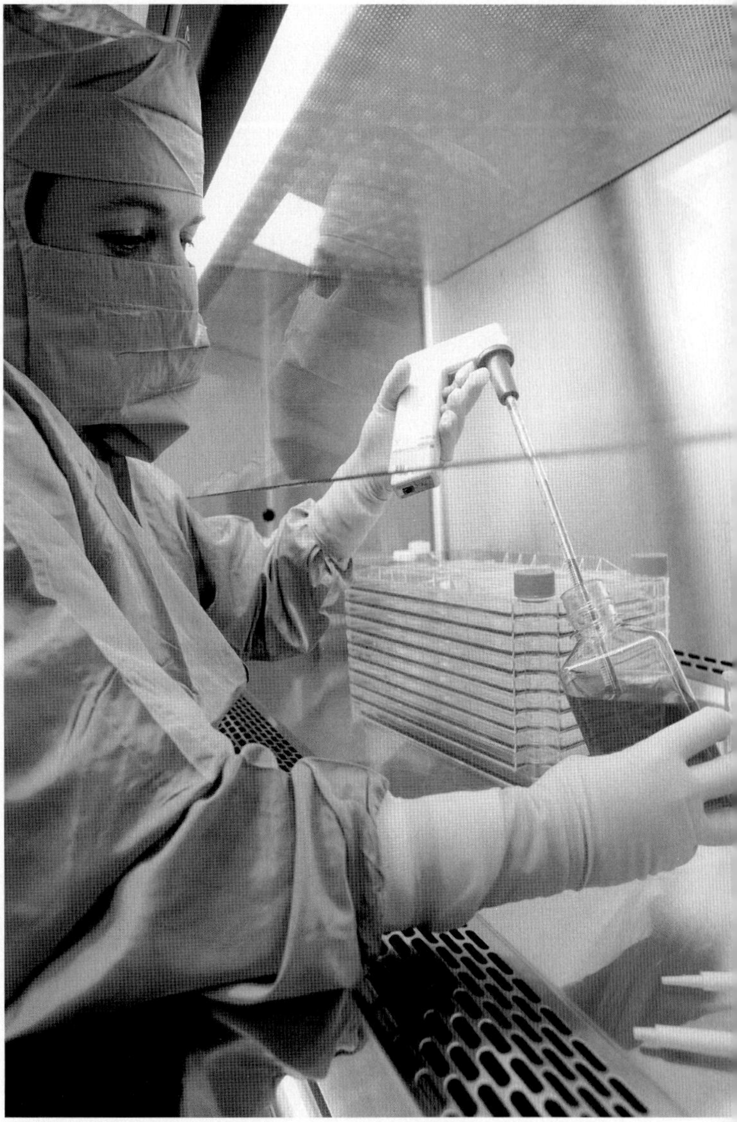

© Pixtal/AGE Fotostock RF

배양배지 만들기

Culture Media Preparation

EXERCISE 19

학습목표

이 실험을 수행한 후 여러분은 다음의 사항을 알 수 있을 것이다.

1. 세균 배지에 들어가는 기본 성분 6종류를 설명한다.
2. 정성배지와 복합배지의 차이점을 설명한다.
3. 분별배지와 선택배지의 차이점을 설명한다.
4. 복합한천배지의 제조법과 멸균법을 준비한다.

인공생장배지에서 미생물을 배양하려면 생장에 필요한 모든 영양소와 에너지 성분이 포함된 배지 공급이 필요하다. 그러나 때로는 미생물 생장에 필요한 특정 영양소가 무엇인지 모를 경우도 있다. 이런 미생물을 배양하기 위해서는 육류 및 식물의 추출물로 만든 배지를 사용하는데, 여기에는 모든 종류의 아미노산, 뉴클레오티드 염기, 비타민, 생장인자 등이 들어 있기 때문이다. 이런 배지를 **복합배지**(complex medium)라고 하며, 이런 이름이 붙은 것은 배지에 든 아미노산, 비타민, 생장인자 및 기타 성분의 성분과 구성 함량을 정확하게 알지 못하기 때문이다. 미생물학에서 다양한 종류의 세균을 배양할 때는 영양한천배지(nutrient agar media)와 같은 복합배지를 많이 사용하며, 이 실험서 역시 마찬가지이다. 생장에 필요한 특정 영양소가 무엇인지 우리가 알고 있는 미생물도 있다. 예를 들면, 대장균(*Escherichia coli*) 배양에는 포도당 및 다양한 염류와 같은 특정 성분과 함량이 포함된 배지를 사용한다. 이런 배지를 **정성배지**(defined media)라고 하는데, 이는 배지에 포함된 특정 화학성분과 각각의 함량을 정확하게 알고 있기 때문이다.

세균의 영양소

복합배지든 정성배지든 모든 배지에는 미생물 세포 생장에 필요한 기본 영양소가 들어 있어야 한다. 기본 영양소란 탄소원, 에너지원, 질소, 무기물, 비타민, 생장인자, 물 등을 말한다.

탄소원 생물체는 필요한 탄소원에 따라 두 종류로 분류한다. **종속영양생물**(heterotroph)은 다당류, 탄수화물, 아미노산, 펩티드, 단백질과 같은 유기화합물에서 탄소원을 얻는다. 이런 영양분을 공급하기 위해서 복합배지에 육류 및 식물 추출물을 첨가한다. 이와는 달리 **독립영양생물**(autotroph)은 무기화합물인 이산화탄소를 고정하여 탄소원을 얻는다. 즉 독립영양생물은 세균 세포를 구성하는 모든 고분자는 이산화탄소를 고정하여 합성하는 것이다.

에너지원 세균 세포는 생장을 유도하는 생합성 과정에서 에너지가 필요하다. 생합성 대상은 핵산, 단백질 및 세포벽과 같은 구조물 등이다. **화학유기영양생물**(chemoorganotroph)은 발효나 호흡으로 유기분자를 분해하여 에너지를 얻는 생물이다. 세균 대부분이 여기에 속한다. **화학무기영양생물**(chemolithotroph)은 이산화탄소 고정에 필요한 에너지를 얻기 위해서 질산염이나 철과 같은 무기이온을 산화시킨다. 화학무기영양생물에는 질화세균이나 철세균 등이 있다. **광독립영양생물**(photoautotroph)은 광합성 과정으로 태양에너지를 화학에너지로 변환시키는 엽록소나 세균엽록소와 같은 광합성 색소를 가지고 있다. 광합성을 통해 얻은 에너지를 이용하여 세포는 이산화탄소를 고정하고 생장에 필요한 다양한 세포물질을 합성하는 것이다. 광독립영양생물의 배지에는 에너지원으로서 화합물이 들어 있지 않는 대신 조명을 통해 에너지를 공급한다. 남세균, 녹색황세균, 홍색황세균 등이 광합성을 수행하는 대표적인 광독립영양생물이다. 극소수의 광합성 세균만이 **광종속영양생물**(photoheterotroph)이다. 이들 역시 광합성을 통해 에너지를 얻는 반면, 탄소원은 숙신산(succinate)이나 글루탐산(glutamate)과 같은 유기분자이다. 몇몇 홍색비황세균이 이 범주에 속한다. 세포는 탄소원과 에너지원

외에도 ATP 합성을 위해 인 역시 필요하다. 광종속영양생물은 광독립영양생물의 광합성뿐만 아니라 화학유기영양생물의 유기물 분해를 통해서도 세포 생합성에 필요한 에너지원인 ATP를 합성하는 것이다.

질소 질소는 아미노산, 뉴클레오티드 염기, 비타민과 같은 생물분자의 필수원소이다. 몇몇 세균은 탄소중간산물과 무기질소(암모니아, 질산염 등)를 이용하여 이런 질소화합물을 합성할 수 있다. 또 어떤 세균은 이런 능력이 없으므로 단백질, 펩티드, 아미노산과 같은 유기분자를 이용해야만 한다. 이런 세균을 배양하는 복합배지에는 질소원으로서 육류 추출물과 펩톤을 넣어준다. 이밖에 대기질소를 무기질소로 고정할 수 있는 세균도 있으며, 이들은 고정된 무기질소를 이용하여 아미노산을 생합성한다. 라이조비움(*Rhizobium*)과 아조토박터(*Azotobacter*)가 이런 질소고정세균이다.

무기물 금속은 효소반응에서 보조인자이며 시토크롬, 세균엽록소, 비타민과 같은 분자의 구성성분이므로 세균 대사에서 필수적이다. 생장에 필요한 금속은 나트륨, 칼륨, 칼슘, 마그네슘, 망간, 철, 아연, 구리, 코발트 등이다. 대부분의 금속은 촉매로 이용되며, 필요량은 아주 적다.

비타민과 생장인자 비타민은 대사에서 조효소 역할을 한다. 예를 들어, 니아신(niacin) 비타민은 NAD 성분이고, 플라빈(flavin)은 FAD 성분이다. 사슬알균(streptococcus)과 젖산균(lactobacillus)과 같은 세균은 비타민을 합성할 수 없기 때문에 배지에 들어 있어야 한다. 반면 다른 세균(대장균)은 비타민을 합성하기 때문에 배지에 첨가할 필요가 없다. 그렇지만 비타민이 필요 없는 세균이라도 양호한 생장이 필요할 때는 배지에 비타민을 배지에 첨가하기도 한다. 배양하기 어려운 병원균은 혈액이나 혈청 성분을 넣어 주면 잘 자란다. 혈액과 혈청에는 배지의 일반 구성성분에는 없는 대사인자들이 들어 있기 때문이다.

물 세포의 70~80%가 물이다. 세포에서의 효소반응과 물질수송은 물이 있을 때만 일어나므로 물이 있는 환경이 필요한 것이다. 게다가 세포질 내 다양한 구성성분들이 용액상태로 존재하는 것은 물이 있기 때문이다. 배지를 만들 때는 증류수를 사용해야 한다. 수돗물에 포함된 칼슘, 인, 마그네슘 이온과 같은 무기물은 펩톤이나 육류추출물과 반응하여 예기치 않은 침전물이나 탁도물질이 생길 수 있기 때문이다.

배지는 정확한 구성성분과 함께 생장이 억제되지 않도록 적정 pH를 유지하는 것도 중요하다. 세균은 대부분 pH 7 정도의 중성 조건이 가장 좋다. 진균은 pH 5 정도의 산성 조건에서 잘 자란다. 대부분의 상업용 배지는 pH를 맞추어 줄 필요는 없지만 정성배지의 pH는 적정 조정으로 맞추어 주어야 한다. pH 조정은 HCl과 같은 산이나 NaOH와 같은 알칼리를 사용한다.

분별배지와 선택배지

배지에는 원하는 세균이 생장할 수 있는 성분과 더불어 원하지 않는 잡균의 생장을 억제하는 성분도 함께 들어 있어야 한다. 이런 배지가 **선택배지**(selective medium)이다. 잡균의 생장 억제를 위한 물질로서 항생물질, 염료 등 다양한 억제화합물을 배지에 첨가한다. 예를 들어, EMB(eosin-methylene blue) 배지에 든 염료 에오신(eosin)과 메틸렌 블루(methylene blue)는 그람음성 세균의 생장에는 아무런 영향을 미치지 않는 반면 그람양성 세균에 대해서만 생장을 억제시킨다. MSA(mannitol-salt agar, 만니톨-염 한천) 배지에 염화나트륨을 첨가하면 포도상균(streptococcus)은 선택되는 반면 배지의 염 농도에 견딜 수 없는 세균의 생장은 억제된다.

분별배지(differential medium)에는 한 세균의 외관이 다른 세균과 구별되도록 하는 물질이 들어 있다. 황색포도상균(*Staphylococcus aureus*)을 MSA 배지에서 배양하면 만니톨을 발효시켜 배지를 산성 pH로 만들기 때문에 배지의 pH 지시약에 의해 적색배지가 황색집락으로 바뀐다. 다른 종류의 포도상균은 만니톨을 발효시키지 못하기 때문에 형성된 집락에서의 색깔 변화가 일어나지 않는다. EMB 역시 분별배지다. 그람음성 세균은 배지에 든 젖당을 발효시켜 금속성 초록광택을 띠는 집락이 생긴다. 반면 젖당비발효균의 집락은 이런 특징적인 금속광택을 띠지 않는다.

배지는 용도에 따라 고체 또는 액체로 만들 수 있

다. 액체배지는 세균을 대량 배양할 때 사용한다. 발효 연구, 인돌(indole) 시험, MR(methyl red, 메틸레드) 시험, VP(Voges-Proskauer, 포게스-프로스카우에르) 시험 등은 모두 액체배지 실험이다. 세균의 획선배양(streaking) 및 분리한 집락의 배양에는 고채배지를 사용한다. **한천**은 해초에서 추출한 복합다당체로서 액체배지를 굳히기 위해 1.5% 농도로 첨가한다. 세균배지에 한천을 처음 사용한 곳은 코흐(Robert Koch)의 실험실이었다. 한천은 미생물학 연구에 있어 이상적으로 사용될 수 있는 다음과 같은 독특한 특징을 가지고 있다. 첫째, 한천는 100°C에서 녹아 45°C가 될 때까지 굳지 않는다. 따라서 세포가 죽지 않는 액체상태가 유지되는 배지 온도에서 세균 접종이 가능하다(부어심기, 주입평판배양, pour plate culture). 둘째, 대부분의 세균은(일부 해양세균 제외) 한천을 영양소로 이용하지 않는다. 때로는 낮은 농도의(0.4%) 한천을 배지에 첨가하여 반고체배지를 만들기도 한다. 세균의 운동성 연구에 반고체배지를 사용한다.

1930년 이전까지는 다양한 생물체 재료를 가지고 배지를 만들었다. 즉 식물이나 육류를 끓여서 얻은 추출물로서 배지를 만들었던 것이다. 오늘날의 배지제조 회사는 가장 일반적인 세균용 배지 성분을 제조하여 판매하고 있다. 따라서 실험실에서 배지를 만들 때는 NA(nutrient agar, 영양한천) 배지와 같은 특정 상업용 배지의 양을 저울로 재어서 증류수에 녹여 사용하면 된다. 배지의 pH 조정이 필요할 때도 있다.

세균을 비롯한 미생물 생장용 배지를 사용하기 전 배지를 반드시 **멸균해야**(sterilized) 하며, 이는 배지 준비 과정에서 오염되는 잡균을 죽이거나 제거하기 위함이다. 배지는 대부분 **가압증기멸균**(autoclaved)으로 멸균한다. 이 멸균법은 **121°C**에서 1.1 kg/cm^2(**15 psi**) 증기압력으로 최소 **15분** 동안 가열하는 것이다. 이런 조건에서 배지에 존재하는 세포와 포자(내생포자, endospore)를 모두 죽일 수 있다. 비타민과 같이 열에 약한 성분은 가압증기멸균으로 멸균해서는 안 된다. 대신 0.45 μm 공극의 세균여과지에 용액을 통과시켜 멸균한다. 용액에 포함된 세균과 포자는 여과지에 걸려 제거된다. 이렇게 여과한 용액을 가압증기멸균된 배지에 첨가하여 사용한다.

배지 만들기

시험관 배지를 실험조원들과 함께 만든다(그림 19.1). 담당교수가 조별로 준비해야 할 배지를 알려주면 특정배지가 든 시험관 수를 아래 빈칸에 기록한다.

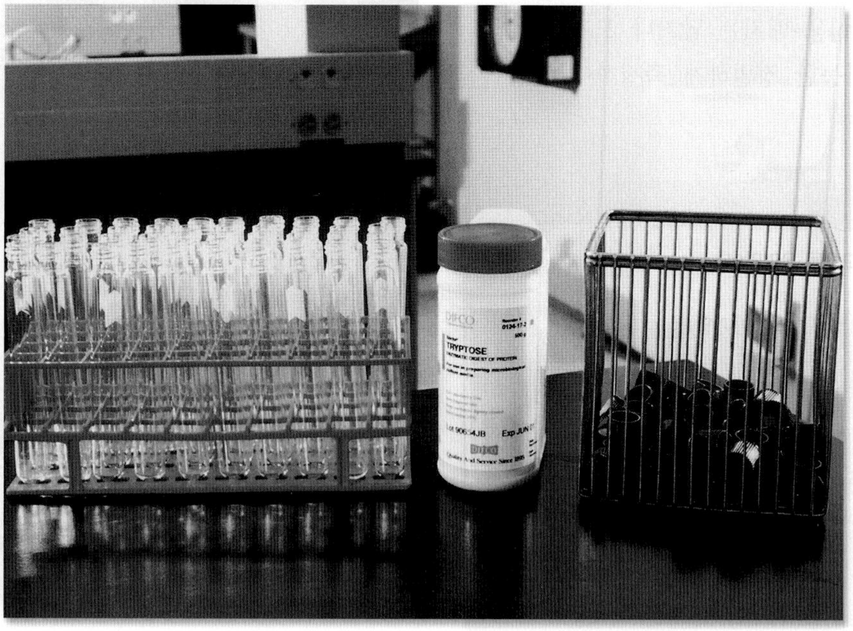

그림 19.1 배지제조에 필요한 기본 재료.

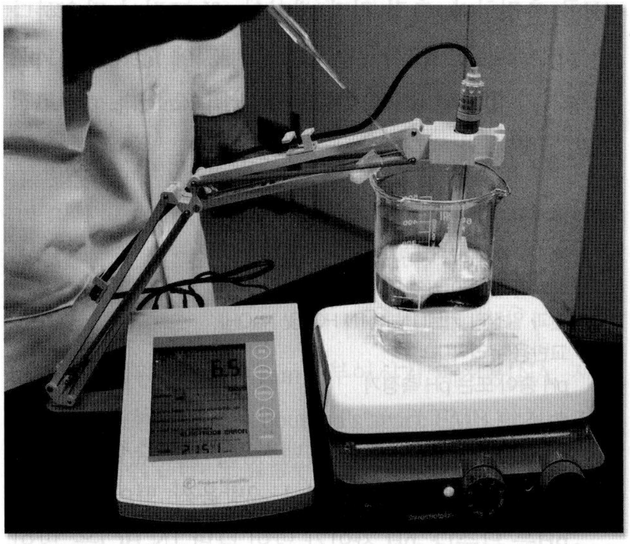

그림 19.5 배지 pH는 산이나 알칼리를 첨가하면서 조절한다.
© McGraw-Hill Education, Auburn University Photographic Services

NaOH을, 많이 나면 1N NaOH를 사용한다. 교반용 유리막대로 저으면서 떨어뜨린다.

시험관에 배지 분주하기

배지의 pH가 조절되면 배지를 시험관에 분주해야 한다. 그림 19.6과 같은 자동피펫장치는 바로 사용할 수 있도록 실험실에 설치해 두어야 한다. 자동피펫장치의 단추를 누르면 원하는 양을 정확하게 재어서 시험관에 분주하는 작업을 반복적으로 수행할 수 있다.

재료

- 자동피펫장치

1. 지시에 따라 자동피펫장치를 사용한다. 먼저 자동피펫장치를 시험관에 분주할 배지량에 맞춘다. 피펫에이드(pipette aid)를 사용하는 경우에는 배지를 피펫 안으로 끌어올려 채운 다음 원하는 양으로 조정된 분주단추를 눌러서 배지를 시험관에 반복 분주할 수 있다(그림 19.7).
2. 지시에 따라 피펫기기에 담긴 배지를 각 시험관에 분주하여 채운다.
3. 한천배지를 시험관에 분주할 때는 배지가 든 비이커를 교반가열판 위에 올려놓고 한천을 액체상태로

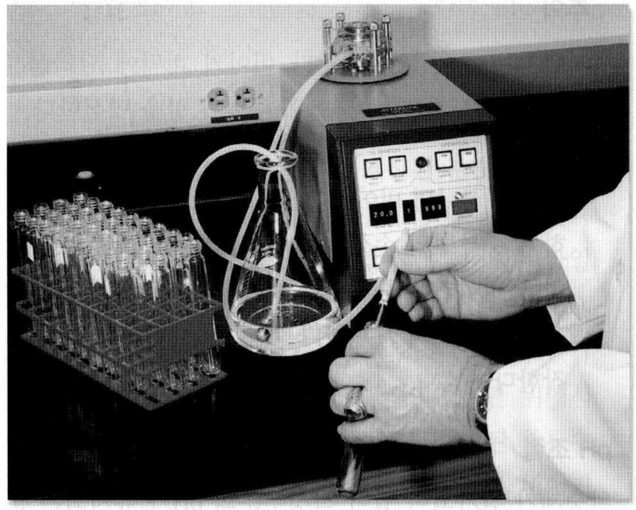

그림 19.6 자동피펫장치를 사용하면 정확한 양의 배지를 시험관에 분주할 수 있다.
© McGraw-Hill Education, Auburn University Photographic Services

유지해야 한다. 배지 안에 넣어 둔 자력 교반막대가 배지를 계속 교반한다.

그림 19.7 소량의 배지는 수동 피펫에이드를 사용하여 시험관에 분주한다.
© McGraw-Hill Education, Auburn University Photographic Services

4. 발효용 배지 분주용 시험관에는 듀람관(Durham tube)을 넣는다. 넣기 전에 듀람관에 배지를 가득 채운 다음 거꾸로 집어넣는다.

시험관 마개 씌우기

배지 멸균 전 마지막 단계는 시험관을 밀폐하는 작업으로서, 플라스틱(폴리프로필렌) 마개를 사용하는 것이 일반적이다. 시험관을 밀폐하는 모든 마개 내부에는 굴곡이 있어 시험관을 조이면서 멸균할 때 증기가 빠져나가는 통로가 된다(그림 19.8). 멸균할 때 플라스틱 나사마개를 완전히 조여서는 안 되며, 1/4 바퀴 정도 남겨두고 조여서 마개가 벗겨지지 않도록 해야 한다.

시험관에 맞는 마개가 없다면 솜마개를 사용할 수도 있다. 솜마개는 쉽게 벗겨지지 않는 견고한 것이어야 한다.

멸균

배지를 분주한 시험관에 마개를 씌운 다음 바로 멸균에 들어가야 한다. 시험관 벽, 증류수, 분말배지 등에 포함된 미생물은 실온에서 짧은 시간 내에 생장함으로써 배지를 파괴한다.

멸균 전 시험관 배지는 표찰을 붙인 시험관대에 꽂아 두어야 한다. 표찰에는 배지종류, 제조일시, 이름 등을 기록한다.

배지 멸균은 가압증기멸균기(autoclave)를 사용해야 한다(그림 19.9). 가압증기멸균기를 사용할 때 주의사항은 다음과 같다.

- 가압증기멸균기 사용법을 점검한다. 완벽한 멸균은 121.6°C(250°F)에서 이루어진다. 이 온도는 증기압 1.1 kg/cm^2(15 pound/in^2)에서 가능하다. 정확한 온도에 도달하려면 멸균기에 들어 있던 공기가 빠져나가는 장치가 있어야 한다. 오래된 일부 멸균기의 경우 완전히 밀폐하기 전에 수동으로 증기를 빼어 줄 필요가 있다.
- 멸균기에 과부하하지 말라. 멸균기의 적정용량을 초과하여 배지를 넣어서는 안 된다. 멸균기 내부는 증기가 원활하게 순환될 수 있는 충분한 공간이 확보되어야 한다.
- 멸균량에 따라 멸균시간을 조정한다. 소량의 배지

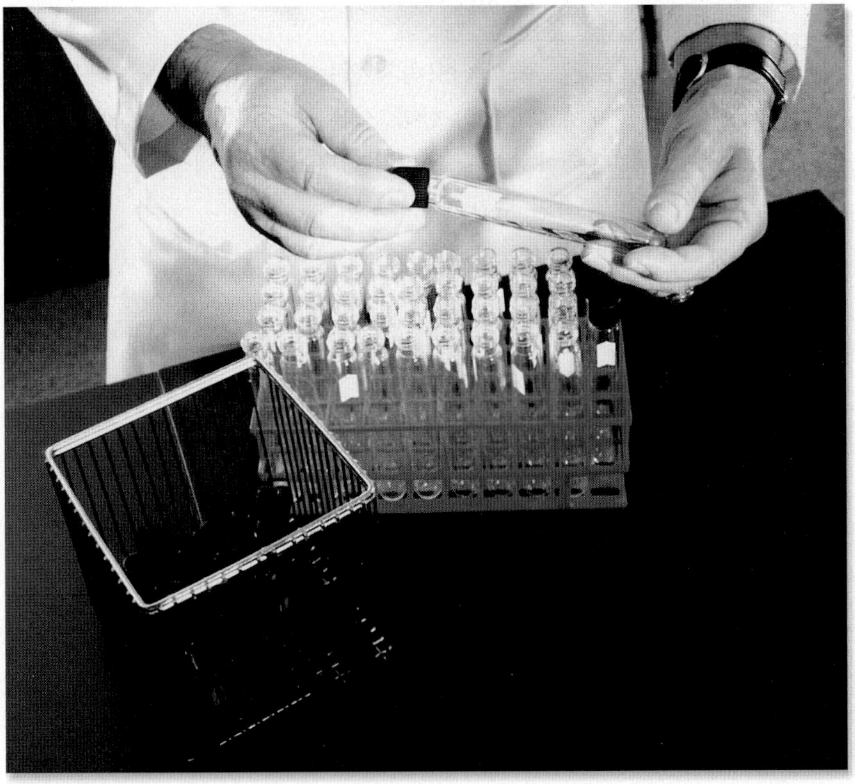

그림 19.8 배지를 분주한 시험관은 멸균 전 마개를 씌운다.

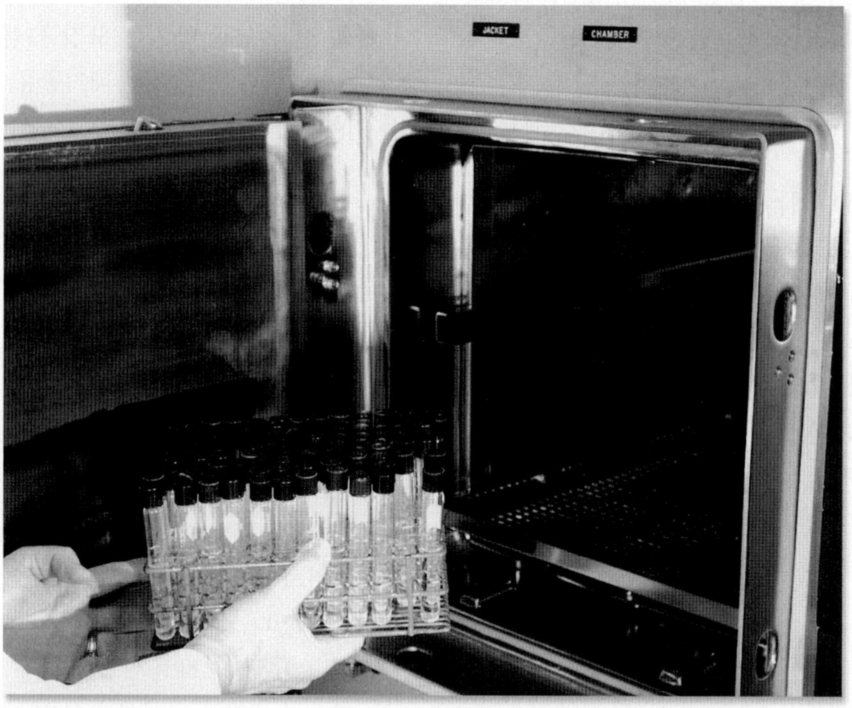

그림 19.9 배지는 1.1 kg/cm^2(15 psi)의 증기압이 유지되는 가압증기멸균기에서 15~20분 동안 멸균한다.

멸균에는 10~15분이 걸린다. 최대 멸균량일 때는 완전멸균을 위해 30분이 필요하다.

멸균 후

사면배지 사면배지로 만들 시험관 배지는 가압증기멸균기에서 꺼내자마자 거의 수평이 되도록 시험관을 눕혀 놓아야 한다. 시험관이 이렇게 되도록 만드는 손쉬운 방법은 지름 1.3 cm 정도의 고무관 위에 마개 부분이 놓이도록 시험관을 올려놓는 것이다.

다른 배지 액체배지, 심층한천배지, 영양젤라틴배지 등을 분주한 시험관은 가압증기멸균기에서 꺼내면 바로 실온에서 식혀야 한다. 식힌 배지는 사용할 때까지 냉장고나 저온실에 보관한다.

보관 즉시 사용하지 않는 시험관 배지는 차가운 장소에서 보관해야 한다. 실온에서 장기간 보관하는 배지는 수분이 손실될 우려가 있다. 배지는 냉장온도에서 몇 개월 동안 보관이 가능하다.

실험 보고서

실험 보고서 19를 작성하여 제출한다.

실험 보고서 19

이름: ______________________

날짜: ________ Section: ______________________

실험 19. 배양배지 만들기

A. 단답형 문제

1. 복합배지와 정성배지의 차이를 설명하시오.

2. 모든 배지에 들어가는 6종류의 기본영양소를 열거하시오.

3. 배양하기 어려운 병원성 세균을 배양할 때 첨가되는 생장인자는?

4. 실험실에서는 분말복합배지를 몇 개월 동안 보관할 수 있다. 그러나 배지를 만든 후에는 즉시 멸균해야 한다. 그 이유는?

5. 배지 멸균에는 가압증기멸균기가 전형적으로 사용되고 있다.

   a. 멸균을 정의하시오.

   b. 가압증기멸균기에서는 어떤 조건에서 멸균이 이루어지는가?

   c. 가압증기멸균기에서 멸균할 수 없는 배지 성분은 무엇인가?

   d. 열에 민감한 성분을 멸균하기 위한 가압증기멸균기의 대안은 무엇인가?

6. 만니톨-염 한천배지(mannitol-salt agar, MSA)는 선택분별배지이다.

   a. 선택배지란 무엇인가? MSA의 어떤 성분 때문에 선택배지가 되는 것인가?

b. 분별배지란 무엇인가? MSA의 어떤 성분 때문에 분별배지가 되는 것인가?

____

c. 이 배지는 어떤 미생물을 분리하고 동정하는 데 유용한가?

____

7. 한천는 배지를 고형화시키는 매개물이다.

a. 한천의 기원은 무엇인가?

____

b. 어떤 특징 때문에 미생물 배양에 이상적인가?

____

c. 반고체배지의 한천농도는 고체배지와는 어떻게 다르며 그렇게 되는 이유는 무엇인가?

____

B. 선택형 문제

1. 유기분자에게서 탄소원과 에너지원을 얻는 세균은 __________(으)로 분류된다.

a. 화학무기영양생물　c. 광독립영양생물
b. 화학유기영양생물　d. 광종속영양생물

2. 태양에너지를 이용하여 이산화탄소를 고정하는 남세균은__________(으)로 분류된다.

a. 화학무기영양생물　c. 광독립영양생물
b. 화학유기영양생물　d. 광종속영양생물

3. 질소고정 토양세균인 라이조비움과 아조토박터는 __________(으)로 분류된다.

a. 화학무기영양생물　c. 광독립영양생물
b. 화학유기영양생물　d. 광종속영양생물

4. 태양에너지를 이용하지만 유기탄소원도 필요로 하는 홍색비황세균은 __________(으)로 분류된다.

a. 화학무기영양생물　c. 물
b. 화학유기영양생물　d. 광종속영양생물

답

선택형

1. __________

2. __________

3. __________

보존배양체 만들기

Preparation of Stock Cultures

EXERCISE 20

학습목표

이 실험을 수행한 후 여러분은 다음의 사항을 알 수 있을 것이다.

1. 세균배양체를 보존하는 방법을 간략히 설명한다.
2. 동결로서 세균배양체를 보존할 수 있는 이유를 증명한다.
3. 포자가 세균 보존에 영향을 미치는 이유를 증명한다.

어떤 미생물을 순수배양으로 분리하였다면 이를 **보존배양체**(stock culture)로서 보전하고 유지하는 것이 중요하다. 보존배양체를 만들어 놓으면 이 배양체를 다음에 있을 연구에 이용할 수 있게 된다. 이 실험서에 수록된 각종 실험에서 사용되는 세균배양체는 대부분 보관기관의 보존배양체이다. 이 보존배양체는 실험에 필요할 때마다 생장을 거쳐 실험에 이용한다. 실험에 사용되는 일부 배양체는 메릴랜드 주에 있는 미국 세포주 균주은행(American Type Culture Collection, ATCC)과 같은 상업적인 배양체 보존기관에서 구입한 것도 있다. ATCC는 수천 종의 세균, 균류 및 바이러스 배양체를 보존하는 미국 내 기관이다. 신종미생물을 분리한 과학연구자들이나 미생물을 유전적으로 변형시킨 과학자들이 ATCC에 이런 배양체를 기탁한다. 관련 연구를 수행하는 연구자와 연구기관은 이곳에 기탁된 보존배양체를 이용하게 된다.

보존배양체 유지에 있어 필수 요건은 다음과 같다. 첫째, 보존배양체가 오염되지 않았다는 사실을 보증할 수 있어야 한다. 보존배양체를 사용하기 위해서는 새로운 배지로의 계대배양이 필요한데, 이 작업이 번거롭다. 즉 옮기는 과정에서는 잡균의 오염을 방지할 수 있는 무균기술이 적용된다. 둘째, 배양체를 보존하는 과정에서 생리적 또는 유전적 변화가 일어나지 않도록 해야 한다. 마지막으로, 보존법은 세포가 가장 잘 생존하는 방법이어야 한다. 따라서 배양체를 보존할 때는 앞에 언급된 요건들을 고려하여 가장 적당한 보존법을 선택해야 한다. 보존배양체를 만드는 방법에는 동결, 동결건조, 광물유 보관 등이 있다.

동결 보존배양체는 대부분 저온에서 유지된다. 동결과정에서는 세포를 용균시킬 수 있는 미세얼음결정이 세포질 안에서 형성되므로 이를 방지하기 위해 저온보호물질을 첨가한다. −20℃의 통상적인 동결보다 극히 낮은 온도인 −196℃를 사용하는 초저온냉동기나 액체질소를 이용한 동결이 보다 우수한데, 이는 배양체의 보존기간이 동결보다 더 길어지기 때문이다.

동결건조 동결건조라는 과정을 통하여 배양체는 신속동결과 함께 진공상태에서 세포질 내 수분이 제거된다. 세포에서 수분이 제거되면 대사활동이 일어나지 않아 생리적 변화나 돌연변이도 없게 된다. 동결건조는 동결에 비해 장기간 배양체를 보존할 수 있다. 동결건조된 배양체에 멸균수를 첨가하여 신선한 배지에 접종하면 배양체에서는 생장이 일어난다.

광물유 보관 멸균된 광물유에 담가 두는 것만으로도 냉장고는 물론 실온에서도 보존할 수 있는 배양체도 있다. 기름은 배양체로의 공기접촉을 차단하는 동시에 세포의 대사활동 역시 억제하는 기능이 있다.

보존배양체를 만들어 두는 것은 정체를 모르는 생물체를 동정하려고 할 때 특히 중요한데, 이는 각종 동정시험배지에서 보존배양체가 대량으로 필요하기 때문이다. 보통 두 종류의 보존배양체, 즉 (1) **저장용 보존배양체**(reserve stock culture)와 (2) **작업용 보존배양체**(working stock culture)를 만들어 둔다. 저장용 보존배양체는 배양체 유지 목적으로만 사용한다. 저장용 보존배양체는 새로운 배지로 계대배양이 가능하지만, 보통의 실험 목적으로는 사용하지 않는다. 이는 보존배양체 용기의 뚜껑을 여는 횟수가 적을수록 오염 가능성이 줄기 때문이다.

작업용 보존배양체는 실험용으로 만든 것이다. 따라서 염색실험이나 동정실험에 사용되는 세포는 모두 작업용 보존배양체이다. 단 작업용 보존배양체의 계대배양기간이 오래되었거나 오염되었을 때는 저장용 보존배양체를 새로이 계대배양하여 사용해야 한다.

다음 실험은 −20℃에 보관된 세균 보존배양체와 실온에서 보관한 세균 배양체와의 생존력 차이를 알아보는 실험이다. 이 실험의 원리는 다음에 나오는 실험 31 세균 동정실험에서도 그대로 적용된다. 미지의 세균을 동정하고자 할 때는 이 실험을 참고한다.

재료

- 트립톤 사면배지에서 자란 대장균(*Esherichia coli*)와 바실러스 메가테리움(*Bacillus megaterium*) 배양체
- 트립톤 사면배지 시험관

1차 실험

1. 2개의 트립톤 사면배지 시험관에 *E. coli* 배양체를 접종한다. 접종된 시험관 1에는 대장균, 접종일시와 더불어 동결보존을 뜻하는 "−20℃"라고 표기하고, 시험관 2에는 대장균, 접종일시와 더불어 실온을 의미하는 "RT"라고 표기한다.
2. *B. megaterium*도 1번과 같은 방법으로 2개의 사면배지 시험관을 만든다.
3. 37℃에서 24시간 배양한다.
4. 배양 후 "−20℃"로 적힌 시험관은 −20℃의 냉동고에서, "RT"라고 적힌 시험관은 실온에서 4~6주 동안 보관한다.

4~6주 후 실험

1. 시험관에서 자란 집락을 새로운 사면배지에 옮겨서 37℃에서 24시간 배양한다. 보관온도에 따라 형성된 배양균 집락 모양을 비교하여 배양균의 생존력 차이를 기록한다.
2. 실험 결과를 실험 보고서 20에 작성하여 제출한다.

실험 보고서 20

이름: ______________________

날짜: ________ Section: ______________________

실험 20. 보존배양체 만들기

A. 결과

1. 24시간 배양 후 집락 형태

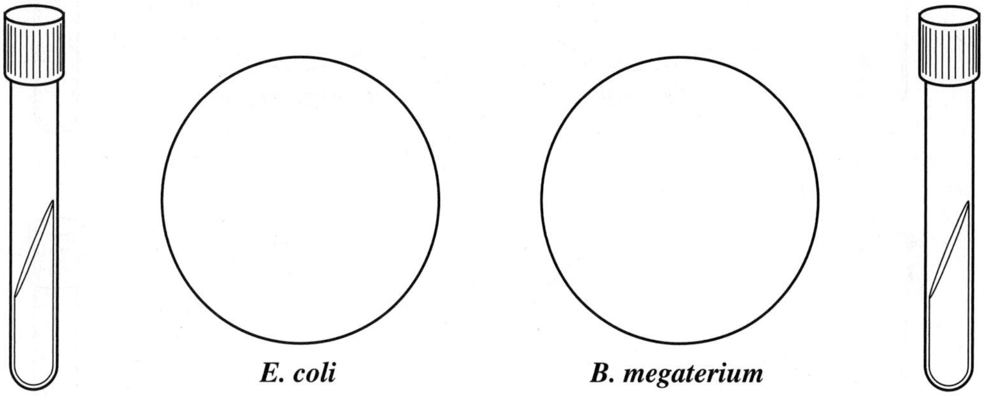

2. 4~6주 배양 후 집락 형태

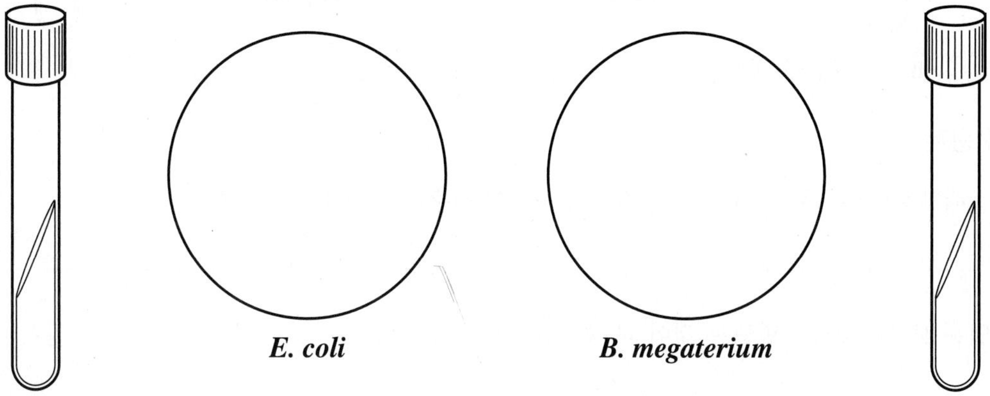

a. 실온

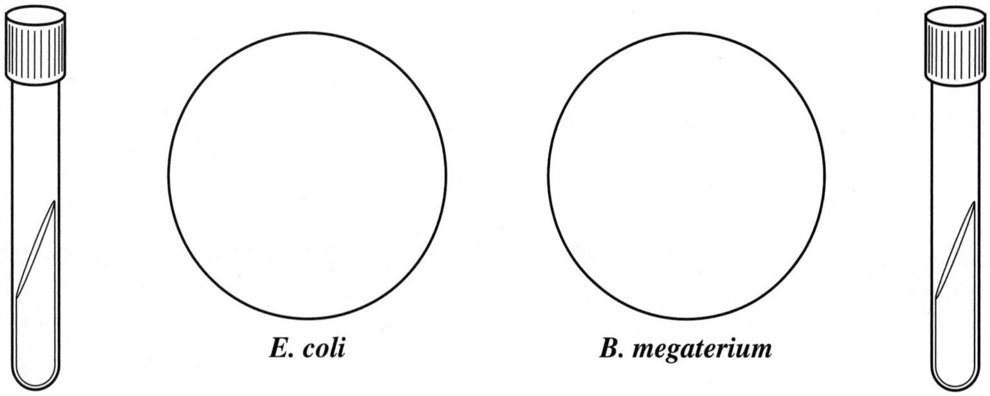

b. 냉동고(−20℃)

3. 4~6주 후 배양균 생장

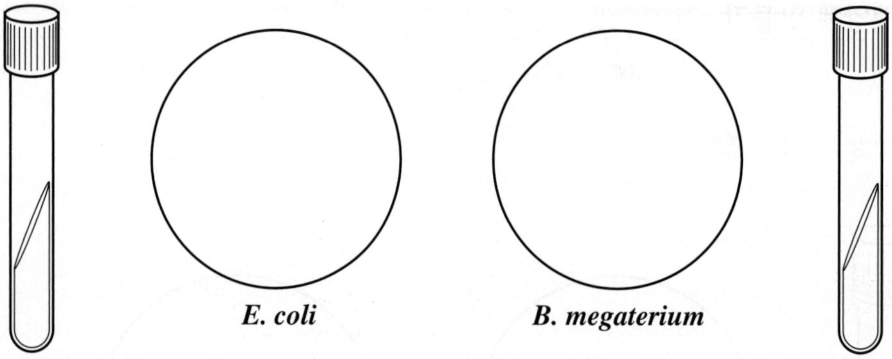

a. 실온

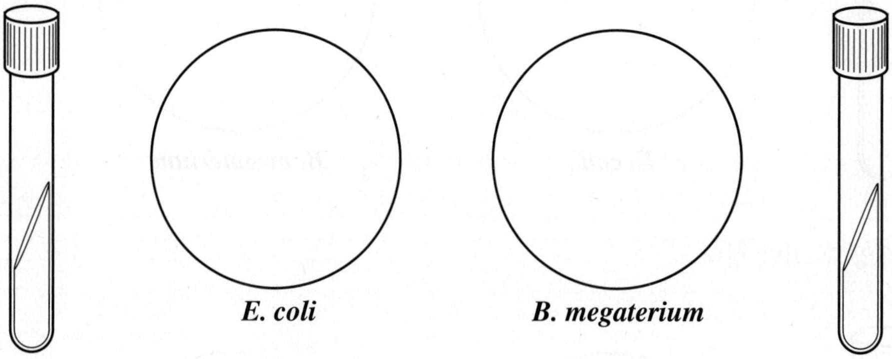

b. 냉동고(−20°C)

B. 단답형 문제

1. 보존배양체를 만드는 데 있어 무균기술의 적용이 필수적인 이유는 무엇인가?

2. 작업용 보존배양체를 만드는 것이 왜 중요한가?

3. 동결 보존배양체에 글리세롤이 첨가되는 이유는 무엇인가?

4. 동결에 비해 동결건조의 장점은 무엇인가?

5. *B. megaterium*과 *E. coli*를 실온에서 보관할 때, *E. coli*는 쉽게 죽는 반면 *B. megaterium*은 살아 있는 이유는 무엇인가?

MICROBIOLOGY

EXERCISE 21

세균 계수: 표준평판계수

Enumeration of Bacteria: The Standard Plate Count

학습목표

이 실험을 수행한 후 여러분은 다음의 사항을 알 수 있을 것이다.

1. 세균의 수를 세는 방법을 설명한다.
2. 시료에 든 세균수를 세는 표준평판계수법을 수행한다.
3. 액체배양액의 흡광도를 측정하는 분광광도계 사용법을 안다.
4. 세균배양액의 흡광도와 표준평판계수 결과의 상관성을 확인한다.

시료 내 세균수를 반드시 알아야 할 때는 많다. 한 예로 우유 등급은 우유에 든 세균수에 따라 매기기 때문이다. 환자의 방광염 진단 또한 소변시료 내 세균수를 기준으로 한다. 식품이나 물의 청정도 판단도 포함된 세균수가 기준이 되기도 한다. 세균 세포수를 세는 방법, 즉 계수법에는 몇 가지가 있으며, 방법별로 장단점이 있다. 연구목적에 따라 적용하는 계수법이 달라진다. 다음에 설명하는 것은 세균수를 직접 세는 방법에 관한 것이다.

현미경 계수 시료를 희석하여 현미경으로 관찰하여 시료 내 세포수를 세는 방법이다. 페트로프-하우저 방(Petroff-Hauser chamber)과 같은 특수슬라이드에는 격자가 그려져 있으므로 격자 안에 든 시료량을 알기 때문에 계수하기 쉽다. 특히 우유의 현미경 계수 결과는 신뢰도가 아주 높은 편이다.

최확수법(most probable number method, MPN법) 세균의 생장매개변수와 통계확률과의 상관성을 이용하여 시료 내 세균수를 세는 방법이다. 먹는 물의 안전성 평가는 하수에 의한 오염 여부에 따라 결정되며, 이 안전성 평가에는 MPN법을 사용한다. **대장균군**(coliform)이라고 하는 지표세균은 사람과 항온동물의 장에서 서식되며, 젖당을 발효하여 산과 기체를 생성한다. 대장균군이 물에서 검출된다는 것은 배설물이 유입되었으며, 이는 곧 질병 가능성을 시사한다. 젖당이 든 일련의 시험관에 물 시료를 접종하고 배양한 결과 산과 기체가 발생된 양성시험관 개수를 센다. 이 양성시험관 개수를 통계 확률표에 적용하여 물에 든 대장균군의 수를 추정하는 것이다. 실험 59는 물에 든 대장균군수를 세는 실험법이다. MPN법은 미생물의 생장 여부 및 대사산물에 매개변수에 대한 통계확률표가 작성되어 있을 때만 사용 가능하다는 한계가 있다.

표준평판계수(standard plate count, SPC) 표준평판, 즉 생균수는 시료 내 세균수를 세는 가장 일반적인 방법이다. 그림 21.1에서와 같이 먼저 시료를 연속 희석한다. 연속희석액 일정량을 평판배지에 접종하고 24~48시간 동안 배양한 후 집락수를 센다. 이때 평판 위의 집락(colony)은 단일세포가 평판 위에서 이분열을 거쳐 눈에 보일 정도의 크기로 생장하였다고 가정한다. 계수한 집락수와 희석배율을 곱하여 원액시료에 든 세균수를 계산한다. 그러나 단일집락이 단일세포라는 가정이 항상 성립하는 것은 아닌데, 이는 연쇄상구균(*Streptococcus*)과 같은 사슬을 이루는 여러 개의 세포 역시 단일집락

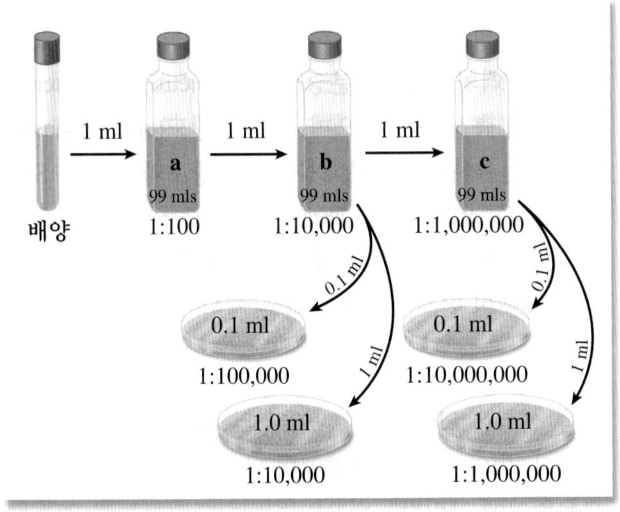

그림 21.1 정량평판계수 과정.

b. 희석배양액별 흡광도의 좌표를 다음 모눈종이에 그려 넣으시오. 좌표들을 선으로 연결하여 그래프를 완성하시오.

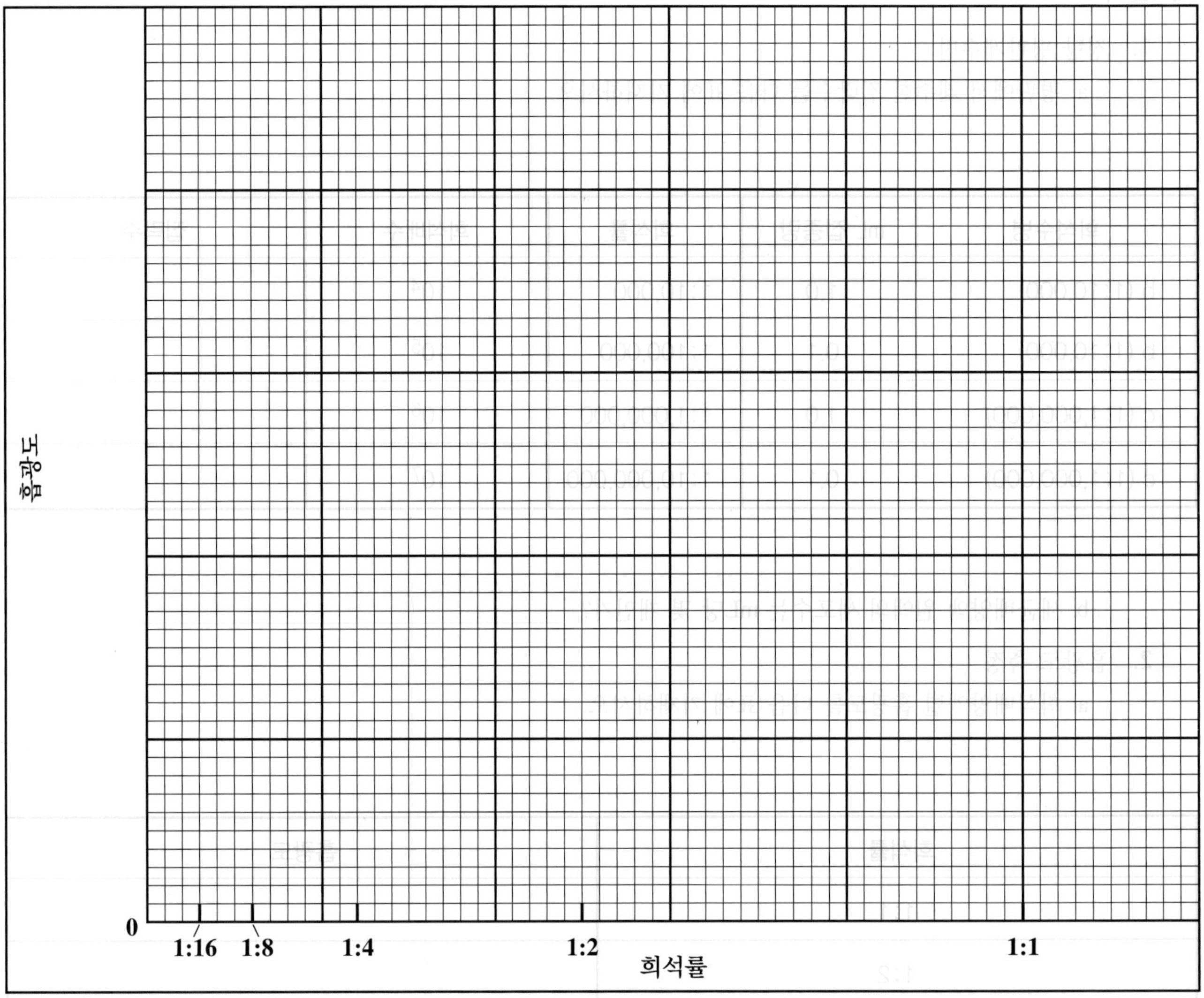

c. 위에서 작성한 곡선 중 직선 부분에서의 최대 O.D.값은 얼마인가? ______________________________

d. 배양원액(1:1)의 보정된 O.D. 참값은 얼마인가? (힌트: 1:2 희석액 O.D.값은 곡선의 직선 부분에 들어 있는 반면 1:1 원액 O.D.값은 직선에 들어 있지 않다면, 이 1:1 원액의 O.D.값은 참값이 아니다. 이 경우 배양원액의 보정된 O.D. 참값은 1:2 희석액 O.D.값에 2를 곱하여 계산한다.) ______________________________

e. 배양원액의 보정된 O.D. 참값과 세포수와의 상관관계는 무엇인가가? ______________________________

____

____

LEARNSMART LABS MICROBIOLOGY

EXERCISE 21

세균 계수: 표준평판계수

Enumeration of Bacteria: The Standard Plate Count

학습목표

이 실험을 수행한 후 여러분은 다음의 사항을 알 수 있을 것이다.

1. 세균의 수를 세는 방법을 설명한다.
2. 시료에 든 세균수를 세는 표준평판계수법을 수행한다.
3. 액체배양액의 흡광도를 측정하는 분광광도계 사용법을 안다.
4. 세균배양액의 흡광도와 표준평판계수 결과의 상관성을 확인한다.

시료 내 세균수를 반드시 알아야 할 때는 많다. 한 예로 우유 등급은 우유에 든 세균수에 따라 매기기 때문이다. 환자의 방광염 진단 또한 소변시료 내 세균수를 기준으로 한다. 식품이나 물의 청정도 판단도 포함된 세균수가 기준이 되기도 한다. 세균 세포수를 세는 방법, 즉 계수법에는 몇 가지가 있으며, 방법별로 장단점이 있다. 연구목적에 따라 적용하는 계수법이 달라진다. 다음에 설명하는 것은 세균수를 직접 세는 방법에 관한 것이다.

현미경 계수 시료를 희석하여 현미경으로 관찰하여 시료 내 세포수를 세는 방법이다. 페트로프-하우저 방(Petroff-Hauser chamber)과 같은 특수슬라이드에는 격자가 그려져 있으므로 격자 안에 든 시료량을 알기 때문에 계수하기 쉽다. 특히 우유의 현미경 계수 결과는 신뢰도가 아주 높은 편이다.

최확수법(most probable number method, MPN법) 세균의 생장매개변수와 통계확률과의 상관성을 이용하여 시료 내 세균수를 세는 방법이다. 먹는 물의 안전성 평가는 하수에 의한 오염 여부에 따라 결정되며, 이 안전성 평가에는 MPN법을 사용한다. **대장균군**(coliform)이라고 하는 지표세균은 사람과 항온동물의 장에서 서식되며, 젖당을 발효하여 산과 기체를 생성한다. 대장균군이 물에서 검출된다는 것은 배설물이 유입되었으며, 이는 곧 질병 가능성을 시사한다. 젖당이 든 일련의 시험관에 물 시료를 접종하고 배양한 결과 산과 기체가 발생된 양성시험관 개수를 센다. 이 양성시험관 개수를 통계확률표에 적용하여 물에 든 대장균군의 수를 추정하는 것이다. 실험 59는 물에 든 대장균군수를 세는 실험법이다. MPN법은 미생물의 생장 여부 및 대사산물에 매개변수에 대한 통계확률표가 작성되어 있을 때만 사용 가능하다는 한계가 있다.

표준평판계수(standard plate count, SPC) 표준평판, 즉 생균수는 시료 내 세균수를 세는 가장 일반적인 방법이다. 그림 21.1에서와 같이 먼저 시료를 연속 희석한다. 연속희석액 일정량을 평판배지에 접종하고 24~48시간 동안 배양한 후 집락수를 센다. 이때 평판 위의 집락(colony)은 단일세포가 평판 위에서 이분열을 거쳐 눈에 보일 정도의 크기로 생장하였다고 가정한다. 계수한 집락수와 희석배율을 곱하여 원액시료에 든 세균수를 계산한다. 그러나 단일집락이 단일세포라는 가정이 항상 성립하는 것은 아닌데, 이는 연쇄상구균(*Streptococcus*)과 같은 사슬을 이루는 여러 개의 세포 역시 단일집락

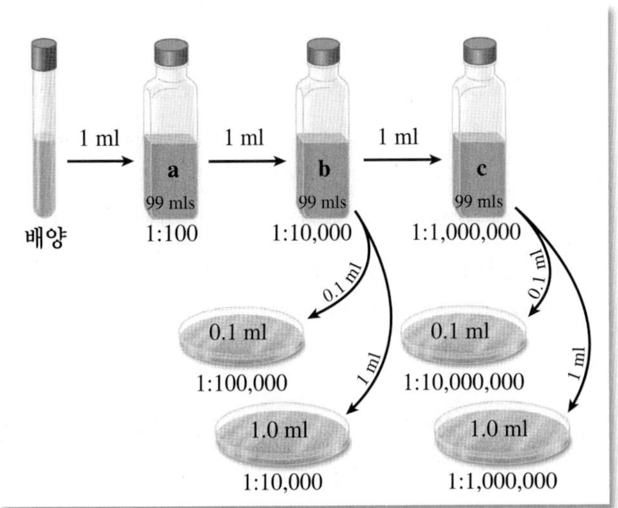

그림 21.1 정량평판계수 과정.

을 형성할 가능성이 높기 때문이다. 그래서 집락 1개를 형성한 세포수를 확실히 모르기 때문에 SPC에 의한 계수는 **집락형성단위**(**CFU**, colony forming units)로 기록한다. 평판당 30~300개 사이의 CFU가 형성된 경우에만 통계적으로 타당성이 있는 숫자로 간주한다. 즉 300 CFU를 초과하는 평판에서는 세포가 과밀되어 생장이 억제되어 집락이 형성되지 않았을 가능성이 있다. 반면 30 CFU 미만의 평판은 접종 시료량이 적어 실제 세포수보다 과소평가되었을 가능성이 있는 것이다. SPC법은 단지 살아 있는 세포, 즉 생균수만을 세는 계수법인 반면 현미경계수법은 살아 있거나 죽은 세포 모두를 계수하는 방법이다. 또한 SPC법은 특정 배양조건과 특정 배지를 사용하기 때문에 이런 조건에서 생장하지 못하는 세균도 있게 된다. 예를 들면, 토양시료 내 세균수를 SPC법으로 계수하면 실제보다 훨씬 과소평가되는데, 이것은 사용한 배양조건과 배지가 중성 pH에서 호기성으로 생장하는 종속영양세균에만 유리하기 때문이다. 이런 조건에서는 혐기성세균, 화학무기영양세균, 아주 높거나 낮은 pH에서 자라는 세균은 거의 생장하지 못한다.

간접계수법 세포의 생장으로 세포수가 증가된 정도만을 알고 싶은 경우도 있다. 생장은 세포분열로 세포수를 증가시키는 매개변수와 관련이 있다. 생장하고 있는 세포는 세포분열이 일어나고 있는 중이므로 단백질, 핵산, 생물량이 증가한다. 따라서 단백질, DNA, 건조중량 등을 측정한다면 생장 정도를 확인할 수 있다. 이와 비슷한 원리로서, 세포가 분열하면 배양액이 점차 탁해지므로 배양액의 탁도를 측정하여 생장을 측정할 수도 있다. 세포배양액의 탁도는 분광광도계(spectrophotometer)를 사용하여 측정할 수 있으며, 이는 흡광도(optical density, O.D.)로 나타난다. 세포배양액의 흡광도와 동시에 SPC로 계수한 집락수와의 관계를 나타낸 그림이 표준곡선이다. 그러나 살아 있는 세포뿐만 아니라 죽은 세포 역시 배양액의 탁도로 나타난다는 것이 흡광도 측정의 단점이다.

다음 실험은 SPC법으로 배양액의 세균수를 세는 계수법이다. 이와 동시에 배양액의 탁도를 측정한 흡광도를 모눈종이에 그린다.

정량평판계수법(표준평판계수, SPC)

물, 우유, 식품에 포함된 미생물 수를 세는 계수법으로서 **표준평판계수**(SPC)법을 가장 널리 사용하고 있다. 이 계수법의 과정은 비교적 쉬우며 결과 역시 우수하다. 이 기본적인 계수법을 사용하면 세균배양액 내 미생물 수를 셀 수 있다. 다음은 SPC법의 실험 과정이다.

표준평판계수는 그림 21.1에서 예시한 바와 같이 시료를 멸균희석수에 연속희석하는 것부터 시작한다. 멸균희석수는 보통 3개를 사용하지만 더 많이 필요할 때도 한다. 이 그림에서는 3개의 99 mL 멸균희석수를 사용하며. 마지막 희석수 (c)의 비율인 최종희석률은 1 : 1,000,000이 된다. 희석수 (b)와 (c)에서 각각 일정량을(0.1 mL, 1.0 mL) 채취하여 멸균된 페트리 접시에 접종한다. 다음 50°C로 식힌 영양한천(NA) 배지를 시료가 접종된 페트리 접시에 붓는다. NA 배지가 굳은 다음 평판을 24~48시간 동안 배양한 후 평판에 형성된 집락수를 센다. 이때 30~300개의 집락이 생장한 평판만을 골라 계수한다. 계수한 집락수에서 원배양액 mL당 세균수를 계산하는 것은 간단하다. 각 희석률당 평판을 2개 사용하여 평균값을 취하면 집락수는 보다 정확해 진다. 하지만 경제적인 이유로 희석률당 평판 2개를 사용하는 경우는 많지 않다.

피펫 사용법

이 실험의 성공 여부는 올바른 피펫 사용에 달려 있다. 피펫은 금속 보관통이나 봉투에 밀봉된 것도 있고, 일회용 또는 재사용 피펫도 있다. 오염 가능성 및 위험성 때문에 입으로 피펫을 조작해서는 안 되며, 모든 피펫은 피펫에이드를 사용한다. 다음은 피펫 사용법에 관한 것이다. 이 실험에서 멸균피펫을 처음 사용해 보는 것이라면 그림 21.2를 참조하면서 다음과 같은 몇 가지 점을 명심해야 한다.

- 멸균피펫을 보관통에서 꺼낼 때 꺼내지 않는 피펫에는 손가락이 닿지 않도록 조심한다. 이때 보관통을 좌우로 천천히 움직이면서 꺼내는 피펫과 남아 있는 다른 피펫이 분리되도록 하면 된다.
- 피펫을 꺼낸 다음에는 보관통의 뚜껑을 교체하거나 불꽃멸균한 뒤 닫음으로써 통 안에 남아 있는 피펫

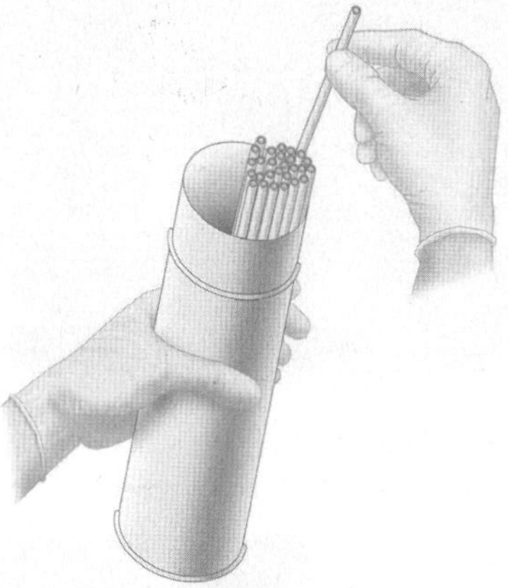

(1) 재생용 피펫은 멸균된 일회용 봉투나 금속보관통 안에 넣어 두고 사용한다. 보관통에 든 피펫을 사용할 때는 피펫을 꺼낸 다음 반드시 뚜껑을 닫는다.

(2) 피펫 끝이나 몸통을 손가락으로 절대 만지지 않는다. 피펫의 오염은 실험 전체를 오염시키는 것과 같다.

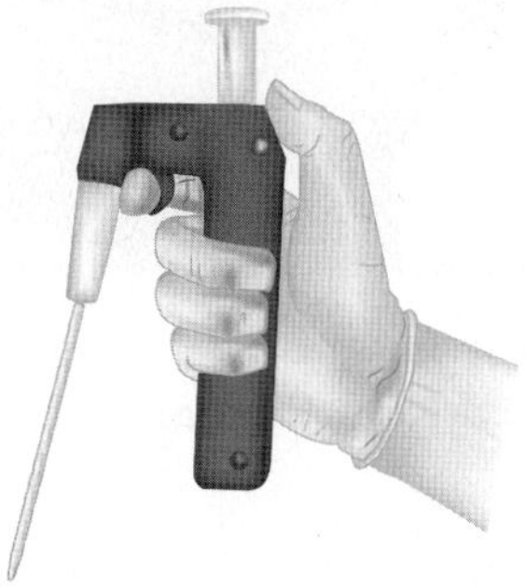

(3) 항상 피펫에이드를 사용한다. 피펫을 입에 무는 것은 극히 해롭다.

(4) 사용한 피펫은 반드시 피펫 폐기통에 넣는다. 일회용 피펫도 반드시 폐기통에 버려야 한다.

그림 21.2 피펫 다루는 기술.

의 멸균성이 유지되도록 한다.

- 피펫 몸통을 손가락으로 만지거나 사용 전후에 피펫을 실험대 위에 놓지 않는다. 피펫은 사용이 끝나기 전까지는 멸균상태를 유지해야 하며 사용한 피펫이 실험대나 실험자를 오염시키지 않도록 조심해야 한다.
- 그림 21.2(3)의 그림과 같은 피펫에이드를 항상 사용한다.
- 한 번에 한 개씩의 피펫만을 꺼내어 사용한다. 이 실험에서 필요한 3개의 피펫을 한꺼번에 꺼내게 되면, 첫 번째 피펫을 사용하는 동안 나머지 2개의 피펫은 멸균상태를 유지할 수 있는 방법이 없는 것이다.
- 피펫 사용이 끝나면 폐기통에 넣는다. 폐기통 내부에는 소독제가 들어 있다. 실험이 끝난 다음 재생용 피펫은 세척하여 멸균하고, 일회용 피펫은 폐기처분한다. 무심코 사용한 피펫을 꺼냈던 보관통으로 다시 집어넣거나 일반쓰레기통에 버리지 않도록 조심해야 한다.

희석 및 접종 방법

대장균 배양액을 희석하여 4개의 평판에 붓는 과정은 그림 21.1을 참조하여 다음과 같은 방법으로 진행한다.

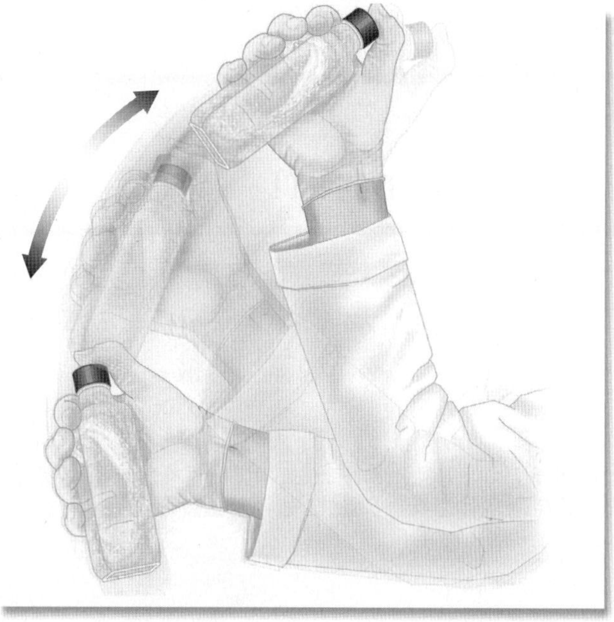

그림 21.3 멸균희석수의 표준 진탕법.

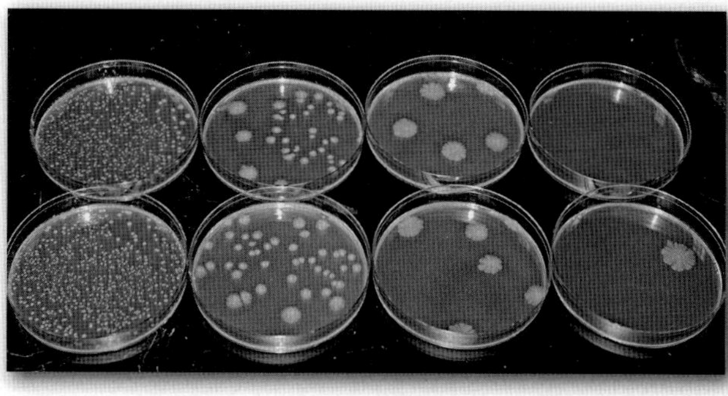

그림 21.4 대장균의 연속희석 평판.
© McGraw-Hill Education. Lisa Burgess, photographer

그림 21.5 평판을 집락계수기 위에 올려놓고 집락수를 센다.
© McGraw-Hill Education. Lisa Burgess, photographer

재료

학생 4명당

- 대장균 액체배양액 1병(40 mL)

학생 1명당

- NA(영양한천) 배지 1병(80 mL)
- 멸균 페트리 접시 4개
- 1.1 mL 피펫
- 99 mL 멸균희석수 3병
- 피펫 폐기통

1. NA배지 1병을 가열하여 액화시킨다. 가열하는 동안 3병의 99 mL 멸균희석수에 **A**, **B**, **C**라고 표기한다. 4장의 페트리 접시에는 각각 **1:10,000**, **1:100,000**, **1:1,000,000**, **1:10,000,000**이라는 표기를 한다. 그리고 각 평판에는 접종량(**0.1 mL** 또는 **1.0 mL**)을 기재한다.
2. 대장균 배양액을 진탕한 다음 멸균된 1.1 mL 피펫으로 1 mL를 따서 A 멸균희석수로 옮긴다. 피펫을 사용한 다음에는 폐기통에 버린다.
3. A 멸균희석수를 그림 21.3에서 보는 바와 같이 팔꿈치를 실험대 위에 대고 30 cm의 원호를 그리면서 7초 동안 25회 흔들어 진탕시킨다. 진탕이 강할수록 희석수 내 세균밀도가 균일하게 될 뿐만 아니라 여러 개의 세포가 뭉친 세포덩어리도 깨뜨려 분산시키는 효과도 있다.
4. 다른 1.1 mL 피펫으로 A 멸균희석수에서 1 mL을 따서 B 멸균희석수로 옮긴다.
5. B 멸균희석수를 3번에서와 같은 방법으로 25회 강하게 진탕한다.
6. 또 다른 멸균피펫으로 B 멸균희석수에서 0.1 mL를 따서 1 : 100,000 페트리 접시에, 그리고 1.0 mL를 따서 1 : 10,000 페트리 접시에 접종한다. 같은 피펫으로 1.0 mL를 따서 C 멸균희석수로 옮긴다.
7. C 멸균희석수를 3번에서와 같은 방법으로 25회 강하게 진탕한다.
8. 다른 멸균피펫을 사용하여 C 멸균희석수에서 0.1 mL를 따서 1 : 10,000,000 페트리 접시에, 그리고 1.0 mL를 따서 1,000,000 페트리 접시에 접종한다.
9. NA 배지를 8분 동안 끓인 다음 50°C의 수조에서 적어도 10분 동안 담가 둔다.
10. NA 배지의 1/4(20 mL) 씩을 4개의 페트리 접시에

나누어 붓는다. 다음 페트리 접시에 부은 배지와 접종액과 잘 섞이도록 손가락 끝으로 뚜껑을 가볍게 누르고 부드럽게 돌려준다. 이 과정이 가장 중요하다! 평판을 너무 약하게 돌리면 분산이 잘 일어나지 않으며, 또 너무 세게 돌리면 배지와 접종액이 페트리 접시에서 넘쳐흐르게 된다.

11. 배지가 완전히 굳으면 평판을 뒤집어서 35°C에서 48시간 동안 배양한다.

계수와 계산

재료

- 배양된 평판 4개
- 집락계수기
- 계수기
- 유성펜(선택)

1. 집락이 형성된 평판을 실험대 위에 희석률 순서대로 펼쳐놓고 비교한다. 집락수가 30개 미만이나 300개를 초과하는 평판은 제외한다. 30개 미만이나 300개를 넘는 집락수는 통계적으로 신뢰도가 낮기 때문이다(그림 21.4).
2. 평판의 뚜껑을 열고 그림 21.5의 집락계수기 위에 올려놓는다. 평판의 위쪽부터 계수를 시작하며, 중복계수를 피하기 위해 격자선을 따라 계수한다. 수동계수기를 사용하여 집락을 센다. 집락의 모양이나 크기와 관계없이 평판의 모든 집락을 계수한다. 실험 보고서 21의 A에 있는 표에 계수결과를 희석배수별로 기록한다.

   다른 계수법: 또 다른 계수법은 평판의 뚜껑을 열고서 뒤집어서 집락계수기 위에 올려놓는다. 격자선을 따라 계수하지 않고 유성펜으로 집락을 하나하나 평판에 표시하면서 계수한다.
3. 실험 보고서 21의 A에 기록한 집락수에서 배양원액의 mL당 세균수를 계산한다. 계수된 집락수에 희석배수(희석률의 역수)를 곱하면 된다.

   보기: 1:1,000,000의 희석수 1.0 mL를 접종한 평판 집락수가 220 CFU인 경우 배양원액 1.0 mL당 세균수는 220 × 1,000,000 CFU(즉 2.2×10^8 CFU)이 된다. 또 1:1,000,000 희석수 0.1 mL를 접종한 평판 집락수가 220 CFU이라면 앞서 계산된 값에 10을 곱한 2,200,000,000 즉 2.2×10^9 CFU/mL가 이 배양원액의 세균수이다.

   세균수는 유효숫자 2자리만으로 표시한다. 만약 mL당 세균수가 227,000,000으로 계산되었다면 이것은 230,000,000 즉 2.3×10^8 CFU/mL로 표기해야 한다.

흡광도에 의한 생장 측정

배양액 내 세포수는 시간에 따라 증가하므로 배양액의 탁도 역시 높아진다. 세균배양액의 탁도는 분광광도계라고 하는 기계를 사용해서 측정한다. 배양액은 세포 현탁액이다. 즉 특정 파장의 빛이 배양액을 통과하면서 세균 세포가 이 빛을 흡수하게 되고, 그 결과 배양액 밖으로 방출되는 빛의 양은 배양액의 세포수가 많을수록 적어질 것이다. 이것은 다음과 같은 방정식으로 나타낼 수 있다.

$$\%T = (I/I_0) \times 100$$

여기서 %T는 시료를 투과한 빛의 백분율, 즉 투과율
I_0는 배양액을 비추는 빛의 양
I는 배양액을 통과한 빛의 양

분광광도계는 세포 현탁액의 %T를 계산하는 동시에 빛의 **흡수량**(absorbance, A), 즉 **흡광도**(optical density, O.D.)도 계산한다. 흡광도는 다음과 같은 대수방정식으로 나타낼 수 있다.

$$A = \log (1/T) = \log (I_0/I)$$

주: a. 100% 빛이 통과하면 A = 0
b. 흡광도는 단위가 없다.
c. 분광광도계에서 A 최대값은 2.0

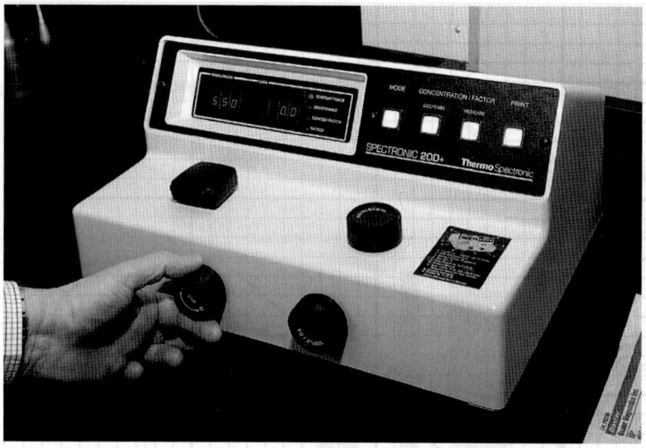

(a) 분광광도계의 전원을 켠다(왼쪽 앞 손잡이). 예열을 위해 측정 15분 전에 켜 둔다. 파장을 550 nm로 맞추고 이 파장에 맞는 필터를 장치한다. 투과율(transmittance) 모드를 선택하고 큐벳잡이(cuvette holder) 뚜껑을 닫는다. 왼쪽 앞 손잡이를 돌려 디지털 값을 0(zero)%로 맞춘다.

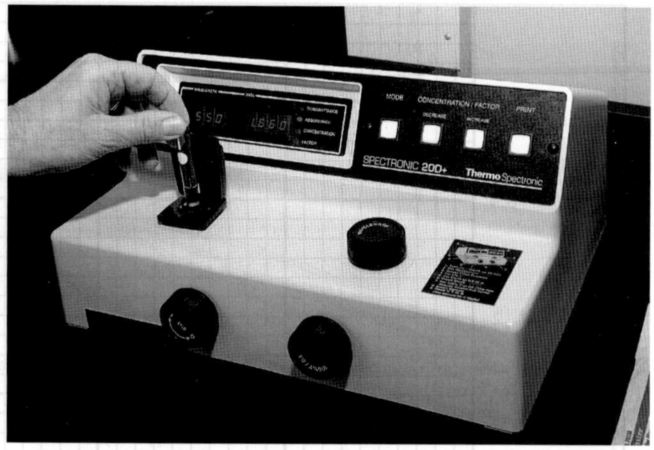

(b) 흡광도(absorbance) 모드로 바꾼다. 맹검액(blank)인 멸균 NB 배지만이 든 큐벳을 큐벳잡이에 넣고 뚜껑을 닫는다. 오른쪽 앞 손잡이를 돌려 디지털값을 0(zero)로 맞춘다. 0로 맞추려면 손잡이를 3~4번 돌려야 할 것이다.

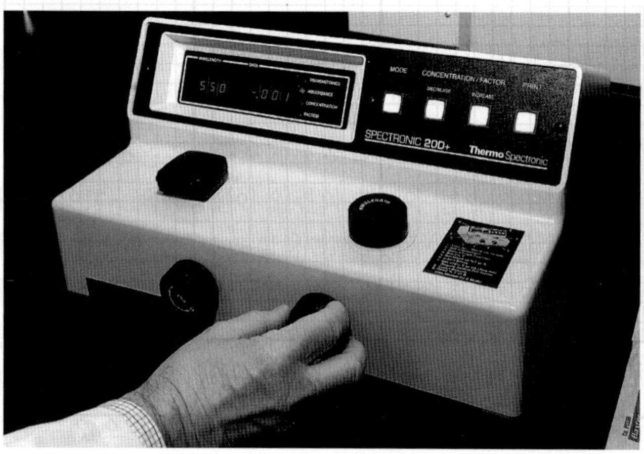

(c) 맹검액을 큐벳잡이에서 꺼낸 다음 세균 희석배양액이 든 큐벳을 넣는다. 뚜껑을 닫고 O.D.를 측정하여 계기판에 나온 디지털 값을 기록한다.

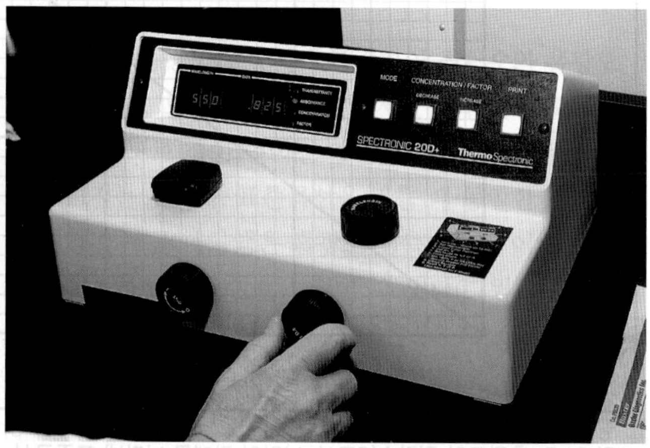

(d) 시료의 수가 많은 경우에는 측정 도중 맹검액을 넣고서 기기를 0(zero)으로 재설정하기도 한다.

그림 21.8 디지털 분광광도계(B&L 스펙트로닉 200) 사용법.

체, 얼룩, 지문 등이 묻어 있지 않도록 한다. 종이 수건이나 손수건으로 닦아서는 안 된다. 이 부분에 묻은 액체, 얼룩, 지문 등은 흡광도로서 측정될 수 있기 때문에 측정값에 큰 오차가 생길 수 있다.

c. 큐벳을 큐벳잡이에 넣고 큐벳의 지표선(index line)과 큐벳잡이의 지표선을 정렬시킨다. 큐벳과 큐벳잡이의 두 지표선이 정확히 일치되었을 때 큐벳이 제자리를 잡은 것이다.

d. 큐벳은 고유의 광학적 특징과 함께 비싸기 때문에 취급에 주의해야 한다.

2. 큐벳에는(윗부분) 1:1이란 표시를, 그리고 4개의 작은 시험관에는 각각 1:2, 1:4, 1:8, 1:16으로 적힌 표시를 한다. 이 시험관들은 그림 21.9처럼 큐벳의 연속희석에 사용할 것이다.
3. 5 mL 피펫으로 멸균된 NB 배지 4 mL씩을 1:2, 1:4, 1:8, 1:16 시험관에 각각 분주한다.
4. 대장균 배양액을 격렬하게 진탕하여 세포를 충분히 현탁시킨 다음 5 mL 피펫으로 1:1 큐벳에 4 mL, 1:2

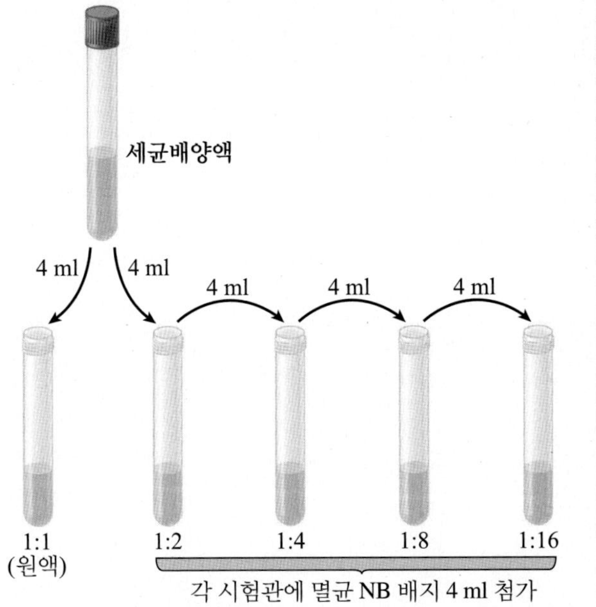

그림 21.9 큐벳의 연속희석과정.

시험관에 4 mL를 각각 접종한다.

5. 1:2 시험관의 현탁액에 피펫을 집어넣고 현탁액을 흡입한 후 다시 배출하는 동작을 3번 반복함으로써 현탁액이 골고루 섞이게 한다.
6. 1:2 시험관에서 피펫으로 4 mL을 따서 1:4 시험관으로 옮기고 3번 혼합한다. 이와 동일한 방법으로 1:16 시험관까지 계속한다. 마지막의 1:16 시험관에는 8 mL의 용액이 들어 있게 된다.
7. 5개의 시험관 각각의 흡광도를 측정하는데, 희석률이 높은 1:16 시험관부터 시작한다. 각 시험관의 세균배양액은 반드시 큐벳에 옮긴 다음 측정해야 한다. 측정할 때는 시료잡이 뚜껑이 잘 닫혔는지를 확인해야 한다. 세척만 잘 한다면 1개의 큐벳만으로 모든 희석배양액의 흡광도 측정을 완료할 수 있다.
8. 실험 보고서 21의 표에 측정한 O.D.값을 기록한다.
9. 실험 보고서 21의 그래프에 희석배양액별로 측정한 O.D.값의 좌표를 찍고 그래프를 그린다.

실험 보고서 21

이름: ______________________

날짜: ________ Section: ______________

실험 21. 세균 계수: 표준평판계수

A. 결과

1. 정량 평판계수법

a. 평판에서 계수한 집락수를 다음 표에 기재하시오.

희석수병	mL 접종량	희석률	희석배수	집락수
b (1:10,000)	1.0	1:10,000	10^4	
b (1:10,000)	0.1	1:100,000	10^5	
c (1:1,000,000)	1.0	1:1,000,000	10^6	
c (1:1,000,000)	0.1	1:10,000,000	10^7	

b. 세균배양액 원액의 세포수는 mL당 몇 개인가? ______________________

2. 흡광도 측정

a. 희석배양액별 흡광도를 다음 표에 기재하시오.

희석률	흡광도
1:1	
1:2	
1:4	
1:8	
1:16	

b. 희석배양액별 흡광도의 좌표를 다음 모눈종이에 그려 넣으시오. 좌표들을 선으로 연결하여 그래프를 완성하시오.

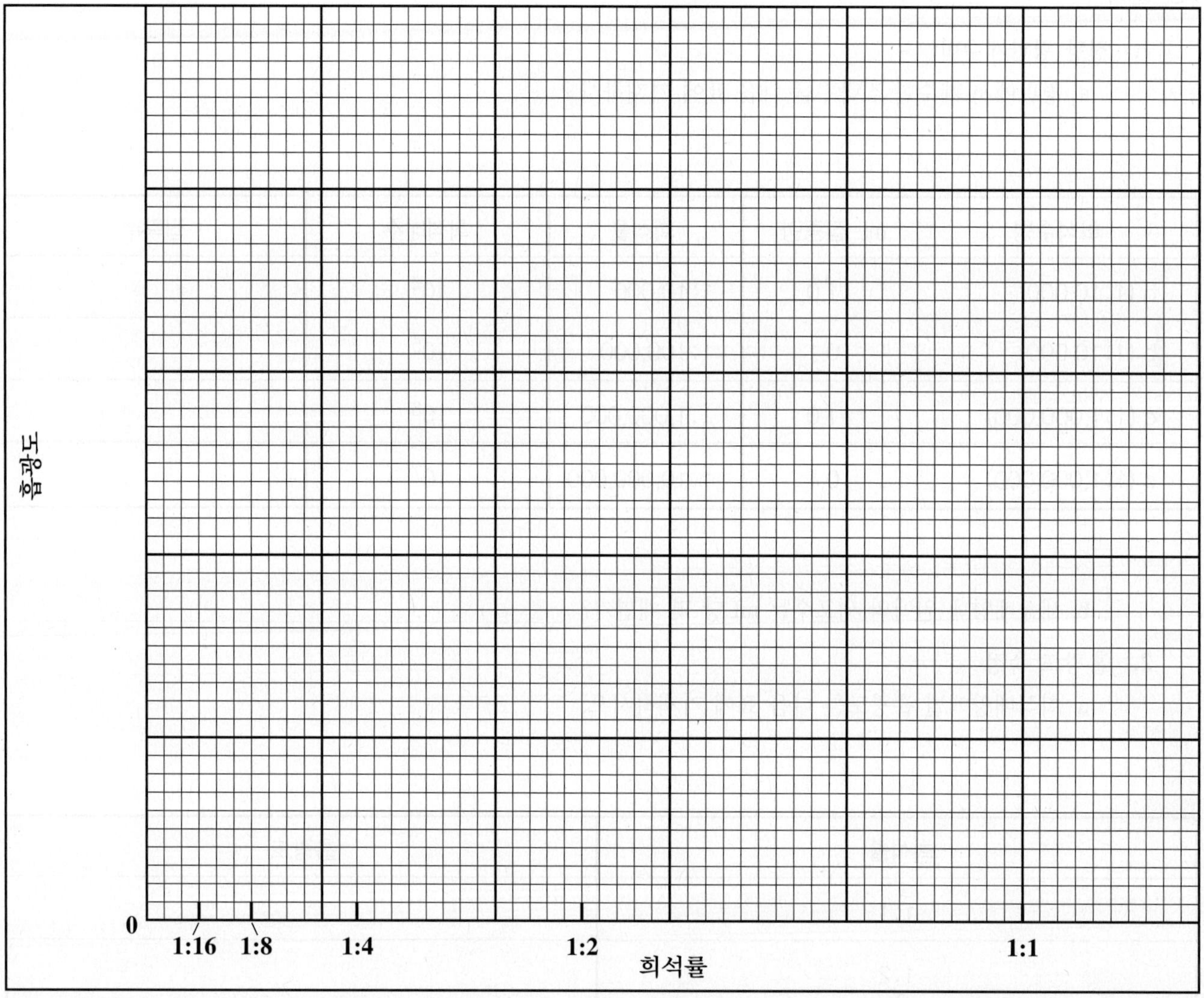

c. 위에서 작성한 곡선 중 직선 부분에서의 최대 O.D.값은 얼마인가? ______________________

d. 배양원액(1:1)의 보정된 O.D. 참값은 얼마인가? (힌트: 1:2 희석액 O.D.값은 곡선의 직선 부분에 들어 있는 반면 1:1 원액 O.D.값은 직선에 들어 있지 않다면, 이 1:1 원액의 O.D.값은 참값이 아니다. 이 경우 배양원액의 보정된 O.D. 참값은 1:2 희석액 O.D.값에 2를 곱하여 계산한다.) ______________________

e. 배양원액의 보정된 O.D. 참값과 세포수와의 상관관계는 무엇인가가? ______________________

____

____

B. 단답형 문제

1. 표준평판계수를 실시할 때 계수결과를 세포가 아닌 집락형성단위(CFU)로 나타내는 이유는 무엇인가?

2. 1:10 희석률을 얻기 위해서는 평판에 어떻게 접종하면 되는가? 1:100 희석률은?

3. 평판계수를 할 때 탁도측정을 병행하여 실시하는 것이 왜 필요한가?

4. 다음의 세균계수법은 총균수와 생균수 중 어느 것인가?

   a. MPN ______

   b. 현미경 계수 ______

   c. 표준평판계수 ______

   d. 탁도 ______

EXERCISE 22

슬라이드 배양: 진균

Slide Culture: Fungi

학습목표

이 실험을 수행한 후 여러분은 다음의 사항을 알 수 있을 것이다.

1. 진균 집락(콜로니)을 배양하기 위한 슬라이드 배양을 준비한다.
2. 자실체 구조, 균사체와 진균 배양과 관련된 다른 구조의 관찰에 슬라이드 배양을 사용한다.

진균의 분리, 배양 및 현미경 관찰을 위해서는 적합한 선택배지와 함께 특별한 현미경 슬라이드 기술이 필요하다. 진균 배양액으로 만든 간단한 습윤 표본(wet mount)을 가지고는 자실체 위의 포자 배열을 잘 볼 수 없는데, 이는 배양액을 다룰 때 진균의 자실체 구조(fruiting body)와 균사가 파괴되기 때문이다. 자실체 구조 형태와 포자 배열 및 형태는 진균 동정과 분류에 있어 중요하다. 자실체 구조를 온전하게 보전하는 한 가지 방법은 염색이 가능한 슬라이드 배양체를 만드는 것이다. 슬라이드 배양체에서 자실체 구조를 바로 관찰할 수 있으며 포자 배열 또한 파괴되지 않는다. 이 실험은 슬라이드 배양 기술을 사용하여 곰팡이(사상균, mold)의 슬라이드 염색표본을 만드는 것이다. 이 방법은 습윤 표본보다 우수한 방법으로서 염색과정에서 균사, 포자낭병, 포자가 어느 정도 원형을 유지하고 있다.

실험 8에서 설명한 방법으로 진균을 환경에서 채취하여 배양할 때 사부로 한천배지(Sabouraud's agar medium)를 가장 흔히 사용한다. 이 배지는 펩톤 1%, 포도당 4%, 한천 2%가 들어 있는 단순한 배지다. 배지 pH를 5.6으로 맞추는 것은 진균은 생장이 잘 일어나게 하고 세균 생장은 억제하기 위해서다.

불행히도 일부 진균에게는 사부로 한천배지의 pH는 너무 낮고 포도당 함량은 너무 많다. 이런 진균에게 좋은 배지는 C.W. Emmons가 개발한 것으로, 포도당은 2%에 불과하고 네오펩톤 1%이며, pH는 6.8~7.0으로 조절한다. 세균 생장을 억제하기 위해서 클로람페니콜(chloramphenicol)을 배지 1리터에 40 mg을 첨가한다.

위에 든 두 종류 배지 외에도 특수 용도로의 곰팡이 배양을 위해 옥수수가루 한천(cornmeal agar), 차페크 용액 한천(Czapek solution agar)와 같은 배지도 사용할 수 있다.

그림 22.1은 슬라이드에 진균을 배양하는 과정을 나타낸 것으로서 슬라이드에 배양된 곰팡이를 바로 염색할 수 있다. 멸균된 사부로 한천배지를 작은 크기의 정육면체 조각으로 자른 다음 양면에 곰팡이를 접종하는 것에 주목한다. 그림 22.2는 조각을 작은 칼날(scalpel blade)로 꽂은 다음 조각에 곰팡이를 접종하는 그림이다. 곰팡이가 접종된 한쪽 조각 면을 현미경 슬라이드(slide glass) 중앙에 올려놓는다. 반대쪽 접종면 위에는 덮개유리(cover glass)를 올려놓는다. 이렇게 만든 슬라이드를 실온의 습한 방(소량의 물이 든 페트리 접시) 안에서 48시간 배양한다. 배양이 끝나면 슬라이드에서 정육면체 조각 배지를 조심스럽게 떼어내어 버린다.

배양하는 동안 진균은 현미경 슬라이드와 덮개유리의 표면에서 생장한다. 현미경 슬라이드에 소량의 염료를 첨가하여 덮개유리로 덮으면 반영구적 슬라이드를 만들 수 있다. 진균이 배양된 덮개유리는 깨끗한 염료 한 방울을 떨어뜨린 현미경 슬라이드에 놓으면 또 한 장의 현미경 슬라이드가 만들어진다. 염색(락토페놀 코튼 블루, lactophenol cotton blue)하기 전에 먼저 알코올 한 방울을 떨어뜨려 균사를 축축하게 적셔 주는 것이 좋다.

1차 실험

다음과 같은(슬라이드 배양 준비) 방법으로 1개 이상의 곰팡이 집락 슬라이드 배양체를 만든다.

재료

- 멸균된 유리 페트리 접시

그림 22.1 슬라이드 배양에서 2장의 염색슬라이드를 만드는 과정.

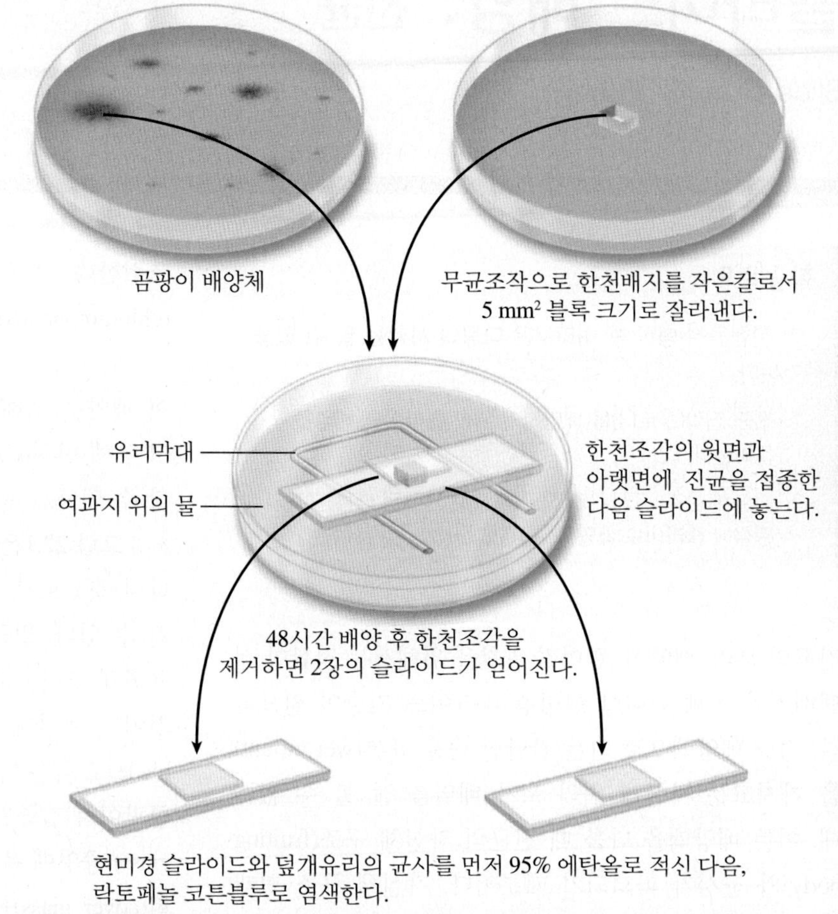

그림 22.2 접종기술.

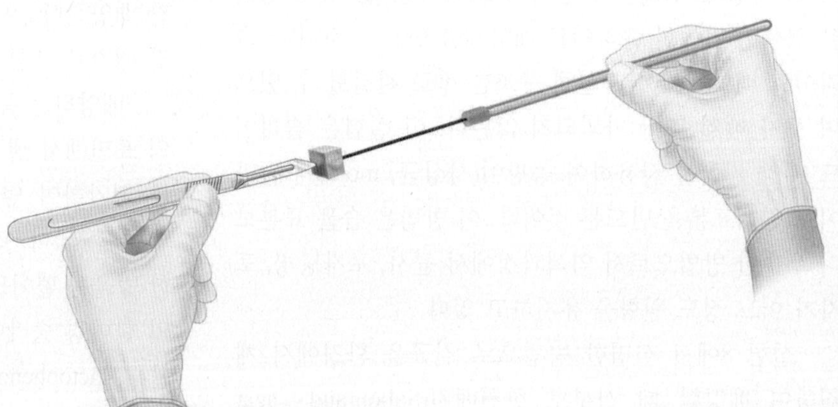

- 멸균된 여과지(지름 9 cm)
- U자형 유리막대
- 곰팡이 배양 평판
- 4명당 사부로 한천 또는 에몬스배지 평판 1장
- 작은칼
- 백금이
- 멸균수
- 현미경 슬라이드와 덮개유리(멸균)
- 집게

1. 무균적으로 집게로 여과지 1장을 집어 페트리 접시 안에 놓는다.
2. 멸균된 U자형 유리막대를 여과지 위에 올려놓는다

(유리막대를 집게로 집어 불꽃염멸균한다.).

3. 충분한 양의(약 4 mL) 멸균수를 여과지에 부어 완전히 적신다.
4. 집게를 사용하여 멸균된 슬라이드를 U자형 유리막대 위에 올려놓는다.
5. 작은 칼날을 가볍게 불꽃멸균한 다음 사부로 한천배지 또는 에몬스배지 평판을 5 mm^2 조각 크기로 잘라낸다.
6. 그림 22.2에서와 같이 잘라낸 한천조각 한쪽 면을 작은 칼날로 찔러 들어 올린다. 그 반대 면에 곰팡이를 접종한 다음, 같은 방법으로 접종한 반대면도 곰팡이를 접종하여 한천조각 양면 모두에 곰팡이를 접종한다. 백금이는 반드시 불꽃멸균하고 식힌 다음 곰팡이를 묻혀서 접종해야 한다.
7. 접종된 한천조각을 현미경 슬라이드 중앙에 놓는다. 곰팡이 접종면이 반드시 바닥으로 오게 하여 슬라이드와 접촉하도록 해야 한다.
8. 무균적으로 곰팡이가 접종된 한천조각 윗면에 멸균된 덮개유리를 올려놓는다.
9. 페트리 접시의 뚜껑을 덮고 실온에서 48시간 동안 배양한다.
10. 48시간 후 슬라이드를 저배율로 관찰한다. 생장이 일어났다면 균사와 포자를 관찰되어야 한다. 생장이 일어나지 않아 포자가 보이지 않는다면 곰팡이가 생장하도록 24~48시간 더 배양한다.

2차 실험

(염색)

슬라이드에 포자가 보이면 바로 다음과 같은 과정을 거쳐 슬라이드 배양에서 2장의 염색슬라이드를 만든다.

재료

- 현미경 슬라이드와 덮개유리
- 95% 에탄올
- 락토페놀 코튼블루 염료
- 집게

1. 깨끗한 현미경 슬라이드 위에 락토페놀 코튼블루 염료를 1방울 떨어뜨린다.
2. 슬라이드 배양에서 덮개유리를 떼어내고 한천조각을 폐기한다.
3. 95% 에탄올 1방울을 덮개유리 균사에 떨어뜨린다. 알코올이 증발되는 즉시 곰팡이가 묻은 면이 아래로 오도록 덮개유리를 락토페놀 코튼블루 염료가 묻은 현미경 슬라이드에 올려놓는다. 이 슬라이드는 관찰할 준비가 끝난 것이다.
4. 페트리 접시에서 현미경 슬라이드를 꺼내어 배양된 균사에 95% 에탄올 1방울을 떨어뜨리고, 증발 후 락토페놀 코튼블루 염료를 1방울 첨가한다. 이 위에 깨끗한 덮개유리를 덮는다.
5. 만든 2장의 염색 현미경 슬라이드를 현미경으로 관찰 비교한다. 어느 한 슬라이드가 다른 것보다 곰팡이가 더 잘 보일 수도 있다.

실험 보고서

이 실험에 대한 실험 보고서는 없다.

문제

1. 평판에 배양된 진균을 streaking plate하는 것보다 슬라이드 배양된 한천조각을 사용하는 이유는 무엇인가?
2. 진균 배양에서 클로람페니콜을 첨가하는 이유는 무엇인가?

PART 6

세균 바이러스

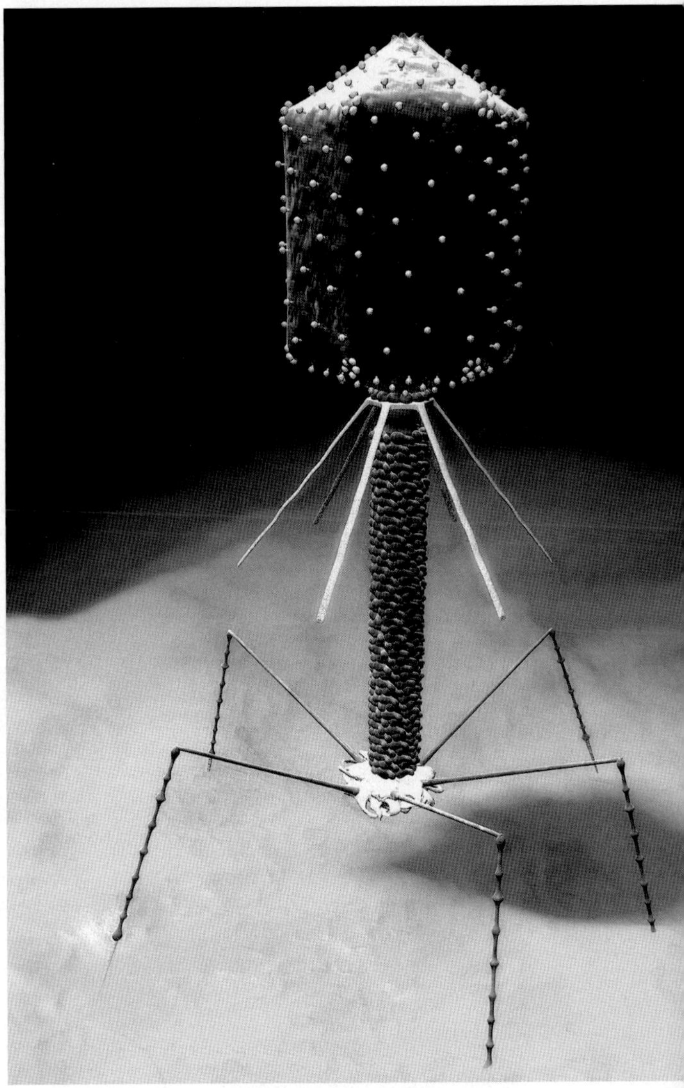

© MedicalRF.com RF

바이러스는 크기가 매우 작아 광학현미경의 해상력으로는 관찰이 되지 않는다는 점에서 세균과 다르다. 가장 작은 바이러스는 전형적인 진핵세포의 1백만분의 1정도로 작다. 바이러스는 절대적 세포내 기생생물로서 복제하고 증식하기 위해 숙주세포가 필요하다. 따라서 실험배지에서는 배양되지 않는다. 이러한 어려움들에도 불구하고 바이러스가 숙주세포에 미치는 영향을 관찰하여 바이러스의 존재 여부를 탐지할 수 있다.

바이러스는 진핵세포나 원핵세포 등 모든 형태의 세포에 감염한다. RNA 혹은 DNA를 가지나 둘 다 갖지는 않으며 핵산을 둘러싸는 단백질 껍질 혹은 캡시드(capsid)를 갖는다. 바이러스가 세포에 의존하는 이유는 바이러스의 성분을 합성하는 데 필수적인 대사 기구가 없기 때문이다. 바이러스는 숙주세포에 침입해서 숙주세포의 대사기구를 사용하여 복제한다.

식물이나 동물세포에 기생하는 바이러스의 연구는 시간이 많이 걸리고 특별한 조직배양 기술을 필요로 한다. 세균 바이러스는 일반적인 세균학적 방법을 사용하기 때문에 상대적으로 연구하기 간편하다. 세균 바이러스가 여기서 다뤄지는 이유이다. 그러나 세균을 감염하는 바이러스의 연구에서 알게 된 원리들이 진핵세포를 감염하는 바이러스에 적용된다.

세균 세포를 감염하는 바이러스를 박테리오파지(bacteriophage) 또는 파지(phage)라고 한다. 이들은 모양, 크기 등에서 매우 다양하다. 가장 간단한 파지 중 일부는 단일가닥의 DNA를 갖는다. 대부분 파지는 그림 23.1에 나타낸 것처럼 머리(head), 껍질(sheath), 꼬리섬유(tail fiber)로 구성되어 있다. 캡시드(머리)는 둥글거나 타원형 또는 다각형이며, 캡소머(capsomeres)라고 하는 단백질 소단위들로 구성되어 있다. 이는 바이러스 유전체를 보호하는 외피를 이룬다. 꼬리구조 또는 껍질은 가운데가 빈 핵(hollow core)을 둘러싼 수축성 있는 단백질로 이루어져 있으며, 바이러스의 핵산을 숙주세포로 전달하는 도관으로 작용한다. 꼬리의 끝에는 기저판(base plate)이 있으며, 이에 꼬리섬유(tail fiber)와 가시(spike)가 부착되어 있다. 꼬리섬유는 세균의 표면에 있는 화학기에 결합하여 숙주세포를 인식한다. 바이러스의 꼬리 부분에 있는 리소자임(lysozyme)은 세균의 세포벽을 분해하여 약하게 한다. 이 과정이 세포벽의 약해진 부위로 껍질을 수축하고 빈 핵을 압박하여 바이러스의 핵산을 세포 안으로 주입할 수 있게 도와준다.

바이러스의 감염은 두 가지 결과를 초래한다. 용균성 주기(lytic cycle)는 숙주세포를 용해하고 죽이는 독성(virulent) 파지가 일으킨다. 용원성 주기(lysogenic cycle)는 용원성 파지(temperate phage)에 의해 일어나는데, 숙주세포를 용해하거나, 자신의 DNA를 숙주세포의 DNA에 삽입하여 숙주세포의 유전자 활성을 변화시킬 수 있다.

용균성 주기에서는 바이러스가 숙주세포의 대사 조절을 장악하고, 파지 구성성분들(즉 핵산, 캡시드, 껍질, 꼬리섬유, 가시, 그리고 기저판)을 합성하는 데 세포의 대사 기구를 사용한다. 성숙한 파지 입자들이 조립되어 숙주세포에서 방출되고 다시 새로운 숙주세포에 침입한다. 숙주세포에 대한 용균성 감염의 결과는 대부분 죽음이다(그림 VI.1).

용원성 주기에서는 용원성 파지의 DNA가 숙주의 DNA에 삽입되며, 성숙한 파지가 만들어지지 않는다. 세포는 정상적으로 생장하고 같은 파지에 의해 더 이상 감염되지 않는다. 바이러스가 세포에 있다는 것을 구별할만한 눈에 띄는 차이는 없다. 일부 경우에는 감염된 세포 즉 용원(lysogen)에 새로운 유전학적 능력을 주는 유전자를 바이러스가 갖고 있기도 하다. 예를 들면, 디프테리아균(*Corynebacterium diphtheriae*)이 특정 용원성 파지에 감염되면 파지가 갖고 있는 독성 유전자로 인해 숙주세포는 디프테리아의 많은 증세를 나타내는 원인인 강력한 독소를 생산하기 시작한다. 이러한 현상을 용원성 전환(lysogenic conversion)이라 하며 다양한 병원균이 생산하는 독소들 중 일부는 이러한 현상에 의해 생산된다. 주기적으로 용원성 파지 DNA는 숙주세포의 DNA로부터 절제될 수 있으며, 용균성 주기를 시작하고 성숙한 파지를 생산한다. 그 결과 숙주세포는 용해된다.

파지를 숙주세포와 혼합하여 배지에 평판하면 용해의 현상을 눈으로 확인할 수 있다. 세균은 자라면 서로 합쳐져서 세균 깔개(lawn)을 형성하는데, 파지가 세균 세포를 용해한 곳에서는 플라크(plaque)라고 하는 투명한 지역들이 관찰된다.

가장 많이 연구된 파지 중 일부는 T-짝수 파지(T-even phage)와 람다 파지(lambda phage)와 같은 대장균(*Escherichia coli*)을 감염하는 파지들이다. 이들을 콜리파지(coliphage)라고 한다. 대장균은 장내세균이기 때문에 처리 전 하수와 파리와 같은 대변을 먹고사는(coprophagous) 곤충들에서 콜리파지들을 쉽게 분리할 수 있다. 이 PART에서 연습할 실험들은 파지를 분리하고 동정하며 방출량(burst size)을 측정하는 기술들을 보여준다. 실험을 시작하기 전, 용균성 주기의 다양한 단계를 확실하게 이해할 것을 권한다.

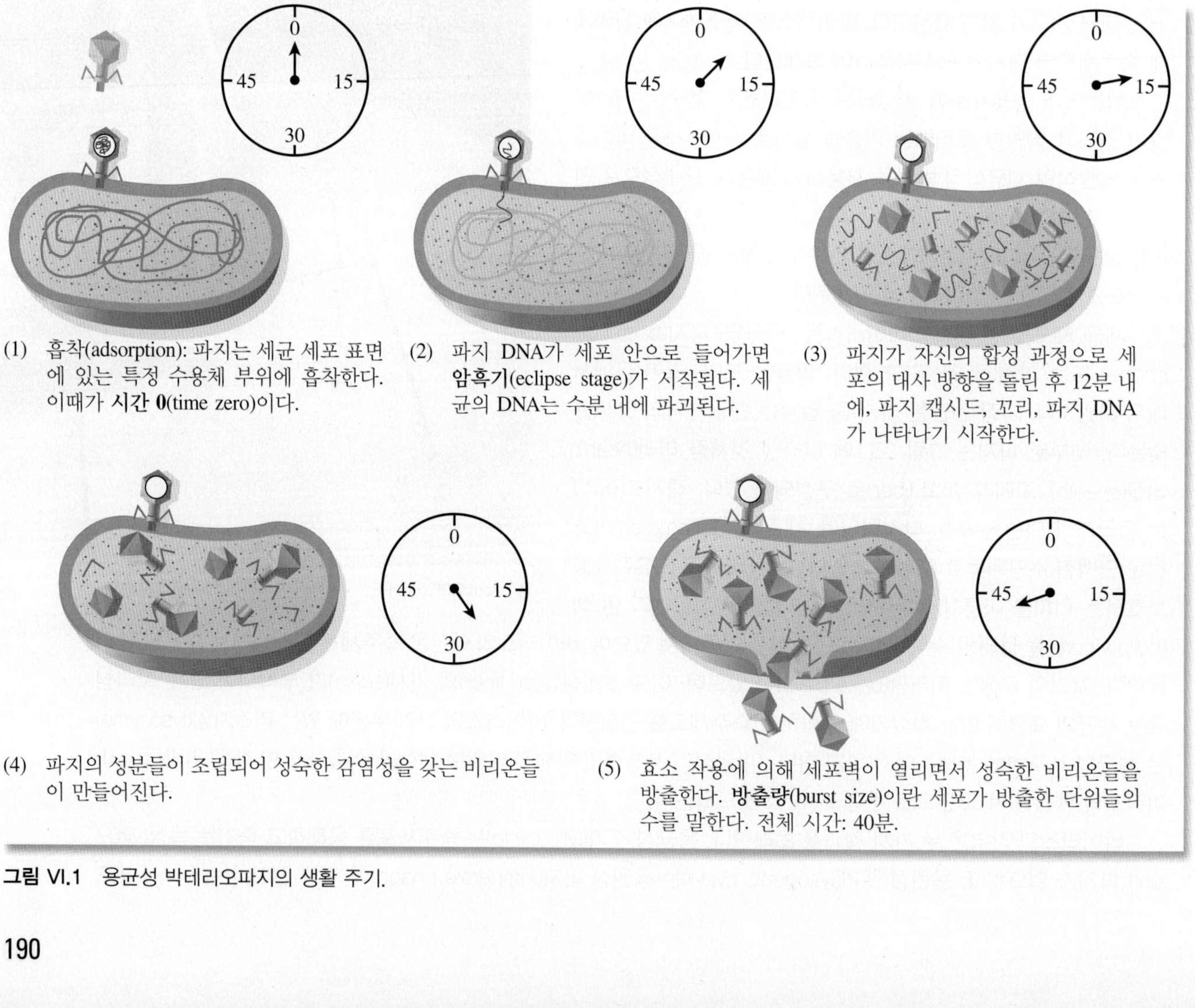

그림 VI.1 용균성 박테리오파지의 생활 주기.

파지 역가 측정법

Determination of a Bacteriophage Titer

EXERCISE 23

학습목표

이 실험을 수행한 후 여러분은 다음의 사항을 알 수 있을 것이다.

1. 박테리오파지와 연관된 구조를 정의한다.
2. 박테리오파지가 세균 세포를 감염하는 단계들을 정의한다.
3. 플라크 측정법을 사용하여 시료에 있는 감염성이 있는 파지 입자들의 수를 결정한다.

박테리오파지(bacteriophage)들은 세균 세포를 감염하는 바이러스들이다. 1915년 트워트(Twort)와 헬레레(d'Herelle)에 의해 처음 기술되었는데, 이들 모두 세균 배양액들이 저절로 투명해지는 현상을 발견하였고, 세균을 제거한 배양액을 새로운 세균의 배양액에 첨가하였더니 역시 투명해지는 것을 관찰하였다. 배양액이 알려지지 않은 무언가에 의해 먹히고 있는 것처럼 보였기 때문에 헬레레는 '세균을 먹는 자'라는 의미의 '박테리오파지'라는 용어를 만들었다. 모든 바이러스와 마찬가지로 박테리오파지 혹은 줄여서 파지는 **절대적 세포내 기생생물**(obligate intracellular parasites)이어서, 복제하고 증식하기 위해서 숙주세포 내에 침입해야만 한다. 이는 바이러스가 주로 한 종류의 핵산 분자와 이를 둘러싸 보호하고 있는 단백질 껍질, 즉 **캡시드**(capsid)로만 구성되어 있다는 사실에 기인한다. 모든 바이러스는 에너지계와 같은 대사 기구들과 독립적인 복제에 필수적인 단백질 합성 성분들이 결여되어 있다. 복제하고 증식하기 위해서 이들은 반드시 숙주세포의 대사기구를 사용하여 다양한 구성성분들을 합성하여야 한다.

또한 바이러스는 숙주세포에 대한 특이성을 갖는다. 예를 들면, 한 파지는 특정 세균의 특정 균주에만 감염한다. 대장균 B 균주만 감염하는 T-짝수 파지가 있는 반면, 대장균의 다른 균주인 K12 균주만 감염하는 파지들도 있다. 포도상구균(*Staphylococcus aureus*)를 감염하는 파지는 대장균을 감염하지 않으며, 그 반대도 마찬가지다. 이러한 특이성 때문에 병원균을 분류하는 데 파지를 사용하기도 한다(실험 26).

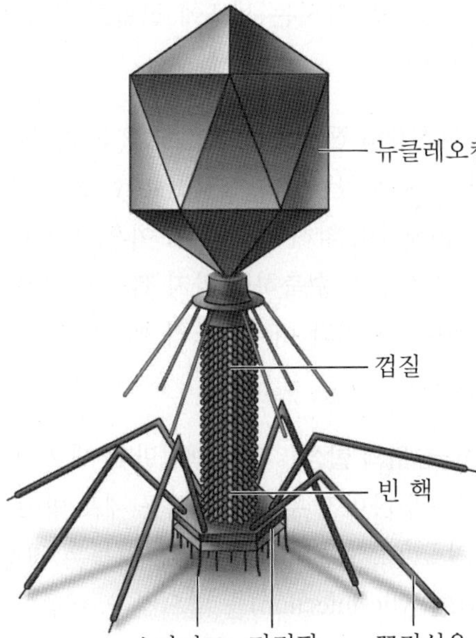

그림 23.1 T4 박테리오파지.

T4 파지의 구조는 그림 23.1에 있다. 파지는 핵산과 단백질 캡시드로 구성된 **뉴클레오캡시드**(nucleocapsid)로 이루어져 있다. 뉴클레오캡시드는 단백질 **껍질**(sheath)에 부착되어 있는데, 껍질은 수축성이 있으며 가운데에 빈 관이 있다. 껍질은 **기저판**(base plate) 위에 놓여 있으며, 기저판에 **꼬리섬유**(tail fiber)와 **가시**(spike)가 붙어 있다. 파지 구조의 대부분은 파지의 핵산을 숙주세포로 주입하는 데 필수적이다. 하나의 바이러스 혹은 파지 입자를 **비리온**(virion)이라 한다.

용균성 파지의 세균 감염 단계는 기본적으로 다음과 같다.

흡착 박테리오파지는 꼬리섬유가 숙주세포의 표면에 있는 수용체와 연관된 화학기에 결합하여 숙주를 인식한다. 이 수용체들은 세균 세포에서 다른 기능들을 수행한다. 수용체의 예들로 그람음성 세균의 필리와 지질다당류(lipopolysaccaride, LPS), 그람양성 세균의 테이코산 등이 있다. 파지 감염의 특이성은 수용체들의 차이점들에 의해 나타난다. 꼬리섬유에 의해 인식되는 화학기가 세균에 없으면 파지는 세포에 결합할 수 없어 감염할 수 없게 된다.

바이러스 유전체의 진입 파지 입자가 숙주세포 표면에 안착하면, 파지에 있던 **리소자임**(lysozyme)이 그 주위의 세포벽을 분해하여 약하게 만든다. 이후, 세포벽의 약해진 부분으로 껍질이 수축하여 파지 껍질에 연결된 빈 핵을 밀게 된다. 그 결과 바이러스의 핵산이 세균의 세포질로 주입된다.

파지 구성성분들의 합성 파지 핵산만이 세포 내로 들어가고 캡시드와 나머지 부분들은 세균 세포 밖에 남게 된다. T 파지들(T2, T4, T6)과 같은 파지들은 대장균에서 **용균성 감염**(lytic infection)을 일으킨다. 이들 파지들은 새로운 파지들을 만들어서 세포 밖으로 방출하는 **생산성 감염**(productive infection)을 일으킨다. 숙주세포들을 무력화하여 확실하게 파지 구성성분들을 합성하기 위해서 바이러스 DNA와 함께 주입된 바이러스 핵산분해효소(nuclease)가 대장균의 DNA를 파괴한다. 그 결과 숙주세포는 자신의 대사 기능을 전혀 수행할 수가 없게 된다. 그러나 바이러스는 에너지를 생산하는 대사 기구와 핵산과 단백질을 합성하는 대사 기구들은 그대로 남겨둔다. 바이러스는 이 기구들을 사용하여 캡시드, 껍질, 꼬리섬유와 같은 자신의 구성성분을 복제한다. 이 기간 동안 성숙한 바이러스는 검출되지 않는데, 이 시기를 **암흑기**(eclipse period)라고 한다. 모든 구성성분이 합성되면 이들을 **자가-조립**(self-assembly)의 과정에 의해 합쳐서 성숙한 파지 입자들을 형성한다. 또한 바이러스의 유전체에 있는 유전자들이 리소자임의 합성을 암호화하는데 이는 세포벽을 파괴하기 시작하여 안으로부터 세포벽을 약하게 만든다. 이 과정이 세포로부터 바이러스가 방출되는 것을 도와준다.

용균성 파지와는 대조적으로 **용원성**(lysogenic) 또는 **잠재성**(temperate) 파지는 세균 세포를 감염한 후, 파지 유전체가 숙주 DNA에 삽입되어 숙주세포 유전체 내의 안정된 유전물질이 될 수 있다. 이러한 경우에 바이러스 성분들의 합성에 필요한 유전자는 일반적으로 발현되지 않으며, 이러한 세포 내에서는 성숙한 파지가 생산되지 않는다. 그러나 세포분열 동안 세균의 유전체가 복제될 때마다 파지 DNA도 같이 복제되어 모든 세균 자손들은 그들의 유전체 구성의 일부로서 파지 DNA를 갖게 된다. 자신의 DNA 내에 용원성 파지 DNA가 삽입된 세균 세포들을 **용원**(lysogen)이라 하며, 삽입된 파지 유전체를 **프로파지**(prophage) 또는 **프로바이러스**(provirus)라고 한다. 이러한 형태의 감염을 일으키는 용원성 파지의 예가 대장균에 감염하는 람다(λ) 파지이다.

때때로 용원성 감염 상태에 있는 바이러스 DNA는 숙주 DNA로부터 잘려 나와, 파지 구성성분의 합성에 필수적인 바이러스 유전자들이 발현하게 된다. 용균성 파지의 생산에 필수적인 단계들과 같은 방법으로 성숙한 파지들이 합성되고, 숙주세포는 용해된다.

바이러스의 방출 리소자임의 작용에 의해 약해진 세포벽과 세포 안에 쌓인 바이러스 입자들에 의한 압력에 의해 세포는 터지게 되고, 성숙한 파지들을 외부로 방출한다. 그 곳에서 파지들은 감수성이 있는 새로운 세포들을 감염할 수 있다. 용균성 파지는 새로운 용균성 감염을 하게 되며, 용원성 파지는 새로운 용원성 감염을 일으킨다. 단일 숙주 세포에 감염한 한 개의 파지 입자가 약 200개까지의 비리온들을 생산할 수 있다. 이 숫자를 **방출량**(burst size)이라고 하며, 바이러스에 따라 그 수는 달라진다.

연한천(soft-agar)에서 세균을 파지와 혼합하면, 세균은 자라서 융합된 **세균깔개**(confluent lawn)를 형성한다. 파지가 세균을 감염하면 용균을 일으키고 세균깔개 상에 **플라크**(plaque)라고 하는 투명한 부위를 형성한다. 각 플라크는 한 개의 비리온의 자손들이 복제되고 세균 세포들을 용해하여 형성된 것이다. 콜로니-형성단위와 같이 **플라크-형성단위**(plaque-forming unit, PFUs)의 수를 세어 현탁액에 있는 바이러스 입자의 수를 측정할 수 있다.

다음 실험에서 두 명씩 조를 이루어 T4 파지 현탁액에 있는 파지 입자의 수 혹은 PFUs를 측정할 것이다. 이 실험에서 대장균 B 균주를 숙주세포로 사용한다.

재료

- 18~24시간 액체배양된 대장균 B 균주
- 적어도 10,000파지/mL 이상의 농도를 갖는 T4 파지 현탁액 2 mL
- 5개의 트립티케이즈 콩 한천평판배지(trypticase soy agar, TSA). 사용하기 전 반드시 37°C로 덥힌다.
- 연한천(0.7% 한천)이 담긴 5개의 시험관. 사용하기 전 녹여서 50°C 항온수조에 보관한다.
- 9.0 mL의 트립티케이즈 콩(TS) 액체배지가 담긴 5개의 시험관
- 멸균된 1 mL 피펫
- 피펫에이드

1. 5개의 TSA 평판배지 각각에 실험자 이름과 1:10에서 1:100,000까지의 희석배율을 표시한다.
2. 5개의 TS 액체배지가 담긴 시험관 각각에 1:10에서 1:100,000까지 희석배율을 표시한다(그림 23.2).
3. 파지 현탁액을 10배로 연속적으로 희석하는데, 방법은 1 mL의 파지 현탁액을 첫 번째 희석 시험관에 옮긴다. 잘 섞은 후, 첫 번째 희석 시험관에서 1 mL을 취하여 두 번째 희석 시험관(1:100)으로 옮긴다. 이런 과정을 되풀이하여 1 : 100,000까지 연속 희석한다(그림 23.2).
4. 무균작업으로 대장균 B 균주 배양액 두 방울을 연한천이 담긴 5개의 시험관 각각에 넣는다.
5. 첫 번째 희석(1:10)된 파지용액 1 mL을 연한천이 있는 시험관에 넣은 후 부드럽게 완전히 섞는다. 섞은 후 해당된 배율로 표시된 TSA 평판배지에 붓는다. 연한천이 액체인 상태인 동안, 평판배지를 여러 번 조심스럽게 돌려서 전체에 골고루 퍼지도록 한다.
6. 각 희석배율에서 이 과정을 반복한다.
7. 평판배지를 24시간 동안 37°C에서 배양한다. 이번에 실험을 끝까지 할 수 없으면, 다음 실험 때까지 평 판배지를 냉장 보관한다.
8. 평판배지를 관찰한다. 세균깔개 상에 투명한 부위로 플라크가 보일 것이다. 평판배지 상의 플라크 수를 센다. 25개에서 250개 정도 플라크를 형성한 희석 배율의 플라크 수만 센다. 세균 콜로니측정기를 사용하면 편리하다. 플라크 수에 희석배율을 곱하여 처음 파지현탁액에 있던 파지 입자 수를 결정한다.
9. 실험 보고서 23에 파지 역가를 기록한다.

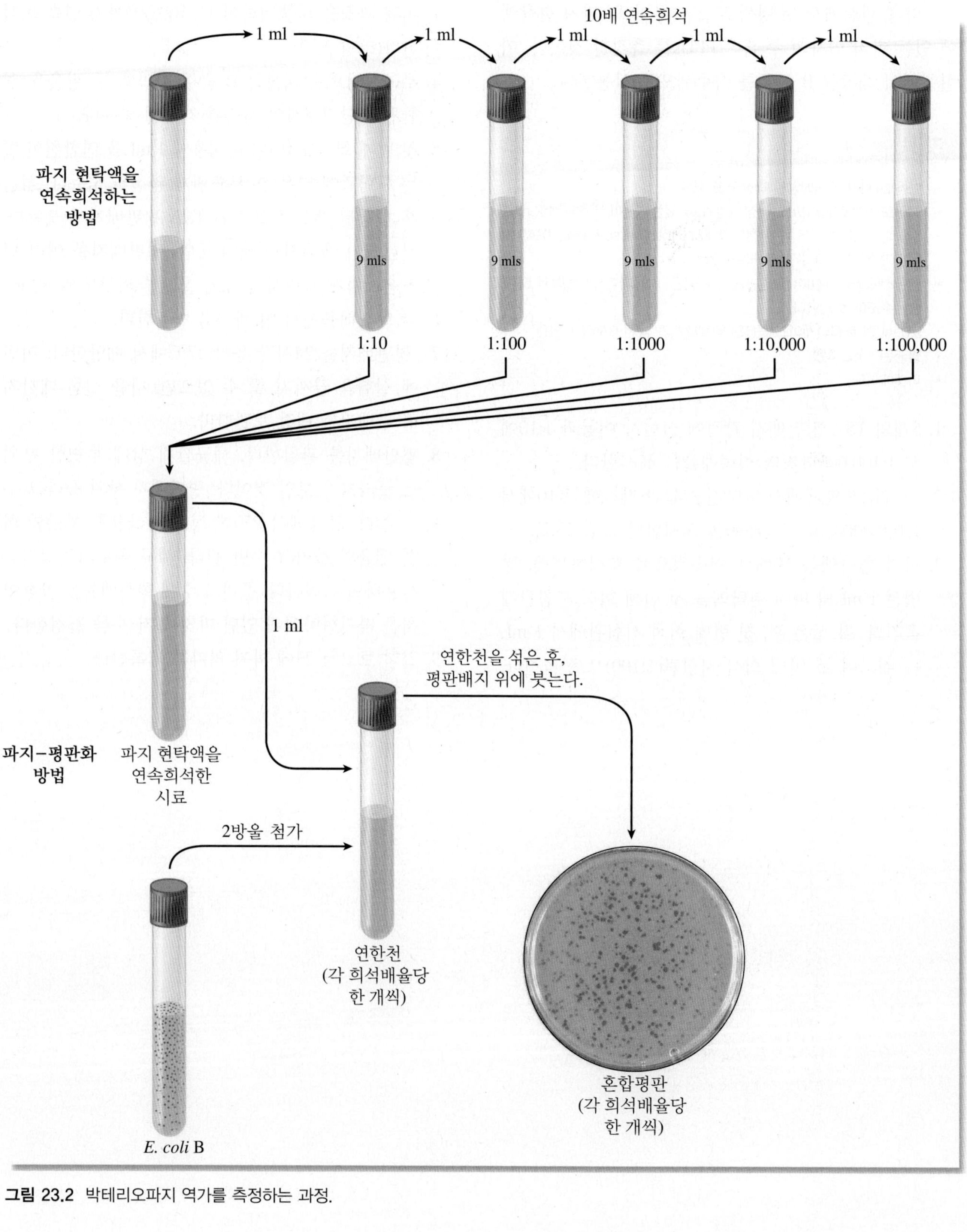

그림 23.2 박테리오파지 역가를 측정하는 과정.

실험 보고서 23

이름: ______________________

날짜: ________ Section: ______________

실험 23. 파지 역가 측정법

A. 결과

희석률	플라크 수	PFU/ML
1:10		
1:100		
1:1000		
1:10,000		
1:100,000		

PFU/mL 측정을 위해서는 25개에서 250개 정도의 플라크를 형성한 평판배지만 사용한다. 플라크 수에 대해 감염에 너무 많은 파지 입자로 인해 세균 세포들이 완전히 투명해졌을 때를 지적하시오.

초기 파지 현탁액에 있던 파지 입자의 수는 얼마인가? ______________________

B. 단답형 문제

1. 그람음성 세균에서 파지가 부착하는 화학적 잔기들은 무엇인가?

2. 바이러스는 절대적 세포내 기생생물이라고 하는 이유는 무엇인가?

3. 어떤 형태의 바이러스 감염이 숙주세포의 유전 형태를 변화시키는가?

4. 용원성 전환이란 무엇인가?

5. 파지 플라크와 세균 콜로니의 유사점과 차이점을 설명하시오.

B. 단답형 문제

1. 집파리의 생활주기가 대장균 박테리오파지가 집파리의 장내에 서식하는 것에 어떤 기여를 하는가?

2. 대장균 박테리오파지를 쉽게 분리할 수 있는 또 다른 환경은 어떤 것이 있는가?

3. 파지 측정법에서 하나의 시험관에 대장균 배양액만 접종하는 목적은 무엇인가?

4. 이 실험에서 원심분리 후 세균 세포의 조각들을 분리하기 위해 파지를 여과지에 통과시키는 이유는 무엇인가?

파지 형 결정

Phage Typing

EXERCISE **26**

학습목표

이 실험을 수행한 후 여러분은 다음의 사항을 알 수 있을 것이다.

1. 박테리오파지 형에 따라 다른 감수성을 나타내는 것에 근거하여 포도상구균(*S. aureus*)의 균주를 구별한다.
2. 역학 조사에 파지 형 결정을 어떻게 사용하는지 이해한다.

박테리오파지가 갖는 숙주 특이성을 이용하면, 다양한 종류의 파지에 대한 감수성에 근거하여 세균의 같은 종 내에서 다른 균주들을 구별할 수 있다. 특정 감염원을 알아내는 것이 중요한 역학 연구에서, 원인균에 대한 파지 형을 결정하는 것은 수수께끼를 푸는 중요한 도구로 사용될 수 있다. 예를 들면, 장티푸스를 앓고 있는 환자로부터 분리한 장티푸스균의 파지 형이 의심되는 보균자에서 분리한 균의 파지 형과 같다면 두 경우가 역학적으로 연관이 있을 확률이 매우 높다. 대부분의 세균은 박테리오파지에 의해 감염이 되기 때문에 파지에 대한 감수성에 근거하여 각 종의 균주를 동정하는 것이 이론적으로 가능하다. 이러한 파지 형에 따른 분류는 포도상구균(*Staphylococcus aureus*), 살모넬라균(*Salmonella typhimurium*)과 여러 다른 병원균에 대해 이미 결정되어 있다. 아래의 표는 포도상구균에 대한 용균 파지 그룹을 나타내고 있다.

용균 그룹	각 그룹에 속하는 파지들
I	29, 52, 52A, 79, 80
II	3A, 3B, 3C, 55, 71
III	6, 7, 42E, 47, 53, 54, 75, 77, 83A
IV	42D
결정되지 않음	81, 187

파지 형을 결정하려면 형을 결정하려는 균주의 현탁액을 한천의 표면 위에 면봉으로 일정하게 바른다. 평판배지의 밑면에 사각형들을 그리고, 각 사각형에 사용할 각 파지 형을 표시한다. 각 박테리오파지 형의 적은 한 방울을 해당 사각형에 가한다. 배양 후, 평판을 관찰하여 어느 형의 파지가 해당 균주를 용균하였는지 관찰한다. 이 실험에서는 포도상구균을 용균하는 파지 형에 대해 알아볼 것이다(그림 26.1 참조).

그림 26.1 박테리오파지 형 결정.

재료

- 트립톤-효모 추출물(tryptone yeast extract) 한천평판배지 또는 트립티케이즈 콩 한천평판배지(trypticase soy agar : TSA) 1개
- 파지 배양액(구할 수 있는 형들)
- 포도상구균 배양액, 면봉

1. 트립톤-효모 추출물 한천평판배지가 담긴 페트리 접시 밑바닥에 사용할 파지 형의 수에 맞게 사각형들을 그린다. 각 사각형에 파지 형의 번호를 표시한다.
2. 면봉을 사용하여 균주 배양액을 한천배지의 전체 표면에 골고루 바른다.
3. 각 파지 형 한 방울을 해당 사각형에 떨군다.
4. 평판배지를 37°C에서 24시간 배양한 후, 용균 그룹과 파지 형을 기록한다.
5. 실험 보고서 26에 결과를 기록한다.

실험 보고서 26

이름: ____________________

날짜: ________ Section: ____________________

실험 26. 파지 형 결정

A. 결과

1. 사용한 포도상구균의 균주에 감수성이 있는 민감한 파지 형은 무엇인가?

2. 이 포도상구균 균주가 속하는 용균 그룹은 무엇인가?

B. 단답형 문제

1. 박테리오파지의 숙주 특이성을 결정하는 인자들은 무엇인가?

2. 파지 형의 결정이 임상학적으로 중요한 수단인 이유는 무엇인가?

PART

7

미생물 생장의 환경 영향과 조절

이 PART의 실험들은 산소, 온도, pH, 수분 활성도, 자외선, 항생제, 소독제, 방부제, 손씻기 등의 요인들이 세균의 생장에 미치는 영향에 관한 것이다. 미생물학자들은 미생물의 생장에 적당한 최적조건들을 제공하는 데 관심이 있다. 반대로 의사들은 질병을 퇴치하기 위하여 미생물의 생장을 저해하는 것에 관심을 갖는다. 이 두 가지 모두를 이해하는 것은 이들 각자의 직무를 향상시킬 것이다.

PART 5에서는 일차적인 관심이 미생물의 생장에 필요한 모든 필수 영양분을 포함하는 배지 조성에 있었다. 그러나 온도, 산소, pH 같은 그 밖의 다른 제한 요소들에 관한 내용은 거의 강조되지 않았다. 비록 필요한 모든 영양분이 제공된다 할지라도 이들 제한요소가 고려되지 않으면 미생물은 자라지 못한다. 원하는 미생물의 생장을 이루기 위해서는 전체적인 환경 조건이 충족되어야 한다.

© O. Dimier/ PhotoAlto RF

LEARNSMART LABS MICROBIOLOGY

산소가 생장에 미치는 영향

Effects of Oxygen on Growth

EXERCISE 27

학습목표

이 실험을 수행한 후 여러분은 다음의 사항을 알 수 있을 것이다.

1. 산소 요구성 대사에 따른 세균의 그룹을 정의한다.
2. 혐기성균을 배양하는 여러 방법들에 대해 설명한다.
3. 호기성균, 통성혐기성균, 미호기성균, 내산소성 혐기성균, 혐기성균 등이 액상 티오글리콜레이트 배지에서 다르게 자라는 패턴을 구분한다.

세균은 대기의 20%를 차지하는 산소의 요구에 따라서 호기성균과 혐기성균으로 분류될 수 있다. 세균은 호기성균과 혐기성균으로 분류된 다음 산소에 대한 민감도에 따라 더 세분화될 수 있다.

절대호기성균(obligate (strict) aerobes): 이 세균들은 대사에 산소가 필요하기 때문에 산소가 있는 상태에서 키워야 한다. 이들은 전자전달계에서 산소를 최종 전자수용체로 사용하는 호흡을 한다. 예로서, *Pseudomonas*, *Micrococcus*, *Bacillus* 등이 있다.

미호기성균(microaerophiles): 이 호기성균들은 산소 농도를 대기의 20%보다는 2~10%를 선호한다. 이들의 호흡 과정에 낮은 농도의 산소가 필요하다. 그러나 높은 농도의 산소에 민감한 이유는 완전히 이해되지 않은 상태이다. *Helicobacter pylori*는 사람에게 위염을 유발하는 미호기성균이다. 위의 산소농도는 대기의 20%보다 낮다.

통성혐기성균(facultative anaerobes): 이 세균들은 산소 존재하에서 잘 자란다. 그러나 산소가 없어도 혐기적으로 자랄 수 있다. 이들의 대사는 유동적인데, 호기 조건에서는 호흡을 통하여 에너지를 만들고, 산소가 없으면 에너지 생산에 산소가 필요 없는 발효로 전환한다. *Escherichia coli*가 통성혐기성균이다.

내산소성 혐기성균(aerotolerant anaerobes): 이 혐기성균들은 산소에 견딜 수 있으며, 산소 존재하에서 자랄 수도 있다. 그러나 에너지 생산에 산소를 필요로 하지 않는다. 이들은 호흡이 아닌 발효를 통해서만 에너지를 만들기 때문에 **절대 발효균**(obligate fermenter)이라고도 한다. 예로서 치즈, 요구르트, 샤워크림 등과 같은 발효식품을 만드는 연쇄상구균(streptococci)이 있다. 다른 예로는 사람의 장에 존재하는 *Enterococcus faecalis*, 그리고 패혈성 인두염, 심장 및 신장 감염증과 같이 사람에 여러 가지 질병을 유발하는 병원체인 *Streptococcus pyogenes*가 있다.

절대혐기성균(obligate (strict) anaerobes): 절대혐기성균은 산소를 견디지 못하기 때문에 산소가 전혀 없는 상태에서 키워야 한다. 그렇지 않으면 산소에 의하여 손상을 받거나 죽는다. 이 세균들은 발효를 하거나 **무기호흡**(anaerobic respiration)을 하는데, 여기에서는 질산이나 황산과 같은 무기물들이 산소 대신에 최종 전자수용체로 사용된다. 절대혐기성균은 원핵세포와 일부 원생동물에서만 발견된다. 절대혐기성균은 흙이나 가축의 위와 같은 환경, 그리고 혐기성 폐수 처리균 등에 존재한다. 사람의 장에서 발견되는 *Clostridium*, *Methanoccus*, *Bacteroides* 등이 그 예이다.

절대혐기성균이 산소에 민감한 이유는 완전히 이해되지 않고 있다. 여러 화학반응에 의하여 과산화수소(hydrogen peroxide)와 슈퍼옥사이드(superoxide) 등과 같은 산소의 독성 형태가 만들어지는데, 대부분의 환경에 이러한 독성 형태의 화합물이 매우 많다. 산소의 독성 형태는 반응성이 매우 강한 화합물이라서 핵산, 단백질, 조효소 등과 같은 세포 구성성분에 손상을 줄 수 있다. 대부분의 호기성균들은 산소의 독성 형태를 세포에 손상을 주지 않는 덜 해로운 형태로 전환시키는 효소 체계를 지니고 있다. 예로서 **카탈라아제**(catalase)는 과산화수소를 산소와 물로 분해한다. **퍼옥시다제**(peroxidase)도 과산화수소를 분해한다. **슈퍼옥사이드 디스뮤타제**(superoxide dismutase)는 슈퍼옥사이드 음이온에 작용하여 이것을 산소와 과산화수소로 전환시킨다. 과산화수소는 카탈라아제에 의하여 다시 분해된다. 대부분의 절대혐기성균들은 카탈라아제와 슈퍼옥사이드 디스뮤타제를 지니지 않는다. 그러나 어떤 절대 혐기성균들은 슈퍼옥사이드를 처리할 다른 해독 체계를 지니고 있다. 따라서 이 세균들이 산소에 민감한 것은 카탈라아제와 슈퍼옥사이드 디스뮤타제가 없기 때문만은 아니고 다른 요인들도 관여할 가능성이 있다. 재미있게도 내산소성 혐기성균들은 슈퍼옥사이드 디스뮤타제는 지니고 있지만 카탈라아제는 지니고 있지 않다.

절대혐기성균을 배양하기 위해서는 산소와 그 독성 형태를 제거하는 특별한 조건이 필요하다. 이러한 조건은 산소를 제거하는 화학 촉매가 들어 있는 혐기성 배양기 혹은 혐기성 용기를 사용하여 만들 수 있다.

연쇄상구균(Streptococci)과 같은 세균의 생장은 양초를 켜놓은 용기에서 촉진될 수 있는데, 이곳에서는 산소의 농도가 대기보다 적다. 불 붙인 양초가 놓여 있는 용기에 배양체를 놓는다. 용기에 뚜껑을 꼭 덮으면, 산소가 소모되면서 양초가 꺼진다. 산소농도는 감소하면서 이산화탄소 농도는 약 3.5%까지 증가한다.

그림 27.1는 다양한 종류의 세균들이 배양액 속의 산소 장력 정도에 따라 시험관의 어느 부분에서 자라는지를 보여준다. 이 실험에서 여러 종류의 배지에 다른 산소 요구도를 지니는 미생물들을 접종할 것이다. 사용할 배지는 액상 티오글리콜레이트(fluid thioglycollate, FTM), 트립톤 포도당 효모추출물 한천 (tryptone glucose yeast extract agar, TGYA), 그리고 Brewer 혐기성 한천(Brewer's anaerobic agar) 등이다. 각 배지는 다른 목적에 사용될 것이다. 이 배지들에 대한 간단한 설명은 다음과 같다.

FTM 액상 티오글리콜레이트 배지는 호기성균과 혐기성균 모두가 자랄 수 있는 영양분이 풍부한 액체배지이다. 이것은 포도당과 시스테인, 그리고 배지의 산화환원 전위를 낮출 수 있는 티오글리콜레이트 염을 지니고 있다. 이것은 또한 산소 존재에 대한 지시약인 레사쥬린(resazurin)을 지니고 있다. 산소가 있으면 이 지시약은 빨간색이 된다. 산소 장력은 배지의 표면 근처에서 항상 높기 때문에 배지의 윗부분은 빨간색을 띠고 중간이나 아래쪽은 색을 띠지 않는다. 이 배지는 또한 소량의 한천을 지니고 있어서 미생물들의 이동을 막고, 시험관 아랫부분의 혐기성을 유지하도록 한다.

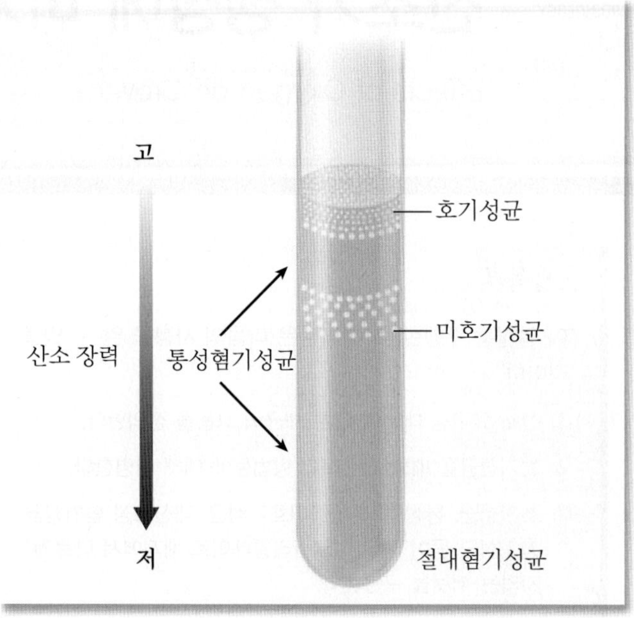

그림 27.1 미생물들의 산소 요구.

TGYA 셰이크 이 고체배지를 사용하여 셰이크 시험관을 준비한다. 이 배지는 기본적으로 혐기성균 배배양 위한 것이 아니라 다양한 세균들의 산소 요구도를 결정할 때 사용된다. 배지의 액체 상태일 때 세균을 접종한 후 잘 섞어서 세균이 전체에 골고루 퍼지게 한 다음 굳힌다. 배양 후 세균이 시험관의 상층부, 중간, 하층부 등의 자란 위치를 바탕으로 산소 요구정도를 결정한다.

Brewer 혐기성 한천 이 고체배지는 페트리 접시에서 혐기성균을 배양하기에 적합하다. 이것은 환원제인 티오글리콜레이트, 그리고 산화환원 지시약인 레자쥬린을 지니고 있다. 절대 혐기성균을 배양하기 위해서는 산소가 없는 환경에서 접시를 배양하는 것이 필수적이다.

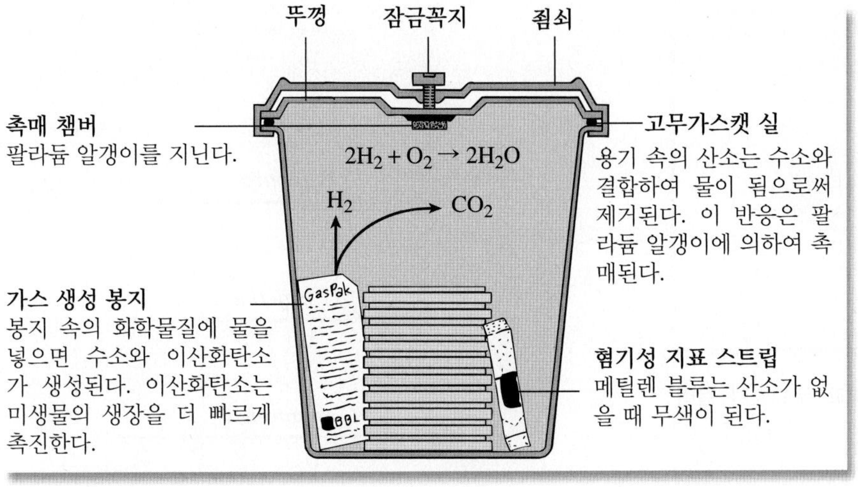

그림 27.2 가스팩(GasPak) 혐기성 용기.

혐기성 배지의 페트리 접시에 산소가 없는 환경을 제공하기 위해서 **가스팩**(GasPak) 혐기성 용기를 사용할 것이다. 이 용기에는 수소가 만들어지는데, 이 수소가 산소와 결합하여 물을 만듦으로써 산소를 제거한다(그림 27.2). 팔라듐 알갱이가 상온에서 이 반응을 촉매한다. 이 화학물질이 들어 있는 봉지에 물을 넣으면 수소가 발생한다. 이 과정에서 이산화탄소가 생성되는데, 이것은 많은 잘 자라지 않는 미생물의 생장에 필요한 요소이다. 메틸렌 블루의 지표 스트립은 산소가 전혀 없을 때 무색을 띠는데, 이를 사용하여 용기 안이 실제 혐기 상태인지를 확인한다. 만약 스트립이 2시간 이내에 무색으로 되지 않으면 뚜껑이 새거나 화학반응이 일어나지 않은 것이다.

이 실험에서는 6종류의 미생물들의 산소 요구 정도에 대하여 연구함과 동시에, 접종에 사용한 3종류의 포자형성 세균들이 만드는 내생포자의 형태를 현미경으로 관찰할 기회를 갖게 될 것이다. 다음과 같이 진행한다.

1차 실험

(접종과 배양)

이 실험에서는 6종류의 미생물들과 3종류의 배지를 사용하기 때문에 시간과 재료를 절약하기 위하여 각 학생은 3종류의 미생물만을 사용한다. 이 단계를 위한 실험 재료는 미생물들이 어떻게 분포하는지를 나타낸다.

이 단계에서 각 학생은 배지가 들어 있는 3개의 시험관과 Brewer 혐기성 한천이 들어 있는 페트리 접시 1개를 접종할 것이다. 모든 접시는 가스팩(GasPak)에 놓을 것이다. 접종한 접시들과 FTM 및 TGYA 시험관이 들은 가스팩은 모두 37°C에서 배양한다. 학생들은 결과를 공유한다.

재료

학생당
- 액상 티오글리콜레이트 배지가 들어 있는 시험관 3개
- TGYA 셰이크(액상)가 들어 있는 시험관 3개
- Brewer 혐기성 한천이 들어 있는 페트리 접시 1개

홀수 학생용 액체배양액
- *Staphylococcus aureus*, *Enterococcus faecalis*, *Clostridium sporogenes*

짝수 학생을 위한 배양액
- *Bacillus subtilis*, *Escherichia coli*, *Clostridium beijerinckii* (ATCC 14950)
- 가스팩(GasPak) 혐기성 용기, 가스팩 발생용 봉지 3개, 가스팩 혐기제조 스트립 1개, 가위, 10 mL 피펫 1개, 학생 실험장소에 항온수조(전기 핫플레이트, 물이담긴 비이커, 온도계)

1. 시험관 속의 TGYA 셰이크가 굳는 것을 방지하기 위하여 항온수조를 45°C로 맞춘다. 하나의 항온수조를 2인 1조로 같이 사용할 수 있다(실험 시작전에 TGYA 셰이크가 액체 상태로 맞추어져 있음을 주의하라).
2. 6개의 시험관에 미생물 이름과 실험자 이름의 약자와 배정된 번호를 마킹 펜으로 표시한다.

   주의: 배지 안으로 산소가 들어가지 않도록 시험관을 조심스럽게 다룬다. 만약 FTM 시험관의 상단 30%가 붉은 색이면 몇 분간 끓여서 산소를 없앤 후 식혀서 접종에 사용한다.

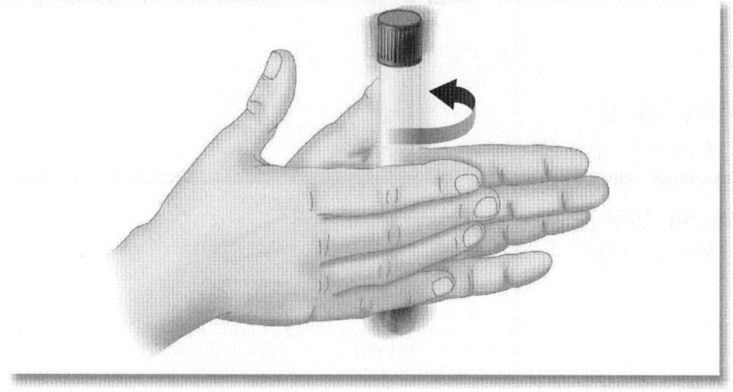

그림 27.3 시험관을 두 손바닥 사이에 놓고 부드럽게 굴려 미생물이 배지에 골고루 퍼지게 한다.

3. TGYA 셰이크 시험관에 백금이를 여러 번 사용하여, 적절한 미생물을 다량 접종한다. 미생물이 배지에 골고루 퍼지게 하기 위하여 그림 27.3에서와 같이 손바닥으로 부드럽게 굴린다. 산소가 들어오지 않게 하기 위하여 배지를 심하게 흔들지 않는다. 이 시험관들을 상온에서 굳힌다.
4. FTM 시험관에 적절한 미생물들을 접종한다.
5. 3종류의 미생물들을 그림 27.4와 같이 혐기성 한천 배지에 스트리킹하여 접종한다. 적절한 간격의 세 개의 직선을 만들어야 한다. 다른 학생들의 접시들과 같이 페트리 접시를 뒤집어서 가스팩 용기에 들어갈 캐니스터에 넣는다.
6. 모든 학생의 접시가 캐니스터에 정리되면, 캐니스터를 가스팩 용기에 넣는다.
7. 가스팩 용기를 활성화시키고 밀봉하기 위해서 다음의 과정을 따른다.
   a. 가스팩 지표 스트립의 한쪽 끝에 있는 포일을 벗겨내고 반쯤 잡아낸다. 공기에 노출 시 지표는파란색을 띨 것이다. 심지(wick)가 보이도록 지표 스트립을 용기 안에 넣는다.
   b. 세 개의 가스팩 가스 생성 봉지의 모퉁이를 가위로 잘라낸다. 이것들을 똑바로 하여 용기에 놓는다.
   c. 봉지의 열린 모퉁이에 수돗물 혹은 증류수 10 mL를 넣는다. 피펫을 봉지 않으로 넣지 않는다.
   d. 뚜껑의 안쪽 부분을 용기 위에 올려놓는데, 뚜껑이 용기의 중심에 위치하도록 한다. 용기에 그리스나 다른 밀봉제를 바르지 않는다. 왜냐하면, O-ring 가스켓은 이물질이 없는 상태에서 압력이 가해졌을 때 효율적으로 밀봉하기 때문이다.

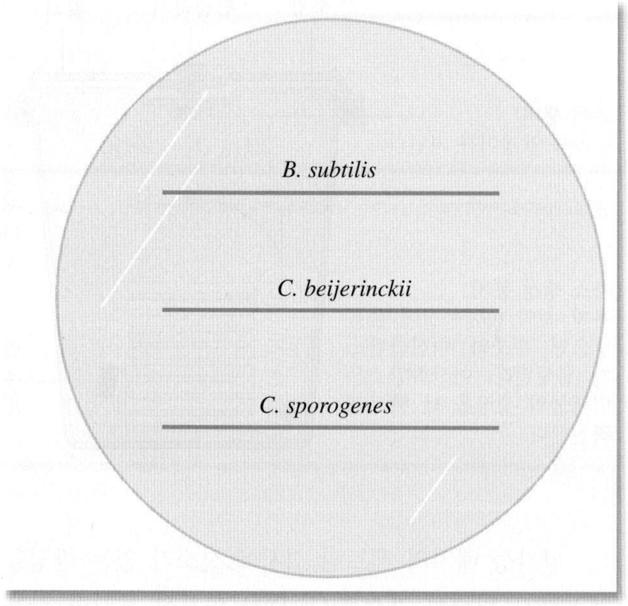

그림 27.4 세 종류의 미생물들을 한천 접시에 직선으로 스트리킹 한다.

   e. 바깥 뚜껑의 손잡이 나사가 구멍 안으로 완전히 들어갈 때까지 돌린다. 그렇지 않으면 용기에 바깥 뚜껑을 장착할 수 없다.
   f. 바깥 뚜껑을 안쪽 뚜껑 바로 위에 올려놓고 뚜껑을 살짝 돌려서 제 위치를 잡도록 한다. 이제 뚜껑을 세게 돌려서 용기에 장착시킨다. 뚜껑은 양쪽 방향으로 돌릴 수 있다.
   g. 손잡이 나사를 시계방향으로 세게 돌린다. 만약 뚜껑이 위로 올라오면 뚜껑이 잘 장착되지 않은 것이다.
8. 혐기성 한천접시가 들어 있는 용기와 시험관들을 37°C에서 배양한다. 2~3시간 후, 지표 스트립의 푸른색이 사라졌는지 확인한다. 만약 색이 사라지지 않았으면, 팔라듐을 교체하고 새로운 접시를 접종한다.
9. 시험관과 접시를 24~48시간 배양한다.

2차 실험

(배양 평가 및 포자 염색)

가스팩 용기의 뚜껑을 연다. 만약 진공 때문에 뚜껑이 잘

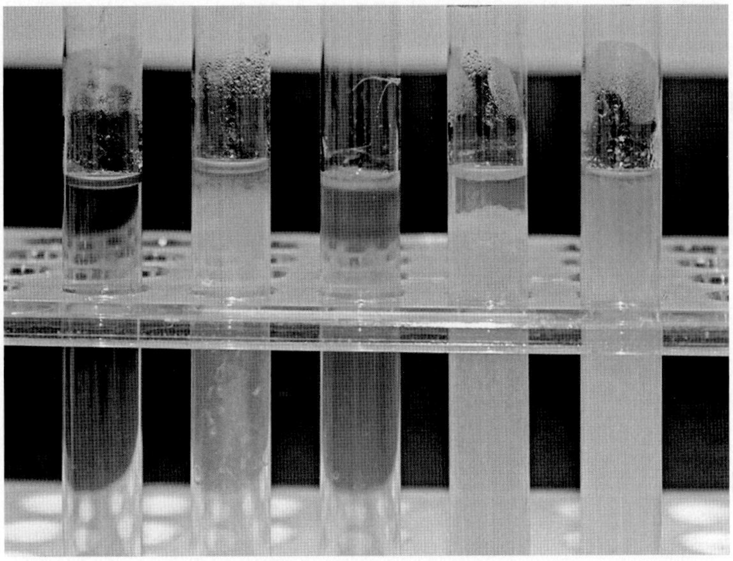

(a) (b) (c) (d) (e)

그림 27.5 티오글리콜레이트 시험관: (a) 대조군, (b) 미호기성균, (c) 절대 호기성균, (d) 혐기성균, (e) 통성혐기성균.

(a) (b) (c)

그림 27.6 (a) 통성혐기성균, (b) 호기성균, (c) 혐기성균들의 상대적 위치를 보여주는 근접 사진. 레자쥬린(붉은 색소)은 산소가 존재함을 나타낸다.

그림 27.7 티오글리콜레이트 배지에서 생장한 미호기성균의 근접사진.

열리지 않으면, 뚜껑을 옆으로 밀어서 진공 상태를 없앤다. 접시와 시험관을 옮길 때, FTM 시험관을 흔들지 않도록 조심한다. 만약 조심하지 않으면 배지에서 세균이 자란 위치가 바뀔 수 있다.

재료

- FTM 시험관
- TGYA 셰이크(액상)가 들어 있는 시험관
- Brewer 혐기성 한천(Brewer's anaerobic agar)이 들어 있는 페트리 접시
- 포자 염색용 키트 및 슬라이드

1. 2인 1조로 공유하는 6개의 FTM 및 TGYA 셰이크 시험관을 그림 27.5, 27.6, 27.7과 비교하여 6종류 미생물들의 산소 요구 정도를 평가한다.
2. 여러분의 페트리 접시와 실험 파트너 접시에서의 생장을 비교한다.
3. 결과를 실험 보고서 27에 기록한다.
4. 시간이 허용되면, 세 종류의 포자형성균을 하나의 슬라이드에 도말 후 실험 16의 포자염색법으로 염색한다. 실험 보고서 27의 원 안에 세균을 그린다.

실험 보고서

실험 보고서 27을 작성한다.

실험 보고서 27

이름: ______________________

날짜: ________ Section: ______________

실험 27. 산소가 생장에 미치는 영향

A. 결과

1. 시험관 접종

여러분과 여러분 파트너의 6개 배양 상태를 조심스럽게 비교한 다음, 각 미생물 중 가장 좋은 시험관을 골라서 아래의 시험관에 각각의 모양을 그리시오. 각 세균 이름 밑에 배지의 종류(FTM 혹은 TGYA)를 적으시오.

FTM

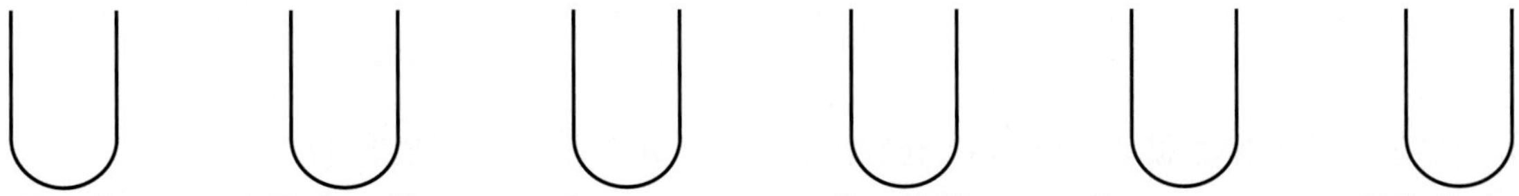

E. coli	*E. faecalis*	*S. aureus*	*B. subtilis*	*C. sporogenes*	*C. beijerinckii*
( )	( )	( )	( )	( )	( )

TGYA

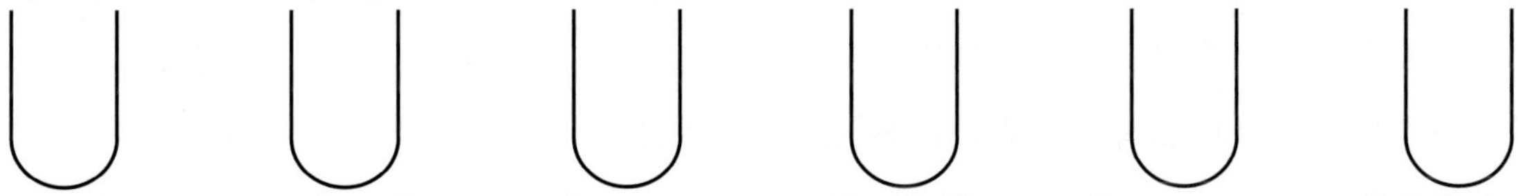

E. coli	*E. faecalis*	*S. aureus*	*B. subtilis*	*C. sporogenes*	*C. beijerinckii*
( )	( )	( )	( )	( )	( )

2. 접시 접종

2개의 Brewer 혐기성 한천배지에서 자란 것과 6개의 시험관에서 자란 것을 비교한 다음, 각 미생물들을 산소 요구 정도에 따라 분류하시오.

Escherichia coli: ______________________ *Bacillus subtilis*: ______________________

Enterococcus faecalis: __________________ *Clostridium sporogenes*: __________________

Staphylococcus aureus: __________________ *Clostridium beijerinckii*: __________________

3. 포자 연구

만약 세 종류의 포자형성 세균들의 포자염색이 준비되었으면, 아래의 제시된 공간에 각 세균들의 세포 몇 개를 그리시오.

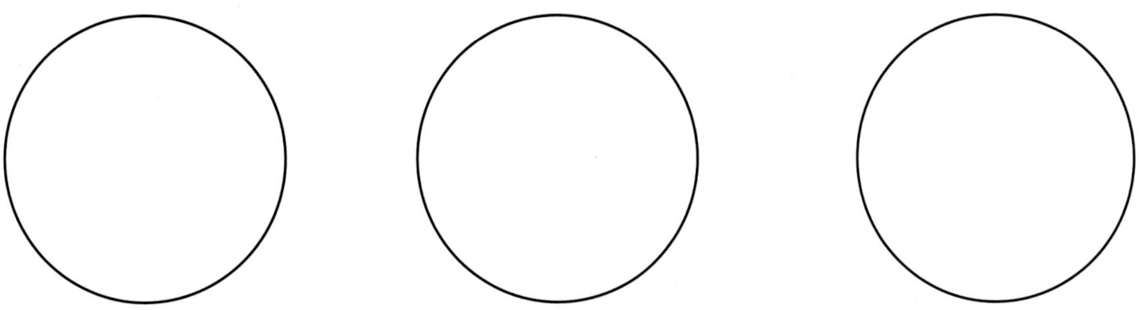

B. subtilis *C. beijerinckii* *C. sporogenes*

B. 단답형 문제

1. 세포호흡에서 산소의 역할은 무엇인가?

2. 산소가 없을 때 어떤 형태의 대사가 일어나는가?

3. 절대혐기성균에는 없고 절대호기성균에만 존재하는 효소 두 개는 무엇인가?

4. 미호기성균과 내산소성 혐기성균의 차이를 설명하시오.

5. 레자쥬린이 혐기성균 연구에 유용한 배지 첨가제인 이유는?

6. 혐기성균을 Brewer 혐기성 한천에 배양할 때는 가스팩 혐기성 용기가 필요하지만 액상 티오글리콜레이트 배지가 들어 있는 시험관에 배양할 때는 필요하지 않다. 그 이유는 무엇인가?

MICROBIOLOGY

EXERCISE 28

온도: 생장에 미치는 영향

Temperature: Effects on Growth

학습목표

이 실험을 수행한 후 여러분은 다음의 사항을 알 수 있을 것이다.

1. 세균의 특징을 나타내는 온도 그룹에 대해 정의한다.
2. 온도가 어떻게 *Serratia marcescens*의 색소 생성과 같은 대사 기능에 영향을 주는지에 대해 이해한다.
3. 온도가 어떻게 세균의 생장에 영향을 주는지에 대해 이해한다.

미생물은 0℃ 이하부터 100℃ 이상까지 매우 넓은 온도 범위에서 자란다. 생장에 필요한 최적 온도에 따라서 미생물을 다음의 네 가지로 분류할 수 있다.

저온성(psychrophiles): 최적생장온도 −5℃와 20℃ 사이; 이 세균들은 남극, 북극의 초저온 물 환경에서 발견된다.

호한성(mesophiles): 최적생장온도 20℃와 50℃; 대부분의 세균들이 이 분류군에 속하는데, 예로서 대부분의 병원균은 35~40℃에서 자란다.

호중성(thermophiles): 최적생장온도 50℃와 80℃; 이 분류군에 속하는 세균들은 한낮의 기온이 50℃ 이상인 토양에서 발견되거나, 발효에 의해서 온도가 60~65℃ 이상 올라가는 퇴비 더미에서 발견된다.

초호열성(hyperthermophiles): 최적생장온도 80℃ 이상; 많은 고세균(Archaea)은 화산활동으로 인하여 100℃ 이상으로 수온이 가열된 환경에서 서식하고 있다. 이 미생물들은 해저의 열수구 부근과 화산활동으로 가열된 온천에서 서식하고 있다.

어느 한 미생물이 생장온도 전 범위에 걸쳐 자랄 수는 없고 최적생장온도 네 가지 분류군 중 하나에서만 자란다. 그러나 분류군 내의 몇몇 세균들은 최적 생육온도보다 높거나 낮은 온도에서도 자랄 수 있다. 예를 들어, *Proteus*, *Pseudomonas*, *Campylobacter*, *Leuconostoc* 같은 몇몇 호한성 세균들은 냉장고 온도인 4℃에서 자랄 수 있어 보관 중인 식품들을 상하게 할 수 있다. 이런 세균들을 **내냉성 미생물**(psychrotrophs)이라고 한다.

온도는 세포 내의 몇 가지 대사인자들에 영향을 미친다. 효소는 온도에 의하여 직접적으로 영향을 받는데, 모든 효소는 활성에 최저, 최적, 최고 온도를 가진다. 최적온도에서 효소는 최고의 활성을 보인다. 최고온도 이상의 온도에서 효소는 변성되어 활성을 잃게 된다. 최저온도 이하의 온도에서는 화학 반응이 느려지고 때로 변성이 일어날 수 있다. 효소 활성에 미치는 효과 외에도 온도는 또한 세포막과 물질수송에 큰 영향을 끼친다. 온도가 감소하면 세포막의 유동성 감소로 인하여 영양분이 세포 내로 이동하는 것이 감소한다. 미생물의 최고 온도 이상으로 온도가 증가하면 세포막의 지질이 파괴되어 세포막에 심각한 손상을 야기시키고 결국 세포의 사망에 이르게 할 수 있다. 마지막으로 리보솜 또한 온도에 의하여 직접적인 영향을 받을 수 있는데, 극한 온도에서는 적절하게 작용하지 못한다.

이 실험에서는 다양한 온도가, 색소 생성과 생장 속도 등의 두 가지 생리 현상에 미치는 영향을 측정하고자 한다. 서로 다른 최적 생장온도를 가지는 세 종류의 미생물을 고체 영양사면배지와 액체 영양배지에 접종할 것이다. *Serratia marcescens*는 프로디지오신(prodigiosin)이라는 붉은 색소를 만든다. 이 화합물은 항생제인데, 사람의 췌장암 치료용으로도 임상실험 진행 중이다. *S marcescens*은 단지 특별한 온도 범위에서만 프로디지오신을 생산한다. 이 실험의 목적은 프로디지오신 생성의 최적온도와 사용된 세 종류 미생물의 최적 생장 온도를 결정하는 것이다. 최적생장온도를 결정하기 위하여 5가지 다른 온도에서 미생물을 배양할 것이다. 배양 후 분광계를 사용하여 액체배지의 혼탁도를 측정할 것이다.

표 28.1 접종 표기방법

학생 번호	*S. marcescens*	*G. stearothermophilus*	*E. coli*
1, 4, 7, 10, 13, 16, 19, 22, 25	사면배지 2개, 액체배지 5개		
2, 5, 8, 11, 14, 17, 20, 23, 26	사면배지 2개	액체배지 5개	
3, 6, 9, 12, 15, 18, 21, 24, 27	사면배지 2개		액체배지 5개

1차 실험

(접종)

시간과 배지를 절약하기 위하여 두 종류의 미생물과 배지가 들어 있는 시험관 7개를 사용하여 실험하도록 한다. 실험과제를 정하기 위하여 표 28.1을 참고한다. 그림 28.1은 실험 과정을 보여주고 있다.

재료

- *Serratia marcescens, Bacillus stearothermophilus, Escherichia coli* 의 액체배양액

학생당

- 고체 영양 사면배지 2개
- 액체 영양 배지를 넣은 시험관 5개

1. 다음과 같이 표시한다.

   사면배지: 2개 시험관 모두에 *S. marcescens*로 표시; 한 시험관에 25°C, 다른 시험관에 38°C로 각각 표시한다.

   액체배지 5개의 액체배지가 든 시험관에 접종할 세균명과 5가지 다른 배양온도를 표시한다: 5°C, 25°C, 38°C, 42°C, 55°C
2. 백금이를 사용하여 실험할 세균을 각 시험관에 접종한다.
3. 배양온도가 표시된 5개의 바스켓 중 하나에 각 시험관을 놓는다.

   주의: 5°C 바스켓은 냉장고에서, 다른 4개의 바스켓은 적절하게 조절되어 있는 배양기에서 배양시킨다.

2차 실험

(실험 결과를 도표로 정리하기)

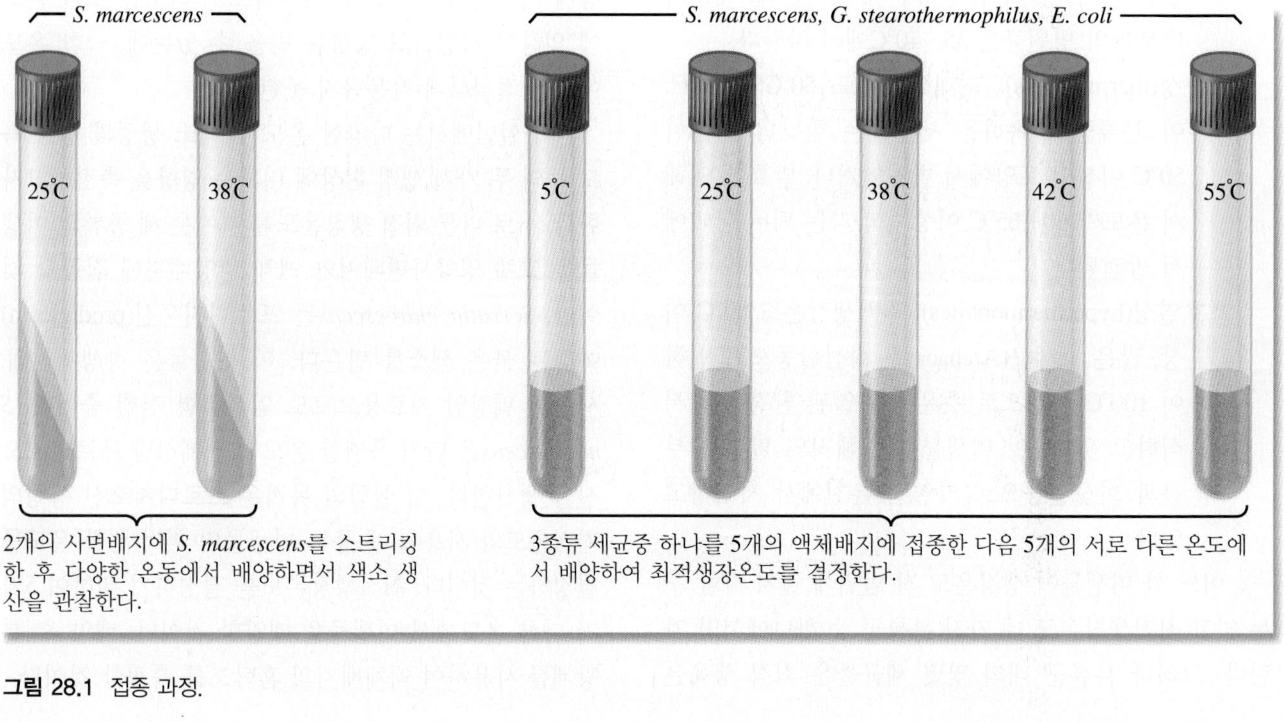

그림 28.1 접종 과정.

재료

- 여러 온도에서 배양한 사면배지와 액체배양액
- 분광계와 큐벳
- 멸균된 액체 영양 배지가 들어 있는 시험관

1. 고체사면배지에서 배양한 *S. marcescens*를 비교한다. 색연필을 사용하여 실험 보고서 28에 배양된 상태를 그린다.
2. 액체배지를 흔들어 혼탁도의 차이점을 비교한다. 생장이 일어나지 않은 것으로 보이는 시험관은 접종 안한 멸균된 액체배지 시험관과 비교한다.
3. 분광계를 이용할 경우, 실험 21에 나와 있는 지시사항에 따라 각 튜브의 혼탁도를 측정한다.
4. 분광계를 이용할 수 없는 경우, 육안으로 관찰한 혼탁도를 기록한다. 실험 보고서 28에 방법이 나와 있다.
5. 다른 학생들과 결과를 교환하여 실험에 필요한 데이터 수집을 완료한다.

실험 보고서

모든 자료를 기록한 후, 실험 보고서 28의 문제에 답한다.

실험 보고서 28

이름: ______________________

날짜: ________ Section: ______________

실험 28. 온도: 생장에 미치는 효과

A. 결과

1. 색소 생성과 온도
   a. 색연필을 사용하여 고체 영양사면배지에서 자란 *S. marcescens*의 생장 모양을 그린다.
   b. 어떤 온도가 색소 생성의 최적온도에 더 가까운 것 같은가?

____

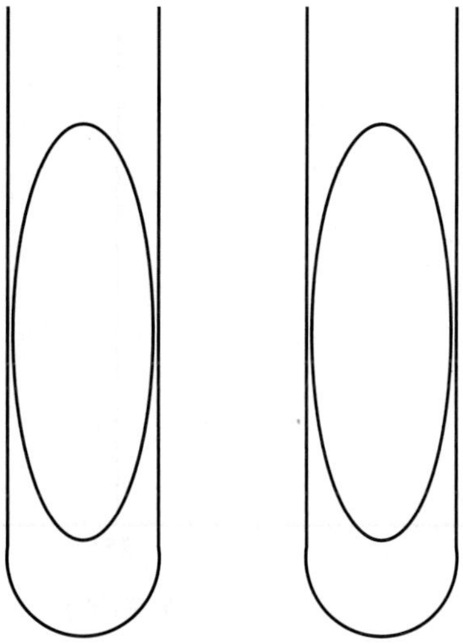

25°C   38°C

2. 생장속도와 온도
   a. 분광광도계를 사용할 경우, 각 배양액을 표시된 큐벳에 담고 흡광도를 측정한다.
   분광광도계를 사용할 수 없는 경우, 육안으로 판단하고 0, +, ++, +++를 사용하여 기록한다.

온도 ℃	세균 이름		세균 이름		세균 이름	
	측정값	O.D.	측정값	O.D.	측정값	O.D.
5						
25						
38						
42						
55						

b. 온도에 따른 *Serratia marcescens*, *Escherichia coli*, *Geobacillus stearothermophilus*의 생장곡선

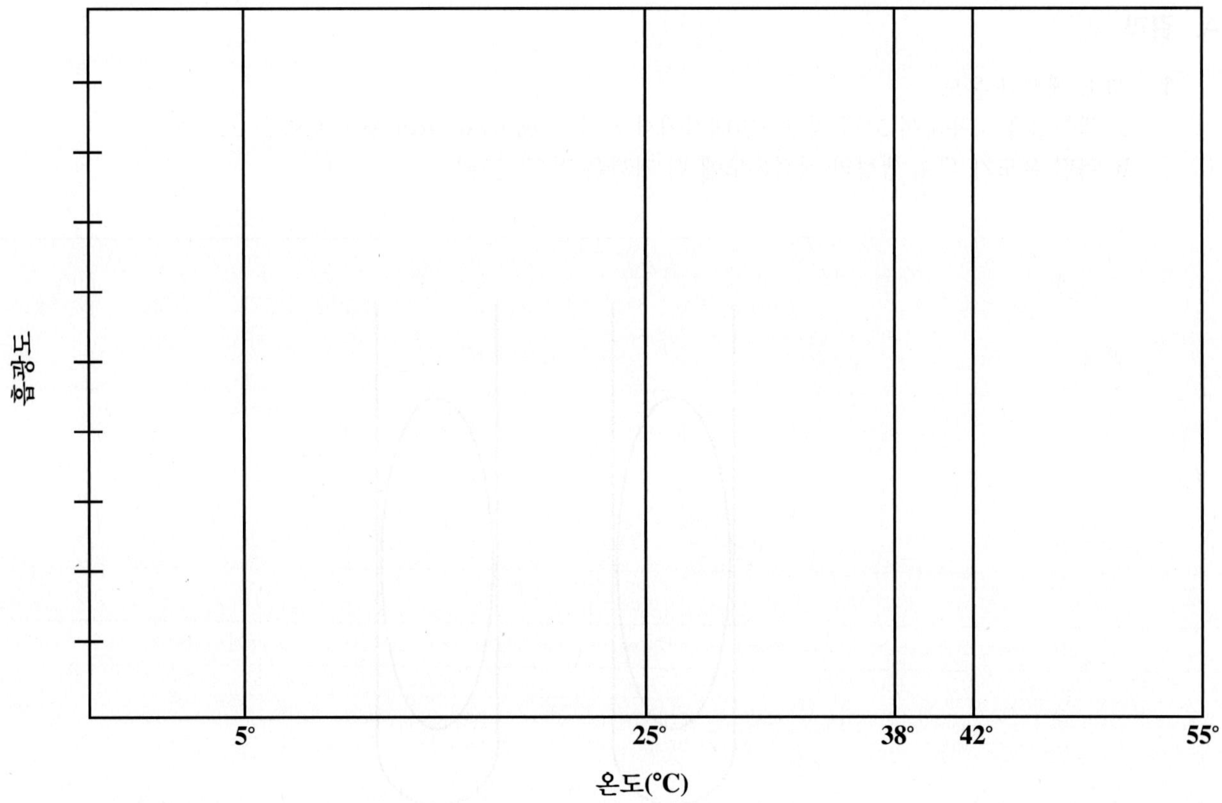

c. 위의 그래프를 근거로 하여 두 가지 세균의 최적생장온도를 추정한다.

Serratia marcescens: ______________________________

Escherichia coli: ______________________________

Geobacillus stearothermophilus: ______________________________

d. 위 그래프에 대한 결과를 보다 정확하게 얻기 위해서는 어떻게 해야 할까?

____

____

B. 단답형 문제

1. 다음 세균들은 어떤 환경에서 발견되는가?

a. 초호열성(hyperthermophile).

____

b. 호열성(thermophile).

____

c. 호중성(mesophile).

d. 호한성(psychrophile).

2. 저온성(psychrophile)과 내냉성(psychrotroph)의 차이점을 말하시오.

3. 외식산업에서 내냉성 미생물에 대하여 주의를 기울여야 하는 이유는 무엇인가?

4. 대부분의 사람에 대한 병원성 세균의 최적생장온도는 얼마인가? 이유를 설명하시오.

5. 대사에 관여하는 세포 구성성분 중에서 온도 변화에 의하여 영향을 받는 것 세 가지를 적으시오.

LEARNSMART LABS MICROBIOLOGY

EXERCISE 29

pH와 미생물 생장

pH and Microbial Growth

> **학습목표**
>
> 이 실험을 수행한 후 여러분은 다음의 사항을 알 수 있을 것이다.
>
> 1. pH가 어떻게 세균의 생장에 영향을 주는지에 대해 이해한다.
> 2. pH에 따른 세균의 종류인 호산성, 호중성, 호염기성을 정의한다.
> 3. 어떻게 다른 pH값이 미생물의 생장에 영향을 주는지 증명한다.

생장에 큰 영향을 미치는 다른 요인은 **pH**($-\log 10[H^+]$)에 의해 명시되는 수소이온의 농도이다. 수소이온농도는 세포 내에서 단백질 및 다른 전하를 지닌 분자에 영향을 미친다. 각 생명체들은 가장 잘 자라는 최적의 pH를 가질 것이다. 만약 pH 값이 한 생명체를 위한 최적 조건을 넘으면 전하를 지닌 분자들의 용해도가 떨어져 분자들이 용액으로부터 침전될 것이다. 예를 들면, pH는 단백질들의 아미노산에 있는 전하(charge)에 직접적으로 영향을 미칠 수 있으며 그 결과 변성 및 효소 활성의 손실이 발생한다.

미생물들은 다른 pH 값에서 자라는 능력에 따라 그룹들로 세분될 수 있다. 중성 pH 또는 그 근처에서 자라는 세균은 **호중성**(neutrophiles)으로 명명된다. 비록 많은 세균은 pH 2~3 이상에서도 자랄 수 있으나 대부분의 세균은 호중성이다. 산성인 pH 값에서 자라는 세균은 **호산성**(acidophiles)이다. 예를 들면, 화학무기영양 미생물(chemolithotroph)인 *Thiobacillus thiooxidans*는 pH 1에서 자라는 호산성이다. 이 세균은 필요한 에너지를 황화물(sulfide)의 산화에서 얻는데, 그 결과 만들어지는 황산이 주변의 pH를 1까지 낮춘다. *Thiobacillus*는 금속 황화물 광석이 농축된 광산의 유출수에서 종종 발견된다. 대부분의 균류 및 효모는 4~6의 pH 값에서 잘 자라는 호산성이다. 곰팡이를 배양하기 위한 감자 포도당 배지 및 Sabouraud 배지는 pH 5 정도로 맞추는데, 이 조건은 이 미생물들의 생장을 선별적으로 촉진한다. 알칼리 pH 값에서 자라는 세균은 **호알칼리성**(alkaliphiles)이라 이름 붙여진다. 진정한 호알칼리성 세균은 pH가 10 이상에 이르는 소다 호수 및 탄산염이 많은 흙에서 자란다. 많은 세균이 *Bacillus* 속에 속한다. 어떤 세균은 요로 감염을 일으킬 수 있는 기회 병원균인 *Alcaligens faecalis* 같은 알칼리 내성균이다. 이 세균은 요소(urea)를 분해하여 pH를 증가시키는 암모니아를 만든다. 비록 위에서 언급한 세균들이 극단적인 pH에서 자라지만, 흥미롭게도, 전하를 지닌 거대 분자들의 피해 및 파괴를 막기 위해 세포질을 중성 또는 중성 부근의 pH로 유지한다.

pH가 미생물의 생장에 영향을 주거나 억제할 수 있기 때문에 음식물 보존에 사용된다. 음식물의 발효는 젖산이나 아세트산과 같은 산을 만들 수 있는데, 이것이 발효 음식의 pH를 낮추어 많은 미생물의 생장과 음식이 상하는 것을 막는다. 예로서, 피클, 요구르트, 치즈 등이 있다. 그러나 곰팡이는 낮은 pH 값에서도 자랄 수 있는데, 따라서 치즈 같은 발효음식을 상하게 할 수 있다.

이 실험에서 우리는 다른 pH 농도를 가진 배지를 사용하여 미생물의 억제 정도를 측정할 것이다. 재료 항목에 6개의 서로 다른 수소이온농도의 시험관이 나열되어 있다. 담당교수는 어느 시험관을 실험할지 알려준다.

1차 실험

재료

학생당

- pH 3.0의 영양배지(nutrient broth)가 들어 있는 시험관 1개
- pH 5.0의 영양배지가 들어 있는 시험관 1개
- pH 7.0의 영양배지가 들어 있는 시험관 1개
- pH 8.0의 영양배지가 들어 있는 시험관 1개
- pH 9.0의 영양배지가 들어 있는 시험관 1개
- pH 10.0의 영양배지가 들어 있는 시험관 1개

공통 재료:
- *E. coli* 액체배양액
- *Staphylococcus aureus* 액체배양액
- *Alcaligenes faecalis** 액체배양액
- *Saccharomyces cerevisiae*** 액체배양액

1. 각 영양배지가 든 하나의 시험관에 하나의 미생물을 접종한다. 아래 표에 따라 자신에게 할당된 번호에 맞는 미생물을 사용한다.

학생번호	미생물
1, 5, 9, 13, 17, 21, 25	*Escherichia coli*
2, 6, 10, 14, 18, 22, 26	*Staphylococcus aureus*
3, 7, 11, 15, 19, 23, 27	*Alcaligenes faecalis**
4, 8, 12, 16, 20, 24, 28	*Saccharomyces cerevisiae***

2. 대장균, *S. aureus* 및 *A. faecalis*가 든 시험관은 37°C에서 48시간 동안 배양한다. *S. ureae*, *C. glabrate*, *S. cerevisiae*가 든 시험관은 20°C에서 48~72시간 동안 배양한다.

2차 실험

재료

- 분광 광도계(spectrophotometer)
- 멸균된 영양배지가 들어 있는 시험관 1개
- 여러 pH에서 배양된 시험관들

1. 멸균된 영양배지 시험관을 사용하여 분광 광도계를 원점조정(calibrate)하고, 각 배양액의 O.D.를 측정한다(실험 21, 그림 21.8 참조). 실험 보고서 29에 있는 표에 결과를 기록한다.
2. 실험 보고서 29에 있는 그래프에 O.D. 값을 표시하고 질문에 답한다.

* *Alcaligenes faecalis* 대신 *Sporosarcina ureae*를 사용할 수 있음.
** *Saccharomyces cerevisiae* 대신 *Candida glabrata*를 사용할수 있음.

실험 보고서 29

이름: ____________

날짜: ________ Section: ____________

실험 29. pH와 미생물 생장

A. 결과

1. 만약 한 분광 광도계가 이용 가능하다면 표시된 큐벳(cuvette)들에 배양액들을 넣고 각 배양액의 O.D. 값들을 측정하시오. 표를 완성하기 위해 다른 학생들로부터 다른 3개의 미생물에 대한 결과들도 얻고 사용되지 않은 대용 미생물들은 표에서 지우시오.

   만약 분광 광도계가 이용 가능하지 않다면 +, ++, +++ 또는 생장 않으므로 시각적인 측정값(visual readings)들을 기록하시오.

pH	*Escherichia coli*		*Staphylococcus aureus*	
	측정값	분광광도계 O.D.	측정값	분광광도계 O.D.
3				
5				
7				
8				
9				
10				

pH	*Alcaligenes faecalis* 혹은 *Sporosarcina ureae*		*Saccharomyces cerevisiae* 혹은 *Candida glabrata*	
	측정값	분광광도계 O.D.	측정값	분광광도계 O.D.
3				
5				
7				
8				
9				
10				

2. 생장곡선

일단 두 개의 표에 모든 O.D. 값을 기록했으면, 아래 그래프 위에 선을 그리시오. 각 종들을 다른 색깔을 가진 선들을 이용하여 표시하시오.

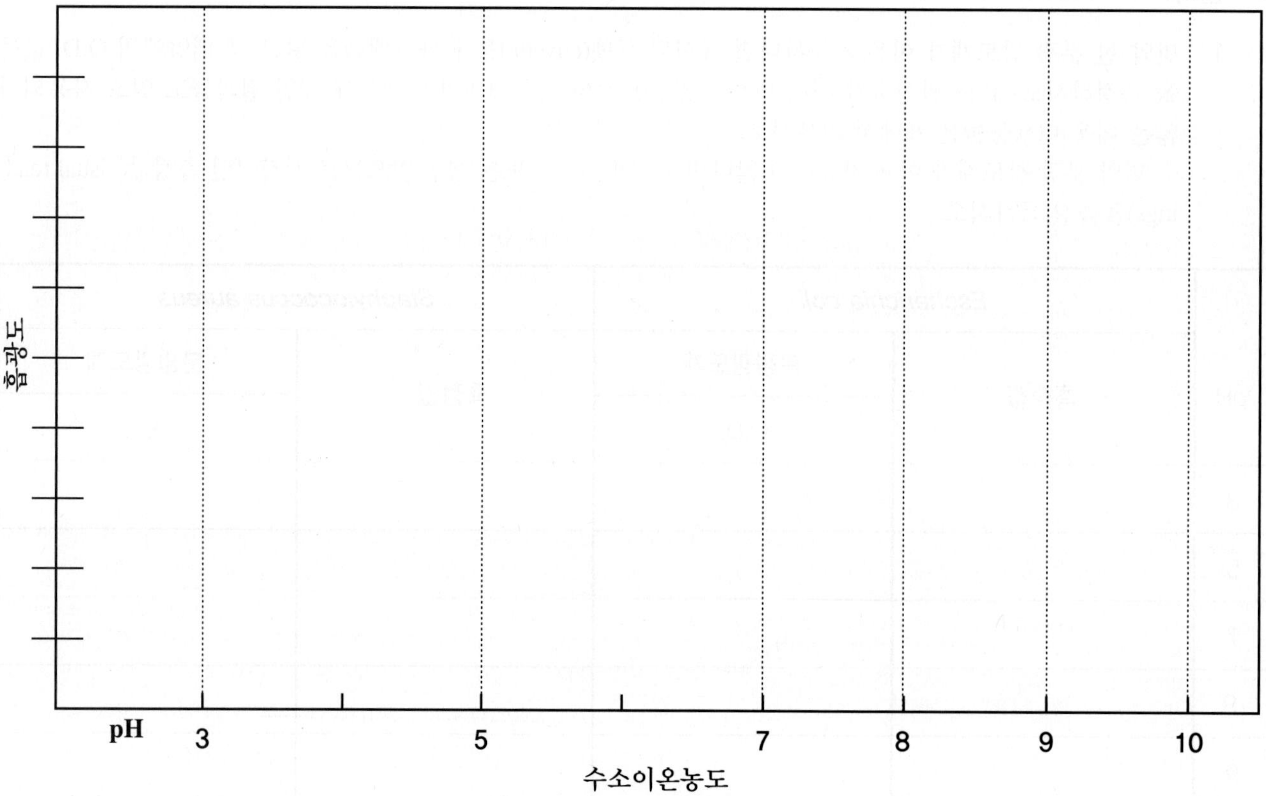

3. 어느 미생물이 산성 배지에서 가장 잘 자라는 것처럼 보이는가? ____________________

4. 어느 미생물이 알칼리성 배지에서 가장 잘 자라는 것처럼 보이는가? ____________________

5. 어느 미생물이 가장 넓은 pH 영역에서 내성을 가지는 것처럼 보이는가? ____________________

B. 단답형 문제

1. pH가 어떻게 미생물의 대사활동에 부정적으로 영향을 끼치는가?

____

____

2. 생장에 가장 적합한 pH 측면에서 미생물들을 세 그룹으로 정의하시오.

____

____

3. 배지의 pH는 당의 발효에 의해 어떻게 영향을 받게 되는가? 요소의 가수분해에 의해 어떻게 영향을 받는가?

____

____

물 활동과 삼투압

Water Activity and Osmotic Pressure

학습목표

이 실험을 수행한 후 여러분은 다음의 사항을 알 수 있을 것이다.

1. 물 활동과 삼투압 및 용질의 농도 사이의 관계에 대해 이해한다.
2. 원형질분리, 호염균, 내염균, 호삼투성 미생물 등의 용어에 대해 정의한다.
3. 어떻게 다른 염 농도가 미생물의 생장에 영향을 주는지 증명한다.

세균의 생장은 환경에서 물의 이용가능성(availability)에 따라 크게 영향을 받을 수 있다. 물의 이용 가능성은 물의 활동도(activity), A_w라고 하는 물리적 변수에 의해 정의된다. 그것은 순수한 물의 수증기압에 대한 용액의 수증기압에 대한 비율로 결정된다. 물의 활성은 0에서 1.0 사이의 값을 가지며 1.0에 가까울수록 세포가 대사 목적을 위해 더 많은 물을 이용할 수 있다. 따라서 물의 활동도 및 그것의 이용 가능성은 소금 같은 용매의 농도가 증가할수록 감소한다. 이것은 물이 이온 결합을 깨고 전하를 띤 물질들이 물에 녹아 있도록 그 주위를 둘러싸서 용매화 껍질(solvation shell)을 형성하는 데 사용되기 때문이다.

삼투(osmosis) 과정에서, 물은 용매 농도가 낮아 이용 가능한 물이 좀 더 풍부한 지역에서, 용매 농도가 높아서 물이 덜 이용 가능한 지역으로 확산한다. 세포질 내에는 세포 외부에 비해 보통 더 높은 농도의 영양분이 존재하므로 물은 자연적으로 세포 내부로 확산할 것이다. 세포 외부의 용매 농도가 세포질의 농도보다 낮을 경우 **저장성**(hypotonic)이라고 한다(그림 30.1). 일반적으로 세균은 저장성 용액에 의해 해를 입지 않는데, 그 이유는 삼투압이 세포막에 미치는 손상을 단단한 세포벽이 막아주기 때문이다. 그것은 또한 물이 세포질 내부로 확산할 때 세포막이 파열되는 것을 막는다.

용매의 농도가 세포 내외부에서 같은 환경은 **등장성**(isotonic)의 환경이라 한다. 동물 세포는 등장성의 환경을 요구한다. 그렇지 않을 경우 오직 연약한 세포막만 세포 주위를 둘러 싸고 있기 때문에 세포는 용해될 것이다. 동물 세포를 키우기 위한 조직 배양 배지는 세포의 용해를 막도록 등장의 환경을 제공해 준다.

고장성(hypertonic)의 환경은 세포질보다 세포 외부에서 용매의 농도가 더 높을 때 존재하며 이것은 물이 세포질로부터 확산되어 나가도록 만든다. 이것이 진전될 때, 세포는 **원형질 분리**(plasmolysis)를 겪게 되는데, 그 결과 물을 잃고, 세포질이 탈수되고, 세포막이 세포벽으로부터 떨어져서 수축하게 된다. 이러한 상황에서는 세포의 대사 장치(metabolic machinery)에 심각한, 그리고 종종 되돌릴 수 없는 피해가 일어날 수 있다. 인간은 수세기 동안 낮은 물 활동도 및 고장성 환경을 식품 보존에 사용하여 왔다. 소금에 절인 육류 및 생선 그리고 높은 당분 양을 가진 잼 및 젤리는 세포가 자라는데 필요한 물이 거의 없기 때문에 오염을 막을 수 있다. 이러한 식품에 들어온 대부분의 세균은 즉시 원형질 분리를 겪을 것이다.

미생물은 낮은 물의 활동도 및 높은 삼투압을 극복할 수 있는 능력에 따라 분류될 수 있다. 대부분의 세균은 물의 활동도가 대략 0.9~1.0일 때 가장 잘 자란다.

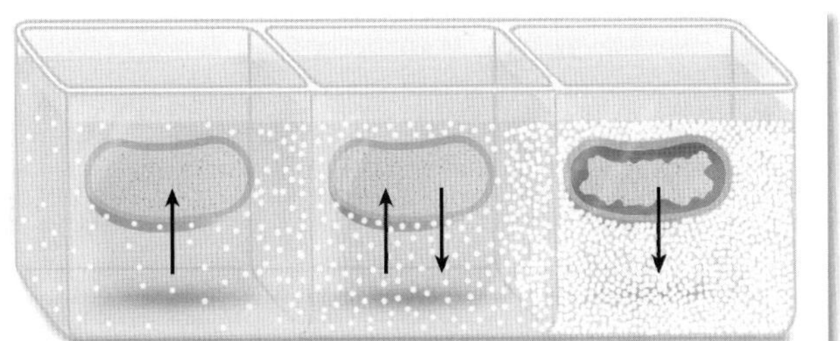

그림 30.1 다양한 삼투 현상.

반면 **호염균**(halophile)은 자라는데 높은 소금 농도를 요구한다. 자라는 데 15~30%의 소금을 필요로하며 이 상태에서 세포벽의 보전(integrity)을 유지하는 호염성 세균이 있다. 고세균(archaea)에 속하는 이러한 미생물들은 염수호(salt lake) 및 소금물 용액에서 발견되고 종종 소금 처리된 생선에서 자란다. 어떤 미생물들은 **내염성**(halotolerant)이며 중간 정도의 소금 농도에서 자랄 수 있다. 예로서, *Staphylococcus aureus*는 3 M 또는 11%에 육박하는 소금 농도에 견딜 수 있다.

다른 그룹들로 **호삼투성균**(osmophile)이 있는데, 이들은 당의 농도가 지나치게 높은 환경에서 자랄 수 있다. 예로서, 잼 및 젤리를 오염시키고 부패시킬 수 있는 효모인 *Xeromyces*가 있다.

이 실험에서는 다른 농도의 소금이 포함된 배지를 이용하여 미생물의 저해 정도를 측정할 것이다. 이를 위하여 4장의 배지 위에 3개의 서로 다른 미생물을 스트리킹(streaking) 할 것이다. 사용하는 특정 미생물들은 소금 농도에 대한 내성이 다르다. 소금의 농도는 0.5, 5, 10, 15%가 될 것이다. 48시간 동안 그리고 며칠 더 배양한 후 소금 내성 정도를 결정하기 위해 생장의 차이를 비교할 것이다.

재료

학생당

- 한천배지 페트리 접시 1장 (0.5% NaCl)
- 한천배지 페트리 접시 1장 (5% NaCl)
- 한천배지 페트리 접시 1장 (10% NaCl)
- 우유 소금 배지(milk salt agar)

배양

- 대장균(영양배지)

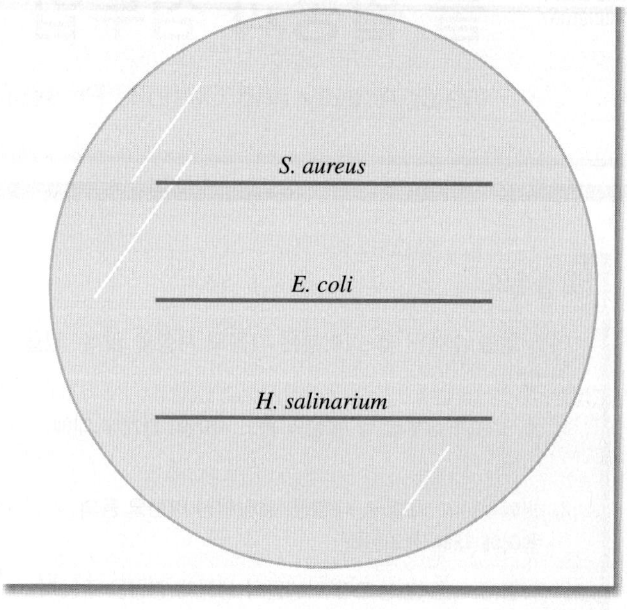

그림 30.2 스트리킹 방식.

- *Staphylococcus aureus* (영양배지)
- *Halobacterium salinarium* (사면배양)

1. 그림 30.2에서 보여지는 것처럼 4장의 페트리 접시들의 바닥에 표시한다.
2. 백금이(loop)를 사용하여 배지 위에 일직선으로 각 미생물을 스트리킹한다.
3. 모든 접시들을 48시간 동안 37°C에서 배양한다. 결과를 실험 보고서 30에 기록한다.
4. 같은 방법으로 우유 소금 배지의 배양을 며칠 더 계속하고 결과를 다시 실험 보고서 30에 기록한다.

실험 보고서 30

이름: ____________

날짜: ________ Section: ____________

실험 30. 물 활동과 삼투압

A. 결과

1. 미생물의 생장 정도를 표시하기 위하여 0, +, ++, +++을 사용하여 다른 소금 농도에서의 각 미생물들의 생장 정도를 기록하시오.

미생물	소금 농도							
	0.5%		5%		10%		15%	
	48시간	96시간	48시간	96시간	48시간	96시간	48시간	96시간
Escherichia coli								
Staphylococcus aureus								
Halobacterium salinarium								

2. 위 미생물들의 소금 내성을 평가하시오.
   a. 매우 적은 농도의 소금에 내성을 가진다. ____________
   b. 넓은 영역의 소금 농도에 대해 내성을 가진다. ____________
   c. 오직 높은 농도의 소금이 존재할 때 자란다. ____________

3. 소금 요구정도에 따라 *Halobacterium salinarium*을 어떻게 분류하겠는가? 하나를 표시하시오.

   절대호염성균________ 통성호염성균________

B. 단답형 문제

1. 동물 세포들은 그렇지 않은데 반해, 왜 세균은 일반적으로 저장성 환경들에 대해 내성을 가지는가?

   ____

2. 고장성 환경들은 어떻게 대부분의 세균 세포들에 부정적으로 영향을 미치는가?

   ____

3. *Staphylococci*는 왜 피부에서 자라기 적합한가?

   ____

4. 호염성균과 호고장성균들을 구별하시오. 어느 종류가 잼 및 젤리의 부패를 가장 잘 일으키겠는가?

   ____

MICROBIOLOGY

자외선: 치사효과

Ultraviolet Light: Lethal Effects

EXERCISE **31**

학습목표

이 실험을 수행한 후 여러분은 다음의 사항을 알 수 있을 것이다.

1. 자외선이 어떻게 돌연변이를 유발하고 세포를 죽이는지에 대해 이해한다.
2. 어떻게 내생포자를 형성하는 세균이 그렇지 않은 세균보다 자외선에 더 내성을 지니는지 증명한다.

자외선(UV)은 가시 스펙트럼에서 4~400 nm 사이에 속하는 전리되지 않는 짧은 파장의 방사선이다(그림 31.1). 일반적으로 전자기 방사선은 파장이 짧을수록 세포에 더 큰 피해를 입힌다. 따라서 자외선은 가시광선이나 적외선에 비해 훨씬 살균력이 있다. 대부분의 세균들은 자외선의 영향에 의해 죽게 되고 따라서 자외선은 배양액을 접종하기 위해 사용되는 후드의 작업대와 같은 표면을 멸균할 때 일상적으로 사용된다. 자외선의 주요한 치사 효과는 자외선의 돌연변이를 일으키는 특성 때문이다. **260 nm**의 자외선은 가장 살균력이 큰데, 이 파장의 빛이 DNA가 최대로 자외선을 흡수하는 특별한 파장이기 때문이다. DNA가 자외선을 흡수할 때 그것은 피리미딘 **이량체**(pyrimidine dimmers)의 형성을 유발한다. 이것은 하나의 DNA 가닥에 있는 두 개의 인접한 티민(thymine) 또는 시토신(cytosine) 사이에서 공유결합이 일어날 때 형성된다(그림 31.2). 이 이량체가 DNA 분자를 변형시킨 결과 DNA 중합효소가 이량체 형성 부위를 지나 DNA 가닥을 합성할 수 없고, 이 부위의 유전자들은 전사될 수도 없다.

세포들은 DNA 복제의 정확성을 기하기 위하여 돌연변이에 의한 DNA의 변화들을 고칠 수 있는 여러 종류의 보수 기작을 개발해 왔다. 그 중의 하나로 **SOS 시스템**(SOS system)이 있는데, 효소를 사용하여 이량체를 제거하고 그 자리를 새로운 피리미딘 분자들로 채우는 시스템이다. DNA 중합효소와는 달리 SOS 시스템의 효소들은 DNA 분자에서 이량체가 생긴 부위를 넘어서 이동할 수 있다. 그러나 만약 자외선에 지나치게 노출되어서 세포의 DNA에 엄청나게 많은 이량체가 생겼다면, SOS 시스템은 이 상황을 효과적으로 대처하지 못하고 손상을 입은 부위에 부정확한 염기를 끼워 넣어 오류를 만들기 시작하고 궁극적으로 세포의 죽음을 초래한다.

자외선의 죽이는 특징들은 여러 요인에 의존한다. 자외선이 세포에 도달하는 것을 막는 물질들의 존재뿐만 아니라 노출 시간도 중요하다. 예를 들면, 유리와 플라스틱은 자외선을 막을 수 있는데, 따라서 플라스틱 렌즈는 자외선으로부터 눈을 보호하기 위해 효과적인 수단이 된다. 내생포자는 여러 가지 이유 때문에 분열하

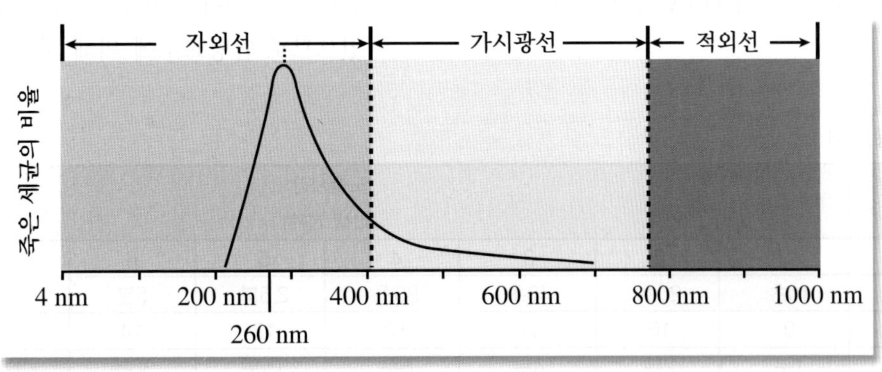

그림 31.1 여러 파장의 빛의 치사효과.

그림 31.3 자외선에 의한 노출시간 페트리 접시

는 세포에 비하여 자외선에 더 내성을 보인다. 첫째, 내생포자의 DNA는 작은 산성에 용해되는 단백질들이 붙어 있어 구조가 바뀐 상태인데, 그 결과 광화학적 손상으로부터 보호를 받는다. 둘째, 내생포자에는 자외선에 의하여 독특한 포자 광산물(photo-product)이 만들어지는데, 이것이 내생포자 발아 시 DNA 손상을 보수하는 역할을 한다.

업을 진행한다.

재료

- 영양한천배지가 든 페트리 접시(학생당 최소 1개 이상)
- 자외선 램프 또는 자외선 노출 박스
- 타이머
- [illegible]
- 멸균된 물에 담긴 [illegible]
- 면봉이 놓여 있는 [illegible]

1. 어느 미생물을 이용하여 실험할지를 결정하기 위해 표 31.1을 참고한다. 1장 이상의 페트리 접시에 접종하도록 배당될 수도 있다. 만약 다른 노출 시간이 사용되게 된다면 담당교수가 어떤 시간을 써 넣을지를 알려 줄 것이다. 표에는 오직 16개의 할당된 시간만 있으므로 담당교수에 의해 지시된 대로 더 많은 할

표 31.1 학생의 접종 과제

	노출시간 (할당 번호)							
S. aureus	1	2	3	4	5	6	7	8
	10초	20초	40초	80초	2.5분	[illegible]	[illegible]	[illegible]
B. megaterium	9	10	11	12	13	14	15	16
	1분	2분	4분	5분	[illegible]	20분	60분	15분*

* 노출시간동안 페트리 접시 뚜껑을 덮어 놓는다.

실험 보고서 31

이름: ____________________

날짜: ________ Section: ____________________

실험 31. 자외선: 치사효과

A. 결과

1. 담당교수가 여러분의 결과들을 기록하도록 칠판 위에 아래와 비슷한 표를 그릴 것이다. 만약 노출된 면에서 상당한 생장했다면, 결과를 +++로 기록하시오. 만약 3개 또는 더 적은 수의 콜로니가 살아 남았다면 +로 기록하시오. 중간정도로 살아남았다면 ++로 표시되어야 한다. 전혀 생장하지 못했다면 —로 기록되어야 한다. 표에 모든 정보를 기록하시오.

세균	노출시간							
	10초	20초	40초	80초	2.5분	5분	10분	10분*
생존								
	1분	2분	4분	8분	15분	30분	60분	60분*
생존								

*노출 시간 동안 페트리 뚜껑을 닫아 놓는다.

2. *B. megaterium*의 포자들은 *S. aureus*의 생장하는 세포들에 비해 몇 배나 더 저항성이 있는가?

3. 각 접시의 반은 왜 색인 카드로 덮었는가?

4. 한 세트의 페트리 접시 위에 뚜껑을 그대로 남겨둔 목적은 무엇인가?

B. 단답형 문제

1. 살아 있는 세포에서 자외선의 손상 효과를 기술하시오.

2. 자외선에 대한 노출은 왜 생장하는 세포들에서는 죽음을 일으키고, 내생포자들에서는 그렇지 않은가?

3. 자외선이 어떤 파장에서 가장 살균력이 있는가? 설명하시오.

4. 세포들은 자외선의 손상 효과에 대해 어떤 제한적인 보호장치를 가지는가?

5. 자외선에 오래 노출되면 인간의 조직들에 어떤 종류의 손상이 생길 수 있는가? 이런 종류의 손상을 제한하기 위해 실험도중 및 일상 생활에서 어떤 방어책이 사용될 수 있는가?

6. 지수생장기 또는 정지기에 있는 *B. megaterium* 배양액 중 어느 것이 자외선에 노출 후 최대의 생존을 보일 것인가? 설명하시오.

세균 세포에 미치는 리소자임의 영향

The Effects of Lysozyme on Bacterial Cells

EXERCISE 32

학습목표

이 실험을 수행한 후 여러분은 다음의 사항을 알 수 있을 것이다.

1. 세균 세포에서 펩티도글리칸의 분자적 구조를 이해한다.
2. 리소자임(lysozyme)과 오토리신(autolysin)이 펩티도글리칸을 분해하여 세포가 죽음에 이르도록하는 방법을 이해한다.
3. 서로 다른 세균들의 리소자임에 대한 민감도가 어떻게 다른지 설명한다.

대부분의 세균 세포는 세포벽에 의해 둘러 싸여 있고, 이 세포벽은 원핵생물에서만 발견되는 **펩티도글리칸**(peptidoglycan)이라는 물질을 포함하고 있다. 펩티도글리칸은 N-아세틸글루코사민(NAG)과 N-아세틸무람산(NAM) 잔기가 β(1-4) 결합으로 교차결합된 중합체이다(그림 32.1a).

각각의 N-아세틸무람산은 4개의 아미노산으로 이루어진 짧은 사슬을 포함하는데, 이 사슬을 통하여 인접한 아미노당의 중합체와 교차연결된다. 이러한 구조는 세균 세포 외부에 격자조직 혹은 주머니를 형성하게 하여 세포가 견고해지고, 세포의 형태(예, 구균, 간균, 나선균)를 결정하게 한다(그림 32.1b). 펩티드 교차연결 구조는 약간의 다양성을 갖는다. 예를 들어, 스타필로코커스 아우레우스(*Staphylococcus aureus*)는 5개의 글리신(glycine) 잔기가 테트라펩티드 사이의 연결다리

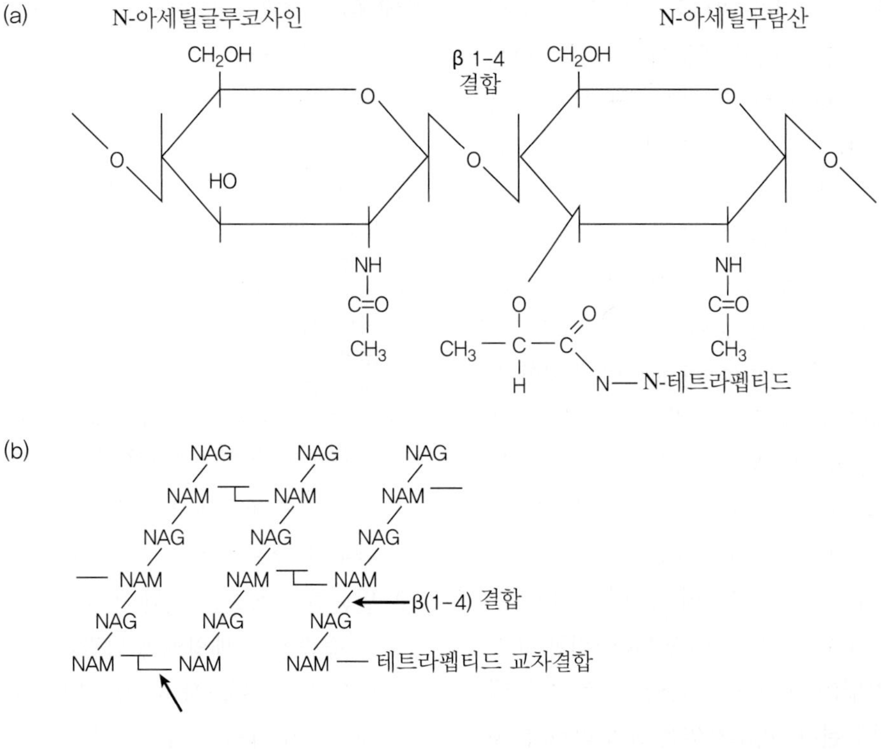

그림 32.1 (a) 펩티도글리칸의 구조: N-아세틸글루코사민(NAG)과 N-아세틸무람산(NAM) 잔기가 β(1-4) 결합으로 연결되어 있다. (b) 펩티도글리칸의 구조: N-아세틸글루코사민(NAG)과 N-아세틸무람산(NAM) 잔기가 β(1-4)-결합으로 교차결합되어 있고, 테트라펩티드 성분에 의하여 교차 연결되어 있다.

(interbridge)를 구성하고 있다. *Staphylococcus* 속의 다른 종에서는 연결다리에 세린(serine)과 글리신(glycine) 모두를 포함하기도 한다. 그람음성 세균인 대장균(*Escherichia coli*)은 연결다리가 결여되어 있기 때문에 테트라펩티드가 인접한 사슬에서 나온 다른 테트라펩티이드와 직접 연결된다.

그람양성 세균의 세포벽의 90%는 펩티도글리칸으로 구성되어 있다. 대부분의 그람양성 세균의 세포벽에는 **타이코익산**(teichoic acid)이 포함되어 있다. 타이코익산은 리비톨인산(ribitol-phosphate) 또는 그리세롤인산(glycerol-phosphate)의 중합체로서, 펩티도글리칸 또는 세포막에 공유결합으로 결합되어 있다. 이들로 인해 그람양성 세균의 세포벽은 음전하를 띠게 된다. 이 물질들은 세포가 생장할 때 펩티도글리칸의 확장에도 기여를 한다. **오토리신**(autolysin)은 세균이 분비하는 효소로서, NAM과 NAG 사이의 β(1-4) 결합을 분해한다. 그 결과 펩티도글리칸 중합체가 부분적으로 열리게 되어 세포 생장 시 새로운 세포벽 구성단위체가 삽입될 수 있도록 도와준다. 이러한 과정은 잘 조절되어야 한다. 만일 오토리신에 의해 펩티도글리칸에 지나치게 많은 틈이 생기게 되면 세포가 파괴될 것이기 때문이다. 타이코익산은 오토리신에 의한 펩티도글리칸 분해 정도를 조절하는 데 기여하는 것으로 믿어진다. 타이코익산이 스타필로코커스에서는 발견되지만 마이크로코커스(*Micrococcus*)에서는 발견되지 않는 것은 흥미로운 일이다.

그람음성 세균의 세포벽에는 그람양성 세균의 세포벽과 대조적으로 펩티도글리칸 층이 얇고, 펩티도글리칸 층을 감싸고 있는 외막(outer membrane)이 존재한다. 따라서, 그람음성 세균의 펩티도글리칸층은 외부환경으로 노출되어 있지 않다. 그람음성 세균의 외막은 이들 균에게 추가적인 투과장벽이 된다. 그람음성 세균의 세포벽에서는 타이코익산이 발견되지 않는다.

인간은 세균에 의한 감염으로부터 자신을 보호할 수 있는 내재적 비면역 요소를 갖고 태어난다. 이러한 요소들 중 하나인 **리소자임**(lysozyme)은 눈물, 침과 같은 대부분의 체액에서 발견된다. 리소자임은 오토리신과 유사하게 펩티도글리칸 층 내의 당 사이의 β(1-4)결합을 분해하기 때문에 격자구조가 깨지게 하여 세포벽을 약화시킨다. 그 결과 세포질 내의 삼투압으로 인해 세포막이 파괴되어 균이 죽는다.

눈물에 존재하는 리소자임은 우리 눈을 세균 감염으로 부터 보호할 수 있는데, 눈에 감염을 일으키려 하는 세균은 눈의 표면을 씻는 눈물 속의 리소자임에 의해 파괴되기 때문이다. 달걀의 흰자 또한 리소자임을 포함하고 있어 발아하는 배아를 보호하는 기능을 수행하고 있다.

그람음성 세균은 그람양성 세균보다 리소자임에 더 저항성을 갖는다. 이는 그람음성 세균에는 외막이 있어, 리소자임이 펩티도글리칸층에 도달하는 것을 막아주기 때문이다. 그러나, *staphylococas aureus*같은, 일부 그람양성 세균도 리소자임에 저항성을 갖는데, 이는 타이코익산이 오토리신의 작용을 제한하는 것 처럼 리소자임의 작용 역시 제한하기 때문으로 여겨진다. 다음의 실험에서 그람양성 세균과 그람음성 세균에 미치는 리소자임의 영향에 대하여 공부할 것이다. 리소자임은 사람의 침과 달걀의 흰자에서 추출되어 사용될 수 있다.

재료

실험실당 (30~40명)

- 달걀 2~3개

실험조당

- 영양배지 3장
- 침 모을 작은 용기
- 멸균된 면봉
- 멸균된 작은 시험관
- 멸균된 파스티르 피펫
- 피펫 bulb

균배양액

- 대장균(*E. coli*)
- 마이크로코커스 루테우스(*Micrococcus luteus*)
- 스타필로코커스 아우레우스(*Staphylococcus aureus*)

1. 마킹 펜을 이용해서 각각의 플레이트를 세 구역으로 나누고 각 구역에 1, 2, 3으로 번호를 매긴다.
2. 멸균된 면봉으로 플레이트 한 개에 대장균을 골고루 접종한다. 배양액에 담갔다 꺼낸 면봉으로 한 방향으로 플레이트를 문지르고 난 뒤, 플레이트를 90도 회전시켜 다시 문지르는 방법으로 행한다.
3. 두 번째와 세 번째 플레이트에 마이크로코커스와 스타필로코커스 배양액을 동일한 방법으로 행한다.

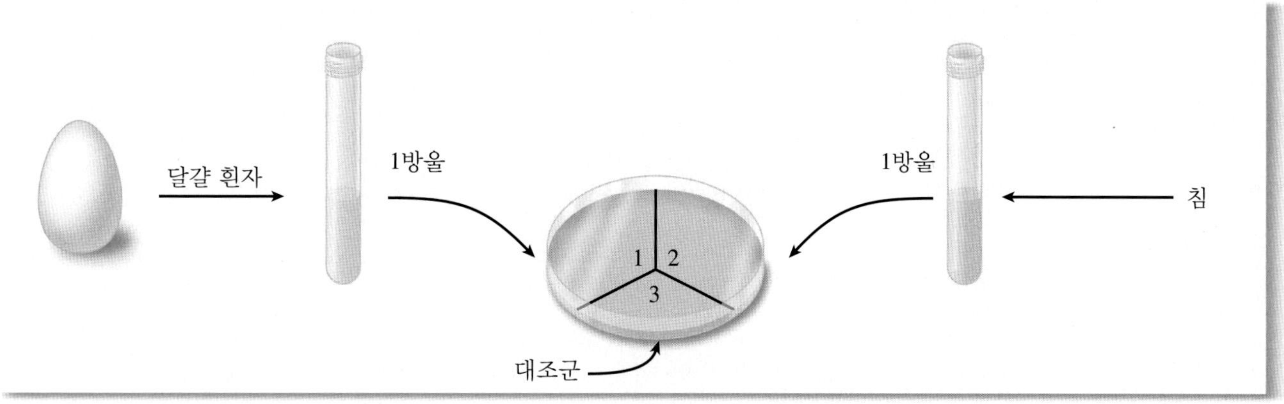

그림 32.2 리소자임 플레이트를 준비하는 과정.

4. 담당교수는 달걀을 깨고 흰자와 노른자를 분리할 것이다. 멸균된 파스퇴르 피펫으로 소량의 흰자를 작은 시험관에 옮긴다.
5. 침을 준비된 작은 용기에 받는다.
6. 멸균된 파스퇴르 피펫을 사용하여 흰자 한 방울을 대장균이 접종된 플레이트의 구역 1에 떨어뜨린다. 같은 플레이트의 구역 2에는 침 한 방울을 같은 방법으로 떨어뜨린다. 구역 3은 균 생장의 대조군으로 사용한다.
7. 같은 실험을 마이크로코커스와 스타필로코커스가 접종된 플레이트에 대해서도 시행한다.
8. 액체가 배지에 스며들어가는 것을 기다린 후 37℃ 배양기에 넣고 24시간 배양한다.
9. 다음 실험시간에 플레이트를 관찰한다. 미생물이 리소자임에 영향을 받는다면, 효소에 노출된 세포는 용해될 것이며, 구역에 투명한 부위가 생성될 것이다. 어떤 미생물이 효소에 영향을 받았는가? 모든 세균이 같은 정도로 영향을 받았는가? 설명한다.

실험 보고서 32

이름: ______________________

날짜: ________ Section: ______________________

실험 32. 세균 세포에 미치는 리소자임의 영향

A. 결과

1. 플레이트 위의 세포에서 용해가 일어났는지 여부를 다음 기호로 기록하시오: +++ 용해, + 부분용해, —용해 없음

	구역 달걀 흰자	침	대조구
	1	2	3
Staphylococcus aureus			
Escherichia coli			
Micrococcus luteus			

2. 왜 리소자임은 시험 균들에 대하여 다르게 영향을 미쳤는가?

____

____

3. 리소자임이 전혀 가해지지 않은 구역을 실험에 포함시킨 이유는 무엇인가?

____

____

B. 단답형 문제

1. 세균 세포에서 펩티도글리칸은 어떠한 기능을 하는가?

____

____

2. 리소자임은 어떻게 펩티도글리칸에 특이적으로 영향을 미치는가?

____

____

3. 자연계의 어디에서 리소자임이 발견되는가? 이러한 환경에서 리소자임은 왜 생산되는가?

____

____

4. 결과를 바탕으로, 안구 감염에 연관된 세균의 유형에 대하여 어떠한 결론을 내릴 수 있을까?

EXERCISE 33

알코올의 평가: 소독제 효과

Evaluation of Alcohol: Its Effectiveness as an Antiseptic

학습목표

이 실험을 수행한 후 여러분은 다음의 사항을 알 수 있을 것이다.

1. 어떻게 알코올이 세균 세포에 특이적으로 작용하는지 이해한다.
2. 사람 피부의 세균를 죽이는데, 알코올의 효율성을 보여준다.

소독제로 사용되는, 알코올은 정맥으로부터 피를 뽑거나 접종하기 전에 피부를 닦는 용도로 널리 쓰이고 있다. 이러한 과정은 피부 세균, 특히 병원균이 조직으로 침투하여 질병을 일으키는 것을 막아준다. 피부의 미생물의 수는 위치, 습도 등의 영향에 따라 다양하다. 예를 들어, 1평방센티미터당 등 부위에서는 1,000개 정도 발견되는 것이 일반적이나, 습한 겨드랑이나 사타구니에서는 1천만 개 이상이 발견될 수 있다. 에틸알코올(ethyl alcohol)과 이소프로필알코올(isopropyl alcohol)은 피부의 세균 감염을 막아주는 효과적인 소독제인데, 60~80% 수용액으로 만들어져 사용할 때만 유효하다. 이 범위의 농도에서 단백질을 불활성화시키고, 세포막에 손상을 줄 수 있다. 단백질은 알코올에 물이 첨가되면 더 잘 용해되어 불활성화가 쉽게 일어난다. 그러나 알코올은 내생포자(endospore) 또는 노출형 바이러스(naked virus, 외피가 없는 바이러스)에는 효과가 없다. 알코올의 장점의 하나는 사람의 피부에 비교적 독성이 없다는 점이고, 단점은 휘발성이 강하기 때문에 농도가 묽어져 효과가 저하될 수 있다는 점이다.

알코올과 관련된 중요한 의문점: 일상적 사용에 있어서 알코올은 얼마나 효과적일까? 주사 맞기 전에 피부를 닦는 정도로 피부의 미생물이 전부 혹은 거의 대부분 죽는 것일까? 피부소독용으로 일상적으로 사용하는 알코올의 효과를 알아보기 위하여 매우 간단한 실험을 수행할 것이다. 이 실험은 네 개의 엄지손가락 지문과 한 개의 부영양한천배지를 사용한다. 한 반 전체의 결과는 통계 분석을 위해 모아질 것이다.

그림 33.1은 이 검사의 각각의 단계를 나타낸다. 플레이트는 네 부분으로 구획되어짐을 기억한다. 플레이트의 왼쪽에는 씻지 않은 왼손의 엄지를 실험하는데, 먼

❷ 왼손 엄지손가락을 다른 어떠한 표면에 닿지 않은 상태에서 B 사분면에 대고 누른다.

❻ 알코올이 처리된 오른손 엄지를 D 사분면에 대고 누른다.

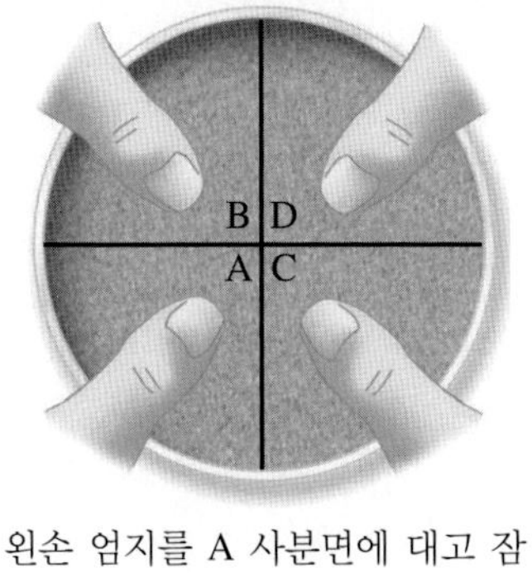

❺ 알코올이 처리된 오른손 엄지를 완전히 말린다.

❹ 오른손 엄지를 70% 알코올에 담그거나, 알코올 면봉으로 10초 동안 문질러 닦는다.

❶ 씻지 않은 왼손 엄지를 A 사분면에 대고 잠시 누른다.

❸ 씻지 않은 오른손 엄지를 C 사분면에 대고 잠시 누른다.

그림 33.1 피부에 대한 알코올의 효과를 검사하는 과정.

저 왼쪽 아래 부위를 엄지로 누르고, 같은 손가락으로 왼쪽 위 부위를 누른다. 여러분은 왼손 엄지손가락을 사용하여, 한천과의 단순한 접촉에 의하여 제거되는 세균의 비율을 정할 수 있게 될 것이다.

플레이트의 오른쪽 아래 구획에는 씻지 않은 오른손 엄지로 누른다. 그 다음, 오른손 엄지를 알코올에 담그거나 알코올이 적셔진 면봉으로 닦은 후 말린다. 학생들의 절반은 알코올에 담그는 방법을, 나머지 절반은 면봉으로 닦는 방법을 사용할 것이며, 담당교수가 이를 지시한다. 마지막 과정은 말려진 오른손 엄지손가락을 오른쪽 위 구획에 누르는 것이다.

접종이 끝난 후 플레이트를 37°C에서 24~48시간 배양한다. 집락 계수를 통하여 알코올의 효과를 정한다.

재료

- 송아지고기즙 한천배지(veal infusion agar) 플레이트 1 장
- 작은 비이커
- 70% 에탄올
- 알코올 면봉

1. 이 실험은 씻지 않은 손으로 수행한다.
2. 마킹 펜으로 플레이트의 아래에 두 개의 수직선을 그어 총 네 개의 사분면을 만든다. 그림 33.1과 같이 왼쪽 사분면에는 A, B, 오른쪽 사분면에는 C, D라고 적는다(기입을 위해 플레이트를 뒤집을 때 A, B는 오른쪽에 C, D는 왼쪽에 위치된다는 것에 주의하라).
3. 왼손 엄지손가락을 A 사분면의 표면에 대고 누른다.
4. 다른 표면에 접촉하지 않은 채, 같은 손가락을 B 사분면에 대고 누른다.
5. 오른손 엄지를 C 사분면 표면에 대고 누른다.
6. 다음 두 방법 중 하나로 오른손 엄지를 소독한다.
   - 엄지를 70% 에탄올이 담겨 있는 비이커에 5초 동안 담근다.
   - 알코올 면봉으로 오른손 엄지손가락 패드 전 표면을 문질러 닦는다.
7. 알코올이 피부로 부터 완전히 증발하도록 한다.
8. 오른손 엄지를 D 사분면에 대고 누른다.
9. 플레이트를 37°C에서 24~48시간 동안 배양한다.
10. 플레이트 결과를 평가하기 위해 실험 보고서 33의 지시사항을 따르고 모든 질문에 답한다.

실험 보고서 33

이름:

날짜: Section:

실험 33. 알코올의 평가 : 소독제 효과

A. 결과

1. 지문에 나타난 집락(colony)의 수를 세고, 다음의 표에 기록한다. 집락의 수가 2회차 누름에서 증가하였다면, 감소비율란에 '0'이라고 기입한다. 감소비율을 계산하고 그 값을 알맞은 칸에 기록한다. 다음의 식을 사용하시오.

$$감소비율 = \frac{(1회차\ 집락\ 계수) - (2회차\ 집락\ 계수)}{(1회차\ 집락\ 계수)} \times 100$$

왼손 엄지 (대조군)			오른손 엄지 (담그기)			오른손 엄지 (닦기)		
집락계수 1회차 누름	집락계수 2회차 누름	감소비율	집락계수 1회차 누름	집락계수 2회차 누름	감소비율	집락계수 1회차 누름	집락계수 2회차 누름	감소비율
왼쪽 평균 감소 비율(대조군)			오른쪽 평균 감소 비율(담그기)			오른쪽 평균 감소 비율(닦기)		

2. 일반적으로, 알코올은 피부 오염 정도에 어떠한 영향을 미치는가?

3. 알코올에 손을 담그는 것과 문질러 닦는 것의 효과 간에 차이가 있는가? ______
어떠한 방법이 더 효과적으로 보이는가? ______

4. 알코올 처리 후에도 생존이 가능한 몇몇 미생물이 있다. 염색 혹은 현미경 관찰법을 제외하고, 알코올 처리가 된 오른손 엄지로 누른 배지에서 자랄 수 있는 미생물의 유형을 예측하시오.

B. 단답형 문제 (소독제의 정의는 실험 35를 참조하라)

1. 유용한 소독제로서의 알코올은 어떤 목적을 위해 사용되는가?

2. 피부소독제로서 알코올은 비누에 비하여 어떠한 이점을 갖는가?

3. 알코올 처리를 한 사람의 피부는 왜 완전히 멸균된 환경을 조성하지 못하는가?

MICROBIOLOGY

항균 민감도 검사법: Kirby–Bauer법

Antimicrobic Sensitivity Testing: Kirby–Bauer Method

EXERCISE 34

학습목표

이 실험을 수행한 후 여러분은 다음의 사항을 알 수 있을 것이다.

1. 세균 감염을 처치하는 것과 연관되어 있는 다음 용어를 정의한다: 항균제(antimicrobial), 항생제(antibiotic), 반합성(semi-synthetic), 합성(synthetic).
3. 항균제의 효과를 Kirby–Bauer법을 사용하여 나타낸다.

항균제(antimicrobial)와 항생제(antibiotic)는 감염성 질환을 극복하기 위한 전쟁의 최전선에서 우리를 방어하고 있다. 미생물(스타필로코커스, 스트렙토코커스, 슈도모나스, 마이코박테리움 등)에 의한 질병들은 과거에는 사람들에게 치명적이었지만, 현재는 항생제의 발견에 따라 조절하고 치료할 수 있게 되었다. 플레밍(Alexander Fleming)이 1929년 페니실리움의 한 종이 스타필로코커스 아우레우스(*Staphylococcus aureus*)가 접종된 배양접시에서 이 균의 생장을 억제하는 것을 발견한 이래, 페니실린(penicillin)이 분리되었다. 프로리(Howard Florey), 히트라(Norman Heatley), 체인(Ernst Chain) 등이 페니실린의 분리를 성공시킨 이래, 페니실린은 세균 감염을 치료하기 위한 임상 목적의 항생제로 개발되었다. 다른 항생제들도 속속 발견되어 세균 감염질환 치료제의 목록에 이름을 올려왔다. 항생제가 발견되기 전에는 세균 감염에 사용될 수 있는 방법이 제한적이었는데, 몇몇 화학물, 예를 들면, 비소가 포함된 살바르산(salvarsan), 또는 설파제(sulfa drug) 만이 일부 효과를 내었었다. 오늘날 우리는 세균, 곰팡이, 바이러스 등에 대하여 효과적인 성능을 보이는 물질들을 대단히 많이 보유하고 있다. **항균제**는 미생물의 생장을 억제하거나 죽이는 물질로 정의된다. **항생제**는 항균제의 하나로서, 일반적으로 분자량이 작고, 미생물이 분비하여, 다른 미생물을 억제하거나 죽이는 물질이다. 페니실린과 스트렙토마이신(streptomycin)은 대표적인 예이다. 항생제들은 그 작용기작이 보다 더 효율적이 되도록 하기 위하여 화학적으로 변형되어 왔다. 이러한 항생제는 **반합성**(semi-synthetic)이라 한다. 일부 항균제들은 미생물에서 합성된 적이 없고, 실험실에서 화학합성에 의하여 만들어졌다. 설파제들은 **합성**(synthetic) 항균제로서, 페니실린 발견 이전부터 일부 세균 질병에 사용되어 왔다.

우리가 감염 미생물을 처리했다고 믿는 것은 불행히도 잠정적일 뿐이다. 현대 의학계에서 점점 커지는 문제점은 항생제 저항성 미생물들이, 예를 들면, 황색포도상구균(*Staphylococcus aureus*), 녹농균(*Pseudomonas aeruginosa*), 결핵균(*Mycobacterium tuberculosis*), 임질균(*Neisseria gonorrhoeae*), 장내세균(*Enterococcus*) 등 이들 미생물을 처치하는 데 일반적으로 사용해오던 항생제에 더 이상 반응을 하지 않는 점이다. *Staphylococcus aureus*는 특히 문제가 되고 있다. 병원과 지역사회 모두에서 MRSA(methicillin-resistant *S. aureus*) 종이 분리되고 있는 데, 이 종은 페니실린에 반응하지 않기 때문에 반코마이신(vancomycin)과 같은 보다 값비싼 항생제를 써야 이 종에 의한 감염을 치료할 수 있다. 또한 짐작할 수 있는 바와 같이 반코마이신에 저항성을 갖는 *Staphylococcus*와 *Enterococcus* 종들이 이미 발생하였다. 병원에서 주로 감염되는 MRSA는 많은 **건강관리유래감염**(health-care acquired infections, HAIs)의 원인균이 되는데, HAIs는 과거에는 병원에서 이 병에 감염되었기 때문에 병원내 감염(nosocomial infection)이라 불리웠다. 미국 질병통제 및 예방센터(Centers for Disease Control, CDC)에서 추정한 바에 따르면, 2002년에 미국 내에서 170만 건의 HAIs가 발생하였다. 페니실린은 오랫동안 임질(gonorrhea) 치료제로 선택되어 왔다. 그러나 페니실린 저항성 임질균(*N. gonorrhoeae*)이 분리됨에 따라 이 성병을 치료할 수 있는 보다 값비싼 약품이 필요하게 되었다. 걸인이나 마약중독자들에게서 분리된 결핵균(*M. tuberculosis*) 종들에서는 어떠한 항균제에도 반응하지 않는 종들이 발견되었다. 말할 필요도 없이 항생제 저항성은 질병의 확산과 치료에 영향을 주는 공중보건상의 주요 문제점이 되었다.

환자가 세균 감염으로 인해 의학적 도움을 구한다면, 의사는 일반적으로 보수적인 접근을 하여 병원균의 분리없이 항균제를 처방한다. 의사가 선택하는 항균제는 환자의 증상에 기초하여 그 원인 미생물을 추정하고, 그 병원균에 효과적이라고 알려진 종류가 될 것이다. 보통의 경우 이러한 접근 방법은 질병을 치료하는 데 충분하다. 그러나, 가끔은 병원균이 처방된 항균제에 반응하지 않을 수 있다. 이 경우에는 원인균을 순수분리하고, 동정하고, 다양한 항균제에 대하여 민감도와 저항성을 시험하는 것이 중요한 일이 된다. 항균제들은 여러 병원균에 대하여 그 효과가 다양하다. 어떤 항균제들은 작용범위가 좁아 그람양성 세균에 더 효과적일 수 있고, 다른 항균제들은 그람음성 세균에 더 효과적일 수 있다. 넓은 작용 범위를 갖는 항균제들은 두 종류 세균 모두에 효과적일 수 있다. 시험 결과에 따라 해당 병원균이 민감하게 반응하는 항균제가 찾아진다면 그 병원균 감염에 대한 치료제로서 처방될 수 있을 것이다.

어떤 항균제의 작용 범위가 넓은지 좁은지 여부는 그 항균제의 작용 기작과 세포 내 이동 능력에 따라 결정된다. 항균제들은 서로 다른 작용 기작을 갖고 있으며, 세균 세포의 대사에 다른 방법으로 영향을 미친다: 세포벽 합성(penicillin), DNA 혹은 RNA 합성(cipro, rifampin), 단백질 합성(tetracyclin, streptomycin), 비타민합성(sulfa drug, 설파제). 예를 들어, 70S 리보솜(ribosome)에 작용하는 항생제는 넓은 작용 범위를 갖기 쉬운데, 이는 모든 세균가 70S 리보솜을 갖고 있기 때문이다. 설파제는 비타민의 하나인 엽산(folic acid)의 합성을 억제하는 항생제이다. 이 항생제는 좁은 작용 범위를 갖는데, 이는 모든 세균가 엽산을 생합성하여 사용하는 것은 아니기 때문이다. 항생제의 작용 기작을 결정하는 또 다른 요인의 하나는 투과성이다. 그람음성 세균의 외막은 투과 장벽으로 작용하여 항균제가 세포 내부로 들어오는 것을 막을 수 있다.

표 34.1에 일부 항균제의 작용 기작을 요약하였다.

Kirby-Bauer법(Kirby-Bauer method, 그림 34.1)은 세균의 항균제에 대한 민감도 혹은 저항성을 평가하기 위하여 사용된다. 이 방법은 표준화된 방법으로서 신뢰성 있고, 비교적 간단하며, 짧은 시간에 결과를 얻을 수 있다.

먼저 시험 대상 세균를 뮐러-힌튼배지(Mueller-Hinton medium)에 균일하게 접종(streaking)하고, 특정 농도의 항균제 혹은 항생제를 적신 디스크(paper disk)를 배지 위에 올려놓는다. 항균제는 확산되어 농도 기울기를 형성한다. 만일 그 물질이 검체를 억제하거나 죽인다면 디스크 주위에 어떠한 생장도 일어나지 않는 구역이 생길 것인데, 이를 **억제구역**(zone of inhibition)이라 한다(그림 34.2). 억제구역은 항균제의 확산도, 접종량, 배지

표 34.1 항생제의 작용 기작

항생제	작용 범위	작용 부위
Penicillin	G+; G−	Cell wall/β-lactamase, peptidoglycan synthesis–amino acid side chain
Vancomycin	G+	Cell wall/Peptidoglycan synthesis
Bacitracin	G+	Cell wall/Transport of peptidoglycan monomer
Isoniazid	*Mycobacterium tuberculosis*	Cell wall/Mycolic acid synthesis in *Mycobacterium*
Fluroquinolones	G+; G−	DNA/Topoisomerase unwinding of DNA in DNA synthesis
Rifamycins	G+; some G−	RNA/RNA polymerase in RNA synthesis
Tetracyclines	G+; G−	Protein synthesis/30S subunit of 70S ribosome
Streptomycin	G+; G−	Protein synthesis/30S subunit of 70S ribosome
Chloramphenicol	G+; G−	Protein synthesis/50S subunit of 70S ribosome
Sulfa drugs	G+; G−	Structural analogue of para-amino benzoic acid (PABA)–inhibit enzyme linking pteridine to PABA in folic acid synthesis

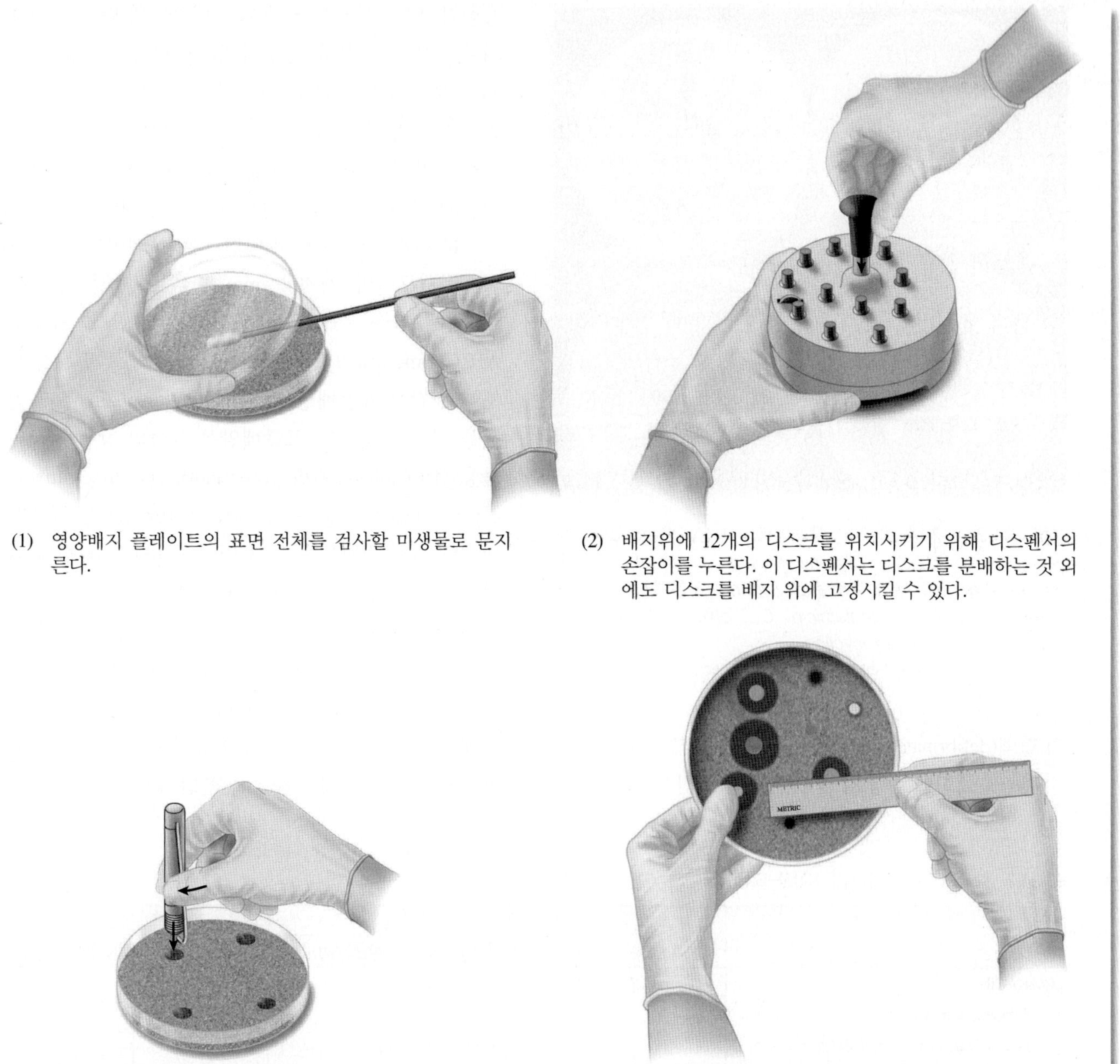

(1) 영양배지 플레이트의 표면 전체를 검사할 미생물로 문지른다.

(2) 배지위에 12개의 디스크를 위치시키기 위해 디스펜서의 손잡이를 누른다. 이 디스펜서는 디스크를 분배하는 것 외에도 디스크를 배지 위에 고정시킬 수 있다.

(3) 개별 디스크를 분배하기 위해 카트리지(Difco)가 사용될 수 있다. 작은 플레이트(100 mm) 위에는 4~5개의 디스크만이 위치될 수 있다.

(4) 18시간의 배양 후에 억제구역(직경)이 mm 단위로 측정된다. 구역 크기의 의미는 Kirby-Bauer 표에 의해 결정된다.

그림 34.1 항균 민감도 검사.

의 종류 등 여러 요소에 의하여 다양해진다. 시험에서는 이러한 모든 다양한 요인을 고려해야 된다. Kirby-Bauer 법은 미국 FDA와 임상 시험 기준에 대한 국가위원회의 항균 민감도 검사 분과에 의해 인가되었다. 이 실험에서 이 방법의 모든 범위에 대하여 논할 수는 없지만 항균제와 항생제 평가를 위한 기본적인 과정은 다음에 제시될 것이다.

이 방법에 추천되는 배지는 뮐러-힌튼II 한천배지이며, 배지의 pH는 7.2~7.4, 페트리 접시에 4 mm 두께로 균일하게 부어야 한다. 150 mm 플레이트에는 60 mL, 100 mm 플레이트에는 25 mL의 배지가 필요하다. 배양 조건이 까다로운 미생물을 위해서는 탈섬유소화된 양

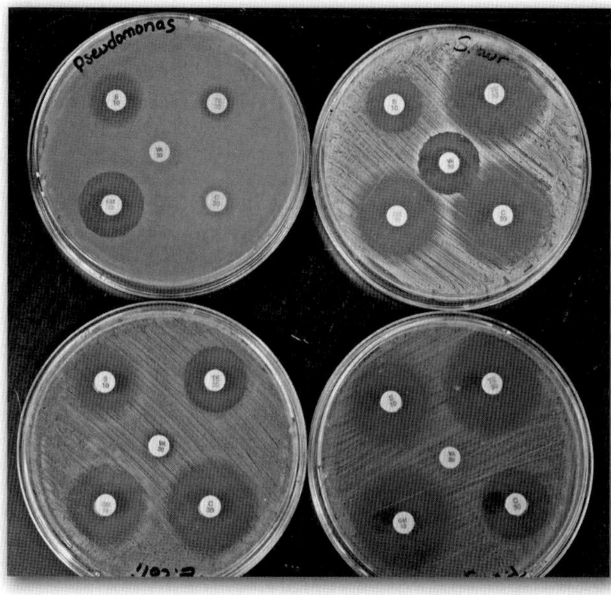

그림 34.2 커비-바우어 플레이트: 좌상, *Pseudomonas aeruginosa*; 우상, *Staphylococcus aureus*; 좌하, *Escherichia coli*; 우하, *Proteus vulgaris*. 시험 항생제: *S – streptomycin*; *GM – gentamicin*; *C – chloramphenicol*; *Va – vancomicin*; *T – tetracycline*.

의 혈액(defibrinated sheep's blood) 5%를 첨가해야 한다.

배지 표면에 접종은 검체 배양액에 적신 면봉을 사용한다. 임상 적용을 위해서는 배양액의 탁도가 정해진 기준에 맞아야 한다. 접종에 앞서, 면봉에 충분한 배양액이 묻어 있는지 확인해야 한다. 높은 효능을 가진 디스크를 사용해야 하고, 이를 디스펜서 또는 멸균된 핀셋을 사용하여 배지 위에 올려 놓는다. 배지에 디스크가 잘 접촉할 수 있도록 위에서 눌러주는 것이 필요하다.

16~18시간 정도 배양한 후 플레이트를 검사하고, 억제구역의 직경을 mm 단위로 측정한다. 측정한 억제구역의 직경을 표준값과 비교한다. 표준값은 ATCC(American Type Culture Collection)에서 특정 항생제에 민감한 표준배양(reference culture)으로 부터 얻은 값을 정리한 것이다. 표준배양은 그들의 항생제에 대한 반응 정도에 따라, 저항성(resistant), 민감성(sensitive), 중간(intermediate)으로 표시된다. 이러한 표시는 표준배양의 반응과의 비교치로 부터 얻어진다(구역 직경의 의미를 결정하기 위해서 표 34.2를 참조하시오).

이 실험에서 우리는 네 종류의 미생물을 다룰 것이다: *Staphylococcus aureus*, *Escherichia coli*, *Proteus vulgaris*, *Pseudomonas aeruginosa*. 각 실험자는 한 플레이트에 위의 네 개체 중 하나를 접종할 것이며 사용 가능한 방법으로 배지 위에 디스크를 올릴 것이다. 각 실험자가

표 34.2 항균제 민감도 검사인 Kirby-Bauer법에서 억제구역의 크기

	코드	용량	억제구역 (MM)		
항생제	(CODE)	(POTENCY)	저항성 (R)	중간 (I)	민감성 (S)
AMIKACIN	AN-30	30 μg			
Enterobacteriaceae					
P. aeruginosa, Acinetobactor					
staphylococci			≤14	15-16	≥17
Amoxicillin/Clavulinic acid	AmC-30	20/10 μg			
Enterobacteriaceae			≤13	14-17	≥18
Staphylococcus spp.			≤19	–	≥20
Haemophilus spp.			≤19	–	≥20
Ampicillin	AM-10	10 μg			
Enterobacteriaceae			≤13	14-16	≥17
Staphylococcus spp.			≤28	–	≥29
Enterococcus spp.			≤16	–	≥17
Listeria monocytogenes			≤19	–	≥20
Haemophilus spp.			≤18	19-21	≥22
β-hemolytic streptococci			–	–	≥24

표 34.2 항균제 민감도 검사인 Kirby–Bauer법에서 억제구역의 크기 (계속)

항생제	코드 (CODE)	용량 (POTENCY)	억제구역 (MM) 저항성 (R)	중간 (I)	민감성 (S)
Aziocillin	AZ–75	75 μg			
P. aeruginosa			≤17	–	≥18
Bacitracin	B–10	10 units	≤8	9–12	≥13
Carbenicillin	CB–100	100 μg			
Enterobacteriaceae and *Acinetobacter*			≤19	20–22	≥22
P. aeruginosa			≤13	14–16	≥17
Cefaclor	CEC–30	30 μg			
Enterobacteriaceae and staphylococci			≤14	15–17	≥18
Haemophilus spp.			≤16	17–19	≥20
Cefazolin	CZ–30	30 μg			
Enterobacteriaceae and staphylococci			≤14	15–17	≥18
Cephalothin	CF–30	30 μg			
Enterobacteriaceae, and staphylococci			≤14	15–17	≥18
Chloramphenicol	C–30	30 μg			
Enterobacteriaceae, *P. aeruginosa*, *Acinetobactor*, staphylococci, enterococci, and *V. cholerae*			≤12	13–17	≥18
Haemophilus spp.			≤25	26–28	≥29
S. pneumoniae			≤20	–	≥21
Streptococci			≤17	18–20	≥21
Ciprofloxacin	CIP–5	5 μg			
Enterobacteriaceae, *P. aeruginosa*, *Acinetobacter*, staphylococci and enterococci			≤15	16–20	≥21
Haemophilus spp.			–	–	≥21
N. gonorrhoeae			≤27	28–40	≥41
Clarithromycin	CLR–15	15 μg			
Staphylococcus spp.			≤13	14–17	≥18
Haemophilus spp.			≤10	11–12	≥13
S. pneumoniae and other streptococci			≤16	17–20	≥21
Clindamycin	CC–2	2 μg			
Staphylococcus spp.			≤14	15–20	≥21
S. pneumoniae and other streptococci			≤15	16–18	≥19

(계속)

표 34.2 항균제 민감도 검사인 Kirby–Bauer법에서 억제구역의 크기 (계속)

항생제	코드 (CODE)	용량 (POTENCY)	억제구역 (MM) 저항성 (R)	중간 (I)	민감성 (S)
N. gonorrhoeae			≤14	15–17	≥18
Streptomycin	S–300	300 μg			
Enterobacteriaceae			≤11	12–14	≥15
Sulfisoxazole	G–25	250 μg			
Enterobacteriaceae, P. aeruginosa, Acinetobacter, V. cholerae, and staphylococci			≤12	13–16	≥17
Tetracycline	Te–30	30 μm			
Enterobacteriaceae, P. aeruginosa, Acinetobacter, V. cholerae, staphylococci and enterococci			≤14	15–18	≥19
Haemophilus spp.			≤25	26–28	≥29
N. gonorrhoeae			≤30	31–37	≥38
S. pneumoniae and other streptococci			≤18	19–22	≥23
Tobramycin	NN–10	10 μg			
Enterobacteriaceae, P. aeruginosa, Acinetobacter, and staphylococci			≤12	13–14	≥15
Trimethoprim	TMP–5	5 μg			
Enterobacteriaceae and staphylococci			≤10	11–15	≥16
Vancomycin	Va–30	30 μg			
Staphylococcus spp.			–	–	≥15
Enterococcus spp.			≤14	15–16	≥17
S. pneumoniae and other streptococci			–	–	≥17

전체 실험 중 일부만 수행할 것이기 때문에 학생들이 해야 할 과제는 잘 분담되어야 한다. 과정은 다음과 같다.

1차 실험

(플레이트 준비)

재료

- 뮐러–힌튼II 한천 플레이트 1장
- *S. aureus, E. coli, P. vulgaris, P. aeruginosa*의 영양액체배지 (면봉과 함께)
- 디스크 디스펜서 (BBL 또는 Difco)
- 디스크 카트리지 (BBL 또는 Difco)
- 핀셋과 분젠 버너
- 구역평가표 (BBL 또는 Difco)
- 자

개체	학생번호
S. aureus	1, 5, 9, 13, 17, 21, 25
E. coli	2, 6, 10, 14, 18, 22, 26
P. vulgaris	3, 7, 11, 15, 19, 23, 27
P. aeruginosa	4, 8, 12, 16, 20, 24, 28

1. 아래 표로부터 실험을 수행할 개체를 고른다.
2. 개인의 플레이트위에 개체의 이름을 적는다.
3. 플레이트의 배지 표면에 배양액을 충분히 묻힌 면봉을 올리고 이를 눌러 여분의 배양액이 흘러나오게 한 후 면봉을 충분히 회전시키면서 배양액이 골고루 펴지도록 한다. 세 방향으로 고르게 문지르면서 배지 표면 전체에 접종한다. 면봉으로 배지의 가장자리를 문지르면서 접종을 마친다.
4. 디스크를 올리기 전에 3~5분 동안 배지 표면을 건조시킨다.
5. 다음과 같이 디스크를 분배한다.
   a. 자동 디스펜서를 사용한다면, 플레이트의 뚜껑을 제거하고 디스펜서를 플레이트 위에 위치시킨 후 플런저를 세게 누른다. 배지를 고정시키기 위해 핀셋의 멸균된 끝부분으로 각각의 디스크를 가볍게 눌러준다.
   b. 핀셋을 사용한다면, 디스크를 들기 전에 불로 달구어 멸균시킨다. 각 디스크는 플레이트의 가장자리로 부터 15 mm 이상 떨어져서 위치해야 한다. 150 mm 플레이트에는 13개, 100 mm 플레이트에는 5개 이하의 디스크를 올린다. 멸균된 핀셋 끝 혹은 접종 백금이로 디스크에 약간의 압력을 가해 접촉이 잘 되도록 한다.
6. 플레이트를 뒤집고 37℃에서 16~18 시간동안 배양한다.

2차 실험

(결과 평가)

배양 후에 자를 사용하여 억제구역의 크기를 측정한다(그림 34.3). 완전한 억제구역은 확대 없이 결정된다. 매우 자세히 관찰해야만 탐지할 수 있는 희미한 생장 혹은 작은 집락은 무시한다. 투명 구역 내에 자라는 큰 집락은 저항성을 갖는 변이균이거나 혼합접종 때문일 수 있기 때문에 임상 상황에서는 재동정 및 재시험이 요구될 수 있다. *Proteus*의 특징인 유주(swarming)는 무시하고, 많이 생장한 경계선 만을 고려해 측정한다. 실험 보고서 34의 표와 담당교수가 제공하는 예시표에 억제구역 측정값을 기록한다. 다양한 디스크를 확인하기 위하여 표 34.2를 사용하시오.

여러분이 검사한 미생물이 민감성(S)인지, 중간(I)인지, 저항성(R)인지 결정하기 위하여 표 34.2를 참조한다. 억제구역의 의미는 개체의 유형에 따라 달라질 수 있다는 것을 숙지한다. 이 교재의 표에서 항생제를 찾을 수 없다면 BBL 혹은 Difco에서 제공하는 표를 참고한다. 표 34.2는 일부분만 표시하고 있다.

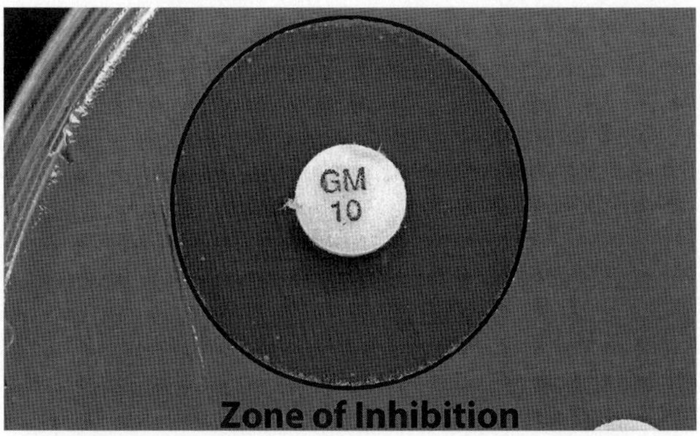

(a)

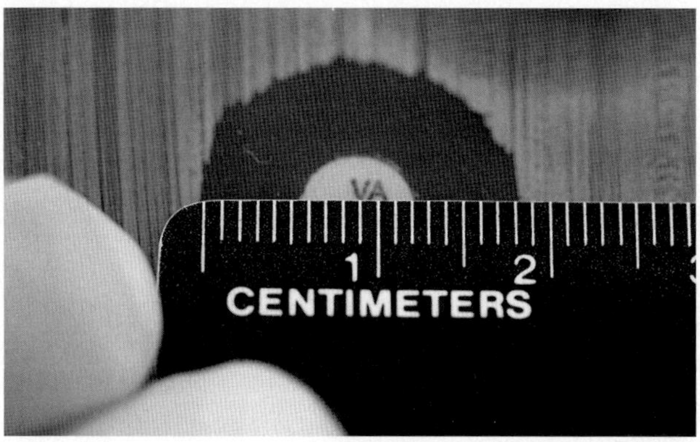

(b)

그림 34.3 (a) *Psedomonas aeruginosa*에 대한 gentamycin의 억제구역, (b) 억제구역의 측정.

이름: ____________

날짜: ________ Section: ____________

실험 34. 항균 민감도 검사: Kirby-Bauer법

A. 결과

1. 각각의 개체에 사용된 항생제를 열거하시오. 다양한 디스크를 확인하기 위하여 표 34.2를 참고하시오. 구역의 직경을 측정, 기록 후에 해석을 위해 표 34.2를 참고하시오. 민감도의 등급(R, I, S)을 등급 열에 기록하시오. 다른 학우들과 데이터를 교환하여 전체표를 완성하시오.

	항균제	구역직경	등급(R, I, S)	항균제	구역직경	등급(R, I, S)
S. aureus						
P. aeruginosa						
Proteus vulgaris						
E. coli						

2. 어떤 항생제가 다음의 미생물을 억제하는 데 적합한가?

S. aureus :______________________________

E. coli :______________________________

P. vulgaris :______________________________

P. aeruginosa :______________________________

B. 단답형 문제

1. 다음 두가지의 차이점을 설명하고, 각각의 예를 한 가지씩 드시오.

a. 항생제/항균제

____

b. 넓은 범위 항생제/좁은 범위 항생제

____

2. 어떤 요인이 특정 항생제의 억제구역 크기에 영향을 미치는가?

____

____

3. 어떤 그람음성 세균은 그람양성 세균보다 세포질을 공격하는 항생제에 대한 저항성이 큰데, 그 이유는 무엇인가?

____

____

4. 그람양성 세균이 그람음성 세균보다 polymyxin B와 같은 세포막을 파괴하는 항생제에 대한 저항성이 큰 이유는 무엇인가?

____

____

5. 한 세균 분리집단이 한 항생제에 대하여 중간 정도의 저항성을 보인다면, 어떻게 이 항생제가 이 세균의 처리에 성공적으로 사용될 수 있는가?

____

____

6. 항생제의 효과를 측정하기 위한 실험에는 어떠한 특정 배지가 반드시 사용되어야 하는가?

____

____

LEARNSMART LABS MICROBIOLOGY

EXERCISE 35

방부제 평가: 원판여과지법

Evaluation of Antiseptics: The Filter Paper Disk Method

학습목표

이 실험을 수행한 후 여러분은 다음의 사항을 알 수 있을 것이다.

1. 다음 용어를 정의한다: 방부제(antiseptics), 소독제(disinfectant), 멸균제(sterilant), 살포자제(sporocide), 위생처리제(senitizer), 정균제(bacteriostatic), 살균제(bacteriocidal).
2. 원판여과지법을 사용하여 표백제, 과산화수소, 구강청결제 등과 같은 일반적인 방부제 및 소독제의 상대적 효과를 비교한다.

우리는 매일 미생물의 생장을 조절하거나 죽이기 위해 다양한 화학물질을 사용한다. 병원에서는 오염된 지역을 소독하기 위하여 강력한 산화력을 갖는 차아염소산소다를 사용하는데, 이 물질은 가정에서 사용하는 표백제와 동일한 것이다. 알코올은 주사를 놓기 전에 피부를 소독하기 위하여 사용하고, 유기 요오드인 베타딘(betadine)은 수술 전에 피부를 닦아 황색포도상구균(*Staphylococcus aureus*)과 같은 세균이 수술 후에 감염하지 못하도록 소독하는 데 사용한다. 도시와 지방자치단체에서는 장티푸스균(*Salmonella typhi*)과 같은 병원균이 오염되지 않도록 음용수에 염소를 처리한다. 대형 식료품 가게에서는 미생물에 의한 식품의 변질을 늦추고 가공식품들의 유통기한을 늘리며 치명적인 식품중독의 원인이 되는 클로스트리디움 보툴리눔(*Clostridium botulinum*)의 생장을 억제하기 위한 많은 화학제들이 사용된다.

미생물의 생장을 조절하는 화학제는 방부제 또는 소독제로 규정할 수 있다. **방부제**(antiseptic)는 미생물의 생장을 억제하거나 죽이지만 생체조직에 사용될 정도로 안전한 알코올 또는 베타딘 등과 같은 물질로서, 이 약제들은 내생포자를 죽이지는 못한다. 손세척 또는 피부 위의 상처부위를 치료하는 용도로 사용되거나, 수술이나 주사 등의 처치 전에 피부를 소독함으로써 피부 미생물의 기회감염을 방지하는 용도로 사용된다. **소독제**(disinfectant)는 탁자, 벽 또는 마루와 같은 무생물체에 적용되어 미생물을 죽이는 물질이다. 이들은 일반적으로 방부제보다 강하여 조직에 손상을 준다. 일부 소독제는 **멸균제**(sterilant) 또는 **살포자제**(sporocide)로 분류되는데, 내생포자를 비롯한 모든 미생물체를 파괴하기 때문이다. 예를 들어, 에틸렌옥사이드(ethylene oxide)는 열에 민감한 플라스틱 페트리 접시, 플라스틱 피펫, 플라스틱 주사기 또는 높은 열처리가 불가능한 수술도구 등을 멸균하는 데 사용된다. 미생물을 완전히 제거하지는 못하지만 미생물의 수를 안전한 수준까지 낮추는 화학제들은 **위생처리제**(sanitizer)로 정의된다. 이러한 물질들은 식품산업에서 접시, 조리기구 등을 처리하는 데 사용된다. 어떤 특정 화학제가 세균을 죽이지는 못하고 생장만 억제하면 이를 **정균제**(bacteriostatics)라고 한다. 정균제가 제거된다면 세균은 다시 생장할 수 있다. 이와 반대로 세균을 죽이는 화학제를 **살균제**(bacteriocidal)라고 부른다. 특정 미생물 집단에 특이적으로 작용할 수 있는 화학제들은 작용범위에 따라 정의될 수 있다: 살균제, 살진균제(fungicides), 살바이러스제(viricides) 등. 이들의 사용은 어느 미생물 집단을 대상으로 하느냐에 따라 그 목적에 맞게 사용된다. 일부 방부제는 약품으로 분류되기 때문에 미국 식품의약국(Food and Drug Administration, FDA)의 규제를 받는다.

소독제와 방부제의 효능을 비교하는 것은 쉽지 않은데, 그 이유는 각각 작용 방식이 다르고, 화학제의 효능을 분석하는 데 매우 중요한 요소인 용해도와 같은 화학적 성질이 각각 다르기 때문이다. 그러나 항생제의 성능평가에 사용되는 Kirby-Bauer법을 수정하여 방부제나 소독제가 실험균주의 생장을 억제하는지 서로 비교하는 데에 사용할 수 있다. 이 실험에서는 적절한 한천배지에 대상 미생물을 도말하여 사용한다. 방부제나 소독제 용

표 35.1 학생 배정

화학제		학생번호	
		S. aureus	*P. aeruginosa*
3% 과산화수소		1, 15, 29	2, 16, 30
5% Lysol		3, 17, 31	4, 18, 32
5% 요오드		5, 19, 33	6, 20, 34
1:10 Bleach		7, 21	8, 22
구강청결제		9, 23	10, 24
베타딘		11, 25	12, 26
암필		13, 27	14, 28

액에 항생제 디스크와 동일한 크기의 여과지 디스크를 담가 충분히 적신 후 접종된 한천배지 위에 올려 놓고 48시간 배양한다. 화학제는 한천배지로 희석되면서 확산되어 농도구배를 형성할 것이다. 만일 화학제가 억제 효과를 갖고 있다면 미생물이 생장하지 못한 생장억제부위(clear zone)가 디스크 주위에 나타날 것이다. 이 억제부위의 크기가 화학제들의 효능을 정량적으로 비교하는 데 사용될 수 있다.

이 실험에서 그람양성 세균인 황색포도상구균(*S. aureus*)과 그람음성 세균인 녹농균(*Pseudomonas aeruginosa*)을 대상으로 여러 가지 소독제와 방부제의 효능을 비교할 것이다. 실험에 사용될 화학제들은 다음과 같다: 표백제(1:10 희석액), 5% 석탄산, 5% 요오드 수용액, 베타딘, 구강청결제, 암필(amphyl), 5% 포르말린.

1차 실험

(원판여과지 처리)

재료

학생당

- 미생물당 주입평판배지용 영양한천배지(agar plate pour) 1장, 페트리 접시 1장
- 황색포도상구균과 녹농균 액체배양액은 담당교수 실험대에 놓을 것
- 페트리 접시에 멸균된 원판여과지(지름 1.3 cm) 준비
- 핀셋과 분젠 버너
- 작은 비이커에 화학제 용액 준비 (3% 과산화수소, 5% Lysol, 5% 요오드 수용액, 1:10 표백제, 구강청결제, 베타딘, 암필)

1. 학생당 실험 배정 내용을 표 35.1에서 확인한다.
2. 주입평판배지용 영양한천배지를 녹이고 50℃로 식힌다.
3. 페트리 접시 바닥에 미생물 및 화학제의 이름을 적는다.
4. 백금이 한 개의 포도상구균을 주입평판용 영양한천배지에 접종하고 이를 페트리 접시에 부어 굳힌다(혹은 미리 굳힌 한천배지에 대상미생물을 균일하게 도말 할 수도 있다).
5. 핀셋을 알코올에 담갔다가 불에 태워 멸균한 후 (불꽃과 알코올 조심!), 멸균된 여과지를 집어 소독제에 절반쯤 담근다. 여과지를 접종된 배지에 놓고 가볍게 누른다. 150 mm 페트리 접시에 4개 이상의 여과지를 올리지 않는다.
6. 녹농균에 대해서도 이와 동일한 순서로 반복한다.
7. 플레이트를 37℃에서 48시간 배양한다.

2차 실험

(평가)

1. 여과지의 끝에서 대상 미생물이 자란 경계선까지의 거리를 측정한다(그림 35.1(5)참조, 그림 34.3b와 비교).
2. 각 화학제가 보이는 생장억제지역에 근거하여 방부제와 소독제를 평가하고 실험 보고서 35의 표를 완성한다.

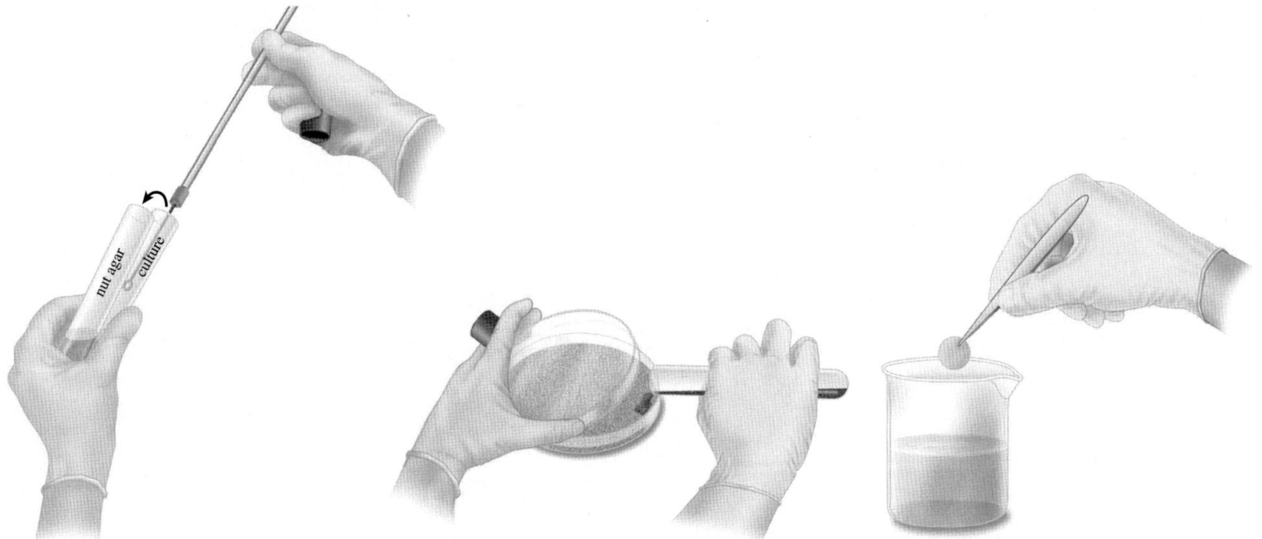

(1) 액체상태의 영양한천배지에 백금이 하나 분량의 미생물을 접종한다.

(2) 접종된 한천배지를 접시에 부은 후 굳힌다.

(3) 멸균된 원판여과지를 화학제에 반쯤 담근다. 완전히 담그면 화학제의 양이 넘친다.

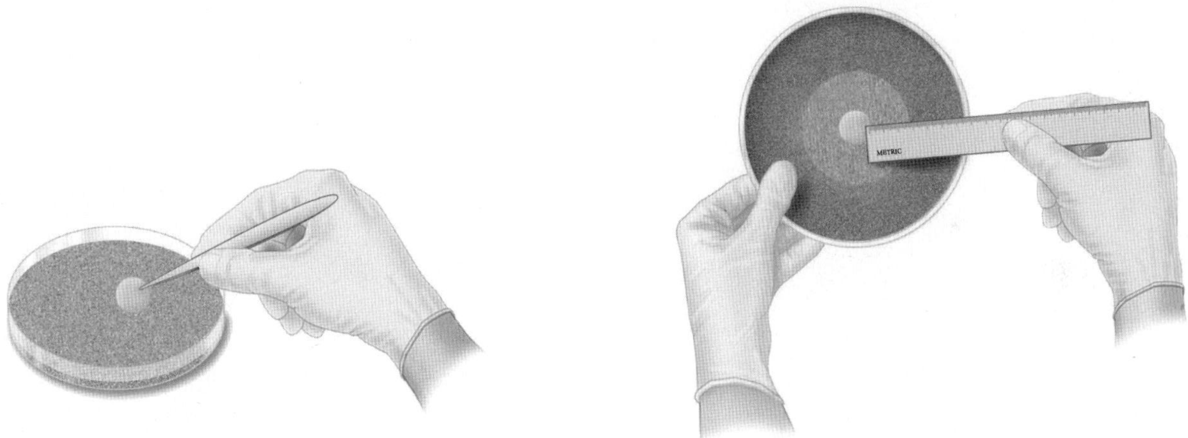

(4) 화학제를 적신 여과지를 중앙에 놓고 가볍게 누른다.

(5) 24~48 시간 후에 생장억제지역의 길이를 접시 바닥에서 측정한다. 측정해야 하는 길이는 여과지와 균생장이 보이는 지역 사이의 거리이다.

그림 35.1 방부제를 평가하는 원판여과지법.

실험 보고서 35

이름: ______________________

날짜: ________ Section: ______________

실험 35. 방부제 평가: 원판여과지법

A. 결과

1. 원판여과지와 미생물 생장 끝 부분까지의 생장억제지역의 길이를 mm 단위로 기록하시오. 다른 학생들의 결과를 종합하여 모든 화학제에 대한 결과를 완성하시오.

화학제	생장억제 길이 (mm)	
	Staphylococcus aureus	*Pseudomonas aeruginosa*
3% 과산화수소		
5% Lysol		
5% 요오드		
1:10 표백제		
구강청결제		
베타딘		
암필		

2. 어떤 화학제가 황색포도상구균 생장억제에 가장 효과적인가? 녹농균은 어떠한가?

3. 어떤 화학제가 황색포도상구균 생장억제에 가장 효과가 낮은가? 녹농균은 어떠한가?

4. 여러분의 결과는 두 가지 미생물의 화학제에 대한 상대적 저항성에 대해 무엇을 말해 주는가?

B. 단답형 문제

1. 방부제와 소독제를 구별하시오. 각 화학제에 대한 예를 들고, 어떤 화학제는 두 가지 모두로 사용할 수 있는지 설명하시오.

2. 화학제에 의한 생장억제지역의 길이에 영향을 주는 요소는 무엇인가?

3. 그람양성 세균과 그람음성 세균의 구조적인 차이가 화학제에 대한 저항성에 어떤 영향을 끼쳤는가?

손 세척의 효율성

Effectiveness of Hand Scrubbing

EXERCISE 36

학습목표

이 실험을 수행한 후 여러분은 다음의 사항을 알 수 있을 것이다.

1. 사람의 피부에서 발생하는 정상 미생물에 대해 정의한다.
2. 건강관리연관감염을 초래하는 미생물에 대해 이해한다.
3. 사람의 피부에 있는 세균가 비누로 손 씻기를 했을 때 감소하는 이유를 설명한다.

질병의 전염을 막기 위하여 손을 씻는 것이 중요하다는 것은 1846년과 1847년에 비엔나의 라잉인(Lying-In) 병원에서 근무하던 제멜바이즈(Ignaz Semmelweis)에 의하여 입증되었다. 제멜바이즈는 산부인과의 책임자로서 산욕열(childbirth fever; 산욕패혈증 puerperal sepsis)의 주 원인이 위생관념의 부족이라고 판단하였다. 그는 의대생과 외과의사들이 해부실과 부검실에서 손을 씻지 않고 환자의 침대로 가고 분만을 돕는 것을 관찰하였다. 이러한 병동에서는 산욕열에 의한 사망률이 높고, 때로는 20%에 이르렀다. 이와 반대로 부검실에 출입하지 않으며 환자를 다룰 때 더욱 위생적인 조산원이나 간호사의 도움을 받아 출산하는 여성의 경우 사망률이 확연히 낮았다. 이러한 관찰 결과에 근거하여 제멜바이즈는 외과의사와 의대생들은 산과 환자나 분만을 돕기 위해서는 반드시 생석회 염소수(표백제)에 손을 미리 씻어야 하는 정책을 입안하였다. 이러한 노력으로 의사와 의대생의 도움을 받는 여성의 경우에도 산욕패혈증에 의한 사망이 1%까지 급격이 감소하였다. 그러나 이러한 성공은 짧게 끝나고 말았는데, 의사와 의대생들의 불평 때문에 병원장이 제멜바이즈에게 이 정책을 포기하도록 압력을 가하였고 산욕열에 의한 사망률은 다시 증가하였다. 낙심한 제멜바이즈는 그의 직업을 그만두고 고향인 헝가리로 귀국하였다.

오늘날에는 환자를 돌보기 전에 손을 씻는 것과 수술 이전에 손을 완전하게 세척하는 것은 일상화되었다. 철저한 손 세척은 병원과 의사들의 사무실에서 감염을 예방하는 가장 중요한 방법이며, *S. aureus*와 같이 피부에 존재하는 기회감염균을 제거하는 효율적인 방법이다. 의료종사자들이 환자를 돌보기 전에 손 씻는 것을 제대로 하지 않는 것은 건강관리연관감염(Health-Care-Associated Infections, HAIs), 특히 병원감염을 증가시키는 결과를 초래한다. 손 씻기는 보육원이나 주방에서 음식을 장만하는 종사자들에게도 중요하다. 이들은 장염을 유발하는 세균이나 바이러스를 전염시킬 수도 있다.

사람의 피부에는 매우 다양한 미생물들이 존재한다. 이들 미생물은 병원균의 침입을 막아 우리를 보호하며, 결과적으로 우리의 일상적인 건강 유지에 기여한다. 우리의 피부에 통상적으로 존재하는 미생물 집단은 다음의 세 가지로 나눌 수 있다.

디프테로이드(diphtheroids): 이들 그룹을 대표하는 세균은 코리네박테리움(*Corynebacterium*)과 프로피오니박테리움(*Propionibacterium*)이다. 이들은 피부 중 머리, 가슴, 등과 같이 기름이 많은 부위를 선호한다. 이들 균은 모낭에서 분비하는 피지(sebum)와 같은 지방 분비물을 분해한다. 피부에 서식하는 코리네세균는 병원성이 아니지만, 병원성 세균인 코리네박테리움과 형태가 유사하다. 가장 흔히 발견되는 피부 디프테로이드로는 프로피오니박테리움을 들 수 있는데, 이 세균는 절대 혐기성으로 산소가 없는 환경인 모낭에서 산다. 이 세균은 피부를 촉촉하게 해주는 기능을 수행하고 있는 지방성분의 분비물인 피지를 분해한다.

포도상구균(staphylococci): 피부에서 두 번째로 흔한 미생물 집단이다. 이들은 응집효소-음성(coagulase-negative)이고, 내염성(salt-tolerant)으

척시 새로운 솔을 사용할 것

세척 후 모든 세척과정을 마친 후 손 세척 담당 학생은 잘 말린 후 핸드로션을 바른다.

주입평판배지 만들기

손 세척이 진행되는 동안 실험반의 나머지 학생들을 5개조(A, B, C, D, E)로 나눈다. 각 조는 5개의 물통(A, B, C, D, E) 중 하나로부터 6개의 배지에 접종하여 물통 1 mL당 존재하는 세균의 수를 측정한다. 이러한 과정을 통하여 손 세척이 피부의 미생물 수를 제거하는 효율을 측정할 수 있게 되길 바란다.

재료

- 30개의 송아지고기즙 (주입평판용) 한천배지, veal infusion agar pour) – 6개조 사용
- 1 mL 피펫
- 30 장의 멸균된 페트리 접시 – 6개조 사용
- 70% 알코올
- L–형 유리막대 (필요시 준비)

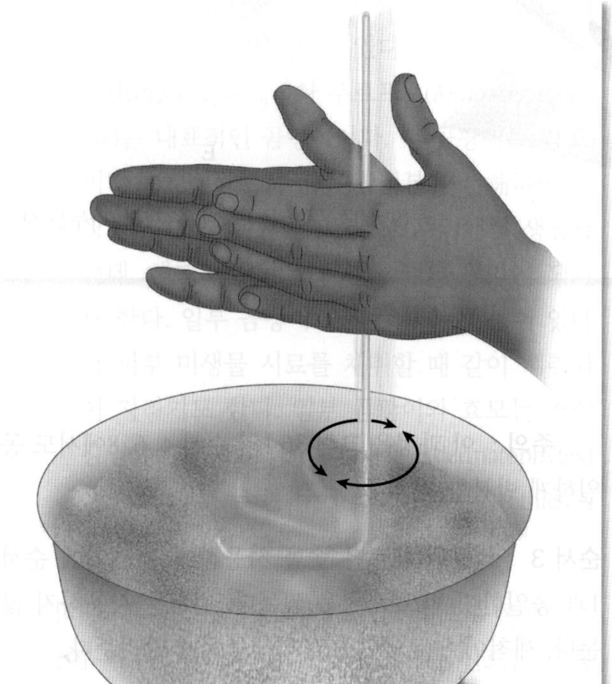

그림 36.2 L–형 막대를 사용하여 물통의 물을 섞는 방법.

1. 6개의 주입평판용 송아지고기즙 한천배지를 녹이고 50℃로 식힌다. 배지가 준비되는 동안 두 세트의 페트리 접시에 각각 0.1 mL, 0.2 mL, 0.4 mL로 표기한다. 동시에 조 이름도 표기한다.
2. 손 세척이 끝나는 즉시 해당 조의 물통을 실험 탁자로 옮겨 다음의 순서로 접종한다.
   a. 물통의 물을 피펫이나 L-형 막대로 15초 동안 섞는다. 만약 L-형 막대를 사용한다면(그림 36.2), 70% 알코올에 담갔다가 불꽃으로 소독한다. 실험의 동질성을 위하여 모든 조는 동일한 방법으로 물통의 물을 섞어야 한다.
   b. 물통으로부터 6개의 페트리 접시로 적절한 양의 물을 멸균된 피펫을 사용하여 옮긴다. 그림 36.3을 참조한다. 만약 피펫을 사용하여 물통의 물을 섞었다면 그 피펫을 사용하여 물을 옮겨도 좋다.
   c. 각 접시에 50℃로 식힌 송아지고기즙 배지를 더하고 잘 섞은 후 식혀서 굳힌다.
   d. 접종된 접시를 37℃에서 24시간 동안 배양한다.
3. 배양 후 각 배양접시 중 집락의 수가 30~300 사이를 보이는 2개의 접시를 선택하고 2개의 접시에 나타난 집락의 수를 계산하여 칠판에 기록한다.
4. 칠판에 모든 조의 결과가 모이면, 실험 보고서 36의 표와 그래프를 완성한다.

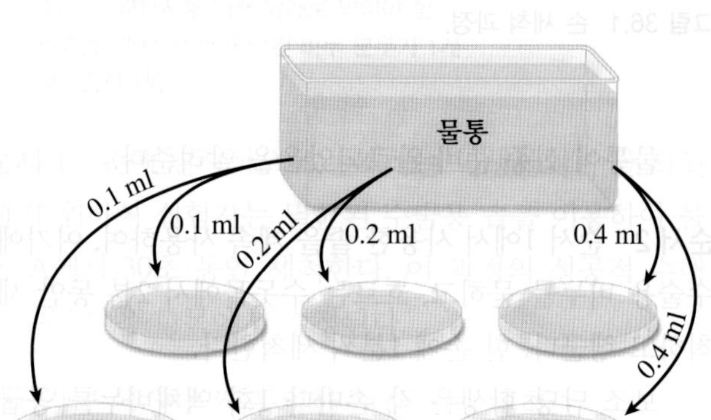

그림 36.3 그림에 표시된 바와 같은 양의 물을 물통에서 6개의 접시로 분주한다.

실험 보고서 36

이름: ________________

날짜: ________ Section: ________________

실험 36. 손 세척의 효율성

A. 결과

1. 담당교수는 칠판에 아래와 같은 표를 만든다. 학생들은 물통의 물을 접종한 접시의 결과를 관찰한다. 나타난 집락의 수가 30~300 사이의 접시 2개를 선택하여 집락계수기를 이용하여 모든 집락 수를 센 후 그 평균값을 칠판 위의 표에 적는다. 모든 조의 결과가 기록되면 희석배수를 확인하고 이를 계산하여 1mL당 세균의 수를 계산하시오.

실험조	집락 수(0.1 mL 접종)		집락 수(0.2 mL 접종)		집락 수(0.4 mL 접종)		희석률*	물통 mL당 균수
	접시	평균	접시	평균	접시	평균		
A								
B								
C								
D								
E								

* 희석률: 0.1 mL = 10, 0.2 mL = 5, 0.4 mL = 2.5.

2. 그래프

앞의 표를 완성한 후 각 물통의 1 mL당 미생물 수를 표기하고 완성하시오.

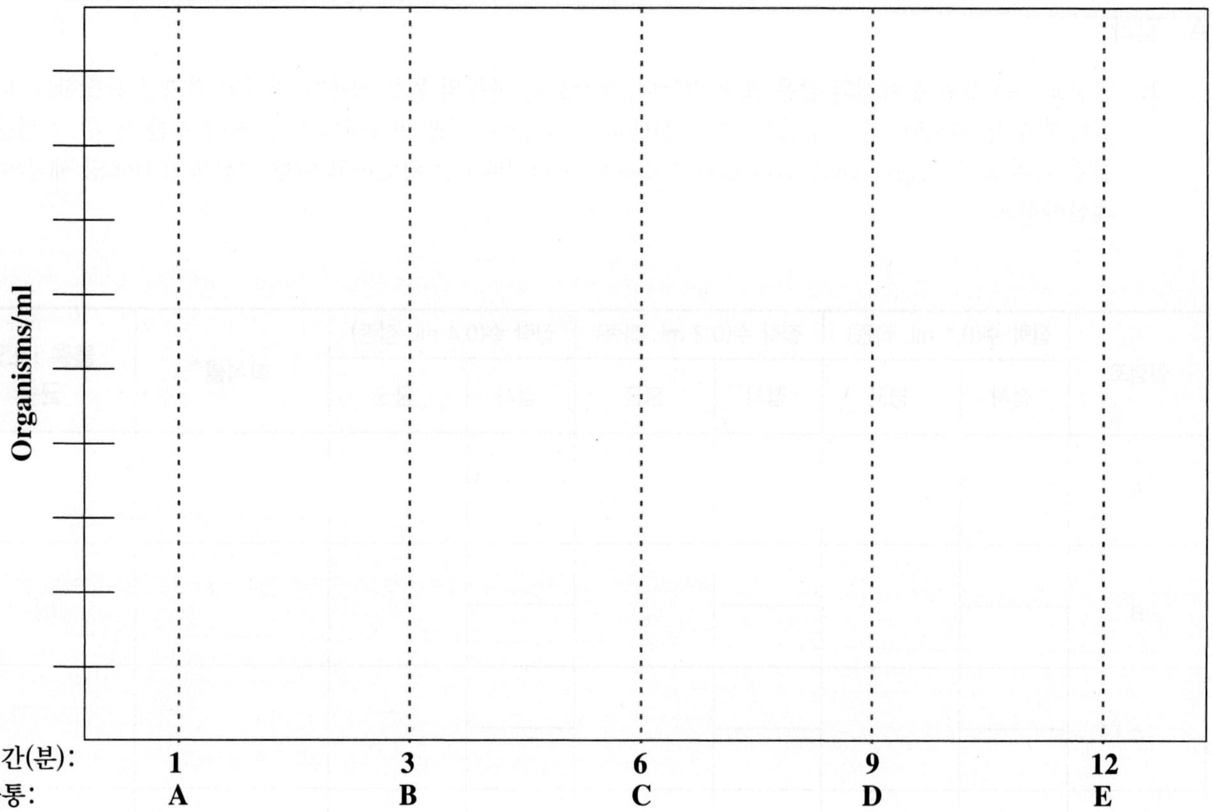

3. 이 실험 결과에서 어떤 결론을 얻을 수 있는가?

4. 물통 D의 미생물 수가 물통 B의 미생물 수 보다 높게 나왔다면, 이에 대한 가능한 설명은 무엇인가? 단, 오염이나 실험상의 실수는 배제하시오.

B. 단답형 문제

1. 피부에서 가장 흔하게 발견되는 미생물 세 가지의 이름을 말하시오.

손 세척의 효율성 (계속)

2. 피부의 정상세균총(normal flora)은 우리에게 어떠한 이익을 주는가?

3. 피부와 관련된 기회감염균 중 중요한 것은 무엇인가?

4. 피부에서 발견되는 정상세균총과 일시적으로 존재하는 세균의 차이를 설명하시오. 어느 종류가 더 제거하기 어려운지 설명하시오.

5. 외과의사들이 비록 고무 장갑을 착용하고 있더라도 수술 전에 손을 씻는 것이 중요한 이유는 무엇인가?

PART
8

미지 세균의 동정

미생물학의 기초를 배우는데 있어서 가장 재미있는 경험의 하나는 실험실에서 종종 문제로 나타나는 미지의 어떤 미생물을 동정해 보는 것이다. 다음 6개의 실험 주제는 이러한 미생물학적 과제와 관련된 것들이다. 학생들에게는 동정해야할 세균의 배양액들이 한두 가지씩 주어질 것인데, 이때 이 세균들에 관한 유일한 정보는 그들이 어떤 장소, 어떤 환경에서 분리되었는가에 관한 사실 뿐이다. 결국, 동정에 필요한 모든 정보는 여러분 스스로 독립된 실험들을 통해서 취득해야 한다.

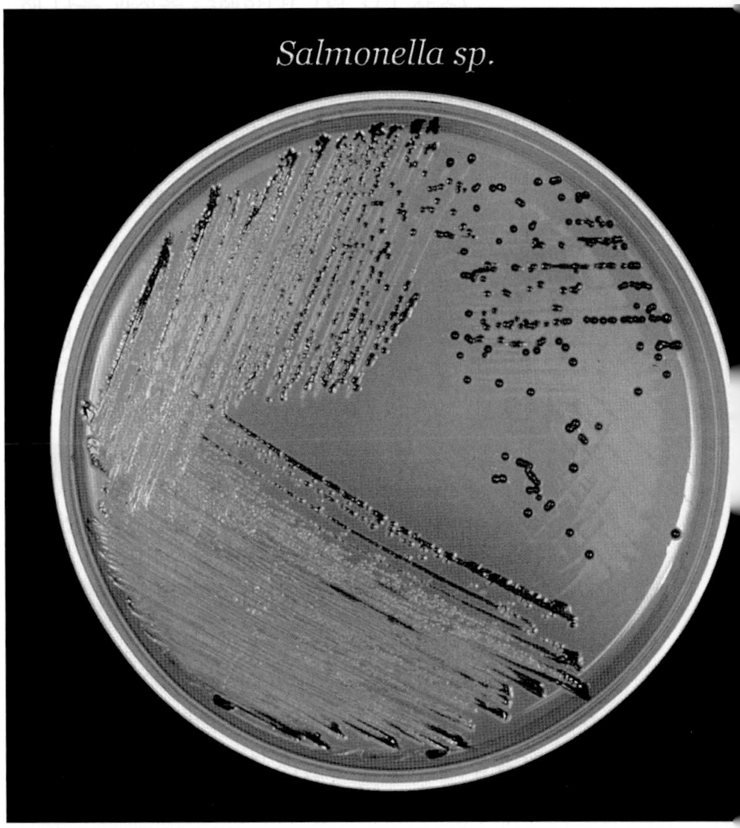

Centers for Disease Control

미지 미생물을 동정하느라 머리가 아플 정도겠지만, 그래도 이 일련의 과정에는 모르는 미생물을 동정한다는 단순한 사실뿐만 아니라 여기에 더 중요한 근본 목표가 함께 있다. 그것은 이 과정에서 세균의 배양적 특성(cultural characteristics)과 생리적 특성(physiological characteristics)을 파악하는 것이다. 생리적 특성은 이 세균에 대해 시행하는 일련의 생화학적 검사들을 통해서 파악된다. 주어진 미지 세균을 정확히 동정하는 것도 매우 중요하지만, 이 세균에 대해 시행하는 시험들의 화학적 기초들을 이해하는 것도 그에 못지않게 중요하다.

동정과정의 첫 단계는 이 미생물의 형태적(morphological), 배양적(cultural), 그리고 생리적(혹은 생화학적, physiological or biochemical) 특성들과 관련된 정보들을 수집해 나가는 일이다. 이 일에는 세포에 관련된 특징들을 알기 위해 여러 종류의 슬라이드 표본을 만들기도 하고, 생장 특성을 비롯하여 이들이 생성하는 효소들의 종류를 파악하기 위해 여러 유형의 배지에 이 세균을 접종, 배양하는 일들이 포함되어 있다. 이렇게 쌓이는 정보들은 그때마다 주어진 서류양식(descriptive chart)에 질서 있는 방법으로 기록되어야 한다. 이 양식은 이 책의 뒤에 제시되어 있다.

충분한 정보들이 기록되면 다음 단계는 동정을 가능하게 해주는 분류학적 기준(taxonomic key)들에 견주어 보는 것이다. 이 마지막 단계를 위해 사용되는 것이 버기 매뉴얼(*Bergey's Manual of Systematic Bactriology*)이다. 이 책 제1권과 제2권은 실험실이나 도서관에는 비치되어 있다.

이러한 노력이 성공하기 위해서는 정확한 실험기술, 영리한 판단, 그리고 세심한 기록이 필요하다. 나타나는 실험 결과들을 보면, 배양물을 취급하고 접종하는 데 있어서의 무균적 조작기술을 숙지했는지의 여부가 분명히 반영되어 나타난다. 원하지 않은 미생물에 의한 오염은 결과를 그르치고 정확한 동정을 위태롭게 한다. 특정 시험에 대해 그 결과가 의심스러우면 즉시 그 시험을 반복하고, 우연히 잘될 거라는 기대는 절대 버려야 한다. 시험이 종결되거나 그 과정에서 어떤 사실을 발견하게 되면 그때마다 즉시 기록표에 그 정보들을 기록해 두어야 한다. 기억을 믿지 말라. 데이터는 즉시 기록하라.

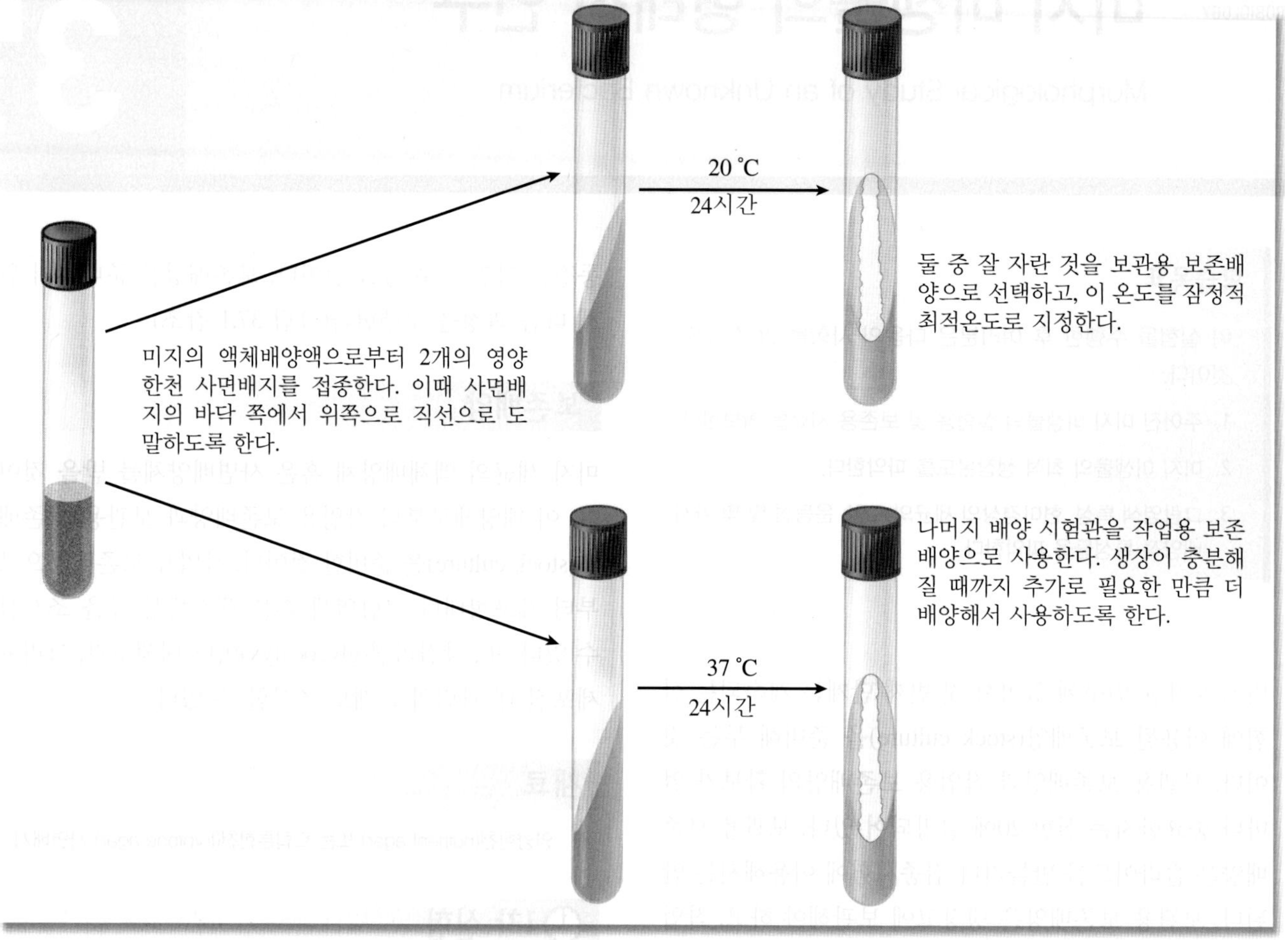

그림 37.1 보존 배양 준비과정.

2. 어느 온도에서 생장이 더 좋은지 기록한다. 양쪽 온도 모두에서 생장이 일어나지 않았다면 미지의 미생물은 생명력이 없어졌거나 생장에 더 많은 시간이 필요할 것이다. 세 번째 가능성은 두 온도가 모두 생장에 적합하지 않을 수도 있다. 모든 가능성을 생각해서 생장시킬 수 있는 다른 방법들을 모색한다.
3. 사면배지에서 생장이 일어났다면 생장이 활발한 배지를 선택하여 **보관용 보존배양으로 삼는다**. 보관용 보존배양을 냉장고에 보관한다. 이렇게 보관된 보존배양은 수주 동안 생명력을 유지한다. 보관용 보존배양을 여러 배지에 접종하거나 염색하는 데 사용하지 않는다. **실험대에는 보관용 보존배양이 나와 있어서는 안된다.**
4. 두 번째 배양을 **작업용 보존배양으로 지정한다**. 이 배양을 가지고 여러 시험용 접종원으로 이용하거나 염색할 때 사용한다(그림 37.2). 18~24시간 범위 안의 배양액이라면 그람염색에 이용한다. 그렇지 않으면 작업용 보존배양으로부터 신선한 사면배양을 다시 준비해서 그람염색을 실시한다.

형태학적 특성들에 관한 정보를 얻자마자 관찰된 내용들을 실험 37의 마지막에 제시된 기재목록표에 기록하고, 다음을 수행한다.

재료

- 그람염색 키트
- 포자염색 키트
- 항산성염색 키트
- Loeffler's methylene blue 염색
- nigrosin 또는 india 잉크
- 영양 액체배지 또는 한천배지가 담긴 시험관
- 시험관용 라벨

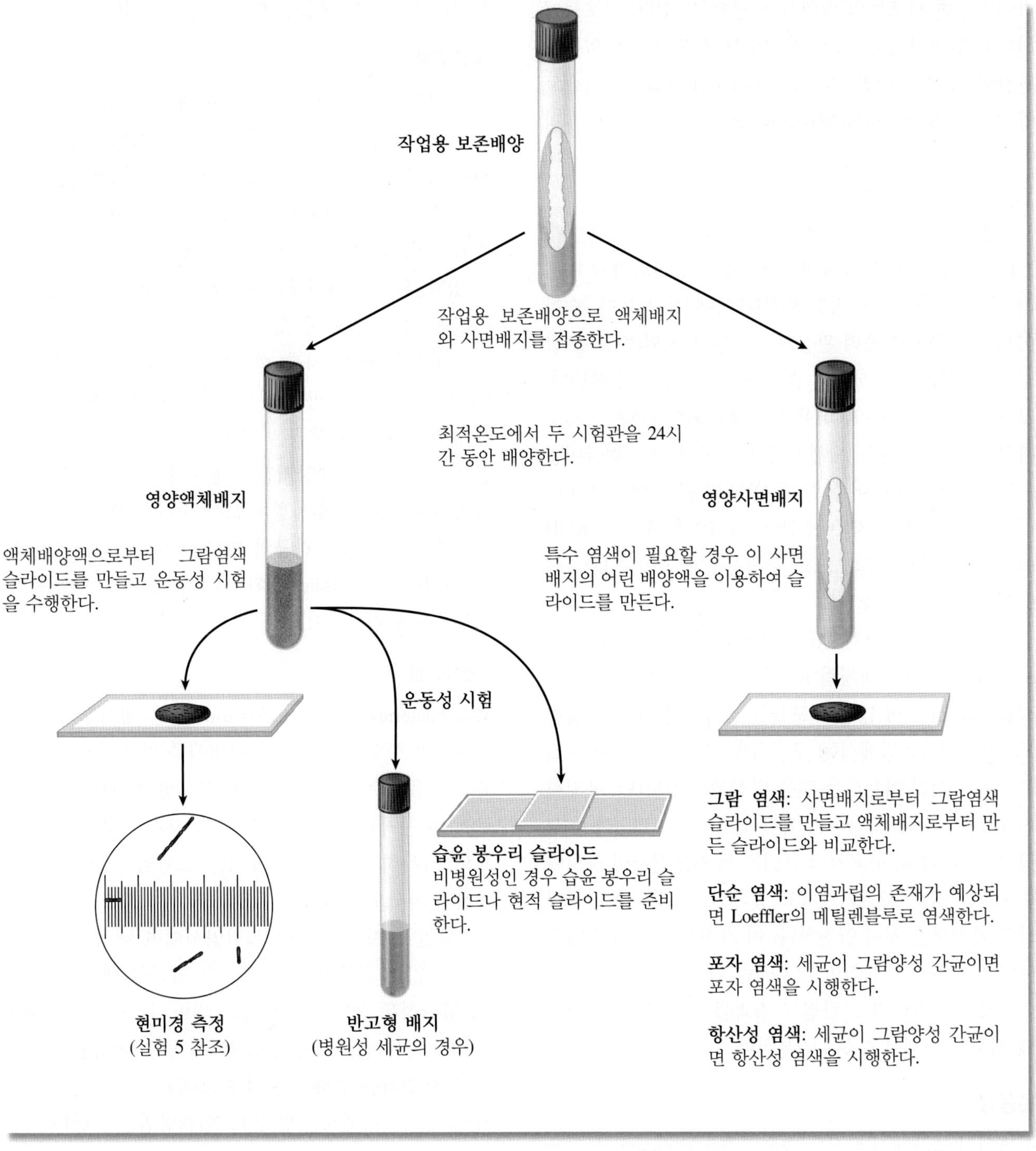

그림 37.2 형태학적 특성 연구 과정.

신선한 접종원

모든 염색기술을 위해서는 미지의 세균을 24~48시간 배양한 것이 필요하다. 만일 작업용 보존 사면배지가 신선한 것이라면 바로 이것을 이용한다. 그러나 신선한 것이 아니라면 영양 액체배지가 든 시험관에 접종하여 적절한 온도에서 24시간 배양한 다음 이용한다.

그람염색

미지 세균의 그람염색 결과가 훌륭하면 몇 가지 특성을 파악할 수 있다. 첫째, 구형, 막대형, 나선형 등 세균의 형태를 확인할 수 있어야 한다. 더 나아가, 얇게 도말된 슬라이드라면 세포들의 배열을 확인할 수 있다. 세포들이 하나씩 떨어져 있는지, 쌍을 이루는지, 덩어리로 있는지 관찰한다. 예를 들면, 화농성 구균(strptococci)은 사슬모양이고, 포도상구균(staphylococcus)은 포도송이처럼 덩어리로 보인다. 그람염색은 세균의 크기를 측정하는 데도 이용된다. 실험 5 참조.

주의: 그람염색 결과는 다음 실험에 의해 입증될 수 있다. 슬라이드에 3% KOH 한방울을 떨어뜨리고 미지의 세균을 한 백금이정도 KOH용액에 잘 섞는다. 슬라이드를 눈높이로 올려 관찰하는 동안 세포와 KOH를 잘 섞은 후 백금이를 서서히 슬라이드로부터 들어 올린다. 그람음성 세포들은 KOH용액에 용해되어 DNA가 세포 바깥으로 새어 나와 액체가 끈적끈적해진다. 백금이를 슬라이드로부터 들어 올릴 때 DNA의 끈이 백금이에 달라붙어 있는 것이 자주 보인다. 그람양성 세포는 KOH에 의해 용해되지 않으므로 끈적끈적해 지거나 DNA의 끈이 보이지 않는다.

끝이 둥근 짧은 간균(coccobacilli)은 구균(cocci)처럼 보인다. Coccobacilli처럼 보이는 세포가 있으면 최종 결정을 내리기 전에 많은 세포들을 관찰한다. 또한 간균들도 어떤 생장조건에서는 구균처럼 보이지만 구균은 간균처럼 보이지 않는다는 것을 명심해야 한다(단, 유일하게 *Streptococcus mutans*는 어떤 조건에서는 간균처럼 생장한다). 따라서, 구균처럼 보이는 세포와 간균이 동시에 존재하는 슬라이드를 가지고 있다면 그 세균은 간균이라고 가정하는 것이 안전하다. 이 가정은 오염되지 않은 배양액을 가지고 실험할 경우에만 확실하다.

세균의 형태와 그람염색 결과를 실험 37의 마지막에 제시된 기재목록표에 기록한다.

운동성

비병원성 세균에 대해서는 습윤 표본(wet mount)을 이용하거나 액체배양액을 한 방울 떨어뜨려 관찰하는 방법이 운동성 측정에 이용된다. 실험 18을 참조한다. 병원성 세균의 운동성 측정에는 SIM 배지를 이용하는 것이 좋다. 접종침으로 배양된 세균을 배지에 깊이 찔러 접종하시오. 만일 생장이 오직 접종선을 따라서만 일어난다면 이 세균은 비운동성이다. 반면에 시험관 전체가 혼탁해지면 그 세균은 운동성이다. 일반적으로 구균은 비운동성이지만 간균은 운동성 또는 비운동성이다.

내생포자

미지 세균이 그람양성 간균이면 내생포자를 형성할 수도 있다. 그러나 내생포자는 구균이나 그람음성 간균에서는 극히 드물다. 그람염색을 한 경우 내생포자는 투명한 달걀 형태로 보이기 때문에 한천 사면배지로부터 준비된 그람염색용 슬라이드는 내생포자 관찰에 이용될 수 있다. 위상차 현미경을 이용하면 염색을 하지 않고도 내생포자를 관찰할 수 있다.

세균이 내생포자를 형성한다는 것이 명백한 듯하면, 실험 16에서 사용한 방법대로 포자염색용 슬라이드를 준비한다. 어떤 세균은 내생포자를 만들기 위해 최소한 1주일 이상의 배양기간이 필요한 것도 있으므로 더 오래된 배양도 함께 시험해 보는 것이 현명할 것이다.

세균의 포자가 간균의 말단(terminal), 부말단(subterminal), 중앙(middle) 부위에 위치하는지 그 여부를 기재목록표에 기록하시오.

항산성 염색

Mycobacteria와 몇 종의 *Nocardia*들은 항산성이다. 이 세균들의 항산성 특징이 그람염색을 방해하여 이 균들을 그람음성으로 보이게 한다. 항산성 염색을 실시함으로써 이 문제를 해결해준다. 염색 결과가 오해될 수 있으므로 (특히 항산성 세균에서는) 그람염색 결과에만 의존하지 마시오.

만일 미지의 세균이 그람양성이며 내생포자를 생성하지 않는 간균이면 이 세균은 항산성 세균일 수 있다. 항산성은 배양기간에 따라 변할 수 있으나 대부분의 배양균은 접종 2일 후면 이 특징이 나타난다. 그러나 좋은 결과를 위해서는 너무 오래된 배양액을 가지고 이 염색을 실시해서는 안 된다. 염색방법은 실험17을 참조하시오.

다른 구조들

만일 그람염색을 실시한 세포의 세포질이 균일하지 않으면 Loeffler의 메틸렌 블루(methylene blue)로 염색할 필요가 있다(실험 12). 이 염색은 인산중합체(polyphosphate)인 이염과립(metachromatic granule)의 존재를 확인시켜주는 방법이다.

협막염색(capsule stain, 실험 14)도 이 단계에서 시행될 수 있지만, 나중에 이 세균을 혈액한천(blood agar) 배지에 배양될 때까지 기다리는 것이 더 좋다. 협막들은 이 배지에서 생장된 세균에서 훨씬 잘 보이기 때문이다.

실험 보고서

이 실험에 대한 보고서는 필요 없다. 대신 모든 결과들은 기재목록표에 기록해야 한다.

기재목록표

학생명: ____________________

실험설명: ____________________

서식지: ________ 배양번호: ________

분리원: ____________________

세균명: ____________________

형태적 특성

세포형태:

배열:

크기:

포자:

그람염색:

운동성:

피막:

특수염색:

배양특성

집락:

Nutrient Agar:

Blood Agar:

Agar Slant:

Nutrient Broth:

Gelatin Stab:

산소 요구성:

최적온도:

생리적 특성

	시험	결과
발효	Glucose	
	Lactose	
	Sucrose	
	Mannitol	
가수분해	Gelatin Liquefaction	
	Starch	
	Casein	
	Fat	
IMViC	Indole	
	Methyl Red	
	Voges–Proskauer (acetylmethylcarbinol)	
	Citrate 이용	
	Nitrate 환원	
	H_2S 생성	
	Urease	
	Catalase	
	Oxidase	
	DNase	
	Phenylalanase	

	반응	시간
Litmus Milk	산	________
	염기	________
	응고	________
	환원	________
	펩톤화	________
	불변	________

배양 특성

Cultural Characteristics

EXERCISE 38

학습목표

이 실험을 수행한 후 여러분은 다음의 사항을 알 수 있을 것이다.

1. 미지 미생물의 영양한천배지, 젤라틴 천자배지, 및 thioglycollate 액체배지에서의 배양적 특징을 확정한다.
2. 미지 미생물의 콜로니에 대한 융기, 가장자리, 색소 생성 여부 등에 대해 확정한다.

어떤 한 미생물의 배양 특성은 여러 종류의 배지에서 생장한 미생물을 육안으로 관찰하여 얻게 된다. 버기 매뉴얼(Bergey's manual)에는 세균학자들이 배양 특성을 기록할 때 이용되는 용어들이 수록되어 있다. 콜로니에 대한 일반적 기술(description)을 위해서는 영양배지나 다른 복합 영양배지가 적당하다. 주어진 미생물의 생장 특성은 영양 액체배지에서 달라질 수 있으므로 이 역시 그 미생물에 대한 한 정보가 될 수 있다. Thioglycollate 배지(실험 27)는 미생물의 산소요구성을 조사할 때 이용될 수 있다. 세포들은 이 배지가 들어 있는 시험관의 어느 위치에서 자라는가? 혈액배지와 같은 일부 배지들은 미생물의 용혈 능력이 있는지를 나타내주는 "분별(differential)"배지이다. 다음의 실험들에서는 미지의 세균을 여러 가지의 배지에 접종하여 배양 특성을 파악하도록 하게 될 것이다.

1차 실험

(접종)

이 시기에는 세균을 한 장의 영양한천배지, 한 개의 영양 젤라틴시험관, 두 개의 영양 액체배지 그리고 1개의 액체 thioglycollate 시험관에 접종한다. 접종은 미지 세균의 액체배양액을 이용하여 실시한다. 두 개의 영양 액체배지에 접종하는 이유는 미지 세균의 최적 생장온도를 검증하기 위해서이다. 실험 37에서 영양한천 사면배지를 20℃와 37℃에서 배양했을 것이다. 이것은 아마도 최적 생장온도가 30℃에 가깝기 때문일 것이다. 중간 온도에 대해 측정하기 위해 여분의 영양 액체배지가 이용된다. 다음 과정을 따르도록 한다.

재료

미지의 세균 1개당

- 영양한천배지 1개
- 영양 젤라틴 시험관 1개
- 영양 액체배지 2개
- 액체 thioglycollate (FTM) 시험관 1개
- 페트리 접시 1개

1. 페트리 접시에 영양한천배지를 붓는다. 액체배양액을 한천 평판배지에 순수한 콜로니가 얻어질 수 있도록 도말한다.
2. 영양 액체배지 시험관에 백금이를 이용하여 접종한다.
3. 영양 젤라틴시험관 깊숙이 접종침을 이용하여 바닥까지 찌른 후 직선으로 뺀다. 이때 배지가 좌우 옆으로 으깨지지 않도록 한다.
4. FTM 시험관에 세균 1 백금이를 접종한다. 손바닥 사이에 시험관을 놓고 세균이 배지에 섞이도록 굴린다.
5. 1개의 영양 액체배지를 제외한 나머지 모든 시험관을 시험관 선반에 꽂아 놓고 실험 37에서 측정한 최적온도에서 24시간 배양한다. 남은 1개의 영양 액체배지는 30℃에서 배양한다. 평판배지는 뒤집어 최적온도에서 24시간 배양한다.

2차 실험

(판정)

배지들이 충분히 배양되면, 특히 영양 액체배지와 FTM 시험관에서의 생장 양상이 뒤틀리지 않도록 배양물들

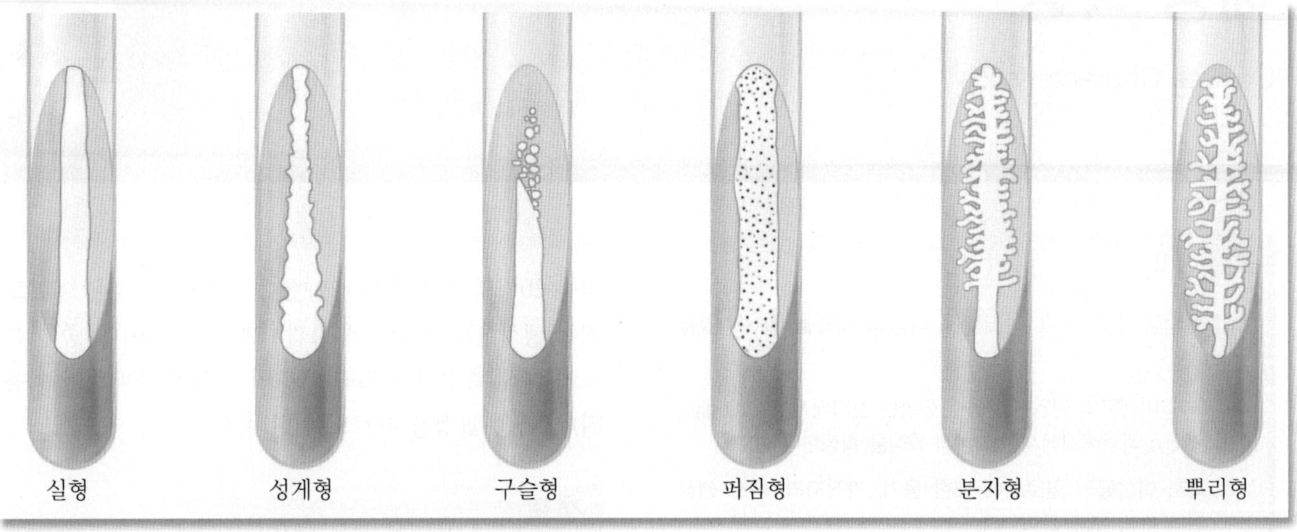

그림 38.1 영양 사면배지에서의 세균의 생장 형태.

을 조심스럽게 실험대로 가져온다. 시험관이나 평판배지를 관찰하기 전에 영양 젤라틴시험관은 우선 얼음수조에 넣어둔 후 관찰은 나중에 한다. 각각의 배지에서의 배양 특성들을 적정 용어를 사용하여 실험 37의 기재목록표에 기록한다.

재료

- 미지 세균의 보존용 사면배지
- 흡광광도계와 큐벳(cuvettes)
- 돋보기
- 개수대 근처의 얼음수조

영양한천 사면배지(보관용 보존배양)

마지막 실험에서 냉장고에 보관된 보관용 한천 사면배지를 검사하여 다음의 기준에 의거하여 평가한다.

생장정도 생장정도를 무(none), 미약(slight), 보통(moderate), 왕성(abundant)으로 기재한다.

색깔 색소는 콜로니에 연관되어 있을 수 있다. 예를 들면, 붉은 색소인 prodigiosin은 *Serratia marcescens*가 27°C에서 생장할 때 생성된다. 그러나 예컨대 녹농균(*Pseudomonas fluorescens*)에 의해 생성된 녹색 형광색소처럼 세균에 의해 생성된 색소는 배지로 확산되어 배지가 물들게 될 수도 있다. 색소가 확산되는지의 여부는 평판배지를 불빛에 비춰 배지의 색깔을 관찰하면 된다. 그러나 대부분의 세균은 색소를 생성하지 않기 때문에 콜로니가 흰색이거나 담황색을 띤다.

불투명도 세균이 배지의 표면에서 왕성하게 생장할 경우에는 미약하게 생장할 때보다 더 불투명하게 보인다. 불투명도는 불투명(opaque), 반투명(transparent), 투명(translucent)으로 표현할 수 있다.

외관 생장의 외관을 그림 38.1에 표현하였다. 아래에 기술된 각각의 형태가 분별하는데 도움을 줄 것이다.

- 실형(filiform): 접종선을 따라 일정한 생장이 특징
- 성게형(echinulate): 생장의 바깥 표면이 이빨형태로 보임
- 구슬형(beaded): 분리되거나 반융합의 콜로니가 접종선을 따라 나타남
- 퍼짐형(effuse): 생장이 희미하거나 면사포모양이며 일반적으로 퍼져 자람
- 분지형(aborescent): 가지를 친 나무형태의 생장
- 뿌리형(rhizoid): 뿌리형태

영양 액체배양

시험관의 표면(surface), 부표면(subsurface), 바닥(bottom)에서의 생장특징은 영양 액체배지에서의 배양에서 매우 중요하다. 세균의 이러한 특징을 최대한 신중하게 관찰한 후 기재목록표에 기록한다.

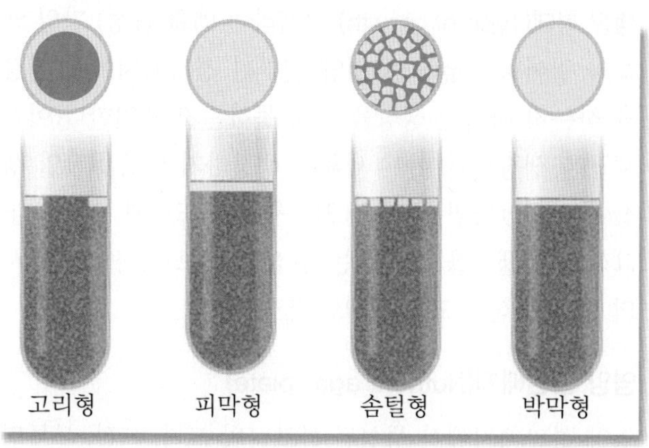

그림 38.2 영양 액배지에서의 세균의 표면 생장 형태.

표면 그림 38.2는 각기 다른 형태의 표면생장을 보여준다. 피막(pellicle) 형태의 표면생장은 박막(membranous) 형태의 생장과 다른데 후자가 훨씬 얇다. 이 같은 솜털(flocculent) 형태의 표면 생장은 부유하면서 응집하는 세균덩어리에 의해 나타난다.

부표면 표면 아래가 구름 같으면 배양은 혼탁(turbid), 특정한 입자들이 보이면 과립(granule), 작은 덩어리가 떠 있으면 솜털(flocculent), 큰 덩어리들이 부유하면 박편(flaky)이라고 한다.

침전 시험관의 바닥에 모인 침전물은 무(none)에서부터 대량까지 다양하다. 침전의 상태를 판단하기 위해서는 시험관을 흔들어 부유하게 만든다. 침전의 형태는 과립(granular), 솜털(flocculent), 박편(flaky), 그리고 점액성(viscid) 등으로 표현한다. 점액성을 판정하기 위해 멸균된 백금이로 시험관 바닥을 탐침(probe) 한다.

생장정도 생장정도를 측정하기 위해 시험관을 흔들어 세균을 분산시켜야 한다. 미약(slight), 보통(moderate), 왕성(abundant adequately) 등으로 표현한다.

온도요구 어느 온도에서 생장이 잘 일어나는지 결정하기 위해 영양 액체배양을 큐벳에 옮겨 흡광광도계를 이용하여 흡광도(optical density, absorbence)를 측정한다. 배양액이 너무 탁하여 측정하기 곤란할 경우에는 배양액을 물로 희석하여 측정한다. 어느 온도가 생장에 적합한지 기재목록표에 기록한다. 이 온도는 그 세균의 최적 생장에 필요한 온도에 근접하게 될 것이다.

액체 thioglycollate 배지(Fluid thioglycollate medium, FTM)

액체 thioglycollate 배지에서의 세균의 생장 방식은 그 세균의 산소요구성을 알게 한다. FTM 시험관을 관찰하여 이 세균의 생장방식을 그림 27.5와 비교한다. 아마도 그 세균은 호기성(aerobic), 미호기성(microaerophilic) 혹은 통성혐기성(facultative anaerobic)일 것이다. *Clostridium* 같은 절대혐기성 세균(strict anaerobe)은 생장에 특수한 배양방법이 필요하다.

젤라틴 천자(Gelatin stab)

어떤 세균은 단백질분해효소(protease)를 생산하여 단백질을 분해한다. 미지의 세균이 단백질분해효소를 생산하는 지는 영양젤라틴 천자배지에 세균을 접종한 후 검사할 수 있다. 배양 후 시험관을 얼음수조에 몇 분 동안 넣어둔다. 수조에서 꺼내어 시험관을 좌우로 기울여 액화되었는지 확인한다. 분해된 젤라틴은 얼음수조에서도 액체상태로 존재하게 된다. 만일 액화가 일어나지 않았다면 시험관의 내용물은 고체상태로 있게 된다. 어떤 세균은 젤라틴을 이용해 생장하지 못하므로 실험 대상 세균이 젤라틴 속에서 생장할 수 있는지도 확인한다. 젤라틴 액화의 여러 방식이 그림 38.3에 도식화하였으므로 대상 세균의 액화방식과 비교해 보자. 각 방식의기술은 다음과 같다.

- 분화구(crateriform): 받침접시형 액화
- 순무(napiform): 순무뿌리형 액화
- 깔때기(infundibular): 깔때기 혹은 엎어놓은 콘
- 낭상(saccate): 긴낭, 관, 원통
- 층운(stratiform): 윗부분이 시험관벽까지 액화됨

주의: 액화방식이 액화가 일어난 것 자체보다 더 중요하지는 않다. 만일 대상 세균이 젤라틴을 액화시키되 액화방식을 결정하기 어려우면 그것에 대해 너무 걱정하지 않아도 된다. 다만 단백질분해효소의 생산유무는 꼭 기재목록표에 기록한다.

그외 중요한 점: 어떤 미생물은 단백질분해효소를 매우 천천히 생산한다. 따라서 음성의 결과가 나타난 시험관은 4, 5일정도 더 배양하여 단백질분해효소의 생산 여부를 확인해야 한다.

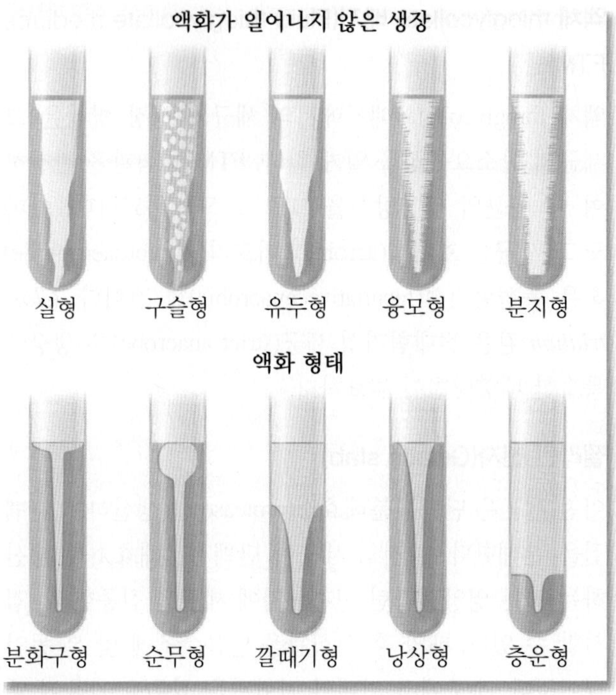

그림 38.3 영양 젤라틴 천자배지에서의 생장 형태.

생장 형태(Type of growth) (젤라틴 액화 음성) 만일 액화가 일어나지 않으면 영양 젤라틴 천자배지에서 생장을 하는지 아니면 생장을 하지 못하는지 확인한다(어떤 세균은 생장하나 어떤 세균은 생장하지 않음). 만일 생장이 일어났다면 그림 38.3의 윗줄의 도식과 비교한다. 그러나 미생물을 동정하는 관점에서 보면, 젤라틴에서의 생장 방식은 크게 중요하지 않다.

영양 평판배지(Nutrient agar plate)

영양 평판배지에서 생성된 콜로니의 크기, 색깔, 불투명도, 형태, 솟아오른 형태, 테두리 등을 조사해야 한다. 해부현미경이나 돋보기를 이용하여 독립된 콜로니를 관찰한다. 용어기술을 위해 그림 38.4를 참조하시오. 관찰 결과를 기재목록표에 기록한다.

실험 보고서

이 실험의 결과는 보고서가 필요 없고, 모든 관찰 결과를 기재목록표에 기록한다.

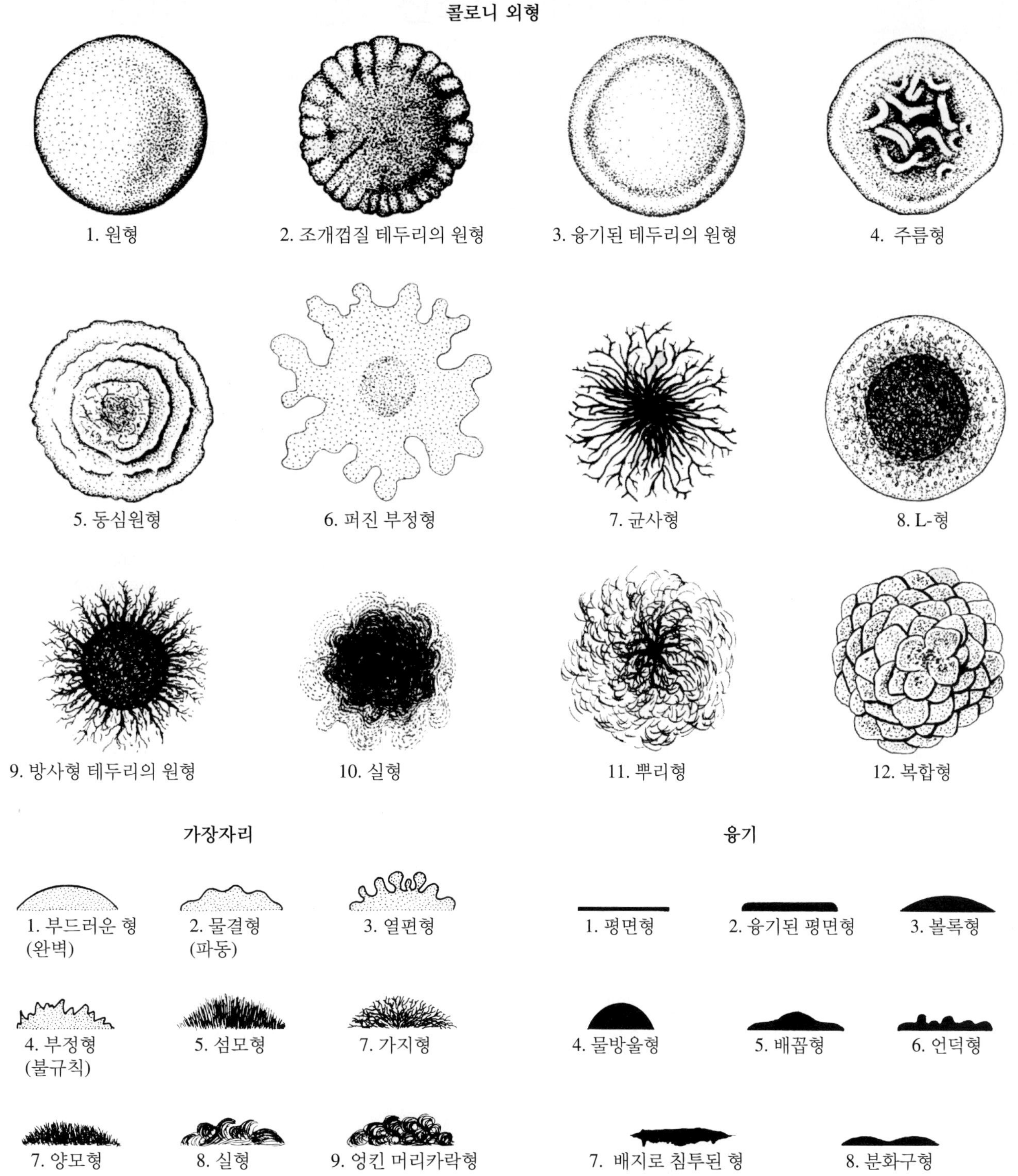

그림 38.4 콜로니의 형태적 특징.

(oxidative phosphorylation)라고 하고 이 과정 중에 산소가 최종 전자수용체의 역할을 하고 물로 되기 때문에 대사 중에 만들어진 환원된 조효소 NADH는 다시 NAD^+로 전환된다. 대조적으로, 발효는 유기분자가 알코올, 알데히드, 산, 이산화탄소나 수소 같은 기체로 부분적으로 분해되는 것이다. 이 과정에서 대사 중에 있는 유기분자는 최종 전자수용체의 역할을 하고 발효과정의 최종산물이 된다. 산화과정을 수행하면서 NAD^+를 이용하는 반응은 NADH를 이용하여 중간 대사산물을 환원시키는 반응과 짝을 이루게 된다. *Streptococcus lactis*가 포도당을 발효시킬 때 해당과정의 글리세르알데히드-3 인산(glyceraldehyde-3-phosphate)의 산화는 피루브산으로부터 젖산(lactate)을 만드는 반응과 짝을 이루는 것이 좋은 예이다.

발효과정에서 ATP는 **기질수준인산화**(substrate level phosphorylation)를 통해 합성되는데 대사과정의 중간 대사산물이 직접 고에너지인산기를 ADP로 운반하여 ATP를 합성한다. 포도당의 발효에서 ATP는 포스포엔올피루브산(phosphoenol pyruvate)이 고에너지인산기를 ADP로 운반하여 피루브산을 만들면서 생성된다. 일반적으로 발효는 호흡과 비교하여 굉장히 비효율적이다. 왜냐하면 중간 대사산물을 전자수용체로 사용하는 것은 최종 산물을 만드는 분자에 이용 가능한 대부분의 에너지를 남겨 놓기 때문이다. 몇몇 세균은 호흡과 발효 두 방법을 모두 이용하여 생장할 수 있다. 대장균(*Escherichia coli*)은 다른 환경에서도 살 수 있는 혐기성 생물이다. 만약 산소가 존재하면 호흡을 통해 생장할 수 있다. 그러나 산소가 없는 환경에서는 대사방법을 바꿔 다시 발효를 통해 생장할 것이다.

당, 특히 포도당은 발효를 하는 생명체가 가장 많이 사용하는 화합물이다. 그러나 유기산, 아미노산, 지방 같은 다른 화합물은 세균에 의해 발효된다. 세균이 버터 지방을 발효시켜 휘발성이 있고 냄새가 나는 유기산을 만들게 되면 버터는 악취가 나게 된다. 특정한 발효의 최종 산물은 생명체에게는 "지문(fingerprint)"과 같고 유기체의 확인을 위해 사용될 수 있다. 예를 들어, 대장균의 주요 산물은 혼합된 유기산이지만 *E. aerogenes*는 중성 산물인 아세틸메틸카비놀(acetylmethylcarbinol)을 생성하기 때문에 대장균은 *Enterobacter aerogenes*와 구별될 수 있다.

수행할 실험들

두 가지 다른 종류의 실험을 할 것이다. (1) **발효실험**(fermentation test)은 미지의 세균이 여러 발효반응을 수행할 수 있는지를 결정한다. (2) **산화실험**(oxidative test)은 미지의 세균이 호흡을 하는지 결정한다. O/F 포도당 시험은 이 두가지 대사방법을 구별하고 생명체가 호흡을 하는지, 발효를 하는지, 아니면 둘 다 가능한지를 알아보는 것이 목적이다.

발효 시험을 해야 하는 것들은 O/F 포도당, 특정한 당들의 발효, 혼합된 산 발효(메틸레드[MR] 시험), 부탄 다이올 발효(Voges-Proskauer[VP] 시험), 구연산 시험(그림 39.2) 등이다. 산화 시험은 산화효소, 카탈라아제, 질산시험 등이다(그림 39.3). 만약 O/F 포도당실험이 생명체가 호흡만하고 발효는 하지 못한다고 결과가 나오면 그 세균은 발효 시험으로는 확인할 수 없고 다른 시험에 의존해야 한다.

이 시험들을 수행하는 동안 상당수의 반복된 접종을 하게 된다. 왜냐하면 미지의 세균과 비교할 양성반응의 대조군이 필요하기 때문이다(그림 39.4). 비록 다양한 실험들에 관한 사진이 제공되지만 실제 시험 결과를 보는 것이 훨씬 의미 있을 것이다. 또한 어떤 세균들은 〈Bergey's Manual〉에 나와 있는 것과 같은 결과가 나오지 않을 수도 있다는 것을 명심해야 한다. 왜냐하면 분리 균은 지침서에 나온 것과 다를 수 있기 때문이다.

여러 실험을 수행하면서 어떤 실험이 특정한 생물체들을 규정하는지 찾아보자. 어떤 실험들은 미지 생물을 확인하는 데 적합하지만 어떤 것들은 적합하지 않다. 미지 생물체를 확인하는 것은 틀에 박힌 관습이 아니다. 비록 여러분의 목표가 미지 생물을 확인하는 것이지만 어떻게 다양한 실험을 수행하고 그것을 해석하는지를 배우는 것 또한 중요하다. 미지 세균을 간단히 동정하기 위해 사용하는 것은 하나의 도전이다. 실제로 병원이나 임상실험실에서는 생화학실험이 매우 선택적으로 사용된다. 모든 실험을 해보는 "무차별적방법(shotgun)"은 매우 낭비적이고 혼란스러운 결과를 낳을 수 있기 때문에 피해야 한다.

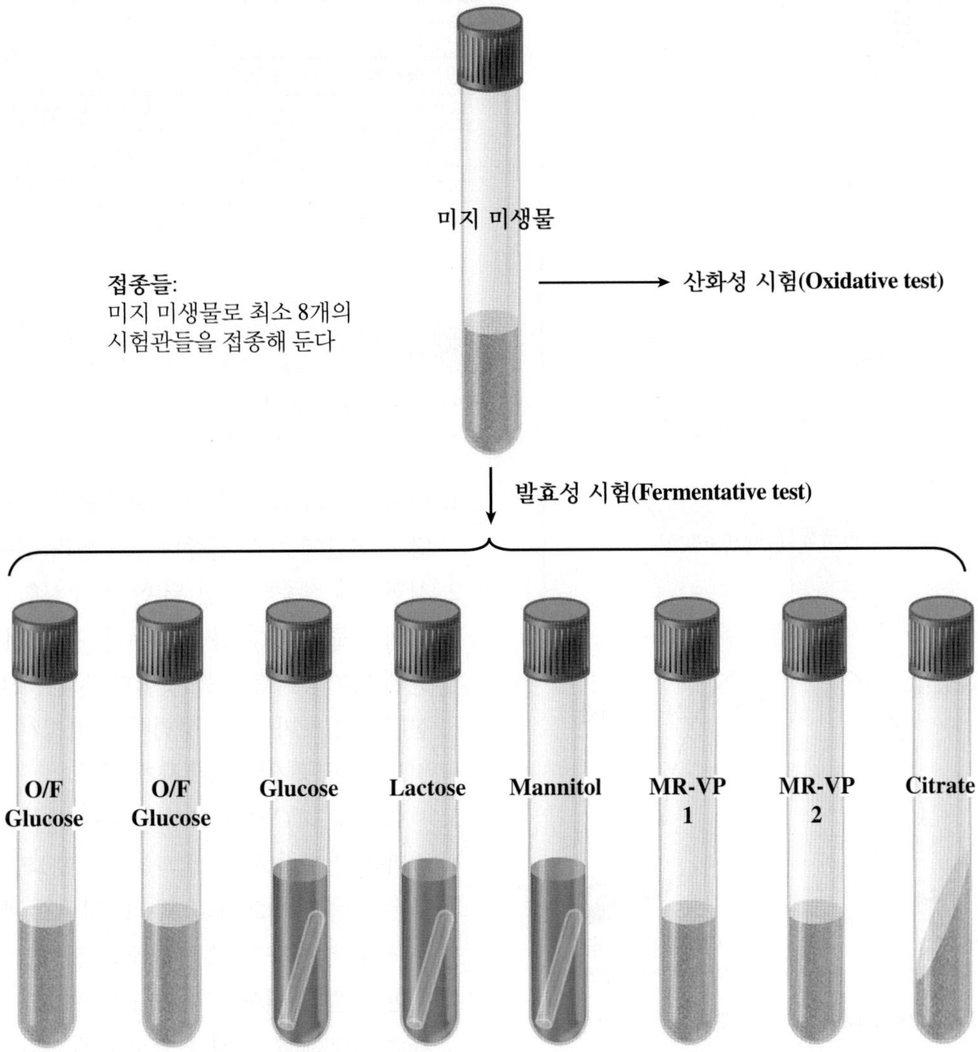

평가와 시험

O/F 포도당: 설명을 위해 표 39.1을 보라

포도당, 젖당, 만니톨: 만일 노란색을 띠면 산이 생성된 것, 듀람튜브에 기포가 존재하면 가스가 생성된 것이다

MR-VP 1: 메틸레드 시험을 시행

MR-VP 2: Voges-Proskauer 시험을 시행

Citrate : 만일 청색을 띠면 구연산이 이용된 것

양성 시험 결과

MR: **붉은색**은 혼합 산 발효를 나타내는 양성의 결과이다 (MR 시험).

VP: **분홍색** 또는 **붉은색**은 부탄에디올 생성을 나타내는 양성의 결과이다 (VP 시험).

그림 39.2 발효성 시험(fermentative test)을 수행하는 과정.

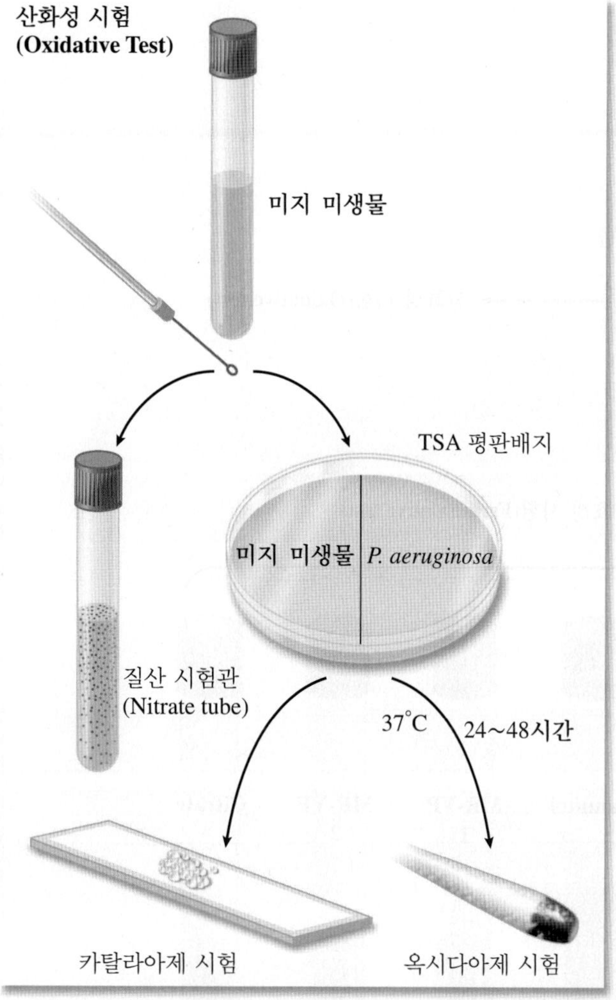

그림 39.3 산화성 시험(oxidative test)의 수행 과정.

발효실험 1차 실험

양성반응 대조군과 미지의 세균을 접종해야 한다. 각각의 접종 방법은 각각의 제목 아래 있다.

미지 미생물의 접종

미지의 미생물을 동정하기 위한 첫 번째 생화학 시험은 그 생물이 산화성인지 발효성인지를 확인하는 것이다. 이를 위해 미지 미생물을 O/F 포도당 시험관에 접종하는데, 이때 발효성이자 동시에 산화성인 대장균(*Escherichia coli*)과 산화성인 녹농균(*Pseudomonas aeruginosa*)을 대조군으로 각각 접종해 두어야 한다.

표 39.1 O/F 포도당 시험 결과에 대한 설명

결과		설명
혐기적	호기적	
노란색	노란색	산화적 및 발효적 대사
녹색	노란색	산화적 대사
녹색	녹색	당 분해되지 않음

재료

- 6 O/F 포도당시험관
- 멸균 무기 기름(sterile mineral oil)

1. 미지 세균과 각각의 시험 균주를 두 개의 O/F 포도당 시험관에 각각 접종바늘로 찔러 접종한다.
2. 시험관에 접종하고 난 뒤 한 개의 시험관에 1 mL 정도의 무균 무기 기름을 넣는다. 무기 기름은 시험관 안에 혐기상태를 만들 것이다. 무기 기름이 없는 시험관은 산소가 있는 상태이고 따라서 뚜껑을 어느 정도 열어 공기와 접촉하게 한다.
3. 시험관을 37°C에서 24시간 동안 배양한다.
4. 결과를 기록하고 그 결과를 표 39.1과 그림 39.5에 나온 내용과 비교한다. 주의: 24시간 배양 후에, 아무 균도 접종하지 않은 대조군 시험관에서 만일 어떠한 색깔의 변화도 나타나지 않으면 48시간을 추가로 배양한 후 다시 관찰하도록 한다.

특이적 발효 반응

만약 생물체가 발효적 대사를 수행한다고 밝혀지면 어떤 당이 발효되는지, 어떤 경로로 발효가 되는지를 아는 것이 중요하다. 어떤 당이 발효되는지, 발효 경로의 최종 산물이 무엇인지는 〈Bergey's Manual〉에서 세균을 동정하는데 사용되는 중요한 표현형적 특징들이다. 이번 실험에서는 다음의 발효 시험들이 수행될 것이다. (1) 듀람 시험관 당 발효, (2) 혼합 산 발효(메틸 레드 시험), (3) 2,3-부탄다이올 발효(Voges-Proskauer 시험), (4) 구연산 시험.

미지 미생물의 접종

1차 실험 그림 39.2는 미지의 미생물로 발효 시험에 접

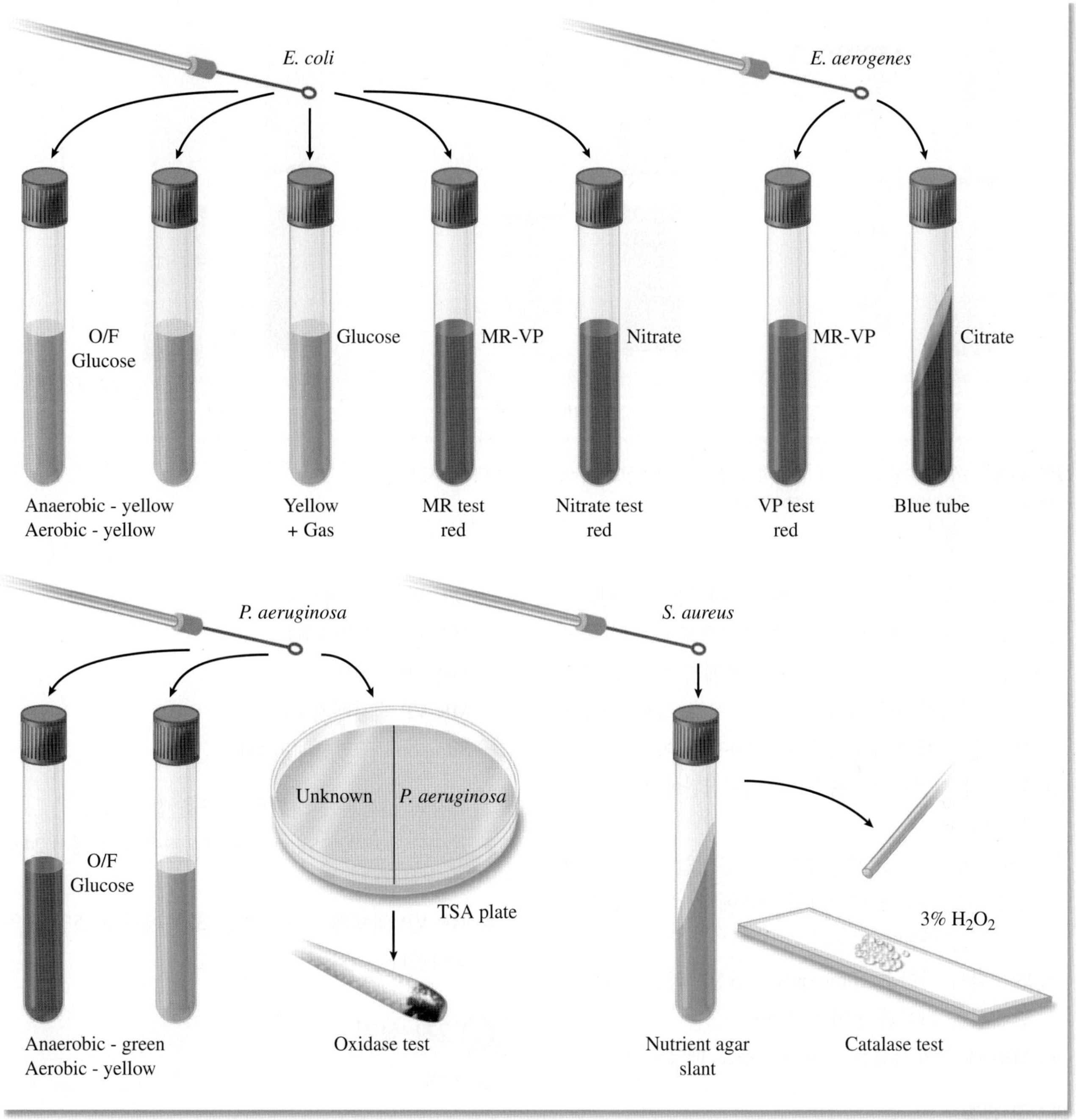

그림 39.4 발효성 및 산화성 시험들의 양성 대조군을 위한 접종실험 과정.

종하는 과정을 보여주고 있다. 담당교수가 실험할 다른 탄수화물들을 줄 것이므로 이들 재료들에 해당되는 칸은 비워두었다. 서로 다른 탄수화물들을 구별하는데 서로 다른 색의 시험관 뚜껑을 사용하도록 하고 뚜껑 색과 당을 기록한다.

재료 (각각의 미지 세균에 대해)

- 듀람 시험관과 페놀레드 지시약과 다음 당을 넣은 탄수화물 배양액
- 포도당시험관 1개
- 젖당시험관 1개
- 만니톨시험관 1개
- MR-VP 액체시험관 2개
- Simmon's 구연산시험관 1개
- trypticase soy agar (TSA) plate 1개

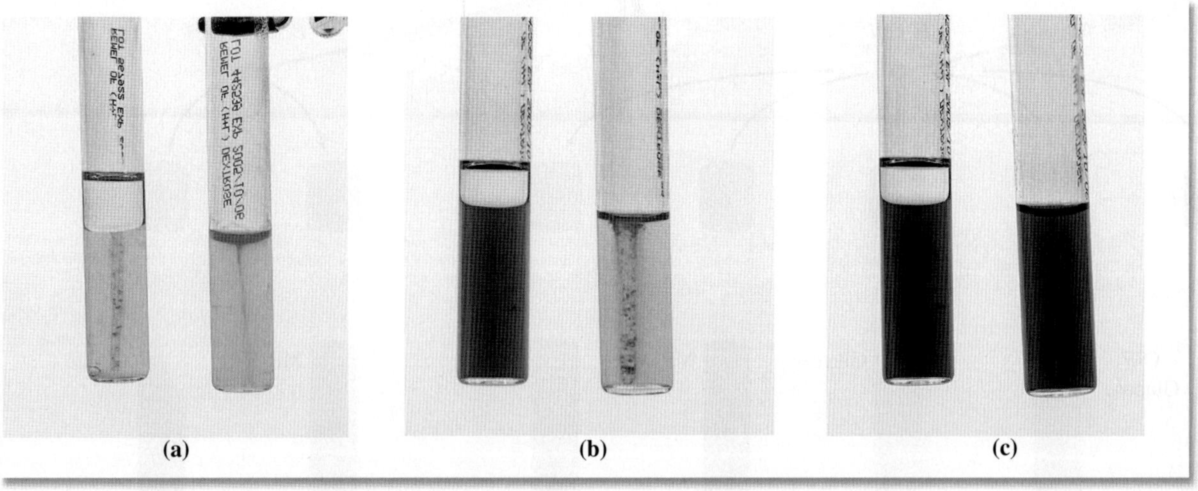

그림 39.5 O/F 포도당 시험. (a) 발효적 및 산화적, (b) 산화적, (c) 포도당 대사되지 않음.

1. 그림 39.2 처럼 각각의 시험관에 이름을 붙인다.
2. TSA 평판배지의 반을 미지의 세균으로 나머지는 녹농균으로 라벨을 붙인다. 이 평판배지는 다음 실험에서 미지의 세균이 호흡효소인 시토크롬산화효소를 만들어 내는지 확인할 때 사용할 것이다.
3. 듀람 당 시험관과 MR-VP 액체시험관에 세균을 접종한다.
4. Simmon's 구연산 사면배지에 접종바늘을 사용하여 우선 도말하고 사면배지의 아래에서 1/3 지점의 중앙에 접종바늘을 찌른다.
5. 탄수화물 시험관, Simmon's 구연산시험관, TSA 평판배지를 24시간 동안 배양한다.
6. MR-VP 액체시험관은 3~5일 정도 배양한다.

대조군 접종

그림 39.4는 대조군을 시험관에 접종하는 법을 설명하고 있다.

재료

- O/F 포도당 천자배지(deeps) 4개
- 포도당 액체배지와 듀람 시험관, 페놀레드 지시약 1개
- MR-VP 액체시험관 2개
- Simmon's 구연산시험관 1개

1. 각각의 시험관에 다음과 같이 라벨을 붙인다.

   O/F 포도당 deeps A1
   포도당 액체배지 B1
   MR-VP 액체배지 E1
   MR-VP 액체배지 F1
   Simmon's 구연산배지 G1

2. 각각의 시험관에 적합한 세균을 접종한다.
3. 포도당시험관과 Simmon's 시험관을 37℃에서 24시간 배양한다.
4. MR-VP 액체배지 시험관을 37℃에서 3~5일 동안 배양한다.

2차 실험

(실험평가)

24~49시간의 배양 후 모든 시험관을 알파벳 순서로 배열하고 미지의 시험관과 대조군을 다른 줄에 둔다. 결과를 분석하고 실험 37의 기재목록표에 적는다. 기억에 의존하지 않는다. 결과를 올바르게 기록하지 않으면 시험을 반복해야 한다.

듀람 시험관의 탄수화물

만약 미생물이 당을 발효시킨다면 보통 산이 생기는데, 발효의 최종산물로 기체 또한 생성되기도 한다. 산의

그림 39.6 듀람 발효 시험관(Durham fermentation tube).

존재는 pH 지시약인 페놀레드의 색깔 변화에 의해 확인할 수 있다. 페놀레드는 알칼리성에서는 붉은색이고 산성에서는 노란색이다. 수소나 이산화탄소 같은 기체들의 생성은 듀람 시험관에 기체가 차면서 이 튜브 안의 배지가 밀려 나가는 것을 보아 확인할 수 있다(그림 39.6, 39.7d).

주의: 가스 생성 양성판정은 듀람 시험관이 최소 10% 이상 비워졌을 때만 양성으로 기록되어야 한다.

각각의 당 액체배지에는 0.5% 농도의 특정 탄수화물 이외에도 세균에 필요한 질소를 보충하기 위해 소고기 추출물이나 펩톤을 보충한다. 미지 미생물은 다른 당도 발효할 수 있다고 가정하는 것이 옳지만 포도당, 젖당, 만니톨 정도면 된다. 왜냐하면 이것들은 의학적으로 중요한 세균들을 분류하는 데 중요하기 때문이다. 담당교수는 미지 생물을 확인하는 데 도움이 될 또 다른 탄수화물들을 제공할 수도 있다.

결과 해석

대장균으로 접종된 포도당 대조시험관을 조사한다. 발효의 결과로 산이 생겼다면페놀레드가 붉은색에서 노란색으로 바뀌었을 것이다. 또한 발효로부터 생긴 기체가 있다면 듀람 시험관의 액체가 이동했을 것이다. 그림 39.7은 산과 기체가 생겼을 때 양성 시험관과 음성 시험관의 차이를 보여주고 있다.

이제 미지 미생물로 접종되었던 세 개의 당(시험관 A, B, C)을 검사한다. 산과 기체가 생성되었는지를 기록하고 양성 대조군 시험관과 비교한다. 만약 색의 변화가 없으면 기재목록표에 "없음"으로 기록한다. 색의 변화가 없는 것은 보통 산화성 생물들과 일치한다. 음성 반응 결과는 양성 반응과 마찬가지로 중요하다는 것을 마음에 새겨 두라.

혼합산 발효(Mixed-Acid Fermentation)

(메틸레드 시험)

그람음성 장내세균들을 구별하는 중요한 실험이 바로 혼합산 발효 시험이다. 대장균(*E. coli*), 살모넬라(*Salmonella*), 프로테우스(*Proteus*), 아에로모나스(*Aeromonas*) 같은 세균들은 포도당을 발효시켜 젖산, 초산, 숙신산, 포름산 같은 수 많은 유기산을 생성한다. 게다가 CO_2, H_2, 에탄올 또한 생성된다. 생성되는 산의 양은 MR-VP 액체배지의 pH를 5이하로 내릴 정도로 많다.

산이 생성되었는지 실험하기 위해서 pH 지시약인 메틸레드를 배지에 첨가하여두는데 산이 존재하면 붉은색으로 바뀐다. 양성 메틸레드 시험은 생물이 혼합산 발효를 했음을 나타낸다. 혼합산 발효를 하는 세균들은 일반적으로 가스도 함께 생성한다. 왜냐하면 세균들이 **formic hydrogenlyase** 효소를 생성하여 작용하게 하기 때문인데 이 효소는 포름산을 분해해 CO_2와 H_2가 만들어지게 한다.

배지 MR-VP 배지는 펩톤과 dipotassium phosphate로 완충력을 갖도록 한 포도당 액체배지이다.

시험 과정 대장균 대조군에 대해 메틸레드 시험을 먼저 하고 그 다음으로 미지 세균에 대해 실시한다.

재료

- 메틸레드 지시약 점적병

1. 3~4방울의 메틸레드를 대장균이 접종된 대조군 시험관에 떨어뜨린다. 시험관은 즉시 붉은색으로 변할 것이다. 양성 시험관은 그림 39.7에 나와 있다.
2. 이 과정을 MR-VP 액체배지가 든 미지의 시험관에 반복한다. 만약 시험관이 붉은색으로 변하지 않고

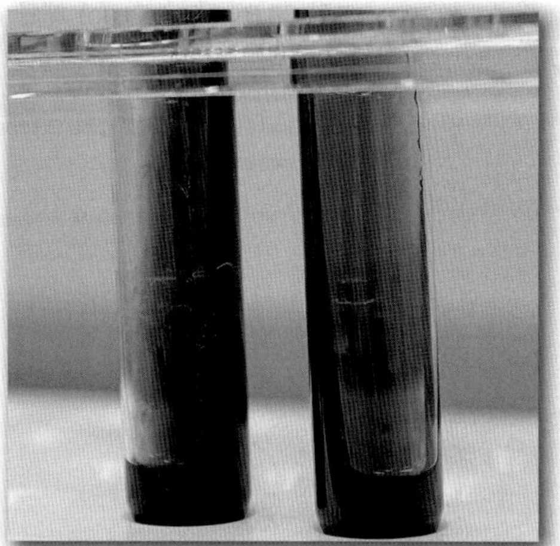

그림 39.9 구연산 이용 (a) 양성 시험, 감청색, (b) 비접종 대조군 (또는 음성 시험). 녹색 (변색 없음).

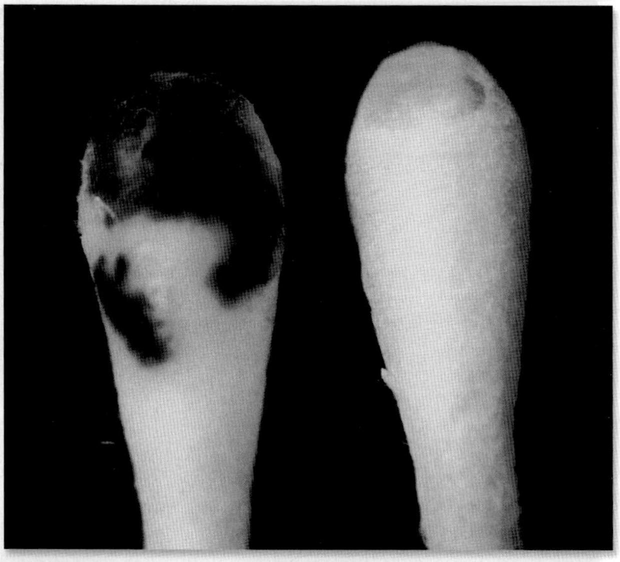

그림 39.10 좌측 면봉은 옥시다아제 생성으로 보랏빛 반응색을 보이고 우측 면봉은 옥시다아제 음성 반응을 보이고 있다(색깔 변화 없음).

산화성 시험 (그림 39.10 참조)

산화효소 시험(Oxidase Test)

산화효소 시험은 전자전달계에 있는 효소인 시토크롬 산화효소의 존재를 분석하는 것이다. 이 효소는 환원된 시토크롬 *c*로부터 산소분자로 전자를 운반하면서 산화된 시토크롬 *c*와 물을 생산하는 과정을 담당한다. 시토크롬 산화효소는 산소를 최종전자수용체로 이용하는 호흡을 수행하는 세균에 존재한다. 따라서 이 시험은 산소를 최종전자수용체로 이용하는 세균과 산소를 이용하지 못하는 세균을 구별해 주는 실험이다. 이 효소의 존재는 인공적인 전자수용체인 N,N,N′,N′-tetramethyl-*p*-phenylenediamine을 사용하여 확인하는데 환원된 시토크롬 c로부터 이 시약으로 전자가 전달되면 노란색이 보라색으로 변한다. 이 산화효소 시험은 산화효소-양성 세균인 *Pseudomonas*의 대부분의 종을 산화효소-음성 세균인 Enterobacteriaceae와 구별해 줄 수 있다. 인공 전자수용체는 종종 불안정해서 장시간 공기에 노출되면 스스로 산화된다. 이 실험에서는 유리엠플에 보관된 시판용 시약을 구입하여, 사용하기 직전에 엠플을 깨서 사용해도 좋다.

재료

- 평판배지의 반쪽은 미지의 세균으로, 반쪽은 녹농균으로 도말한 TSA 평판배지
- 산화효소 반응 시약인 1% N,N,N′,N′-tetramethyl-*p*-phenylenediamine dihydrochloride (Difco)이 들어 있는 앰플
- 멸균된 면봉
- Whatman No. 2 여과지

1. 산화효소반응 시약 앰플을 엄지와 검지손가락 사이에 쥐고 앰플이 몸 반대쪽으로 향하게 한 다음 비틀어서 앰플을 깬다. 앰플을 실험대에 몇 번 부드럽게 톡톡 친다.
2. 멸균 면봉을 녹농균이 생장한 TSA 배지에 접촉시킨다. 산화효소 반응시약 몇 방울을 면봉에 묻은 세균 위에 떨어뜨린다(**주의**: 산화효소반응 시약의 뚜껑을 제거할 필요는 없다. 반응시약을 옮기기 위해 작은 구멍이 있기 때문이다).

   다른 방법: TSA 평판배지에 자란 세균을 여과지 조각에 옮기고 반응시약 몇 방울을 여과지에 떨어뜨린다.
3. 양성반응을 보이는 배양은 10에서 30초 사이에 반응시약이 노란색에서 보라색으로 변한다. 30초 후에 색깔이 변하면 음성반응으로 간주한다(그림 39.10).
4. 이 시험을 미지의 세균에 대해 반복 실시하고 결과를 기재목록표에 기록하시오.

카탈라아제 시험(Catalase test)

호기성 세균이 호흡을 통해 생장할 때 그 세균들은 산소를 최종 전자수용체로 이용하여 물로 변환시킨다. 그러나 이 과정에서 부산물로 과산화수소(hydrogen peroxide)를 만들게 된다. 과산화수소는 매우 반응성이 높은 산화제로서 효소, 핵산, 그리고 세포에 필수적인 다른 분자에 피해를 입힌다. 이 피해를 제거하기 위해 호기성 세균은 **카탈라아제**(catalase)를 생산하여 과산화수소를 무해한 물과 산소로 변환시킨다.

$$2H_2O_2 \xrightarrow{\text{카탈라아제}} 2H_2O + O_2$$

절대혐기성 세균과 화농성 구균 같은 내기성(aerotolerant) 세균은 이 효소가 없어서 호기 환경에서 발생한 과산화수소를 처리할 수 없다. 카탈라아제의 존재 여부는 이들 세균과 카탈라아제를 생산하는 호기성 또는 통성 혐기성 세균을 구별하는 좋은 수단이다. 예를 들면, 카탈라아제 생산은 호기성 연쇄상 구균과 카탈라아제를 생산하지 않는 화농성 구균이나 장구균(enterococci)과 구별하는 데 이용될 수 있다.

실험 과정 카탈라아제를 생산하는지 여부를 판정하기 위해, 평판배지나 사면배지에서 생장한 소량의 세균을 나무막대를 이용하여 유리슬라이드에 옮긴다. 여기에 3% 과산화수소를 몇 방울 떨어뜨린다. 카탈라아제를 생산하면 과산화수소가 분해되면서 발생되는 산소 때문에 거품이 왕성하게 생긴다.

주의: 세균을 옮기고 섞을 때 금속 백금이를 사용하지 않는다. 철이 과산화수소를 분해하여 산소를 발생시킬 수 있기 때문이다. 또한 혈액이 카탈라아제를 함유하고 있기 때문에 혈핵 한천배지에서 자란 세포들에 대해서는 이 실험을 하지 않는다.

재료

- 3% 과산화수소
- *Staphylococcus aureus*를 배양한 영양한천 사면배지와 미지의 세균을 배양한 TSA 평판배지

1. 나무 면봉의 끝을 이용하여 소량의 *Staphylococcus aureus* 세포를 현미경 슬라이드에 옮긴다.
2. 슬라이드의 세포에 3% 과산화수소를 2, 3방울 떨어뜨리고, 나무막대로 잘 섞는다. 그리고 왕성하게 생성되는 거품을 확인한다(그림 39.11 참조).
3. 동일한 과정을 미지의 세균에 대해 실시하고 결과를 기재목록표에 기록한다.

그림 39.11 카탈라아제 시험: 카탈라아제가 존재하면 산소 가스가 격렬히 발생한다.
© McGraw-Hill Education, Lisa Burgess, photographer

질산 환원(Nitrate reduction)

몇몇 통성혐기성 세균들은 질산을 최종전자수용체로 사용하여 혐기성 호흡의 일환인 **질산 호흡**(nitrate respiration)을 수행한다. *Paracoccus*와 일부 *Pseudomonas* 그리고 *Bacillus*는 질산을 환원시켜 기체상태의 최종산물인 N_2O나 N_2를 생성한다. 대장균 같은 다른 세균들은 질산을 아질산으로 부분적으로 환원시킨다. 몇 종류의 효소들이 질산의 환원에 관여하는데, 그 중 하나가 질산 환원효소(nitrate reductase)이다. 이 효소는 시토크롬 *b*로부터 전자를 질산으로 운반하여 질산을 아질산으로 환원시킨다. 질산의 환원에 관여하는 효소들은 유도적(inducible)이기 때문에 혐기적인 조건에서 질산이 존재할 때만 생성된다. 질산이 아질산으로 환원되는 화학반응은 다음과 같다.

$$NO_3^- + 2e^- + 2H^+ \xrightarrow{\text{질소 환원효소}} NO_2^- + H_2O$$

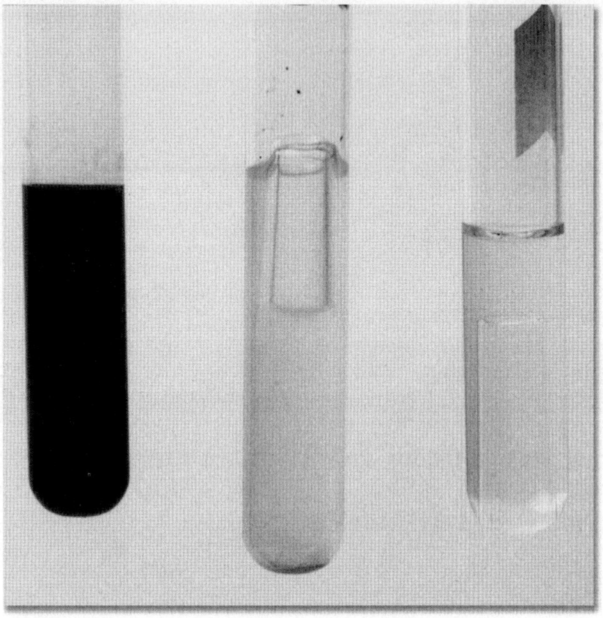

그림 39.12 질산 환원 시험: 왼쪽 시험관은 질산 환원으로 붉은색이 나타난 것을 보이고 있고, 중안은 질산이 질소 가스로 환원되어 유람 시험관에 포획되어 있는 것을 보이고 있다. 맨 우측은 비접종 대조군이다.

실험 과정 세균의 질산 환원 능력은 질산 환원의 최종 산물인 기체나 아질산을 분석함으로써 판정할 수 있다. 세균을 질산칼륨(potassium nitrate)이 첨가된 소고기 추출물배지에 배양한다. 질산 환원에 의해 생성된 기체는 배지에 미리 넣어둔 듀람시험관(Durham tube)에 포집된다. 아질산으로의 부분적인 질산 환원은 sulfanic acid(반응시약 A)와dimethyl-alphanaphthylamine(반응시약 B)을 순서적으로 첨가함으로써 분석할 수 있다. 만일 질산이 존재하면 배지는 화학반응 결과 짙은 적색으로 변한다(그림 39.12). 음성 시험결과는 질산 환원이 일어나지 않았거나 질산 환원에 의해 기체상이 아닌 다른 산물이 생성된 것을 의미한다. 확실히 하기 위해 아연 분말을 음성 반응이 일어난 배지에 첨가한다. 아연은 질산을 아질산으로 환원시켜 배지를 붉은색으로 변화시킨다. 만일 기체상이 아닌 암모니아와 같은 다른 산물이 이미 생성되었다면 아연이 첨가되어도 색깔의 변화가 없을 것이다.

재료

- 듀람 시험관이 들어 있는 질산 액체배지에서 미지 세균과 대조군인 대장균을 배양한 배양액 시험관
- 질산반응시약: A-sulfanilic acid; B-dimethyl-alpha-naphthylamine
- 아연분말

1. 미지 세균이 배양된 시험관을 조사한다. 만일 듀람 시험관에 기체가 있으면 미지 세균이 질산을 환원하여 기체상의 최종산물인 질소를 만들었다는 증거이다. 만일 기체가 존재하지 않으면 환원에 의해 아질산이나 비기체상의 다른 산물을 만들었다는 것이 된다.
2. 아질산의 존재를 시험하기 위해 대장균 배양관에 2, 3방울의 반응시약 A와 B를 떨어뜨린다. 바로 짙은 붉은색으로 변할 것이다(그림 39.12).

위험

반응시약 B인 Dimethyl-alpha-naphthylamine은 발암물질이므로 피부에 닿지 않도록 주의한다.

3. 동일한 실험 과정을 미지 세균 배양액에 대해 실시한다. 만일 붉은색이 나타나지 않으면 그 세균은 질산을 환원시키지 못했거나 질산 환원 결과 비기체상의 다른 산물이 만들어졌다는 것이 된다.

   아연시험: 음성 시험관에 아연분말을 첨가하고 시험관을 충분히 섞는다. 만일 붉은색이 나타나면 질산이 아연에 의해 환원된 결과이므로 질산 환원에 대해서는 음성의 결과이다. 만일 색깔이 나타나지 않으면 비기체상의 다른 산물을 만들었다는 것이 되므로 질산이 환원된 것이다.
4. 결과를 실험 37의 기재목록표에 기록한다.

MICROBIOLOGY

생리적 특성: 가수분해 및 분해 반응들

Physiological Characteristics: Hydrolytic and Degradative Reactions

EXERCISE 40

학습목표

이 실험을 수행한 후 여러분은 다음의 사항을 알 수 있을 것이다.

1. 주어진 미지 미생물이 전분, 단백질, 지질, 트립토판, 우레아, 페닐알라닌 등을 분해하거나 가수분해할 수 있는 능력이 있는지를 결정할 시험들을 수행한다.
2. 이 시험들의 생화학적 기초에 대해서 이해한다.

세균은 단단한 세포벽을 가지고 있기 때문에 식균작용을 통해 자신이 먹을 음식을 둘러 쌀 수 없다. 따라서 양분을 취득하기 위해서는 세포 내로 흡수하여 대사할 수 있는 작은 분자로 커다란 고분자들을 분해할 수 있어야 하며, 이를 위해 다양한 종류의 가수분해 효소들을 체외로 분비하게 된다. 예를 들면, 아밀라아제나 셀룰라아제는 전분과 셀룰로오스를 간단한 설탕(당분)들로 분해하여 세포 내로 흡수한 뒤 발효나 산화에 의해 대사된다. 여러 가지 종류의 단백질분해효소(protease; 프로테아제)는 카제인이나 젤라틴 및 폴리펩티드와 같은 단백질들을 아미노산으로 분해하며, 중성지방은 여러 가지 지방분해효소(lipase; 리파아제)에 의해 지방산과 글리세롤로 분해된다. 때로 세균들은 대사목적에 사용될 탄소원을 얻기 위해 작은 분자들을 가수분해하기도 한다. 예를 들어, 트립토판은 트립토판분해효소에 의해 피루브산과 인돌로 쪼개지게 된다. 피루브산은 대사되지만 인돌 고리는 분해되지 않기 때문에 생장배지에 축적되게 된다. 인돌이 축적되는 지의 여부는 트립토판분해효소를 생성하는 세균과 그렇지 못한 세균을 구분하는 생화학적 시험의 근거로 이용된다. 일부 세균은 우레아를 분해하여 이산화탄소와 암모니아를 생성함으로써 pH를 알칼리 쪽으로 상승시키게 되며, 이러한 변화는 pH 지시약에 의한 색깔의 변화로 감지할 수 있게 된다. 프로테우스(*Proteus*) 및 다른 세균은 페닐알라닌에서 탈아미노 반응을 일으켜 페닐피루브산을 생성하는데, 이는 염화제2철(ferric chloride)로 검출할 수 있다.

여러 가지 가수분해효소의 존재는 세균을 동정하는 근거로 사용된다. 이번 실험에서 여러분은 세균에 의해 진행되는 가수분해 반응들을 검출하기 위한 생화학적 실험을 수행하게 된다. 각각의 예에서 조사하고자 하는 미지의 미생물과 대조군으로 사용되는 미생물을 비교하게 될 것이다.

1차 실험

(접종)

만일 학생들이 미지의 미생물만 가지고 실험한다면 학생들은 평판배지를 공유하도록 짝을 이루어서 실험하도록 한다. 그림 40.1을 통해 2개의 미지 미생물과 한 개의 대조시험 미생물을 각각의 평판배지 중앙에 도말하여 접종되어 있는 것을 잘 보기 바란다. 각각의 학생들이 2개의 미지 미생물을 조사하려 한다면 각 평판배지는 공유해서는 안 된다. 이들을 공동으로 사용할지의 여부는 평판배지의 가용성 여부에 달려 있다.

재료

한 가지의 미지 미생물을 각각 갖고 있는 2인 1조 학생, 또는 2개의 미지 미생물을 한 학생이 함께 실험할 경우 이들 수만큼 다음을 준비한다.

- 전분평판배지(starch agar plate) 1개
- 스킴밀크 평판배지(skim milk agar plate) 1개
- 스피리트 블루 평판배지(spirit blue agar plate) 1개
- 우레아 사면배지(urea slant) 또는 우레아 액상배지(urea broth) 3개
- 트립톤 액상배지(tryptone broth) 3개
- 페닐알라닌 사면배지(phenylalanine agar)
- *Bacillus subtilis, Escherichia coli, Staphylococcus aureus, Proteus vulgaris* 보통배지 배양액

1. 그림 40.1과 같이 3개의 평판배지에 라벨을 붙이고 균을 각각 접종한다. 직선으로 균을 접종하고 각 평판배지들의 배지 형태를 기록해 둔다.

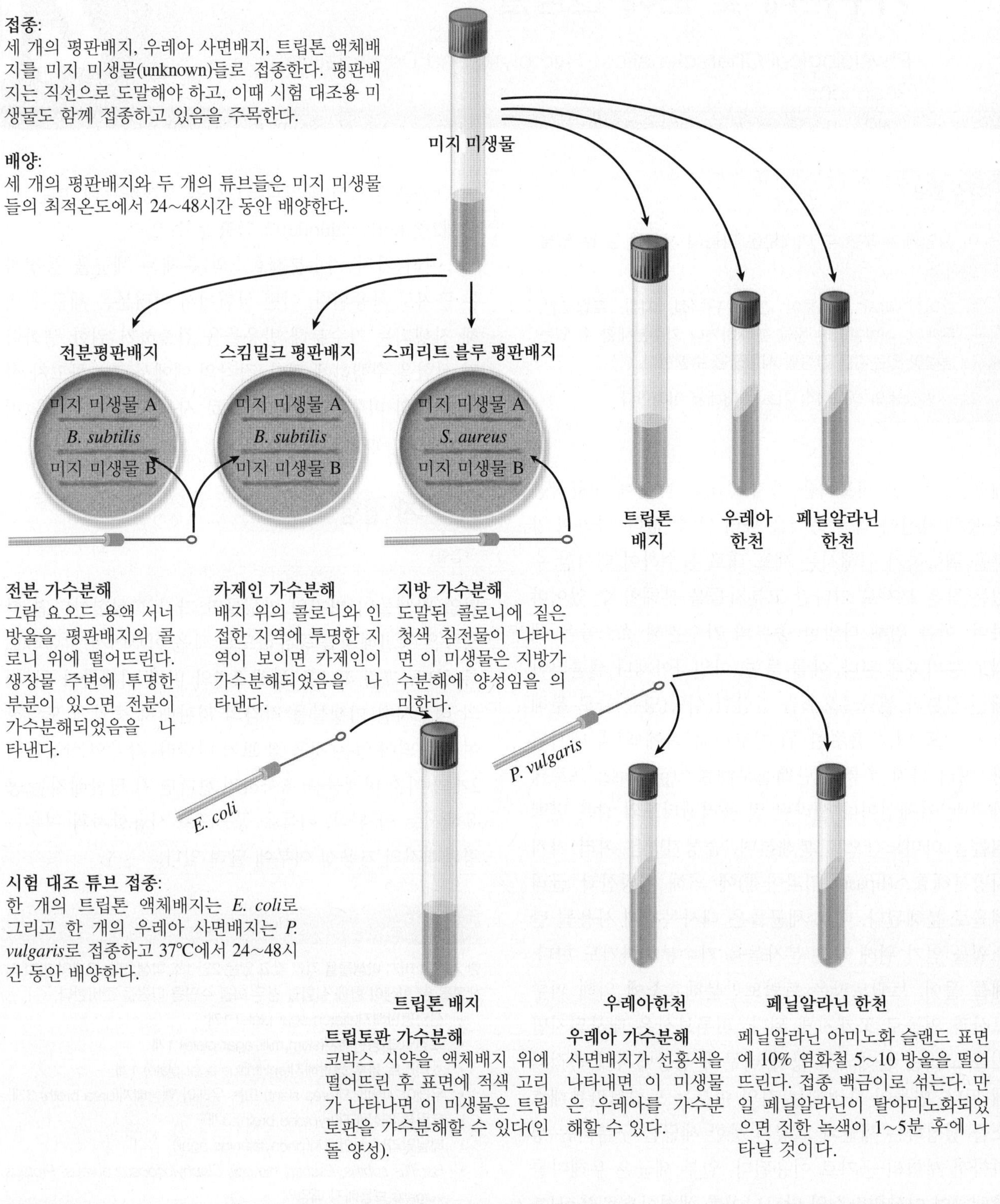

그림 40.1 미지 미생물에 대해 가수분해 시험을 시행하는 과정.

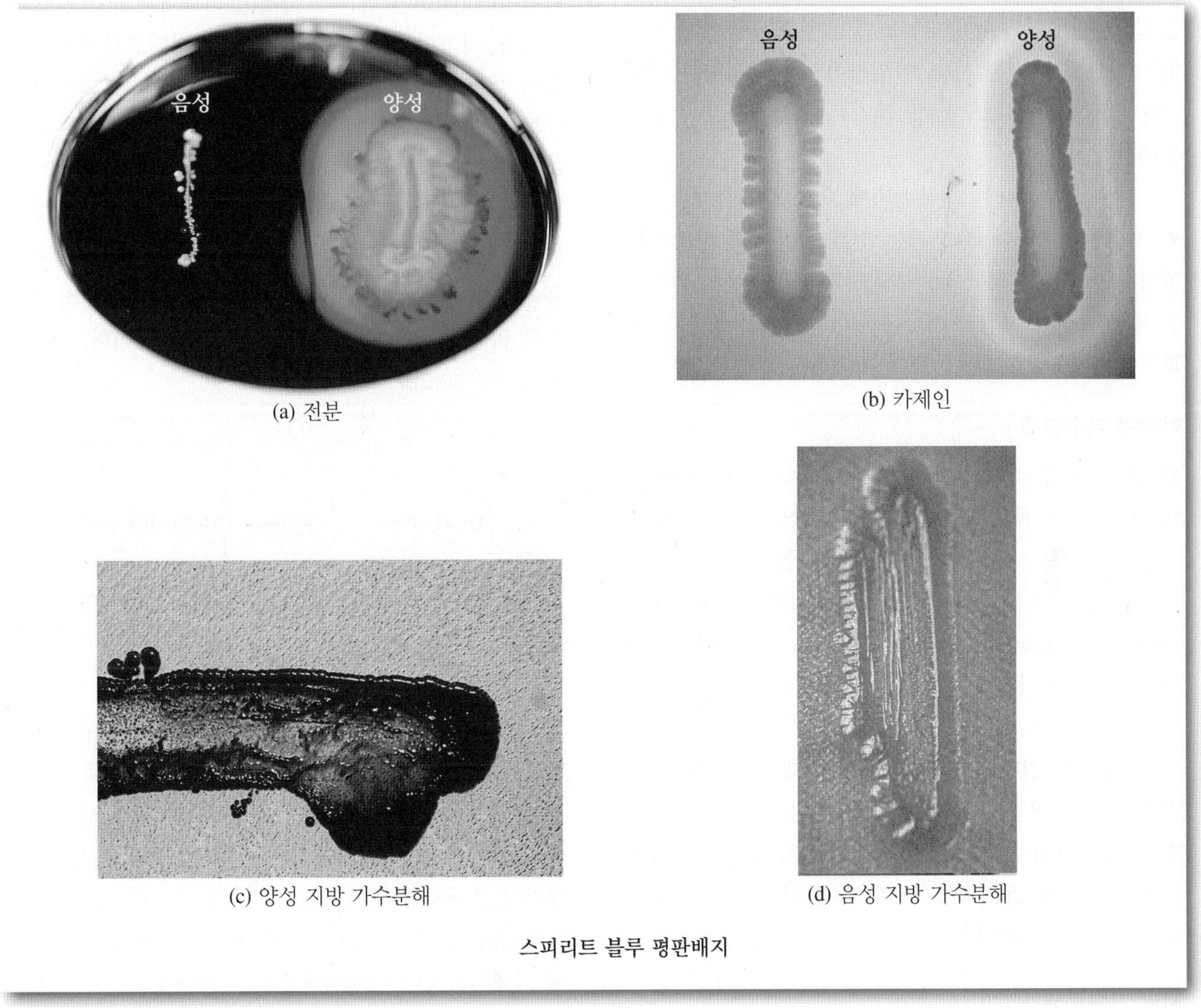

그림 40.2 가수분해 시험용 평판배지들: 전분, 카제인, 지질.

2. 우레아 사면배지나 우레아 액상배지에 *P. vulgaris*라고 이름을 쓰고 트립톤 배지에는 *E. coli*라고 이름을 쓴다. 이들은 각각 우레아 또는 트립토판 가수분해 여부를 조사할 시험 대조군이다. 이들을 표기된 세균들로 접종한다.
3. 각 미지의 미생물에 대해 한 개의 우레아 사면배지(또는 액상배지)와 트립톤 시험관에 미지 미생물의 코드번호를 쓰고 이들을 각각 그 미생물로 접종한다.
4. 페닐알라닌 사면배지 한 개에 미지 미생물의 코드 번호를 쓰고 또 한 개에는 *P. vulgaris*라고 라벨을 쓴 다음 해당 미생물을 각각 접종한다.
5. 시험 대조군은 37℃에서 배양하고 미지 미생물들은 그들의 최적온도에서 각각 배양한다.

2차 실험

(시험 결과의 평가)

배양 시작 후 24~48시간이 지나면 시험 대조군과 미지 미생물의 실험 결과를 비교하고 그 결과를 실험 37의 기재목록표에 기록한다.

전분 가수분해

고분자 전분은 2가지 물질로 구성되어 있다: (1) 아밀로오스- 200~300개의 포도당분자가 직선으로 연결된 사슬 (2) 아밀로펙틴—이보다 훨씬 많은 포도당이 가지가 있는 형태로 연결된 사슬. 아밀라아제를 생성하는 세균들은 말토오스와 포도당 및 덱스트린 분자들로 전분을 분해한다.

전분 가수분해는 전분배지에 요오드를 첨가함으로써 검출할 수 있다. 요오드는 전분 고분자와 중합체를 형성하여 배지를 청색으로 변화시키지만 전분이 분해되면 세균의 집락 주위가 깨끗해진다(그림 40.2a). 실험 결과를 실험 37의 기재목록표에 기록한다.

카제인 가수분해

카제인은 우유 속에 가장 많이 존재하는 단백질이며 이 때문에 우유가 하얀 크림색이 된다. 많은 세균들은 단백질분해효소를 분비하는데 이들은 카제인과 같은 단백질 분자를 펩티드나 아미노산들로 분해한다. 이 과정을 "단백질분해"(proteolysis)라고 일컫는다. 예를 들어, 리신 잔기에서 카제인을 분해하는 프로테아제는 리신 엔도펩티다아제의 하나이다.

스킴밀크 평판배지에서의 생장 상태를 조사한다. 그림 40.2b의 오른쪽 집락주변이 단백질 분해가 일어나 투명하게 된 것에 유의한다. 여러분의 미지 미생물의 실험 결과를 그림 40.2b와 비교하고 그 결과를 실험 37의 기재목록표를 기록한다.

지방 가수분해

지방 혹은 트리글리세리드는 글리세롤 분자에 지방산 분자들이 에스터결합을 통해 공유결합으로 연결됨으로써 만들어진다. 중성지방은 동물과 같은 고등생물에서 만들어지는 주된 저장성 물질이다. 일부 세균들은 글리세롤 분자에서 지방산을 떼어내는 역할을 하는 지방분해효소는 효소를 생성한다. 지방산과 글리세롤은 그 뒤에 세포막을 합성하는데 필요한 인지질을 만드는 대사과정이나 혹은 에너지를 생성하기 위한 분해과정에 원료로서 이용된다. 버터나 마가린이 부패할 경우 불쾌한 냄새가 나게 되는 것은 중성지방의 분해로 생성되는 지방산이 짧은 휘발성 유기산 사슬로 분해되기 때문이다.

스피리트 블루 평판배지(spirit blue agar)에는 탄소원, 질소원 및 비타민 공급원으로 펩톤이 함유되어 있다. 여기에는 또한 간단한 동물성 지방의 하나인 트리뷰티린(tributyrin)이 있는데 이것이 리파아제의 기질로 작용한다. 리파아제의 활동으로 트리뷰티린으로부터 지방산이 떨어져 나오면 평판배지의 pH를 낮추게 되어 진한 푸른색의 침전물이 형성되게 된다. 만일 어떤 세균이 트리뷰티린으로부터 지방산을 완전히 떨어져 나오게 하지 못하면 pH가 충분히 낮아지지 않아 진한 푸른색의 침전물이 생성되지 않게 된다. 이 경우 여러분은 단순히 한천 속에 들어 있는 지방이나 기름방울이 리파아제의 작용으로 없어졌는지의 여부만을 살피게 될 것이다.

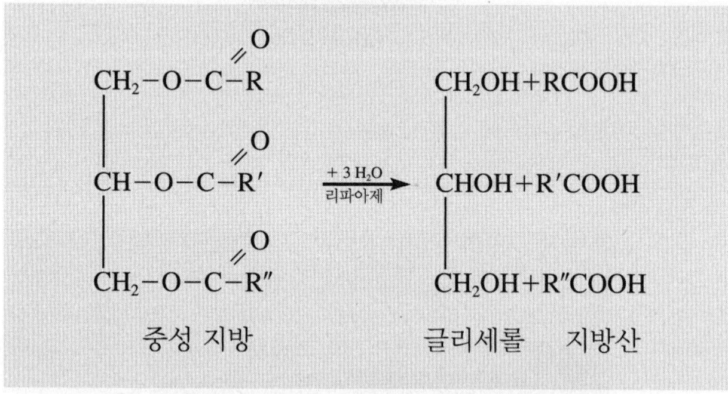

평판배지 위에 자라는 *S. aureus*의 생장상태를 조사한다. 그림 40.2c에서 보는 것처럼 진한 푸른색 반응을 볼 수 있어야 한다. 미지 미생물을 이것과 비교하고 만일 미지의 미생물이 부정적으로 나타나면 평판배지를 빛을 향하여 들어보고 생장 주변에서 기름방울이 없어졌는지 살펴보라. 만일 이러한 기름방울이 없어진 것이 보인다면 기재목록표에 양성반응으로 기록한다.

트립토판 분해

일부 세균들은 아미노산인 트립토판을 분해하여 인돌과 암모니아 및 피루브산을 생성할 수 있다. 피루브산은 미생물에 의해 다시 이용되어 여러 가지 대사목적으로 사용된다. 트립토판의 분해를 맡고 있는 효소는 트립토판 분해효소(tryptophanase)이다. 이 효소에 의한 트립토판의 분해는 코박시약(Kovac's reagent)으로 검출할 수 있다. 이 시약은 인돌이 존재할 경우 진한 적색을 형성한다. 트립톤 액체배지(1%)가 이 실험에 사용되는데, 이는 다량의 트립토판을 함유하고 있기 때문이다. 트립톤은 우유에 있는 카세인 단백질이 췌장 소화효소에 의해서 분해됨으로써 만들어진다.

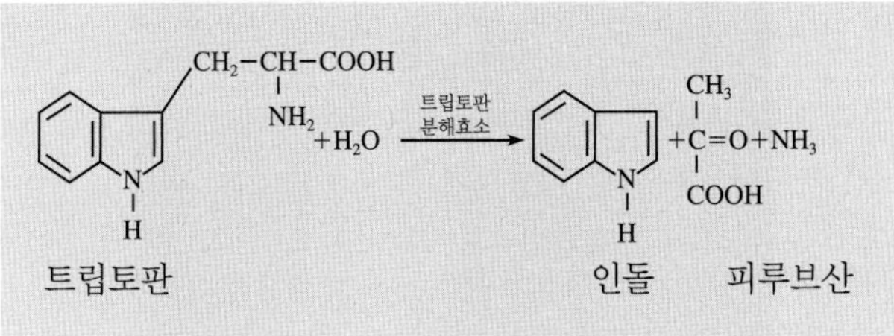

재료

- 코박시약
- 대장균과 미지 미생물의 트립톤 액체배양액

인돌의 존재를 시험함으로써 결과적으로 트립토판분해효소의 활성을 조사하게 되는데, 이 시험을 위해 대장균의 트립톤 배양액에 10~12방울의 코박시약을 첨가한다. 그림 40.3에 나타낸 것처럼 배양액의 상단부에 붉은 유기질층이 형성되어야 한다. 같은 시험을 미지의 미생물 배양액에 반복하고 기재목록표에 그 결과를 기록한다.

우레아 가수분해

우레아는 수많은 세균들에 의해서 분해되는 동물대사의 노폐물이다. 우레아의 가수분해를 맡고 있는 효소는 우레아제(urease)인데 이는 우레아를 이산화탄소와 암모니아로 분해시킨다. 우레아제는 *Proteus*, *Providencia* 및 *Morganella*와 같은 그람음성 장내세균에 의해서 생성되는데 이들은 이 실험으로 다른 그람음성 장내세균과 구분될 수 있다. 그림 42.2에 있는 분류 요약을 참고한다.

우레아 배지는 효모추출물, 우레아, 완충용액, pH 지시약인 페놀레드를 함유하고 있다. 우레아는 불안정해서 15 psi의 증기압에서 열을 가하면 분해된다. 따라서 기본배지를 고압 멸균한 후 여과 멸균한 우레아를 따로 추가하여야 한다.

미생물에 의해서 우레아제가 생성되면 암모니아가 만들어져서 pH를 알칼리로 변화시킨다. pH가 증가하게 되면 페놀레드는 노란색(pH 6.8)으로부터 밝은 분홍색 혹은 선홍색(pH 8.1 혹은 그 이상)으로 변화된다. 그림 40.4를 보라.

*Proteus vulgaris*로 접종한 우레아 사면배지를 여러분의 미지 미생물의 것과 비교한다. 여러분의 우레아 사면배지가 음성결과를 나타내면 7일간 추가로 더 배양해서 우레아제가 서서히 나타나는지를 조사한다. 실험 37의 기재목록표에 그 결과를 기록한다.

페닐알라닌 탈아미노화 *Proteus*, *Morganella*, *Providencia*와 같은 그람음성 세균들은 페닐알라닌 아미노산으로부터 산화적으로 탈아미노화반응을 일으켜 페닐피루브산과 암모니아를 생산할 수 있다. 이 반응은 플라보단백질 산화효소의 일종인 페닐알라닌 탈아미노화효소(phenylalanine deamminase)에 의해 촉매된다.

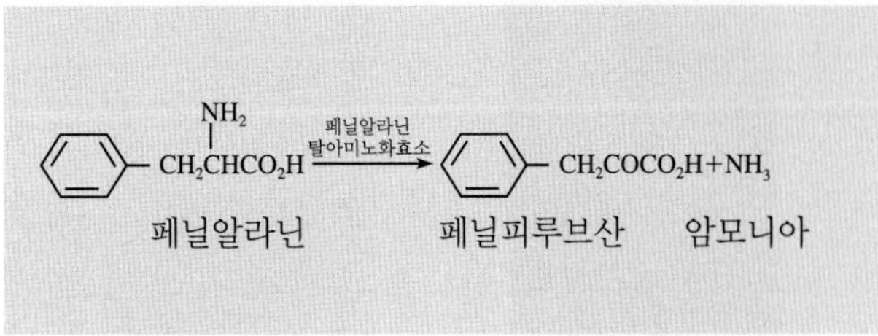

그림 40.3 트립토판 가수분해. 좌측 시험관은 시험관 상단에 인돌이 생겨 있음을 보이고 있다(붉은색 링). 오른쪽 시험관은 균을 접종하지 않은 음성 대조군.

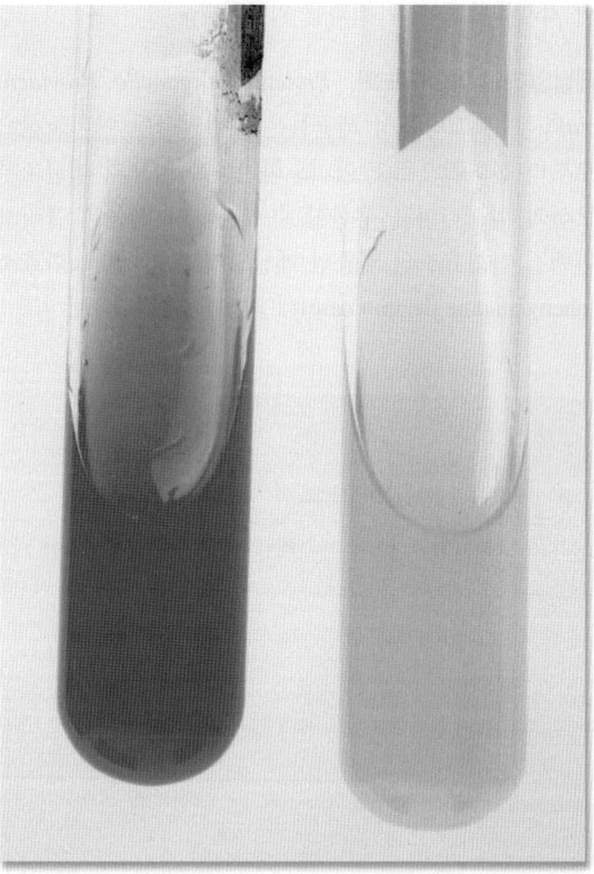

그림 40.4 우레아 가수분해 효소 우레아제 시험. 좌측 시험관은 양성(*Proteus*)이고 우측 시험관은 음성이다.

이 효소는 10% 염화제2철을 첨가함으로써 검출될 수 있다. 이 염화제2철은 페닐피루브산 같은 알파-케토산과 반응하여 녹색의 복합체를 형성한다. 이 시험은 위의 세균들을 다른 장내 세균들과 구분하는 데 유용하다.

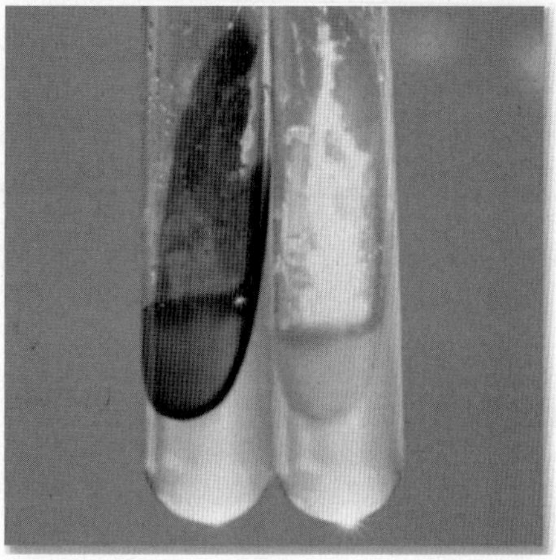

PPA 시험

그림 40.5 PPA 시험. 좌측 시험관은 양성반응을, 우측 시험관은 음성반응을 나타낸다.

재료

- 10% 염화제2철 시약병

5~10방울의 10% 염화제2철 용액을 대조 미생물인 *P. vulgaris* 사면배지 위로 떨어뜨려 흘러내리게 한다. 이 반응을 촉진시키기 위해서 접종 백금이를 사용하여 사면배지의 배양균을 시험용액에 풀어 준다. **진한 녹색**이 1~5분 안에 나타나야 한다. 그림 40.5를 참고한다. 여러분의 미지 미생물에 대해서 같은 과정을 반복하고 그 결과를 실험 37의 기재목록표에 기록한다.

MICROBIOLOGY

EXERCISE 41

생리적 특성: 복수 시험 배지

Physiological Characteristics: Multiple Test Media

학습목표

이 실험을 수행한 후 여러분은 다음의 사항을 알 수 있을 것이다.

1. 주어진 미지 미생물로 클리글러 철고형배지(Kligler's iron agar), 에스아이엠배지(SIM medium), 리트머스 밀크(Litmus Milk) 배지를 접종하고 그 결과들을 설명한다.
2. 이 시험 결과들에 대한 생화학적 기초를 이해한다.

일부 배지들은 복수의 실험 결과를 조사하기 위해서 고안되어 있다. 이러한 배지에는 다음과 같은 것들이 있다. 클리글러 철 한천배지(Kligler's iron agar)는 포도당과 젖당으로부터의 발효반응, 그리고 황화수소의 생성 여부를 결정한다. 에스아이엠배지(SIM medium)는 황화수소와 인돌의 생성 그리고 운동성을 조사한다. 리트머스 밀크(Litmus Milk)는 우유에서 발효, 단백질가수분해 그리고 다른 반응들을 조사하기 위해서 사용된다. 임빅시험(IMViC test)이 추가로 논의될 것이다. 이들은 그람음성 장내세균을 분류할 때 사용되는 중요한 실험들이다.

1차 실험

(접종)

전과 마찬가지로 실험 대조군의 배양이 여기에서도 포함된다. 실험재료를 아끼기 위하여 2인 1조의 학생들에게 한 세트의 대조군 배양액이 주어질 것이다.

재료

- 미지의 미생물을 조사할 목적으로 학생당 1개씩의 *Proteus vulgaris*, *Staphylococcus aureus* 및 *Escherichia coli* 의 영양 액체배지 배양액을 준비
- 미지 미생물당 1개, 대조군 배양액 하나당 1개씩의 Kligler's iron agar 사면배지
- 미지 미생물당 1개, 그리고 3가지 대조군 배양액을 위한 3개의 SIM 천자배지(총 4개)
- 미지 미생물을 위한 리트머스밀크 튜브 1개

1. 클리글러 철 한천배지 시험관에 *Proteus vulgaris*라고 라벨하고 다른 시험관에는 여러분의 미지 미생물의 번호를 적는다. 끝을 펴놓은 백금이를 이용하여 위의 미생물들을 각각 찔러서 접종한다.
2. SIM 천자배지에 *P. vulgaris*, *S. aureus*, *E. coli* 그리고 미지 미생물의 번호를 각각 기록한다.
3. 한 개의 리트머스 밀크 시험관에 여러분의 미지 미생물의 번호를 표기한다. (**주의**: 리트머스 밀크 시험관에는 대조군의 배양액이 사용되지 않는다. 결과의 설명은 그림 41.3 하단에 나타내었다.)
4. 대조군 배양액들은 37℃에서 그리고 여러분의 미지 미생물은 그들의 최적온도에서 24~48시간 배양한다.

2차 실험

(시험 결과의 평가)

배양 24~48시간 후에 시험관들을 조사하고 다음의 논의에 근거하여 그 결과들을 평가한다. 그리고 그 결과들을 결과기록표에 기록한다.

클리글러 철 한천배지

클리글러 철 한천배지(Kligler's iron agar)는 포도당과 젖산의 발효와 아미노산인 시스테인의 분해로 만들어지는 황화수소의 생성을 검출하는 복수 시험배지이다. 이 배지는 0.1%의 포도당, 1%의 젖당, 펩톤, 제1철염 그리고 pH 지시약으로서 페놀레드를 함유하고 있다. 사면배지로 준비된 뒤 경사면을 따라서 도말접종하게 되고, 동시에 시험관의 아래쪽은 찔러서 접종하게 된다. 이 배지는 그람음성의 장내 세균을 구분하는 데 유용하다.

발효반응

다음은 배지 속의 탄수화물들이 발효된 결과로서 생기는 반응들이다(그림 41.1a~c 참조).

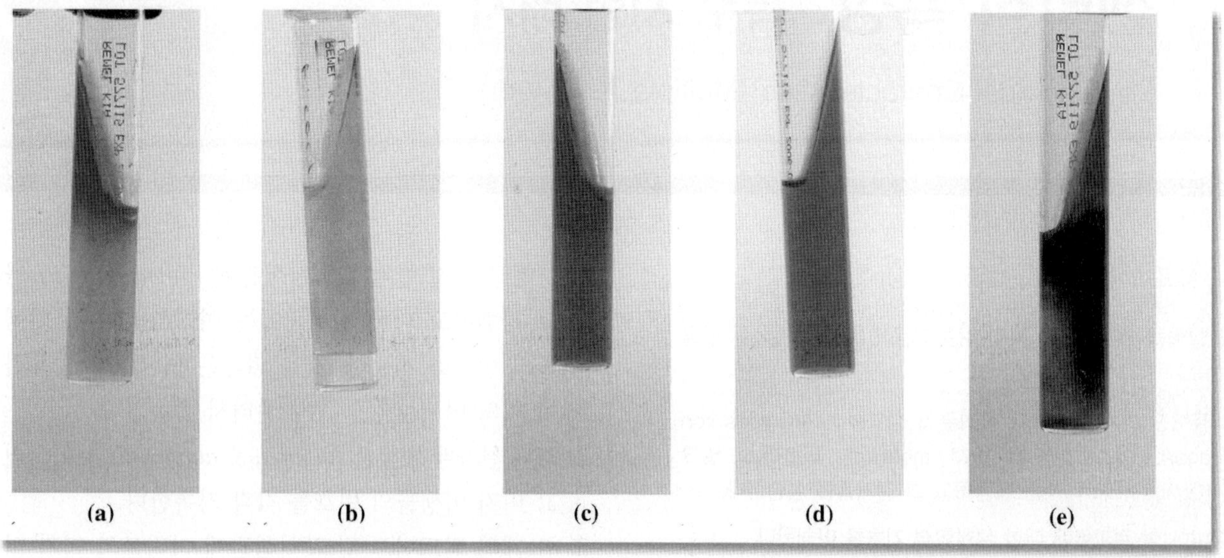

그림 41.1 클리글러 철 한천배지에서의 발효 반응 및 황화수소 생성 반응. (a) 알칼리/산, (b) 가스를 포함한 산/산 , (c) 알칼리/무 변화, (d) 접종하지 않음, (e) 황화수소 생성.

1. 알칼리(적색) 사면/산(노란색) 바닥(그림 41.1a): 이것은 포도당만이 사용된다는 것을 의미한다. 초기의 미생물은 적은 농도의 포도당을 이용하고 이어서 배지의 펩톤을 분해하게 된다. 사면은 포도당이 호기적으로 분해되기 때문에 알칼리(적색)가 되고 펩톤의 이용으로 생성되는 암모니아는 호기성인 사면을 알칼리로 변화시킨다. 그러나 바닥은 노란색인데 그것은 바닥에서 포도당이 혐기적으로 발효되어 충분한 양의 산들이 생성되는 산성화 반응 때문이다. 가스가 생성된다면 이는 배지가 갈라지거나 한천배지 사면에 기포가 발생하는 것으로 분명해진다.
2. 산(노란색) 사면/ 산(노산색) 바닥(그림 41.1b): 미생물은 포도당과 젖산을 모두 발효한다. 발효에 의해서 pH 지시약을 노란색으로 바꿀 만큼의 산을 생성한다. 젖당은 포도당에 비해 10배의 농도로 존재한다. 그래서 충분한 량의 유기산이 생성되어서 사면과 바닥 모두를 산으로 변화시킬 수 있다. 그러나 그 시험관은 24시간 만에 조사되어야 하는데, 만일 48시간이 지나게 되면 젖당이 고갈되고 펩톤이 분해되기 시작하여 암모니아가 생성되면서 다시 알칼리로 변하기 때문이다.
3. 알칼리(적색) 사면/알칼리(적색) 바닥, 알칼리(적색) 사면/(무변화) 바닥(그림 41.1c): 이 경우 두 개의 당 중 어떤 것도 발효되지 않는다. 일부 장내 세균은 펩톤을 호기적 및 혐기적으로 이용할 수 있다. 그래서 사면과 바닥 모두 알칼리로 변화시킬 수 있다. 다른 것들은 펩톤을 호기적으로만 이용할 수 있어서 사면에서는 알칼리성 사면을 형성하지만 바닥에서는 아무 변화가 일어나지 않는다.

황화수소

Proteus vulgaris 같은 세균은 아미노산인 시스테인을 분해해서 피루브산, 암모니아 및 황화수소를 생성할 수 있다. 이 경로의 초기 단계에는 시스테인으로부터 황 성분을 제거하는 것인데 이 반응은 시스테인 탈황화효소(cysteine desulfurase)에 의해서 촉매된다. 이 효소는 그 활성을 위해서 조효소 피리독산 인산을 요구한다.

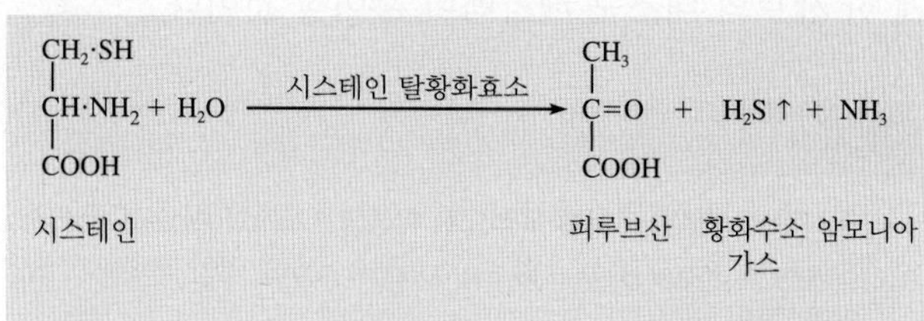

클리글러 철 한천배지에는 제1철염이 함유되어 있는데 이는 시스테인 탈황화효소에 의해서 방출되는 황화수소와 반응하여 불용성의 검은 침전물인 황화제1철

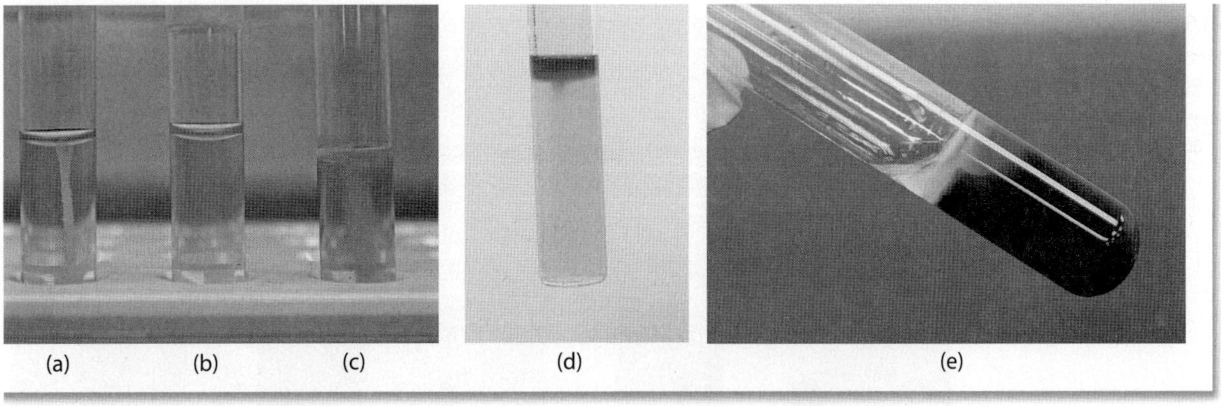

그림 41.2 SIM 배지에서의 반응: (a) 운동성 음성; (b) 비접종 대조군; (c) 운동성 양성; (d) 인돌 생성; (e) 황화수소 생성.
Parts (a)–(c), (e): © McGraw-Hill Education, Lisa Burgess, photographer; part (d): © McGraw-Hill Education, Auburn University Photographic Services.

이 만들어지게 한다. **주의**: 황화수소를 생산하는 *Proteus*와 같은 세균은 그 시험관의 바닥에서 일어나는 발효반응을 불분명하게 만든다. 황화수소가 생성되면 그 바닥에서 산 반응이 일어났다 해도 그것을 관찰할 수 없게 한다.

클리글러 철 한천배지를 조사하고 배지의 경사면과 바닥에서의 결과들을 기록한다. 미지 미생물에서의 배양배지의 결과들을 그림 41.1과 비교한다. 균을 접종하지 않은 대조군(그림 41.1d)과도 비교한다. *Proteus*는 황화수소를 생성하며 배지바닥을 검은색으로 변화시킨다(그림 41.1e). 결과를 기재목록표에 기록한다.

SIM 배지

SIM 배지는 복수의 시험 배지로서 황화수소와 인돌의 생성을 검출하고 그 미생물이 운동성이 있는지 여부를 결정한다. 이 배지는 가수분해된 카제인과 제1철염, 그리고 반고형으로 만들 수 있도록 0.7%의 한천을 함유하고 있다. 배지는 찔러서 접종된다. 배지에 있는 트립토판이 분해되면 인돌이 생성되며 이는 코박시약을 첨가함으로써 검출된다. 만일 시스테인이 분해되면 황화수소가 방출될 것이며, 이는 제1철염화물과 결합하여 배지에 검은색 침전물을 생성한다.

이 배지는 낮은 농도의 한천(0.7%)을 함유하고 있기 때문에 운동성이 있는 세균들은 배지 내에서 헤엄을 칠 수 있다. *Staphylococcus aureus*와 같은 비운동성 세균들은 접종선을 따라서만 생장할 것이다(그림 41.2a). 균을 접종하지 않은 대조군 시험관(그림 41.2b)과 비교해 보라. 반면에 운동성은 접종선으로부터 세균의 생장이 확산되어 나갈 수 있는 것으로 결정되거나 배지 전체에 걸친 탁도에 의해서 결정될 수 있다(그림 41.2c). 대장균은 운동성이 있으며 따라서 시험관를 탁하게 만든다(그림 41.2c). 그 시험관 상단에 코박시약을 첨가하면 붉은색 고리가 생성되는데, 이는 인돌이 존재하는 것을 나타낸다(그림 41.2d). *Proteus vulgaris*로 접종된 SIM 배지는 황화수소 생성으로 인한 검은색 침전물을 나타낸다(그림 41.2e). 이러한 결과들을 여러분의 미지 미생물의 결과들과 비교하고 기재목록표에 기록한다.

임빅 시험(IMViC Tests)

때로 미생물을 분류하기 위해서는 일련의 시험들이 사용된다. 예를 들면, 대장균(*E. coli*)은 임빅이라고 하는 4가지의 실험들(*I*: indole test; *M*: methyl red test; *V*: Voges-Proskauer test; *C*: citrate test)을 함께 비교함으로써 *E. aerogenes*과 구분될 수 있다. 두 미생물들의 실험 결과들은 아래에 나타내었다.

	I	M	V	C
E. coli	+	+	−	−
E. aerogenes	−	−	+	+

이 두 세균은 조사된 시험에 대해서 정확히 반대의 결과를 나타낸다. 이 두 세균은 형태나 생리학적 특성이

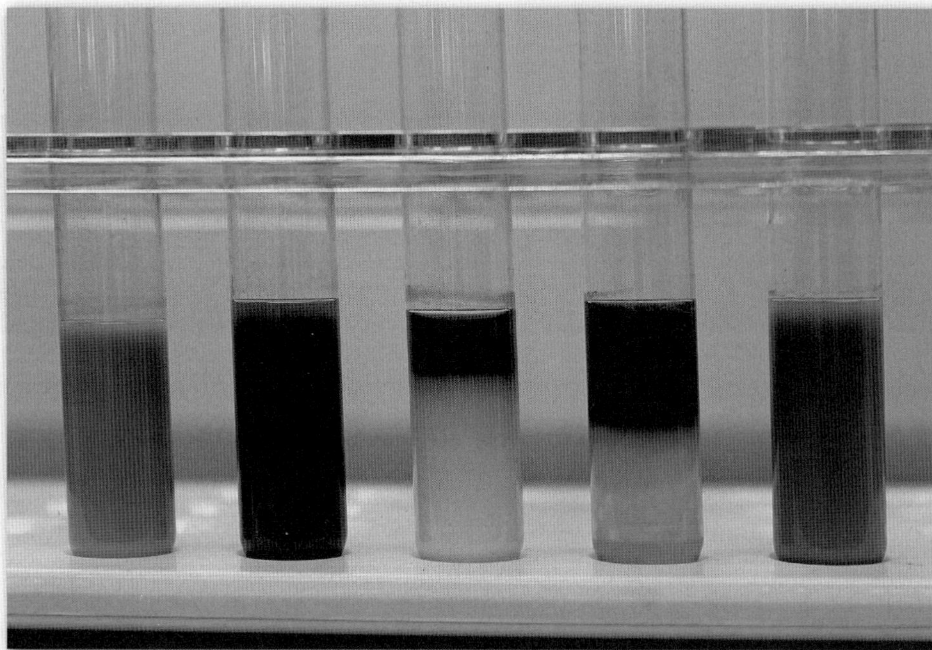

그림 41.3 리트머스 밀크 반응: (a) 산, 무응집; (b) 알칼리성; (c) 펩톤화; (d) 환원; (e) 비접종 대조군.
© McGraw-Hill Education, Lisa Burgess, photographer

비슷하다. 이 IMViC시험은 쓰레기에 의한 물의 오염 여부를 조사하는 데 매우 유익하다. 왜냐 하면 *E. coli*는 늘 쓰레기와 연관되 있기 때문이다. 만일에 여러분의 미생물이 그람음성에 막대형이며 절대혐기성이라면 이 실험들을 시행하고 여러분의 미생물이 이 실험의 조합들과 얼마나 맞아 가는지 보라.

리트머스 밀크

리트머스 밀크는 10%의 스킴 밀크 분말과 pH 지시약으로 리트머스를 함유하고 있다. 이 배지는 pH 6.8로 조정되어 있으며 미생물을 접종하기 전에는 자주빛 청색을 띠고 있다. 우유는 카세인, 락트알부민(lactalbumin), 락토글로블린(lactogloblin)과 같은 단백질과 이당류인 젖당들을 함유하고 있다. 그래서 수많은 미생물에 대해 훌륭한 생장배지로 사용된다. 젖당을 발효하는 세균은 산을 생성하게 되는데 리트머스를 분홍빛으로 변하게 한다. 다른 세균들은 단백질 분해효소를 이용해서 우유단백질을 소화한다. 이는 암모니아를 분비하게 되어 알칼리화함으로써 결과적으로 리트머스를 자주색으로 변화하게 만든다. 일부 단백질분해 세균들은 우유단백질을 엉키게 하여 응고하게 한다. 이러한 응고는 산이 생성되거나 카세인을 파라카세인으로 전환시키는 레닌효소를 방출함으로써 일어나게 된다.

일부 절대혐기성 세균들은 리트머스시약을 환원시켜 무색 또는 백색(류코형, leuco)으로 변화시킨다. 이러한 색의 변화는 산소의 함량이 줄어들어서 생기게 되며, 산의 생성을 수반한다. 리트머스의 환원은 세균이 시약을 변형된 전자수용체로 사용함으로써 일어난다. 이러한 경우 리트머스는 pH 지시약으로서만이 아니라 산화-환원 지시약으로서도 사용될 수 있다.

그림 41.3과 41.4는 리트머스 밀크 배지에서 일어나는 여러 가지 색의 반응들을 나타내준다. 일부 반응들은 완전히 발달하기 위해서는 4~5일이 소요되기도 하기 때문에 배양액들은 그 기간 동안 배양되어야 한다. 그러나 배양액들을 24시간마다 관찰하는 것이 필요하다.

리트머스 밀크 반응

산, 무응집 젖당이나 포도당의 발효로 산이 생성되면 리트머스를 분홍색으로 변화시킨다(그림 41.3a).

알칼리반응 락트알부민과 같은 우유단백질이 분해되면 암모니아와 아민이 방출되고 이로 인해 알칼리 반응이 일어나며 결과적으로 리트머스가 자주색 혹은 청색으로 변화한다(그림 41.3b).

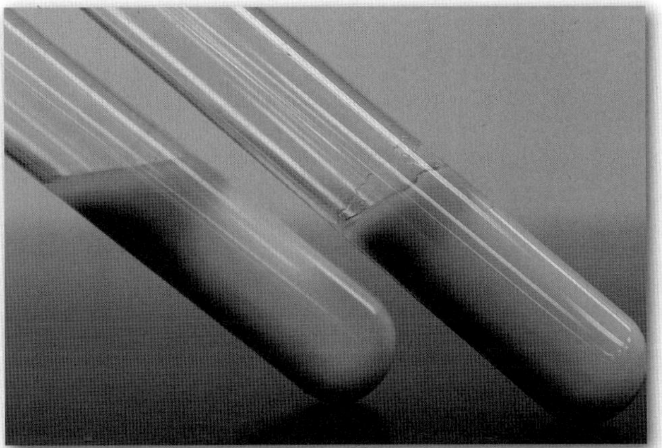

(a) (b)

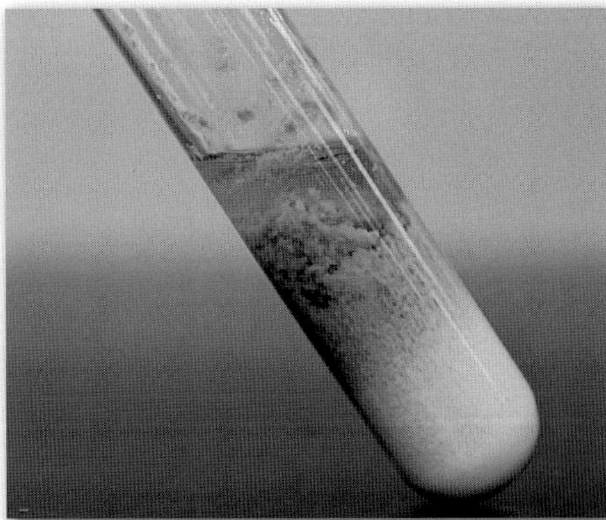

(c)

그림 41.4 리트머스 밀크 반응: (a) 산, 무응집; (b) 산, 응집; (c) 폭풍 발효.

펩톤화 우유 단백질이 소화되어 배지가 투명해지는 것(그림 41.3c).

리트머스환원 환원 효소들이 산소를 제거함으로써 리트머스가 탈색되는 것(그림 41.3d).

시약이 환원되거나 세균이 이를 변형된 전자수용체로서 이용한 결과 리트머스가 환원됨으로써 배양액이 무색으로 변한다.

폭풍발효 및 응집 산이 다량 생성되어 우유 단백질들을 급격히 침전시킴으로써 응집이 만들어져 덩어리가 형성된다(그림 41.4b, c).

여러분의 미지 미생물에 대한 리트머스 반응의 결과들을 실험 37의 기재목록표에 기록한다.

실험 보고서

여러분의 미지 미생물에 대해 시행된 세 가지 실험을 통해 얻은 생리학적 시험 결과를 요약하여 실험 보고서 39, 40, 41을 완성한다.

실험 보고서 39-41

이름: ______________________

날짜: ________ Section: ______________

실험 39-41. 세균의 생리적 특성

A. 결과

실험 37의 기재목록표에 생리학적 시험결과들을 기록한다.

B. 단답형 문제

1. 생리학적 시험을 하기 전에 형태적 및 배양적 특성들을 먼저 파악하는 것이 왜 중요한가?

2. 세균의 분류학적 분류에 있어서, 세균의 생리학적 특성과 유전학적 분류사이에는 어떤 관계가 있는가?

3. 세균의 세포외효소(exoenzyme)는 어떤 기능을 하는가?

4. 다음 용어들의 차이점들을 서로 구분하시오.

   a. 동화작용(anabolism)과 이화작용(catabolism)

   b. 발효(fermentation)와 호흡(respiration)

5. 포도상구균을 연쇄상구균과 구분하는 데 있어서 카탈라아제 검사가 왜 유용한 실험인가?

6. 생화학 반응들의 최종산물들은 보통 산이거나 알칼리이다.

   a. 이들 산물은 배양액에서 보통 어떻게 검출되는가?

   b. 산성 최종산물을 만들어내는 반응을 검출하는 실험들의 명칭을 두 가지 쓰시오.

c. 알칼리성 최종산물을 만들어내는 반응을 검출하는 실험들의 명칭을 두 가지 쓰시오.

7. 생화학 반응들의 최종산물들은 때로 가스들이다.

a. 당의 발효결과로 생성된 가스들에는 어떤 종류가 있는가?

b. 발효 반응에서 이들 가스들은 어떻게 검출될 수 있는가?

c. 가스 생성은 양성결과를 나타내는 비발효성 시험의 명칭을 쓰시오.

8. 전분, 카제인, 중성지방의 가수분해를 조사하기 위한 시험들은 준비단계에서는 서로 비슷하다. 이들 실험의 가수분해 결과물을 검출하는 방법들은 서로 어떻게 다른가?

9. 카세인 가수분해시험 외에, 단백질의 가수분해나 단백질 분해성 소화를 설명할 시험들을 두 가지 더 예를 드시오.

10. 전분, 카세인, 중성지방, 트립토판 및 우레아 가수분해 시험 중 다음을 확인하기 위해 시도하여 양성결과를 얻을 수 있는 것은 어떤 것인가?

a. 여드름의 원인균인 *Propionibacterium acnes*를 검출하기 위한 시험은? 그 이유를 설명하시오.

b. 위궤양의 원인균인 *Helicobacter pylori*를 검출하기 위한 시험은? 이러한 활성이 이들 세균에게 왜 유리하게 작용하는가?

11. 클리글러 철 한천배지(Kligler's iron agar)와 SIM은 복수 시험 배지들이다.

a. 이들이 공통적으로 시행하는 시험은 무엇인가?

b. 이 시험에 사용되기 위해 배지에 포함되어 있는 물질은?

c. 이들은 모두 백금이로 찔러서 균을 접종하지만 그 목적은 서로 다르다. 이를 설명하시오.

____

12. 생리학적 시험을 근거로 세균들을 분류하고자 할 때 대개 어떤 어려움에 직면하게 되는가?

____

____

13. 미지 미생물에 대하여 형태적, 배양적, 생리학적 특성들을 조사한 후 이들 미생물의 분류를 돕고자 추가로 시험하게 되는 것은 어떤 것들이 있는가?

____

____

C. 대응형 문제

1. 배지(Media). 생리학적 시험들과 여기에 필요한 배지를 대응시키시오. 같은 배지가 중복 사용될 수 있으며 한 시험에 두 개 이상의 배지가 요구될 수 있다.

a. 클리글러 철 한천배지

b. MR-VP 액체배지

c. 페놀 레드 락톤

d. SIM배지

e. 시몬스 구연산 한천배지

f. 스킴 밀크 한천배지

g. 스피리트 블루 한천배지

h. 트립톤 액체배지

______ 2,3-부탄디올 발효

______ 탄수화물 발효

______ 카제인 가수분해

______ 구연산 이용

______ 황화수소 생성

______ 복합산 발효

______ 트리글리세리드 가수분해

______ 트립토판 분해

2. 시약(Reagent). 생리학적 시험과 시약의 이름을 대응시키시오. 한 시험에 두 개 이상의 시약이 요구될 수 있다.

a. 알파 나프톨

b. 디메틸-알파-나프틸아민

c. 염화 제2철

d. 그람 요오드

e. 과산화수소
f. 코박 시약
g. 메틸 레드
h. N,N,N′,N′-테트라메틸-*p*-페닐렌디아민 염화이수소
i. 수산화칼륨
j. 황산

______ 2,3-부탄디올 발효
______ 카탈라아제 시험
______ 복합산 발효
______ 질산 환원
______ 산화효소 시험
______ 페닐알라닌 탈아미노화
______ 전분 가수분해
______ 트립토판 분해

3. 효소(Enzymes). 효소의 이름을 생화학적 반응에 대응시키시오. 같은 효소가 중복 사용될 수 있다.

a. 아밀라아제
b. 시스테인 탈황화효소
c. 지방분해효소
d. 단백질분해효소
e. 트립토판분해효소
f. 우레아분해효소

______ 카제인 가수분해
______ 젤라틴 액화
______ 황화수소 생성
______ 인돌
______ 전분 가수분해
______ 지방(트리글리세리드) 가수분해
______ 우레아 가수분해

4. 산물(Products). 산물의 이름을 생화학적 반응에 대응시키시오. 같은 산물이 중복 사용될 수 있으며, 한 시험에 두개 이상의 답이 요구될 수 있다.

a. 2,3-부탄디올
b. 암모니아
c. 지방산
d. 인돌
e. 산소 분자
f. 페닐알라닌

______ 카탈라아제

______ 페닐알라닌 탈아미노화

______ 지방(트리글리세리드) 가수분해

______ 트립토판 분해

______ 우레아 가수분해

______ VP 시험

미지 세균의 추정동정

이번 실험에서 학생들은 실험실이나 도서관에서 찾아볼 수 있는 〈Bergey's Manual〉 중 어떤 판본이든 사용할 수 있다. 표의 내용이나 색인목록은 학생들이 취급하는 미생물들에 관한 정보들을 제공하는 섹션을 찾도록 도움을 주게 된다. 예를 들어, 〈Derterminative Manual〉의 9번째 판으로 작업하고 있다면 학생들은 자신의 미생물에 대해 본인이 알고 있는 기초 정보들과 가장 잘 맞아떨어지는 그룹을 찾기 위해 차례에서부터 시작하게 된다. 만일 내생 포자를 형성하는 그람양성 막대균을 가지고 있다면 학생들은 559쪽에서 출발하는 그룹 18 섹션으로 가서 이 그룹에 있는 각 속들에 대해 자세한 정보들을 찾을 수 있게 되고 지금까지 모은 여러 다른 정보들을 사용하여 본인의 미지 세균 종을 동정할 수 있게 될 것이다.

만일 당장 〈Bergey's Manual〉을 이용할 수 없다면 그림 42.1부터 그림 42.3에 제시되어 있는 분류 개요를 사용하여 미지 미생물의 속을 결정할 수 있다. 각 속에 대한 추가 정보들은 그 아래에 제시되어 있다. 그림 42.1에는 7가지의 서로 다른 그룹의 그람양성 세균들이 나뉘어 제시되어 있다. 그림 43.2에는 그람음성 세균들이 서로 다른 4그룹으로 나뉘어져 있고, 그림 42.3에는 더 세분화된 분류가 나타나 있다.

내생포자 형성, 그람양성 간균 이 그룹에는 3가지의 주요 속이 등록되어 있다. 대부분의 구성원은 운동성이고 그들의 호흡과 관련된 대사에 기초하여 분류된다.

Bacillus: 이들 생물 대부분은 호기성이지만 일부는 통성혐기성이다. Catalase는 보편적으로 생성한다.

Clostridium: 이속의 대부분 구성원들은 절대 혐기성인데, 일부는 산소 존재 하에서 자랄 수도 있다. Catalase는 보통 생성하지 않는다.

Sporolactobacillus: 미세호기성이며, catalase 음성이다. 질산염은 환원하지 않고 인돌은 형성하지 않는다. 포자형성은 아주 드물게 일어난다(세포의 1%). 이 속에는 3개의 종이 여기에 해당되는 것으로 알려져 있다.

항산성 간균 이 그룹은 단 하나의 속으로 구성되어 있다.

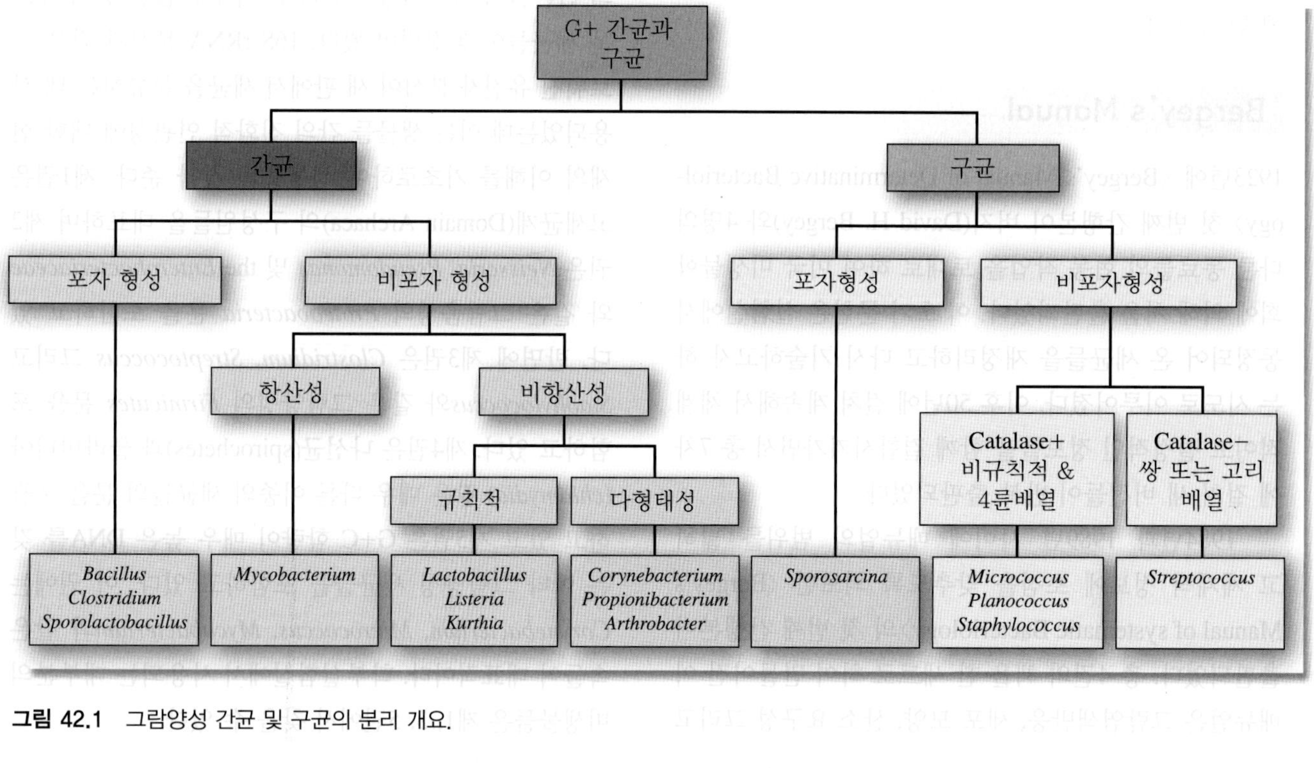

그림 42.1 그람양성 간균 및 구균의 분리 개요.

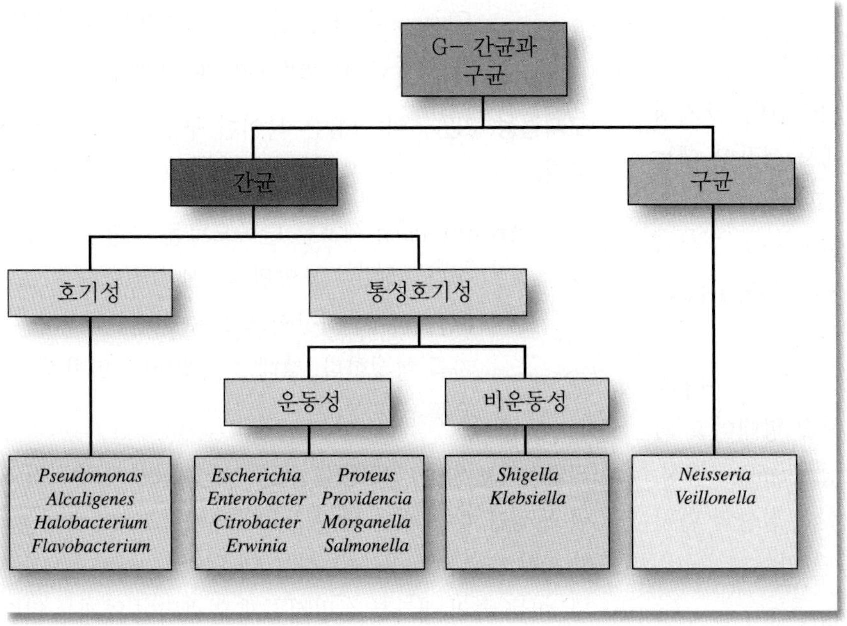

그림 42.2 그람음성 간균 및 구균의 분리 개요.

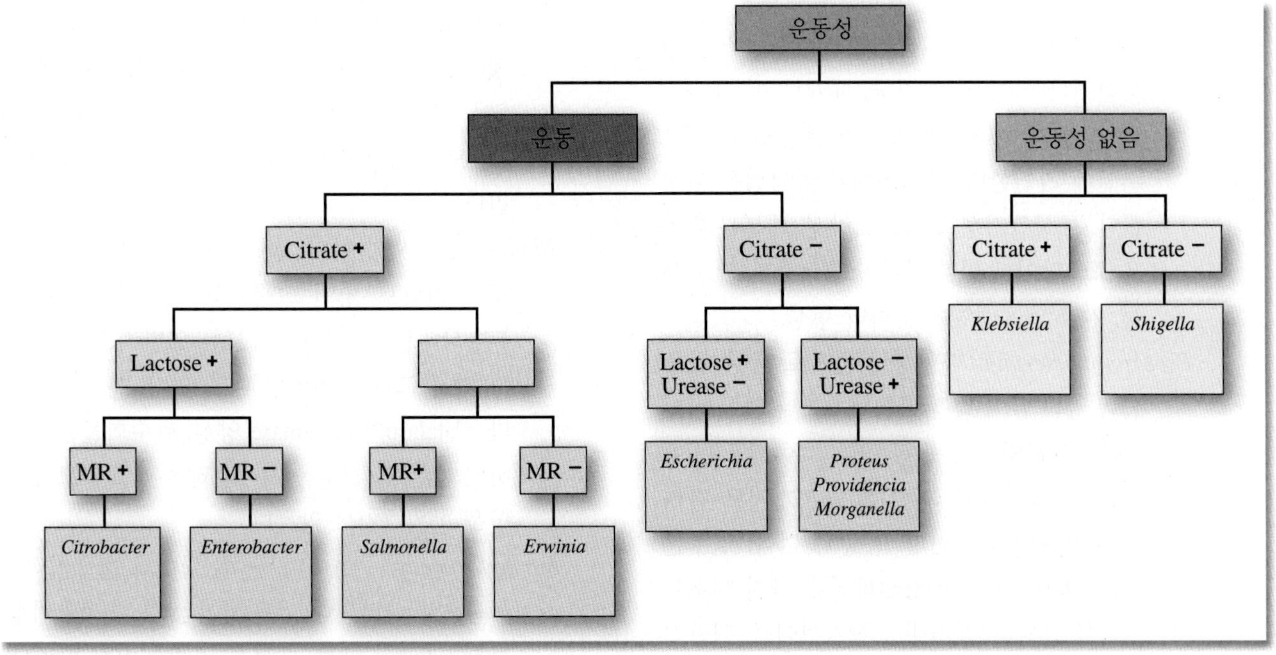

그림 42.3 통성 혐기성 그람음성 간균의 분리 개요.

Mycobacterium: 54종이 이 속에 포함되어 있다. 이 그룹의 종들의 분류는 이 미생물들의 생장속도가 빠른 것인지 느린 것인지 그 빠르기의 정도에 어느 정도 의존하고 있다.

규칙적, 비포자 형성, 그람양성 간균 이 그룹에 해당하는 3가지의 주요 속들의 특징들이 기술되어 있다.

Lactobacillus: 비포자형성 간균, 길고 가느다란 것에서부터 코리네폼(곤봉형태)의 구형 간균에 이르기까지 다양하다. 사슬형성은 보편적이다. 드물게 운동성이 있다. 통성혐기성 또는 미호기성이다. Catalase 음성. 보통 질산염은 환원하지 않는다. Gelatin은 액화되지 않고, 인돌과 H_2S는 생

성되지 않는다.

Listeria: 둥근 끝으로 된 규칙적이고 짧은 간균; 단세포이거나 짧은 사슬형태로 나타난다. 호기성이거나 통성혐기성. 20~25℃에서 생장할 때는 운동성이 있다. Catalase 양성이고, oxidase 음성. Methyl red 양성. Voges-Proskauer 양성. 구연산염이용 음성, 인돌 생산, 요소 가수분해, gelatinase 생산 및 casein 가수분해.

Kurthia: 일정한 간균, 둥근 끝을 갖는 길이 2~4 μm 정도 길이; 어린 생장기 때는 사슬 형태이고 퇴화기에는 구형이다. 절대 호기성. Catalase 양성, oxidase 음성, gelatinase 생성 음성 질산염 환원성 음성. 이 그룹에는 단지 2종만 있다.

불규칙적, 비포자 형성, 그람양성 간균 다수의 속들이 이 그룹에 속하나 단지 3개의 속만 여기에 기술되어 있다.

Corynebacterium: 점점 가늘어지는 끝을 가진 반듯하거나 약간 굽은 간균. 때때로 곤봉(club) 모양. 말뚝 울타리와 같은 배열은 보통 세포분열에 기인한다. 중기염색체성 과립을 형성한다. 통성혐기성. Catalase 양성. 대부분의 종은 포도당이나 일부 다른 당으로부터 산을 생성. 가끔 액체배양에서 박막 형성.

Proprionibacterium: 다형성 간균으로 종종 둥근 한쪽 끝과 끝이 점점 가늘어지거나 뾰쪽한 디프테리아모양이나 곤봉모양이다. 세포는 아마도 분기(갈라짐, 분열)하거나 가지로 갈라져 둥근형태일 것이다. 운동성 없다. 일부는 한자(Chinease character) 배열을 가진 세포덩어리를 만든다. 공기내성 혐기성이다. 일반적으로 catalase 양성. 대량의 프로피온산과 아세트산 생성. 모든 균들은 Glucose로부터 산을 생성한다.

Arthrobacter: G+ 간균 및 구균 형태. 다형태성. 생장은 종종 간균으로 시작하고, 계속 자라면서 짧아지다가 결국 구균이 된다. 일부는 V자 모양이나 각이 진 형태이다. 일부는 가지 형성. 간균은 보통 비운동성; 일부는 운동성. 산화성이며 결코 발효성이 없다. Catalase 양성. Glucose나 다른 당으로부터 가스 생산 없다. 대표 종은 *Arthrobacter globiforms*이다.

포자형성 구균 이 그룹은 특이한 구형 세균으로 구성된다.

Sporosarcina: 세포는 단독으로는 구형 또는 난형이다. 세포는 분열될 때 서로 붙어 4련 또는 8련이나 그 이상의 묶음을 형성한다. 내생포자를 형성한다. 절대 호기성이다. 일반적으로 운동성이 있다.

카탈라아제 양성, 그람양성 구균 이 그룹에서 우리가 지금 관심을 갖는 것은 단지 3개의 속이다. 산소 요구성과 세포의 배열은 속을 구분하는 데 있어서 중요한 요소이다. 이들 속의 대부분은 밀접하게 연관되어 있지는 않다.

Micrococcus: 구형이며, 단독, 쌍, 불규칙적인 묶음, 4련 또는 입방체 묶음으로 나타난다. 절대 호기성(한 종은 통성혐기성)이다. Catalase와 oxidase 양성. 대부분 종은 카로티노이드 색소를 생산한다. 모든 종은 5% NaCl을 포함한 배지에서 자란다.

Planococcus: 구형이며, 한 개나 쌍 혹은 3개의 세포가 하나로 엮인 그룹으로 나타나며, 때때로 4련 상태로 나타난다. 세포는 일반적으로 G+이나 가끔 그람 가변성일 때도 있다. 운동성이 있다. Catalase와 gelatinase 양성. 탄수화물은 이용하지 않는다. 전분을 가수분해하지도 않고 질산염을 환원하지도 않는다.

Staphylococcus: 구형이며, 단독, 쌍이나 불규칙적인 묶음으로 나타난다. 운동성이 없다. 통성호기성. 보통 catalase 양성. 대부분 균주는 10% NaCl을 함유한 배지에서 자란다. Lysostaphin에 의해 세포가 용해된다. Glucose 발효: 산 생성, 가스 생성하지 않음. 일부에 의해 coagulase 생산. 종 구분을 위해 실험 69를 참조한다.

카탈라아제 음성, 그람양성 구균 같은 섹션의 〈Bergey's Manual〉 안에 이 그룹의 한 속이 다른 그람양성 구균에 포함되어 있는 점에 주의해야 한다.

Streptococcus: 난형의 구형이며, 액체배지에서 자랄 때 쌍 또는 연쇄상으로 나타난다. *S. mutans*와 같은 일부 종은 두드러지게 어떤 특정 상황하에서 자랄 때 짧은 막대형으로 발달한다. 통성혐기성이다. Catalase 음성. 탄수화물 발효로 gas 생산 없이 젖산을 생성한다. 많은 종들은 사람 또는 동물과 공생하거나 기생한다. 병원성 종들의 구분을 위해서는 실험 70을 참조한다.

호기성 그람음성 간균 그람음성의 호기성 간균 그룹에는 여러 속이 있지만 여기서는 단지 4개의 속들만 접하게 될 것이다.

Pesudomonas: 일반적으로 운동성이 있다. 절대호기성. Catalase 양성. 일부 종은 한천 사면배지 속으로 확산되는 수용성 형광색소를 생산한다.

Alcaligens: 막대형, 구상 막대형 또는 구형. 운동성. 일부 균은 질산염과 아질산염 존재하에서 혐기성 호흡이 가능한 절대호기성(obligate aerobes)이다.

Halobacterium: 세포는 막대 또는 디스크 모양이다. 세포는 협착으로 분열된다. 대부분은 절대호기성 일부는 통성혐기성이다. Catalase와 oxidase 양성. 콜로니 색은 분홍색, 적색, 또는 오렌지색이다. Gelatinase는 생산하지 않는다. 대부분 종은 배지에 높은 NaCl 농도를 필요로 한다. 세포는 저장액에서 용해된다.

Flavobacterium: 평행한 측면과 둥근 끝으로 된 G- 막대형. 비운동성. 산화성 당 대사. Catalase, oxidase, phosphatase 양성. 고형배지에서 생장할 때는 전형적으로 노란색 또는 오렌지색을 띤다. 색소가 없는 균주도 있다.

통성 혐기성 그람음성 간균 만약 여러분의 미지 세균이 이들 그룹 중의 하나에 속하게 되면 속을 결정하기 위해 그림 42.3에 나타낸 분리개요를 사용한다. 다른 유용한 분리개요는 그림 71.1에 제공하였다. 이들 분리개요를 사용할 때, 거기에는 이들 시험 결과를 적용함에 있어서 늘 부분적 예외가 있다는 것을 명심해야 한다. 특별한 속 안에서 종의 다양성은 종종 일부 규칙에 대해 문제가 될 여지가 있는 예외를 제기한다.

그람음성 구균 이들 그룹에 속들은 형태적으로는 아주 유사하나 생리적으로는 확실히 다르다.

Neisseria: 구균, 단일 세포로 나타나나 종종 쌍구균 형태로 나타난다. 서로 인접한 측면은 평평하다. 한 종(*N. elongata*)은 짧은 간균으로 이루어진다. *N. elongata*를 제외한 모든 종은 oxidase와 catalase 양성. 호기성.

Veillonella: 구균, 쌍구균, 덩어리, 혹은 짧은 사슬 형태로 나타난다. 쌍구균은 인접한 측면이 평평하다. 비운동성. 모든 종은 oxidase와 catalase 음성. 질산염은 아질산으로 환원된다. 혐기성.

문제 분석

지금까지의 과정에 따라 미지의 종을 동정하였다면, 축하한다! 첫 번째 시도에서 모두가 성공하지는 못한다. 만약 어려움이 있게 된다면, 다음의 가능성을 고려한다.

- 잘못된 미지의 균을 것을 받았을 수 있다! 이럴 가능성은 희박하지만 때때로 일어난다. 가끔 미지 미생물들을 함께 놓아둘 때 오기를 할 수 있다.
- 어떤 생물체는 시험에서 틀린 부정적인 결과를 줄지도 모른다. 이것은 아마도 부정확하게 준비한 배지, 잘못된 시험시약, 또는 부적절한 실험기술에서 기인될 수 있다.
- 미지의 생물체는 〈Bergey's Manual〉에 명기된 것과 정확하게 일치하지 않을 지도 모른다. 〈Bergey's Manual〉에 명기된 한 종에 관한 정보들은 주어진 기술들에 대해서 약 90%의 개체들은 일치하나 약 10%의 개체들은 맞지 않다. 달리 말하면 매뉴얼에 언급되어 있는 시험 결과들은 귀하의 미지 세균에 늘 맞지는 않을 거라는 뜻이다.
- 배양물은 오염될 수도 있다. 만약 여러분이 순수배양물로 작업하지 않으면, 모든 결과는 신뢰할 수 없다.
- 여러분은 충분한 시험을 수행하지 않았을 수도 있다. 도움이 될만한 다른 시험이 있는지 〈Bergey's Manual〉 안의 각종 표들을 검토한다. 더하여, 그들을 정확하게 읽었는지를 재확인한다.

결과 확인

추정 동정을 확인하는 몇 가지 방법이 있다. 하나의 방법은 만일 혈청학적 유형 중의 하나가 유용하다면 혈청학적 기술을 적용하는 것이다. 다른 대안은 이 설명서의 다음 항에 기술된 소형 다중시험 체계를 이용하는 것이다. 담당교수는 이들 대안 중 어떤 것이 유용할지 이용 가능한 방법들을 제시해 줄 것이다.

도전 실험

미지 세균을 동정하기 위해 사용하도록 배워온 기술들과 시험들을 더 깊게 숙련하기 위해 여기 몇 가지 도전적인 활동들을 제안한다. 그 일환으로 표 42.1에 기술되어 있는 한 생물의 액체배양액이 주어질 것이다. 최소량의 물질을 사용하도록 최소한의 단계만을 거쳐 주어진 미지 미생물을 정확히 동정하는 것이 숙제다. 이 과제를 완성하기 위해 다음의 일반적인 과정을 따르도록 한다.

1. 두 개의 사면배지에 미지 분리균을 도말하고 25℃와 37℃에서 각각 배양한다.
2. 배양 후에 적정 온도를 실험 보고서 B 부분에 기록하고 다음의 모든 시험에 이 온도를 이용한다.
3. 평판배지 위의 콜로니로부터 두 개의 순수 사면배지를 만들어 실험 내내 사용하도록 한다. 하나는 작업용 배양으로 나머지 하나는 보관용 배양으로 하여 실험동안 생길 만일의 오염사태에 대비하도록 한다.
4. 같은 콜로니로부터 그람염색시료를 준비하고 현미경 관찰을 수행한다. 그람 반응과 세포의 모양을 기록한다.
5. 표 42.1에 주어진 연관된 정보들을 이용하여 미지 미생물을 동정하는 데 사용될 이분법적 분류 키를 그린다. 첫째, (그람양성 혹은 그람음성) 두 그룹으로 주어진 미생물의 유형을 나눌 수 있는 한 시험을 찾아낸다. 이어서 각 그룹을 두 그룹으로 계속해서 나누어 감으로써 미지 시료 미생물이 개요에 의해 서로 완전히 나누어지도록 한다. 분리 용지 위에서 이 작업을 완료한 다음 다른 추가 실험을 시행하기 전에 담당교수에게 이 분리 개요를 검토받도록 한다.
6. 분리 개요에 따라 하나의 생물만 남을 때까지 나머지 생물들을 후보군에서 제거하는 데 필요한 시험들을 하나씩 수행해 나간다. 이 하나의 생물은 곧 여러분의 미지 생물이어야 한다. 복수시험 배지를 이용하는 것이 물자와 시간을 절약할 수 있는 적절한 제한 조건임을 명심하도록 한다. 작업을 진행할 때 수행한 모든 시험의 결과를 실험 보고서에 기록하도록 한다.
7. 주어진 미생물에 대한 마지막 확정 시험을 수행한다. 이 시험은 앞에서 이미 했던 것이어서는 않되며 미지 미생물에 대해 늘 긍정적 결과를 줄 수 있는 최상의 선택이어야 한다.
8. 미지 종의 동정 결과를 기록하고 담당교수와 함께 그 답을 검사한다.

실험 보고서

실험 보고서 42의 B 부분에 미지 미생물의 동정결과(균주명)를 기록하고 모든 질문에 답한다.

표 42.1 보통의 그람양성 및 그람음성 세균 종들의 특성

SPECIES	SHAPE	GRAM REACTION	OXIDASE	CATALASE	METHYL RED	VOGES–PROSKAUER	LACTOSE FERMENTATION	GLUCOSE FERMENTATION	CITRATE	H_2S	NITRATE REDUCTION	INDOLE	UREA	MOTILITY
Alcaligenes faecalis	Rod	Neg	Pos	Pos	Neg	Neg	Neg	Neg	Pos	Neg	Neg	Neg	Neg	Pos
Enterobacter aerogenes	Rod	Neg	Neg	Pos	Neg	Pos	AG	AG	Pos	Neg	Pos	Neg	Neg	Pos
Escherichia coli	Rod	Neg	Neg	Pos	Pos	Neg	AG	AG	Neg	Neg	Pos	Pos	Neg	Pos
Klebsiella pneumoniae	Rod	Neg	Neg	Pos	Neg	Pos	AG	AG	Pos	Neg	Pos	Neg	Pos	Neg
Proteus vulgaris	Rod	Neg	Neg	Pos	Pos	Neg	Neg	A or AG	Neg	Pos	Pos	Pos	Pos	Pos
Pseudomonas aeruginosa	Rod	Neg	Pos	Pos	Neg	Neg	Neg	Neg	Pos	Neg	Pos	Neg	Neg	Pos
Salmonella typhimurium	Rod	Neg	Neg	Pos	Pos	Neg	Neg	A or AG	Pos	Pos	Pos	Neg	Neg	Pos
Serratia marcesens	Rod	Neg	Neg	Pos	Neg	Pos	Neg	A or AG	Pos	Neg	Pos	Neg	Neg	Pos
SPECIES	SHAPE	GRAM REACTION	OXIDASE	CATALASE	METHYL RED	VOGES–PROSKAUER	LACTOSE FERMENTATION	GLUCOSE FERMENTATION	CITRATE	H_2S	NITRATE REDUCTION	INDOLE	UREA	MOTILITY
Enterococcus faecalis	Coccus	Pos	Neg	Neg	Pos	Neg	A or AG	A or AG	Neg	Neg	Neg	Neg	Neg	Neg
Micrococcus luteus	Coccus	Pos	Pos	Pos	Neg	Neg	Neg	Neg	Neg	Neg	Pos	Neg	Neg	Neg
Staphylococcus aureus	Coccus	Pos	Neg	Pos	Pos	Pos	A or AG	A or AG	Neg	Neg	Pos	Neg	Pos	Neg
Staphylococcus epidermidis	Coccus	Pos	Neg	Pos	Neg	Neg	Neg	A or AG	Neg	Neg	Neg	Neg	Pos	Neg

비장내세균은 추가적인 배양시간이 요구된다. 이런 유형의 세균에 대해 계속 진행하고 싶다면 담당교수에게 더 많은 정보에 대한 조언을 구한다.

5. **만약 GLU 시험이 양성이거나(노란색) 양성반응이 3개 이상이라면,** 다음 단계에 설명된 것과 같이 시약을 첨가하여 실험을 진행한다.
6. **10% 염화제2철** 한 방울을 TDA 관에 첨가한다. 양성반응(갈색-붉은색)이 일어난다면 즉시 나타날 것이다. 음성반응은 노란색이다.
7. **바리트 시약A와 B 용액** 각각 한 방울을 VP 관에 첨가한다. 10분 이내에 VP 관을 판독한다. 바로 나타나는 옅은 분홍색은 중요하지 않다. 양성반응은 짙은 분홍색이거나 붉은색이며 색이 나타나는데 10분 걸린다.
8. **코박 시약** 한 방울을 IND 관에 첨가한다. 2분 이내에 양성반응(붉은색 고리)을 확인한다.

   몇분 후에 시약 내의 산이 플라스틱 cupule과 반응하여 색이 노란색에서 갈색계 붉은색으로 변하는데 이것은 음성으로 간주한다.
9. GLU관을 가까이 보면서 기포의 증거를 찾는다. 기포는 질산염이 환원되어 N_2 기체가 형성됨을 나타낸다. 실험 보고서에 이 기포의 존재를 기록하는 곳이 있음에 주의한다.
10. 각각의 **질산염 시험시약** 두 방울씩 GLU관에 첨가한다. 질산염이 환원되면 2~3분 이내에 양성반응(붉은색)이 나타나야 한다.

    이 시험이 음성이라면 **아연가루**나 20-그물망 과립형 아연으로 음성을 확인한다. 10분 후에 분홍색-주황색이 나타나면 질산염 환원이 일어나지 않았음이 확인된 것이다. 만약 N_2 기체가 발생되었다면 노란색이 나타난다.
11. **과산화수소** 한 방울을 MAN, INO, SOR cupule 각각에 첨가한다. 카탈라아제(catalase)가 만들어지면 2분 이내에 기포가 발생할 것이다. 최선의 결과는 발효에서 기포가 발생하지 않은 관에서 나올 것이다.

최종 확인

모든 시험결과가 기록되고 7자리 프로필번호가 결정된 후에, 실험 보고서에 서술된 과정에 따라서 API 20E 분석프로필색인의 프로필번호를 찾아 미지의 세균을 동정한다.

청소

실험이 끝나면 반드시 시험스트립 폐기용이라고 표시된 소독제가 담긴 용기에 시험스트립을 폐기한다.

실험 보고서

각 시험의 번호를 기입하고, 여러분의 세균의 I.D. 번호를 도표화한다. 실험 보고서 43의 A부분에 있는 예를 따른다.

실험 보고서 43

이름: ____________

날짜: ________ Section: ____________

실험 43. 장내세균과 동정: API 20E 체계

A. 결과

1. 도표작성

부록 D의 도표 I과 II를 참조하여 각 시험결과를 판정하고 그 결과를 양성(+)이나 음성(−)으로 아래 표에 기록하시오. 산화효소시험의 결과는 표의 오른쪽 끝에 있는 마지막 칸에 기록해야 하는 것에 주의하시오.

ONPG	ADH	LDC	ODC	CIT	H_2S	URE	TDA	IND	VP	GEL	GLU	MAN	INO	SOR	RHA	SAC	MEL	AMY	ARA	OXI
1	2	4	1	2	4	1	2	4	1	2	4	1	2	4	1	2	4	1	2	4

NO_2	N_2 GAS	MOT	MAC	OF-O	OF-F
1	2	4	1	2	4

추가 숫자 ____________

2. 7자리 프로필 작성

위의 표에서 각 시험이 1, 2, 또는 4의 한 가지 값을 갖는다는 점에 주목하시오. 미지의 세균의 7자리 프로필을 계산하려면 각 그룹의 양성반응 값을 모두 더하면 된다.

예:
5 144 572 = *E. coli*

ONPG	ADH	LDC	ODC	CIT	H_2S	URE	TDA	IND	VP	GEL	GLU
+	−	+	+	−	−	−	−	+	−	−	+
1	0	4	1	0	0	0	0	4	0	0	4
	5			1			4			4	

MAN	INO	SOR	RHA	SAC	MEL	AMY	ARA	OXI
+	−	+	+	+	+	−	+	−
1	0	4	1	2	4	0	2	0
	5			7			2	

3. API 20E 분석프로필색인 또는 API 특성분석 차트이용법

만약 API 20E 분석프로필색인을 판정표 작성에 이용할 수 있다면 7자리 프로필번호를 계산하여 미지의 세균을 동정한다. 만약 분석색인이 없다면 특성분석도 부록 D의 도표 III을 이용한다.

미지의 세균 이름: ______________________________

4. 추가 도표 공백

또 다른 양식이 필요하다면 아래 표를 사용한다.

api® 20E

Reference Number ________ Patient ________ Date ________

Source/Site ________ Physician ________ Dept./Service ________

	ONPG 1	ADH 2	LDC 4	ODC 1	CIT 2	H_2S 4	URE 1	TDA 2	IND 4	VP 1	GEL 2	GLU 4	MAN 1	INO 2	SOR 4	RHA 1	SAC 2	MEL 4	AMY 1	ARA 2	OXI 4
5 h																					
24 h																					
48 h																					
Profile Number																					

	NO_2 1	N_2 GAS 2	MOT 4	MAC 1	OF-O 2	OF-F 4
5 h						
24 h						
48 h						
Additional Digits						

Additional Information

Identification

00-42-012 E-3 (7/80)

B. 단답형 문제

1. 세균의 동정을 위한 다중시험 체계의 장점과 단점은 무엇인가?

2. API 20E 체계를 사용하기 전에 미지의 세균을 장내세균과의 한 구성원으로 확인하기 위해서는 어떤 시험을 수행해야 하는가? 예상되는 결과는 무엇인가?

3. 만약 도표화된 7자리 프로필을 API 20E 분석프로필색인에서 찾을 수 없다면 그것이 그 세균배양체에 대해 시사하는 것은 무엇인가?

장내세균 동정: 엔테로튜브 II 체계

Enterobacteriaceae Identification: The Enterotube II System

EXERCISE 44

학습목표

이 실험을 수행한 후 여러분은 다음의 사항을 알 수 있을 것이다.

1. 장내세균과에 속하는 미지의 세균으로 엔테로튜브 II를 접종한다.
2. 시험 결과를 평가하여 미지의 세균에 대한 5자리의 코드를 생성한다.
3. 5자리의 코드와 해독안내서(Interpretation Guide)를 이용하여 미지의 세균을 정확하게 동정한다.

소형화된 다중시험 **엔테로튜브 II**(Enterotube II) 체계는 장내세균과(Enterobacteriaceae)의 신속한 동정을 위해 메릴랜드(Maryland) 주 Cockeysville의 Becton-Dickinson사에 의해 개발되었다. 그것은 12개의 서로 다른 재래식 배지와 15개의 생화학 시험을 바로 사용이 가능한 하나의 튜브에 통합시켜 단시간에 최소한의 장비로 동시에 접종이 가능하도록 한 것이다.

만약 장내세균과의 하나로 여겨지는 미지의 그람음성 간균이나 구상간균(coccobacillus)이 있다면 이 체계를 시도해 볼 수 있다. 그러나 이 시험을 적용하기 전에 알려지지 않은 그 균이 산화효소(oxidase)-양성인지를 확인해야 한다. 왜냐하면, 몇 가지 예외가 있긴 하지만 모든 장내세균과는 산화효소-음성이기 때문이다. 만약 그람음성 간균이 산화효소-양성이라면 대신 실험 45에 나오는 Oxi/Ferm Tube II를 시도할 수 있다.

그림 44.1은 접종하지 않은 튜브(위)와 모두 양성반

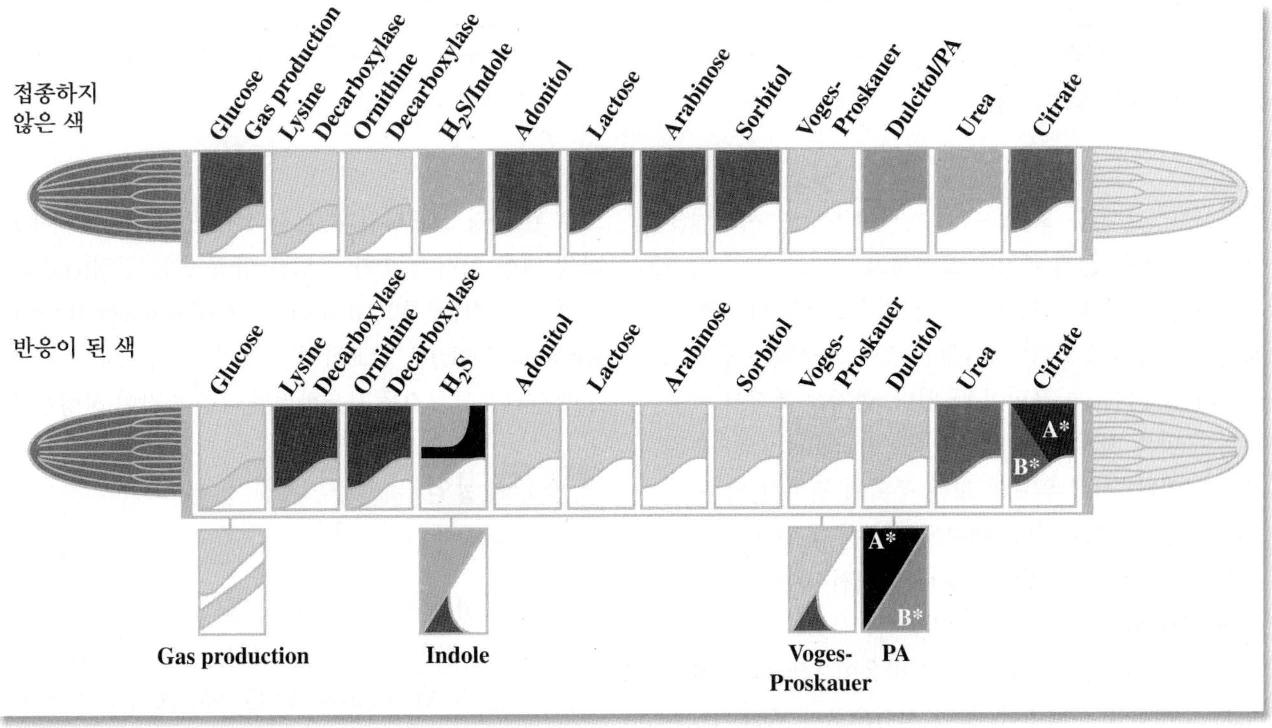

그림 44.1 접종하지 않은 것과 양성반응인 시험의 엔테로튜브 II 색의 차이.
Courtesy and © Becton, Dickinson and Company

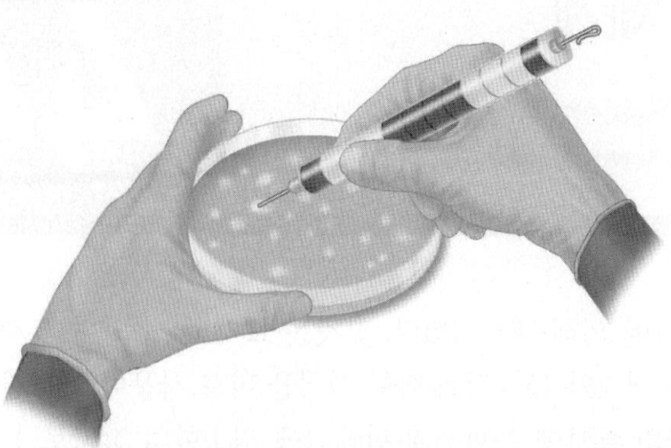

(1) 잘 분리된 집락으로부터 생물체를 옮긴다. 철사가 한천에 닿지 않도록 한다. 엔테로튜브 II 배지에 손상을 입히지 않도록 하기 위해 접종 철사를 습식멸균하지 않는다.

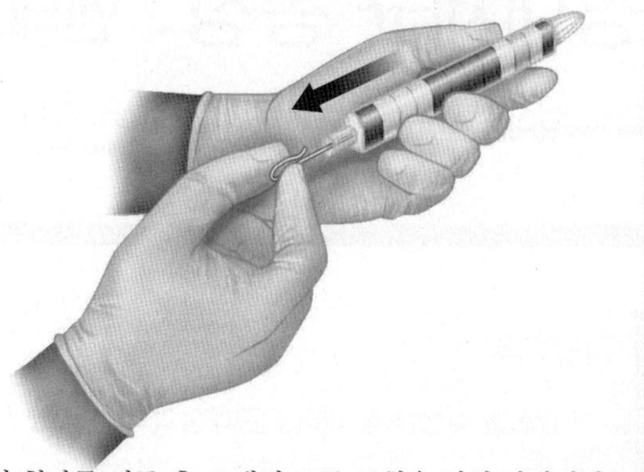

(2) 먼저 철사를 비튼 후 12개의 모든 구획을 거쳐 당기면서 돌리는 동작으로 각 구획을 접종한다.

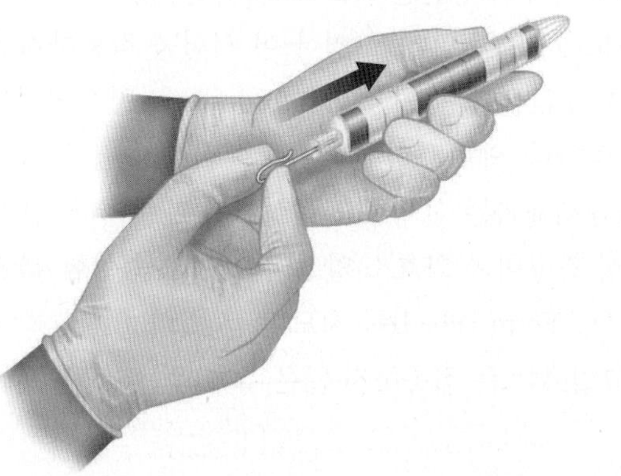

(3) 철사를 멸균하지 않고 철사 고리(notch)가 튜브 입구에 맞춰질 때까지 12개의 모든 구획을 통해 철사를 돌려주면서 재삽입한다.

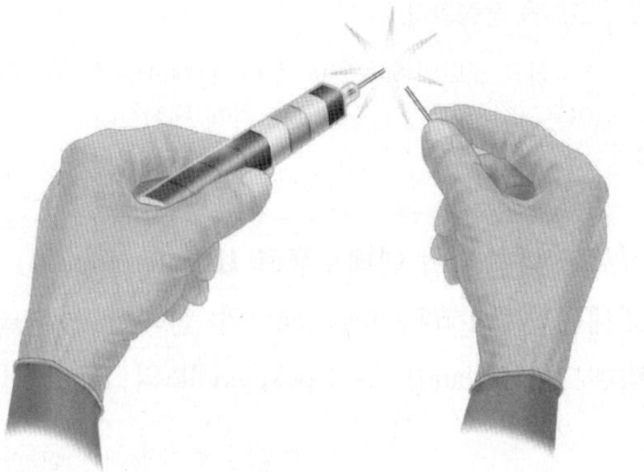

(4) 고리부위의 철사를 구부려 끊는다. 튜브 안에 남아 있는 철사 부분은 진(true) 발효에 필수적인 혐기 조건을 유지한다.

그림 44.2 엔테로튜브 II 과정.

(계속)

응인 튜브(아래)를 보여준다. 그림 44.2는 이 시스템을 사용하기 위한 전체 과정을 요약하고 있다.

엔테로튜브 II의 12개의 구획 각각은 서로 다른 한천배지를 포함하고 있다. 호기성 조건이 요구되는 구획은 공기와 접촉하도록 구멍이 나 있다. 혐기성 조건이 요구되는 구획은 배지 위에 파라핀 왁스(paraffin wax) 층을 가지고 있다. 전체 튜브의 모든 구획에 걸쳐서 접종 철사(wire)가 펼쳐져 있다. 배지에 접종하기 위해서는 철사 끝으로 생물체를 집어서 하나의 회전 작용으로 각각의 chamber에 걸쳐 철사를 당겨준다.

접종 후에 모든 구획에서의 반응이 나타나고 인돌(indole) 시험을 수행한다. 확인 시험으로서 Voges-Proskauer 시험을 할 수도 있다. 양성반응은 합계가 5자리 코드로 된 숫자로 표시된다. 미지의 세균 동정은 장내세균과에 대한 이러한 숫자 코드를 담고 있는 코딩(coding) 설명서인 엔테로튜브 II 해독안내서(Enterotube II Interpretation Guide)를 참고하여 수행한다. 미지의 세균 동정에 엔테로튜브 II를 사용하려면 다음과 같이 진행한다.

1차 실험

(접종 및 배양)

엔테로튜브 II를 사용하여 소변, 혈액, 타액 등으로부터 접종된 한천배지 위의 집락으로부터 장내세균과를 동정할 수 있다. MacConkey, EMS, SS, Hektoen enteric, trypticase soy agar와 같은 배지로부터 배양액을 취할 수 있다.

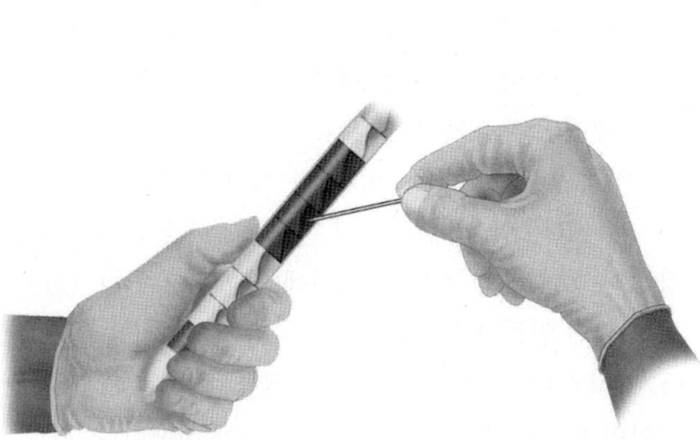

(5) 철사의 끊어진 부분으로 마지막 8개 구획(adonitol에서 citrate)의 측면에 약간 움푹한 곳을 덮고 있는 얇은 플라스틱에 통과시켜 구멍을 뚫는다. 뚜껑을 다시 씌우고 35℃에서 18~24시간 동안 배양한다.

(6) 튜브의 측면에서 양성반응 결과를 해석하고 기록한 후에 Kovac's 시약 1~2방울을 H_2S/Indole 구획에 주사하여 인돌 시험을 수행한다.

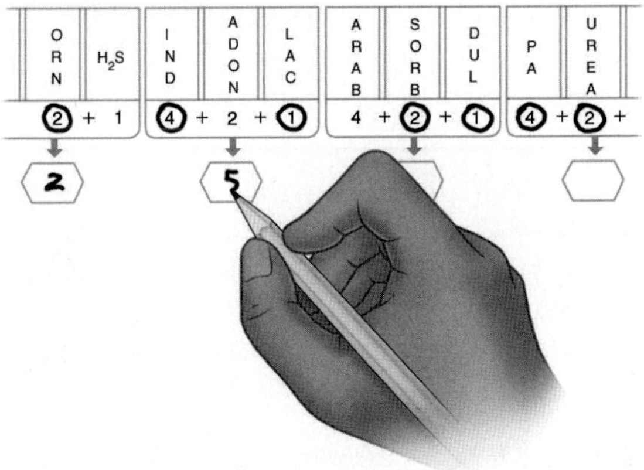

(7) 확인을 위해 필요하다면 시약을 황화수소/인돌(H_2S/Indole) 구획에 주사하여 Voges-Proskauer 시험을 수행한다.

실험 보고서의 양성반응 시험의 숫자에 동그라미를 한 후, 묶여진 시리즈의 각각의 번호를 합산하여 5자리 코드 번호를 결정한다. 미지의 세균의 동정을 위해 코드 번호를 이용하여 엔테로튜브 II 해독안내서를 참고한다.

그림 44.2 (계속)

재료

- 미지의 세균의 평판배양
- 엔테로튜브 II 1개

1. 이름이나 번호를 튜브의 옆면에 흰색 종이 표지를 써붙인다.
2. 엔테로튜브 II의 양쪽 나사를 푼다. 접종하는 면의 끝은 흰색 뚜껑 안쪽에 있다.
3. 노출되는 접종 철사를 습식멸균을 하지 않고 잘 분리된 집락에 삽입한다.
4. 먼저 철사를 비튼 후 당겨서 12개의 모든 구획을 거쳐 각 chamber를 접종한다. 철사를 당기면서 돌린다. 그림 44.2(2)를 참조한다.
5. 다시 철사를 멸균하지 않고 재삽입한다. 그리고 철사 고리(notch)가 튜브 입구에 맞춰질 때까지 철사를 돌려주면서 12개의 모든 구획을 통해 밀어 넣는다. (고리는 철사의 손잡이 끝으로부터 1 5/8″) 철사 끝이 구연산 구획 안에 보여야 한다. 그림 44.2(3)을 참조한다.
6. 그림 44.2의 단계 4에서 보듯이 고리부위의 철사를 구부려 끊는다. 튜브 안에 남아 있는 철사 부분은 포도당 발효, 기체 생산, 리신(lysine), 오르니틴(ornithine)의 탈카르복실화(decarboxylation)에 필수적인 혐기상태를 유지하게 된다.
7. 바늘의 남은 부분으로 마지막 8개 구획(adonitol, lactose, arabinose, sorbitol, Voges-Proskauer, dulcitol/

PA, urea, citrate)의 측면에 약간 움푹한 곳의 얇은 플라스틱 덮개를 통과해 구멍을 뚫는다. 이러한 구멍들은 이 8개 구획 안에 호기적 생장을 가능하게 한다.

8. 양 끝에 뚜껑을 다시 씌운다.
9. 엔테로튜브 II를 평평한 표면에 눕혀서 35~37°C에서 18~24시간 동안 배양한다. 여러 개의 튜브를 같이 배양할 때에는 공기가 잘 통하도록 튜브 사이에 충분한 공간을 둔다.

① 2차 실험

(결과 판독)

엔테로튜브의 결과는 다음의 두 가지 방법 중 하나로 판독할 수 있다: (1) 결과를 부록 D, 도표 IV의 정보와 단순히 비교하거나, (2) 엔테로튜브 II 해독안내서에서 계산된 5자리 코드 번호를 찾는다. 두 가지 방법 중에서 후자의 방법이 더 선호된다. 부록의 도표는 해독 안내서가 없을 때에만 사용되어야 한다.

해독안내서가 있든 없든 이 실험을 완료하기 위해서 이 기간 동안에 다음의 세 단계가 수행된다: (1) 우선 양성 시험 결과를 실험 보고서에 기록해야 한다, (2) 추정 시험인 인돌 시험(indole test)은 구획 4에서 수행된다, (3) 필요하다면 확인 시험을 수행한다. Voges-Proskauer 시험이 이 범주에 속한다. 다음과 같이 진행한다.

재료

- 접종 및 배양할 엔테로튜브 II
- Kovac 시약
- 10% KOH (0.3% 크레아틴 [creatine] 용액 포함)

표 44.1 엔테로튜브 II의 생화학 반응

기호	접종하지 않은 색	반응된 색	반응 유형
GLU-GAS			**포도당(GLU)** 세균의 포도당 발효의 최종산물은 산이거나 산과 기체이다. 산 생성에 의한 pH의 변화는 붉은색(알칼리성)에서 노란색(산성)으로 색깔의 변화로 나타난다. 어느 정도의 노란색은 양성반응으로 해석해야 한다; 오렌지색은 음성반응으로 간주해야 한다. **기체 발생(GAS)** 기체가 발생할 때 왁스중층(wax overlay)이 포도당 배지의 표면에서 완전히 분리된다. 배지와 중층의 분리 정도는 세균 균주에 따라 다양하다.
LYS			**리신 탈카르복시화효소(Lysine decarboxylase)** 세균의 리신 탈카르복시화반응은 알칼리성 최종산물인 카다베린(cadaverine)을 생성하여 지시약의 색깔이 흐린 노란색(산성)에서 자색(알칼리성)으로 변화되어 나타난다. 어느 정도의 자색은 양성반응으로 해석해야 한다. 리신의 탈카르복시화반응이 일어나지 않으면 배지는 노란색을 유지한다.
ORN			**오르니틴 탈카르복시화효소(Ornitine decarboxylase)** 세균의 오르니틴 탈카르복시화반응은 알칼리성 최종산물인 퓨트레신(putrescine)을 생성한다. 배지의 산성(노란색)이 알칼리도에 따라서 자색으로 변화한다. 어느 정도의 자색은 양성반응으로 해석해야 한다. 오르니틴의 탈카르복시화반응이 일어나지 않으면 배지는 노란색을 유지한다.
H_2S/IND			**황화수소(H_2S) 생산** 펩톤과 소듐 티오황산염과 같은 황화합물을 환원시키는 세균은 황화수소를 발생시켜 배지의 철 염과 반응하여 보통 접종선을 따라 황화 3가철의 검은 침전물을 형성한다. 몇몇 *Proteus*와 *Providencia* 균주는 이 배지에서 퍼지는 갈색을 낼 수도 있는데 이를 진정한 황화수소 생산과 혼동해서는 안된다. **인돌(Indole) 생성** 세균 효소 트립토판가수분해효소(tryptophanase)에 의해서 트립토판 대사로부터 인돌이 생성되는 것은 Kovac 시약을 첨가한 후에 분홍색이나 붉은색이 발생하는 것으로 검출한다.

표 44.1 엔테로튜브 II의 생화학 반응 (계속)

기호	접종하지 않은 색	반응된 색	반응 유형
ADON			**아도니톨(Adonitol)** 세균의 아도니톨 발효는 산성의 최종산물을 형성하여 배지에 존재하는 지시약의 색깔이 붉은색(알칼리성)에서 노란색(산성)으로 변화되어 나타난다.
LAC			**젖당(Lactose)** 세균의 젖당 발효는 산성의 최종 산물을 형성하여 배지에 존재하는 지시약의 색깔이 붉은색(알칼리성)에서 노란색(산성)으로 변화되어 나타난다. 노란색의 징후는 양성반응으로 해석해야 한다; 오렌지색은 음성반응으로 해석해야 한다.
ARAB			**아라비노오스(Arabinose)** 세균의 아라비노오스 발효는 산성의 최종산물을 형성하여 붉은색(알칼리성)에서 노란색(산성)으로 색깔의 변화로 나타난다. 노란색의 징후는 양성반응으로 해석해야 한다; 오렌지색은 음성반응으로 해석해야 한다.
SORB			**소르비톨(Sorbitol)** 세균의 소르비톨 발효는 산성의 최종산물을 형성하여 붉은색(알칼리성)에서 노란색(산성)으로 색깔의 변화로 나타난다. 노란색의 징후는 양성반응으로 해석해야 한다; 오렌지색은 음성반응으로 해석해야 한다.
VP			**Voges–Proskauer** Acetylmethylcarbinol(아세토인, acetoin)은 포도당 발효로부터 2,3-butanediol을 생산하는 데 있어서 중간체이다. 아세토인이 존재하면 20분 이내에 붉은색이 생긴다. 대부분의 양성반응은 10분 이내에 분명히 나타난다.
DUL-PA			**덜시톨(Dulcitol)** 세균의 덜시톨 발효는 산성의 최종산물을 형성하여 배지에 존재하는 지시약의 색깔이 녹색(알칼리성)에서 노란색이나 흐린 노란색(산성)으로 변화되어 나타난다. **페닐알라닌 탈아미노화효소(Phenylalanine deaminase)** 이 검사는 페닐알라닌이 탈아미노화되어 피루브산이 생성되는 것을 검출한다. 생성된 피루브산은 배지의 3가철염과 반응하여 특유의 검은색에서 흐린 회색을 띠게 된다.
UREA			**요소(Urea)** 몇몇 세균은 요소가수분해효소(urease)를 생산하여 이 배지 내의 요소를 가수분해하여 암모니아를 생산하기 때문에 노란색(산성)에서 붉은 자색(알칼리성)으로 pH를 변화시킨다. 이 검사는 *Proteus*에서는 6시간 내에 강한 양성반응을 보이며 *Klebsiella*와 몇몇 *Enterobacter* 종에서는 24시간 내에 약한 양성반응을 보인다.
CIT			**시트르산(Citrate)** 이 배지에서 시트르산을 유일한 탄소원으로 이용할 수 있는 생물체는 알칼리성 대사산물을 생산하여 지시약의 색깔이 녹색(산성)에서 진한 푸른색(알칼리성)으로 변한다. 어느 정도의 푸른색은 양성반응으로 간주해야 한다.

- 100% 에틸알코올에 5% alpha-naphthol
- 바늘 주사기 또는 일회용 파스티르 피펫
- 시험관 꽂이
- 엔테로튜브 II 결과 패드 (선택)
- 코딩 설명서: 엔테로튜브 II 해독안내서

1. 엔테로튜브 II의 각 구획의 색깔과 그림 44.1에 있는 아래쪽 튜브와 비교한다.
2. 연필로 작게 (+) 또는 (−)를 튜브 측면의 흰색 표지 위에 각 구획 기호에 가깝게 표시한다.

3. 각 구획 표지의 중요성에 관한 정보는 표 44.1을 참고한다.
4. 실험 결과를 실험 보고서에 기록한다. 모든 결과는 인돌 시험을 하기 전에 기록하여야 한다.
5. **중요**: 만약 이 부분에서 미지의 세균이 GLU-음성이라면 장내세균과 중 하나가 아니기 때문에 엔테로튜브 II로 더 이상 진행하지 않는다. 미지의 세균은 *Acinetobacter* 종이거나 *Pseudomonas maltophilia*일 수 있다. Oxi-Ferm 튜브가 있다면 다음 장에 요약된 과정을 이용하여 시도한다.
6. **인돌 시험**: 다음과 같이 인돌 시험을 수행한다.
   a. 엔테로튜브 II를 시험관 거치대에 GLU-GAS 구획이 위쪽으로 향하도록 놓는다.
   b. Kovac's 시약 1~2 방울을 H_2S/Indole 구획의 배지 표면에 주사한다. 이것은 주사기와 바늘로 편평한 표면을 덮고 있는 얇은 Mylar 플라스틱 필름을 통과시켜 하거나, 달궈진 접종 바늘로 Mylar 필름에 낸 작은 구멍으로 1회용 Pasteur 피펫을 통과시켜 할 수 있다.
   c. 10초 안에 배지 표면이나 Mylar 필름 위에 **붉은색**이 생기면 양성반응으로 간주한다.
7. **Voges-Proskauer 시험**: 이 시험은 확인시험으로 이용되기 때문에 엔테로튜브 II 해독안내서에서 요구될 때만 수행하여야 한다. 만약 필요하다면 다음과 같은 방법으로 시험을 수행한다.
   a. 주사기나 파스퇴르 피펫을 사용하여 크레아틴을 함유하고 있는 potassium hydroxide 두 방울을 VP 구역으로 주사한다.
   b. 5% 알파 나프톨(alpha-naphthol) 세 방울을 주사한다.
   c. 10분 안에 **붉은색**이 생기면 양성반응으로 간주한다.
8. 인돌과 VP 결과를 실험 보고서에 기록한다.

실험 보고서

실험 보고서 44의 지시사항을 따라서 미지의 세균의 이름을 결정한다. 최종 결정을 내리는 데 두 가지 방법이 있음에 주의한다.

실험 보고서 44

이름: ____________________

날짜: ________ Section: ____________________

실험 44. 장내세균과 동정: 엔테로튜브 II 체계

A. 결과

1. 도표작성

다음 표의 각 시험 결과를 (+) 또는 (−)로 기록한다.

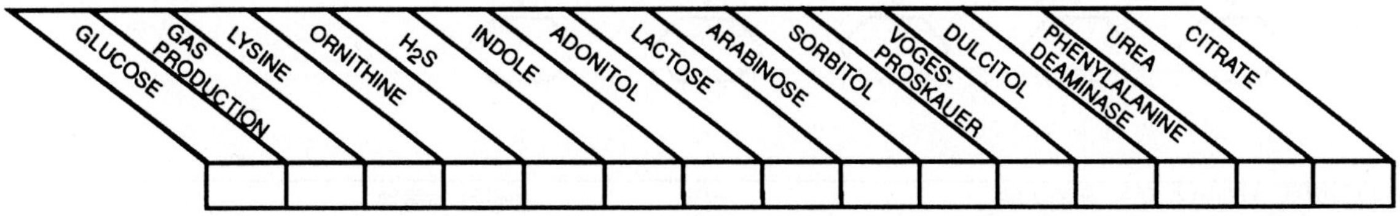

2. 차트 방법에 의한 동정

해독안내서가 없다면 위의 결과를 부록 D의 도표 IV에 적용하여 미지의 세균의 이름을 찾는다. 위 표의 간격은 도표 IV의 간격 크기와 일치함에 주의한다. 이 페이지를 안내서에서 떼어 도표 IV에 접어서 포개 놓으면 위 표의 결과를 도표로 이동시켜 각 세균의 예상되는 결과와 빨리 비교할 수 있다.

3. 엔테로튜브 II 해독안내서의 사용

해독 안내서가 있으면 양성반응인 각 시험 아래의 숫자(4, 2, 또는 1)에 동그라미를 한 후, 한 숫자를 형성하는 각 그룹 내의 이러한 숫자들을 합하여 5자리 코드 번호를 결정한다. 실험 보고서에 용도에 따라 두 개의 계정 도표가 있음에 주의한다.

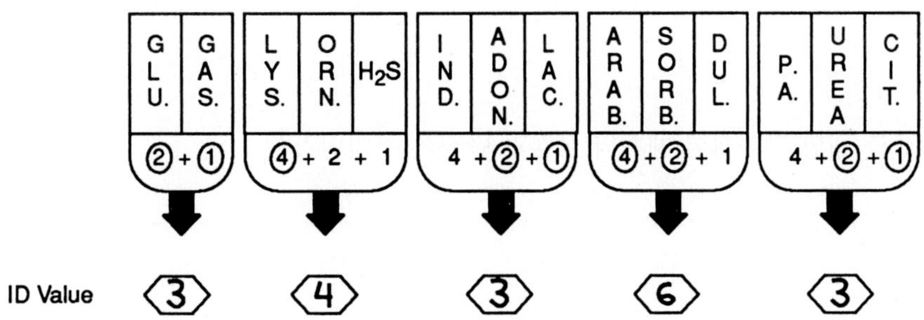

해독 안내서의 페이지를 넘기면서 "ID 값" 34363를 찾을 수 있다. 목록은 다음과 같다.

ID 값	생물체	부정형의 시험 결과
34363	*Klebsiella pneumoniae*	없음

결론: 생물체는 *Klebsiella pneumoniae*로 정확하게 동정되었다. 이 경우에는 VP 시험과 관계없이 동정이 이루어졌다.

4. 추가 도표 공백

엔테로튜브® II*

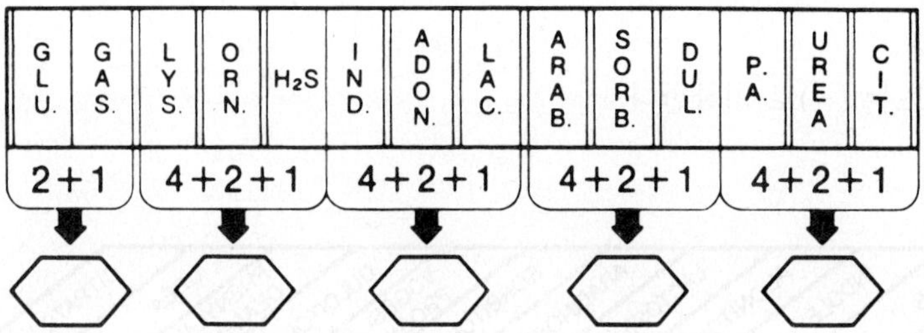

확인 시험	결과

ID 값

배양번호, 사례번호 또는 환자이름 날짜 동정된 생물체

* VP 확인 시험으로만 사용

엔테로튜브® II*

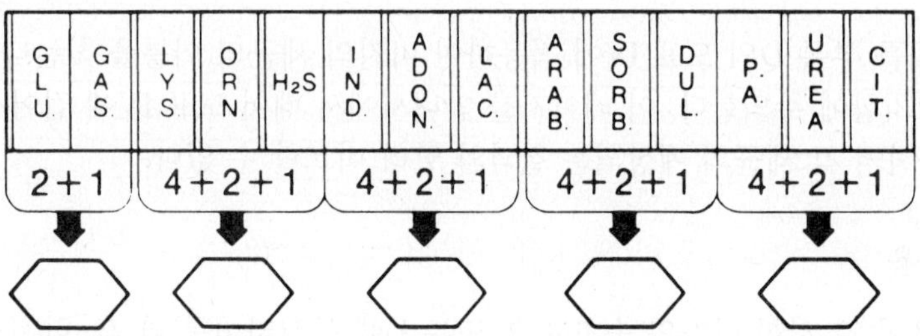

확인 시험	결과

ID 값

배양번호, 사례번호 또는 환자이름 날짜 동정된 생물체

* VP 확인 시험으로만 사용

B. 단답형 문제

1. 세균의 동정을 위한 다중시험 체계의 장점과 단점은 무엇인가?

2. 엔테로튜브 II 체계를 사용하기 전에, 미지의 세균를 장내세균과의 한 구성원으로 확인하기 위해서는 어떤 시험을 수행해야 하는가? 예상되는 결과는 무엇인가?

3. 다음 항목의 각각에 대하여 장내세균과 동정을 위해 엔테로튜브 II 체계와 API 20E 체계(실험 43)를 비교 대조해 보시오.
   a. 시간 요구성
   b. 표본 준비
   c. 사용되는 시험
   d. 혐기성 조건
   e. 결과의 해석

4. 장내세균과의 모든 구성원들은 5자리 코드가 2 또는 3으로 시작한다. 이것은 그들의 어떤 공통적 생화학적 특징을 나타내는가?

5. 5자리 코드의 첫번째 숫자가 0이면 이것은 무엇을 나타내는가? 어떤 세균의 속(genera)이 이러한 결과를 나타내는가? 다음에 무엇을 해야 하는가?

6. VP 시험은 확인 시험이다. 어떠한 상황에서 이 시험이 사용되는가?

7. 표로 만들어진 5자리 코드를 엔테로튜브 II 해독안내서에서 찾을 수 없다면 그것은 그 세균배양에 대해 무엇을 시사하는가?

O/F 그람음성 간균 동정: Oxi/Ferm 튜브 II 체계

EXERCISE **45**

O/F Gram-Negative Rods Identification: The Oxi/Ferm Tube II System

학습목표

이 실험을 수행한 후 여러분은 다음의 사항을 알 수 있을 것이다.

1. 산화효소(oxidase)-양성 그람음성 세균으로 Oxi/Ferm 튜브 II를 접종한다.
2. 시험 결과를 평가하여 미지의 세균에 대한 5자리의 코드를 생성한다.
3. 5자리의 코드와 Biocode Manual을 이용하여 미지의 세균을 정확하게 동정한다.

Becton-Dickinson사가 생산하는 Oxi/Ferm 튜브 II 체계는 엔테로튜브 II 체계를 이용하여 동정할 수 없는 산화효소(oxidase)-양성 그람음성 세균의 동정을 수행한다. 두 다중시험 체계는 같이 작용하도록 개발되었다. 미지의 그람음성 간균이 산화효소-음성이라면 엔테로튜브 II 체계를 사용하고, 산화효소-양성이라면 Oxi/Ferm 튜브 II 체계를 사용해야 한다. 산화효소-음성 그람음성 간균이 엔테로튜브 II 시험에서 포도당-음성으로 나타난다면 Oxi/Ferm 튜브 II 체계로 바꾸어서 사용해야 한다.

Oxi/Ferm 튜브 II 체계는 임상 시료로부터 배양이 까다롭지 않은 산화적 발효성 그람음성 간균의 종들을 동정하도록 의도되었다. 다음과 같은 속들이 이에 해당된다: *Aeromonas*, *Plesiomonas*, *Vibrio*, *Achromobacter*, *Alcaligenes*, *Bordetella*, *Moraxella*, *Pasteurella*. 몇몇 다른 그람음성 세균은 추가적인 생화학 시험으로 동정할 수도 있다. 이 체계는 최소한의 장비로 동시에 접종이 가능하도록 12개의 다른 재래식 배지를 통합시킨 것이다. 총 14개의 생리적 시험이 수행된다.

Oxi/Ferm 튜브 II 체계는 엔테로튜브 II 체계처럼 전체 튜브의 12개 구획에 걸쳐 있는 접종 철사를 가지고 있다. 배지에 접종을 하려면 단순히 철사 끝으로 생물체를 따서 철사를 돌려주면서 각 chamber를 거쳐 당겨주면 된다.

배양 후에 결과를 기록하고 한 구획 안으로 Kovac's 시약을 주사하여 인돌 시험을 수행한다. 양성반응에는 합쳐서 5자리 코드가 되도록 숫자를 부여한다. Oxi/Ferm 튜브 II Biocode Manual의 코드를 찾아봄으로써 미지의 세균의 이름과 동정 확인이 필요한 시험을 빨리 결정할 수 있다.

그림 45.1은 접종하지 않은 튜브와 모든 양성반응 튜브를 보여준다. 그림 45.2는 이 체계를 사용하기 위한 전체 과정을 보여준다. 이 체계를 사용하는데 최소한 두 시기가 요구된다. 다음과 같이 진행한다.

1차 실험

(접종 및 배양)

Oxi/Ferm 튜브 II는 잘 분리된 집락으로부터 접종량을 많게 하여 접종해야 한다. 배양의 순도는 매우 중요하다. 순도에 의심이 간다면 TSA 평판에 접종하여 35°C에서 24시간 동안 배양한 후 다시 상온에서 24시간 배양한다. TSA에서 자라지 않고 혈액평판(blood agar)에서는 자란다면 그 생물체는 특별한 생장 조건을 가진다. 그러한 생물체는 배양하기가 너무 까다로워서 Oxi/Ferm 튜브 II 체계로 동정할 수 없다.

재료

- 미지의 세균이 배양된 평판배지
- Oxi/Ferm 튜브 II 1개
- trypticase soy agar (TSA) 평판배지 (순도 확인을 위해 필요하다면) 1개

1. 이름이나 번호를 튜브의 옆면에 써 놓는다.
2. Oxi/Ferm 튜브 II의 양쪽 나사를 푼다. 접종하는 면의 끝은 흰색 뚜껑 안쪽에 있다.
3. 노출되는 접종 철사를 습식멸균을 하지 않고 잘 분리된 집락에 삽입한다. 한천에 구멍을 내지 않는다.

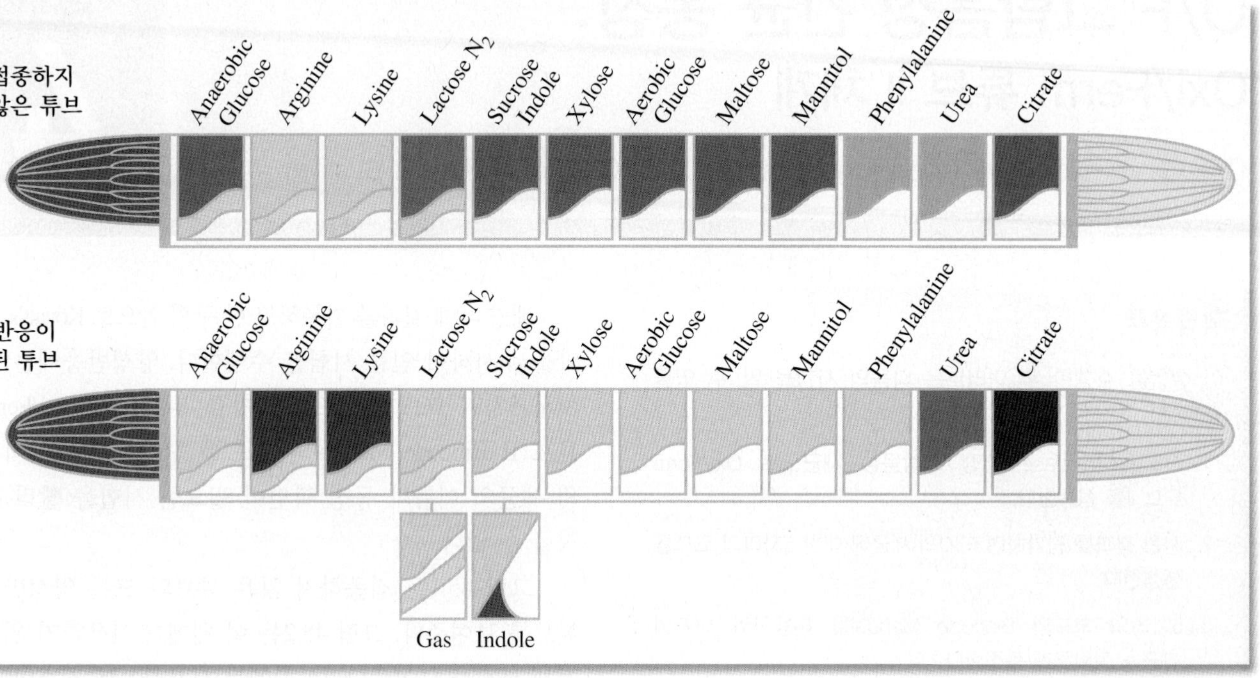

그림 45.1 접종하지 않은 것과 양성반응 시험의 Oxi/Ferm 튜브 II 색의 차이.
Courtesy and © Becton, Dickinson and Company

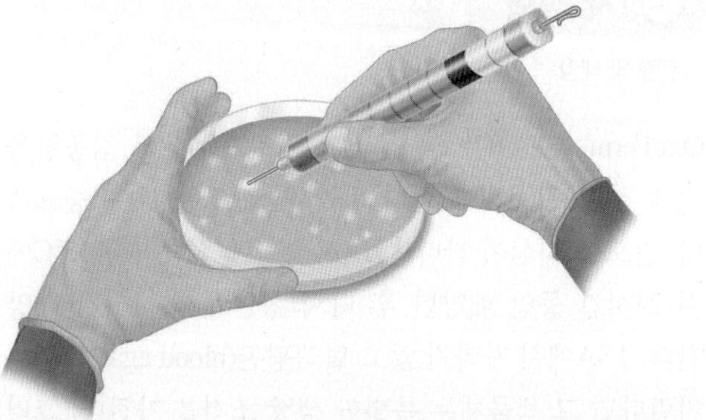

(1) 잘 분리된 집락으로부터 생물체를 옮긴다. 철사가 한천에 구멍을 내지 않도록 한다. Oxi/Ferm 튜브 II 배지에 손상을 입히지 않도록 하기 위해 접종 철사를 습식멸균하지 않는다.

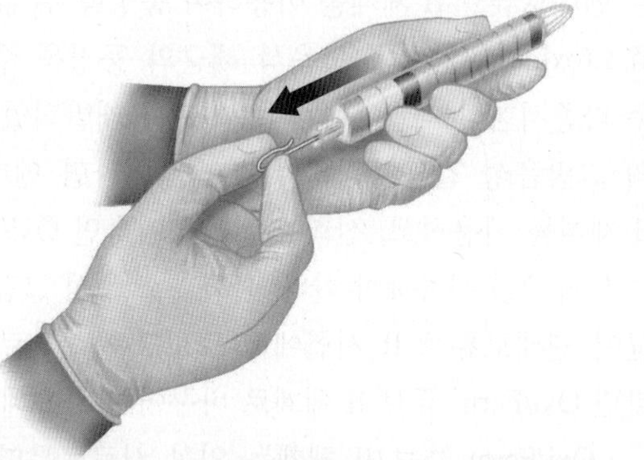

(2) 먼저 철사를 비튼 후 12개의 모든 구획을 거쳐 당기면서 돌리는 동작으로 각 구획을 접종한다.

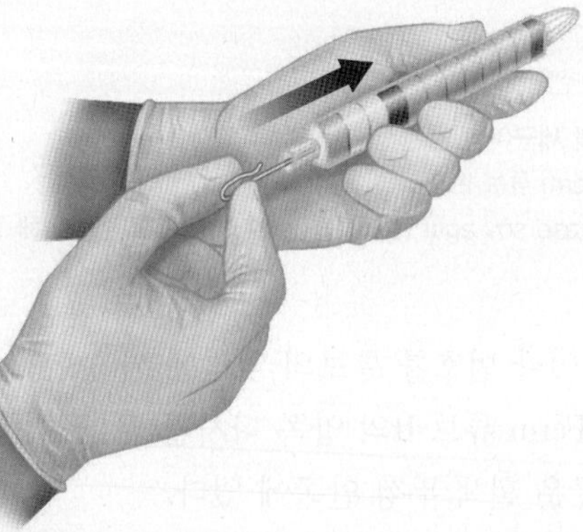

(3) 철사를 멸균하지 않고 철사 고리(notch)가 튜브 입구에 맞춰질 때까지 12개의 모든 구획을 통해 철사를 돌려주면서 재삽입한다.

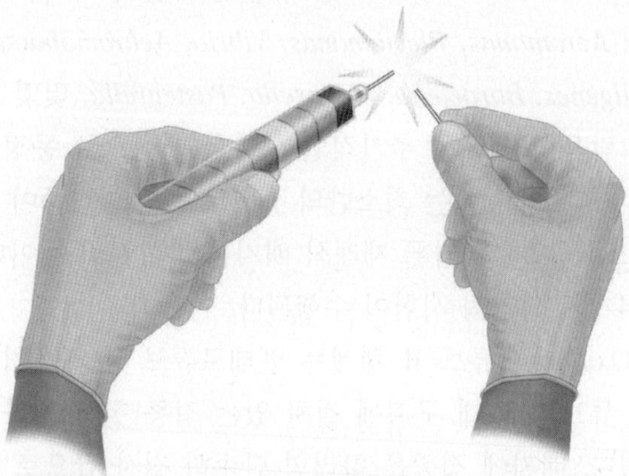

(4) 고리 부위의 철사를 구부려 끊는다. 튜브 안에 남아 있는 철사 부분은 진정 발효에 필수적인 혐기 조건을 유지한다.

(계속)

그림 45.2 Oxi/Ferm 튜브 II 과정.

(5) 철사의 끊어진 부분으로 마지막 8개 구획(sucrose/indole에서 citrate)의 측면에 약간 움푹한 곳을 덮고 있는 얇은 플라스틱에 통과시켜 구멍을 뚫는다. 뚜껑을 다시 씌우고 35°C에서 18~24시간 동안 배양한다.

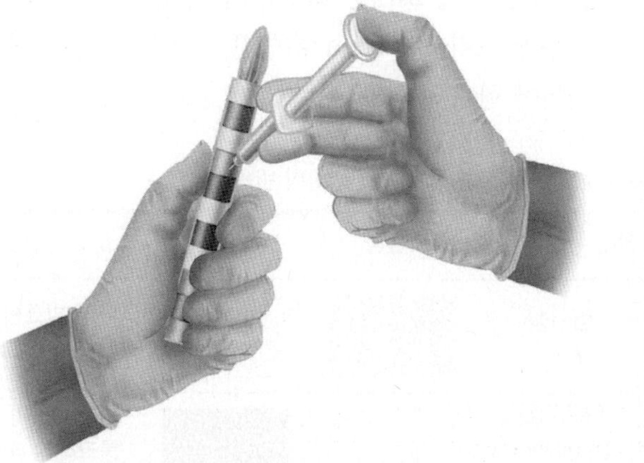

(6) 튜브의 측면에서 양성반응 결과를 해석하고 기록한 후에 Kovac's 시약 1~2방울을 sucrose/indole 구획에 주사하여 인돌 시험을 수행한다.

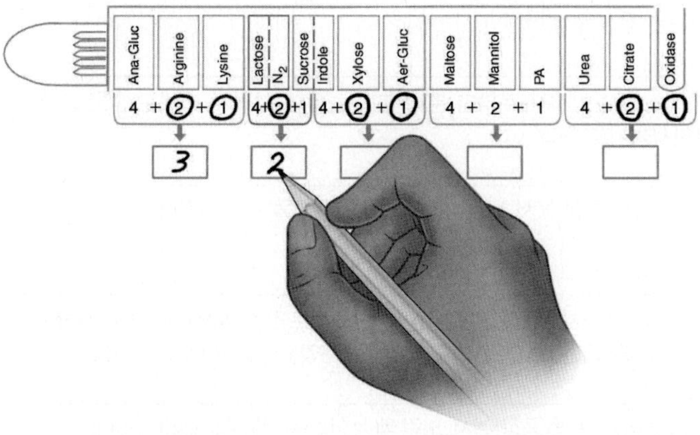

(7) 실험 보고서의 양성반응 시험의 숫자에 동그라미를 한 후, 묶여진 시리즈의 각각의 번호를 합산하여 5자리 코드 번호를 결정한다. 미지의 세균의 동정을 위해 코드 번호를 이용하여 Oxi/Ferm 튜브 II Biocode Manual을 참고한다.

그림 45.2 (계속)

4. 먼저 철사를 비튼 후 당겨서 12개의 모든 구획을 거쳐 각 chamber를 접종한다. 철사를 당기면서 돌린다. 그림 45.2(2)를 참조한다.
5. 배양의 순도 확인이 필요하다면 TSA 페트리 평판에 튜브에서 이제 막 당긴 접종 철사로 스트리킹(streaking)한다. **불에 대서는 안된다**.
6. 다시 철사를 멸균하지 않고 재삽입한다. 그리고 철사 고리(notch)가 튜브 입구에 맞춰질 때까지 철사를 돌려주면서 12개의 모든 구획을 통해 밀어 넣는다. (고리는 철사의 손잡이 끝으로부터 $1\frac{5''}{8}$) 철사 끝이 구연산 구획 안에 보여야 한다. 그림 45.2(3)을 참조한다.
7. 그림 45.2의 단계 4에서 주지하였듯이 고리 부위의 철사를 구부려 끊는다. 튜브 안에 남아 있는 철사 부분은 진정 발효에 필수적인 혐기 조건을 유지한다.
8. 바늘의 남은 부분으로 마지막 8개 구획 (sucrose/indole, xylose, aerobic glucose, maltose, mannitol, phenylalanine, urea, citrate)의 측면에 약간 움푹한 곳의 얇은 플라스틱 덮개를 통과해 구멍을 뚫는다. 이러한 구멍들은 이 8개 구획 안에 호기적 생장을 가능하게 한다.
9. 양 끝에 뚜껑을 다시 씌운다.
10. 튜브를 편평한 표면에 눕히거나 위로 하여 35~37°C에서 24시간 동안 배양한다. 24시간이 다 되면 튜브를 검사하여 결과를 확인하고 24시간 더 배양을 계속한다. 〈Biocode Manual〉에서 요구하는 확인 시험

을 하기 위해 24시간 확인 작업이 필요할 수 있다. 경우에 따라 Oxi/Ferm 튜브 II는 48시간 이상 배양 되어야 한다.

2차 실험

이 기간 동안에는 Oxi/Ferm 튜브 II에 있는 다양한 시험

표 45.1 Oxi/Ferm 튜브 II의 생화학 반응

반응	음성	양성	주의사항
혐기성 포도당			양성 발효반응은 녹색(중성)에서 노란색(산성)으로 색깔의 변화로 나타난다. 대부분의 산화적-발효성 그람음성 간균은 음성을 나타낸다.
아르기닌(Arginine) Dihydrolase			아르기닌의 탈카르복시화반응(decarboxylation)은 알칼리성 최종산물을 형성하여 브롬크레졸 퍼플(bromcresol purple)을 노란색(산성)에서 자색(알칼리성)으로 변화시킨다. 회색은 음성반응이다.
리신(Lysine)			리신의 탈카르복시화반응은 알칼리성 최종산물을 형성하여 브롬크레졸 퍼플을 노란색(산성)에서 자색(알칼리성)으로 변화시킨다. 회색은 음성반응이다.
젖당(Lactose)			젖당의 발효는 배지의 색을 붉은색(중성)에서 노란색(산성)으로 변화시킨다. 대부분의 O/F 그람음성 간균은 음성을 나타낸다.
N2 기체-발생			기체가 발생하면 왁스 중층이 배지로부터 분리된다. 경우에 따라서 기체는 한천을 구획벽으로부터 분리시키기도 한다.
자당(Sucrose)			세균의 설탕 산화는 녹색(중성)에서 노란색(산성)으로 색깔을 변화시킨다.
인돌(Indole)			세균 효소 트립토판가수분해효소(tryptophanase)는 트립토판(tryptophan)을 대사하여 인돌을 생산한다. 48시간 배양 후에 구획에 Kovac's 시약을 첨가하여 검출한다.
크실로오스(Xylose)			세균의 크실로오스 산화는 녹색(중성)에서 노란색(산성)으로 색깔을 변화시킨다.
호기성 포도당			세균의 포도당 산화는 녹색(중성)에서 노란색(산성)으로 색깔을 변화시킨다.
맥아당(Maltose)			세균의 맥아당 산화는 녹색(중성)에서 노란색(산성)으로 색깔을 변화시킨다.
만니톨(Mannitol)			세균의 만니톨 산화는 녹색(중성)에서 노란색(산성)으로 색깔을 변화시킨다.
페닐알라닌(Phenylala-nine)			페닐알라닌이 탈아미노화되어 피루브산(pyruvic acid)이 생성된다. 피루브산은 3가철염과 반응하여 갈색계열을 띠게 된다.
요소(Urea)			요소가수분해효소(urease)가 요소에 작용하여 암모니아가 생성되면 배지가 알칼리화된다. 이 배지의 페놀 레드(phenol red)가 베이지색(산성)에서 분홍색 또는 자색으로 변한다. 흐린 분홍색은 음성반응으로 간주해야 한다.
시트르산(Citrate)			이 배지에서 자라는 생물체는 시트르산을 유일한 탄소원으로 이용할 수 있다. 시트르산의 이용은 배지의 알칼리도를 높인다. 색깔은 녹색(중성)에서 푸른색(알칼리성)으로 변한다.

결과를 기록하고, 인돌 시험을 하고, 결과 목록을 만들고, 〈Biocode Manual〉을 사용하여 요구되는 확인시험을 수행해야 할 것이다. 다음과 같이 진행한다.

재료

- Oxi/Ferm 튜브 II, 접종되어 배양되는 것
- Kovac's 시약
- 바늘 주사기 또는 일회용 파스퇴르 피펫
- Becton–Dickinson Biocode Manual (책자)

1. Oxi/Ferm 튜브 II의 각 구획의 색깔과 그림 45.1에 있는 아래쪽 튜브와 비교한다.
2. 연필로 작게 (+) 또는 (−)를 튜브 측면의 흰색 표지 위에 각 구획 기호에 가깝게 표시한다.
3. 각 구획 표지의 중요성에 관한 정보는 표 45.1을 참고한다.
4. 모든 시험의 결과를 실험 보고서에 기록한다. 모든 결과는 인돌 시험을 하기 전에 기록하여야 한다.
5. **인돌 시험**(indole test) (그림 45.2(6): Kovac's 시약 2~3방울을 편평한 플라스틱 표면을 통과하여 sucrose/indole 구획 안으로 주사하여 인돌 시험을 한다. 편평한 표면 안쪽으로 시약을 떨어뜨려 한천 위로 떨어지도록 한다.

   주사기 바늘 대신에 파스퇴르 피펫을 사용한다면 달궈진 접종 바늘로 Mylar 필름에 작은 구멍을 내어 파스퇴르 피펫 끝이 들어가도록 하는 것이 필요하다.

   10초 안에 배지 표면이나 Mylar 필름 위에 붉은색이 생기면 양성반응으로 간주한다
6. 인돌 시험 결과를 실험 보고서에 기록한다.

실험 보고서

5자리 코드를 결정하기 위해 실험 보고서 45의 지시사항을 따른다. 최종 결정을 내리는데 두 가지 방법이 있음에 주의한다. 〈Biocode Manual〉을 사용하여 미지의 세균를 동정한다.

실험 보고서 45

이름:

날짜: Section:

실험 45. O/F 그람음성 간균 동정: Oxi/Ferm 튜브 II 체계

A. 결과

1. 결과 도표작성과 코드 결정
일단 튜브 측면에 양성반응으로 표시하고 아래 예에서 보듯이 양성반응 구획의 각각에 할당된 숫자에 동그라미를 했다면 묶여진 그룹의 숫자를 더하여 5자리 코드를 구한다.
최종 단계는 Oxi/Ferm 튜브 II Biocode Manual에서 코드 번호를 찾아 속(genus)과 종(species)을 결정한다. 확인 시험이 필요하다면 어떤 시험을 할 것인지 Manual을 참조한다.
아래 예에서 코드 번호는 32303이다. 이 번호를 Biocode Manual에서 찾는다면 25쪽에서 그 생물체는 *Pseudomonas aeruginosa*임을 알 수 있다.

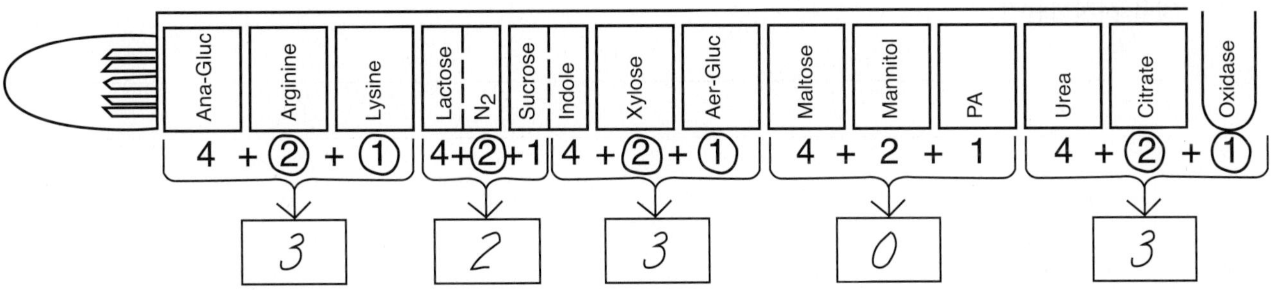

2. 추가 도표 공백

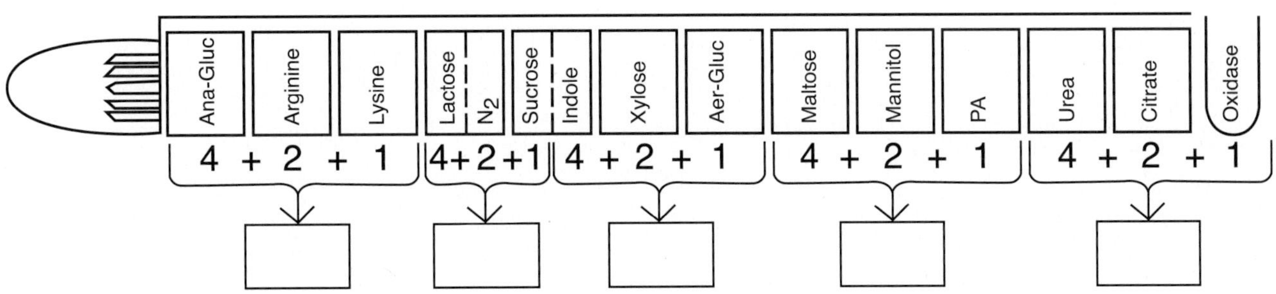

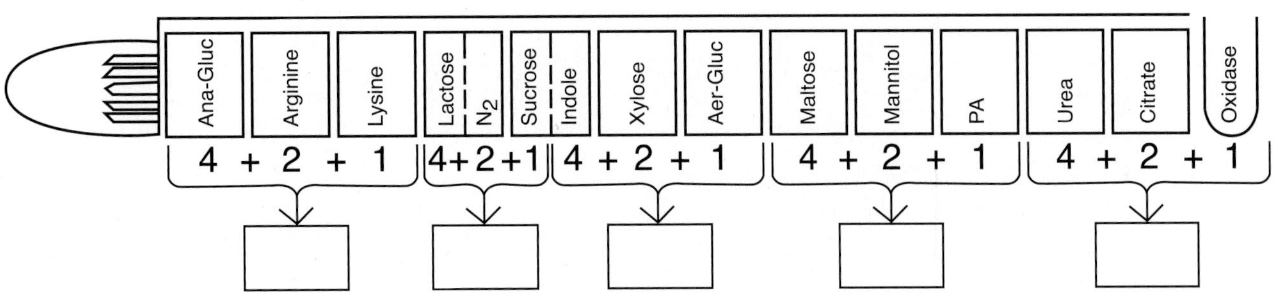

B. 단답형 문제

1. 세균의 동정을 위한 다중시험 체계의 장점과 단점은 무엇인가?

2. 어떤 상황에서 그람음성 간균의 동정을 위해 엔테로튜브 II 체계(실험46) 대신 Oxi/Ferm 튜브 II 체계를 선택할 것인가?

3. 도표화된 5자리 코드를 Oxi/Ferm 튜브 II Biocode Manual에서 찾을 수 없다면 그것은 그 세균배양에 대해 무엇을 시사하는가?

포도상구균 동정: API Staph 체계

Staphylococcus Identification: The API Staph System

EXERCISE 46

학습목표

이 실험을 수행한 후 여러분은 다음의 사항을 알 수 있을 것이다.

1. API Staph 스트립을 미지의 포도상구균으로 접종한다.
2. 시험 결과를 평가하여 미지의 세균에 대한 7자리 프로필 번호를 생성한다.
3. 7자리 프로필 번호와 Staph 프로필등록(Staph Profile Register)을 이용하여 미지의 세균을 정확하게 동정한다.

북캐롤라이나(North Carolina) 랄리(Raleigh)의 바이오메리유(bioMérieux)사에 의해 생산되는 API Staph 체계는 20종의 임상적으로 중요한 포도상구균(Staphylococci)을 포함하여 23종의 그람양성 구균의 동정을 위한 믿을만한 방법이다. 이 체계는 건조된 기질과 영양배지를 함유하고 있는 19개의 작은 앰플(microampule)로 구성되어 있다. 응고효소(coagulase) 시험을 제외하고 모든 시험이 스타필로코커스(*Staphylococcus*), 코큐리아(*Kocuria*), 마이크로코커스(*Micrococcus*)를 구분하는 데 중요하다.

그림 46.1은 접종된 두 개의 스트립을 보여준다: 위쪽은 접종 직후이며, 아래쪽은 양성반응을 보여준다. 각 microcupule은 양성반응이 일어날 때 뚜렷한 색깔의 변화를 보임을 주목한다.

그림 46.2는 전체 과정을 보여준다. 첫번째 단계는 분리된 집락으로부터 세균의 식염수 현탁액을 만드는 것이다. 배양 중에 습기를 제공하기 위해 약간의 물을 선반에 더하여 그 위에 Staph 스트립을 올려놓는다. 그 다음 멸균된 파스퇴르 피펫을 사용하여 2~3 방울의 세균 현탁액을 각 microcupule에 분배한다. 접종된 선반은 덮개를 씌우고 35~37°C에서 18~24시간 동안 호기상태에서 배양한다. 마지막으로 7자리 프로필 번호를 구하여 부록 D에서 그 세균을 동정하는 데 이용한다.

이 체계가 간단해 보이는 만큼 몇 가지 제약점이 있음을 명심해야 한다. 유능한 미생물학자가 최종적으로 종을 결정할 때에는 시료의 출처, 카탈라아제(catalase) 반응, 집락의 특성, 항미생물제에 대한 민감성 경향 등과 같은 다른 요인들을 고려해야 한다. 확인시험을 해야 할 때가 매우 자주 있다.

포도상구균 중의 하나라고 여겨지는 미지의 세균으로 일을 한다면 이 체계를 이용하여 결론을 내린다. 이미 응고효소 시험을 하여 세균이 응고효소-음성임을 알았다면 이 체계를 이용하여 실험 69의 과정으로는 동정이 되지 않는 수많은 응고효소-음성 종의 하나로 동정할 수 있다.

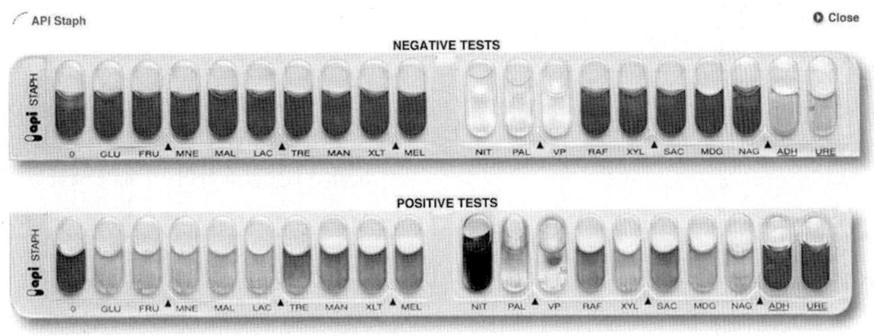

그림 46.1 API Staph 시험스트립상의 음성 및 양성 결과.
Courtesy of bioMérieux, Inc.

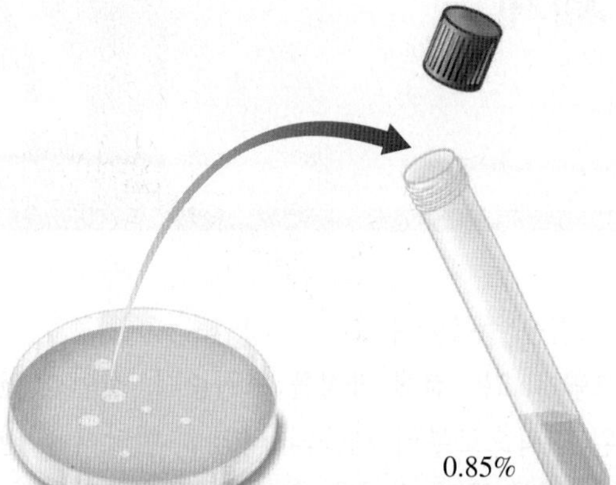

(1) 백금이를 여러 번 사용하여 미지의 세균의 식염수 현탁액을 만든다. 현탁액의 탁도는 McFarland No. 3 황산염 바륨 표준시약에 맞추어야 한다.

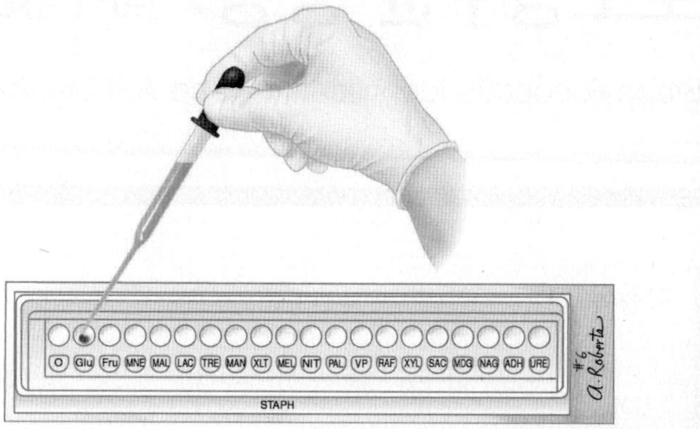

(2) 파스퇴르 피펫으로 세균 혼탁액 2~3방울을 20개의 microcupule 각각에 떨어뜨린다. 선반을 덮개로 덮고 35~37°C에서 18~24시간 동안 배양한다.

(3) STAPH 시험스트립을 물로 적신 선반 바닥에 놓는다. 시험스트립을 다룰 때 microcupule을 손가락으로 오염시키지 않도록 주의한다.

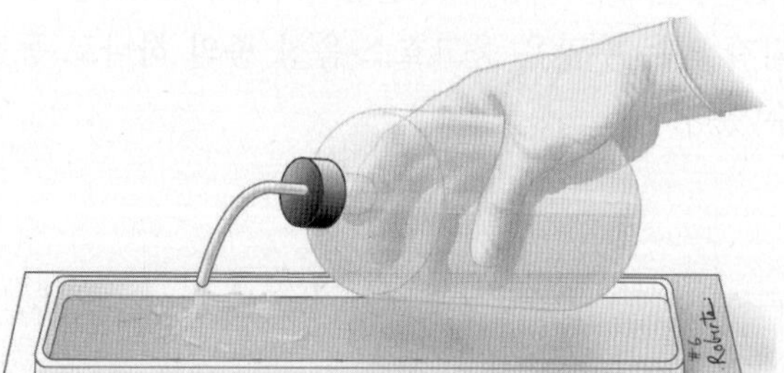

(4) 선반의 끝 탭(tab)에 이름과 미지의 세균번호를 표시하고 수돗물 약 5 mL을 선반 바닥에 뿌린다.

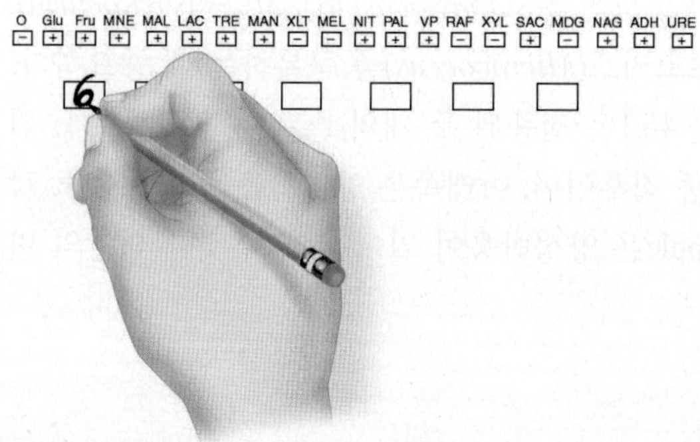

(5) 일단 모든 결과를 실험 보고서에 기록한 다음 각 그룹의 양성반응 값을 모두 더하여 7자리 프로필을 결정한다. 부록 D, 도표 VI를 참조하여 미지의 세균을 찾는다.

그림 46.2 API Staph 과정.

1차 실험

(접종 및 응고효소 시험)

재료

- API Staph 시험 스트립
- AP 배양 선반(tray)과 덮개
- 미지의 세균이 배양된 혈액한천(blood agar) 평판배지(30시간 이상 배양되어서는 안 된다)
- 혈액 한천 평판(순도확인이 필요한 경우)
- 멸균 식염수 2 mL의 혈청 시험관
- 시험관 거치대
- 멸균 면봉 (2차 실험 시)
- 수돗물이 든 눌러 짜는 병 (squeeze bottle)
- McFarland No. 3 ($BaSO^4$) 표준시약(standard)을 담은 시험관(부록 B 참조)
- 멸균 파스퇴르 피펫(5 mL 크기)

1. 응고효소 시험을 하지 않았다면 실험 69의 과정을 참조하여 미지의 세균으로 시험을 수행한다.
2. 백금이나 멸균 면봉을 이용하여 미지의 세균을 하나 또는 다수의 집락으로부터 멸균식염수 시험관에 옮겨 식염수 현탁액을 만든다. 않는다. 현탁액의 탁도 (turbidity)를 No. 3 McFarland 황산염 바륨 표준시약 시험관에 맞추어야 한다.

   중요: 세균 현탁액을 오랜 기간 동안 사용하지 않고 내버려 두어서는 안 된다. 15분 이상 지난 현탁액은 효과가 덜하다.
3. 선반의 스트립 끝에 이름과 미지의 세균번호를 표시한다. 그림 46.2(2)를 참조한다.
4. 밀봉된 덮개로부터 API 스트립을 제거하여 선반 바닥에 스트립을 놓는다.
5. 식염수 현탁액을 흔들어 세균을 분산시킨 후, 멸균 파스퇴르 피펫을 세균 현탁액으로 채운다.
6. 각 microcupule을 2~3방울의 세균 현탁액으로 접종한다. 순도 확인이 필요하다면 과량의 현탁액을 이용하여 다른 혈액 한천 평판에 접종한다.
7. 병을 눌러 짜 수돗물 약 5 mL을 선반 바닥에 떨어뜨린다. 선반 바닥에는 물을 받을 수 있는 움푹한 부분이 많이 있다. 선반 바닥이 많이 움푹 패여 물을 머금을 수 있도록 주의한다.
8. 플라스틱 뚜껑을 선반에 올려 놓고 35~37°C에서 18~24시간 동안 호기상태에서 스트립을 배양한다.

2차 실험

(5시간 후)

이 기간 동안 실험 보고서에 결과를 기록하고 프로필 번호를 결정하여 Staph 프로필 등록(Staph Profile Register) (또는 부록 D, 도표 VI)의 번호를 검색함으로써 미지의 세균을 동정한다.

재료

- API Staph 시험 스트립 (18~24 시간 배양)
- Staph 프로필 등록
- 바리트(Barritt's) 시약 A와 B
- 질산염 시약 A와 B
- ZYM 시약 A
- ZYM 시약 B

1. 18~24시간 배양한 후 시험 결과를 판독한다(그림 46.3).
   a. Voges Proskauer 시험을 위해서 바리트 시약 A와 B 각각 한 방울씩 VP 앰플에 첨가한다. 10분간 배양한다. 양성시험은 연보라색-분홍색으로 나타난다; 음성 시험은 색깔 변화가 없다.
   b. 질산염 시험을 위해서 질산염 시험시약 A와 B 각각 한 방울씩 NIT 앰플에 첨가한다. 10분간 배양한다. 양성시험은 연보라색-분홍색이며, 음성 시험은 색깔 변화가 없다.
   c. 알칼리성 포스파타아제(alkaline phosphatase) 시험을 위해서 ZYM 시약 A와 B 각각 한 방울씩

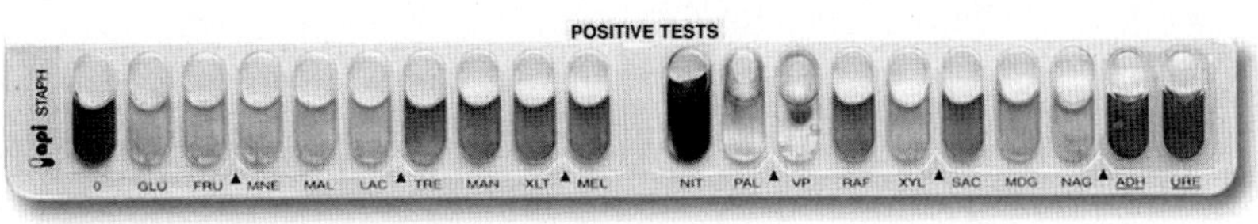

그림 46.3 양성 반응 스트립의 시험 결과.
Courtesy of bioMérieux, Inc.

PAL 앰플에 첨가한다. 10분간 배양한다. 양성시험은 연보라색이며, 음성 시험은 노란색이다.

2. 실험 보고서에 결과를 기록한다.
3. 실험 보고서의 지시사항에 따라서 프로필 번호를 작성하고 미지의 세균의 이름을 결정한다. 부록 D, 도표 VII을 이용한다.

처리

모든 정보를 기록한 다음 전체 배양 장치(unit)는 반드시 습식멸균이 가능한 용기에 두도록 한다.

결과

실험 보고서 46의 차트에 결과를 기록한다. 프로필 번호를 결정하여 미지의 세균과 맞는 것을 찾는다.

실험 보고서 46

이름: ______________________

날짜: ________ Section: ______________

실험 46. 포도상구균 동정: API Staph 체계

A. 결과

1. 도표작성
부록 D의 도표 VI을 참조하여 각 시험의 결과를 결정하고 이 결과들을 아래 프로필 결정표(Profile Determination Table)에 양성 (+) 또는 음성 (−)으로 기록한다. 추가적인 세균의 도표작성을 위해 3번 아래에 두 개의 표가 더 있다.

	O 1	GLU 2	FRU 4	MNE 1	MAL 2	LAC 4	TRE 1	MAN 2	XLT 4	MEL 1	NIT 2	PAL 4	VP 1	RAF 2	XYL 4	SAC 1	MDG 2	NAG 4	ADH	URE	Lysost*
결과																					
프로필 숫자																					

그람염색		응고효소		추가정보	동정
형태		카탈라아제			

*Lysostaphin–lysostatin 내성을 제조사의 지시에 따라 별도의 시험으로 수행한다. 7자리 ID 번호를 결정하도록 포함된다.

2. 7자리 숫자 프로필 작성
위 표에서 각 시험은 1, 2 또는 4의 값을 갖는 점에 유의한다. 미지의 세균의 7자리 프로필을 계산하기 위해서는 각 그룹의 양성 값을 모두 더한다.

3. 최종 결정
Staph 프로필 등록(Staph Profile Register) (부록 D의 도표 VII)을 참조하여 프로필 번호에 해당하는 세균을 찾는다. 아래 빈 칸에 미지의 세균의 이름을 기입하고 최종 결정을 위해 필요한 추가 시험의 리스트를 작성한다. 이들 시험을 위해 재료가 준비되어 있다면 시험을 수행한다.

	O 1	GLU 2	FRU 4	MNE 1	MAL 2	LAC 4	TRE 1	MAN 2	XLT 4	MEL 1	NIT 2	PAL 4	VP 1	RAF 2	XYL 4	SAC 1	MDG 2	NAG 4	ADH	URE	Lysost*
결과																					
프로필 숫자																					

그람염색		응고효소		추가정보	동정
형태		카탈라아제			

*Lysostaphin–lysostatin 내성을 제조사의 지시에 따라 별도의 시험으로 수행한다. 7자리 ID 번호를 결정하도록 포함된다.

포도상구균 동정: API Staph 체계 (계속)

	O 1	GLU 2	FRU 4	MNE 1	MAL 2	LAC 4	TRE 1	MAN 2	XLT 4	MEL 1	NIT 2	PAL 4	VP 1	RAF 2	XYL 4	SAC 1	MDG 2	NAG 4	ADH	URE	Lysost*
결과																					
프로필 숫자																					

				추가정보	동정
그람염색		응고효소			
형태		카탈라아제			

*Lysostaphin–lysostatin 내성을 제조사의 지시에 따라 별도의 시험으로 수행한다. 7자리 ID 번호를 결정하도록 포함된다.

B. 단답형 문제

1. 세균의 동정을 위한 다중시험 체계의 장점과 단점은 무엇인가?

2. API Staph 체계를 사용하기 전에 세균이 포도상구균이라는 것을 확인하기 위해서는 어떤 시험이 수행되어야 하는가?

3. *Staphylococcus aureus*를 포도상구균의 다른 종들과 구분할 수 있는 단일 시험은 무엇인가? 예상되는 결과는 무엇인가?

4. 도표화된 7자리 코드를 프로필 결정표(Profile Determination Table) (부록 D의 도표 VII)에서 찾을 수 없다면 그것이 그 세균배양체에 대해 시사하는 것은 무엇인가?

PART

10

다양성 및 환경 미생물학

© McGraw-Hill Education/Don Rubbelke, photographer

세균은 지구상에 서식하는 가장 다양한 생명체 중 하나이다. 세균은 바다 가장 깊은 곳의 화산 용출수에서부터, 이들 원핵생물의 대사활동에 따라 그 존재가 결정되는 동물과 곤충의 위장에서까지 거의 모든 환경생태적 지위를 차지하고 있다. 세균은 인간이 질병을 치료하기 위해 사용하는 항생제의 대부분을 생산하고 또한 환경에서 미네랄, 질소, 황 같은 원소들을 순환시키는 역할을 한다. 예를 들면, 세균은 공기 중의 질소를 고정하여 생체 분자를 합성하는데 이용하도록 생물권으로 돌려놓을 수 있는 유일한 생명체이다. 세균은 서로서로 독특한 관계로 존재할 수 있고 혹은 그들 자신과 같은 종류의 포식자가 되기도 한다.

앞으로의 실험은 세균의 다양성의 일면과 자연에서 맡는 역할을 보여준다. 이것은 항생제를 생산하는 방선균, 질소고정에 관여하는 세균, 혐기성 광합성 세균, 위노그라드스키 원통(Winogradsky column)으로 불리는 생태계 모델로 공부할 황산염-환원세균을 포함할 것이며, 또한 서로에 해를 주거나 이득을 줄 수 있는 세균이 형성하는 관계를 포함한다.

항생물질 생산균주의 분리: 스트렙토마이세스

EXERCISE **47**

Isolation of an Antibiotic Producer: The *Streptomyces*

학습목표

이 실험을 수행한 후 여러분은 다음의 사항을 알 수 있을 것이다.

1. 글리세롤 효모추출물 한천(glycerol yeast extract agar)을 이용하여 스트렙토마이세스(*Streptomyces*)를 농화 배양한다.
2. 분리한 균이 포도상구균(staphylococci) 생장을 억제하는 항생제를 생산하는 능력이 있는지 시험한다.

감염성 질병의 극복은 항생제의 발견 때문에 가능했다. 항생제는 미생물이 다른 미생물을 죽이거나 억제하기 위해 생산하는 물질이다. 감염을 치료하기 위해 사용되는 대부분의 항생제는 토양에 서식하는 미생물로부터 분리되었다. 예를 들면, 페니실린을 생산하는 균류인 페니실리움(*Penicillium*), 바시트라신을 생산하는 바실러스 섭틸리스(*Bacillus subtilis*), 500 종류의 이상의 항생제를 생산할 수 있는 스트렙토마이세스(*Streptomyces*)가 있다. 이 중요한 세균 그룹이 스트렙토마이신, 클로람페니콜, 네오마이신, 니스타틴, 테트라사이클린과 같은 광범위한 많은 항생제들을 생산한다.

*Streptomyces*는 균사체(mycelium)라고 하는 서로 얽힌 집합체를 형성하는 **균사**(hyphae)를 생산하기 때문에 진핵생물인 균류와 유사하다. 균사체는 콜로니(colony)를 구성하는 생장표면 위로 관과 같은 네트워크를 형성하고 또한 콜로니의 세포질 내용물을 가지고 있다. 균사체는 콜로니를 표면에 부착시키고 영양분을 흡수하여 콜로니 전체로 수송한다. 콜로니의 생장은 균사 정단(hyphal tip)이라고 하는, 콜로니의 가장자리에 위치한 신생의 균사 말단의 신장에 의해 이루어진다. *Streptomyces*의 생식은 콜로니 표면 위에 위치한 개별 균사가 **포자병**(sporophore)으로 특화될 때 이루어진다. 분절과 교차벽 생성 과정에 의해 포자병이 **분생자**(conidia)라고 하는 개별 포자로 분화하고 분생자는 퍼져 나가서 균사체를 형성하며 새로운 콜로니로 자란다. 스트렙토마이세스는 원핵세포 구조를 가지기 때문에 70S 리보솜에서 단백질을 합성하고 세포벽에 펩티도글리칸을 가지고 있는 원핵생물이다. 그들은 배지상에서 한천을 통과하는 촘촘한 '가죽 같은(leathery)' 콜로니를 형성한다. 이 세균은 토양의 독특한 '흙(earthy)' 냄새의 원인이 되는 지오스민(geosmin)과 같은 화합물도 생산한다.

항생물질 생산에서의 지대한 역할 이외에도, 스트렙토마이세스는 중요한 토양 미생물이다. 이들은 당, 알코올, 유기산, 탄수화물, 탄닌, 리그닌과 몇 방향성 화합물과 같은 아주 다양한 화합물을 분해할 수 있다. 이들은 효모 추출물이 보강된 글리세롤 같은 기질과 미네랄염이 있는 한천 위에 토양 시료를 멸균된 물로 희석하여 도말하면 분리할 수 있다. 녹말과 카제인도 분리를 위한 기질로 사용할 수 있다.

미생물이 생산하는 항생물질이 질병을 치료하는 데 모두 유용한 것은 아니다. 분리된 많은 항생제가 병원성 세균을 죽이기는 하지만 인간에게 사용하기에 너무 독성이 강한 것으로 입증되었다. 새로운 항생제에 대한 탐구는 끊임없는 노력이 요구되는데, 종종 스트렙토마이세스와 같은 토양 미생물을 분리하여 병원성 세균을 저해하는 물질을 생산하는 능력이 있는지 개별 균주를 스크리닝하는 것에서 출발한다. 만약 항생물질 생산균주를 발견한다면 그 저해 물질의 특성을 분석하고 환자에게 적용할 수 있는 유용한 임상 물질인지 결정하기 위해 검사해 볼 수 있다.

다음 실험에서는 토양 희석물을 글리세롤 효모추출물 한천배지(glycerol yeast extract agar)에 접종할 것이다. 이 배지는 스트렙토마이세스를 선택적으로 분리한다. 이 배양접시로부터 콜로니를 분리하여 새로운 배양접시에 그을 것이다. 분리균주가 자라면 검사할 세균을 교차로 그어서, 분리한 균주가 억제 물질을 생산하는지 결정할 것이다. 모든 분리균주가 항생물질을 생산하지는 않을 것이다. 필요하면 항생물질 생산 균주를 학생들

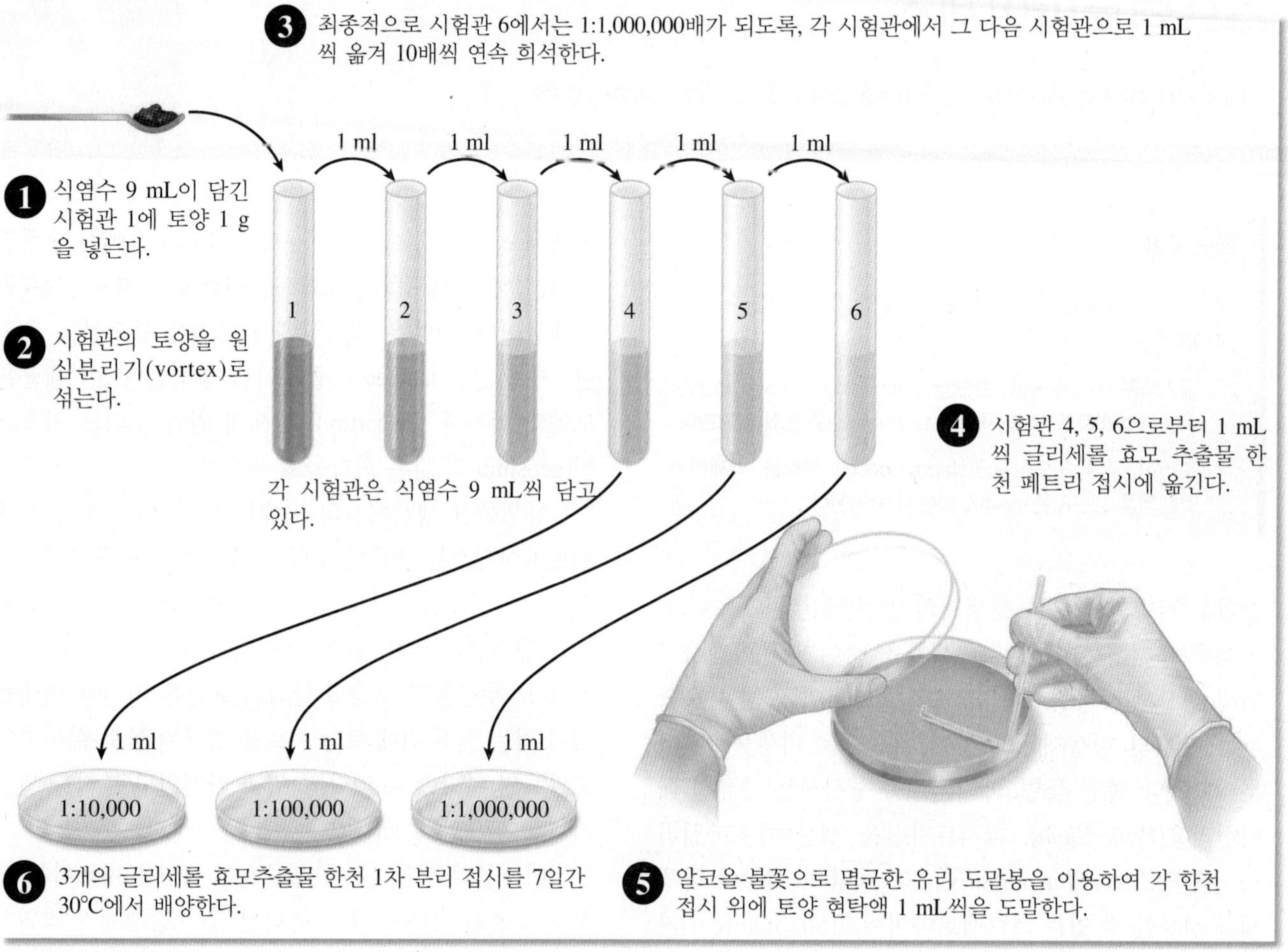

그림 47.1 항생물질 생산 스트렙토마이세스(*Streptomyces*)의 1차 분리.

이 공유할 수 있다.

1차 실험

(1차 분리)

토양 시료의 세균이 충분히 희석되지 않는다면 잠재적 항생제 생산균주의 분리는 거의 불가능하다. 그림 47.1에서 지시한 대로, 토양을 최종 10^{-6}으로 희석하기 위해 6개의 희석 튜브를 연속적으로 이용해야 한다. 다음과 같이 진행한다.

재료

학생 2명당

- 큰 시험관 6개
- 생리 식염수 용액 1병
- 40 μg/mL 시클로헥사미드(cycloheximide)가 첨가된 글리세롤 효모추출물 한천 페트리 접시 3개
- 비이커에 담근 알코올
- 1–mL 피펫 6개
- 10–mL 피펫 1개

1. 6개의 시험관에 1에서 6까지 표지한 후에, 10 mL 피펫으로 식염수를 각 시험관에 9 mL씩 넣는다.
2. 토양 1 g을 재어서 시험관 1에 넣는다.
3. 토양이 시험관 전체에 골고루 퍼지도록 원심분리기로 섞는다.
4. 각 시험관에서 그 다음 시험관에 1 mL씩 옮겨 10배씩 시험관 6까지 희석한다. 옮길 때마다 새 피펫을 사용하고, 옮기기 전에는 피펫으로 섞어준다.
5. 페트리 접시 3개에 이름과 희석률을 표시한다.

6. 마지막 3개의 시험관에서 1 mL씩 글리세롤 효모추출물 한천 접시로 옮긴다.
7. 매번 알코올 불꽃으로 멸균시킨 L-모양 유리 도말봉으로 각 접시의 한천표면 위로 도말한다. 사용하기 전에는 도말봉을 꼭 식힌다.

주의

알코올 불꽃을 알코올이 담긴 비이커로부터 멀리한다. 알코올은 인화하기 쉽다. 사용이 끝난 유리 도말봉은 불꽃으로 멸균한다.

8. 접시를 7일간 30°C에서 배양한다.

2차 실험

(콜로니 선택과 접종)

이번 실험의 목표는 포자 때문에 가죽처럼 보이는 스트렙토마이세스 콜로니들을 선택하는 것이다. 이들 콜로니는 하얗거나 색깔을 띨 수 있다(그림 47.2). 이 콜로니들은 스타필로코커스 에피더미디스(*Staphylococcus epidermidis*)를 접종한 trypticase soy 한천 접시 위에 도말할 것이다. 배양 후에, 항생작용을 하는지 관찰할 것이다. 학생들은 짝지어 계속 실험한다. 그림 47.3에 과정이 나타나 있다.

그림 47.2 글리세롤 효모추출물 한천 위의 *Streptomycete* 콜로니(흰색-회색).

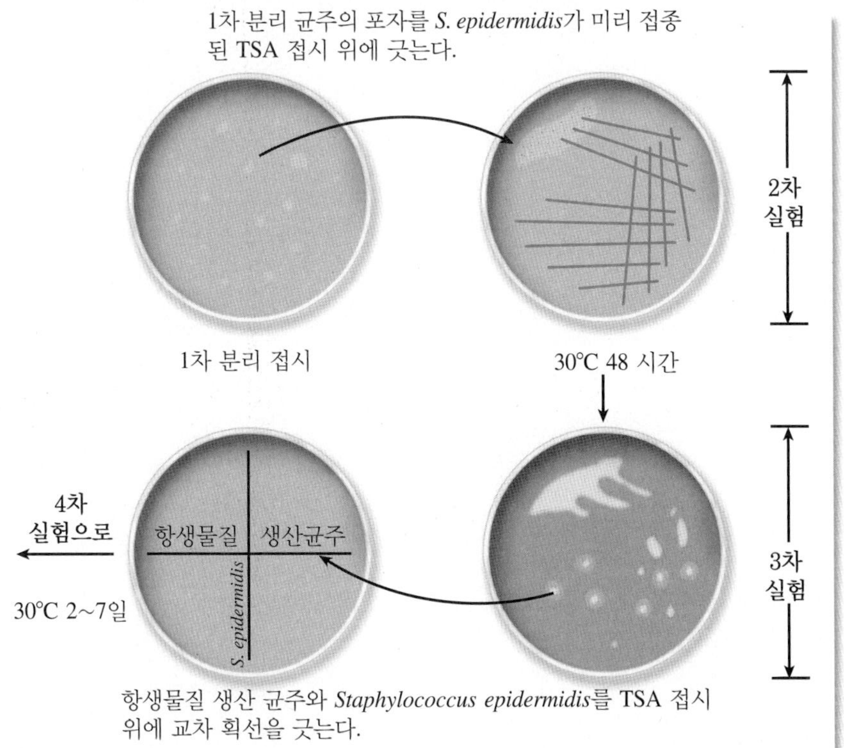

그림 47.3 2차-, 3차-단계 접종.

재료

학생 2명당

- (액체화한) trypticase soy 한천 4개
- 멸균한 페트리 접시 4개
- *S. epidermidis*의 TSB 배양액
- 1 mL 피펫
- 이전 단계로부터 1차 분리 접시 3개
- 항온 수조(50°C)

1. 4개의 trypticase soy 한천을 고체화되지 않게 항온 수조(50°C)에 두고 *S. epidermidis* 1 mL 씩을 각각 접종한다.
2. 이름과 날짜를 페트리 접시에 표지한다.
3. 접종한 각 시험관의 내용물을 페트리 접시에 붓는다. 한천이 식어서 고체화되도록 둔다.
4. 3개의 1차 분리 접시에서 스트렙토마이세스 콜로니가 있는지 검토한다. 담당교수가 콜로니 선택을 도와줄 것이다.
5. 멸균된 접종용 침(needle)으로 1차 분리 접시 위의 스트렙토마이세스 콜로니로부터 포자를 긁어서 미리 세균이 깔린 TSA 접시 위로 접종한다. 4개의 접시 각각에서 다른 콜로니를 접종한다.
6. 다음 실험까지 30°C에서 배양한다.

3차, 4차 실험

(항생작용 증거와 확인)

지난 단계에서 그어둔 4개의 접시를 관찰한다. 만약 스트렙토마이세스 콜로니의 항생물질 생산(*S. epidermidis* 생장 억제)의 증거를 관찰한다면, 결과를 확인하기 위해 다음과 같이 한다.

재료

- trypticase soy 한천 페트리 접시 1개
- *S. epidermidis* TSB 배양

항생작용이 있다면 그림 47.3에서 보는 바와 같이 TSA 접시에 두 개의 획선을 긋는다. 멸균된 접종용 침을 이용하여 먼저 스트렙토마이세스 포자로부터 직선으로 획선을 긋는다. *S. epidermidis* 배양으로부터 세균을 교차 획선으로 긋는다. 다음 단계까지 30°C에서 배양한다.

실험 보고서

4차 실험 단계 동안에 교차 획선을 그은 접시를 조사한 후에 결과를 실험 보고서 47에 기록하고 모든 질문에 답한다.

실험 보고서 47

이름: ____________________

날짜: ________ Section: ____________________

실험 47. 항생물질 생산균주의 분리: 스트렙토마이세스

A. 결과

1. 한천 접시 위의 스트렙토마이세스 같은 콜로니를 묘사하시오. 그림으로 그려도 된다.

2. 혼합 평판(pour plate) 상에 항생작용의 증거가 있는가?

3. 혼합 평판 상의 항생작용을 묘사하시오. 그림으로 그려도 된다.

4. 전체 반 중에서 얼마나 많은 스트렙토마이세스 분리균주가 항생작용을 보였는가?

5. 교차 획선 평판으로 결과를 확인하였는가?

B. 단답형 문제

1. 미생물의 항생물질 생산이 자연에서 하는 역할은 무엇인가?

2. 항생작용 화합물이 항생물질을 생산하는 미생물에는 왜 해롭지 않은가?

3. 어떤 유형의 미생물이 항생물질을 생산하는 것으로 알려져 있는가?

4. 무슨 이유로 *S. aureus*가 아니라 *S. epidermidis*를 시험균으로 선택하였는가?

5. 항생물질 생산 세균을 선택적으로 분리하기 위해 어떤 배지가 사용되는가?

질소 순환: 암모니아화

Nitrogen Cycle: Ammonification

EXERCISE **48**

학습목표

이 실험을 수행한 후 여러분은 다음의 사항을 알 수 있을 것이다.

1. 질소 순환의 각 부분, 암모니아화, 질소화, 탈질화, 질소고정에 대해 기술한다.
2. 암모니아화를 수행하는 세균을 배양하여 암모니아의 배출을 검사한다.

질소 순환

질소는 모든 생명체의 생장을 위해 필요하다. 질소는 세포 단백질의 구성성분인 아미노산이나 세포의 유전물질을 구성하는 뉴클레오티드 염기에 존재한다. 또한 질소는 조효소로 작용하는 비타민에 존재하기도 하다. 생물권(biosphere)에 분포하는 대부분의 질소는 쉽게 순환하지 못하는 암석의 형태로 존재하기 때문에 생명체가 쉽게 이용할 수 없다. 또한 질소는 열역학적으로 안정한 기체로 대기의 78%를 차지한다. 질소는 토양과 물속에서 여러 산화상태로 존재할 수 있다. 질소의 이런 형태들은 미생물의 대사능력에 의해 배타적으로 상호 변환된다. 질소의 여러 변환이 **질소 순환**(nitrogen cycle)의 일부를 차지하며(그림 48.1), 이것에 의해 환경의 질소가 지속적으로 순환한다. 이 과정들은 암모니아화(ammonification), 질소화(nitrification), 탈질화(denitrification), 질소고정(nitrogen fixation)이다.

$$\text{아미노산} \xrightarrow{\text{많은 세균}} \text{암모니아}$$

암모니아화(ammonification) 생명체가 죽으면 그들의 사체는 토양 속에서 여러 미생물에 의해 분해된다. 단백질은 단백질분해효소에 의해 분해되어 아미노산을 유리시키고 아미노산의 아미노기는 탈아미노화되어서 암모니아를 발생시킨다. 또한 핵산도 분해되어 암모니아를 발생하며 요산(uric acid) 같은 동물 노폐물은 분해되어 암모니아를 발생한다. 토양에서의 암모니아 생성 과정을 암모니아화라고 한다. 세균과 식물은 암모니아를 동화시켜 생장에 필요한 단백질과 핵산을 합성한다. 다양한 세균이 토양에서 암모니아화를 수행하는데 이들은 바실러스(*Bacillus*), 슈도모나스(*Pseudomonas*), 그리고 다른 종류의 많은 세균이다.

$$\underset{\text{암모늄 이온}}{NH_4^+} \xrightarrow{\textit{Nitrosomonas}} \underset{\text{아질산 이온}}{NO_2^-} \xrightarrow{\textit{Nitrobacter}} \underset{\text{질산 이온}}{NO_3^-}$$

질산화(nitrification) 토양에서 암모니아는 **질산화**라고 하는 호기성 과정을 통해 질산화 세균에 의해 질산(nitrates)과 아질산(nitrites)으로 산화된다. 이들 세균은 탄소 요구를 충족시킬 이산화탄소 고정에 필요한 에너지를 암모니아와 아질산의 산화로부터 얻는 **화학무기영양 세균**(chemolithotrophic bacteria)이다. 나이트로소모나스(*Nitrosomonas*)는 암모니아를 아질산으로 산화시키고, 그 결과 생성된 아질산은 나이트로박터(*Nitrobacter*)에 의해 질산으로 산화되어 토양의 질산화 과정이 완성된다. 질산과 아질산은 식물에 의해 질소원으로 이용될 수 있으므로 이런 세균들은 토양의 비옥화에 매우 중요한 역할을 한다. 농부들은 토양을 갈아엎음으로써 질산화가 잘 되는 호기성 상태를 만들어주어 질산화 세균의 대사능력을 선택적으로 이용한다.

$$\underset{\text{질산 이온}}{NO_3^-} \rightarrow \underset{\text{아질산 이온}}{NO_2^-} \rightarrow \underset{\text{산화 질소}}{NO} \rightarrow \underset{\text{이산화 질소}}{N_2O} \rightarrow \underset{\text{이질소}}{N_2}$$

탈질화(denitrification) *Paracoccus denitrificans*와 슈도모나스(*Pseudomonas*) 같은 혐기성 세균은 질산을 최종 전자수용체로 이용하여 무산소 호흡(질산 호흡)을 수행

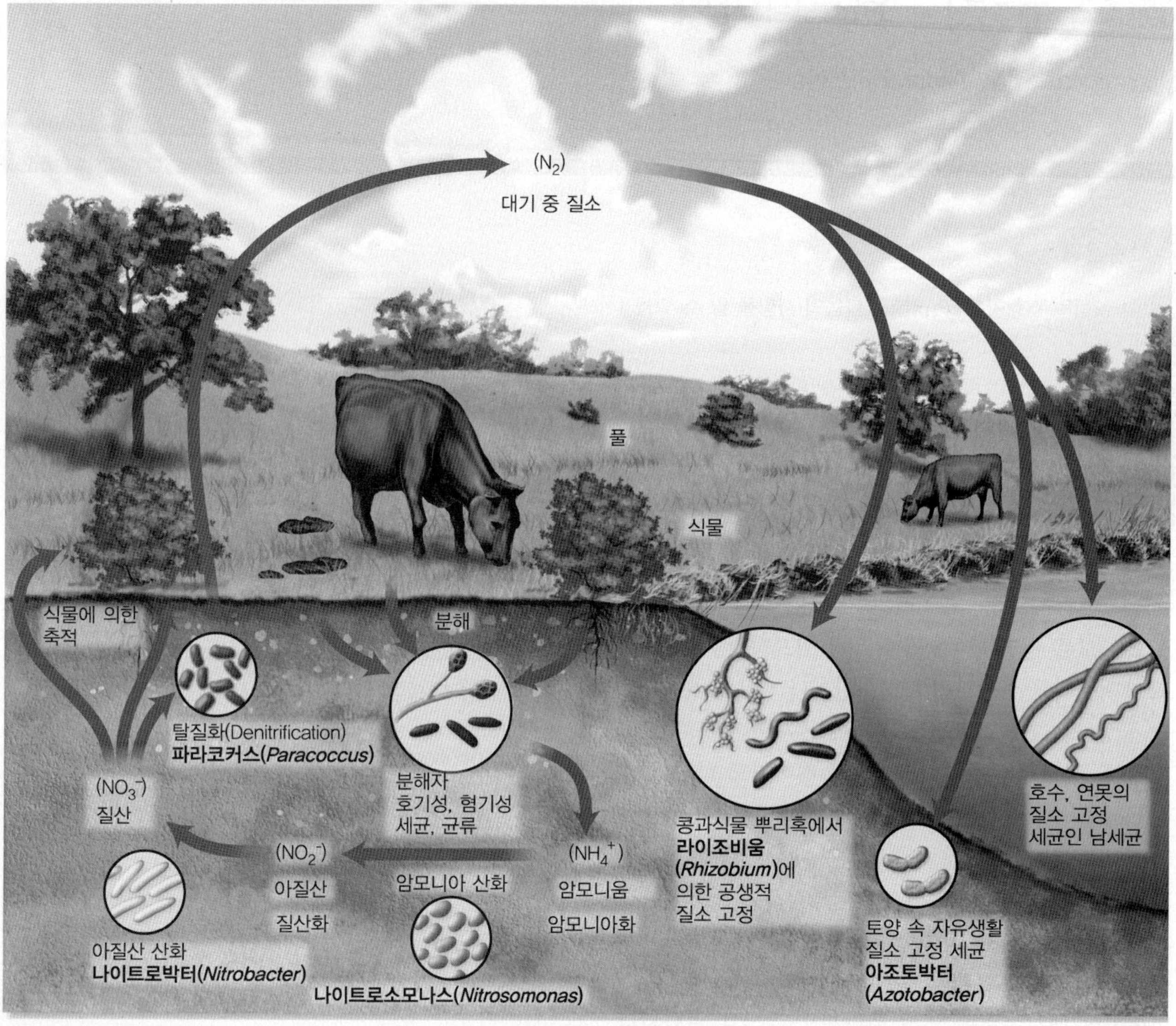

그림 48.1 질소 순환.

한다. 탈질화라고 부르는 이 과정에서 질산은 일련의 과정을 통해 질소 기체로 환원되어 대기로 방출된다. 탈질화는 혐기성 상태인 습지 토양에서 일어나며 이것은 농부들이 작물에 준 질소 비료의 상당한 손실을 초래할 수 있다. 이 과정은 어류와 야생 생물에게 독성이 있는 질산과 아질산을 자연수로 방류하는 것을 막기 때문에 폐수 처리 공정에서 의도적으로 추진된다. 탈질화는 질소 순환에서 중요한 요소 중 하나인데 그 이유는 탈질화가 대기 중의 질소가 소실되는 것을 막아 질소 순환이 지속적으로 유지되게 해 주기 때문이다. 세균은 탈질화를 수행할 수 있는 유일한 생명체이다.

질소고정(nitrogen fixation) 질소 기체의 암모니아로의 변환을 질소고정이라 하며 이 과정은 오직 원핵생물에서만 가능하다. 이 과정은 질소의 3중 결합을 깨기 위해 상당한 양의 에너지와 환원력이 필요하다. 이것은 복합 효소인 **질소고정효소**(nitrogenase)에 의해 이루어지며 이 효소는 철과 몰리브덴을 필요로 한다. 두 그룹의 원핵생물이 질소고정을 할 수 있다: (1) 아조토박터(*Azotobacter*), 클로스트리디움(*Clostridium*), 섬유상 남세균으로 대표되는 자유생활(free-living) 질소고정 세균

; 그리고 (2) 라이조비움(*Rhizobium*)으로 대표되는 공생 질소고정 세균. 자유 생활 질소고정 세균은 토양과 물에서 살며 세균의 세포 물질이 되는 질소를 고정한다. 라이조비움은 알팔파, 클로버, 땅콩 같은 콩과식물과 **공생**(symbiotic) 관계로 살아간다. 이 세균은 이런 식물들의 뿌리혹에 존재하며 질소를 고정하면 식물이 이를 영양분으로 사용할 목적으로 이용한다. 식물은 세균에게 양분 및 질소고정을 할 수 있는 뿌리혹 환경을 제공한다. 공생 질소고정이 자연계에서 고정되는 질소의 대부분을 차지한다.

다음 실험들에서 질소 순환에서 암모니아화, 질소고정과 탈질화에 관여하는 미생물을 분리하고 그것들에 대해 학습할 것이다. 질산화 세균은 생장하는 너무 오래 걸리기 때문에 포함하지 않았다.

암모니아화

암모니아화(ammonification)는 단백질, 핵산, 질소 노폐물 같은 생체 분자로부터 암모니아가 생성되는 과정이다. 이 작용은 주로 토양에서 죽은 동식물과 그들의 노폐물 분해 결과로서 일어난다. 이 작용은 서로 다른 다양한 토양 미생물과 바실러스, 클로스트리디움, 슈도모나스 같은 세균에 의해 일어나고 이런 것들은 암모니아화 과정에서 중요한 역할을 한다. 이 미생물들은 단백질과 핵산을 아미노산과 뉴클레오티드로 분해하는 단백질분해효소와 핵산분해효소를 만들어낸다. 이 분해산물들은 더 분해되어 탄소 중간 산물과 암모니아가 된다. 요소와 요산 같은 질소 노폐물 또한 분해되어 암모니아를 만든다. 암모니아는 대부분의 식물과 세균에 의해 흡수되어 새로운 단백질과 핵산을 만든다. 흔한 토양세균인 나이트로소모나스는 질산화 과정에서 암모니아를 산화시켜 에너지를 얻는다.

이번 실험에서는 토양을 펩톤 액체배지에 접종하여 암모니아화를 수행해 볼 것이다. 며칠 동안 배양한 뒤에 배양액을 Nessler's 시약으로 검사하여 암모니아의 존재를 확인할 것이고, 암모니아화를 일으키는 세균들은 그람염색을 실시하여 관찰할 것이다.

1차 실험

(접종)

재료

- 펩톤 액체배지 2개
- 정원의 토양

1. 펩톤 액체배지 시험관 1개에 소량의 토양을 접종한다. 다른 시험관은 대조군으로 둔다.
2. 시험관을 3~4일 그리고 7일 동안 실온에서 배양한다.

2차, 3차 실험

(암모니아 검출)

3~4일 후 암모니아 검출을 위해 다음의 과정대로 실험한다. 총 7일 동안 배양하고 나서도 똑같은 실험을 반복한다.

재료

- Nessler's 시약
- 브로모티몰 블루 pH 지시약, spot 접시

1. 2개의 접시에 **Nessler's 시약**을 떨어뜨린다.
2. 토양이 접종된 펩톤 배양액을 한 개의 접시에 붓고, 다른 접시에는 배양하지 않은 것을 붓는다. 다음 방법으로 암모니아의 존재를 확인한다.
   옅은 노란색 - 적은 양의 암모니아
   짙은 노란색 - 조금 더 많은 양의 암모니아
   갈색 침전 - 아주 많은 양의 암모니아
3. 그람염색을 준비한다. 어떤 종류의 세균이 있는가?

실험 보고서

실험 보고서 48에 결과를 기록한다.

실험 보고서 48

이름: ____________________

날짜: ________ Section: ____________________

실험 48. 질소 순환: 암모니아화

A. 결과

배양액 시험관의 암모니아 존재 여부를 기록하시오.

+ 적은 양의 암모니아(옅은 노란색)
++ 중간 정도의 암모니아(짙은 노란색)
+++ 많은 양의 암모니아(갈색 침전)
− 암모니아화가 일어나지 않음

배양 시간	암모니아 양	
	대조군	토양이 든 펩톤
4일		
7일		

B. 단답형 문제

1. 왜 모든 생명체는 질소 공급원을 필요로 하는가?

____

____

2. 다음 과정동안에 이용되고 생성되는 질소 함유 화합물들을 구분하시오.

a. 암모니아화

____

b. 질산화

____

c. 탈질화

____

d. 질소고정

____

3. 암모니아화를 위해서 어떤 물질이 암모니아 공급원인가?

4. 토양에서 암모니아화, 질산화, 탈질화, 질소고정을 수행하는 미생물을 설명하시오.

5. 하수 처리 식물에서 탈질화의 마지막 산물은 무엇인가?

6. 원핵생물에서 N_2를 NH_3로 바꾸어 주는 효소는 무엇인가?

7. 공생 질소고정 세균은 어떤 종류의 식물과 같이 사는가?

EXERCISE 49

공생적 질소고정: 라이조비움

Symbiotic Nitrogen Fixation: *Rhizobium*

학습목표

이 실험을 수행한 후 여러분은 다음의 사항을 알 수 있을 것이다.

1. 세균과 콩과식물 간의 공생관계와 이 공생이 어떻게 질소고정을 일으키는지를 이해한다.
2. 이 공생 관계가 토양의 비옥해짐과 농작물 생산에 중요한 이유를 이해한다.
3. 콩과식물의 뿌리혹으로부터 박테로이드를 분리하고, 염색하여 관찰한다.

세균과 식물 사이에 경제적으로 가장 중요한 관계 중의 하나는 그람음성 세균인 라이조비움(*Rhizobium*), 브래디라이조비움(*Bradyrhizobium*), 시노라이조비움(*Sinorhizobium*), 메조라이조비움(*Mesorhizobium*), 아조라이조비움(*Azorhizobium*)과 클로버, 완두콩, 땅콩, 알팔파와 같은 콩과식물 사이의 공생관계이다. 보통 이런 세균들은 토양에서 토양 미생물상(microflora)으로 존재한다. 그러나 이 세균들은 콩과식물로 유인되어 공생관계를 이룬다. 세균과 콩과식물 간의 관계는 특정한 한 종의 세균만이 특정한 한 식물에 감염한다는 점에서 특이적이다. 예를 들어, 라이조비움 트리폴리(*Rhizobium trifolii*)는 클로버에만 감염한다. 감염과정은 세균이 식물의 뿌리털에 결합하면서 시작된다. 결합은 라이조비움과 브래디라이조비움에서 발견되는 **리카데신**(ricadhecin)이라고 하는 단백질에 의해 촉진된다. 이 단백질은 뿌리털에서 칼슘 복합체에 결합하는 것으로 생각된다. 탄수화물에 결합하는 **렉틴**(lectin)과 같은 다른 결합인자도 어떤 역할을 할 수 있지만, 리카데신처럼 중요하지는 않다. 일단 뿌리털에 결합하면 세균은 **감염사**(infection thread)로 더 깊은 뿌리 조직으로 침투한다. 이 과정은 복잡한 과정으로 결국 뿌리혹이라고 하는 작은 종양처럼 생긴 구조를 생성한다. 뿌리혹에서 세균은 식물의 세포막으로 둘러싸이게 되고 **공생체**(symbiosome)라고 하는 구조를 만든다. 공생체는 질소고정이 일어나기 전에 반드시 형성되어야 한다.

뿌리혹 안에서 세균은 분열하도록 자극받고, 세포벽 성분을 잃어버리기 때문에 **박테로이드**(bacteroid)(그림 49.1)라고 하는 다형태성의 방망이 모양의 세포를 만든다. 박테로이드는 질소고정효소를 합성하기 시작하고, 질소 기체를 고정한다. 그러나 질소고정효소는 산소가 존재할 경우 비가역적으로 변성되고 라이조비움은 질소고정을 하기 위해서 산소를 필요로 한다. 이 딜레마는 뿌리혹에서 식물과 세균 모두의 생합성 산물인 **레그헤모글로빈**(leghemoglobin)이라고 하는 색소를 통해 미호기성 상태를 만들어 해결한다. 레그헤모글빈은 산소를 조절해주는데 산소에 민감한 질소고정효소를 보호하는 동시에 박테로이드의 대사를 위한 충분한 산소를 공급한다. 이 색소는 또한 뿌리혹이 분홍색으로 보이게 한다.

이 공생 관계에서, 식물은 탄수화물을 제공하여 박테로이드가 질소고정에 필요한 ATP와 환원력을 만들게 하며, 질소고정에서 생긴 암모니아는 식물에서 생합성에 쓰이게 된다. 이런 세균을 가지는 식물들은 화학비료가 필요 없다. 수세기 동안 알팔파 같은 작물은 식용작물들과 번갈아가며 재배되었는데, 이렇게 함으로써 토

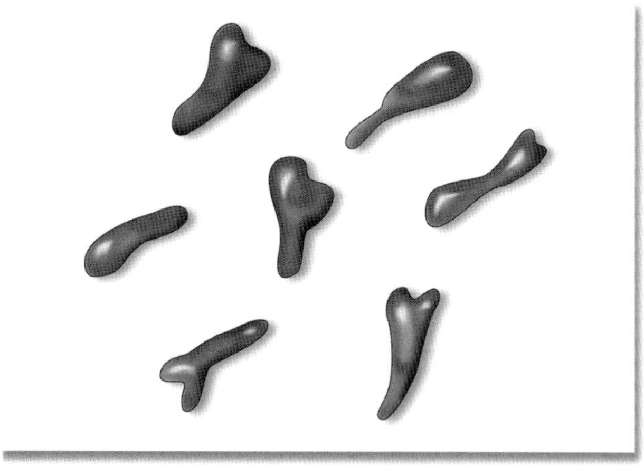

그림 49.1 뿌리혹 박테로이드의 다형태성 모양.

4. 질소고정에 필요한 미호기성(microaerophilic) 조건은 식물과 세균이 합쳐서 무슨 화합물을 합성하기 때문에 만들어질 수 있는가?

5. 뿌리혹 속에서 발견되는 다형태성의 세균 세포를 무엇이라 하는가? 세균의 어떤 구성물이 파괴되면 다형태성이 생기는가?

자유생활 질소고정: 아조토박터

Free-Living Nitrogen Fixation: *Azotobacter*

EXERCISE 50

학습목표

이 실험을 수행한 후 여러분은 다음의 사항을 알 수 있을 것이다.

1. 자유생활 질소고정 세균 아조토박터가 어떻게 질소고정을 수행하는지 이해한다.
2. 아조토박터를 분리하기 위해 질소가 없는 농화배지를 사용한다.
3. 색소 생성, 운동성, 포낭(cyst) 형성을 이용하여 분리균주를 부분적으로 특징짓는다.

자유생활 질소고정을 하는 세균은 1901년 독일의 미생물학자 베이에링크(M.W. Beijerinck)에 의해 처음 기술되었다. 베이에링크는 토양을 **농화배지**(enrichment culture)에 접종하였는데, 농화배지는 포도당과 무기염으로 이루어져 있고 대기 중 질소를 빼고는 어떤 질소 함유물도 포함하고 있지 않다. 그는 플라스크의 바닥의 얇은 층에 배양을 했는데, 이는 호기성 질소고정 세균을 선별하기 위한 것이었다. 이 배양액에서 그는 아조토박터(*Azotobacter*)의 특징을 가진 세균 세포를 발견하였다. 베이에링크가 첫 번째로 아조토박터를 발견한 이후 여러 다른 종류의 호기성, 자유생활형 질소고정 세균들이 발견되었다. 이것들에는 아조모나스(*Azomonas*), 아조스피릴룸(*Azospirillum*), 베이에링키아(*Beijerinckia*) 등이 있다.

이 세균들은 절대 호기성이지만 그들이 수행하는 과정은 산소가 있을 때 저해되기 때문에 흥미를 끈다. 질소고정효소(nitrogenase)는 질소를 고정하는 효소이다. 이 효소는 두 개의 단백질 구성 요소로 이루어져 있다.

구성 요소 I — **dinitrogenase**는 몰리브덴과 철을 가지고 있으며 질소와 반응하는 구성요소이다.

구성 요소 II — **dinitrogenase reductase**는 철을 가지고 있고 질소 기체를 환원시켜 암모니아를 형성한다.

이 효소는 산소에 의해 비가역적으로 변성되고, 따라서 무산소 환경에서 기능해야 한다. 실제로, 아조토박터 같은 호기성 세균의 질소고정효소는 혐기성 질소고정 세균의 질소고정효소처럼 산소에 민감하다.

어떻게 산소가 있을 때 아조토박터가 산소에 민감한 질소고정 효소를 보호하고 질소고정을 하는지에 대한 3개의 가설이 있다:

호흡적 보호(respiratory protection). 아조토박터는 가장 높은 호흡률을 가진 생명체 중 하나인데 심지어는 엄청나게 호기성인 뇌 조직보다도 더 높다. 그래서 굉장히 빠른 산소의 사용이 세포 안의 산소가 질소고정효소와 접촉하고 저해하는 것을 막는다고 생각되고 있다.

형태 보호(conformational protection). 아조토박터 안에 있는 질소고정효소가 우연히 산소와 접촉하게 된다면, 이 효소는 세포 안의 특정 단백질과 결합하여 입체구조를 바꾸게 되고, 이것이 산소에 민감한 부위의 노출을 막아 산소와 접촉하는 것을 막는다.

점액질층 형성(production of slime layer). 아조토박터가 자라면서 세포 밖에 다당류 점액을 만든다. 이 점액질층이 너무 많은 양의 산소가 세포 안으로 들어오는 것을 막아서 질소고정효소와 작용하는 것을 막는다고 주장되어왔다.

질소가 없는 무기염과 만니톨 같은 탄소원을 사용하는 농화배지에서 아조토박터 종들이 보통 주를 이룬다. 이것들은 크고, 그람음성이며, 모양은 막대모양이거나 구형 또는 화살촉 모양의 쌍이다. 많은 아조토박터 종들이 **포낭**(cyst)이라고 하는 휴지기를 가진다. 이 포낭들은 건조한 환경과 자외선, 이온화 방사선에 저항을 나타낸다는 점에서 내생포자와 비슷하다. 내생포자와 마찬가지로 호흡률이 낮다. 그러나, 포낭은 열에 저항성이 없고 몇몇 탄소원으로 활발히 대사할 수 있다는 점에서 내생포자와 다르다. 아조토박터의 여러 종을 구별시켜 주는 또 다른 특징은 아주 짙은 색에서부터 형광색의 황

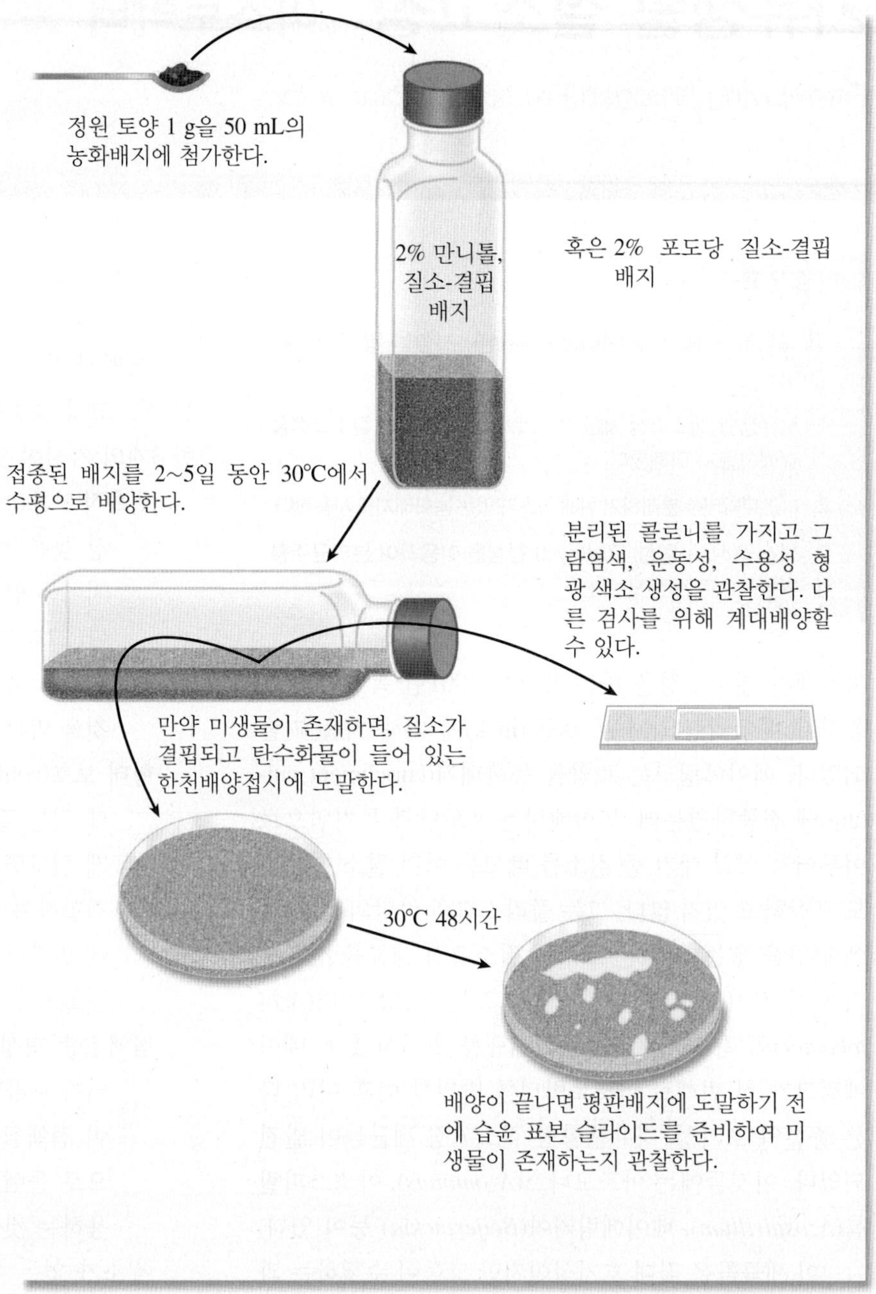

그림 50.1 아조토박터(*Azotobacter*)와 아조모나스(*Azomonas*)의 농화배양과 분리 과정.

록색 색소를 만든다는 점이다.

다음 실험에서 질소가 없는 무기염과 2% 만니톨 또는 2% 포도당을 사용하여 토양을 농화배양할 것이다. 다른 탄소원을 사용하면 종종 다른 종의 아조토박터를 얻을 수 있다. 이 배지로부터 아조토박터를 분리하여 관찰하고 그람염색도 할 것이다. 또한 포낭과 색소를 만드는지 확인하기 위해 좀 더 오랜 시간 동안 배양도 할 것이다.

재료

- 정원 토양
- 질소가 없는 무기염에 2% 만니톨 또는 2% 포도당을 첨가한 액체배지
- 옆으로 넓적한 병
- 슬라이드와 커버 글라스
- 그람염색 시약
- 1 mL의 멸균된 생리 식염수가 든 시험관

1. 0.1 g의 신선한 토양을 2% 만니톨 또는 2% 포도당

과 무기염이 첨가된 질소 결핍 배양액이 든 넓적 병에 접종한다. 병을 흔들어서 토양을 퍼지게 하고, 2~5일간 실온에서 흔들지 않고 배양한다. 병마개를 조금 열어놓아 공기와 접촉할 수 있게 한다(그림 50.1).

2. 배양액을 관찰한다. 특히 배양액의 표면에 세균 증식이 있는 얇은 필름을 살펴본다. 습윤 표본(wet mount)을 준비하고 위상차 현미경으로 관찰한다. 커다란 타원형이나 막대모양의 세포가 있으면 기록한다. 구형이거나 쌍으로 나타날 수도 있다. 배양액에 다른 종류의 세균이 있는가?
3. 처음 농화배지에서와 같은 탄소원과 무기염이 들어 있는 질소 결핍 배양접시에 배양액을 도말하고 48시간동안 실온에서 배양한다.
4. 평판배지에서 콜로니를 관찰한다. 크고 반투명한 점액성의 콜로니를 찾는다. 습윤 표본을 준비하고 위상차 현미경으로 관찰한다. 다른 탄소원을 사용한 학생들의 결과와 비교해 본다. 습윤 표본의 세포들이 같아 보이는가, 혹은 달라 보이는가? 그람염색을 준비한다.
5. 한 개의 점액성 콜로니를 1 mL의 멸균된 식염수가 든 시험관에 옮기고 흔들어준다. 처음 농화배지에서와 같은 탄소원과 무기염이 들어 있는 질소 결핍 액체배지 플라스크에 접종하고 실온에서 적어도 2주간 배양한다. 또한 탄소원과 무기염이 있는 질소 결핍 사면배지에도 접종한다.
6. 배양액을 2주 동안 주기적으로 관찰한다. 세포 모양에 어떤 변화가 일어났는가? 포낭이 생겼는가? 다른 탄소원의 배양액과 차이가 있는가?
7. 사면배지 배양에서 색소가 만들어졌는가? 만약 그렇다면 색소의 색깔은 무엇인가? 표 50.1의 내용과 비교해 보라. 표의 내용에 근거하여 여러분의 세균

표 50.1 Azotobacteraceae의 특징들

							수용성 색소			
		포낭	운동성	긴 섬유	암갈색	암갈색에서 적자색	적자색	녹색	황록색 형광	청백색 형광
Azotobacter	*A. chroococcum*	+	+	−	−	−	−	−	−	−
	A. vinelandii	+	+	−	−	−	d	d	+	−
	A. beijerinckii	+	−	−	−	−	−	−	−	−
	A. nigricans	+	−	−	d	+	d	−	−	−
	A. armeniacus	+	+	−	−	+	+	−	−	−
	A. paspali	+	+	+	−	−	+	−	+	−
Azomonas	*A. agilis*	−	+	−	−	−	−	−	+	+
	A. insignis	−	+	−	d[1]	−	d	−	d	−
	A. macrocytogenes	−	+	−	−	−	−	−	d	d

d = 11–89% positive
d[1] = 11–89% positive on benzoate
출처: From Bergey's Manual of Systematic Biology, volume 1, section 4. Reprinted by permission.

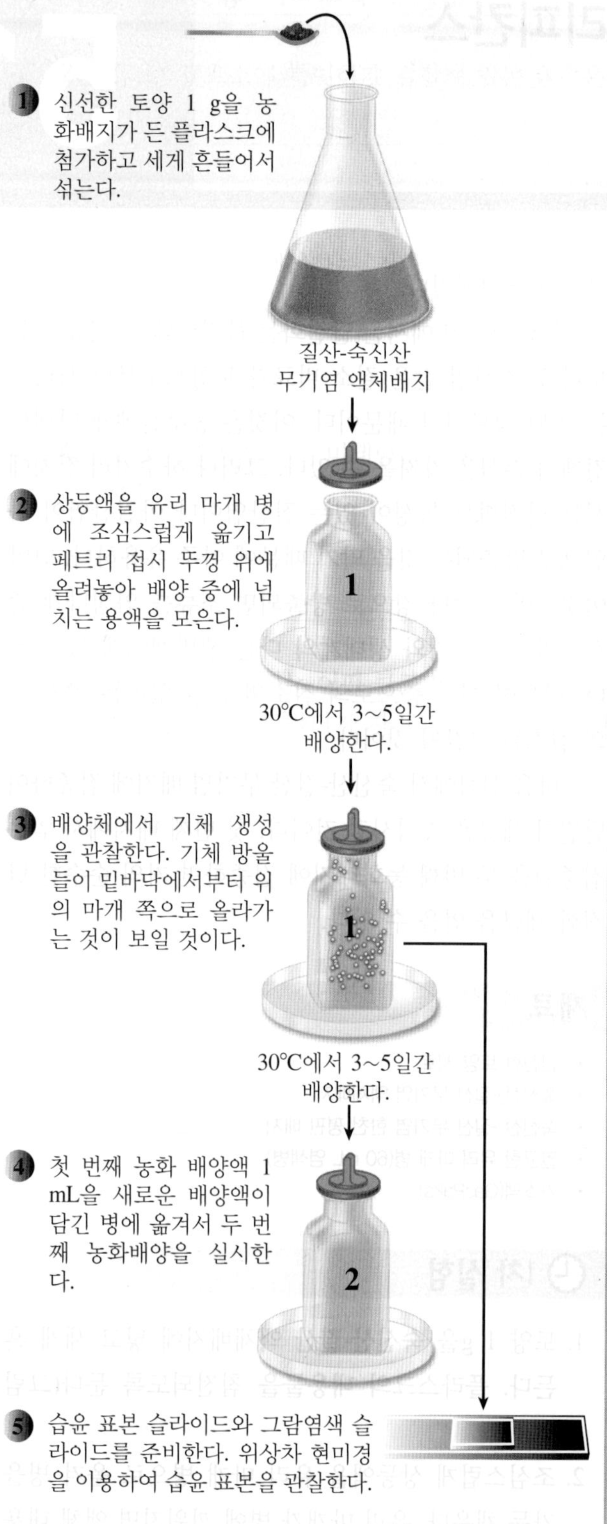

그림 51.1 토양 시료로부터 파라코커스 디나이트리피칸스(*Paracoccus denitrificans*)의 배양 과정.

2차 실험

1. 배양액에 기체가 있는지 확인한다. 질소 기체의 흐름은 종종 병의 바닥으로부터 꼭대기까지 올라가는 것이 보이기도 한다(그림 51.1). 충분한 질소가 생산되었다면 배지를 밀어내어서 유리 마개가 병에서 이탈되게 한다.
2. 배양체를 그램염색할 준비를 한다. 어떤 종류의 세균이 있는가? 파라코커스(*Paracoccus*)는 짧고, 그람음성의 막대모양이다.
3. 첫 번째 농화배양으로부터 1 mL의 배양액을 멸균 유리 마개 병에 무균상태로 옮겨 두 번째 농화배양을 준비한다. 병을 이전 과정과 같이 채우고 공기가 마개와 배지 사이에 스며들지 않게 한다(그림 51.1).
4. 페트리 접시 바닥이나 뚜껑 위에 병을 놓고 다음 실험 때까지 30°C에서 배양한다.

3차 실험

1. 배양액에 질소 기체가 생겼는가? 그람염색과 습윤 표본을 준비한다. 무엇을 발견하였는가? 세포들이 그람음성의 짧은 막대기 모양인가? 세포들이 운동성이 있는가?
2. 두 번째 농화배양체를 숙신산-질산 무기염 한천 평판 배지에 도말한다. 평판 배지를 가스팩에서 30°C로 다음 실험까지 배양한다(그림 51.2).

4차 실험

1. 평판 배지 위의 콜로니를 묘사한다. 파라코커스는 작은 흰색의 콜로니를 만든다.
2. 그람염색을 준비한다. 세포들이 그람음성의 짧은 막대 모양인가?
3. 관찰한 모든 것을 실험 보고서 51에 기록한다.

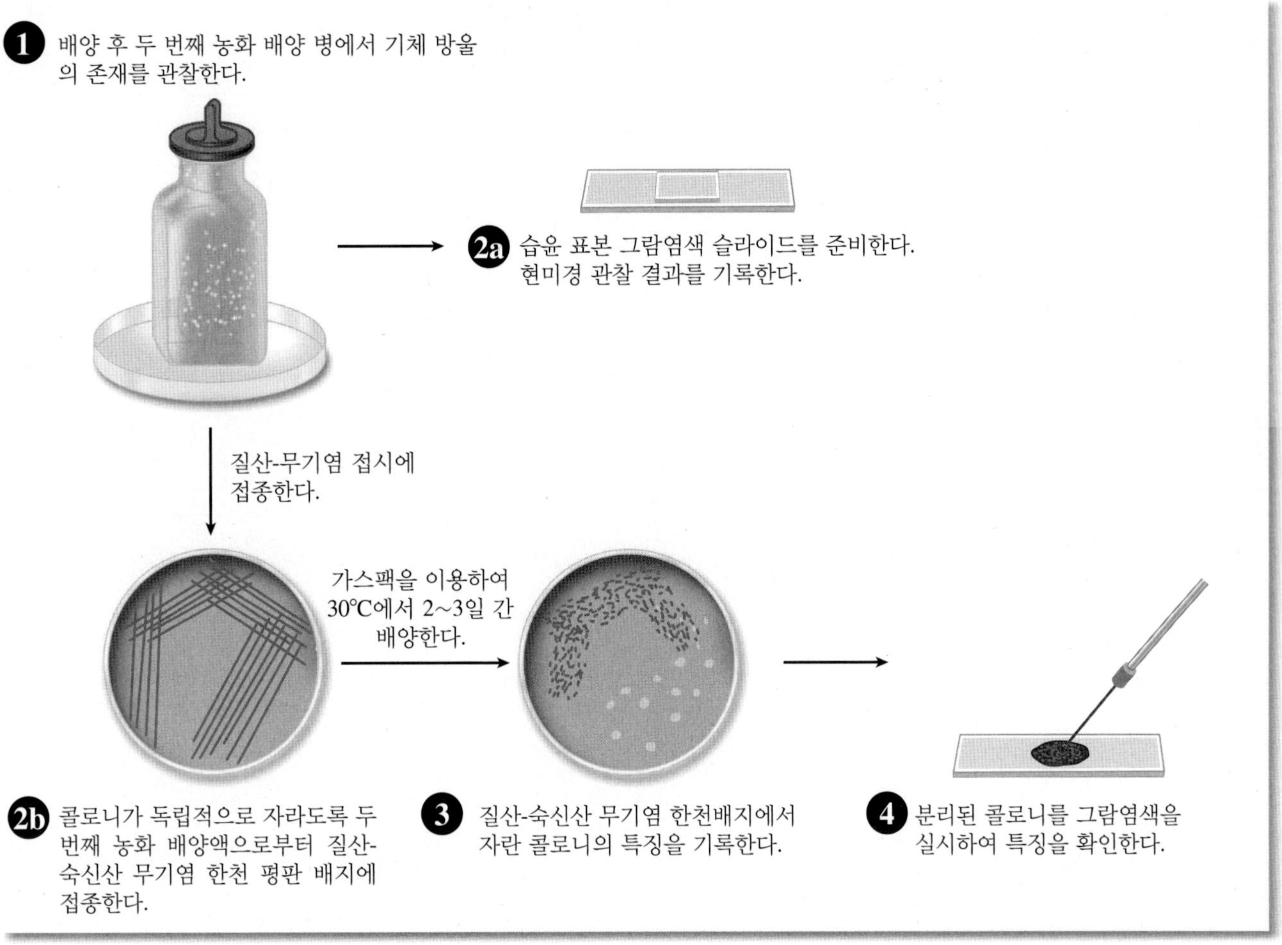

그림 51.2 두 번째 농화 배양으로부터 순수분리를 위한 과정.

실험 보고서 51

이름: ______________________

날짜: ________ Section: ________________

실험 51. 탈질화: 파라코커스 디나이트리피칸스

A. 결과

1. **첫 번째 농화 배양의 외관.** 2차 실험에서 첫 번째 농화배양의 외관을 묘사하시오.

2. **현미경 관찰** : 다음에서 본 세포의 모양을 묘사하시오.

   습윤 표본 : ______________________

   그람염색 슬라이드 : ______________________

3. **두 번째 농화 배양의 외관.** 3차 실험에서 두 번째 농화배양의 외관을 묘사하시오.

4. **한천 평판 배지의 콜로니.** 질산-숙신산 무기염 한천 평판 배지 위 콜로니의 특징을 묘사하시오.

   *Paracoccus denierificans*의 특징과 일치하는가? ______________________

5. 마지막 그람염색 슬라이드. 관찰한 세균이 *Paracoccus denierificans*의 특징과 얼마나 일치하는가?

B. 단답형 문제

1. 질산을 질소 기체로 완전히 환원시키는 진정한 탈질화 세균 두 가지는 무엇인가?

   a. ______________________

   b. ______________________

2. 질산 환원은 질소가 세포 물질로 들어가지 않기 때문에 어떤 과정인가?

3. 탈질화는 어떤 기체에 의해 저해되는가?

4. 농업의 측면에서 탈질화가 불리할 수 있는 이유는 무엇이 토양으로부터 사라질 수 있기 때문인가?

5. 탈질화는 하수처리에서는 유용할 수 있는데 이것은 호수, 강, 하천과 같은 물에 어떤 화합물이 방출되는 것을 막기 때문인가?

위노그라드스키 원통

The Winogradsky Column

EXERCISE **52**

학습목표

이 실험을 수행한 후 여러분은 다음의 사항을 알 수 있을 것이다.

1. 황 순환에 포함되는 세균을 특징짓기 위해 위노그라드스키 원통을 설치한다.
2. 시간이 경과하며 자라는 다양한 세균을 기술한다.

위노그라드스키(Winogradsky) 원통은 황산염 환원세균, 광합성 세균, 화학무기영양생물과 같은 다양한 세균을 연구하는 데 이용되는 모델 생태계이다. 원통의 이름은 러시아 미생물학자 세르게이 위노그라드스키(Sergei Winogradsky)의 이름을 따서 지은 것으로, 그는 토양 세균을 연구하기 위해 비슷한 장치를 사용했다. 그의 연구로부터, 이산화탄소를 고정시켜 필요한 탄소원을 얻고, 무기물의 산화를 통해 세포생장에 필요한 에너지를 얻는 **화학독립영양생물**(chemoautotroph)의 개념을 발달시켰다. 그의 연구 이전에는 독립영양 대사는 식물에서만 일어난다고 알려져 있었다.

위노그라드스키 원통을 설치하기 위해서는 다양한 염, 황산원(source of sulfate)과 진흙을 섬유소와 같은 발효될 수 있는 기질과 섞은 후 유리 원통의 중간 정도까지 채운다. 뒤이어 원통을 진흙탕 물로 채우고 여러 주 동안 백열등을 비추어준다. 시간이 경과할수록 원통에서는 다양한 세균들이 자라나면서 원통에 뚜렷한 변화가 생긴다(그림 52.1). 원통에서 자란 다양한 그룹의 세균은 다음의 목록과 같다.

조류와 남세균 원통 표면에 있는 물속에서 조류와 남세균이 처음에 자라서 산소를 생산하여 원통 상층부를 호기 상태로 유지시킨다.

화학무기영양 세균 원통의 호기 지역에서 시간이 지남에 따라 약간의 화학무기영양 세균이 자라기 시작할 것이다. 티오바실러스(*Thiobacillus*)와 베지아토아(*Beggiatoa*) 같은 세균이 물 표면의 호기성 부분에서 발견될 수 있다. 화학무기영양세균 티오바실러스는 탄소 요구를 위해 이산화탄소를 고정하고, 환원된 황화합물(예를 들면, H_2S)을 산화시켜서 황산염 혹은 황산을 생산하여 에너지를 얻는다.

섬유소 분해자 섬유소는 분해되고 그 최종산물은 원통 하부층의 혐기 상태의 진흙에 있는 여러 종류의 세균에 의해 발효된다. 예를 들면, 셀룰로모나스(*Cellulomonas*)는 섬유소를 분해하고, 클로스트리디움(*Clostridium*)과 다른 세균들은 섬유소로부터 유래한 단당류를 발효하여

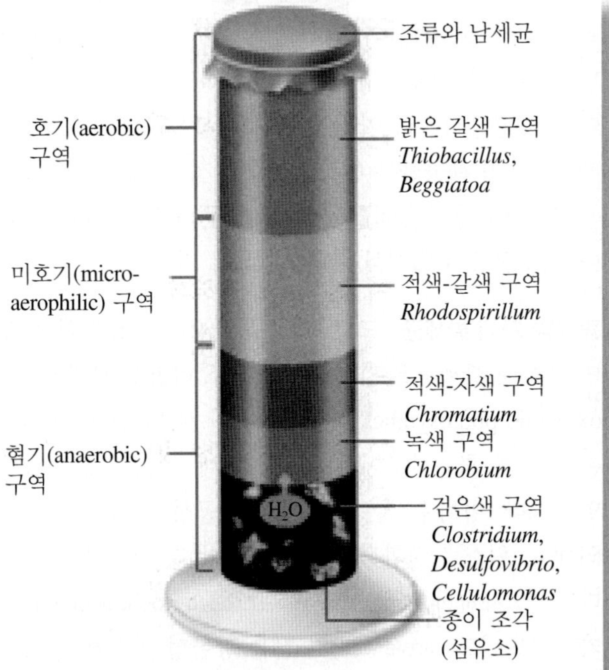

그림 52.1 위노그라드스키 원통.

젖산과 아세트산 같은 유기산을 생산한다.

황산염-환원세균 원통 속에서 발효에 의해 생산된 젖산과 황산염은 디설포비브리오 디셀푸리칸스(*Desulfovibrio desulfuricans*) 같은 혐기성 황산염 환원세균에 의해 사용된다. 이 세균은 황산염을 H_2S로 환원하는 **황산염 호흡**(*sulfate respiration*)을 한다. 이 과정에서 황산염은 최종전자수용체로 작용하고, 황산염이 환원되면서 세포 생장에 필요한 ATP를 생산하기 위한 전자이동이 일어난다. 이들 생물체에 의해 생성된 H_2S의 일부는 진흙 내의 다양한 금속과 반응하여 검은색 침전물을 형성하는데, 이것이 원통 하층부를 검게 변화시키는 원인이 된다. 통의 상층부로 퍼져나간 H_2S는 다양한 대사 경로를 가진 다른 세균들에 의해 이용된다.

자색 비황 세균 로도박터(*Rhodobacter*)와 로도스피릴륨(*Rhodospirillum*)과 같은 자색 비황 세균은 광영양 세균 중에서 가장 물질대사가 다양하다. 일반적으로 탄소원으로 유기산(예를 들면, 숙신산과 글루탐산)을 이용하여 광종속영양으로 자라며, 에너지는 산소 비발생 광합성에 의해 얻는다. 또한 이산화탄소를 탄소원으로, 수소 가스 혹은 저농도의 황화물을 환원력으로 이용하여 광독립적으로도 자랄 수 있다. 만약 빛이 아주 제한적이 되면 완전하게 대사 전동 장치를 전환하여 호흡을 이용하여 종속영양적으로 여러 가지 유기산을 이용하여 자라게 된다. 이 세균들은 원통의 미호기성 부위에서 발견되는데, 물이 갈색에서 붉은색을 띤 곳 혹은 물과 경계를 이루는 진흙 부위에서 파편모양으로 자란다.

광영양 자색 황세균 크로마티움(*Chromatium*)과 같은 광영양 자색 황세균은 황화수소를 **산소 비발생 광합성**(anoxygenic photosynthesis)에 사용한다. 이와 같은 광합성은 산소가 최종산물이 아니기 때문에 무산소 조건에서 일어난다. 황화수소는 환원력을 제공하고 이들 세균에 의해 황 원소로 전환되어 세포 내부에 황 입자로 저장된다. 이들 세균에 의해 **세균엽록소**(bacteriochlorophyll)와 **카로티노이드**(carotenoid)와 같은 광합성 색소가 생성되고, 각 원통 부위에서 이들 세균이 자라며 만드는 색소에 따라 자색, 붉은색, 갈색과 같은 화려한 색이 나타난다.

광영양 녹색 황세균 이 그룹의 미생물 또한 산소 비발생 광합성에 의해 자란다. 클로로비움(*Chlorobium*)은 H_2S를 환원력의 원천으로 이용하여 황 원소로 전환시키지만 자색 황세균과는 다르게 녹색 황세균은 황을 세포 외부에 저장한다. 흥미롭게도 이들은 캘빈회로에 의해서 이산화탄소를 고정하지 않고 대신에 이산화탄소를 크렙스 회로의 중간산물로 고정하여 탄소를 획득한다. 그들은 세균엽록소가 존재하는 진흙 부위나 녹색지역 혐기성 원통 부위에서 자란다.

다음에 나오는 실험에서, 위노그라드스키 원통을 설치하고 시간이 지나면 원통에서 자라는 몇몇 세균을 배양할 수 있을 것이다. 이들 균에는 자색 비황세균과 황산염 환원세균이 포함될 것이다. 원통은 또한 원통에서 자라는 다양한 세균을 단순히 관찰하는 데도 사용될 수 있다. 이는 원통에서 세균이 자라는 동안 시료를 채취하여 위상차 현미경용 습윤 표본 슬라이드를 준비함으로써 이뤄질 수 있다.

1차 실험

재료

- 눈금 실린더(100 mL)
- 섬유소(섬유소 가루, 여과지 혹은 신문지)
- 황산 칼슘, 탄산칼슘, 제2인산칼륨
- 다양한 장소에서 가져온 신선한 진흙과 물
- 비이커(250 mL) 여러 개
- 혼합용 작은 유리막대 여러 개
- 알루미늄 호일
- 백열 램프 (60~75 watt) 여러 개

1. 섬유소 원(source)을 이용하여 비이커에 증류수를 넣어 진한 슬러리를 준비한다. 만약 종이를 사용한다면 작은 조각으로 찢어서 소량의 증류수를 넣어 부드럽게 한다. 만약 섬유소 가루를 이용한다면 1~2 g의 가루를 소량의 증류수에 넣는 것부터 시작한다. 슬러리는 진하지만 반죽 정도는 아니어야 한다,
2. 섬유소 슬러리를 눈금 실린더에 1/3 정도 채운다.
3. 진흙 200 g에 황산칼슘 1.64 g, 탄산칼슘과 제2인산칼륨을 각각 1.3 g씩 넣는다. 이때 사용한 진흙의 출

처를 적어둔다.

4. 진흙과 함께 수집된 물('자체'의 물)을 화학 물질-진흙 혼합물에 약간 넣은 후 내용물을 혼합용 작은 유리막대를 이용하여 잘 섞어준다.
5. 진흙을 원통의 섬유소 슬러리 위에 부어준다.
6. 유리막대를 이용하여 슬러리와 진흙을 부드럽게 혼합한다. 혼합하면서 혼합물을 원통에 채워 넣기 시작한다. 원통에 채워 넣으며 '자체'의 물을 더 넣어주어야 함을 알게 될 것이다. 마지막에는 원통의 2/3 정도가 슬러리/진흙/물로 구성된 혼합물로 채워져 있어야 한다.
7. 원통 윗부분을 '자체'의 물로 원통의 90%가 될 때까지 채운다.
8. 원통을 알루미늄 호일로 싸서 증발을 막는다. 원통의 초기 상태를 실험 보고서 52에 기록한다.
9. 원통 옆면을 알루미늄 호일로 싸서 빛이 들어가지 않도록 한다.
10. 원통을 2주간 실온에서 배양한다.

2주 후

1. 원통에서 호일을 제거하고 상태를 기록한다. 원통 하단부는 H_2S를 생산하는 디설포비브리오(*Desulfovibrio*)와 같은 황산염 환원세균이 나타나서 검은색으로 변할 것이다.
2. 원통의 호일이 제거된 상태로 60~75 watt의 전구를 실린더로부터 몇 인치 거리에 놓아둔다. 몇 주간 실온에서 계속 배양한다.

다음 단계 실험

1. 원통을 주기적으로 조사한다. 진흙과 물에 붉은색, 갈색, 자색, 또는 녹색 지역이 형성된 것을 기록한다. 이들은 산소 비발생 광합성 세균일 것이다.
2. 원통 윗부분의 물로부터 습윤 표본을 준비하여 위상차 현미경으로 관찰한다. 티오바실러스와 베지아토아 같은 화학무기영양생물이 여기서 자라는 것을 발견할 것이다. 관찰한 세균을 아래의 설명과 비교한다.

베지아토아(*Beggiatoa*): 무색의 세포로 직경이 1 μm에서 약 25 μm이고, 길이는 2~10 μm인 선형으로, 폭이 일정한 필라멘트를 이루고 있다. 필라멘트는 50개 이상의 세포로 구성되어 있다. 세포는 때때로 길이보다도 넓은 폭을 가진다. 필라멘트는 하나로 존재하거나 솜모양으로 뭉쳐 있을 수도 있다. 세포들이 H_2S가 있는 상태에서 자라면 황 입자를 가질 수도 있다.

티오바실러스(*Thiobaills*): 그람음성, 막대 모양 세포(0.5×1~4.0 μm) ; 몇 종은 운동성이 있다. 에너지는 하나 또는 그 이상의 환원된 황화합물의 산화로부터 얻는다. 황산염은 황화합물의 최종 산화 산물이다. 모든 종이 캘빈-벤슨 회로를 이용하여 이산화탄소를 고정한다.

3. 원통을 잘 보관하여 자색 비황 세균의 배양을 위한 실험 53의 접종원으로, 그리고 황산염 환원세균의 배양을 위한 실험 54의 접종원으로 사용한다.

실험 보고서는 실험 52~54 다음에 나온다.

실험 보고서 52

이름: ______________________

날짜: ________ Section: ______________

실험 52. 위노그라드스키 원통

A. 관찰

1. **원통의 외관**: 다음 기간에서 위노그라드스키 원통의 외관을 몇 단어로 묘사하시오.

   1차 실험 : ______________________

   1주 후 : ______________________

   2주 후 : ______________________

   그 이후의 주간 : ______________________

2. **계대배양의 외관**: 2주가 지났을 때 계대배양한 시험관의 외형을 묘사하시오.

3. **현미경 관찰**: 습윤 표본 슬라이드와 그람염색한 슬라이드에서 관찰한 세포의 특징을 묘사하시오.

B. 단답형 문제

1. 이산화탄소를 고정하고 무기이온의 산화에서 에너지를 얻는 세균은 어떤 유형에 속하는가?

2. 클로로비움(*Chlorobium*)은 어떤 세균 그룹에 속하는가?

3. 광종속영양생물에 속하는 두 세균 속(genus)의 이름은?

a. ______________________________

____

b. ______________________________

____

4. 티오바실러스(*Thiobacillus*)가 환원된 황화합물을 산화시킬 때 생산하는 강한 산성 물질은 무엇인가?

____

____

5. 위노그라드스키 원통의 바닥을 검게 만들며 황화물을 생산하는 황산염 호흡 세균은?

____

____

자색 비황 광합성 세균

Purple Nonsulfur Photosynthetic Bacteria

EXERCISE 53

학습목표

이 실험을 수행한 후 여러분은 다음의 사항을 알 수 있을 것이다.

1. 자색 비황 광합성 세균을 농화배양하기 위해 위노그라드스키 원통을 사용한다.
2. 농화배지의 자색 비황 광합성 세균을 염색하고 관찰한다.
3. 산소 비발생 광합성의 개념과 이 과정에 포함되는 세균을 이해한다.

산소 비발생 광합성 세균은 녹색 황세균, 자색 황세균, 자색 비황세균으로 구성되어 있는 다양한 세균 그룹이다. 그들의 광합성 대사 작용은 물의 분해로부터 산소를 생산하지 못하기 때문에 산소 비발생 광합성이다. 광합성을 위한 환원력은 수소, 환원된 황화합물 또는 유기산으로부터 얻는다. 그들은 무산소성 조건, 특히 발효가 활발하게 일어나고 황화수소(H_2S) 같이 환원된 황화합물이 풍부한 호수나 연못에서 자란다.

분류학적으로 그들은 그들이 합성하는 광합성 색소, 세포 내에 정교하게 만들어진 광합성 막이나 도구의 종류 또는 다른 생리적 특징에 따라 나눠진다.

이 그룹의 모든 세균은 **세균엽록소**(bacteriochlorophyll)를 합성하며, 일부는 **카로티노이드**(carotenoid)도 합성한다. 이러한 색소의 조합에 의해 세균 배양 시 갈색, 붉은 자색, 붉은색, 녹색을 포함한 경이로운 색이 만들어진다.

세균엽록소는 800~1,000 nm의 적외선 부위의 가시광선을 흡수하는 반면, 엽록소는 600~700 nm의 빛을 흡수한다. 이 현상의 결과로, 깊은 호수나 연못의 무산소 지역에서 자라는 산소 비발생 광합성 세균이, 물 표면에서 살아가는 조류와 남조류가 이용하는 파장의 빛을 같이 사용하지 않아서, 빛을 두고 경쟁을 하지 않게 된다. 카로티노이드는 이러한 세균들에서 더 많은 빛에너지를 흡수하도록 도와주는 보조색소로 작용한다. 또한, 카로티노이드는 태양광선의 위험으로부터 광합성 기관을 보호하는 역할을 한다.

녹색 황세균과 자색 황세균은 그들이 필요로 하는 탄소를 이산화탄소를 고정하여 얻으며, 수소나 환원된 황화합물에서 환원력을 얻는 일차적인 광독립영양생물이다. 그들은 절대 무산소 상태에서만 자라고 접종하기 전에 산소가 제거된 배지나 산소와 접촉하지 못하게 하는 특별한 조치 없이는 배양하기 힘들다. 반면에, 자색 비황세균은 배지로 채운 시험관과 같은 미호기성 상태에서도 쉽게 배양할 수 있다. 이런 미생물은 필요한 탄소원을 숙신산과 같은 유기산에서 얻고 에너지는 광합성 작용에 의해 얻는 광종속영양생물로 자란다. 하지만 어떤 것은 이산화탄소와 환원된 황화합물이나 수소를 이용하는 절대 광독립영양생물체로 자랄 수 있다.

다음의 실험에서 실험 52의 위노그라드스키 원통으로부터 얻은 자색 비황세균을 배양할 것이다(그림 52.1). 원통으로부터 색을 띤 물질을 모아 숙신산 무기염 배지에 접종한 후 백열등을 비춰줄 것이다.

재료

- 뚜껑이 있는 시험관 5개 (13×200 mm)
- 200 mL의 자색 비황 농화배지
- 입구가 넓은 피펫

1. 뚜껑이 있는 시험관에 배양하고자 하는 원통의 색에 따라 라벨을 한다(예: 갈색, 자색, 붉은색, 녹색). 만약 이런 색의 구역이 존재하지 않는다면 진흙-물 사이의 검은 부위로부터 진흙 시료를 모아야 한다.
2. 뚜껑이 있는 시험관의 약 2/3를 자색 비황 농화배지로 채운다.
3. 입구가 넓은 피펫을 이용하여 진흙 1 g 혹은, 위노그라드스키 원통으로부터 자라난, 색을 띤 용액 몇 mL을 모은다: 모든 시료를 각각의 색소로 표시해 놓은 시험관으로 옮긴다(그림 53.1).

2차 실험

1. 각 배양접시를 조심스럽게 관찰하여 억제 여부를 알아본다.
2. 실험 보고서 55~57에 결과를 기록하고 모든 문제에 답한다.

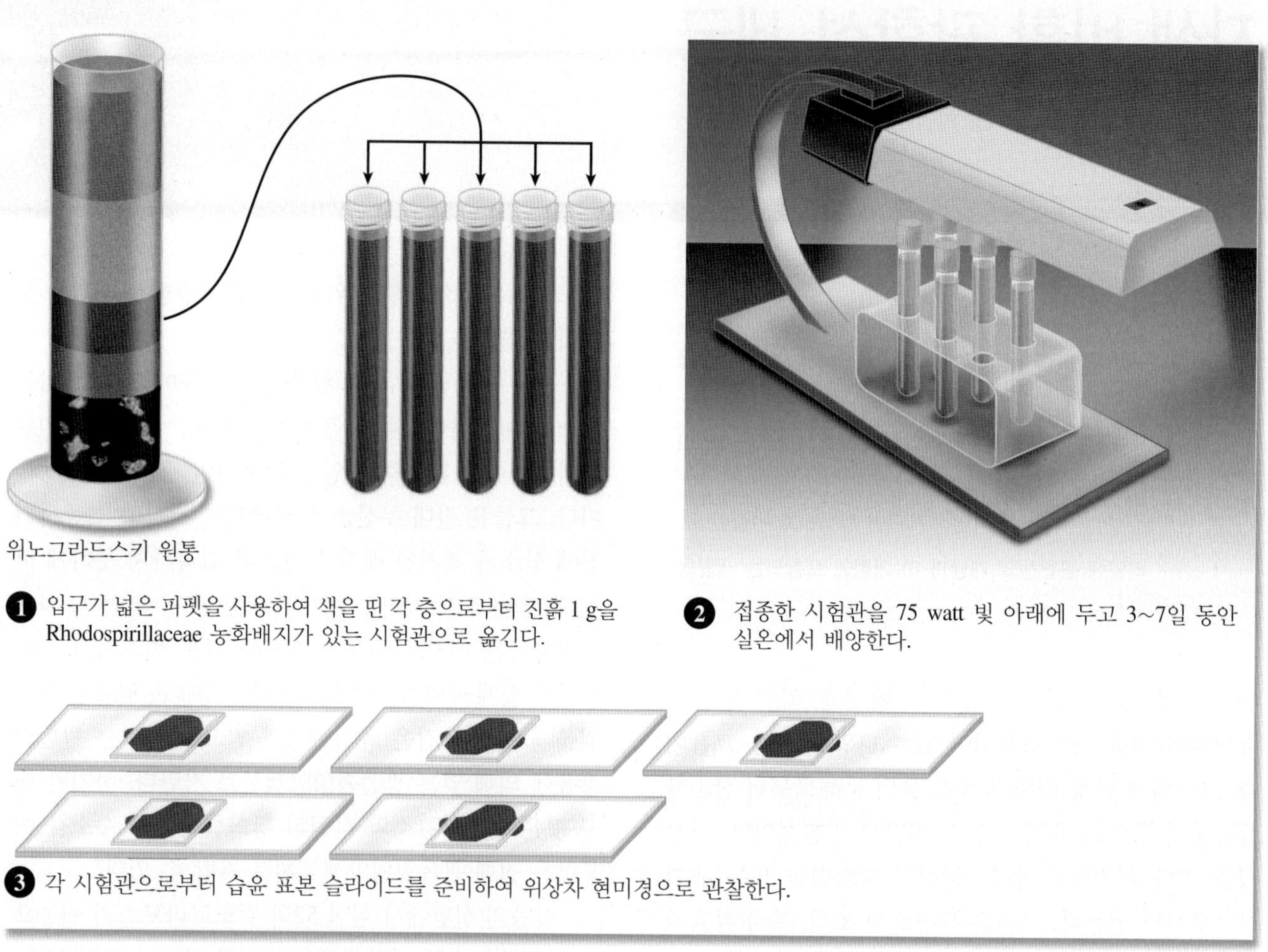

그림 53.1 자색 비황 세균의 계대배양과 현미경 관찰 과정.

4. 접종 후, 자색 비황 농화배지를 더 넣어서 시험관을 채운다. 뚜껑을 꽉 닫고 각 시험관 안의 내용물을 잘 섞어준다.
5. 시험관을 시험관 꽂이에 꼽고 60~70 watt의 형광등으로부터 적당한 거리에 놓아둔다. 실온에서 며칠에서 일주일 사이로 배양한다.
6. 시험관이 색을 띠게 되면, 시료를 준비하여 위상차 현미경으로 관찰한다. 결과를 실험 보고서 53에 기록한다. 관찰한 것을 원통에서 나타날 수 있는 자색 비황세균의 아래의 설명과 비교한다.

로도박터(*Rhodobacter*): 세포는 그람음성, 타원 모양에서 막대모양, 0.5~1.2 μm이다. 어떤 것은 운동성을 가지는 반면 어떤 것은 비운동성이다. 세포는 광합성으로 자라면 황갈색을 띤다.

로도시클러스(*Rhodocyclus*): 세포는 가느다랗고, 휘거나 직선의 얇은 막대모양으로 0.3~1.0 μm이다. 비운동성 혹은 극성 편모를 이용하여 운동을 하고 세균엽록소와 카로티노이드를 생산한다.

로도마이크로비움(*Rhodomicrobium*): 세포는 타원에서 긴 타원 모양, 1.0~1.2 μm이다. 세포는 각 세포의 몇 배 길이의 필라멘트가 만들어지면서 증식한다. 세균엽록소와 카로티노이드를 생산한다.

로도슈도모나스(*Rhodopseudomonas*): 세포는 막대기 모양, 폭은 0.6~2.5 μm, 길이는 0.6~5.0 μm, 운동성 혹은 비운동성이다. 로도슈도모나스 비리디스(*Rhodopseudomonas viridis*)를 배양하면 갈색, 붉은색, 녹색을 띤다.

로도스피릴룸(*Rhodospirillum*): 세포는 나선형, 폭은 10.7~1.5 μm이고, 운동성이 있다. 배양하면 붉은색에서 갈색이 나타난다.

실험 보고서 53

이름: ______________

날짜: ________ Section: ______________

실험 53. 자색 비황 광합성 세균

A. 관찰

1. 원통의 외관: 위노그라드스키 원통에서 색을 띤 곳의 외형을 몇 단어로 묘사하시오.

   1주 후: ______________

   2주 후: ______________

   그 이후의 주간: ______________

2. 계대배양의 외관: 2주가 지났을 때 계대배양한 시험관의 외형을 묘사하시오.

3. 현미경 관찰: 습윤 표본 슬라이드와 그람염색한 슬라이드에서 관찰한 세포의 특징을 묘사하시오.

B. 단답형 문제

1. 혐기성 광합성 세균은 식물과는 다르게, 물을 분해하여 어떤 물질을 생성하지 못하는가?

2. 자색 비황세균이 생산한 두 광합성 색소는 무엇인가?

   a. ______________

   b. ______________

3. 이들 색소가 흡수하는 빛의 파장은 얼마인가?

4. 녹색과 자색 황세균 배양에 필요한 생장 조건은 무엇인가?

5. 자색 비황세균의 배양에서 보이는 붉은색에서 갈색은 무슨 색소 때문인가?

세균의 상조공생

Bacterial Synergism

EXERCISE 56

학습목표

이 실험을 수행한 후 여러분은 다음의 사항을 알 수 있을 것이다.

1. 상승적 상호작용을 정의한다.
2. 탄수화물을 대사하는 세균의 상승적 상호작용을 설명한다.

상조공생은 둘 또는 그 이상의 미생물 집단이 상호작용에서 이익을 취할 때 나타나지만 그 관계가 필수적이지는 않은데, 즉 각 집단은 그들 자신의 자연적 환경에서 자랄 수 있다. 예를 들면, 상조공생은 각 개체가 각각 혼자서는 만들어낼 수 없는 어떤 물질을 함께 작용하여 생산한다면 나타날 수 있다. 상조공생은 미생물 사이에서는 드문 일이 아니다. 이러한 현상은 세균들이 함께 상호 상승적으로 작용하여 어떤 이당류를 발효시킴으로써 가스를 생산하는 과정에서 쉽게 볼 수 있다.

이 실험에서 우리는 두 가지 이당류에 작용하는 세 종류 미생물의 발효 능력을 관찰할 것이다. 젖당과 설탕, 이 두 가지 당은 각 미생물로 각각 접종하기도 하고 여러 가지 조합으로 접종하기도 하여 어떤 당에 어떤 미생물이 상호 상승적으로 작용하였는가를 관찰하게 될 것이다. 배지의 낭비를 막기 위해 세 조(A, B, C)로 나눈다. 접종 결과는 서로 공유한다.

재료

각 조당

- bromthymol blue 지시약과 젖당 배지가 든 듀람* 시험관 3개
- bromthymol blue 지시약과 설탕 배지가 든 듀람* 시험관 3개
- *S. aureus*를 배양한 영양 액체배지
- *P. vulgaris*를 배양한 영양 액체배지
- *E. coli*를 배양한 영양 액체배지

* 듀람(Durham) 시험관은 당 액체배지를 넣은 발효용 시험관으로 작은 유리관이 그 속에 거꾸로 놓여 있다. 그림 39.6를 참조한다.

1차 실험

A조

1. 각 배지가 든 시험관에 *E. coli*라고 표지한다.
2. 각 배지가 든 시험관에 *P. vulgaris*라고 표지한다.
3. 각 배지가 든 시험관에 *E. coli*와 *P. vulgaris*라고 표지한다.
4. 각 시험관에 표시한 대로 알맞은 균주를 한 백금이(loop)씩 접종한다.
5. 이 6개의 시험관을 37°C에서 48시간 동안 배양한다.

B조

1. 각 배지가 든 시험관에 *E. coli*라고 표지한다.
2. 각 배지가 든 시험관에 *S. aureus*라고 표지한다.
3. 각 배지가 든 시험관에 *E. coli*와 *S. aureus*라고 표지한다.
4. 각 시험관에 표시한 대로 알맞은 균주를 한 백금이(loop)씩 접종한다.
5. 이 6개의 시험관을 37°C에서 48시간 동안 배양한다.

C조

1. 각 배지가 든 시험관에 *S. aureus*라고 표지한다.
2. 각 배지가 든 시험관에 *P. vulgaris*라고 표지한다.
3. 각 배지가 든 시험관에 *S. aureus*와 *P. vulgaris*라고 표지한다.
4. 각 시험관에 표시한 대로 알맞은 균주를 한 백금이(loop)씩 접종한다.
5. 이 6개의 시험관을 37°C에서 48시간 동안 배양한다.

2차 실험

1. 각 시험관에서 산(acid)과 가스 생산을 관찰하면서

실험 보고서 55~57에 결과를 기록한다.

2. 어떤 미생물이 어떤 이당류에 대해 상호 상승적으로 작용했는지 결정한다.

3. 실험 보고서 55~57에 이 실험에 대한 질문에 대답한다.

미생물의 길항작용

Microbial Antagonism

EXERCISE 57

학습목표

이 실험을 수행한 후 여러분은 다음의 사항을 알 수 있을 것이다.

1. 길항작용/편해를 정의한다.
2. 한 세균에 의해 생성된 대사산물이 다른 세균에 길항작용을 하는 예를 든다.
3. 배지의 미생물들 쌍 사이에서 길항적인 관계를 설명한다.

미생물의 길항작용, 혹은 편해(amensalism)는 환경 내에서 한 개체군이 다른 개체들에게 유독성 또는 억제성 물질이나 화합물을 생산할 때 나타난다. 억제성 물질을 생산하는 개체는 대개 그 물질에 의해 영향을 받지 않으므로 결과적으로 미세환경에서 함께 존재하는 다른 개체에 대해 경쟁적인 이익을 가진다. 억제성 물질은 다른 세균의 생장을 방해하는 유기산과 같은 대사적 최종산물일 수도 있고, 혹은 영향을 받는 개체군의 결정적인 대사 반응이나 기능 일부를 특이적으로 억제함으로써 다른 개체를 죽이는 항생제일 수 있다. 우리는 어떤 형태의 식품 보존에서 미생물의 길항적 관계를 이용한다. 예를 들면, 초산이나 젖산 또는 프로피온산과 같은 유기산이 최종산물인 발효에 의해 생긴 식품(예를 들면, 치즈나 식초)은 산성 pH가 다른 미생물의 생장을 방해하기 때문에 대개 미생물에 의해 부패되지 않는다. 일부 토양 세균은 이용 가능한 토양 영양분에 대해 다른 미생물에 의해 야기되는 경쟁을 막을 수 있는 항생제를 생산하기 때문에 미세 환경에서 선택적 이득을 볼 수 있다.

이 실험에서, 우리는 두 가지 시험 미생물에 대한 세 미생물의 길항 능력을 평가할 것이다. 사용할 길항 미생물들은 바실러스 세레우스 바르 마이코이드(*Bacillus cereus var. mycoides*), 슈도모나스 플루오레센스(*Pseudomonas fluorescens*), 페니실리움 노타툼(*Penicillium notatum*)이다. 시험 미생물은 대장균(*Escherichia coli*)(그람음성)과 스타필로코커스 아우레우스(*Staphulococcus aureus*)(그람양성)이다.

재료

- 6 분량의 영양한천배지
- 멸균된 페트리 배양접시 6개
- *E. coli, S. aureus, B. cereus var. mycoides, P. fluorescens*를 배양한 영양액체 배지
- *Penicillium notatum*을 배양한 플라스크 배양액(8~12일 동안 배양한 것)

1차 실험

1. 6 분량의 영양 한천고체배지를 녹여서 50°C까지 식힌다. 항온 수조에 두어 50°C로 유지한다.
2. 배지가 액체 상태로 유지되는 동안 여섯 개의 배양접시를 다음과 같이 표시한다.

시험 미생물	길항 미생물
1. *S. aureus*	*B. cereus var. mycoides*
2. *S. aureus*	*P. fluorescens*
3. *S. aureus*	*Penicillium notatum*
4. *E. coli*	*B. mycoides*
5. *E. coli*	*P. fluorescens*
6. *E. coli*	*Penicillium notatum*

3. 세 개의 액화된 배지에 *S. aureus*, 나머지 세 개에 *E. coli*라고 표시한다.
4. 각 배지에 표시한 대로 세균을 한 백금이 접종하고, 입구를 불꽃멸균한 후에 각 배양접시에 붓는다.
5. 배양접시의 영양한천배지가 굳은 후 각 조합에 맞는 길항 미생물을 획선 도말한다. 서로 섞이지 않도록 주의한다.
6. 배양접시를 뒤집어서 37°C에서 24시간 배양한다.

2차 실험

1. 각 배양접시를 조심스럽게 관찰하여 억제 여부를 알아본다.
2. 실험 보고서 55~57에 결과를 기록하고 모든 문제에 답한다.

실험 보고서 55-57

이름: ______________________

날짜: ________ Section: ______________________

실험 55. 세균의 편리공생

A. 결과

탁한 정도(무, +, ++, +++)를 아래 표에 표시하시오. 색연필로 그람염색된 슬라이드의 모습을 표시한 곳에 그리시오.

미생물	탁도	그람염색
스타필로코커스 아우레우스 (*Staphylococcus aureus*)		
클로스트리디움 스포로제네스 (*Clostridium sporogenes*)		
*S. aureus*와 *C. sporogenes*		

B. 단답형 문제

1. 영양 배지에서 이들 두 종의 차등 생장의 원인은 무엇인가?

____

____

2. 이들 두 종의 공생 관계의 기작을 설명하시오.

____

____

실험 56. 세균의 상조공생

A. 결과

산과 가스 생성 여부를 보면서 6개의 배양 시험관을 조사하시오, 산의 존재 하에 bromthymol blue는 노란색으로 변한다. 아래의 표에 결과를 기록하시오. 다른 학생들과 그들의 결과에 대해 의논하여 표를 완성하시오.

세균명	LACTOSE		SUCROSE		조합	LACTOSE		SUCROSE	
	산	가스	산	가스		Acid	Gas	Acid	Gas
E. coli					*E. coli*와 *P. vulgaris*				
P. vulgaris					*E. coli*와 *S. aureus*				
S. aureus					*S. aureus*와 *P. vulgaris*				

B. 단답형 문제

1. 각각의 미생물에 의한 가스 생산을 개별적으로 살피는 것이 왜 중요한가? 어느 미생물이 젖당이나 설탕의 존재하에 가스를 생산하였는가?

2. 당 발효 동안에 산 생산 여부를 관찰하는 것이 왜 중요한가? 이것이 우리가 두 미생물 사이에서 일어나는 상조공생을 이해하는 데 어떻게 도움을 주는가?

3. 실험 결과에 근거하여, 아래의 당을 이용했을 때 상조공생적으로 가스를 생산한 미생물 쌍의 이름을 적으시오.

   a. 젖당

   b. 설탕

실험 57. 미생물의 길항작용

A. 단답형 문제

1. *E. coli*에 대해 길항적인 미생물은?

2. *S. aureus*에 대해 길항적인 미생물은?

3. 그람양성과 그람음성 세균이 왜 길항작용에 다르게 반응하겠는가?

4. 자연계에서 미생물의 길항작용은 어떤 역할을 하는가?

5. 다음에 대한 미생물의 길항작용의 중요성을 기술하시오.

   a. 식품 부패에 대한 조절

   b. 감염의 치료

6. 길항적 물질은 왜 생산자에게는 해를 주지 않는가?

PART 11

응용미생물학

응용미생물학은 현대미생물학의 많은 측면을 포함한다. 치즈, 요구르트, 빵, 사우어크라우트(sauerkraut)와 모든 발효음료 같은 우리가 먹는 많은 식품을 만드는 데 미생물을 이용한다. 항생제, 의약품과 심지어 유기용매와 플라스틱 제조를 위한 재료물질의 생산 같은 산업적 활용에 미생물이 중요하다. 미생물이 우리에게 해를 미치고 병을 일으키기 때문에 식품과 음용수 내에 미생물의 존재와 개체수는 그것을 섭취하기에 안전한가를 결정한다. 이 PART에서는 응용미생물학의 내용으로 식품과 물 속의 세균의 개체수와 종류를 측정하며 또한 식품 생산의 예로 알코올 발효 과정을 학습하고자 한다.

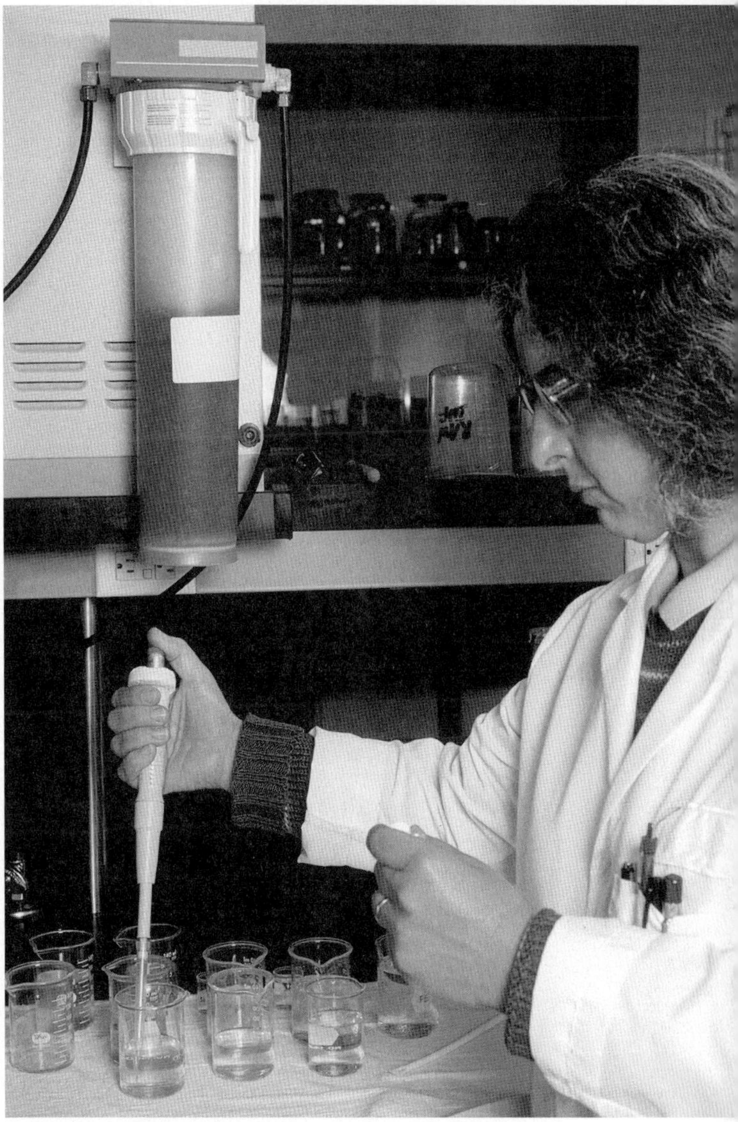

식품의 세균 계수

EXERCISE 58

Bacterial Counts of Foods

학습목표

이 실험을 수행한 후 여러분은 다음의 사항을 알 수 있을 것이다.

1. 식품 생산과 식품 부패에서 미생물의 역할에 대해 이해한다.
2. 시료 내 세균수 측정을 위한 식품 시료에 대한 표준 평판 계수를 시행한다.

식품 내 미생물이 존재가 반드시 식품이 부패하거나 병을 일으킬 수 있는 잠재능을 가진 것을 가리키는 것은 아니다. 요구르트, 사우어크라우트(sauerkraut)와 서머 소시지(summer sausage, 건조시킨 훈제 소시지)가 미생물 발효 식품의 예이며, 따라서 생산 도중 그들과 관련된 세균 개체수가 높다. 그러나 저온살균이나 훈증 같은 생산 후 처리과정이 존재하는 세균 수를 크게 줄인다. 가공과 준비 중에 식품은 환경에 자연적으로 존재하는 세균에 의해 오염될 수 있다. 이 세균들은 반드시 해롭거나 병을 일으키지는 않는다. 일부 식품은 수확 시 세균이 자연적으로 존재하는데, 예를 들면 녹두, 감자와 사탕무는 수확할 때 토양세균이 존재한다. 심지어 세척 후에도 일부 세균이 남아 있을 수 있어 그것을 냉동하면 식품과 같이 보전된다. 포도의 뿌연 색은 포도 및 많은 다른 과일에 자연적으로 존재하는 효모 때문이다. 건강한 소의 유방 내 우유는 무균상태이지만 유유를 짜고 처리하는 도중 스트렙토코커스(*Streptococcus*)와 락토바실러스(*Lactobacillus*) 같은 세균이 도입되는데 그들이 동물, 특히 유방의 외부와 연관된 세균군집의 일부이기 때문이다. 저온살균은 존재할 수 있는 병원체와 처리 중 도입된 많은 세균을 죽이지만 우유에 존재하는 모든 세균을 죽이지는 않는다. 우유 내 일부 세균은 저온살균 온도에서 생존할 수 있어 결국 우유의 부패(spoilage)와 산패(souring)를 일으키며 이들을 내열성 세균(thermoduric bacteria)이라 한다. 햄버거도 고기의 처리와 분쇄 중 도입될 수 있는 세균의 수가 많을 수 있다. 햄버거 내 많은 세균은 무해한 사물기생생물(saprophyte, 죽은 식물과 동물 사체를 먹고 사는 생물)로 가공이 일어나는 환경에서 비롯된다. 예를 들면, 내생포자 형성 세균과 기타 세균은 분쇄육의 처리 중에 도입될 수 있다.

우리는 식품이 질병 전파의 중요한 방법이 될 수 있다는 것을 명심해야 한다. 미국의 질병방제센터(Centers for Disease Control, CDC)는 미국에서 연간 식품유래 질병으로 7,600만 명이 병에 걸리며, 30만 명이 입원하고 5천 명이 죽는다고 추정한다. 병원성 세균이나 그들의 독소가 식품의 가공, 취급 및 처리 도중 도입되기 때문에 식품유래 질병이 보통 발생한다. 식품 취급자들은 황색포도상구균이라고도 부르는 스타필로코커스 아우레우스(*Staphylococcus aureus*) 또는 장내 세균 같은 인체와 연관된 기회적 병원체를 전달할 수 있는데 식품을 준비하거나 처리하기 전에 그들의 손을 씻지 않는 비위생적 행동을 할 수 있기 때문이다. 보튤리눔 식중독(botilism food poisoning)은 부적절하게 가정에서 만든 통조림 식품 내에서 클로스트리디움 보튤리눔(*Clostridium botulinum*)의 내생포자가 자라면서 생성한 독소의 섭취에 의해 일어난다. 이 내생포자는 토양과 환경에서 발생하며 채소를 오염시킨다. 살모넬라(*Salmonella*)와 캠필로박터(*Campylobacter*)는 가금류 및 그 알과 관련되며 이 식품이 적절하게 준비되지 않으면 병을 일으킬 수 있다. 대장균(*Escherichia coli*) O157:H7은 가축의 장에 존재하며 만일 동물 장내 분변물질이 도축 중 고기를 오염시키면 고기에 존재할 수 있게 된다. 이 병원체는 분쇄와 처리 중 햄버거 내로 도입되며, 만일 조리 온도가 이 세균을 죽이기에 불충분하게 조리된 햄버거를 먹으면 심각한 병에 걸리게 된다. 이 병원체의 전파는 또한 가축의 분변이 상추와 시금치 같은 과일과 채소를 오염시킬 때에도 일어난다.

비록 식품 내 높은 세균수가 반드시 식품이 부패했

표 59.1 희석에 5개의 시험관이 사용되었을 때 다양한 양성 결과 조합에 대한 MPN index와 95% 신뢰 한계(계속)

(10 ML, 1.0 ML, 0.1 ML)*

양성의 조합	MPN INDEX/ 100 ML	신뢰 한계 최저	신뢰 한계 최고	양성의 조합	MPN INDEX/ 100 ML	신뢰 한계 최저	신뢰 한계 최고
3-0-1	11	3.5	23	5-3-1	110	34	250
3-0-2	13	5.6	35	5-3-2	140	52	400
3-1-0	11	3.5	26	5-3-3	170	70	400
3-1-1	14	5.6	36	5-3-4	210	70	400
3-1-2	17	6.0	36	5-4-0	130	36	400
3-2-0	14	5.7	36	5-4-1	170	58	400
3-2-1	17	6.8	40	5-4-2	220	70	440
3-2-2	20	6.8	40	5-4-3	280	100	710
3-3-0	17	6.8	40	5-4-4	350	100	710
3-3-1	21	6.8	40	5-4-5	430	150	1100
3-3-2	24	9.8	70	5-5-0	240	70	710
3-4-0	21	6.8	40	5-5-1	350	100	1100
3-4-1	24	9.8	70	5-5-2	540	150	1700
3-5-0	25	9.8	70	5-5-3	920	220	2600
4-0-0	13	4.1	35	5-5-4	1600	400	4600
4-0-1	17	5.9	36	5-5-5	〉1600	700	–
4-0-2	21	6.8	40				

*두 중요한 수에 대한 결과

최확수는 다중시험관 시험을 통해 결정됨. 물이나 하수 조사를 위한 표준 방법, 12판(뉴욕; 미국공중위생협회) P.608. 미국공중위생협회의 허락을 받고 기재하였음.

일 대장균군 집락이 없다면 그 물은 마시기에 세균학적으로 안전한 것으로 간주된다.

주의: 실제 시행처에서는 결과의 정확성을 보장하기 위해 모든 추정시험의 확정이 필요하다.

완전시험

확정시험 배지에 나타난 집락의 최종 점검을 위해 영양한천 사면배지 및 듀람관이 들어 있는 유당 액체배지에 접종한다. 35℃에서 24시간 배양 후 유당 액체배지는 기체 형성을 조사한다. 사면배지로부터 그람염색 슬라이드를 만들어 이머젼 오일을 떨어뜨리고 현미경 관찰을 한다.

만일 세균이 그람음성, 비포자형성 간균으로 유당을 발효한다면 시험한 물 시료에 대장균군이 존재하는 것을 알 수 있다. 이 마지막 시험을 완결하고 그 결과를 실험 보고서 59에 기록한다.

IMViC 시험

실험 41의 IMViC 시험에 대한 설명을 다시 읽어 보자. 이 시험의 중요성은 이 때 더욱 분명해진다. 만일 여러분이 양성 완전시험 결과를 가졌다면 이 시험을 하게 될지 담당교수가 알려줄 것이다.

실험 보고서 59

이름: ______________________

날짜: ________ Section: ______________

실험 59. 물의 세균 검사: 최확수 측정법

A. 결과

1. 추정시험(MPN 측정)
양성 시험관의 수를 칠판과 다음 표에 기록하시오. 모든 학생들이 다양한 물 시료에 대한 그들의 결과를 기록하여 이 표를 완성하시오. 토마스의 간편 공식과 표 59.1에 있는 지시에 따라 MPN을 결정한다.

물 시료 (출처)	양성 시험관 수			MPN
	DSLB 5개 시험관 10 mL	SSLB 5개 시험관 10 mL	SSLB 5개 시험관 10 mL	

2. 확정시험
추정시험에서 양성결과를 나타낸 물 시료에 대한 확정시험의 결과를 기록하시오.

물 시료 (출처)	양성	음성

3. **완전시험**

확정시험에서 양성결과를 나타낸 물 시료에 대한 완전시험의 결과를 기록하시오.

물 시료 (출처)	유당발효 결과	형태	평가

B. 단답식 문제

1. 추정시험의 양성결과는 그 물이 마시기에 절대적으로 안전하지 않은 것을 의미하는가? ______

   이에 대해 설명하시오: ______

2. 잘못된 양성 추정시험 결과의 원인은 무엇인가? ______

3. 하수 오염의 좋은 지표생물의 세 가지 특성을 드시오.

   a. ______ b. ______ c. ______

4. 어떤 이당류의 발효가 대장균군 존재 결정의 기초가 되는가?

5. Levine EMB 한천배지 위에서 대장균군의 모습을 설명하시오.

6. 보건당국은 하수 지표생물 사용 대신에 병원체에 대한 일상적 검사를 하지 않는 이유는 무엇인가?

7. 대장균군 세균의 특징 5가지를 나열하시오.

8. 다음의 각 배지는 대장균군 검출에 어떻게 이용되는가?

   a. 듀람관이 들어 있는 유당 액체배지

   b. Levine EMB 한천배지

   c. 영양한천 사면배지

9. 완전시험에서 물 시료에 대장균군의 존재가 확인되었을 때 이 분리균주에 대해 IMViC 시험을 해야 하는 이유는 무엇인가?

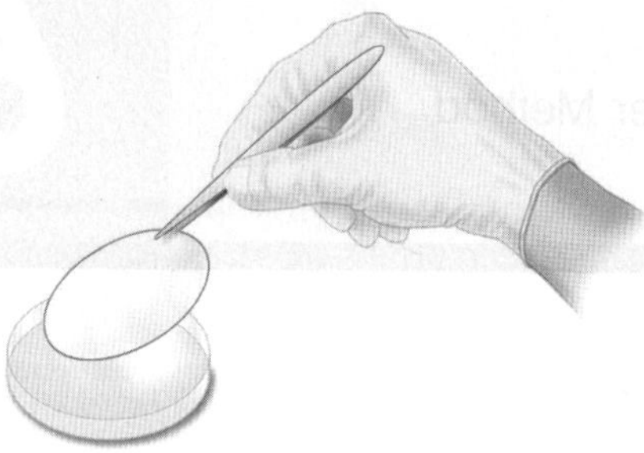

(1) 멸균된 흡수패드를 무균적으로 멸균된 플라스틱 페트리 접시 바닥으로 옮긴다.

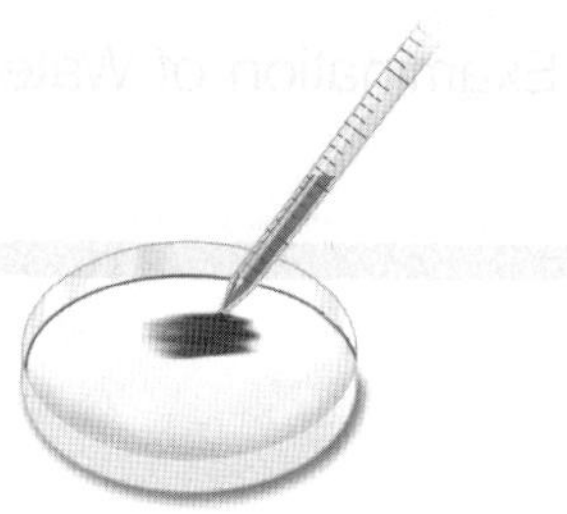

(2) 2.0 mL의 *m* Endo MF 액체배지를 흡수패드에 붓는다.

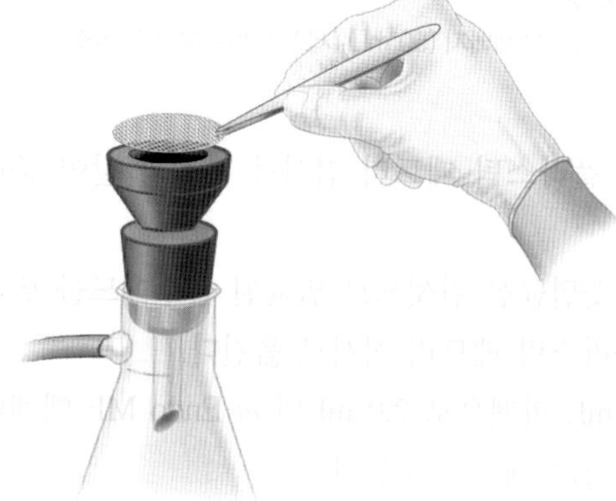

(3) 멸균된 여과막을 격자무늬 부분을 위로 향하게 하여 여과장치 위에 올려놓는다.

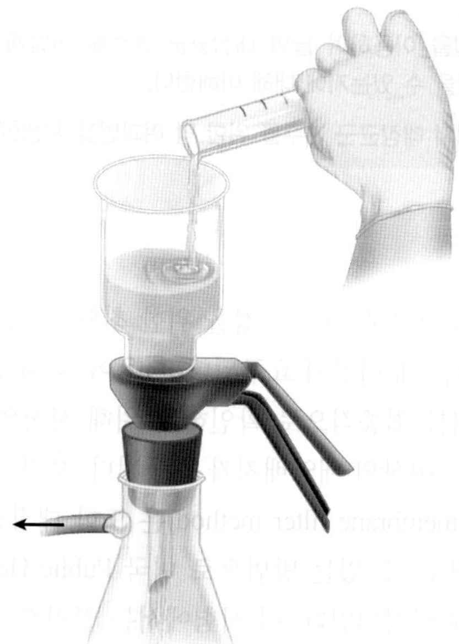

(4) 물을 조립된 여과장치에 붓고 진공을 이용하여 여과한 후 20 mL의 멸균수로 씻어내고 여과한다.

(5) 여과 깔때기를 제거한 후 여과막을 멸균된 핀셋으로 조심스럽게 제거한다.

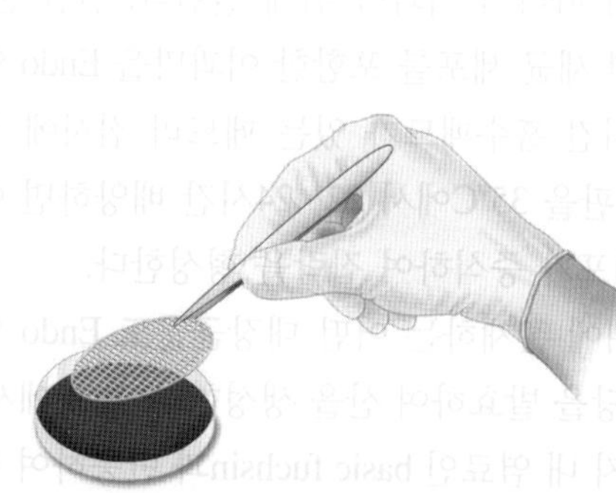

(6) 여과막을 배지로 적셔있는 흡수패드 위에 격자무늬 부위를 위로 향하게 올려놓고 35℃에서 24시간 배양한다.

그림 60.1 일반적인 막 여과법.

5. 진공장치를 떼어내고 깔때기를 제거한 후 여과막을 멸균된 핀셋으로 조심스럽게 *m* Endo MF 액체배지가 있는 페트리 접시로 옮긴다. 격자무늬 부위를 위로 향하게 한다.
6. 35℃에서 22~24시간 배양한다. 뒤집지 않는다.
7. 배양 후 여과막을 페트리 접시로부터 꺼내 1시간동안 흡수지 위에서 건조시킨다.
8. 저배율에서 반사광 하에 여과막 위의 집락을 센다. 금색의 금속 광택이 없는 모든 집락을 무시한다. 만일 필요하면 여과막을 건조 후 두 개의 2″×3″ 현미경 슬라이드 사이에 놓을 수도 있다. 실험 보고서 60의 첫 부분에 여러분의 계수를 기록한다.

이름: ______________

날짜: ________ Section: ______________

실험 60. 물의 세균 검사: 막 여과법

A. 결과

아래와 유사한 표를 칠판에 게재하거나 복사본으로 여러분에게 제공될 것이다. 여러분의 대장균군 계수를 표에 기록하시오. 일단 모든 결과가 얻어지면 이 표를 완성하시오.

시료	출처	대장균군 계수	여과한 물의 양	MPN*
A				
B				
C				
D				
E				
F				
G				
H				

$$*MPN = \frac{\text{대장균군 계수} \times 100}{\text{여과된 물의 양}}$$

B. 단답식 문제

1. 어떤 면에서 대장균군 검출을 위한 막 여과법이 최확수법(실험 59)보다 우수한가?

2. 여과하는 물의 양은 어떻게 결정하는가? 이 결정이 시험 결과에 왜 중요한가?

3. 왜 여과막을 통과한 물이 비록 세균이 제거되었어도 무균 상태라고 간주되지 않는가? 어떻게 여과법의 사용으로 무균 상태를 만들 수 있는가?

4. 물 분석을 위한 막 여과법에서 사용되는 여과막의 공극 크기는 얼마인가?

____

____

5. 어떤 배지를 이용하여 여과막을 배양하는가? 이 배지상에서 대장균군의 모습을 기술하시오.

____

____

환원효소 시험

Reductase Test

EXERCISE

61

학습목표

이 실험을 수행한 후 여러분은 다음의 사항을 알 수 있을 것이다.

1. 우유 시료의 품질 결정을 위한 환원효소 시험의 기초를 이해한다.
2. 환원효소 시험의 수행 및 우유 시료의 품질을 결정한다.

환원효소 시험은 생우유(원유)의 미생물학적 품질 측정을 위해 낙농업에서 수십 년 간 이용되었다. 미국에서는 A등급 원유의 호기성 평판계수가 각 공급자의 우유에서는 1×10^5 CFU/mL 또는 혼합된 우유에서는 1×10^5 CFU/mL를 넘지 말아야 한다. 원유는 저온살균 전에 4.4℃에서 최대 5일간 저장될 수 있으며, 이 기간 중 우유의 높은 초기 미생물 개체수는 이 제품의 신속한 부패와 경제적 손실을 일으킬 수 있다.

많은 수의 활발하게 자라는 세균을 함유하고 있는 우유는 미생물에 의한 용존산소의 소모 때문에 낮은 산화-환원 전위를 갖는다. 이 낮아진 산화-환원 전위는 우유 시료에 염료 메틸렌 블루의 첨가에 의해 측정될 수 있으며 이것이 우유의 **환원효소 시험**(reductase test)의 기초이다. 이것은 이 염료가 환원될 때 메틸렌 블루의 색이 청색에서 무색으로의 변화에 근거한다. 이 시험에서 1 mL의 메틸렌 블루(1 : 25,000)를 10 mL의 우유에 첨가한다. 시험관을 고무마개로 막고 천천히 세 번 뒤집어서 섞는다. 이것을 35℃의 수조에 넣고 6시간까지의 간격으로 조사한다. 메틸렌 블루가 무색이 되는데 걸리는 시간을 **메틸렌 블루 환원 시간**(methylene blue reduction time, MBRT)이라 한다. MBRT가 짧을수록 우유의 품질이 낮아진다. 6시간의 MBRT는 매우 우수하며 30분의 MBRT는 매우 불량한 품질이다(그림 61.1). 그러나 미생물들은 이 염료를 환원시키는 정도가 다양하다. 또한 환원효소 시험은 모든 종류의 식품에 적용할 수는 없는데, 원유를 포함한 일부 식품이 이 염료의 색을 변화시키는 환원성 물질을 자연적으로 갖고 있기 때문이다.

이 시험의 타당성은 우유의 모든 세균이 35℃에서 산화-환원 전위를 감소시킨다는 가정에 기초한다. 이 온

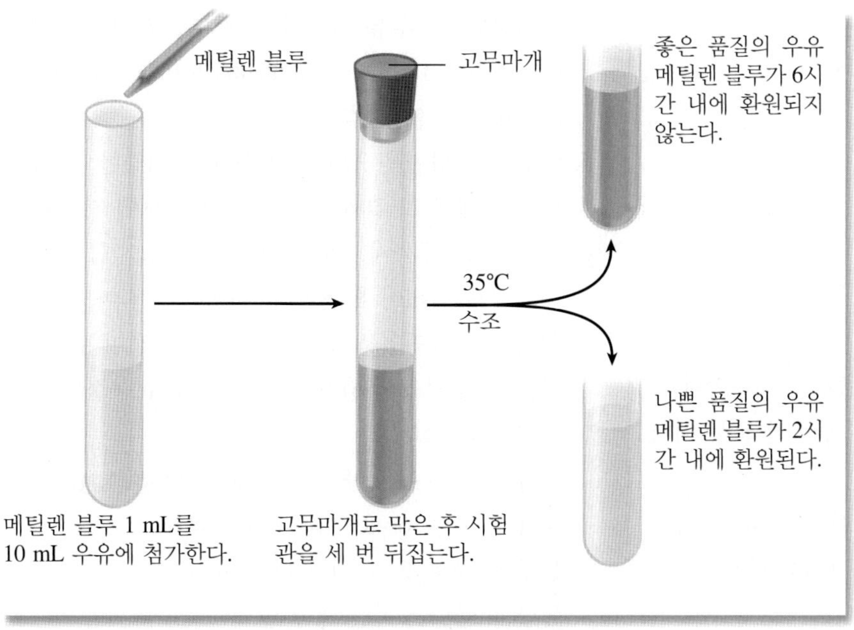

그림 61.1 원유에 대한 환원효소 시험 방법과 결과의 해석.

그림 61.2 우유 시료의 희석과 평판 배양의 준비 과정.

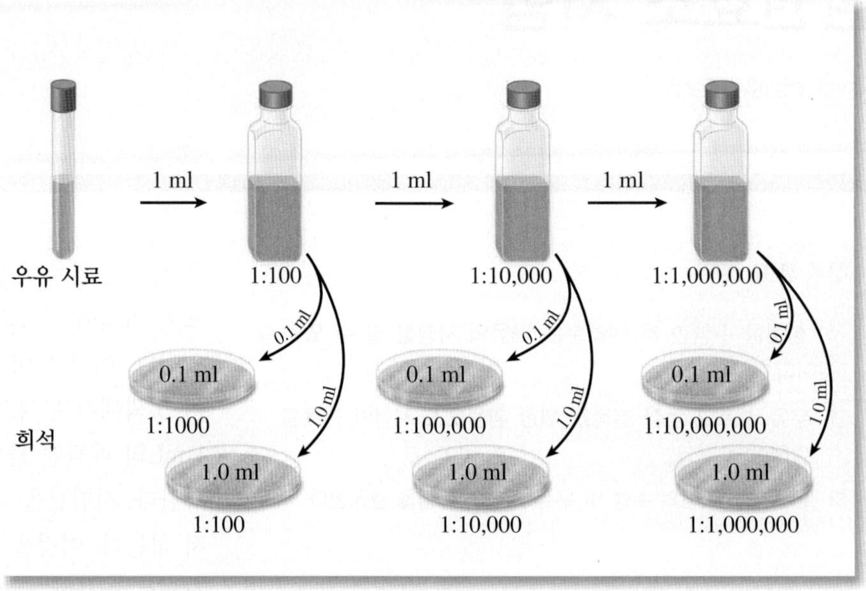

도에서 자라지 않는 많은 수의 호냉성생물, 호열성생물과 내열성생물(저온살균에서 살아남은 비병원성 세균)은 양성 결과를 내지 않는다. 그러나 원유는 강력한 환원생물인 스트렙토코커스 락티스(*Streptococcus lactis*)와 대장균(*Escherichia coli*)을 보통 함유하고 있기 때문에 이 시험은 원유 수집장소에서의 원유 검사에 적당하다. 이것의 가장 큰 가치는 이것을 수행할 인력의 기술적 훈련이 덜 요구된다는 것이다.

재료

- 학생 당 2개의 멸균된 고무마개 시험관
- 좋은 품질과 나쁜 품질의 원유 시료(시료 A와 B)
- 35℃로 맞춰진 수조
- 메틸렌 블루(0.004%; 4 μL/100 mL)
- 10 mL 피펫
- 1 mL 피펫
- 영양한천배지 2병(각 100 mL)
- 10개의 페트리 평판
- 6개의 멸균된 99 mL 증류수 시험관
- 32℃로 맞춰진 배양기

1. 2개의 시험관에 학생 이름과 원유 종류를 기록한다. 각 학생은 좋은 품질과 나쁜 품질의 원유를 모두 시험할 것이다.
2. 각 종류의 우유를 다른 피펫을 이용하여 10 mL씩 각 시험관에 옮긴다. 시험관의 우유에 1 mL 피펫으로 1 mL의 메틸렌블루를 첨가한다. 고무마개로 막고 부드럽게 세 번 뒤집어서 섞는다. 시험관 표지에 시간을 기록하고 시험관을 35°C로 맞춰진 수조에 넣는다. 표준 평판계수를 이용한 분석을 위한 두 종류의 원유의 나머지는 냉장한다.
3. 배양 5분 후 수조에서 시험관을 꺼내 마지막으로 다시 한 번 뒤집고 수조에 다시 넣는다.
4. 4명의 학생이 한 조로 실험을 한다. 30분마다 시험관의 색 변화를 관찰하는 도중 냉장고에 보관했던 두 종류의 우유에 대해 표준 평판계수(실험 21)를 실시한다. 각 우유 시료에 대해 그림 61.2에 보이는 대로 **1:100**, **1:10,00**, **1:1,000,000**의 비율로 희석하고 도말평판을 실시한다.
5. 영양한천 평판을 32°C에서 48시간 배양한 후 세균 집락을 세어 그 결과를 실험 보고서 61에 기록한다.
6. 실험 종료 때까지 30분마다 수조에서 시험관을 조심스럽게 꺼내어 확인한다. 시험관의 적어도 4/5가 흰색으로 바뀌었을 때가 환원 종료시점이며, 이 시간을 실험 보고서 61에 기록한다. 우유 품질의 구분은 다음과 같다.

   등급 1: 매우 우수, 8시간 내에 탈색되지 않음
   등급 2: 우수, 6~8 시간 내에 탈색
   등급 3: 양호, 2~6 시간 내에 탈색
   등급 4: 불량, 2시간 내에 탈색

이름: ____________________

날짜: ________ Section: ____________________

실험 61. 환원효소 시험

A. 결과

여러분이 시험한 두 종류의 우유 시료의 등급은 무엇인가? 각각에 대해 MBRT를 기록하시오.

시료 A: ______________________________

시료 B: ______________________________

B.

각 우유 시료의 표준 평판계수 결과(CFU/mL)를 기록하시오.

시료 A: ______________________________

시료 B: ______________________________

C. 단답식 문제

1. 시험관을 공기 중에 열어 두지 않고 고무마개로 밀봉하는 이유는 무엇인가?

2. 짧은 환원 시간을 갖는 우유가 정말로 마시기에 안전하지 않은가? ____________

   그 이유를 설명하시오. ______________________________

3. 우유 시료에서 산소가 고갈될 때 메틸렌 블루 지시약의 색깔은 무엇인가? ____________

4. 이 시험 방법이 직접 현미경 계수법보다 나은 점은 무엇인가? ____________

5. 우유 시료에 많이 존재하지만 환원효소 시험에 음성을 나타내는 미생물은 어떤 종류인가?

온도: 치사효과

Temperature: Lethal Effects

EXERCISE 62

학습목표

이 실험을 수행한 후 여러분은 다음의 사항을 알 수 있을 것이다.

1. 어떻게 온도가 세균 세포를 죽이는지 이해한다.
2. 열치사온도와 열치사시간를 정의하고 통조림 식품의 제조에 그들의 중요성을 이해한다.
3. 내생포자 형성 세균이 어떻게 영양형 세포보다 온도의 치사효과에 더 내성이 높은지 설명한다.

대부분의 미생물은 고온에 의해 죽는데 주로 열에 대한 그들의 거대분자들의 민감성 때문이다. 고온은 단백질을 변성시키고 풀리게 만들어 그들의 삼차 구조와 생물학적 활성을 잃게 만든다. 효소들은 단백질이기 때문에 생물의 대사능력이 열에 의해 비가역적으로 손상된다. 에너지 생성, 단백질 합성과 세포 분열 같은 세포 내의 효소 체계의 손상은 언제나 세포의 죽음을 가져온다. 핵산도 열에 의해 손상될 수 있어 DNA와 RNA의 구조가 파괴된다. 핵산의 소실은 세포 분열과 단백질 합성을 막아 결과적으로 세포 사멸을 일으킨다. 또한 NAD^+와 기타 조효소 같은 세포 내 작은 분자도 고온에 의해 손상되거나 파괴될 수 있으며, 이들 필수적인 요소들의 손실이 세포 사멸에 기여한다. 일부 생물은 다른 것들보다 열에 내성이 높은데 그들이 내생포자(endospore)를 생성하기 때문이다. 바실러스(*Bacillus*)와 클로스트리디움(*Clostridium*) 속에 속하는 세균들의 내생포자는 여러 이유로 영양형 세포보다 열에 대한 저항성이 높다. 내생포자는 영양형 세포보다 훨씬 낮은 수분 함량을 가지며, 그 결과 그들의 거대분자들은 변성에 덜 민감하다. 내생포자가 탈수되어 있으므로 거대분자, 조효소와 기타 필수적인 작은 분자를 손상시킬 수 있는 화학반응을 위한 수분을 이용할 수 없다. 영양형 세포와 달리 내생포자는 디피콜린산 칼슘(calcium dipicolinate)을 함유하는데 이것은 단백질의 열 변성을 방지하여 열에 대한 내성에 중요한 역할을 한다. 디피콜린산(dipicolinic acid)과 연관된 칼슘은 세포 내의 단백질, 핵산과 작은 분자를 비가역적으로 파괴할 수 있는 산화제에 대한 저항성을 제공할 수 있다. 추가적으로 내생포자에 존재하는 특별한 단백질은 핵산에 결합하여 그들의 변성을 방지할 수 있다. 이 모든 요소는 내생포자가 휴지기와 손상되지 않은 상태를 유지하는 데 중요하여 생물의 발아와 생장에 필요한 조건이 충족되었을 때 영양형 세포가 되게 한다.

고온에 대한 여러 생물의 민감성을 비교하기 위해 일부 비교 계량법이 필요하며 **열치사 온도**(thermal death point, TDP)와 **열치사 시간**(thermal death time, TDT)의 두 가지 비교 방법이 사용된다. 열치사 온도는 대상 생물 개체군이 10분 내에 죽는 최저온도이며, 열치사시간은 주어진 온도에서 규정된 조건하에 세포나 포자 현탁액을 죽이는 데 요구되는 최단시간이다. 그러나 pH, 수분, 배지 조성과 세포 나이 같은 다양한 요소가 결과에 큰 영향을 미칠 수 있으며, 따라서 이 변수들을 분명하게 밝혀야 한다.

열치사 온도와 열치사 시간은 식품산업에서 중요한데 통조림 식품이 식품유래 질병에 관련된 두 세균인 클로스트리디움 보툴리늄(*Clostridium botulinum*)과 클로스트리디움 퍼프린젠스(*Clostridium perfringens*)의 내생포자를 죽이는 온도까지 가열해야 하기 때문이다.

이 실험에서 여러분은 세 가지 다른 세균을 60°C, 70°C, 80°C, 90°C와 100°C로 배양하게 된다. 10분 간격으로 시험 세균의 시료를 꺼내어 평판배지에 접종하여 생존 세균의 수를 측정할 것이다. 내생포자를 형성하는 바실러스 메가테리움(*Bacillus megaterium*)이 내생포자를 형성하지 않는 스타필로코커스 아우레우스(*Staphylococcus aureus*) 및 대장균(*Escherichia coli*)과 비교될 것이다. 전체 과정은 그림 62.1에서 보는 바와 같다.

그림 62.1에 보면 배양액을 가열하기 전에 배양액

그림 62.1 열 저항성 측정 방법

[illegible]
의해야 한다. 배양 시험관은 수조에 넣을 때 동시에 항상
[illegible] 시험관을 넣어야 한다. 시험
은 온도계가 시험 온도에 도달할 때 시작한다.

전체 실험 수행에 많은 수의 평판배지가 접종되기 때문에 각 학생들에게 특정 온도와 세균을 할당하는 것이 필요하다. 오른쪽의 접종 할당표에 학생 수에 따른 할당이 제시되어 있다. 평판 배양 후에 각 학생은 결과를 실험 보고서 표에 기록하고 담당교수는 표를 복사하여 각 학생에게 나누어 주어 모든 학생이 타당성 있는 자료로부터 중요한 결론을 내릴 수 있게 한다.

비록 이 실험이 어렵지 않지만 실수 때문에 적절한 결과를 내기 어려울 수 있다. 흔한 실수는 (1) 대조균(미가열) 평판 접종, (2) 멸균된 영양액체배지 시험관 대신 배양 시험관에 온도계 삽입 및 (3) 새 멸균된 피펫을 사용하지 않는 것이 있다. 기타 실수에는 유사한 크기의 시험관을 사용하지 않는 것과 수조에 잠긴 시험관 부위와

[illegible]

학생당:

- 페트리 평판 5개
- 피펫 (1 mL 크기) 5개
- 영양액체배지 시험관 1개
- 영양한천배지 1병 (60 mL)
- 생물 배양액 1개

실험실 준비 기구:

- 60°C, 70°C, 80°C, 90°C, 100°C로 맞춰진 수조

세균 액체배양액:

- *Staphylo coccus aureus, Escherichia coli, Bacillus megaterium* (실험조당 각 종에 대해 최소 5개 배양액)

1. 어떤 생물과 온도가 할당될지 오른쪽의 접종 할당표를 보고 결정한다. 만일 실험실에 여러 개의 온도 조절 수조가 있다면 그중 하나를 이용한다. 만일 여러분이 사용할 온도의 수조가 없다면 전열기 또는 삼발이와 분젠 버너 위에 수조를 설치한다.

실험 보고서 62

이름: ______________________

날짜: ________ Section: ______________

실험 62. 온도: 치사효과

A. 결과

5개의 페트리 평판배지를 조사하여 생장의 증거를 확인한다. 아래의 표와 유사한 표를 칠판에 만들어 생장 유무를 (+)와 (−)로 기록하시오. 반의 모든 학생이 그들의 결과를 기록하여 이 표를 완성한다.

세균	60°C					70°C					80°C					90°C					100°C				
	C*	10	20	30	40	C*	10	20	30	40	C*	10	20	30	40	C*	10	20	30	40	C*	10	20	30	40
S. aureus																									
E. coli																									
B. megaterium																									

*대조군(미가열) 시험관

1. 위의 정보로부터 얻을 수 있다면 각 세균에 대한 열치사 온도를 기록하시오.

   S. aureus: ____________ *E. coli*: ____________ *B. megaterium*: ____________

2. 위의 표로부터 각 생물체에 대한 아래 표에 있는 온도에서의 열치사 시간을 측정하고 이 정보를 아래 표에 기록하시오.

세균	열치사 시간				
	60°C	70°C	80°C	90°C	100°C
S. aureus					
E. coli					
B. megaterium					

B. 단답식 문제

1. 이 실험에서 대조군 평판 접종의 중요성은 무엇인가?

____

____

2. 배양 온도를 측정하기 위해 왜 배양액이 아닌 시험관에 온도계를 넣는가?

3. *Bauillus megaterium*은 높은 열치사온도와 긴 열치사 시간을 갖지만 호열성 생물로 구분되지는 않는다. 이에 대해 설명하시오.

4. 내생포자가 왜 영양형 세포보다 열에 훨씬 더 내성이 있는지 세 가지 이유를 드시오.

   a.

   b.

   c.

5. 포자형성 세균에 의해 일어나는 네 가지 질병을 나열하시오.

   a.

   b.

   c.

   d.

6. 수조에 완전히 잠긴 밀봉된 작은 직경의 시험관 내에 있는 배양의 가열이 수조에 부분적으로 잠긴 시험관의 사용보다 더 정확한 결과를 나타낼 것인가? 여러분의 대답에 대한 이유를 설명하시오.

통조림 식품의 미생물 부패

Microbial Spoilage of Canned Food

EXERCISE 63

학습목표

이 실험을 수행한 후 여러분은 다음의 사항을 알 수 있을 것이다.

1. 내생포자 형성 세균이 어떻게 통조림 식품의 부패와 연관되는지 규명한다.
2. 통조림 식품에서 일어나는 부패의 종류를 설명한다.
3. 그람염색과 내생포자 염색을 이용하여 부패된 통조림 식품 내의 세균 특성을 밝힌다.

부적절하게 열처리된 시판되는 통조림 식품의 부패는 거의 대부분 열내성 내생포자를 생성하는 세균의 작용에 기인한다. 두 종류의 내생포자 형성 세균인 클로스트리디움(*Clostridium*)과 바실러스(*Bacillus*)는 통조림 식품에서 주요 걱정거리이다. 클로스트리디움 종들은 혐기성인데 반해 바실러스 종류는 호기성에서 통성 혐기성 균주들이 존재한다. 두 속 내에 호중온성이나 호열성 균주들이 있으며, 그들의 내생포자의 열 저항성은 다를 수 있다. 클로스트리디움 종을 포함한 호중온성 혐기적 포자 형성 세균은 단백질을 분해하거나 분해하지 않는다. 단백질 분해 균주만이 단백질을 분해하여 황화수소와 기체를 생성한다. 클로스트리디움 보툴리눔(*Clostridium botulinum*)의 비단백질분해 균주는 기체 생성, 악취나 황화수소 생성 같은 부패의 전형적인 징후 없이 통조림 식품에서 자라고 독소를 생성할 수 있기 때문에 은밀하게 퍼지는 문제이다. 일반적으로 통조림은 세균 내생포자를 죽이기에 적당한 온도에서 장시간 식품을 열에 노출시켜 제조한다. 클로스트리디움 보툴리눔이 증식하여 보툴리누스(botulinus) 독소를 생성하고 그에 따라 보툴리누스 식중독을 일으킬 수 있는 저산성 식품의 제조에 특별한 주의가 요구된다.

부패는 열처리 과정이 용인된 기준에 부합되지 않을 때 일어난다. 이는 다음의 여러 가지 이유 때문에 일어날 수 있다: (1) 작업자의 지식 부족(보통 가정에서 통조림 제조 시); (2) 통조림 제조 전 원료 취급 시 부주의로 통상적인 열처리가 제어하기 어려울 정도의 매우 높은 수준의 오염이 발생; (3) 장비 고장으로 발견되지 않는 살균부족 발생; (4) 열처리 후 생물이 출입할 수 있는 결함 있는 용기.

여기서 우리의 관심은 열내성 포자 형성 세균에 의해 발생하는 가장 흔한 종류의 식중독으로 세 가지 종류가 있다: 플랫 사워, T.A. 부패와 Stinker 부패.

무가스 산미라고 하는 **플랫 사워**(flat sour)는 가스 발생 없이 산이 생성되는 부패이며, 그 결과 부풀지 않은 깡통 속에 신 식품이 들어 있다. **T.A. 부패**(T.A. spoilage)는 저산 식품에서 산과 가스(CO_2와 H_2, 그러나 H_2S는 아님)를 생성하는 호열성 혐기성 세균에 의해 일어난다. 깡통은 다양한 정도로 부풀고 가끔 터진다. **Stinker 부패**는 황화수소를 생성하고 통과 내용물을 검게 만드는 포자 형성 세균 때문이다. 검게 변하는 것은 깡통의 철과 H_2S의 반응으로 검은색의 황화철이 형성되기 때문이다.

이 실험을 통해 통조림 부패를 일으키는 호기성과 혐기성 내생포자 형성 세균인 바실러스와 클로스트리디움뿐만 아니라 비포자형성 세균들의 일부 형태학적 및 생리학적 특성과 친숙해질 것이다.

하나의 그룹으로 실험하면서 전체 학급은 10개의 채소 통조림(옥수수와 완두콩)에 5가지 다른 생물을 접종할 것인데 그림 63.1은 그 과정을 나타낸다. 접종 후 깡통은 납땜으로 봉인하고 다른 온도에서 배양할 것이다. 배양 후 통을 열어 시료로 현미경 염색 슬라이드를 만들어 그람 반응과 내생포자 존재를 관찰할 것이다. 담당교수가 각 학생이나 그룹에 10개의 통 중 하나 또는 그 이상에 접종을 할당할 것이다. 하나씩의 옥수수와 완두콩 통조림에 한 종류의 세균을 접종하는 데 다음과 같이 실시한다.

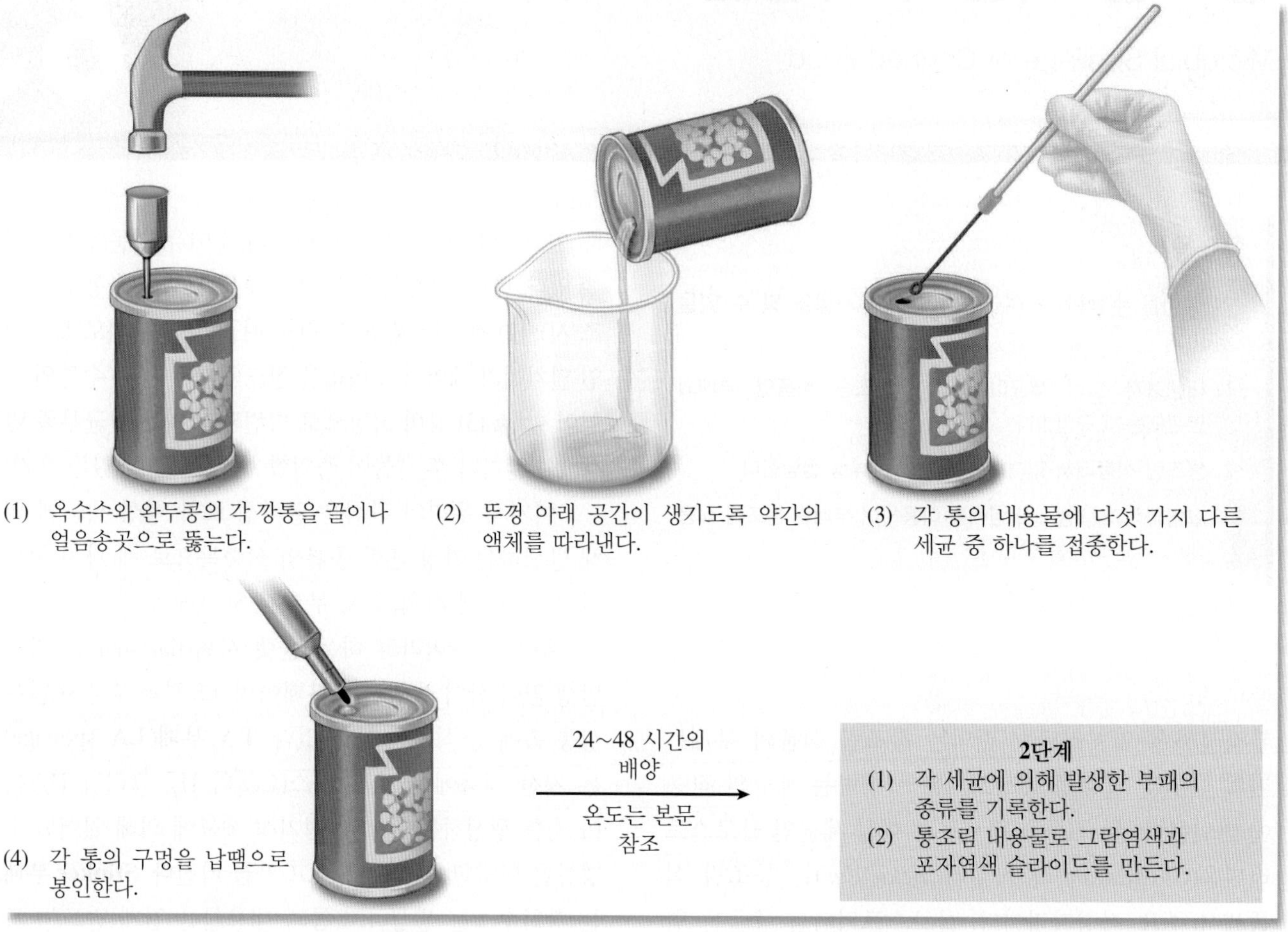

그림 63.1 통조림 식품 접종 방법.

1차 실험

(접종)

재료

- 작은 옥수수 통조림 5개
- 작은 완두콩 통조림 5개
- *Geobacillus stearothermophilus, B. coagulans, C. sporogenes, Thermoanaerobacterium thermosaccharolyticum*과 *E. coli* 배양
- 얼음송곳이나 끌
- 망치
- 납땜인두와 땜납
- 비닐 봉지
- 견출지와 고무줄
- 표백용액 (0.01%; 10 μL/100 mL)
- 분젠 버너

1. 자신에게 할당된 통조림에 세균 이름을 견출지에 적어 붙인다. 또한 통의 봉인 후 사용할 비닐봉지에도 동일한 견출지를 붙인다.
2. 모든 통조림 뚜껑에 표백제 용액을 붓는다. 10분 후 표백제 용액을 따라내고 각 통조림의 윗부분을 분젠 버너로 가열하여 용액을 완전히 제거한다. 손이나 망치를 이용하여 멸균된 얼음송곳이나 끌로 통의 위쪽 편평한 부위에 구멍을 낸다.
3. 통조림으로부터 약 5 mL의 액체를 따라내어 뚜껑 아래 빈 공간을 만든다.
4. 백금이를 이용하여 표시된 세균을 옥수수와 완두콩 통조림에 접종한다.
5. 담당교수가 통의 구멍을 납땜으로 봉인한다.
6. 봉인 후 각 통을 두 겹의 비닐봉지에 넣는다. 각 봉

지는 고무줄로 따로 막고 바깥쪽 봉지에 견출지를 붙인다.

7. 다음 실험 때까지 다음과 같이 배양한다.
   - 45°C; 72시간 – *T. thermosaccharolyticum*
   - 37°C; 24~48시간 – *C. sporogenes*와 *B. coagulans*
   - 37°C; 24~48시간 – *E. coli*
   - 55°C; 24~48시간 – *G. stearothermophilus*

   주의: 만일 배양 중 깡통이 부풀기 시작하면 그것을 냉장고에 넣어야 한다.

2차 실험

(해석)

배양 후 깡통을 후드에 넣고 개봉한다. 일부 통조림의 냄새는 H_2S 생성 때문에 매우 강할 수 있다.

재료

- 깡통따개(천공식)
- 작은 플라스틱 비이커
- 파라필름(Parafilm)
- 그람염색키트
- 포자염색키트

1. 천공식 깡통따개로 각 통조림을 개봉한다. 만일 통이 부풀었다면 내용물의 폭발적 방출의 효과를 최소화하기 위해 구멍을 뚫는 동안 깡통 위에 플라스틱 깔때기를 뒤집어 위를 막는다.
2. 구멍을 통해 약 10 mL의 액체를 따라내어 작은 플라스틱 비이커에 담고 파라필름으로 덮는다. 이 액체는 염색 슬라이드를 만들 때 사용한다.
3. 통조림 식품을 비닐봉지에 담아 다시 닫고 생물유해물질 보관통에 담는다.
4. 다른 모든 통조림 추출물로부터 그람염색과 내생포자염색 슬라이드를 만들고 명시야 현미경에서 이머젼 오일을 이용하여 관찰한다.
5. 관찰 내용을 보고서에 기록하고 사본을 각 학생들에게 배포한다.

실험 보고서

실험 보고서 63의 첫 부분을 완성한다.

실험 보고서 63

이름: ______________________

날짜: ________ Section: ______________________

실험 63. 통조림 식품의 미생물 부패

A. 결과

1. 관찰

   채소 통조림에 미치는 각 세균의 영향에 대한 관찰을 기록하고 그 결과를 다른 학생들과 공유한다.

세균	완두콩		옥수수	
	기체 생성 + 또는 −	냄새	기체 생성 + 또는 −	냄새
E. coli				
B. coagulans				
G. stearothermophilus				
C. sporogenes				
T. thermosaccharolyticum				

2. 현미경 관찰

   통조림 식품 추출물로부터 세균의 그람염색과 포자염색 슬라이드를 만든 후 현미경으로 관찰하여 각 종의 모양을 그린다.

<table>
<tr><td rowspan="2"></td><td rowspan="2"></td><td>G. s.</td><td>G. s.</td><td rowspan="2"></td></tr>
<tr><td>C. s.</td><td>C. s.</td></tr>
<tr><td>E. coli</td><td>B. coagulans</td><td>G. stearothermophilus</td><td>C. sporogenes</td><td>T. thermosaccharolyticum</td></tr>
</table>

통조림 식품의 미생물 부패 (계속)

B. 단답식 문제

1. 만일 있다면 어느 세균이 플랫 사워 부패를 일으키는가? ______________________________

____

2. 만일 있다면 어느 세균이 T.A. 부패를 일으키는가? ______________________________

____

3. 만일 있다면 어느 세균이 stinker 부패를 일으키는가? ______________________________

____

4. 플랫 사워는 건강상의 문제를 일으키는가? ______________________________

____

5. 보튤리누스 중독이 일어나는 전형적인 부패가 어떻게 발생하는지 설명하시오. ______________

____

____

6. 왜 식품 공장보다 가정에서 통조림을 만들 때 부패가 더 잘 일어나는가?

____

____

알코올 발효의 미생물학

Microbiology of Alcohol Fermentation

EXERCISE 64

학습목표

이 실험을 수행한 후 여러분은 다음의 사항을 알 수 있을 것이다.

1. 왜 발효가 식품 보전의 방법인지 이해한다.
2. 효모가 어떻게 포도즙을 발효하여 다양한 최종 산물을 만드는지 설명한다.

발효된 식품과 음료는 인류 문명 만큼 오래되었다. 맥주와 포도주 제조가 BC 2000년 전에 수립되었다는 역사적 증거가 있다. 앗시리아 점토판에는 노아가 방주에 맥주를 실었다고 기록되어 있다.

맥주, 포도주, 식초, 버터밀크, 코티지치즈, 사우어크라우트, 피클과 요구르트는 발효 산물의 일부이다. 이들 식품과 음료의 대부분은 효모(*Saccharomyces*)나 세균(*Lactobacillus*, *Acetobacter* 등)의 다른 균주에 의해 만들어진다.

발효는 실제로 식품 보전 방법인데 생성된 산과 알코올 및 혐기성 환경이 많은 부패미생물의 생장을 억제하기 때문이다.

포도주는 근본적으로 발효된 포도즙으로 사카로마이세스 세레비시이 변종 엘립소이디우스(*Saccharomyces cerevisiae* var. *ellipsoideus*)에 의해 수행되는 알코올 발효가 일어난다. 비록 우리가 일반적으로 와인(포도주)을 발효된 포도즙과 연관시키지만 그것은 다양한 딸기류, 민들레, 대황 등으로부터 만들어지기도 한다. 이 발효에는 다음의 세 가지 조건이 필요하다: 단순 당, 효모, 혐기성 조건. 이 반응은 다음과 같다:

$$C_6H_{12}O_6 \xrightarrow{\text{효모}} 2C_2H_5OH + 2CO_2$$

상업적으로 포도주는 적포도주와 백포도주의 두 종류로 생산된다. 적포도주를 만들기 위해서 양조업자는

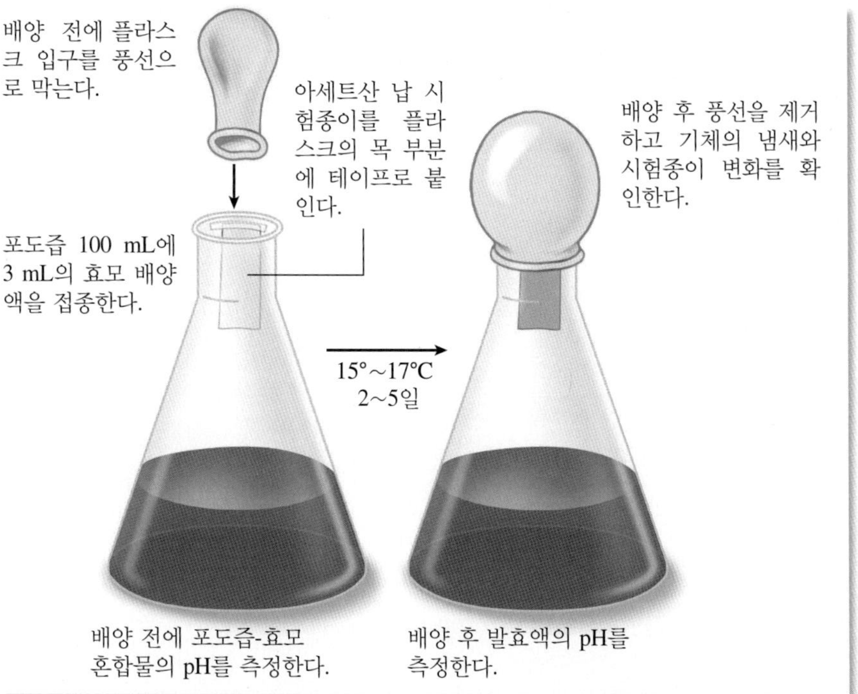

그림 64.1 알코올 발효 실험장치.

발효 초기 단계에서 껍질이 남아 있는 적포도를 사용한다. 백포도주는 적포도나 백포도를 모두 사용할 수 있지만 껍질은 제거한다. 백포도주와 적포도주는 각각 13℃와 24℃에서 발효시킨다.

이 실험에서 당 발효에 의한 알코올 생성의 일부 특성에 대해 배우고자 포도즙 발효실험을 실시한다. 그림 64.1에서 보는 바와 같이 산소 유입을 막고 생성되는 기체를 포집하기 위해 발효 플라스크 입구에 풍선을 씌운다. 발효 중 *S. cerevisiae*에 의해 자연적으로 생성되며 포도주에 악취를 일으킬 수 있는 황화수소 발생 여부를 조사하기 위해 플라스크 목 안에 아세트산 납 시험종이를 붙여 놓는다. 기질의 pH도 또한 배양 전후에 측정하여 어떤 변화가 일어나는지 살펴본다.

1차 실험

재료

- 100 mL 포도액(방부제가 없는)
- 포도주 효모 배양액
- 125 mL 삼각플라스크
- 10 mL 피펫 1개
- 풍선
- 황화수소 시험종이 (아세트산 납)
- 테이프
- pH 미터

1. 삼각플라스크에 학생 이름과 날짜를 적는다.
2. 플라스크에 약 100 mL의 포도즙을 넣는다.
3. pH 미터로 포도즙의 pH를 측정하고 실험 보고서 64에 pH를 기록한다.
4. 효모 배양액을 잘 흔들어 섞고 피펫으로 5 mL를 따라내어 플라스크에 넣는다.
5. 아세트산 납 시험종이 조각(3 cm 길이)에 테이프를 붙여 플라스크 목의 안쪽 표면에 붙인다.
6. 플라스크 입구를 풍선으로 덮는다.
7. 플라스크를 15~17℃에서 2~5일 간 배양한다.

2차 실험

재료

- pH 미터

1. 풍선을 제거하고 플라스크 내용물의 냄새를 확인한 후 실험 보고서 64에 기록한다.
2. pH를 측정한 후 실험 보고서에 기록한다.
3. 아세트산 납 시험종이에 나타난 색깔 변화를 실험 보고서에 기록한다. 만일 H_2S가 생성되면 황화수소가 아세트산 납과 반응하여 황화납을 형성하기 때문에 이 종이는 검은색이 된다.
4. 플라스크를 씻어서 건조대에 놓는다.

실험 보고서

실험 보고서 64를 완성한다.

실험 보고서 64

이름: ____________________

날짜: ________ Section: ____________________

실험 64. 알코올 발효의 미생물학

A. 결과

발효산물을 관찰하고 기록한다.

냄새: ____________________

pH: ____________________

H_2S 생성: ____________________

B. 단답식 문제

1. 포도즙의 어떤 성분이 발효되었는가? 이 발효의 주요 산물은 무엇인가?

2. 왜 풍선으로 플라스크를 봉하였는가? 고무마개로 플라스크를 막았다면 그 산물이 어떻게 달라지는가?

3. 어떤 종류의 생물에 의해 발효 음료가 생성되는가?

4. 발효 도중 왜 황화수소 발생을 측정하는가?

5. 발효의 최종 산물이 부패 생물을 저해하기 때문에 발효는 실제로 하나의 보전 방법이다. 이 목적에 맞는 최종산물을 몇 가지 드시오.

6. 식품 보전에 미생물 발효가 어떻게 기여하는가?

PART 12

세균 유전학과 생명공학

DNA 분자 안에 암호화되어 있는 유전 정보는 세균의 세포 안에서 유전체를 구성하고 대사능력과 세포구조와 같이 세포를 정의하는 것들을 결정한다. 정보는 우선적으로 핵 DNA 안에 암호화되어 있지만, 플라스미드라고 하는 작은 DNA 안에서도 찾을 수 있다. 플라스미드는 복제가 가능하며 핵 DNA와는 별도로 세포 안으로 전달될 수 있다. 핵 DNA와 플라스미드 안에 있는 정보는 유전자라고 하는 유전적 단위를 통하여 정렬되어 있다. 유전자는 우선 다양한 효소들을 암호화하는데 이는 세포 안에 있는 대사 반응을 촉매하며 다른 세포와 구분할 수 있는 독특한 특징을 부여한다. 핵 DNA에 있는 정보는 세포를 정의하기 때문에 어느 세포에서나 생존에 매우 필수적이다. 그러나 플라스미드 DNA는 부가적인 정보를 제공하기 때문에 세균 세포가 가지는 특별한 외부 환경에 있을 때만 필요하며, 플라스미드 DNA는 생존에 필수적이지는 않다. 플라스미드 DNA는 항생제 저항성, 특별한 대사기능, 병원성의 증가, 또는 독소의 생산과 같은 특징들을 암호화할 수 있다. 이와 같은 기능은 세포가 특별한 성질로 인하여 이점을 가질 수 있을 때에만 도움이 되며, 다른 때에는 필수적이지 않다.

© Getty RF

DNA에 있는 정보는 세포가 분열될 때 매우 정확하게 복제되어야 하는데, 이는 분열된 세포들이 모두 같은 유전적 잠재성을 갖는 것을 보장하기 때문에 매우 중요하다. 뉴클레오티드 염기의 삽입 또는 결실로 인한 서열의 변화 또는 돌연변이는 일반적으로 세포에 매우 해롭다. 돌연변이는 뉴클레오티드 염기가 UV 같은 방사선에 노출되거나, 니트로사민과 같은 돌연변이를 유발하는 화합물로 인해 일어나기도 한다. 세균은 오직 한 가지의 독특한 유전자만을 가지고 있기 때문에, 어떤 돌연변이든 발견되기 쉽다. 모든 돌연변이가 해로운 것은 아니지만, 돌연변이는 유전정보를 바꾸는 방법만으로 세포의 유전적 잠재성을 바꿀 수 있다.

세포의 유전적 잠재성은 생식을 통한 유전물질의 교환이 일어나는 동안 유전자의 재분류를 통해 바뀔 수 있다. 세균은 대체로 이분법과 같은 무성생식을 한다. 그러나 DNA를 전달하거나 교환하는 방법을 통하여 생식기작을 진화시켰다. 이 방법에는 "노출된(naked)" DNA를 받아들이는 형질전환, 교배가 필요한 접합, 바이러스를 통해 유전자를 전달하는 형질도입 등이 있다. 유전정보가 바뀌게 되면 재조합을 할 수 있으며, 이는 세포 내에 존재하는 DNA 서열을 바꿀 수 있다는 것을 의미한다. 예를 들어, 새로운 DNA가 기존의 DNA를 돌연변이와 함께 교체하면서 유전적 잠재성을 가진 영구적인 부분이 될 수 있다. 성적교배를 통한 최종 목표는 유전자 풀에 변이성을 주는 것이다.

세균에서 변이성은 플라스미드 DNA를 통하여 매우 빠르게 도입될 수 있다. 플라스미드에 의해 운반되는 유전자의 수는 몇 개에서 몇 백 개에 이르기까지 다양하다. 플라스미드는 세균주 사이 교배를 통한 접합이 일어날 때 서로 교환된다. 앞서 언급하였듯이, 플라스미드는 세포에 필수적이지 않은 특별한 기능을 암호화하고 있다. 예를 들면, 병원 같은 환경에서 황색포도상구균(*Staphylococcus aureus*)과 같은 균은 페니실린에 대한 저항성을 갖기 위하여 페니실린 분해효소를 포함한 플라스미드를 교환하여, 소아과나 외과병동에 매우 심각한 감염을 일으키는 저항성을 가진 세균 균주를 생성하는 결과를 야기하기도 한다.

우리는 세균 유전학과 플라스미드와 같은 염색체외(extrachromosomal) 인자들을 공부함으로써 얻게 되는 지식을 통해 분자생물학과 생명공학의 새로운 영역에 대해서 새롭고 흥미로운 접근을 할 수 있다. 분자생물학적인 기법을 사용하여 세균 안에서 원하는 산물의 발현을 위한 "외부의" DNA를 세균의 플라스미드 안으로 도입할 수 있다. 예를 들어, 더 이상 당뇨병을 치료하기 위하여 동물을 도살하여 이자에서 인슐린을 추출하지 않아도 된다. 왜냐하면, 사람의 인슐린 유전자를 유전적 기술을 통하여 대장균(*E. coli*) 안으로 넣어서 세균 균주가 사람의 인슐린, 또는 휴물린(Humulin)을 생산하도록 하였기 때문이다. 이는 사람의 생장호르몬이나 인터페론과 같이 약학에 이용되고 있는 하나의 예에 불과하며, 수많은 목표들이 유전공학을 통하여 세균 안으로 들어가고 있다.

앞으로 이어질 부분에서는, 유전학과 분자생물학 기술을 이용한 실험들을 수행하게 될 것이다. 여기에는 돌연변이를 추출하거나, 세균을 유전적으로 변형하며, 플라스미드 DNA를 추출하고, 아가로오스 젤 전기영동을 통하여 DNA를 분리하고, 분리한 DNA를 PCR 기법을 통하여 증폭시키는 과정들이 포함된다. 이들은 유전공학이나 현대생명공학 기술에서 기본을 이루는 매우 중요한 기술이다.

평판배지 복제법을 통한 돌연변이의 분리

Mutant Isolation by Replica Plating

EXERCISE 65

학습목표

이 실험을 수행한 후 여러분은 다음의 사항을 알 수 있을 것이다.

1. 항생제가 있는 환경에 의해서 발생한 것이 아니라 자연발생적으로 항생제 저항성을 가지는 돌연변이에 대해 이해한다.
2. 평판배지 복제법을 이용하여 스트렙토마이신(streptomycin)에 저항성을 가지는 돌연변이체를 분리한다.

대장균(*E. coli*)과 같은 세균이 스트렙토마이신(streptomycin)과 같은 항생제에 노출이 되면, 그 세균은 항생제에 저항하여 자라게 된다. 이는 현재 잘 정립되어 있는 사실이지만, 초기에는 항생제가 돌연변이를 유발하여 세균에게 저항성을 제공하는 것으로 생각되었다. 이미 돌연변이는 무작위적이며, 자연발생적으로 세균 집단 내에서 일어나고, 약제의 존재와는 독립적으로 발생한다는 것을 알고 있다. 그러나 이러한 사실을 알게 된 것은 쉬운 일이 아니었다. 왜냐하면 이런 사실을 증명하기 위해서 항생제가 없는 배지에서 자란 세균이 자연적으로 저항성을 갖게 된 실험이 필요하기 때문이다.

배지 위에 있는 세균의 군집에서 자연적으로 스트렙토마이신에 대한 저항성을 가지는 돌연변이를 보기 위해서는, 각각 배지 위에 존재하는 개개의 콜로니들을 골라내야 하며, 그 선택한 콜로니들이 스트렙토마이신이 존재하는 배지에서 생장할 수 있는지 결정해야 한다. 게다가 일반적으로 돌연변이는 세균의 집단 내에서 매우 적은 비율로 발생하기 때문에 단일 돌연변이를 찾기 위해선 오백여 개에서 천 개가 넘는 콜로니가 있는 배지로부터 수백에서 수천 개의 콜로니들을 옮겨야 한다. 그러나 이렇게 돌연변이체를 찾는 방법은 **평판배지 복제법**(replica plating)을 통해서 상당한 시간을 단축할 수 있다.

이 기술은 멸균된 벨벳 천이 덮여 있는 나무 블록을 이용하여 항생제가 포함되지 않은 배지의 돌연변이로 추측되는 콜로니들을 찍는 방법이다. 벨벳 천은 수백 개의 가는 섬유로 구성되어 있어서 각각의 섬유들이 작은 접종 막대의 역할을 한다. 항생제가 포함된 배지에 벨벳 천을 찍게 되면 스트렙토마이신이 없는 배지에 동일한 패턴의 콜로니가 반복된다. 두 개의 배지를 비교함으로써 원래 배지에 있던 어떤 콜로니가 스트렙토마이신에 의한 자연적인 돌연변이가 발생하였는지 결정할 수 있게 된다. 그림 65.1에 그 방법이 서술되어 있다.

그림 65.1의 설명을 보면 세균은 처음에 굽은 유리

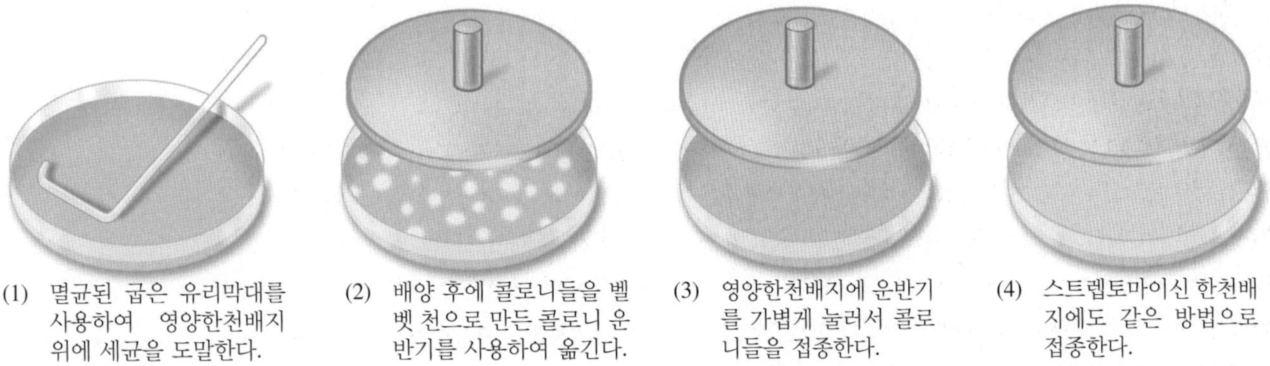

그림 65.1 평판배지 복제법.

막대로 영양한천배지 위에 분산된다. 배양 후에 모든 콜로니들은 두 개의 다른 배지로 옮겨지게 되는데, 첫 번째는 영양한천배지이고, 두 번째는 스트렙토마이신 고체배지이다. 배지를 배양하고 나면, 스트렙토마이신에 저항성을 가지는 세균은 스트렙토마이신 배지에서 관찰할 수 있다.

1차 실험

재료

- 영양한천배지 1개
- 굽은 유리막대 1개
- 1 mL 시약용 피펫
- 95% 에탄올 한 컵
- 알코올 램프
- *E. coli*의 액체배양액

1. *E. coli*의 액체배양액 0.1 mL을 페트리 접시 표면에 분주한다.
2. 멸균된 굽은 유리막대를 사용하여 그림 65.1과 같이 세균을 플레이트 위에 도말한다.
3. 이 플레이트를 37°C에서 24시간 동안 배양한다.

2차 실험

재료

- 이전 단계에서 배양했던 *E. coli* 플레이트 1개
- 학생당 한 개의 영양한천배지 1개
- 스트렙토마이신 한천배지 1개 (100 μg/mL의 스트렙토마이신이 포함된 배지)
- 학생당 1개의 멸균된 콜로니 운반기

1. 주의 깊게 이전 단계에서 준비한 플레이트 위의 *E. coli*에 멸균된 콜로니 운반기를 올려놓는다.
2. 가볍게 운반기로 배지를 눌러서 영양한천배지에서 접종한다. 이때 확실하게 하기 위하여 운반기의 윗부분에 펜으로 선을 그려두고, 배양 플레이트의 아래 부분에 일치하는 선을 그어두면 선을 맞춰 쉽게 접종을 할 수 있다.
3. 원래 배지에 운반기를 다시 찍지 말고 바로 스트렙토마이신 한천배지에 같은 방법으로 접종한다.
4. 두 개의 배지를 37°C에서 2일에서 4일 정도 밀봉된 용기 안에서 배양한다.

3차 실험

재료

- 퀘백(Quebec) 집락계수기와 hand counter

1. 실험한 두 개의 배지에서 관찰한 결과를 실험 보고서 65에 기록한다.
2. 다른 학생들의 결과를 함께 모아 표를 작성한다.

실험 보고서 65

이름: ______

날짜: ______ Section: ______

실험 65. 평판배지 복제법을 통한 돌연변이의 분리

A. 결과의 도표화

두 개의 배지에 있는 콜로니의 수를 세고, 아래와 유사한 칠판에 있는 표에 정보를 기록하시오. 모든 학생들이 수를 세고 결과를 기록하면, 아래의 표를 완성하시오.

학생이름	콜로니의 개수		학생이름	콜로니의 개수	
	영양 한천배지	스트렙토마이신 한천배지		영양 한천배지	스트렙토마이신 한천배지
합계			합계		
플레이트당 평균 개수			플레이트당 평균 개수		

B. 결과

1. 모든 학생들이 기록한 *E. coli*의 콜로니의 총 개수는 몇 개인가?

2. 스트렙토마이신에 저항성을 가진 *E. coli*의 개체는 몇 개가 발견되었는가?

3. 실험한 *E. coli* 집단 내에서 자연적인 돌연변이로 저항성을 획득한 것은 몇 % 인가?

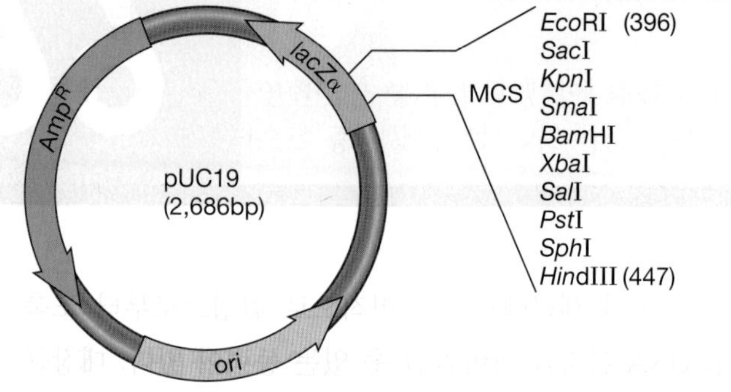

그림 66.1 제한효소 위치와 다중클로닝 위치를 보여주는 pCU19 플라스미드 지도.

할 수 있는 가장 일반적인 유전형질 중의 하나는 항생제에 대한 저항성이다. 세균 군집 내에서 항생제 저항성을 가진 플라스미드를 가진 세균은 "수평적 유전자 전달(horizontal gene transfer)"을 통하여 유전 정보를 다른 세균에게 전달할 수 있다. 이를 통하여 다양한 종의 세균으로 이루어진 전체 세균의 집단이 특정한 항생제에 대해서 저항성을 갖게 된다. 미생물학 또는 분자생물학 실험에서 플라스미드는 연구자들이 흥미 있는 유전자를 플라스미드에 삽입하여 증폭할 수 있는 "클로닝 벡터"로서 매우 중요한 역할을 한다. 재조합된 플라스미드가 세균 안으로 형질전환되어 들어가게 되면, 복제된 유전자의 증폭이 일어나게 된다. 왜냐하면 플라스미드는 항상 세균 내에서 다수의 복제수를 갖기 때문이다. 다양한 플라스미드가 분자 생물학자들을 위하여 상업적으로 이용되고 있다. 분자생물학 실험에서 사용되는 적당한 플라스미드를 선택하기 위해서 고려해야 할 점이 몇 가지 있다. 선택 가능한 표지로 사용할 항생제 저항성과 흥미 있는 유전자를 삽입할 때 필요한 제한효소로 잘리는 부분, 또는 다중 클로닝 부위(multiple cloning site, MCS), 재조합한 플라스미드이 분석을 촉진시킬 수 있는 선별 인자의 존재, 플라스미드이 복제 수 등이 중요하다. 일반적으로 사용되는 클로닝 벡터 pUC19는 엠피실린 저항성을 갖는 *bla* 유전자를 갖고 있으며, 다음의 세 가지 실험에서 사용될 것이다.

다음의 세 가지 실험에서 학생들은 새로운 유전형질을 삽입하고, pUC19 플라스미드를 많이 사용되는 세포주인 대장균에 형질전환 시켜 표현형을 관찰할 것이다 (그림 66.1). 그리고 그 결과를 중합효소 연쇄반응(PCR)과 플라스미드 추출을 통하여 확인할 수 있다.

세균을 형질전환시키는 두 방법을 소개하였다. 각 형질전환 방법에 사용되는 수용성 세포는 수행하고자 하는 형질전환 방법에 따라 달라진다. 화학적 수용성 세포는 화학적 형질전환에 특이적으로 사용되고, 전기적 수용성 세포는 전기적 형질전환에 특이적으로 사용된다. 각각의 수용성 세포를 만드는 방법은 학생들에게 정보를 제공하기 위하여 이번 실험에서 다루어 질 것이다. 그러나 최대의 효과와 시간을 고려하여 이 실험에서는 각 수용성 세포를 구입하여 사용하는 것을 추천한다.

방법 A: 화학적 수용성 세포 준비

수용성을 가진 대장균 세포 준비(담당교수는 실험기간 전에 미리 준비하도록 한다). 그림 66.2a에 실험의 과정이 나와 있다.

재료

- *E. coli* 세포주 DH10B(Invitrogen, CA) 또는 이와 동등한 균주
- 16 × 150 mm의 시험관 (멸균된 것)
- Luria-bertani (LB) 액체배지
- L-한천배지
- 500 mL 플라스크(멸균된 것)
- 80 mM $CaCl_2$-50 mM $MgCl_2$ 용액 (멸균되고 차가운 것)
- 0.1 M CaCl2 (멸균되고 차가운 것)
- 50% 글리세롤 (멸균되고 차가운 것)
- 250 mL 원심분리용 시험관
- 50 mL oakridge 원심분리용 시험관
- 분광광도계(spectrophotometer)
- 냉장이 되는 원심분리기(Sorvall RC5 또는 이와 동등한 것)
- Sorvall GSA rotor
- Sorvall SS34 rotor 또는 이와 동등한 것
- 피펫(pipette)(5 mL, 10 mL, 25 mL-멸균된 것)과 pipette aid
- 1.7 mL 원심분리용 시험관(멸균된 것)
- 얼음, 얼음통
- 드라이아이스 또는 액화질소(선택사항)

1. 단일 콜로니를 얻기 위해 *E. coli* 세포주 DH10B (Invitrogen, CA)를 L-한천배지에 획선한 후 배지를 아침까지 37°C에서 배양한다.
2. DH10B의 단일 콜로니를 16×150 mm 시험관의 2 mL LB 액체배지에 접종하여 공기 주입된 37°C에서 아침까지 배양한다.

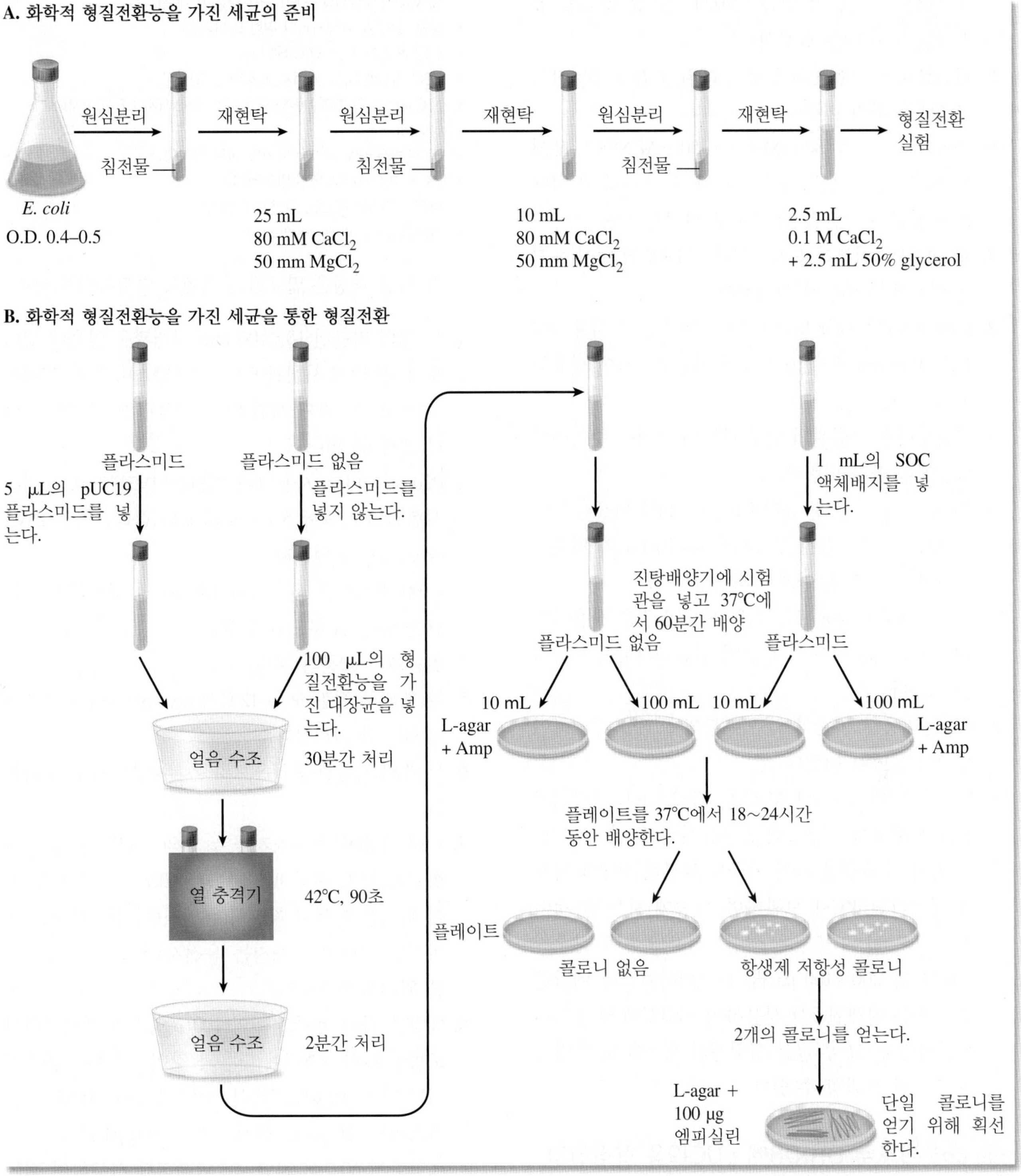

그림 66.2 *E. coli*에 형질전환 시키는 과정.

3. 2일째 되는 날, 100 mL의 LB가 담긴 500 mL 플라스크에 1~2 mL의 아침까지 키운 배양액을 접종한다. 37°C의 공기주입 상태에서 배양액을 OD_{600}에서 값이 0.4~0.5가 될 때까지 키운다.

4. 멸균기법을 사용하여 250 mL 원심분리용 시험관에 옮기고, 냉장이 되는 원심분리기(Sorvall, Beckman 또는 이와 동등한 것)을 이용하여 4°C, 5000 rpm에서 10분 동안 원심분리하여 세포들을 모은다. 이 과

정부터는 세균들이 얼음 속에서 차가운 상태를 유지하는 것이 매우 중요하다!

5. 원심분리용 시험관의 입구 부분의 오염을 주의하여 상층액을 따라 버린다.
6. 25 mL의 차가운 80 mM $CaCl_2$-50 mM $MgCl_2$ 용액에 세균들을 부드럽게 부유시킨 후, 25 mL의 피펫을 사용하여 세균을 위 아래로 피펫팅한다.
7. 50 mL의 원심분리용 시험관에 균을 오염 없이 옮긴 후 얼음에서 10분간 처리한다.
8. Sorvall SS34 rotor 또는 이와 동등한 것을 사용하여 4°C, 5000 rpm에서 10분 동안 원심분리하여 세균들을 모은다.
9. 원심분리용 시험관의 입구 부분의 오염을 주의하여 상층액을 따라 버린다.
10. 10 mL의 차가운 80 mM CaC_{l2}-50 mM $MgCl_2$ 용액에 세균을 부드럽게 부유시킨 후 10 mL의 피펫을 사용하여 균을 위 아래로 피펫팅한다.
11. Sorvall SS34 rotor 또는 이와 동등한 것을 사용하여 4°C, 6000 rpm에서 10분 동안 원심분리하여 세균들을 모은다.
12. 원심분리용 시험관의 입구 부분의 오염을 주의하여 상층액을 따라 버린다.
13. 2.5 mL의 차가운 0.1 M $CaCl_2$와 2.5 mL 글리세롤 용액에 세균들을 부드럽게 부유시킨 후 잘 섞는다.

    만약, 수용성을 가진 세균을 24시간 이내에 사용할 것이라면 4°C에 보관하며, 나중에 사용 할 것이라면, 1.7 mL의 멸균된 원심분리용 튜브에 분주하여(튜브당 200~400 μL씩) 드라이아이스나 에탄올 수조 또는 액체질소를 사용하여 −80°C에 넣어 빨리 동결시킨다. 그 후 균은 형질전환 효율을 잃지 않고 한 달여간 보관할 수 있다.

E. coli 세포주 DH10B에 pUC19을 형질전환

그림 66.2b에 *E. coli* 형질전환 실험의 흐름이 나와 있다.

재료

- pUC19 플라스미드 DNA 약 ~10 pg/μL (수용성 세포와 함께 positive control로 함께 판매되고 있다)
- 화학적 수용성을 가진 대장균 세포주 (추천하는 세포주: Invitrogen사의 MAX Efficiency® DH10B™ 수용성 세포)
- 얼음, 얼음을 고정시키기 위한 비이커
- 진탕 배양기 또는 37℃ 배양기
- SOC 액체배지(17 페이지, p.439 참조)
- 100 μg/mL의 엠피실린이 포함된 L−한천배지(1조 당 4개)
- 타이머
- 95 % 에탈올이 담긴 비이커와 굽은 유리막대
- 13 × 100 mm 시험관(멸균된 것)
- 피페터(P20와 P200), 멸균된 피펫 팁
- 멸균된 1 mL 피펫, pipette aid

각 실험 과정은 멸균된 상태에서 수행하여야 한다.

1. 두 개의 멸균된 13×100 mm 시험관을 얼음에 넣어둔다. 첫 번째 시험관에서는 "플라스미드 없음"이라고 쓰고, 두 번째 시험관에는 "플라스미드"라고 쓴다(그림 66.2b).
2. P20 피페터를 사용하여 "플라스미드"라고 표시된 시험관의 바닥에 5 μL의 pUC19 플라스미드 DNA (4 μg/μL)를 넣는다.
3. P200 피페터를 사용하여 100 μL의 수용성이 있는 균을 넣은 뒤 부드럽게 섞는다.
4. 얼음에서 30분간 처리한다.
5. 두 개의 시험관 모두 42°C의 heat block이나 수조에서 90초간 처리한다.
6. 두 개의 시험관을 얼음으로 옮겨서 2분 동안 처리한다.
7. 1 mL의 SOC 액체배지를 두 개의 시험관에 넣고, 시험관을 37°C 진탕 배양기에서 60분 동안 배양한다. 이 과정은 항생제 저항성 유전자(이 실험에서는 엠피실린 저항성을 가지는 유전자)를 발현하는 시간을 위해서 필요하다.
8. 배양을 하는 동안, 4개의 100 μg/μL의 엠피실린이 포함된 L-한천배지에 다음과 같이 적는다. "플라스미드 없음 (10 μL), "플라스미드 없음 (100 μL), "플라스미드 (10 μL), "플라스미드 (100 μL)".
9. 배양한지 60분이 지난 후, 피페터를 사용하여 적합한 배지에 세포를 (10 μL 또는 100 μL)분주한다. 분주한 후에 스프레더로 배지 위에 균을 도말한다.

    주의 : 만약 스프레더를 유리재질로 만든 것을 사용한다면, 도말하기 전에 스프레더를 95% 에탄올에 담근 후, 분젠 버너를 이용하여 스프레더에 남은 에

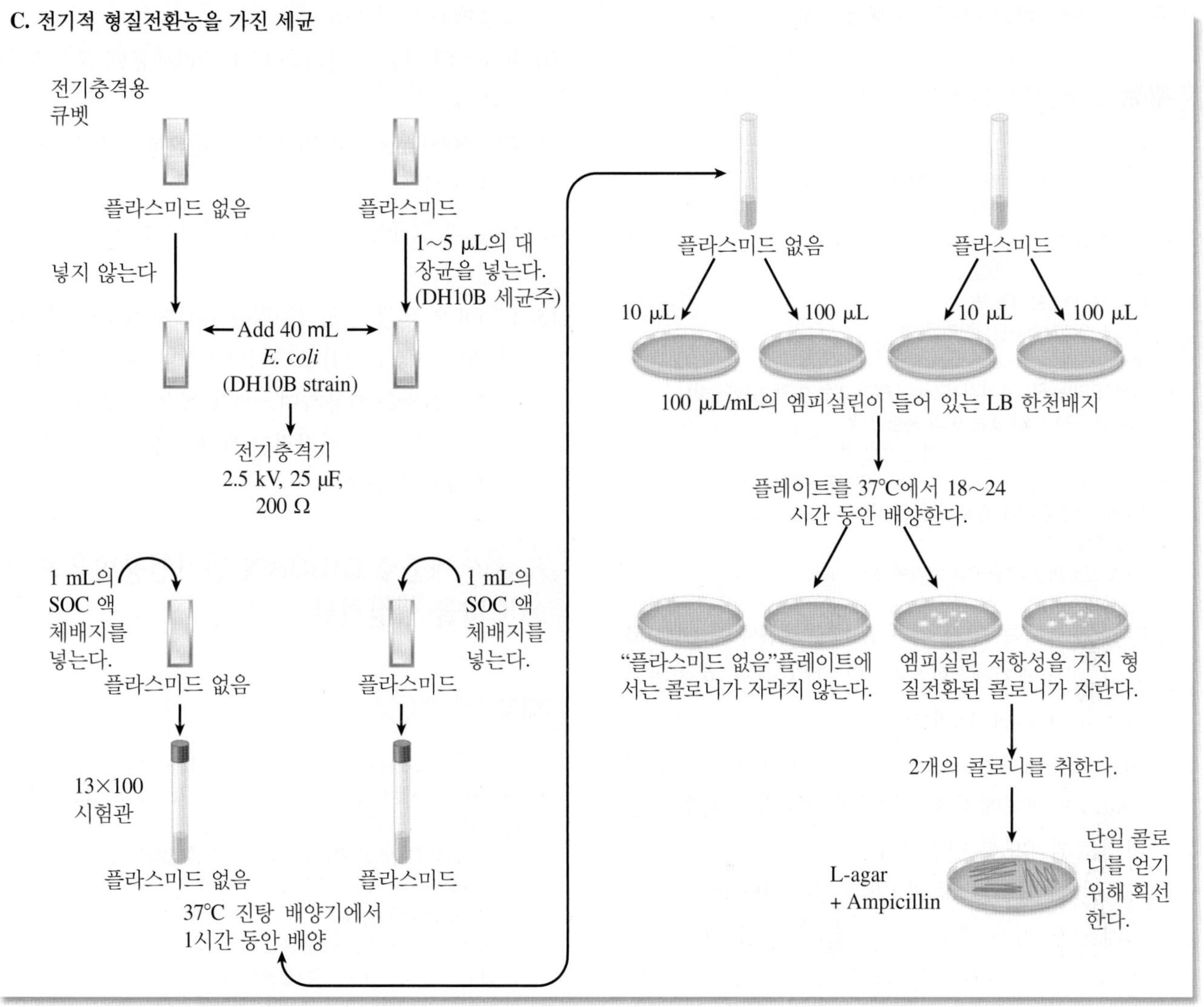

그림 66.3 *E. coli*의 전기천공법.

탄올을 날려 버린다. 멸균이 끝난 후 스프레더를 균이 놓여 있지 않은 배지 위에 놓고 잠시 식힌다. 그 후에 배지 위에 균을 도말한다.

10. 37℃에서 다음날 아침까지 배지를 배양한다.
11. 하루가 지나면, 배지를 꺼내서 각각의 플레이트에 자란 콜로니의 수를 센다. 만약 형질전환이 성공적으로 수행되었다면, "플라스미드 없음" 이라고 쓰여진 배지에는 콜로니가 자라지 않았을 것이고, "플라스미드"라고 쓰여진 배지에는 수많은 엠피실린 저항성(Ap^r)을 가진 콜로니들이 자랐을 것이다. Ap^r인 콜로니의 수/사용한 DNA의 μg을 계산하여, 형질전환 율을 계산한다.
12. 두 개의 엠피실린 저항성을 갖는 콜로니를 선택하여, 새로운 100 μg/μL의 엠피실린이 포함된 L-한천배지에서 획선한다. 이 콜로니들은 다음 실험 67, 68에서 사용될 것이다. 이 플레이트 위에 자신의 이름을 적고 자신의 것으로 확보한다. 배지를 37℃에 넣고 아침까지 배양한다.
13. 다음날에 배지를 꺼내고 다음 실험시간까지 4℃에 보관한다.

방법 B: 전기천공법을 통한 형질전환

전기천공법에 대한 설명이 그림 66.3에 나와 있다. 전기적 형질전환능을 가진 대장균을 준비한다(담당교수는 실험기간 전에 미리 준비하도록 한다).

재료

- *E. coli* 세포주
- 16 × 150 mm 시험관 (멸균된 것)
- Luria–Bertani (LB) 액체배지
- L–한천배지
- 500 mL 플라스크 (멸균된 것)
- 250 mL 원심분리용 병
- 50 mL Oakridge 원심분리용 병
- 분광광도계 (spectrophotometer)
- 냉장이 되는 원심분리기 (Sorvall RC5 또는 이와 동등한 것)
- Sorvall GSA rotor 또는 이와 동등한 것
- Sorvall SS34 rotor 또는 이와 동등한 것
- 피펫 (1 mL, 5 mL, 10 mL, 25 mL–멸균된 것)과 pipette aid
- 1.7 mL 원심분리용 튜브 (멸균된 것)
- 얼음, 얼음 통
- 15 % 글리세롤 (멸균되고 차가운 것)

1. 단일 콜로니를 얻기 위해 *E. coli* 세균주인 DH10B를 L-한천배지에 획선한 뒤 37°C에서 아침까지(overnight, O/N) 배양한다.
2. DH10B의 단일 콜로니를 16×150 mm 시험관의 2 mL LB 액체배지에 접종하여 37°C의 공기주입 상태에서 밤새도록 배양한다.
3. 다음날 아침, 100 mL의 LB가 담긴 500 mL 플라스크에 밤새 키운 배양액을 1~2 mL 접종한다. 37°C의 공기주입 상태에서 배양액을 OD_{600}에서 값이 0.4~0.5가 될 때까지 키운다.
4. 멸균기법을 사용하여 250 mL 원심분리용 시험관에 옮기고, 냉장이 되는 원심분리기(Sorvall, Beckman 또는 이와 동등한 것)를 이용하여 4°C, 5000 rpm에서 10분간 원심분리하여 세포들을 모은다. 이 과정부터는 세균들이 얼음 속에서 차가운 상태를 유지하는 것이 매우 중요하다!
5. 원심분리용 시험관의 입구 부분의 오염을 주의하여 상층액을 따라 버린다.
6. 10 mL의 멸균된 차가운 15% 글리세롤을 균에 부유시킨다.
7. 50 mL의 원심분리용 시험관에 균을 옮긴다.
8. 4°C, 5000 rpm에서 10분 동안 원심분리하여 세균들을 모은다.
9. 원심분리용 시험관의 입구 부분의 오염을 주의하여 상층액을 따라 버린다.
10. 10 mL의 멸균된 차가운 15% 글리세롤에 균을 부유시킨다.
11. 4°C, 5000 rpm에서 10분 동안 원심분리하여 세균들을 모은다.
12. 1 mL의 멸균된 차가운 15% 글리세롤에 균을 부유시킨다.
13. 1.7 mL의 멸균된 원심분리용 튜브에 세균을 분주하여 (200~400 μL씩) 드라이아이스나 에탄올 수조 또는 액체질소를 사용하여 −80°C에 넣어 빨리 동결시킨다. 그 후 균은 형질전환 효율을 잃지 않고 한 달여간 보관할 수 있다.

E. coli 세균주 DH10B에 전기천공법으로 pUC19을 형질전환

재료

- 전기천공기 (Gene Pulser–Bio Rad, CA) 또는 이와 동등한 것
- 전기천공용 큐벳 (0.2 cm 간극 – Bio Rad 165–2086 또는 이와 동등한 것)
- 전기적 형질 전환능을 가진 *E. coli* 세균주 (추천하는 균주: Invitrogen 사의 ElctroMAX DH10B™ 세포)
- pUC19 DNA (10 pg/μL)
- 13 × 100 mm 시험관 (멸균된 것)
- 긴 팁을 가진 파스퇴르 피펫 (멸균된 것)
- 파스퇴르 피펫 벨브
- 얼음, 얼음을 고정시키기 위한 비이커
- SOC 액체배지 (p.439 참조)
- 100 μg/μL의 엠피실린이 포함된 L–한천배지 (조당 4개)
- 타이머
- 95% 에탄올이 담긴 비이커와 스프레더
- 멸균된 13 × 100 mm 시험관 (조당 4개)
- 피펫터 (P20, P200), 멸균된 피펫 팁
- 멸균된 1 mL 피펫, pipette aid
- Kim wipes 또는 paper towel

각 실험 과정은 멸균된 상태에서 수행하여야 한다.

1. 두 개의 전기충격용 큐벳을 얼음 속에 2분간 넣어서 차갑게 한다. 한 개의 큐벳에는 "플라스미드 없음", 다른 큐벳에는 "플라스미드" 라고 적는다. 전기 충격이 준비될 때까지 큐벳은 얼음 속에서 보관한다.
2. 큐벳이 차가워지는 동안, 두 개의 13×100 mm 시험

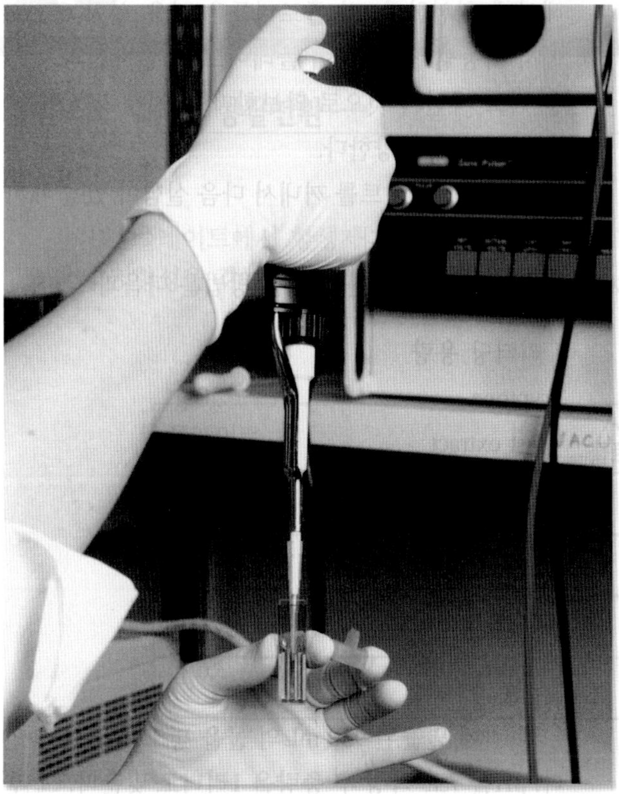

그림 66.4 전기충격용 큐벳에 DNA를 첨가한다.
© McGraw-Hill Education, Auburn University Photographic Services

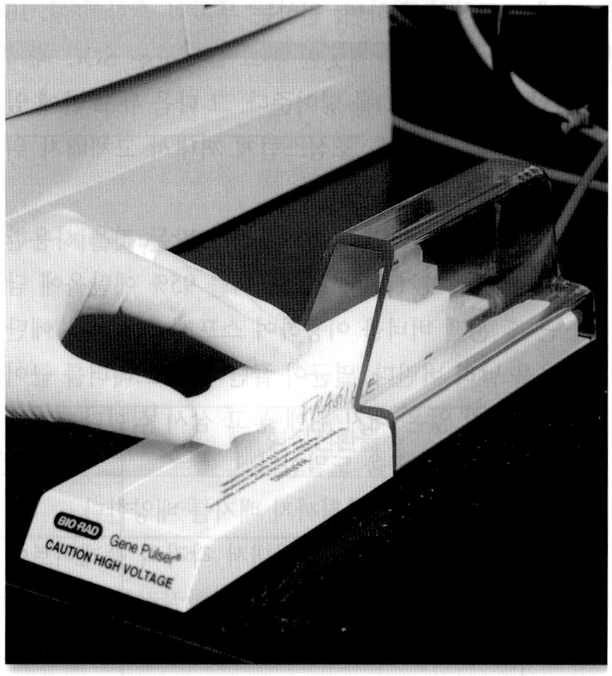

그림 66.5 전기충격용 큐벳.
© McGraw-Hill Education, Auburn University Photographic Services

관을 준비하여 1 mL의 SOC 액체배지를 넣고, 한 개의 시험관에는 "플라스미드 없음", 다른 시험관에는 "플라스미드"라고 적는다.

3. P20 피페터을 이용하여 1~5 μL의 pUC19 DNA (4 ng/μg)를 "플라스미드"라고 적힌 큐벳에 넣는다. 넣는 DNA의 부피는 5 μL를 넘지 않도록 한다 (그림 66.4).
4. P200 피페터를 이용하여 40 μL의 전기적 형질전환능을 가진 DH10B를 큐벳에 넣는다. 균과 큐벳은 얼음 속에서 차가운 상태를 유지하도록 한다. DNA와 균을 "플라스미드" 큐벳 안에서 섞는다.
5. 전기천공기(Bio Rad Gene Pulser 또는 이와 동등한 것)를 2.5 kV, 25 μF, 200 Ω에 맞추어 준비한다.
6. "플라스미드 없음"이라고 적힌 큐벳을 얼음에서 꺼내어 재빨리 큐벳 하단의 물기를 제거한다. 균이 큐벳 바닥에 있는지 확인한다. 이 과정은 균이 차가운 상태를 유지하도록 빨리 진행한다.
7. 큐벳을 shocking chamber 안에 넣고 전기충격을 준다. 큐벳의 홈과 shocking chamber의 홈이 잘 맞도록 주의한다(그림 66.5).
8. 멸균된 파스퇴르 피펫을 사용하여 "플라스미드 없음"이라고 적힌 시험관의 SOC 액체배지를 전기충격을 받은 균이 들어 있는 "플라스미드 없음" 큐벳으로 옮긴다. 이 과정에서 좋은 형질전환 효율을 얻기 위해 빠르게 진행하여야 한다.
9. 파스퇴르 피펫을 이용하여 균을 시험관으로 옮긴다.
10. "플라스미드" 큐벳 역시 실험 6~9의 과정을 반복한다.
11. 시험관을 37℃ 진탕 배양기에서 천천히 흔들면서 1시간 동안 배양한다.
12. 배양을 하는 동안, 4개의 100 μg/μL의 엠피실린이 포함된 LB 고체배지에 다음과 같이 적는다. "플라스미드 없음(10 μL)", "플라스미드 없음(100 μL)", "플라스미드(10 μL)", "플라스미드(100 μL)"
13. 배양한 지 60분이 지난 후, 피페터를 사용하여 적합한 배지에 분주한다. (10 μL 또는 100 μL) 분주 후에 스프레더로 배지 위에 균을 도말한다.

    주의: 적은 부피의 형질전환 혼합액을 균일하

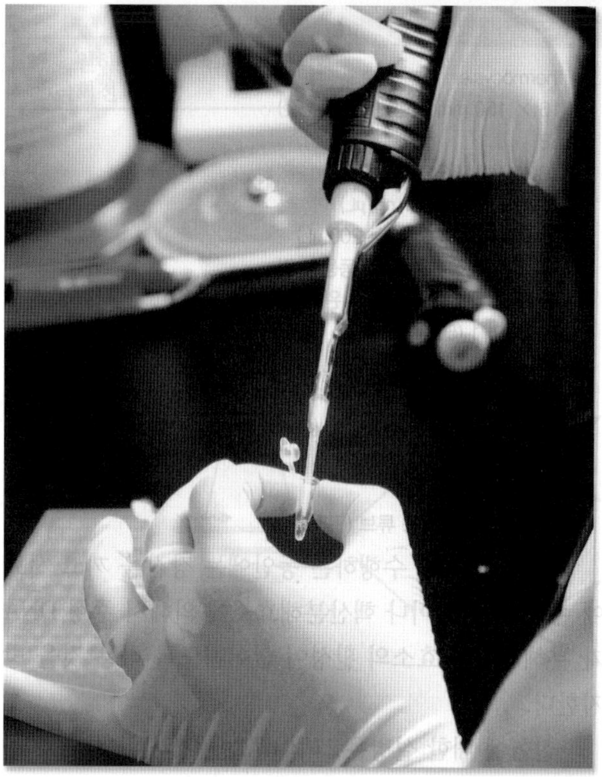

그림 67.3 PCR 튜브에 PCR 믹스 첨가.

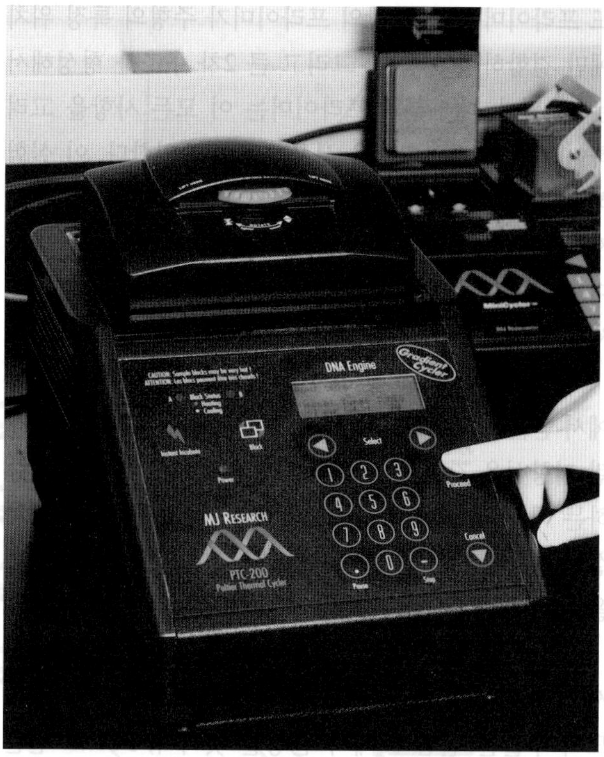

그림 67.4 Thermocycler.

시험관에 담긴 대장균 균주인 DH10B는 형질전환 실험에 사용되었다. 두 번째와 세 번째 시험관에는 각각 실험 66에서 형질전환되어 엠피실린 저항성을 가진 형질전환체가 배양되었다(이 배양액은 플라스미드 추출을 위해서 보관해야 한다).

2. 4개의 얇은 두께의 200 μL PCR용 튜브를 준비하여 1~4까지 표시한 뒤, 얼음 속에 넣어둔다.
3. P10 피펫터를 이용하여 1 μL의 세균배양액을 다음과 같이 튜브로 옮긴다. "플라스미드 1"로부터 PCR 튜브 1로, "플라스미드 2"로부터 PCR 튜브 2로, DH10B를 PCR 튜브 3에 넣어 음성 대조군으로, 1 μL의 pUC19 플라스미드(0.01 ng/μL)을 PCR 튜브4에 넣어 양성 대조군으로 사용한다(그림 67.2).
4. 얼음 속에 있는 1.7 mL 원심분리용 tube에 형질전환된 세포에 있는 *bla* 유전자를 증폭하기 위한 master mix 용액을 준비한다. master mix는 주형 DNA를 제외하고 모든 것이 포함되어 있어야 한다. 5개의 반응을 위한 master mix를 만드는 방법은 다음과 같다.

*Taq*을 위한 10× 완충용액:	25 μL = 1×의 최종 농도
2.5 mM dNTP 용액:	20 μL = 0.2 μM 최종 농도
프라이머 1:	2.5 μL = 0.5 μM 최종 농도
프라이머 2:	2.5 μL = 0.5 μM 최종 농도
탈 이온수:	195 μL
Taq 효소:	2.5 unit
최종 부피: 245 μL	

5. P100 또는 P200 피펫터를 이용하여 49 μL의 PCR master mix를 얼음 속에 있는 PCR tube에 분주한다(그림 67.3). 각각의 튜브에 옮길 때마다 팁(tip)을 바꾸어 시료 간의 교차 오염을 방지한다. 그 후 원심분리용 튜브의 뚜껑을 닫는다.
6. PCR 튜브를 thermocycler에 넣고 프로그램을 시작한다(그림 67.4).

프로그램 순서:

1 단계: 세포를 분해하고 DNA를 변성시키기 위해서 95°C에서 5분간 처리

2 단계: 변성을 위해 95°C에서 30분간 처리

3 단계: 프라이머 가열냉각을 위해 56°C에서 30분간 처리

4 단계: 1.5 kb까지 DNA 복제를 하기 위해 72°C에서 1분 30초간 처리

5 단계: 2단계로 돌아가서 29회 반복

6 단계: 완전한 신장(extension)을 위해 72°C에서 7분간 처리

7 단계: PCR을 끝낼 준비가 될 때까지 4°C에서 저장

7. PCR반응이 완결되면, PCR 튜브를 다음 실험 시간에 사용할 때까지 4°C에서 보관한다.

프라이머 1: 5′-GAC GCT CAG TGG AAC GAA AA-3′

프라이머 2: 5′-ATG TGC GCG GAA CCC CTA TT-3′

증폭될 DNA의 크기: ~1.1 kb

MICROBIOLOGY

플라스미드의 추출

Plasmid Isolation

EXERCISE 68

학습목표

이 실험을 수행한 후 여러분은 다음의 사항을 알 수 있을 것이다.

1. 페트리 접시의 배지에서 자란 세포로부터 플라스미드 DNA를 직접 추출한다.
2. 세포로부터 직접 추출한 DNA 또는 PCR로 증폭시킨 DNA를 아가로오스 젤 전기영동을 통하여 추출한다.

분자생물학 실험실에서 플라스미드는 **클로닝 벡터**(cloning vector)로 사용되기 때문에 매우 중요하다. 염색체(chromosome)와 별개로 복제가 가능한 이점을 가지고 있기 때문에, 분자 생물학자들은 유전적 조작을 하기 위한 목적으로 DNA를 생체 내에서 증폭하기 위하여 플라스미드를 사용하여 DNA 조각을 **클론**(clone)하는 기법을 발전시켰다. 클로닝 벡터로서 플라스미드를 사용하는 것은 세균에서의 플라스미드의 추출이 쉽도록 해준다. 실험 66에서 학생들은 플라스미드가 형질전환을 통해서 세포 안으로 들어가는 것에 대해 배웠다. 이번 실험에서 학생들은 형질전환된 대장균에서 pUC19 플라스미드를 추출하여, pUC19을 통한 세균에 항생제 저항성을 갖는 플라스미드가 존재하는지를 확인할 것이다.

세균으로부터 플라스미드를 추출하는 다양한 방법이 개발되어 왔다. 모든 방법의 공통점은 세포벽을 깨고, 세포 내 단백질과 염색체 DNA를 변성시키는 것이다. 세포의 잔해가 원심분리를 통하여 제거되면, 플라스미드 DNA와 RNA를 얻을 수 있다. 플라스미드는 후에 리보핵산제한효소를 사용하여 RNA 오염을 제거한 뒤 추출할 수 있다. 이번 실험을 통하여 학생들은 SDS를 이용한 알칼라인 용해(alkaline lysis) 방법을 통하여 플라스미드를 추출할 것인데, 이 방법은 분자생물학 실험실에서 사용하는 가장 보편적인 방법이다.

재료

- 1.7 mL 원심분리용 튜브(멸균된 것)
- 원심분리기
- 피펫터 (P20, P200, P1000)와 피펫용 팁(tip) (멸균된 것)
- 얼음과 고정용 비이커
- 용해 용액 1 (조성은 Part 1의 과정 18 참조)
- 용해 용액 2 (조성은 Part 1의 과정 18 참조)
- 용해 용액 3 (조성은 Part 1의 과정 18 참조)
- isopropanol (차가운 것)
- 70% 에탄올 (차가운 것)
- TE (10 mM Tris–1 mM EDTA, pH 8.0)
- 탈이온수(deionized water)
- RNase A (1 mg/mL의 농도로 TE에 녹인 것, pH 8.0)
- 장갑

Part 1: 플라스미드 추출

그림 68.1 참조

1. 1.7 mL 원심분리용 튜브에 "플라스미드 1", "플라스미드 2"라고 표기 한다(그림 68.1).
2. 두 개의 DH10B 엠피실린 저항성 형질전환체를 각각 원심분리용 튜브에 1.5 mL씩 옮겨 담는다.
3. 13,000 rpm에서 30 초간 원심분리하여 배양액을 모은다(그림 68.2).
4. 피펫, 피펫터 또는 흡입기를 사용하여 조심스럽게 상층액을 제거한다.
5. 100 μL의 차가운 용해 용액 1 (Lysis solution 1)을 각각 튜브에 넣고, 침천물을 피펫터를 이용하여 위 아래로 피페팅 하여 재현탁시킨다. 이때 침천물이 완벽하게 부유하도록 한다.
6. 실온에서 5분 간 둔다.
7. 200 μL의 용해 용액 2을 각각 튜브에 넣는다. 튜브를 5~10회 뒤집어서 섞어준다. 이때 원심분리를 하거나 강하게 섞지 않도록 주의한다!
8. 실온에서 5분 간 둔다.
9. 150 μL의 용해 용액 3을 각각 튜브에 넣고 부드럽게 여러 번 뒤집어서 섞는다.
10. 실온에서 5분 간 둔다.
11. lysate를 13,000 rpm에서 10분간 원심분리하여 세포

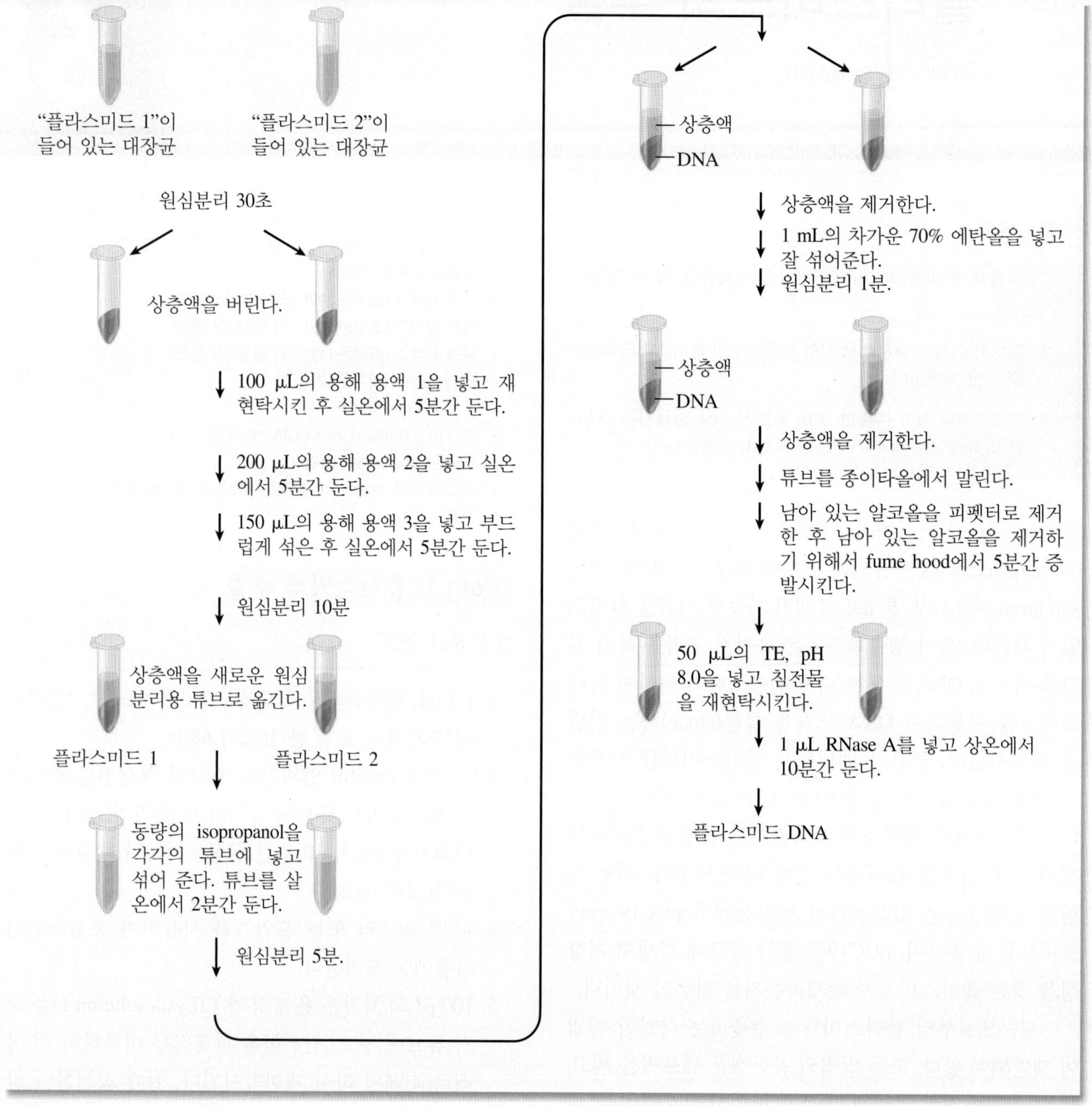

그림 68.1 플라스미드 추출.

잔해들을 모은다. 원심분리를 하는 동안 두 개의 새로운 튜브를 준비하여 "플라스미드 1", "플라스미드 2"라고 표기한다.

12. 상층액을 P100 피펫터를 이용하여 새 튜브에 옮겨 담는다. 옮겨 담는 동안 하얀 침전물이 옮겨가지 않도록 주의한다.
13. 튜브의 나머지 부분을 아이소프로판올(isopropanol)로 채우고 튜브를 상온에서 2분간 둔다. isopropanol은 DNA를 침전시키고, 단백질들은 용액에 그대로 녹아 있게 한다.
14. 튜브를 13,000 rpm에서 10분간 원심분리한다. 침전물을 건드리지 않게 주의하면서 윗 층은 따라 버린다. 튜브를 종이타올 위에서 건조시킨다.
15. 각 튜브에 차가운 70% 에탄올을 1 mL을 넣는다.

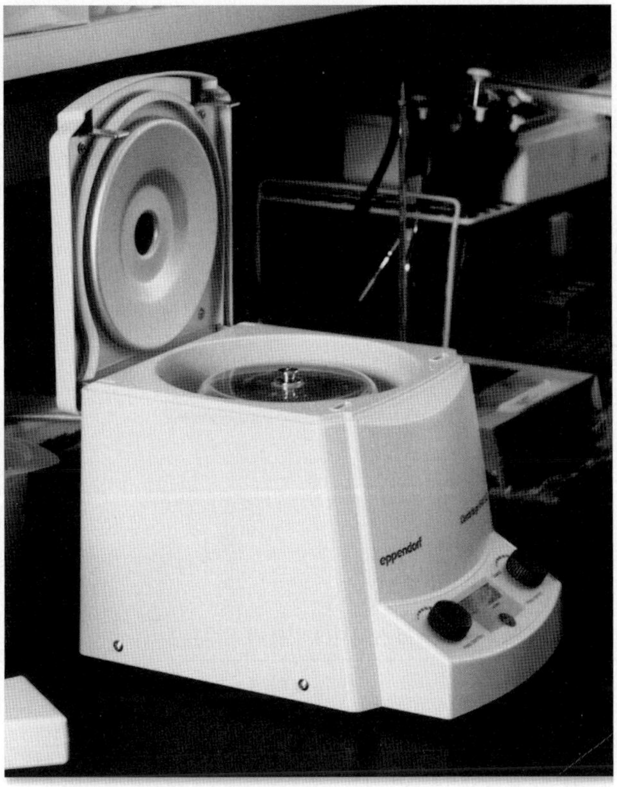

그림 68.2 Eppendorf 원심분리기.

튜브의 뚜껑을 닫고, 여러 번 뒤집어가며 섞어준 다음 1분간 원심분리한다. 침전물을 건드리지 않도록 주의하면서 튜브를 종이타올 위에서 건조시킨다(**주의**: 알코올은 남아 있는 염(salt)와 SDS를 제거해 준다).

16. 튜브를 5분 간 건조시킨 다음 각 튜브에 TE를 50 μL 넣어준다. 필요에 따라 TE가 튜브 바닥에 모이도록 원심분리시켜준다.
17. 시료에 들어 있는 RNA를 제거하기 위하여 1 μL의 RNase A(1 mg/mL)를 넣고 상온에서 10분 간 둔다.
18. 플라스미드 DNA는 −20°C에서 보관할 수 있다.

용해 용액 1:
50 mM glucose
25 mM Tris, pH 8.0
10 mM EDTA

용해 용액 2:
0.2 N NaOH
1% SDS

용해 용액 3: 3 M sodium acetate, pH 4.8

Part 2: 아가로오스 젤 전기영동

핵산은 아가로오스 젤이나 폴리아크릴아미드 젤을 사용하여 그 크기대로 분리할 수 있다. 분리할 핵산의 크기에 따라서 기질을 선택한다. 폴리아크릴아미드 젤은 매우 작은 크기(~10-500 nt)의 단편을 분리할 때 쓰이고, 아가로오스 젤은 좀 더 큰 크기를 (100 nt 이상) 분리할 때 쓰인다. 기질의 농도가 다양하기 때문에 젤의 농도를 매우 다양하게 만들 수 있다. 젤의 구멍을 통하여 이동하는 핵산의 단편들은 농도가 높으면, 크기가 큰 핵산 조각들은 구멍 사이로 이동하기가 힘들다. 따라서 작은 단편들을 분리하기 위해서는 높은 농도의 기질을 사용하여 젤을 만들어야 하며, 크기가 큰 단편들을 분리하기 위해서는 낮은 농도의 기질을 사용하여 젤을 만든다. 핵산을 젤을 삽입 가능한 형광염료로 염색하여 확인할 수 있다. DNA를 확인하기 위해서 가장 일반적으로 사용하는 염료는 ethidium bromide로서 2~10 염기에 끼어 들어 UV 상에서 형광을 나타낸다. 뿐만 아니라 알려진 DNA 표준농도와 비교하여 DNA 단편들의 농도를 추측할 수 있다. 아가로오스 젤 전기영동을 통하여 DNA를 확인하는 것은 분자생물학 실험실에서 매일 같이 사용하는 보편적인 실험 방법이다. 이 실험에서 학생들은 작은 아가로오스 젤을 사용하여 PCR 실험과 플라스미드 추출 실험을 통해 얻은 DNA 분자를 확인함으로써 이 간단하고도 필수적인 실험에 대하여 배울 수 있을 것이다.

재료

- 아가로오스(agarose)
- 1X TBE (조성은 Part 2의 과정 15 참조)
- 200 mL 병 또는 플라스크
- 전자레인지 또는 끓는 수조
- 오븐용 장갑
- ethidium bromide (1 mg/mL)
- 미니 젤 만드는 기구(gel tray, 10 well comb, gel chamber)
- 전원공급장치
- 1.7 mL 원심분리용 튜브
- 10 X DNA 시료 영동용 염료(조성은 Part 2의 과정 15 참조)
- P10, P20 용 피펫터, 피펫 팁
- 1kb DNA ladder (Invitrogen, CA 또는 이와 동등한 것)
- UV 보호안경
- UV transilluminator

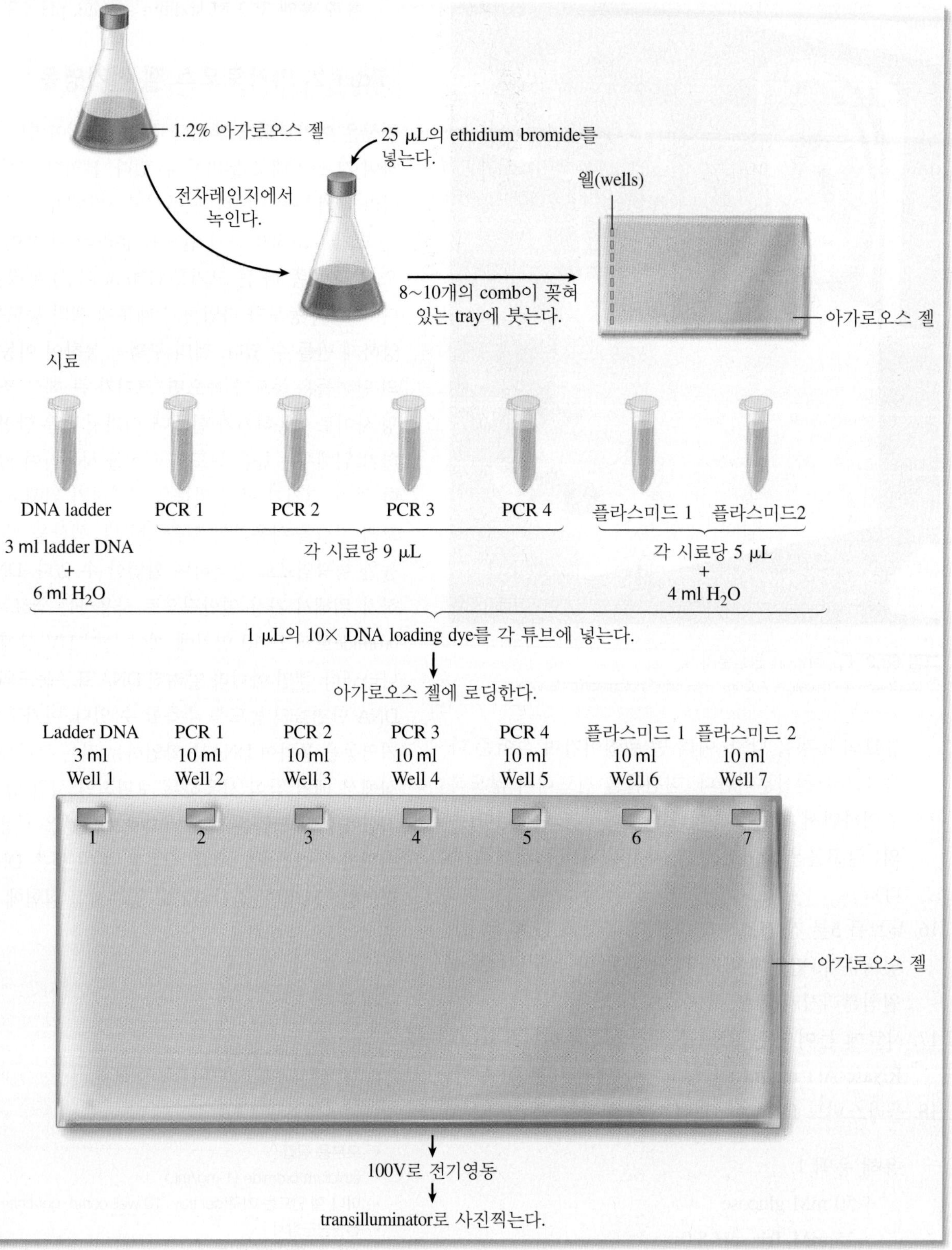

그림 68.3 아가로오스 젤의 준비.

- UV 상에서 사진을 찍을 수 있는 system
- 장갑

그림 68.3 참조.

1. 1.2 %의 아가로오스 젤(w/v)을 만들기 위하여, 200 mL의 병에 0.6 g의 아가로오스와 50 mL의 1X TBE, pH 8.0 (Tris-Borate-EDTA buffer)용액을 넣고, 병의 뚜껑을 느슨하게 닫는다.
2. 병을 전자레인지에 넣고, 약 50%의 전력으로 5분 간 열을 가하여 아가로오스를 녹인다. 충분히 녹지 않았을 경우, 2~5분 간 녹을 때까지 열을 가해준다. 실험대위에서 손으로 잡을 수 있을 때까지 식힌다 (~55°C).

주의

뜨거운 액체를 흔들 경우 끓어 넘쳐서 손에 화상을 입을 수 있으므로 조심해야 한다! 전자레인지에서 아가로오스를 꺼낼 때는 오븐용 장갑이나 이와 유사한 것을 착용해야 한다.

3. 25 μL의 Etidium Bromide (EtBr) 용액 (1 mg/mL)을 젤에 넣어 최종 농도가 0.5 μg/mL이 되도록 한다.

주의

EtBr은 발암물질이다. EtBr 용액을 사용하는 젤을 취급할 때에는 반드시 장갑을 착용하도록 한다!

그림 68.4 전기영동 장치와 젤.

4. 8~10개의 웰(well)이 있는 mini gel tray를 제품 설명에 따라서 조립한다. 만약 수공기구를 사용한다면, tray의 끝을 tape로 막아서 새지 않도록 한다. 그리고 나서 comb을 바닥에서 ~1 mm 위쪽으로 위치하게 꽂는다(그림 68.4).
5. 아가로오스가 식었으면, 천천히 젤을 미리 조립된 tray와 comb에 약 5 mm의 두께가 될 때까지 붓는다.
6. 아가로오스 젤이 실온에서 폴리머를 형성하도록 기다린다. 폴리머 형성이 완료되면, 젤의 색이 투명한 색에서 불투명한 회색을 띠게 된다.
7. 젤이 폴리머를 형성하는 동안, 7개의 원심분리용 튜브를 준비하여, 다음과 같이 표기한다. 1 kb DNA ladder, PCR #1, PCR #2, PCR #3, PCR #4, 플라스미드 #1, 플라스미드 #2 (그림 68.3).
8. 3 μL의 1 kb DNA ladder, 9 μL의 PCR 실험산물, 5 μL의 플라스미드를 적합한 튜브에 넣는다.
9. 6 μL의 물을 DNA ladder가 들어 있는 튜브에 넣고, 4 μL의 물을 플라스미드가 들어 있는 튜브에 넣어 각각 튜브의 부피가 9 μL이 되게 한다.
10. 1 μL의 10X DNA sample loading dye를 각각 sample에 넣고 섞는다.
11. 젤의 폴리머 형성이 완료되면, 젤을 running chamber에 넣고 젤이 완벽히 덮일 때까지 1X TBE running buffer를 붓는다.
12. P20 피펫터를 이용하여, 3 μL의 1kb DNA ladder (0.1 μg/μL)를 젤의 첫 번째 웰에 주의해서 올려놓는다. 피펫 팁을 바꿔서 각각 sample 10 μL씩 well에 loading한다. (DNA를 loading할 때 완충액 위에 조심스럽게 넣고, 피펫 팁을 웰의 바로 위에 놓은 뒤, 천천히 시료를 넣는다. 피펫 팁이 웰을 찌르지 않도록 한다. 올려놓은 염색약에는 수크로오스가 들어 있어서 시료를 웰 위에서 넣으면 아래로 가라앉도록 해준다.
13. chamber의 뚜껑을 음극선(검은색 선)이 젤의 상단에 위치하고, 양극선(빨간색 선)이 젤의 바닥에 위치하도록 하여 덮는다. 전선을 전원장치에 꽂고 (검은 선은 검은색에, 빨간 선은 빨간색에), 전원을 켠다. 그리고 100 V로 파란색 염료(bromophenol blue)가 젤의 바닥에서 1~2 cm 위치에 올 때까지 영동을 한

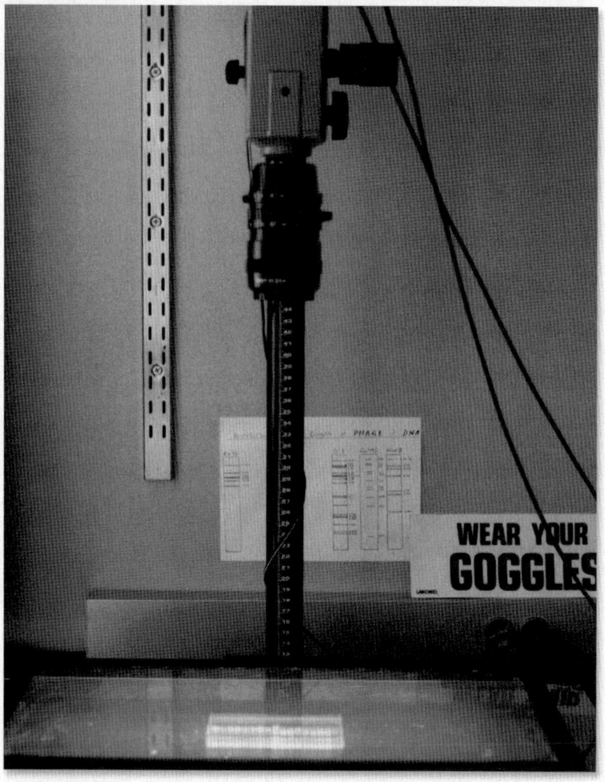

그림 68.5 transilluminator와 gel document.

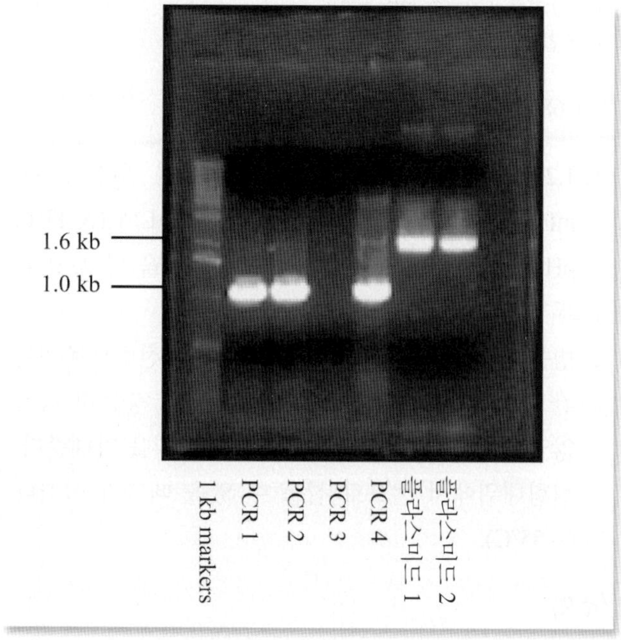

그림 68.6 예상되는 결과 사진.

다. 만약 젤의 길이가 10 cm라면, 영동시간ㅈ은 이런 조건에서 약 1시간 정도 걸린다.

14. 전원장치의 전원을 끈다. 젤을 꺼내서 UV transilluminator 위에 올려 놓는다. UV 빛에서 눈을 보호하기 위해 보호안경을 끼고, 자외선등(UV lamp)을 켜고, DNA단편을 관찰한다. 분석을 위해서 젤의 사진을 찍는다(그림 68.5).

주의

EtBr이 포함된 젤을 버릴 때에는 특별히 제작된 통에만 버리도록 한다. 젤을 일반적인 쓰레기통에 버리지 않도록 한다.

15. 젤 사진을 그림 68.6의 사진과 비교한다. PCR 산물의 크기는 약 1.1 kb의 크기가 되어야 한다. 플라스미드가 있는 레인에는 한 개 이상의 밴드가 보일 수 있다. 왜냐하면 플라스미드는 어떻게 주의 깊게 추출하느냐에 따라 세 가지 형태를 가질 수 있기 때문이다. 세포 안에서는 플라스미드는 거의 닫힌 원 모양인 "supercoiled" 형태로 존재한다. 플라스미드를 추출하는 동안 어떤 플라스미드는 "열린 원형(open circular)" 형태나 "선형(linear)" 형태로 변할 수 있다. 이런 플라스미드의 다른 형태가 젤상에서 이동의 차이를 주어 여러 개의 밴드가 보이도록 할 수 있다.

10× loading buffer:
- 0.25% (w/v) bromophenol blue
- 0.25% (w/v) xylene cyanol FF
- 40% (w/v) sucrose

1× TBE:
- 90 mM Tris-Borate
- 2 mM EDTA, pH 8.0

인용한 논문

1. Birnboim and Doly. 1979. *Nucleic Acids Res.* 7: 1513-1523.

실험 보고서 67-68

이름: ______________________

날짜: ________ Section: ______________

실험 67~68. 플라스미드의 추출

A. 결과

젤상에서 나타나는 DNA 밴드의 양상을 분석하고 설명하시오. 실험한 시료 DNA의 밴드와 분자량 마커와 비교하여 보면 근사한 값의 분자량을 알아낼 수 있다. 밴드의 크기는 적절한가? PCR 단편은 약 1.1 kb 정도의 크기를 가져야 한다.

B. 단답형 문제

1. PCR 분석을 통하여 Ap^r을 가지는 세균에 *bla* 유전자가 존재하는 것을 나타내었지만 같은 세균에서 플라스미드 DNA가 추출되지 않았다. 이러한 현상이 가능한 이유를 설명하시오.

2. PCR에서 DNA가 온도에 영향을 받는 속성은 무엇인가? 왜 "변성(denature)"과 "가열냉각(annealing)" 과정이 다른 온도에서 일어나는가?

3. 열에 안정한 DNA 중합효소를 추출하기 전과, thermocycler를 발명하기 전에, PCR 반응이 완성될 수 있었을 것이라 생각하는가? 이 방법을 사용할 때, 발생하는 장애는 무엇이 있는가?

4. DNA를 증폭하기 위해서 프라이머가 필요한 이유는 무엇인가? 반응을 성공적으로 증폭시키기 위하여 올바른 프라이머 농도가 필요한 이유는 무엇인가?

5. PCR 튜브를 준비하면서 장갑을 끼는 것 이 중요한 이유는 무엇인가?

6. PCR이 법의학에서 중요한 이유는? PCR을 적용하는 데 방해물이 있는가?

7. 아가로오스 젤 전기영동을 통해 DNA 단편을 분리하게 된 원리는 무엇인가?

8. 젤 전기영동을 하면서 하나의 플라스미드에서 하나의 밴드보다는 여러 개의 밴드가 보이는 이유는 무엇인가?

9. 아가로오스 젤에서 DNA를 관찰할 때, EtBr의 어떠한 특성이 유용하게 사용될 수 있도록 하였는가? 어떤 특성이 발암물질로서 작용하도록 하였는가?

PART 13

병원 미생물학

병원 미생물학은 인간의 건강에 영향을 미치는 미생물에 대해 연구하는 것이다. 미생물들은 인간의 건강에 긍정적으로 혹은 부정적으로 영향을 미친다. 비록 미생물학 실험실들은 미생물들이 인간의 건강에 부정적으로 영향을 주는 쪽에 일차적으로 관심을 갖지만 미생물들이 인간의 삶에 필수적이라는 것을 간과해서는 안 된다. 인체는 자신만의 독특한 미생물군(microbiota)을 구성하는 수많은 미생물들의 서식처 역할을 한다. 이 미생물들은 탄수화물을 분해하고, 비타민을 합성하고, 공간에 대한 경쟁을 통해 병원체들이 침입하지 못하도록 하며 면역계를 돕는다.

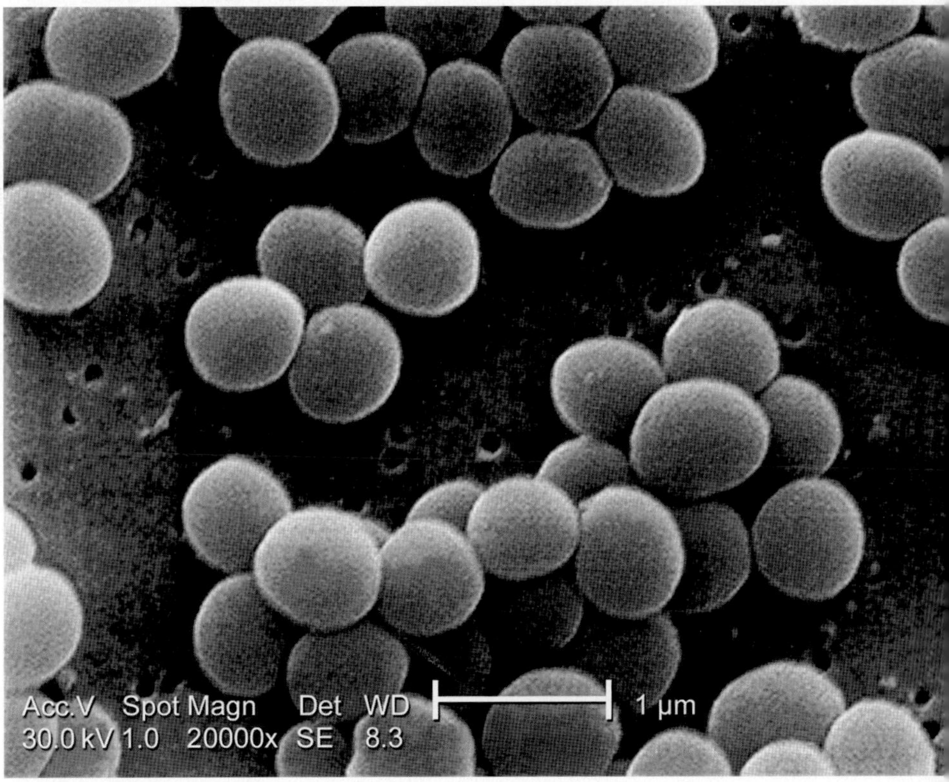

CDC/Janice Haney

인체 내에 있는 미생물 집단은 유동에 있어서 연속적인 상태이며, 이것은 여러 요인(건강 상태, 연령, 식사, 위생)에 의해 영향을 받는다. 인체가 외부 생명체에 노출될 경우 세 가지 결과가 가능하다: (1) 그 생명체가 인체를 통과하는 것, (2) 그 생명체가 인체에서 군락을 형성하여 (일시적이든 영구적이든) 미생물군의 일부가 되는 것, (3) 그 미생물이 질병을 일으키는 것. 인체에서 군락을 형성한 생명체들은 정상적인 신체 기능을 침해하지 않고 긍정적인 영향을 미치기도 한다(위 참조). 반면에 질병을 유발하는 생명체들은 인간 숙주에 피해를 준다. 군락형성과 질병 사이의 차이를 강조하는 것이 중요하다.

질병 유발 생명체들은 기회적 병원체와 진정한 병원체로 나뉠 수 있다. 기회주의적 병원체는 그들의 정상적인 환경에서는 질병을 일으키지 않지만 인체의 보호되지 않은 부위에 접근했을 때나 환자의 면역계가 정상적이지 못 할 때 질병을 일으킬 수 있다. 기회적 병원체는 일반적으로 인간의 미생물군의 전형이다. 실험 69와 70에서 여러분의 독특한 미생물군으로부터 미생물을 분리하고 농화할 것이다. 진정 병원체는 항상 인간의 질병과 연관되어 있다. 실험 71은 진정 병원체 중 약화된 (덜 위험한) 균주에 대해 기술하고 있다.

미생물학 실험실에서 우리는 병원체(기회적인 것과 진정한 것)에 노출되는 것을 최소화하기 위한 고도화된 안전수칙을 취함으로써 우리 자신을 보호한다. 안전수칙은 병원체에 특이적이며 병원체의 주된 유입 경로와 전염성에 근거한다. 모든 실험들에서 실험복과 장갑을 착용해야 하며 그리고 오염된 장비와 폐기물에 관해 특별한 주의가 요구된다. 눈 보호가 필요한지 여부는 담당교수와 상의한다. 장갑을 착용하기 전과 후에 손을 씻어야 한다. 미생물학 실험실에서는 눈과 입이 세균의 통상적인 유입 통로이므로 만져서는 안 된다. 미생물학 실험실에서는 입에 어떤 것을 넣어도 안 된다. 실험에 사용된 장갑, 면봉, 페트리 접시, 그리고 다른 일회용 물품들은 생물학적 위험 상자에 버려야 한다. 재사용될 용품들은 고압멸균 처리될 용기에 보관해야 한다. 덧붙이면 많은 연구소에서는 살모넬라, 쉬겔라와 황색포도상구균별로 독립된 생물학적 위험 폐기물 상자를 갖추도록 요구하고 있다.

다음의 실험들은 의학적으로 중요한 세균들과 이 세균들의 분리와 동정에 중점을 두고 있다. 몇몇 세균의 특성 파악에 이용되는 시험들은 미지 미생물의 동정에 관한 부분에서 다뤄졌다. 그러나 다른 시험들은 새로운 것일 수 있고 특정 세균에 특이적으로 적용될 것이기도 하다. 실험 69–71은 포도상구균과 연쇄상구균의 특성 파악에 이용되는 방법들과 그람음성 장내세균들의 동정 절차들을 포함한다. 실험 72는 집단을 통해 질병의 전파가 추적될 수 있는지를 보여주기 위한 모의 역학을 다룬다.

포도상구균: 분리 및 동정

EXERCISE 69

The Staphylococci: Isolation and Identification

학습목표

이 실험을 수행한 후 여러분은 다음의 사항을 알 수 있을 것이다.

1. 선택배지와 배양기술을 사용하여 인체 혹은 가검물로부터 포도상구균을 농화시키고 분리한다.
2. 분리한 미지의 포도상구균을 감별배지와 생화학적 시험들을 사용하여 동정한다.

"포도상구균"이란 이름은 "포도송이"라는 그리스어에서 유래했다. 포도상구균은 그람양성의 구형 세균으로 한 개 이상의 평면으로 분열하여 부정형의 세포들 덩어리를 만든다(그림 69.1). 〈Bergey's Manual〉에서는 포도상구균을 4개의 다른 속과 함께 Family VIII Staphylococcaceae(포도상구균 과)에 배치되었다. 포도상구균은 유사한 40개의 종과 24개의 아종으로 이루어져 있다. 포도상구균은 운동성이 없고, 포자를 형성하지 않으며, 높은 농도의 염에서 자랄 수 있다. 대부분은 통성 혐기성이다. 비록 포도상구균이 상처의 고름에서 처음 분리되었지만 정상인의 비강 세포막, 모낭, 피부, 회음부에 정상 미생물군의 일부로 존재한다는 것이 밝혀졌다. 포도상구균에 의한 감염은 피부나 점막이 손상되었을 때, 숙주가 감염에 저항할 능력이 생겼을 때 또는 포도상구균의 독소가 주입되었을 때 일어난다.

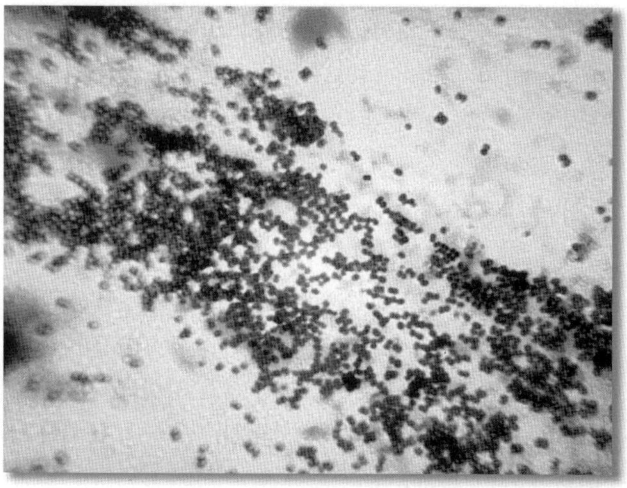

그림 69.1 *Staphylococcus aureus*의 그람염색.
Centers for Disease Control

CDC(Centers for Disease Control and Prevention)는 미국국민의 20~30%는 황색포도상구균(*Staphylococcus aureus*) 보균자라고 잠정한다. 황색포도상구균은 많은 심각한 질병의 원인이 된다. 더 복잡한 문제는 황색포도상구균이 메티실린(methicillin)을 포함한 많은 항생제에 대한 내성을 갖게 되었다는 것이다. MRSA(methicillin-resistant *S. aureus*)는 병원내 감염(health-care-acquired infection; HAI)에 책임이 있는 병원의 매우 중요한 역학 문제가 된다. 최근에는 지역사회 감염형 MRSA가 입원 경력이 없는 사람으로부터 분리되었다. 현재는 미국민 1% 정도가 MRSA 보균자로 잠정된다. 비록 황색포도상구균 종들이 가장 독성이 강한 종으로 생각되지만 *S. epidermis*, *S. saprophyticus*, *S. haemolyticus*, *S. lugdunensis*들도 인간의 질병에 관련이 있다.

황색포도상구균이 포도상구균 중 가장 임상적으로 중요한 병원체이며 피부, 상처, 골조직 감염을 일으킬 수 있고, 데인 것 같은 피부 증상, 독소 쇼크 증상, 그리고 식중독을 일으킬 수 있다. 이 균은 여러 종류의 독성 인자들과 여러 독특한 특징들을 가진다. 황색포도상구균이 갖는 가장 눈에 띄는 독성 인자는 응집소 생성이다. 사실상 황색포도상구균의 모든 균주들은 응집소 양성이며, 혈청을 응고시킬 수 있다. 질병의 병원성에서 응집소의 역할은 불분명하지만 아마 응집소는 포도상구균 감염 주위에 응고를 유발하여 숙주의 공격으로부터 보호할 것이다. 황색포도상구균의 다른 효소인 DNase(DNA 분해효소)는 DNA를 분해한다. 황색포도상구균은 β 독소라고 하는 혈구분해효소(hemolysin)를 생성하여 혈액한천에서 넓고 투명한 구역을 만든다. 이와 같이 강력한 독소들이 적혈구를 용해할 뿐 아니라 백혈구와 심장,

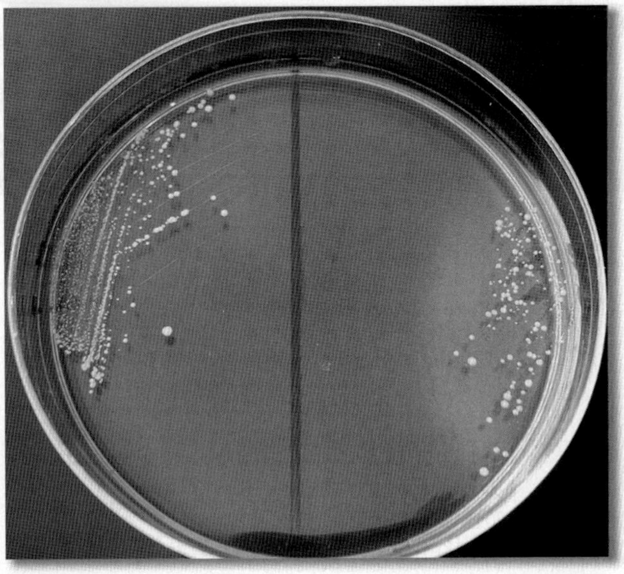

그림 69.2 만니톨 염 배지에서 자라는 *Staphylococcus epider midis*(왼쪽) 그리고 *Staphylococcus aureus*(오른쪽). *S. aureus*에 의해서는 만니톨이 발효되지 않는다.

표 69.1 세 종의 포도상구균의 차이점

	S. AUREUS	*S. EPIDER-MIDIS*	*S. SAPRO-PHYTICUS*
α-독소	+	−	−
만니톨 발효 (acid만 생성)	+	−	(+)
혈장응고효소	+	−	−
DNA 분해효소	+	−	−
노보바이오신	S	S	R

주: NS=유의성 없음; S=민감성; R=저항성; (+) =대부분 양성.

근육, 신장조직에 손상을 입히므로 독성을 나타내는 중요한 역할을 한다. 덧붙여서 황색포도상구균은 독성인자로 작용할 수 있는 색소를 생산한다. 이 색소(staphyloxanthin)는 숙주의 면역계에 의해 생성된 반응성이 강한 산소가 세균을 죽이는 것으로부터 보호하는 항산화 특성을 갖는다. 이 색소는 황색포도상구균이 혈액한천이나 포도상구균 110 배지에서 자랄 때 나타나는 황금색의 원인이 된다. 마지막으로 황색포도상구균은 만니톨을 발효하여 산을 생성한다. 이 대사적 특징들은 황색포도상구균이 MSA라고 하는 만니톨 염 한천에서 자랄 때 관찰된다. 산 생성은 배지의 pH를 낮춰 페놀레드 지시약을 붉은색에서 노란색으로 변화시킨다(그림 69.2).

응집소 음성 포도상구균(CNS)인 *S. epidermis*, *S. saprophyticus*는 황색포도상구균과 여러 면에서 다르다. 이 포도상구균 종들은 그들의 이름이 말해 주듯 응집소를 생산하지 않는다. 그들은 또 DNA 분해효소나 β-독소를 생산하지 않는다. 모든 사람은 피부에 CNS를 가지고 있어서 한 때는 이들이 해가 없는 공생관계라고 생각했다. 그러나 과거 20년 동안 그들의 의학적 중요성이 부각되었고, 특히 면역계가 정상적이지 못하거나 신체 내에 인공 장치들을 장착한 환자들에게 특히 중요하게 여겨졌다. *S. epidermis*는 병원 내에서 감염된 요로감염의 가장 흔한 원인균이다. *S. epidermis*가 관여된 감염의 예는 도뇨관, 심장 판막, 그리고 다른 인공 장치들에서 보고되었다. *S. saprophyticus*는 성행위가 잦은 젊은 여성의 요로감염의 두 번째 주된 원인균이다. CNS는 혈액한천이나 포도상구균 110 배지에서 자랄 때 색소가 없으며 불투명하게 보인다. *S. saprophyticus*는 노보마이오신에 내성을 지닌 포도상구균 중 유일하게 의학적으로 중요한 종이다. 몇몇 *S. saprophyticus* 균주는 만니톨을 발효하여 산을 생성한다.

이 실험에서 우리는 (1) 코, (2) 감염 매개물(무생물 물건), (3) 미지의 대조군으로부터 포도상구균을 분리하고 균주들 간 차이를 파악하고자 한다. 우리는 그림 69.3에 제시한 방법에 따라 실시할 것이다. 만약 코 세포막과 가검물에서 균이 분리가 되지 않을 경우에도, 모든 접종과 시험들이 정확하게 적용되었다면 미지의 대조군에서는 양성 분리가 나타날 것이다. 수집된 미생물들은 먼저 7.5% 소금이 함유된 배지에서 배양될 것이다. 높은 염 농도는 포도상구균은 생장하게 하지만 대부분의 세균의 생장을 억제한다. 포도상구균이 농화되면 분리된 세균을 황색포도상구균, *S. epidermis*, *S. saprophyticus*, 혹은 미동정된 CNS인지 동정하는 데 중점을 둘 것이다. 관찰할 특성들은 (1) 베타형 용혈 (β-독소), (2) 만니톨 발효, (3) 응집소 생성이다. 이 세 가지 시험에서 모두 양성을 보인 균들은 우선 황색포도상구균으로 잠정할 수 있다(표 69.1 참조).

주의: 이 실험을 수행하기 전에 PART 13 서론에

서 언급된 인체 미생물군에 관련된 안전 수칙을 준수하시오.

1차 실험

(검체 수집)

코 세포막과 인공 장치에서 채취한 면봉은 7.5% 소금을 함유한 농화배지(*m*-staphylococcus 액체배지)에 그림 69.3과 같이 놓는다. 여러분의 미지의 대조군은 면봉을 사용하지 않으므로 초기 배양은 접종 백금이로 이루어진다.

재료

- 번호가 매겨진 미지의 대조군을 담은 시험관 1개
- *m*–staphylococcus 액체배지가 담긴 시험관들
- 2개의 멸균된 면봉

1. *m*-staphylococcus 액체배지에 "코", "감염 매개물 ", "미지의 대조군 번호"를 각각 기입한다.
2. 시험관 "코"에 면봉을 살짝 묻힌 후 면봉을 콧구멍 안쪽의 비강 세포막을 긁는다. 면봉에 있는 소량의 습기는 미생물들을 채취하기 용이하게 한다. 이 면봉을 시험관 "코"에 넣는다.
3. 시험관 "감염 매개물 "에 넣어 적신 다른 면봉으로 감염 매개물의 표면을 긁은 후 이 면봉을 시험관에 넣는다. 여러분이 선택한 감염 매개물 는 동전, 식수 컵, 수화기, 혹은 여러분이 생각한 어떤 것일 수도 있다.
4. 1~2회 정도 백금이로 미지의 대조군을 적당한 *m*-staphylococcus 액체배지에 접종한다.
5. 이 시험관들을 37°C에서 24시간 배양한다.

2차 실험

(일차 분리 과정)

일차 분리를 위해 2종류의 배지(만니톨 염 한천, 포도상구균 110 배지)에 도말한다.

만니톨 염 한천(MSA)은 만니톨, 7.5% NaCl, 페놀레드 지시약을 함유한다. NaCl은 포도상구균 이외의 미생물을 억제한다. 만니톨이 발효되어 산을 생성하면 배지에 함유된 페놀레드는 붉은색에서 노란색으로 변한다.

포도상구균 110 배지(SM110) 역시 NaCl과 만니톨을 함유하는데 페놀레드는 들어 있지 않다. 이 배지가 MSA보다 좋은 점은 서로 다른 황색포도상구균의 균주들의 군락 색소의 생성에 유리하기 때문이다. 이 배지는 페놀레드를 가지고 있지 않기 때문에 만니톨이 발효되더라도 색깔의 변화가 없다. **주의:** 선택배지와 감별배지에 대한 내용은 실험 19를 참조한다.

재료

- 지난 실험에서 사용한 3개의 배양 시험관
- MSA 평판배지 1개
- SM110 평판배지 1개

1. MSA와 SM110 평판배지를 3등분하여 각각 "코", "감염 매개물 ", "미지"를 각각 기입한다.
2. 시험관 "코"로부터 1 백금이만큼 따서 "**코**"라고 표시된 평판배지에 획선 접종한다.
3. "**감염 매개물** "의 세균을 2와 동일한 방법으로 획선 접종한다.
4. "**미지**"의 세균을 2와 동일한 방법으로 획선 접종한다.
5. 평판배지들을 호기조건으로 37°C에서 24~36시간 배양한다.

3차 실험

(배지 평가 및 응집소/DNA분해효소/노보바이오신 시험)

이 시기에는 우리는 2차 실험에서 획선 접종했던 배지를 평가하고 또한 여러분이 분리했던 포도상구균을 동정하는 데 도움을 주는 실험을 할 것이다. 이 실험을 시작하기 전에 각각의 평판배지의 세 구획("코", "감염 매개물 ", "미지")에서 다른 군락과 떨어져 있는 군락을 선택하는 것이 필수적이다.

재료

- 전 실험의 MSA와 SM110 평판배지
- 혈액한천배지 1개
- 생리식염수로 1:4로 희석된 토끼 혹은 인간 혈장이 담긴 혈청 시험관(마개가 있어야 함). 균주의 수와 동일한 수의 시험관이 필요
- 메틸 그린이 함유된 DNA 분해효소 시험 한천배지 1개

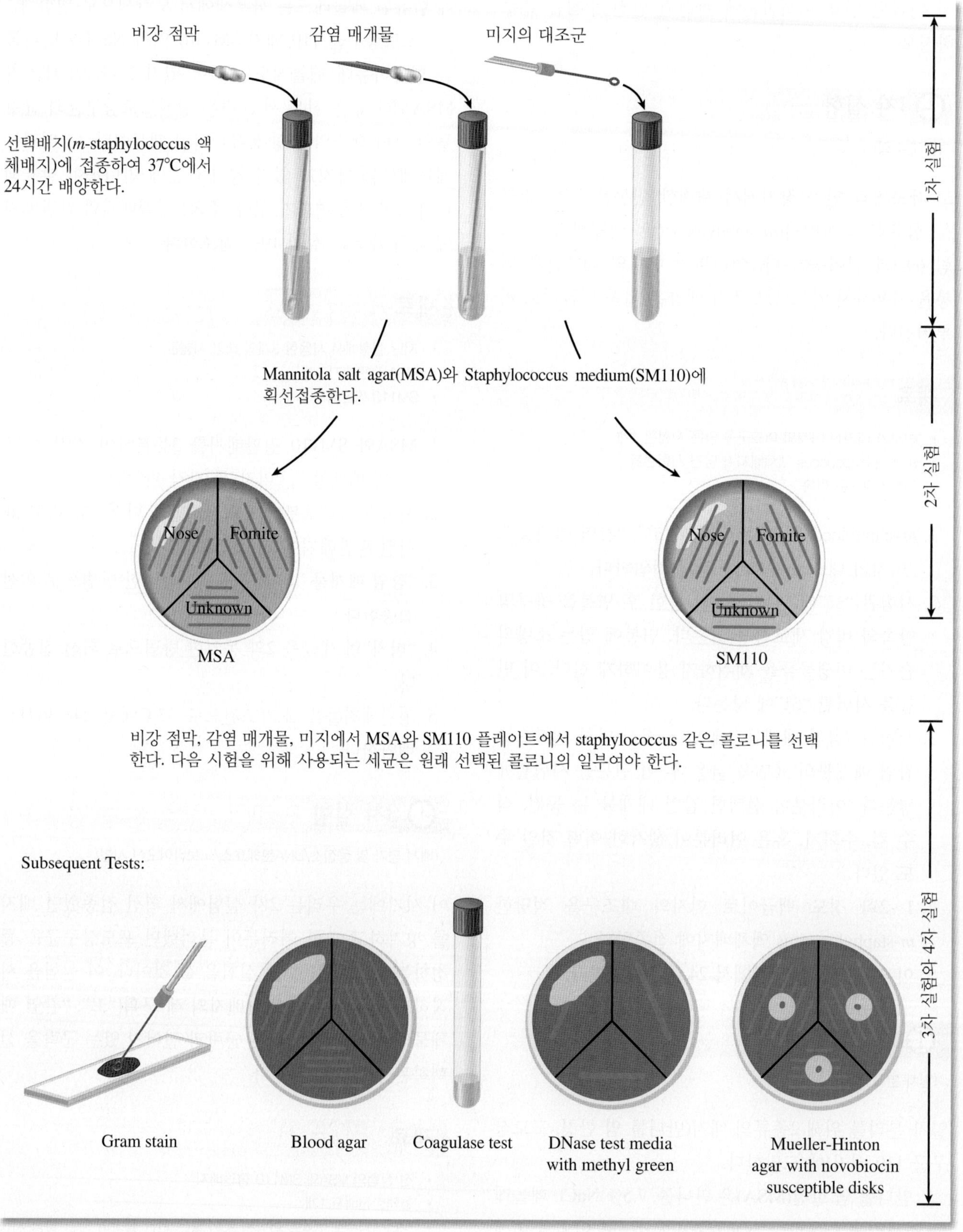

그림 69.3 포도상구균의 추정 식별을 위한 절차.

- 그람염색 키트
- Mueller–Hinton 한천배지 1개

평판배지 평가

1. 만니톨 염 한천배지를 관찰한다. 어떤 군락이라도 주위의 페놀레드가 노란색으로 변했는가? 색깔 변화가 있으면 여러분은 황색포도상구균 혹은 *S. saprophyticus*를 잠정적으로 분리했다고 할 수 있다.
2. SM110 배지를 관찰한다. 미생물이 자랐다면 그 미생물은 염 내성이다. 군락의 색깔에 집중한다. 황색포도상구균의 군락은 노란색 혹은 오렌지색인 반면 CNS 군락들은 무색일 것이다.
3. 이 평판배지의 관찰을 실험 보고서 69에 기록한다.

혈액한천배지 접종

1. 1개의 혈액한천배지(BAP)를 3등분한다. 각 구획에 "비강 점막", "감염 매개물 ", "미지" 라고 표시한다.
2. MSA와 SM110 배지의 세 구획으로부터 포도상구균처럼 보인 군락을 선택한다. 각 구획으로부터 독립된 군락을 발견하지 못하면 담당교수와 상의하여 실험을 진행시킬 수 있다(예를 들면, 두 개의 군락만 선택할 수 있다면 BAP를 2등분한다).
3. 평판배지의 한 구획에서 선택된 군락은 BAP의 동일한 구획에 획선접종한다.
4. BAP 배지를 37℃에서 18~24시간 배양한다. 배양기에 24시간 이상 두지 않는다. 장시간 배양은 혈액의 변성을 유발시킨다.

[이 시점에서 여러분은 남아 있는 선택된 군락을 이용하여 다음의 시험을 진행하든 또는 BAP를 24시간 배양한 후 다음의 시험을 진행해도 된다. 시험 전에 BAP에서 24시간 배양하는 것은 더 많은 순수 배양체를 얻어 다량의 접종량이 필요한 응집소, DNA분해효소, 그리고 노보바이오신 시험을 가능하게 해준다.]

응집소 시험

황색포도상구균의 97%에 이르는 균주는 응집소 양성이라고 판명되었으며 다른 두 종들은 항상 응집소 음성이라는 사실은 황색포도상구균으로의 동정함에 있어서 매우 강력한 판정 기준이 된다.

시험 과정은 간단하다. 작은 혈장 시험관에 몇 백금이의 미생물을 접종한 후 몇 시간 동안 수조에서 37℃로 배양한다. 혈장이 응집하면 그 미생물은 응집소 양성이다. 응집은 30분 혹은 몇 시간 후에 일어난다. 혈장에 부유되어 있을 정도의 느슨한 혈전부터 단단하게 고정된 혈전까지 어떤 수준의 응집이라도, 또 24시간 이후에 나타나더라도 양성으로 판정한다.

이 시험은 오직 그람양성의 포도상구균형 세균에만 정확하다는 것을 숙지한다. 그 이유는 슈도모나스(*Pseudomonas*) 같은 몇몇 그람음성 간균은 위양성 반응을 나타내기 때문이다. 이 미생물의 혈전이 생기는 기작은 응집소에 의한 것이 아니다. 다음의 시험을 진행한다.

1. 평판배지에 나타난 포도상구균형 군락에 따라 혈장 시험관에 "비강 점막", "감염 매개물 ", "미지"를 각각 기입한다.
2. 백금이로 SM110이나 MSA의 군락을 적절한 혈장 시험관에 접종한다. 많은 양의 접종을 통해 빠른 결과를 얻을 수 있다. "비강 점막", "감염 매개물 " 시험관 모두 양성 군락이 보이면 각각의 군락을 각각의 시험관에 접종한다.
3. 조심스럽게 마개를 닫은 후 37℃ 수조에 놓는다.
4. 30분마다 혈장의 고체화를 관찰한다(그림 69.4). 고체화는 완전할 수도 혹은 반고형일 수도 있다.

이 실험이 끝나도 음성 반응을 보인 어떤 시험관

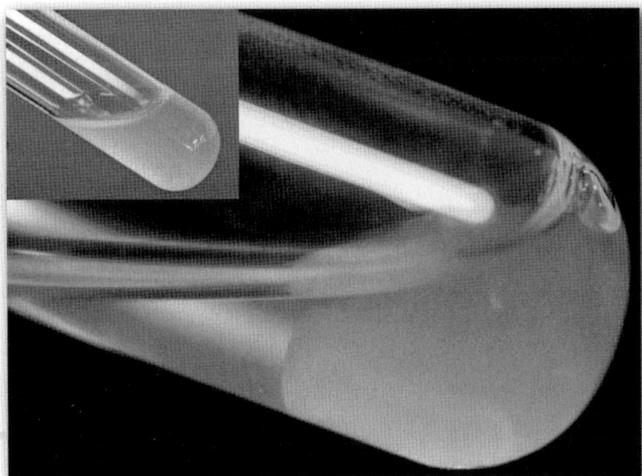

그림 69.4 응집소 시험: 양성과 음성을 보여준다.
ⓒ McGraw–Hill Education, Lisa Burgess, photo

도 수조에 그대로 놓아둔다. 24시간이 후에 담당교수가 시험관을 꺼내 냉장고에 넣어둘 것이다. 따라서 그 후 다음 실험에 관찰한다.

5. 결과를 실험 보고서 69에 기록한다.

DNA 분해효소 시험

응집소-양성 세균이 DNA를 가수분해할 수 있다는 사실은 DNA 분해효소 시험이 이 황색포도상구균의 동정에 믿을만한 방법이라는 것을 보여준다. 다음 과정은 포도상구균형 세균이 DNA를 가수분해할 수 있는지 여부를 결정하는 과정이다.

1. DNA 분해 시험 한천배지에 다량의 세균을 접종한다. 한 개의 평판에 1인치 길이로 획선 접종하여 여러 균주를 동시에 시험할 수 있다.
2. 35°C에서 18~24시간 배양한다.

그람염색 슬라이드

여러분의 혈장 시험관이 수조에서 배양되는 동안 혈액한천이나 응집소 시험에 사용되었던 동일한 군락을 가지고 그람염색 슬라이드를 준비한다.

이 슬라이드를 유침 렌즈를 통해 관찰하고 실험 보고서 69에 관찰한 것을 그린다.

노보바이오신 감수성 시험

이 실험에서 논의했던 2가지의 응집소-비생성 세균(*S. saprophyticusr*과 *S. epidermidis*)이 차이를 나타내지 않으므로 여러분이 만니톨을 발효시키지 못하는 *S. saprophyticus*을 갖고 있다면 이 실험을 더 진행한다. 노보바이오신에 대한 내성은 *S. saprophyticus*의 잠정동정에 이용될 수 있다.

1. Mueller-Hinton 한천평판을 3등분하여 각 구획에 "코", "감염 매개물 ", "미지"를 각각 기입한다.
2. 백금이를 이용하여 시험 균주를 접종한다. 이 때 각 구획 표면 전체에 접종한다.
3. 무균적으로 노보바이오신 디스크를 핀셋이나 디스크 분배기를 사용하여 각 구획의 중앙에 올려놓는다.
4. 배지를 37°C에서 24시간 배양한다.

4차 실험

(확정)

이 실험에는 모든 시험들을 최종적으로 평가하고 우리들에게 가능한 다른 확증 시험이 무엇인지 결정한다.

재료

- 지난 시험에 사용한 응집소 시험관
- 지난 시험에 사용한 혈액한천 평판배지
- 지난 시험에 사용한 DNA 분해시험 평판배지

1. 지난 실험에 응집소 음성으로 나타난 시험관을 관찰

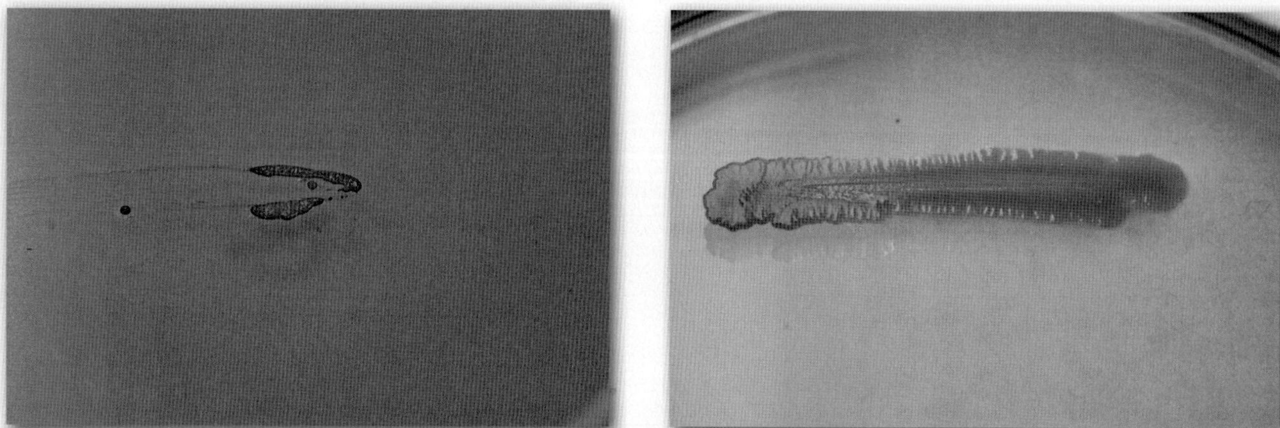

(a) (b)

그림 69.5 (a) DNase methyl green agar에서 DNase 시험: 투명은 DNA 분해를 나타낸다. (b) DNase 음성 시험: 획선 주위가 투명하지 않다.

그림 69.6 *Staphylococcus epidermidis*에 대한 감도를 보여주는 노보바이오신(Novobiocin) 시험.

하여 실험 보고서 69에 그 결과를 기록한다.

2. 혈액한천배지의 집락을 관찰한다. 집락 주위에 깨끗한 (베타형) 용혈인지 확인한다. β-독소의 존재는 황색포도상구균의 결정적 특징이다. 실험 보고서에 결과를 기입한다.
3. DNA 분해시험 평판배지의 획선 주위의 염료가 탈색되었는지 관찰한다(그림 69.5).
4. 노보바이오신 디스크가 놓인 Mueller-Hinton 한천배지의 군락들을 관찰한다. 노보바이오신 감수성은 노보바이오신 디스크 주위에 생장이 나타나지 않은 것으로 판정한다. 노보바이오신 감수성의 판정 기준은 디스크 주의의 직경이 16 mm 이상이어야 한다(그림 69.6).
5. 시험 결과들을 칠판이나 메모판의 표에 기록한다. 혹은 담당교수가 복사해 나눠준 도표에 기록할 수 있다.

추가 시험

API Staph 시험 키트(실험 46)의 사용 외에 포도상구균의 동정의 확증을 위해 실험 74에 설명된 라텍스 응집 슬라이드 시험을 이용해도 좋다. 담당교수가 이 시험을 위한 도구들의 사용 가능성과 시험이 필요한지에 대해 설명할 것이다.

실험 보고서

칠판이나 메모판에 시험결과들을 기록한 후에 실험 보고서 69의 표를 완성하고 질문에 답한다.

실험 보고서 69

이름: ______________

날짜: ________ Section: ______________

실험 69. 포도상구균: 분리 및 동정

A. 결과

1. 도표 작성

   3차 실험을 시작하면서 담당교수는 칠판에 그려진 도표와 동일한 도표를 작성할 것이다. 만니톨 염 한천과 SM110 배지를 이용한 시험 후에 포도상구균의 생장 여부를 생장(+), 비생장(−)으로 적절한 위치에 표시한다. 응집소 시험을 수행한 후 (+) 혹은 (−)로 적절한 위치에 표시한다.

성명	감염 매개물				미지 균			
	품명	포도상구균 집락 수		응집소	미지균 번호	포도상구균 집락 수		응집소
		MSA	SM110			MSA	SM110	

배지	시험 균주 수	총 응집소 양성	응집소 양성 비율	총 응집소 음성	응집소 음성 비율
감염 매개물					
미지 균					

2. 현미경 관찰

그람염색하여 유침을 이용하여 관찰한 결과를 그리시오.

미지 대조군	비강 점막	감염 매개물

3. 배양과 시험 결과 기록

	MSA에서의 생장 (+/–)	만니톨 발효 (+/–)	BAP에서의 알파–용혈 (+/–)	혈장의 응집 (+/–)	DNA 가수분해 효소에 의한 투명환(+/–)	노보바이오신 (S/R)
비강 점막						
감염 매개물						
미지 대조군						

4. 동정

만일 API Staph 키트가 확보되었으면 분리균에 대한 시험을 통해 결론을 확정하시오. 실험 46 참조.

비강 점막: ______

감염 매개물: ______

미지 대조군: ______

B. 단답형 문제

1. 포도상구균의 분리와 동정에 있어서 만니톨 염 한천 (MSA)의 선택적 혹은 감별 특성을 기술하시오.

______

______

2. 포도상구균의 분리와 동정에 있어서 혈액한천의 감별 특성을 기술하시오.

______

______

3. 응집소 시험이 황색포도상구균의 동정에 있어서 강력한 판정 기준이 되는 이유는 무엇인가?

4. 황색포도상구균의 병원성에서 응집소의 역할은 무엇인가?

5. 황색포도상구균의 병원성에서 α- 독소의 역할은 무엇인가?

6. 병원내 감염은 무엇인가?

7. 포도상구균이 병원내 감염의 선두주자인 이유는 무엇인가?

8. 포도상구균에 의한 감염의 치료가 점점 어려워지는 이유는 무엇인가?

9. 병원 환자의 코에서 황색포도상구균의 보균 여부를 시험하는 이유는?

10. 응집소, DNA 분해효소, 노보바이오신 시험에 의한 결과들이 이들 시험에 사용된 균주가 순수배양에 의한 것이 아니고 혼합배양에 의한 것이라는 것을 기술하시오.

MICROBIOLOGY

연쇄상구균과 장구균: 분리 및 동정

EXERCISE **70**

The Streptococci and Enterococci: Isolation and Identification

학습목표

이 실험을 수행한 후 여러분은 다음의 사항을 알 수 있을 것이다.

1. 선택배지와 배양기술을 사용하여 혼합배양체나 인체 목구멍으로부터 연쇄상구균을 분리한다.
2. 분리한 미지의 연쇄상구균을 선택배지와 생화학적 시험들을 사용하여 동정한다.

연쇄상구균과 장구균은 실험 69에서 논의한 포도상구균과 두 가지 눈에 띄는 차이가 있다: (1) 대부분의 분리균들은 덩어리보다는 사슬형태이다(그림 70.1), (2) 과산화수소를 물과 산소로 분해하는 카탈라아제가 없다.

연쇄상구균과 장구균은 그람양성 구균의 크고 다양한 그룹을 이룬다. 그들은 통성혐기성이며 일반적으로 운동성이 없다. 그들은 하나 혹은 쌍을 이루지만 긴 사슬을 이루는 것이 가장 큰 특징으로 알려져 있다(그림 69.1). 한때 연쇄상구균과 장구균은 매우 유사하므로 동일한 속으로 분류되었다. 최근의 핵산 연구는 이 들 두 그룹 간의 유전적 연관성에 대한 정보를 밝혀 〈Bergey's Manual〉에 Lactobacillales 목의 독립된 과(Streptococcaceae와 Enterococcaceae)의 다른 속에 위치한다.

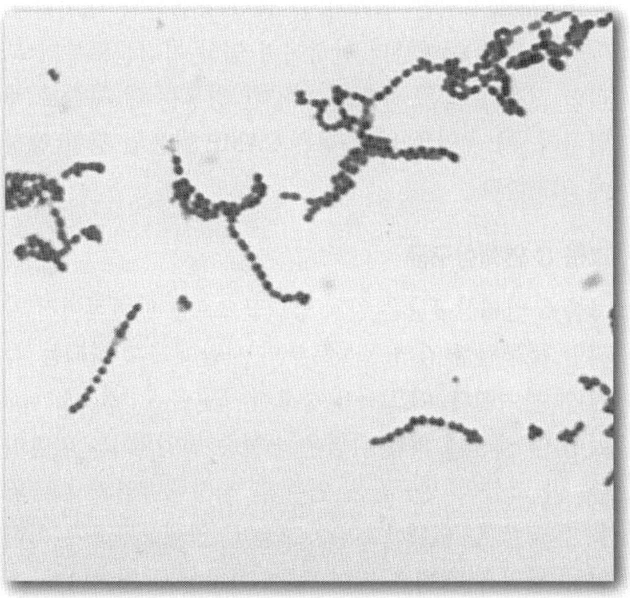

그림 70.1 연쇄상구균의 그람염색.
Centers for Disease Control

이 두 과에 속한 의학적으로 중요한 종들의 그룹화와 동정에는 여러 방법이 있다. 이 세균들의 일차 동정은 혈액한천에서 생장할 때 용혈 형태에 기초한다. 몇 종의 연쇄상구균과 장구균은 외독소를 분비하여 혈액한천에서 적혈구를 완전히 파괴한다. 세균 집락 주위의 완전한 용혈은 **베타-용혈**로 알려져 있으며, 집락 주위에 투명환을 만든다. 다른 연쇄상구균과 장구균 종들은 혈액한천배지에서 적혈구 내의 헤모글로빈을 부분적으로 파괴하여 집락 주위에 녹색을 띤 탈색반응을 나타내며 이것을 **알파-용혈**이라 한다. 어떠한 용혈도 일으키지 않는 것을 **감마-용혈**이라 하며 혈액한천배지에 어떠한 영향도 미치지 않는다. 혈액한천상의 세 가지 용혈이 그림 70.2에 제시되었다. 용혈형이 판정되면 연쇄상구균과 장구균은 세포벽 탄수화물에 기초하여 더 깊이 분류될 수 있다. 1930년대에 랜스필드(Rebecca Lancefield)에 의해 고안된 한 방법은 혈청학적 시험에서 이 탄수화물들의 항원성 차이에 기초하여 다른 종류의 세균들을 구분할 알파베이트 시스템(A, B, C 등)을 이용하는 것이다. 연쇄상구균과 장구균의 동정을 위해 병리 실험실에서는 용혈형, 혈청형과 함께 생리적 그리고 생화학적 특성들을 이용한다.

비록 연쇄상구균과 장구균 속들은 여러 종들로 구성되는데, 그 중 극소수만이 인체 병원균인다.

베타-용혈 그룹

베타-용혈 범주에 속하는 랜스필드 혈청형에는 그룹 A, B, C가 있다. 그룹 D에 속한 소수의 종들도 베타-용혈이지만 그들은 변이성 용혈을 보이므로 알파-용혈 부분에서 논의한다.

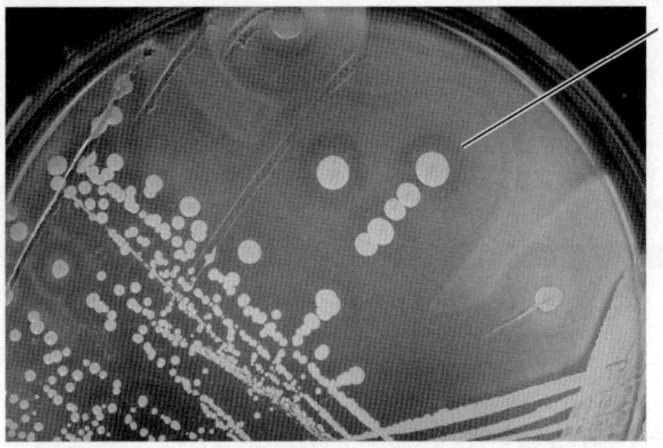

(a)

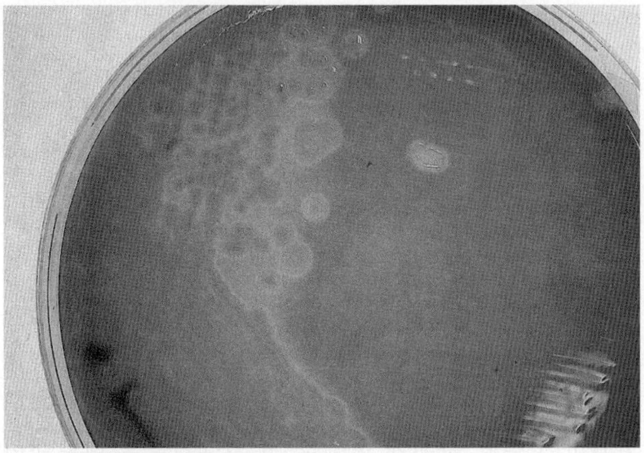

(b)

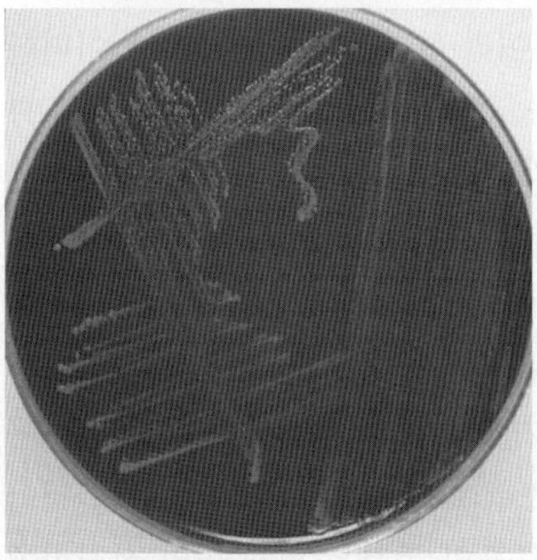

(c)

그림 70.2 혈액한천 평판에서 자란 연쇄상구균이 생성한 세 종류의 용혈: (a) 베타-용혈, (b) 알파-용혈, (c) 감마-용혈.
(a) © Kathy Park Talaro; (b) © Evan Roberts; (c) © Fred E. Hossler/Visuals Unlimited

그룹 A 연쇄상구균

그룹 A의 대표적 연쇄상구균인 *Streptococcus pyogens*는 가장 심각한 병원성 연쇄상구균이다. 인간은 *S. pyogens*의 일차 숙주이다. 비록 인두가 이 종들을 발견하기 가장 좋은 장소이지만 이 종은 피부와 직장에서도 분리될 수 있다. *S. pyogens*에 의한 감염은 인두염과 피부 감염으로부터 성홍열과 류마티스성 열 그리고 사구체신염을 유발한다. 혈액한천에서 생장한 집락은 작고 (직경 0.5 mm) 투명하다가 불투명해지고 돔형이다. *S. pyogens*는 용혈소를 생산하여 빠르게 세포와 조직을 침투한다. 이 용혈소는 혈액한천에서 자란 군락주위에 적혈구의 완벽한 용해를 일으켜 군락의 직경보다 2배 크기의 투명환을 만든다. 이 세균들은 구형이며 임상 가검물로부터 분리한 경우는 짧은 사슬로, 액체배양한 경우는 긴 사슬로 배열된다. *S. pyogens*를 다른 연쇄상구균이나 장구균과 구분하기 위해서는 분리균들의 바시트라신에 대한 내성을 시험한다. 만약 분리균이 베타-용혈이며 바시트라신에 민감하면 *S. pyogens*으로 잠정 동정할 수 있다.

그룹 B 연쇄상구균

*S. agalactiae*는 랜스필드 혈청형 그룹 B에 속한 유일한 종이다. *S. pyogens*와 마찬가지로 이 병원체는 인두, 피부, 직장에서 발견되기도 하지만, 건강한 성인과 유아의 생식기 혹은 장관에서 더 잘 발견된다. 이 세균은 패혈증과 수막염 등 심각한 신생아 감염에 있어서 중요하다. 산모의 생식기 감염은 신생아에게 전염되어 질병의 위험이 있다. 성인집단에서 *S. agalactiae* 감염은 종기, 심장내막염, 패혈증, 뼈와 연골 감염 그리고 뇌염이 수반된다. *S. agalactiae* 집락은 크고 작은 베타-용혈환으로 *S. pyogens*의 작은 집락과 큰 베타-용혈환과 대비된다. 이 세균들은 구형부터 난형이며 임상 가검물로부터 분리한 경우는 짧은 사슬로, 배양한 경우는 긴 사슬로 배열된다. 이 종의 예비 동정은 CAMP 반응의 강한 양성에 의거한다.

그룹 C 연쇄상구균

그룹 C 연쇄상구균은 인체 병원균으로는 일반적이지 않지만 동물원성 감염(동물로부터 사람에게 전파되는 감염)에 관여한다. 이 그룹의 중요한 세균은 *S. dysgalactiae*이며 이 세균에 의한 감염은 균혈증 원인의 1% 미만이다. 이 그룹의 세균들은 인두염, 심장내막염과 수막염을 유발할 수 있다. 그러나 그룹 C 연쇄상구균에 의한 임상 감염은 질병을 앓고 있는 환자에게 일어난다. *S. dysgalactiae*은 혈액한천에서 넓은 베타-용혈 부위를 보

표 70.1 연쇄상구균과 장구균을 분별하는 생리적 검사

	BERGEY'S GROUP	LANCEFIELD GROUP	HEMOLYSIS	BACITRACIN SUSCEPTIBILITY	CAMP REACTION	SXT SENSITIVITY	BILE ESCULIN HYDROLYSIS	TOLERANCE TO 6.5% NACL	OPTOCHIN SUSCEPTIBILITY
S. pyogenes	Pyogenic	A	β	+	−	R	−	−	−
S. agalactiae		B	β	−	+	R	−	±	−
S. pneumoniae		none	α	−	−		−	−	+
S. dysgalactiae		C	β	−	−	S	−	−	−
E. faecalis	Enterococci	D	β or γ	−	−	R	+	+	−
E. faecium		D	α	−	−	R	+	+	−
S. bovis	Other	D	α[1]	−	−	R/S	+	−	−
S. mitis[2]	Oral (Viridans)	none	α[1]	−	−	S	−	−	−
S. salivarius[2]		none	α[1]	−	−	S	−	−	−
S. mutans[2]		none	none	−	−	S	−	−	−

Note: R = resistant; S = sensitive; blank = not significant.
[1]Weakly alpha.
[2]Oral streptococci commonly isolated from throat swabs. Differentiation is based on additional biochemical tests not performed in this exercise.

이는 큰 집락을 만든다. *S. dysgalactiae*이 다른 베타-용혈 연쇄상구균(*S. pyogens*와 *S. agalactiae*)과 다르다는 것을 잠정할 수 있는 것은 바시트라신에 대한 내성과 음성 CAMP 시험 반응이다.

알파-용혈 그룹

알파-용혈에 기초한 연쇄상구균과 장구균의 그룹화는 베타-용혈 그룹에서와 같이 은 명쾌한 기준이 되지 못한다. 표 70.1에 나타난 바와 같이 몇 그룹은 약한 알파-용혈을 보이고 소수의 알파-용혈 그룹은 가변적 용혈을 나타내는 것으로부터 용혈은 동정에 있어서 잘못된 결과를 도출할 수 있다는 것을 명심한다.

Streptococcus pneumoniae

비록 *S. pneumoniae*가 랜스필드 항원을 갖지는 않지만 주요한 인체 병원균이다. *S. pneumoniae*는 세균성 뇌염의 원인균이며 어린이에게 뇌막염과 다른 중이염(귀 감염)을 유발한다. 이 균은 정상적으로 인두에 상재하지만 어떤 상황에서는 폐, 부비강이나 중이로 전파될 수 있다. 독성이 있는 *S. pneumoniae* 균주는 다당 협막에 싸여 있다(비독성의 실험실 균주들은 협막을 만들지 않는다). 이 세균이 혈액한천에서 생장하면 집락은 부드럽고 점질성이며 녹색의 탈색환(알파-용혈)이 생긴다. 배양하면 이 세포들은 일반적으로 쌍구균으로 생장하지만 경우에 따라 단일 혹은 짧은 사슬을 형성하기도 한다. *S. pneumoniae*의 잠정 동정은 옵토신 민감성에 의해 이루어진다.

녹색 연쇄상구균(Viridans Streptococci 그룹)

녹색 연쇄상구균은 알파-용혈과 비용혈성 연쇄상구균의 이질적인 집단이다. 이 세균들은 구강, 인두, 위장관, 비뇨생식기에 서식한다. 대부분의 녹색 연쇄상구균 그룹은 기회주의자로서 보통 병원성이 낮다고 간주한다. 녹

색 연쇄상구균 그룹의 2종은 충치의 일차 원인균으로 여겨진다. 비록 이 세균들이 독성을 거의 갖지 않고 정상균총의 구성원이더라도 치과 혹은 외과 시술 중 조직에 유입되면 심각한 감염을 유발할 수 있다. 모든 녹색 연쇄상구균 그룹에 의한 감염의 가장 심각한 합병증은 아급성 심장내막염이다. 혈액한천에서 생장하면 녹색 연쇄상구균 집락은 매우 작고 회색에서 백회색이며 불투명하다. 배양할 경우 간균형으로 보이고 사슬을 형성한다. 이 녹색 연쇄상구균 그룹은 bile esculin 가수분해, 염내성과 옵토신 민감성 시험에서 음성이라는 면에서 폐렴구균이나 장구균과 구분된다.

그룹 D 장구균

혈청학적 그룹 D 장구균은 Enterococcaceae 과에 속하며 용혈성이 가변적이다. 이 그룹에는 *E. faecalis*와 *E. faecium*의 두 종이 대표적이다. 그들의 주된 서식지는 위장관이지만 비뇨생식관이나 구강에서도 분리된다. 비록 장구균은 여러 독성인자를 갖지는 않지만 입원한 환자에게 요도감염, 균혈증과 심장내막염을 일으킬 수 있는 중요한 병원체이다. 혈액한천에서 생장하면 장구균은 큰 집락을 만드는 데 비용혈성이거나 알파-용혈이거나 혹은 드물게는 베타-용혈을 보인다. 배양하면 그들은 짧은 사슬의 쌍구균으로 자란다. *E. faecalis*의 집락은 균주에 따라 또는 혈액한천의 종류에 따라 비용혈성이거나 베타-용혈을 나타내며, *E. faecium*의 집락은 일반적으로 알파-용혈을 나타낸다. 장구균은 극한 조건에서도 자랄 수 있으며 이 형질은 다양한 연쇄상구균 종들과 장구균을 식별할 수 있게 해 준다. 6.5% NaCl 의 조건에서도 자랄 수 있으며, bile esculin을 가수분해시킬 수 있는 분리균들은 장구균으로 간주할 수 있다.

그룹 D 비장구균

*S. bovis*는 그룹 D에 속하는 임상적으로 적절한 비장구균이다. 이 균은 소, 양 그리고 다른 반추동물뿐 아니라 인간의 장에서 발견된다. 비록 이 균이 많은 동물에서 발견되지만 *S. bovis*는 인간 병원균이며, 심장내막염과 뇌막염의 원인균으로 그리고 위장관의 악성질환과 관련이 있다. *S. bovis* 집락은 크고 점질성(많은 균주는 협막을 가짐)이며 비용혈성이거나 알파-용혈성이다. 배양하면 *S. bovis*는 쌍 혹은 짧은 사슬로 자란다. 이 그룹의 식별에 중요한 반응은 양성 bile esculin 시험과 음성 염 액체배양 시험이다.

이 실험의 목적은 두 가지로 (1) 연쇄상구균과 장구균을 분리하는 표준 방법을 배우는 것, (2) 이 과에 속한 임상적으로 중요한 종들을 식별하는 방법을 배우는 것이다. 그림 70.3은 이러한 목적을 추구하기 위해 행할 전체적인 방법들을 도식화한 것이다. 연쇄상구균과 장구균을 동정하는 시험들의 적용을 확대하기 위해 지도교사가 미지의 배양균을 제공하여 여러분이 인두에서 분리한 균과 함께 동정하게 할 것이다. 이 실험을 완성하면 이 섬들의 결과로 여러분은 분리균을 잠정적으로 동정한다는 것을 염두에 두시오. RapID Streptococci panel 같은 상업용 키트들을 구할 수 있는데 이것을 이용하여 여러분의 분리균 동정을 확증할 수 있다.

주의: 이 실험을 진행하기 전에 PART 13의 서론에 기술된 인체 미생물군에 관한 안전수칙을 숙지한다.

1차 실험

(획선-천자 한천 평판 준비)

이 시기에는 혈액한천을 특별한 방법으로 도말하거나 획선 접종하여 인두나 미지의 혼합물에 존재하는 용혈성 세균을 판정한다.

목구멍을 면봉으로 정확히 긁는 것이 어려우므로 실험 짝과 교대로 연습한다. 면봉으로 목구멍에서 채취했다면 그림 70.4처럼 혈액한천 평판에 면봉이나 백금이를 이용하여 접종한다.

재료

- 혀 누름 막대 1개
- 멸균된 면봉 1개
- 접종 백금이
- 혈액한천 평판 2개
- 미지의 혼합물

1. 대상자의 머리를 뒤로 젖힌 후 혀 누름 막대로 혀를 누른 다음 인두의 뒷부분을 멸균된 면봉을 위아래로 긁는다.

   갑상선의 흰 부위를 조심한다. 뺨 안쪽과 혀를 건

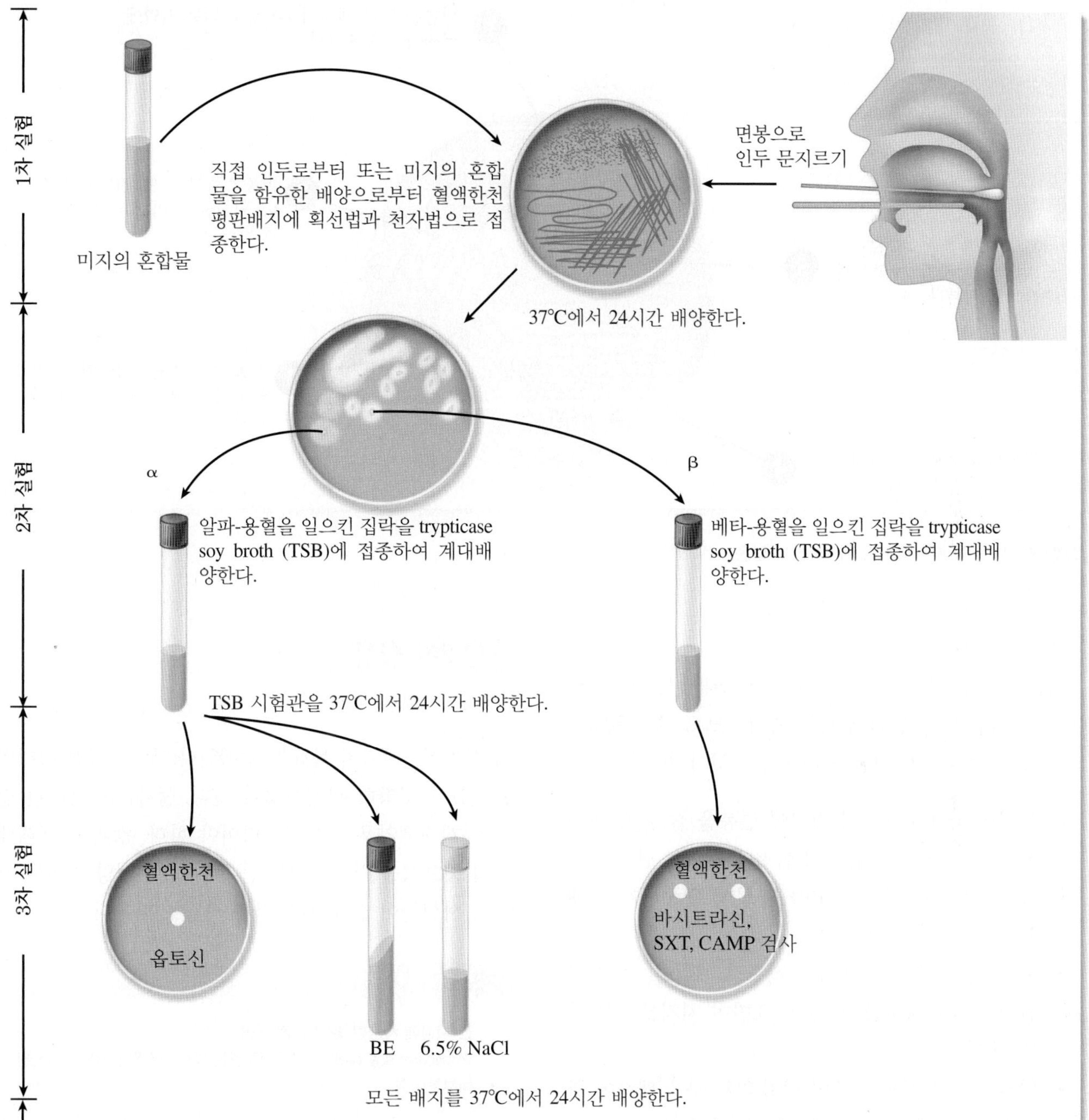

옵토신 감수성: 폐렴균은 민감하고 녹색연쇄상구균은 저항성이다.

담즙 용해도: 이 시험에는 TSB 배양약을 사용한다. 폐렴균은 언제나 담즙에 잘 녹는다.

Bile Esculin(BE) 가수분해: 모든 그룹 D 연쇄상구균은 모두 양성이다.

내염성: 그룹 D의 장구균은 내염성이나 다른 그룹 D 균은 내염성이 없다.

바시트라신 감수성: 감수성이면 아마도 *S. pyogenes*이다.

SXT 감수성: 바시트라신 감수성 시험과 더불어 이 시험은 C군의 연쇄상구균을 동정하는 데 이용된다.

CAMP 시험: 어떤 분리균이 양성이면 그 균은 *S. agalactiae*일 가능성이 높다.

그림 70.3 연쇄상구균과 장구균의 잠정적 동정을 위한 배지 접종.

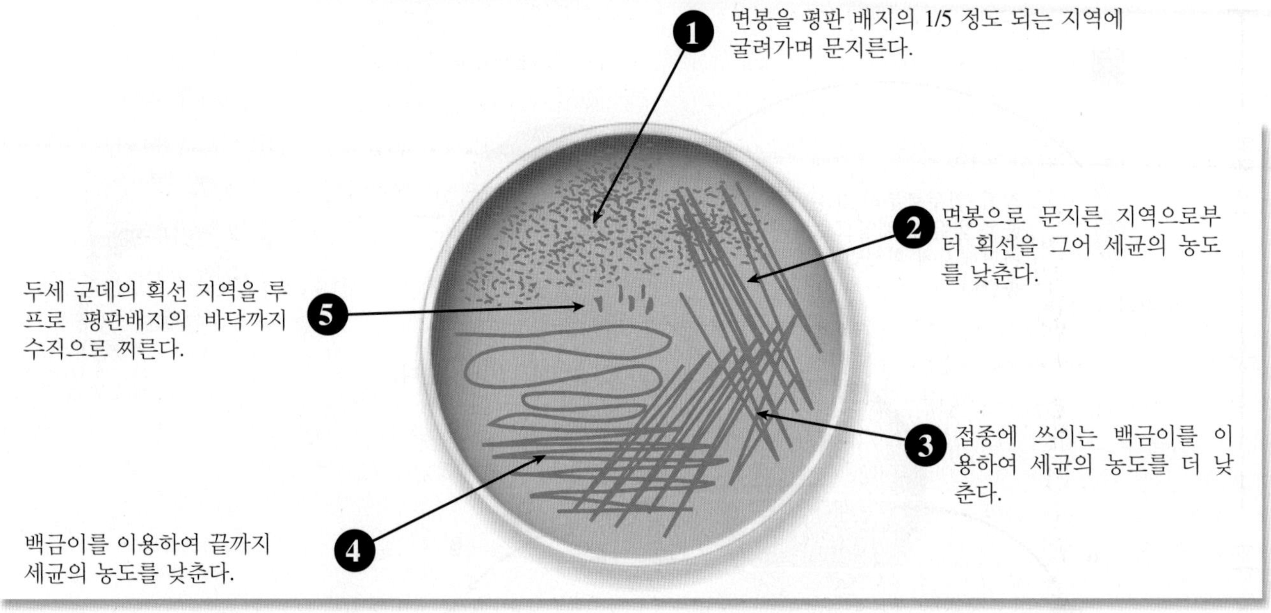

그림 70.4 혈액 한천배지의 획선-천자 접종.

드리지 않는다.

2. 연쇄상구균의 집락이 한천 표면 아래에서 혐기적으로 자랄 때 용혈이 정확히 측정되므로 그림 70.4와 같은 획선-천자 기술을 이용하는 것이 필요하다.

- 표면의 약 1/5 정도의 면적에 면봉을 잘 굴려 접종한다. 면봉의 전체 표면이 한천에 닿아야 한다.
- 그림처럼 백금이로 세균들을 희석 접종하기 위해 3부분으로 획선 접종한다.
- 백금이를 한천의 표면에 수직으로 세워 한 번에 평판의 아래쪽까지 찔러 넣어 표면이 지저분하지 않게 한다.
- 천자할 곳은 획선 접종이 되지 않는 곳을 택하여 현미경으로 용혈을 쉽게 관찰할 수 있게 한다.

주의

면봉과 혀 누름막대는 소독제가 든 비이커나 생물학적 위험 봉투에 버린다.

3. 미지의 혼합물에 대한 접종을 동일한 과정으로 반복한다.
4. 평판을 호기적으로 37℃에서 24시간 배양한다. 24시간 이상 배양하지 않도록 조심한다.

2차 실험

(분석과 계대배양)

이 시기에는 2가지 목표를 수행한다: 첫째, 어떤 형태의 용혈인지 정확히 판정하여야 한다. 둘째, 잘 분리된 집락을 계대배양용으로 선택하여야 한다. 정확한 계대배양의 중요성을 간과해서는 안 된다: 순수배양 없이는 차후의 시험들이 실패한다. 다음 과정을 따른다.

재료

- 전 시험에 사용한 혈액 한천 평판
- Trypticase soy broth (TSB) 시험관들 (다른 형태의 집락 수 만큼)
- 해부현미경

1. 집락 주위에 용혈이 나타난 독립된 집락을 찾는다.
2. 용혈이 나타나는 천자가 있는가? 이 용혈환이 나타난 천자선 주위를 해부현미경을 이용해 60배의 배율 혹은 광학현미경을 이용하여 4배의 대물렌즈로 관찰한다.
3. 용혈형은 베타- 혹은 알파-용혈로 구분되며, 알파-용혈은 알파- 혹은 알파-프라임으로 더 세분될 수 있다 (그림 70.5 참조). 집락 주위 적혈구의 완전한 용해(집락주위의 투명환)는 베타-용혈이다. 집락 주위 적

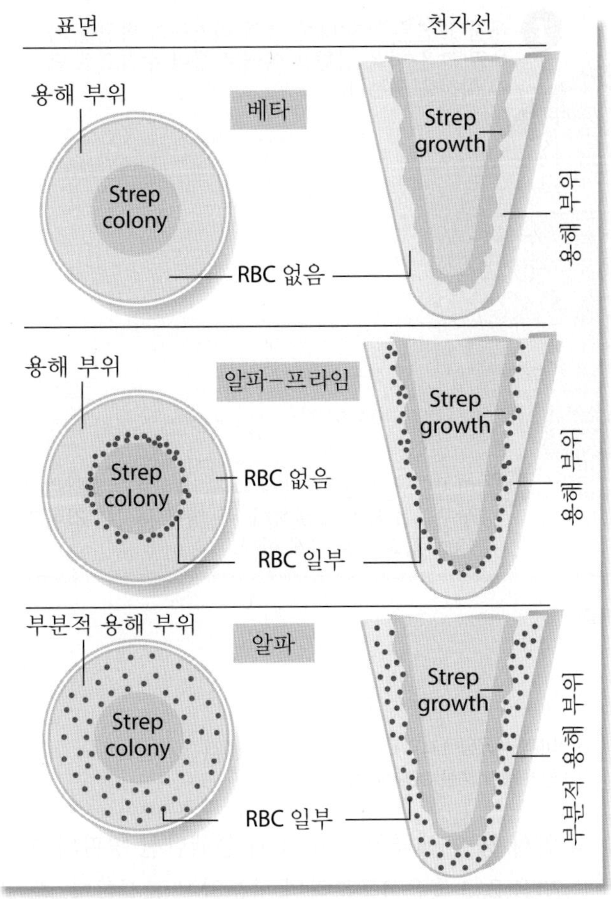

그림 70.5 혈액한천 평판에서 관찰되는 용혈형 비교. 왼편은 혈액한천 평판 표면의 세균 집락 주위의 적혈구의 모습을 나타낸 도식이다. 오른편은 혈액한천으로 천자선 주위의 적혈구의 모습을 나타낸 도식이다.

혈구의 부분적 용해는 군락 주위에 녹색으로의 탈색을 만들며 이것을 알파-용혈이라고 한다. 넓은 완전 용혈환에 둘러싸인 집락 주변에 용해되지 않은 적혈구가 남아 있으면 알파-프라임-용혈이라고 한다. 녹색 포도상구균 그룹의 몇몇 균주들은 알파-프라임-용혈을 나타낸다. 알파-프라임-용혈은 간혹 베타-용혈로 오인되는데 용혈 집락/천자선을 해부현미경이나 광학현미경으로 관찰해야 하는지의 이유가 된다. 주위의 적혈구에 어떤 영향도 미치지 않는 군락은 비용혈 혹은 감마-용혈이라고 한다.

4. 관찰 결과를 실험 보고서 70에 기록한다.
5. 용혈(알파, 베타)이 보이는 집락 중 TSB 시험관에 접종할 독립적으로 존재하는 집락을 선택한다. 그리고 시험관에 알파 혹은 베타로 표시한다. 세균이 알파형인지 베타형인지 동정에서 매우 중요하다.

   인두로부터 베타-용혈 연쇄상구균을 분리할 확률은 매우 낮으므로 여러분이 이 균을 분리했다고 생각되면 담당교수에게 알린다.
6. 시험관을 37℃에서 24시간 배양한다.

3차 실험

(생리적 시험용 접종)

여러 그룹의 연쇄상구균의 잠정동정은 표 70.1에 표시된 생리적 시험들에 근거한다. 그룹 A, B, C는 모두 베타-용혈이라는 것을 기억하라; 소수의 장구균도 역시 베타-용혈이다. 나머지는 모두 알파-용혈이거나 비용혈이다.

각각의 생리적 시험들은 단지 2~3개 그룹의 식별에만 적용되는 것이므로 모든 미지의 세균에 모든 시험을 시행하는 것이 바람직하지는 않다. 경제성과 정확성을 위해 분리균이나 미지의 세균의 용혈형에 따라 어떤 시험들을 선택할 것인지 신중히 생각해야 한다.

그러나 접종하기 전에 전 시기에 사용했던 TSB 배양액의 순도를 조사할 필요는 있다. 순도를 확인하기 위해서는 그람염색을 실시해야 한다.

그람염색 슬라이드 (순도 측정)

재료

- 전 시기에 사용했던 TSB 배양액
- 그람염색 키트

1. 여러분의 분리균을 가지고 그람염색 슬라이드를 만든 다음 유침 렌즈로 관찰한다. 순수배양체인지 확인한다.
2. 실험 보고서 70의 정확한 위치에 관찰 내용을 그린다.

베타-형 접종

베타-용혈형 분리균을 다음의 시험 과정대로 실시한다.

재료

각각의 분리균 1개당

- 혈액한천 평판 1개
- 바시트라신 감별 디스크 (0.04 단위) 1개
- SXT 감수성 디스크 1개

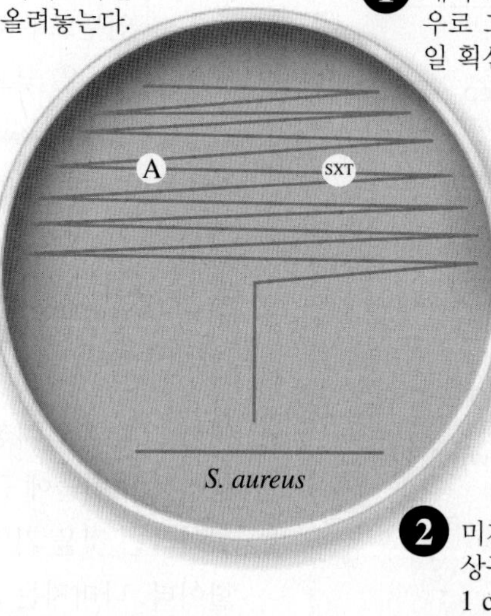

그림 70.6 CAMP, 바시트라신, SXT 시험을 위한 혈액한천배지의 접종 기술.

- 황색포도상구균 액체배양 1개
- 디스크 운반용 분주기 혹은 핀셀

1. 시험할 분리균 혹은 미지의 세균 정보를 혈액한천 평판에 기입한다.
2. 그림 70.6에 설명된 과정대로 분리균(혹은 미지 세균)과 황색포도상구균을 혈액한천 평판에 접종한다.

   미지 세균을 획선 접종할 때 황색포도상구균 획선과 1 cm 거리를 두고 직각이 되게 한다.
3. 핀셀이나 분주기를 사용하여 바시트라신 감별 디스크와 SXT 디스크를 그림 70.6에 표시된 것처럼 밀도가 높게 획선 접종된 부위에 올려놓는 다음 디스크를 살며시 누른다.
4. 혈액한천 평판을 37°C에서 24시간 동안 호기적으로 배양한다.

알파형 접종

그림 70.3에 보여준 대로 알파-용혈 분리균이나 미지의 세균당 3개의 접종이 이루어질 것이다.

재료

- 혈액한천 평판 1개 (최대 4개의 미지 세균까지)
- 미지 세균당 1개의 6.5% NaCl 액체 시험관
- 미지 세균당 1개의 bile esculin (BE) 사면배지
- 미지 세균당 1개의 옵토신 (Taxo P) 디스크
- 양초용기 혹은 CO_2 배양기

1. 알파-용혈 세균의 수에 맞춰 혈액한천 평판의 아랫면을 2, 3 혹은 4등분하여 구분하여 표시한다. 각 구획에 각각의 시험 균주의 번호를 기입한다.
2. 각 구획에 해당 균주를 빼곡히 획선접종한 후 각 구획의 중앙에 옵토신 디스크를 올려놓는다. 그리고 배지에 잘 붙게 디스크를 살며시 누른다.
3. 6.5% NaCl 액체 시험관에 접종하고, 또 bile esculin 사면배지의 표면에 획선 접종한다.
4. 모든 배지를 35~37°C에서 아래와 같이 배양한다:

   혈액한천 평판: 양초용기에서 24시간

   6.5% NaCl 액체 시험관: 24, 48, 72시간

   Bile esculin 사면배지: 48시간

주의: 혈액한천 평판은 양초용기 혹은 CO_2 배양기에서 배양하고 나머지 배양은 호기적으로 시행한다.

용혈을 나타내지 않는 (감마형) 집락의 접종

표 70.1을 참조한다. 이 특성을 갖는 분리균들은 아마도 그룹 D이거나 녹색포도상구균이다. 알파형 접종에서 기술한 대로 SXT 민감성 시험과 bile esculin 가수분해 시험 그리고 염-내성 시험을 수행한다.

주의: 옵토신 감수성은 SXT 디스크를 올려놓은 경우와 마찬가지로 SXT 민감성 BAP의 획선 접종된 부위에 옵토신 디스크를 올려놓을 경우에도 판정할 수 있다.

4차 실험

(생리적 시험 결과의 평가)

접종한 배지를 24시간 배양한 후 평판과 시험관을 검사하고 필요할 경우 검사 시약을 투여한다. 어떤 시험은 48 혹은 72시간 배양 후 결과를 확인할 수 있다.

적절한 시간 동안 배양한 후 지난 시기에 사용한 모든 평판과 시험관을 모으고, 미지 세균과 황색포도상구균을 같이 접종한 혈액한천 평판을 먼저 검사한다. CAMP 반응, 바시트라신 감수성 시험 그리고 SXT 민감성 시험은 이 평판들에서 조사할 수 있다. 아래와 같이 시행한다.

CAMP 반응(베타 시험)

만일 미지 세균의 획선이 황색포도상구균의 획선과 근접하여 만나는 지점에서 그림 70.7에 보이는 것처럼 확대된 화살촉 모양의 용혈대가 관찰되면 그 균은 *S. agalactiae*이다. 이 현상은 CAMP 인자(개발자들인 Christie, Atkins, Munch-Peterson의 이름에서 따온)라고 하는 것에 기인한다. *S. agalactiae*에 의해 생성된 CAMP 인자는 포도상구균 용혈소와 동반상승 작용하여 적혈구의 용해가 가속화시켜 화살촉 부위의 투명지역을 만들게 된다. 이 시험에서 발생되는 단 하나의 문제는 만일 평판이 혐기적으로 배양될 경우 양성의 CAMP 반응이 *S. pyogenes*에서 나타날 수 있다는 것이다.

그림 70.7 양성의 SXT 디스크 (오른쪽), 음성의 바시트라신 디스크 (왼쪽), 그리고 CAMP 양성 반응 (화살촉 모양), 세균: *S. agalactiae*.

바시트라신 감수성(베타 시험)

바시트라신 디스크 주위에 생장억제대가 관찰되면 억제대의 크기에 상관없이 양성반응으로 간주된다. 표 70.1에 나타난 바와 같이 *S. pyogenes*는 이 시험에 양성이다.

이 시험에는 두 가지 제한이 있다: (1) 디스크는 민감형이 아니고 감별형이어야 한다. (2) 이 시험은 알파-용혈형 연쇄상구균에 적용해서는 안 된다. 이유: 민감형 디스크는 항생제 농도가 너무 높으므로 많은 알파-용혈형 연쇄상구균은 여기에 감수성이기 때문이다.

이 시험 결과를 실험 보고서 70의 항목 2번에 기록한다.

SXT 민감성 시험(베타 시험)

이 시험에 사용될 디스크들은 1.25 mg trimethoprim과 27.75 mg의 sulfamethoxazole(SXT)를 함유하고 있다. 이 시험의 목적은 그룹 A와 B를 다른 베타-용혈형 연쇄상구균과 구별하는 것이다. 표 70.1에서와 같이 그룹 A와 B는 동일하게 SXT에 저항성이다.

만일 어떤 베타-용혈 연쇄상구균이 바시트라신 저항성이고 SXT 감수성이면 이 균은 비-그룹 A 혹은 B 베타-용혈성 연쇄상구균이다. 이것은 이 세균이 아마도 그룹 C에 속한다는 것을 의미한다. **어떤 한 그룹 A 연쇄상구균은 경우에 따라선 바시트라신과 SXT 디스크에 모두 감수성일 수 있다는 것을 명심해야 한다.** 어떤 시험의 경우에도 예외가 항상 존재한다는 것을 명심해야 한다; 그래서 이러한 동정과정을 거치더라도 잠정적인 결론만을 내려야 하는 것이다.

생장억제대가 조금이라도 보이면 이 시험에서 양성으로 기록한다.

주의: *E. faecalis* 몇 균주는 베타-용혈이다. 베타-용혈 *E. faecalis* 분리균은 CAMP 반응 음성이고 바시트라신과 SXT에 모두 저항성이다. 비록 이 실험이 베타-용혈

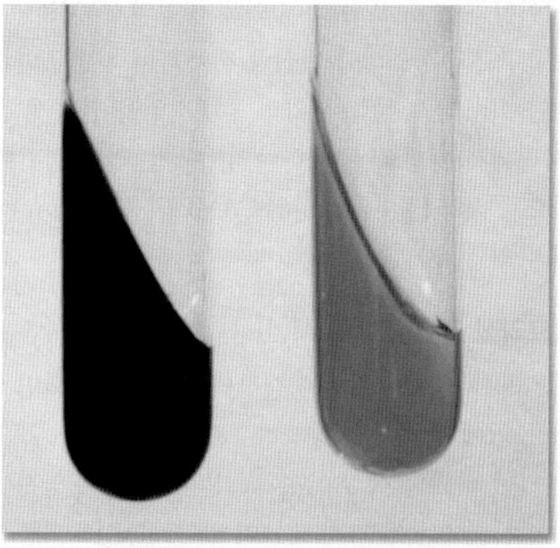

그림 70.8 Bile esculin 가수분해 양성(왼쪽), 음성(오른쪽).

성 군락에 대해 bile esculin 가수분해 시험과 내염성 시험을 실시하지 않더라도 이들 생리적 시험들은 베타-용혈 *E. faecalis* 균주의 동정을 확증하는 데 도움을 준다.

Bile esculin (BE) 가수분해(알파 시험)

이것은 그룹 D 연쇄상구균의 동정에 가장 적합한 생리적 시험이다. 장구균과 그룹 D의 비-장구균 모두는 한천 사면에서 esculin을 가수분해하여 사면을 검게 만든다.

양성의 BE 시험은 그룹 D 연쇄상구균이라는 것을 말해 준다; 두 가지 형태의 그룹 D 연쇄상구균(장구균과 *S. bovis*)의 분별은 염-내성에 따른다.

그림 70.8에 제시한 것처럼 BE 한천 사면이 검게 되었는지 관찰한다. 24~48시간 이내에 사면의 절반보다 더 적은 부위가 검게 되었거나 검은 부분이 보이지 않으면 시험은 음성이다.

염-내성(6.5% NaCl) (그룹 D)(알파 시험)

그룹 D의 모든 장구균은 6.5% NaCl 액체배지에서 잘 자란다. 표 70.1에 나타난 바와 같이 이 배지에서 *S. bovis*는 자라지 않는다. 그러므로 이 시험은 그룹 D의 세균들의 감별에 좋은 방법이 된다.

양성 결과는 72시간 안에 탁도로 측정 가능하다. 보라색에서 노란색으로의 색 변화가 나타날 수 있다. 24시간에도 음성이면 시험관을 48시간과 72시간동안 배양하여 결과를 확인한다. 만일 균주가 염 내성이고 BE 양성이면 장구균이라고 간주할 수 있다. 참고로 그룹 B에 속한 연쇄상구균의 약 80%는 이 배지에서 자란다.

옵토신 감수성(알파 시험)

옵토신 감수성은 알파-용혈 녹색연쇄상구균을 폐렴구균으로부터 분별하는 데 사용된다. 폐렴구균은 이 디스크에 감수성이며 녹색연쇄상구균은 저항성이다.

재료

- 옵토신 디스크가 놓인 혈액 한천 평판
- 플라스틱 자

1. 각각의 옵토신 디스크 주위의 억제환의 직경을 측정한다. 다음 기준에 의하여 양성 여부를 판정한다.

- 직경 6 mm 디스크를 사용한 경우에는 억제환의 직경이 최소 14 mm 이상일 때 양성이다.
- 직경 10 mm 디스크를 사용한 경우에는 억제환의 직경이 최소 16 mm 이상일 때 양성이다.

2. 측정 결과를 실험 보고서 70에 기록한다.

최종 확증

모든 실험 과정을 통해서는 잠정적인 동정을 한다. 이 결론을 확증하기 위해서는 혈청학적 시험들을 실시하여야 한다. 만일 상업적인 키트가 확보되면 확증 동정을 완성하는 데 이용한다.

실험 보고서

실험 보고서 70을 완성한다.

이름: ______________________

날짜: ________ Section: ______________________

실험 70. 연쇄상구균과 장구균: 분리 및 동정

A. 결과

1. 현미경 관찰

여러분의 시료를 유침 렌즈로 관찰 결과를 그리시오(그람염색).

______________ ______________ ______________

2. 결과 기록

인두에서 분리한 균과 미지의 세균을 동정하는 데 관련된 정보들을 기록하시오.

미지 세균을 얻은 곳	시료용혈	바시트라신 감수성	CAMP 반응	SXT 민감성	Bile esculine 가수분해	내염성 (6.5% NaCl)	옵토신 감수성

3. 최종 판정

인두 분리균: ______________________

____

미지 세균: ______________________

____

B. 단답형 문제

1. [illegible]

2. [illegible]

3. [illegible]

4. [illegible]

5. [illegible]

6. *S. pyogenes*와 *S. agalactiae*를 감별하는 데 이용되는 두 가지 시험들은?

7. 폐렴구균과 녹색연쇄상구균을 감별하는 데 이용되는 두 가지 시험들은?

8. 장구균을 다른 그룹 D 연쇄상구균으로부터 분별하는 데 이용되는 시험들은?

MICROBIOLOGY

EXERCISE 71

그람음성 장내 병원균

Gram-Negative Intestinal Pathogens

학습목표

이 실험을 수행한 후 여러분은 다음의 사항을 알 수 있을 것이다.

1. 감별배지와 선택배지를 사용하여 살모넬라와 쉬겔라를 농화시키기.
2. 생화학적 시험들과 감별배지를 이용하여 대장균군 과 다른 젖당 발효균을 젖당 비-발효균, 살모넬라, 쉬겔라 그리고 프로테우스로부터 분별한다.

Enterobacteriaceae과는 다양한 그람음성 간균들을 포함하는 큰 그룹이다. 그들은 항시 존재하며 토양, 물, 식물, 대부분의 생물의 창자에서 발견된다. 이 과에 속하는 모든 세균은 통성 혐기성이다. 이 과에 속한 세균들의 이질성은 균혈증, 요로감염과 여러 장내 감염을 포함한 다양한 인간 질병의 원인이 된다. 이 집단의 세균들은 잠재적 인간 병원체와 진정한 장내 병원균으로 구분된다. 잠재적 인간 병원체는 위장관의 공생적 정상균총이며, 만일 그들의 자연적인 환경이 변하거나 인간의 면역반응이 혼란스러워지면 기회주의적 감염을 일으킬 수 있다. 진정한 병원체는 인간의 위장관에 공생적 정상균총으로 존재하지 않으며 인간의 질병에 항상 관여한다.

대장균(*Escherichia coli*)은 중요한 기회 감염균이다. 정상적으로 대장균은 결장의 상주자로 많은 수가 발견된다; 그러나 결장 이외 다른 부위에서도 자랄 수 있어서 요로감염, 패혈증, 상처감염과 뇌막염을 유발한다. 대장균과 관련된 대부분의 감염은 내부적인 것이며 이 말은 공생적 정상균총으로 상시 존재하는 대장균이 정상 서식지 외에서 증식하면 감염을 유발한다는 것이다. 대장균은 또한 면역반응이 혼란스러워진 환자에게 임상적 질환을 일으킬 수 있다. 또한 대장균은 플라스미드나 박테리오파지의 DNA에 암호화된 독성 인자를 얻어 몇몇 균주들은 증가된 독성을 지닐 수 있다. 대장균 O157:H7은 특히 독성 균주로서 여러 종류의 오염된 식품과 함께 다수의 사망을 초래한다. 대장균의 이 균주는 혈관을 손상시키는 독소를 생산하고 심각한 설사를 일으킨다. 명명의 측면에서 대장균은 젖당을 발효할 수 있는 그람음성 세균이므로 **대장균군**(coliform)으로 여겨진다. 대장균의 동정에 이용되는 다른 생화학적 특성들은 운동성, 인돌 생성과 구연산을 탄소원으로 이용할 수 없는 것이다(그림 71.1). 잠재적인 인간 병원체인 대장균군은 *Enterobacter*, *Citrobacter*, *Klebsiella*, *Serratia*를 포함한다. 이들은 방어계가 혼란스러워진 사람들에게 감염이 되지만 면역이 완벽한 사람에게는 거의 감염되지 않는다.

프로테우스(*Proteus*)는 장관에서 일상적으로 발견되는 기회주의적 병원체이며 무해한 것으로 여겨지지만 장관 외부에 증식하면 요로감염, 상처 감염과 균혈증을 유발한다. 이 세균은 운동성이 있으며 여러 형태의 선모(fimbriae)를 생산하여 요도관의 상피세포에 부착하여 요로감염을 일으킨다. 프로테우스의 대부분의 종은 요소분해효소를 생산하여 오줌의 pH를 높여 결정을 만드는 요인이 된다. 프로테우스 속의 종들은 비록 포도당은 발효하지만 젖당을 발효하지 않으므로 대장균군으로 간주하지 않는다.

Enterobacteriaceae 과의 진정한 장내 병원체는 살모넬라(*Salmonella*)와 쉬겔라(*Shigella*) 그리고 여시니아(*Yersinia*)이다. 이들은 인간의 정상균총의 구성원이 아니라는 것과 잘 발달된 독성 인자를 가진다는 점에서 잠재적 병원체와 다르다. 살모넬라 감염은 위장염, 패혈증, 장티푸스이다. 장티푸스를 유발하는 몇몇 살모넬라 균주들은 1년 이상 환자의 몸에 서식한다. 살모넬라 감염 이후의 보균 상태가 인간 감염의 중요한 병인이 된다. 이 세균은 가금과 유제품을 통해서도 전파된다. 감별배지나 선택배지에서 자라면 살모넬라는 비-젖당 발효 집락을 형성한다. 만일 배지가 황화수소 생성 지시약을 함유하면 집락 가운데가 검게 된다. 이 병원체는 편모(운

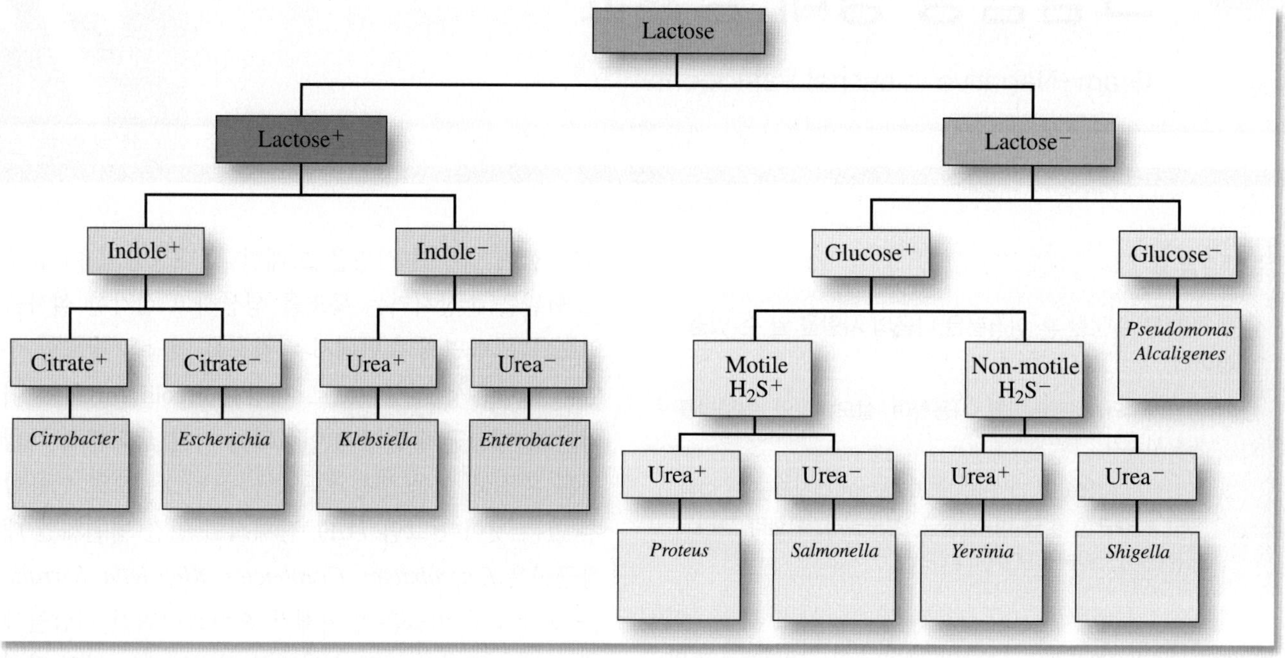

그림 71.1 장내세균의 분류 개념도.

동성임)를 가지며 인돌 생성과 요소분해효소 음성이다.

장내 병원체인 쉬겔라는 이질을 유발한다; 그러나 종에 따라 질병의 중증에 차이가 있다. 인간만이 쉬겔라의 유일한 숙주이며, 적은 수의 환자는 결장에 무증상 감염이 일어나고, 이것이 감염원이 된다. 쉬겔라 종은 젖당을 발효하지 않거나(*S. sonnei*는 느리게 젖당을 발효하므로 예외) 요소를 분해하지 않는다. 살모넬라와는 달리 쉬겔라는 비운동성이며 황화수소를 생성하지 않는다. 살모넬라와 쉬겔라의 대발생이 일어나면 혈청형 분석(실험 73)이 어떤 혈청형에 의해 전염이 일어났는지 추적하는 데 유용하다. 혈청형(혈청 변종이라고 불리기도 함)은 동일한 종 내에서 생화학적 특성은 같지만 항원조성이 다른 균주를 말한다.

임상적으로 중요한 마지막 장내 병원체는 여시니아이다. 이 속 중에서 가장 잘 알려진 인간 병원체는 *Y. pestis*는 림프 페스트(bubonic plague)라고 알려진 치명적 신경질환을 유발한다. 인간은 여시니아의 우발적인 숙주이며 오염된 동물의 섭취나 오염된 동물 조직의 손질과정에 의해 감염된다. 쉬겔라와 살모넬라와 비슷하게 여시니아도 실험실에서 배양될 경우 비-젖당 발효균이다. 또한 여시니아는 황화수소를 생성하지 않고 비운동성이며 요소분해효소 양성으로 간주된다.

이 실험에 제공되는 시료는 "모조"된 위장관 시료를 대변하는 혼합 배양액이다. 실제 상황에서는 분변 시료가 이용되며 분리배지에 접종되고 농화액체배양을 실시하게 된다. 이 실험에서는 대장균군, 프로테우스, 그리고 살모넬라 또는 쉬겔라를 포함하는 혼합배양액이다. 제공되는 병원균들은 비교적 덜 위험한 종류이나 최상의 주의를 기울여 취급하여야 한다. 부과되는 과제는 혼합배양액으로부터 병원성 장내세균을 분리하여 속으로 동정하는 것이다. 그림 71.1은 속 동정에 필요한 생화학적 특성들을 요약한 것이다.

주의: 이 실험을 진행하기 전에 인간 미생물군에 관한 안전수칙을 숙지한다.

1차 실험

(분리)

병원성 장내세균을 분리하는 데 유용한 몇몇 뛰어난 선택배지가 개발되었다. 이 선택 배지들은 brilliant green, bismuth sulfite, sodium desoxycholate, sodium citrate 같은 다양한 생장 억제제를 포함하고 있다.

장내 병원균의 분리에 널리 이용되는 배지로는 MacConkey agar, Hektoen Enteric agar(HE), 그리고 Eosin Methylene Blue agar(EMB)가 있다. 이 배지들은 그람양성 세균의 생장을 억제하기 위하여 담즙염 그리고/또는 sodium desoxycholate를 함유한다. 어떤 배지는 대장균군이나 다른 비-장내세균의 생장을 억제하기 위하여 구연산을 함유한다. 이들 배지는 또한 젖당 발효균을 분별하기 위하여 젖당과 적절한 염료를 포함한다. 젖당 발효균은 배지의 산도를 증가시켜 염료에 따라 특징적인 색깔의 집락을 형성한다.

이 실험에서는 병원성 장내세균이 포함된 미지의 혼합배양액이 제공된다. 담당교수는 어떤 종류의 선택배지가 사용될 것인지 알려줄 것이다. 다음 과정을 따라 미지의 혼합배양액을 선택배지에 접종한다.

재료

- 미지의 혼합배양액 (대장균군, 프로테우스, 살모넬라, 쉬겔라)
- 하나 또는 여러 개의 선택 평판 배지: MacConkey, Hektoen Enteric(HE) Eosin Methylene Blue agar (EMB)

1. 선택배지에 자신의 이름과 미지의 혼합배양액 번호를 표지한다.
2. 잘 분리된 집락이 형성될 수 있도록 백금이를 사용하여 미지의 혼합배양액을 선택배지에 획선을 그어 접종한다.
3. 접종된 선택배지를 37°C에서 24시간 동안 배양한다.

ⓘ 2차 실험

(발효 시험)

위에 설명한 것처럼, 살모넬라와 쉬겔라 같은 병원성 장내세균은 대장균과 달리 젖당을 발효하는 능력이 없다. 일단 분별배지에서 살모넬라와 쉬겔라처럼 보이는 집락이 분리되면 (젖당 비-발효균) 다음 단계는 분리균이 포도당을 발효하는지 확인하여야 한다. 이러한 목적을 위해 쓰이는 배지에는 Kligler's iron agar가 있다. 이 배지에는 포도당과 젖당이 함유되어 있으며 산이 생성되었는지(발효가 일어남)를 확인하기 위한 지시약으로 페놀레드를 함유하며, H_2S의 생성을 확인하기 위해 철 염을 함유한다. Kligler's iron agar의 포도당 농도는 젖당 농도의 10%에 불과하다. 쉬겔라와 살모넬라 같은 젖당 비-발효균은 처음에는 포도당의 발효에 의해 생성된 산에 의해 노란색 사면이 된다. 포도당의 농도가 낮기 때문에 포도당이 젖당 비-발효균에 의해 다 소모되면 세균들은 배지의 아미노산을 분해하여 암모니아를 만들게 되고 pH가 상승하여 한천의 일부를 붉은색으로 변화시킨다. 젖당 비-발효균의 배양이 24시간 진행되면 사면은 붉은색을 띠고 바닥은 노란색이 된다. 시험관 바닥의 노란색-산성은 포도당의 분해에 의한 것이다. 포도당의 소모에 의해 배지의 아미노산이 분해되기 시작하여 암모니아가 생성되면 사면은 붉게 된다. 암모니아는 pH를 상승시킨다. 젖당 발효균은 노란색 사면과 바닥을 만든다. 이 균들은 젖당의 농도가 포도당의 10배이므로 젖당을 발효시킬 수 있어서 24시간 배양하여도 당이 소진되지 않으므로 발효에 의해 생성된 산에 의해 pH가 낮게 (노란색) 유지된다. 세균이 황을 환원시킬 수 있도록 배양되면 황화수소가 생성될 것이고 배지의 철은 황화수소와 반응하여 검은색 침전이 만들어진다.

다음 과정을 따라 선택 배지에서 살모넬라나 쉬겔라처럼 보이는 세 개의 집락을 골라 세 개의 사면배지에 각각 접종한다. 세 개의 사면배지를 사용하는 것은 프로테우스를 병원성 살모넬라나 쉬겔라로부터 분별하기 어렵기 때문이다. 세 개의 집락을 골라 따로따로 사면배지에 접종하면 병원성 장내세균의 분리 가능성이 높아질 것이다.

재료

- 한천 사면배지 3개 (Kligler iron 한천)
- 1차 시기에서 획선 평판 배지

1. 세 개의 사면배지에 실험자의 이름과 분리균의 번호를 표지한다.
2. 1차 시기에 접종한 평판 배지에서 살모넬라나 쉬겔라처럼 보이는 집락들을 찾아낸다. 다음 특징에 주안점을 두어 평판 배지를 관찰한다.

- **MacConkey agar** – 살모넬라, 쉬겔라 그리고 여타의 젖당 비-발효균은 매끈하고 색이 없는 집락을 형성한다. 젖당을 분해하는 대장균군은 붉은색의 점질

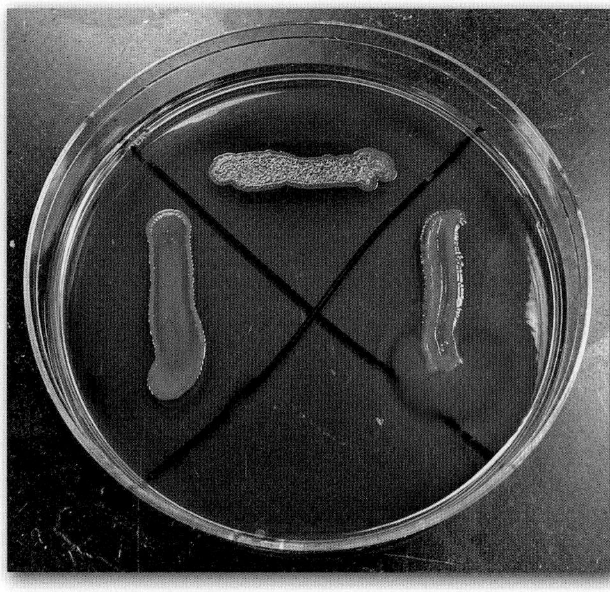

그림 71.2 MacConkey 한천 결과: (상) 젖당 비-발효, (좌우) 젖당 발효.
© McGraw-Hill Education. Lisa Burgess, photo

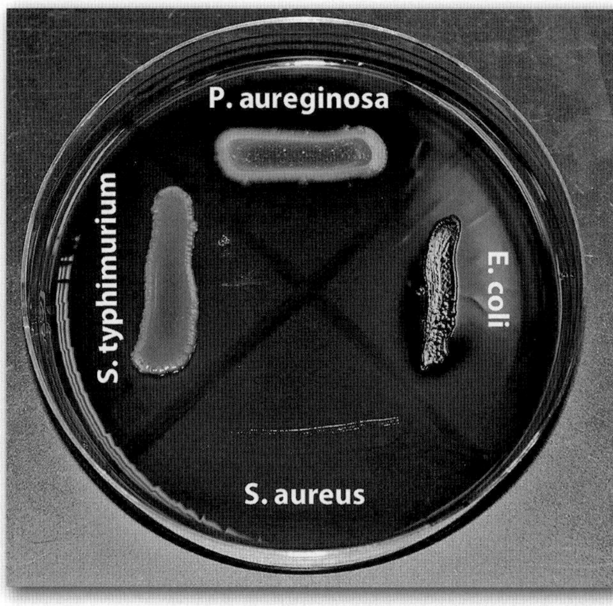

그림 71.3 EMB 한천: (상, 좌) 젖당 비-발효, (우) 금속 광택의 젖당 발효, (하) 그람양성 세균의 생장 억제.
©McGraw-Hill Education. Lisa Burgess, photo

성 집락 또는 중심이 진한 붉은색을 띠는 집락을 형성한다.

- **Hektoen Enteric (HE) agar** - 살모넬라, 쉬겔라는 녹청색의 집락을 형성한다. 어떤 살모넬라는 황화수소를 발생하여 중심이 검은색을 띠는 녹청색의 집락을 형성하기도 한다. 대장균군 집락은 연어살빛 내지 오렌지색을 띠며 담즙성 침전물을 만들기도 한다.
- **Eosin Methylene Blue (EMB) agar** – 젖당 발효균은 남흑색 집락을 형성하고, 대장균 같은 강한 젖당 발효균은 특징적인 녹색의 금속성 광택을 띤다. 살모넬라, 쉬겔라처럼 젖당 비-발효균은 무색 혹은 황색을 띤다(그림 71.3).

3. 백금이를 이용하여 살모넬라, 쉬겔라처럼 보이는 세 개의 집락으로부터 세 개의 사면배지에 각각 획선-천자 접종한다. 사면의 전체에 걸쳐 획선을 그은 후 찌르기(천자)를 한다.
4. 접종된 사면배지를 37°C에서 18시간 내지 24시간 동안 배양한다. 배양시간을 정확히 모니터링한다. 너무 빨리 사면배지를 관찰하면(24시간 전에) 세균이 포도당과 젖당을 모두 발효할 수 있다는 잘못된 결론을 얻을 수 있다. 시험관에서 포도당의 공급은 최대 12시간 정도 지속되므로 젖당 비-발효균을 포함한 시험관은 배양 초기에는 노란색 사면과 바닥이 나타난다. 24시간보다 더 오래 배양하면 알칼리성 복귀라는 현상을 관찰할 수 있는데, 이것은 포도당과 젖당 모두 잘못된 음성 결과를 초래한다. 이 현상은 시험관의 모든 젖당이 소진되었을 때 나타난다(일반적으로 48시간 근처). 젖당이 완전히 대사되면 젖당 발효균은 배지에 있는 아미노산을 분해하기 시작한다. 아미노산의 분해는 암모니아를 생성시켜 한천의 pH를 상승시키게 되도 검은색에서 붉은색으로 변하게 된다.

3차 실험

(사면배양 결과의 판독 그리고 마지막 접종)

이 시기에는 전 시기에서 사용한 사면배양으로부터 SIM 배지와 요소 액체배지(urea broth)에 접종할 것이다. 그림 71.1의 장내세균 분류 개념도에서 보듯이 살모넬라와 쉬겔라를 분별하는 최종 단계는 젖당 비-발효균이 세 가지 기능을 수행하는지 여부를 판정하는 것이다. (1) 운동성을 보이는가? (2) 황화수소를 생성하는가? (3) 요소분해효소를 생성하는가? 배양액의 순도를 검정하기 위하여 그람염색 슬라이드도 준비한다. 만일 축소형 다시험 배지(miniaturized multi-test media)가 마련되면 여기에도 접종한다.

재료

- 지난 시기에 접종한 Kligler iron agar 사면배지
- SIM 배지 시험관 (양성의 사면당 1개)
- 요소 사면배지 (양성의 Kligler iron agar 사면 당 1개)
- API 20E 또는 Enterotube II 같은 축소형 다시험 배지 (자유선택)
- 그람염색 키트

1. 동일한 사면으로부터 그람염색 슬라이드를 만들고 그람음성 간균의 존재를 확인한다.
2. 지난 시기에 접종한 사면배지를 조사하여 사면이 빨갛고 바닥이 노란 시험관을 고른다. 이 시험관에는 오직 포도당만을 발효하는 (젖당은 발효하지 않고) 세균이 자라고 있다. 만일 사용된 Kligler iron agar 사면배지에 검은색의 침전물이 생겼다면 세균에 의해 황화수소가 생성되었다는 것을 의미한다(그림 41.1 참조).

   그림 71.4에서 전체가 모두 노랗게 변한 사면배지는 포도당과 젖당을 모두 발효한 것이다. 전체가 모두 붉은 시험관은 비-발효균이거나 알칼리성 복귀에 의한 것이다. 이 시험관들은 포기한다.
3. 백금이를 이용하여 사면 지역이 빨갛고 바닥이 노란 사면배양(젖당 비-발효균)으로부터 요소 사면배지에 접종한다.
4. 백금이를 이용하여 사면지역이 빨갛고 바닥이 노란 사면배양(젖당 비-발효균)으로부터 SIM 배지 한 개에 천자 접종한다. 표면의 중심부분에서 시작하여 배지 깊이의 3분의 2 지점까지 찌른다.
5. 접종된 시험관을 37°C에서 18시간 내지 24시간 동안 배양한다.
6. API 20E 또는 Enterotube II 같은 축소형 다시험 배지가 있으면 접종하여 다음 시간에 결과를 판독한다. 실험 43과 44의 지시 사항을 참조한다.
7. 만일 필요하면 양성의 Kligler iron 사면배지를 냉장고에 보관한다.

4차 실험

(최종 평가)

이 마지막 시기에는 지난 시험에 접종한 SIM 배지와 요소 사면배지, 그리고 축소형 다시험 배지를 평가한다. 만일 필요하면 혈청학적 유형 검사를 수행할 수도 있다.

재료

- 지난 시기에 접종한 SIM 배지와 요소 사면배지
- Kovacs 시약
- 5 mL 피펫들
- 3차 시기에 접종한 축소형 다시험 배지
- 혈청학적 유형 검사 재료 (자유선택)

1. SIM 배지 시험관을 관찰하여 운동성과 황화수소 생성을 조사한다. 접종한 곳으로부터 퍼져나간 뿌연 생장 흔적이 보이면 이 세균은 운동성을 가지고 있다고 판정한다. 세균이 천자선만을 따라 생장했다면 운동성이 없다. 검은색 침전물은 황화수소 생성의 증거이다(실험 41과 그림 41.2 참조).
2. Kovacs 시약 4 방울을 SIM 배지 표면에 떨어뜨려 인돌생성을 시험한다. 만일 인돌이 생성되면 시험관의 상층부가 **분홍 내지 심홍색**을 띨 것이다(그림 41.2 참조). 살모넬라는 음성이다. 프로테우스와 일부 쉬겔라는 양성이다; 이 속들은 종에 따라 변화가 있다. *Citrobacter*와 대장균은 양성이다.
3. 요소 사면배지를 검사한다. 요소분해효소 양성 세균은 노란색 배지를 **밝은 분홍색**으로 변화시킨다(그림 40.4).
4. 지난 시기에 축소형 다시험 배지가 접종되었으면 이 시기에 결과를 판독한다.
5. 시간과 재료가 있으면 혈청학적 유형 검사를 수행하여 분리균의 동정 결과를 확인한다. 실험 73을 참조한다.

실험 보고서

실험 보고서 71에 분리균의 동정 결과를 기록하고 모든 문제에 답한다.

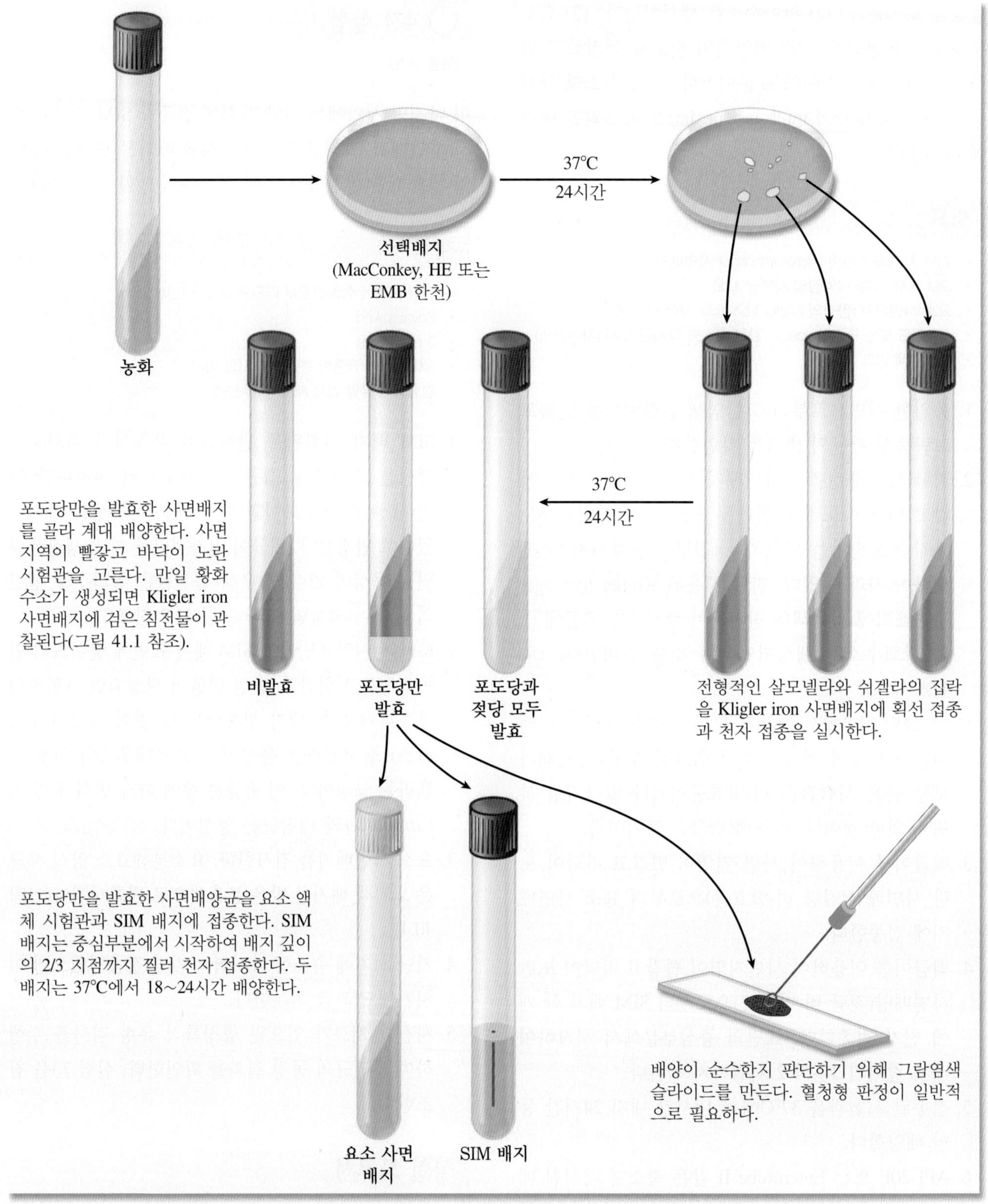

그림 71.4 살모넬라와 쉬겔라의 분리 및 잠정적인 동정.

실험 보고서 71

이름: ____________________

날짜: ________ Section: ____________

실험 71. 그람음성 장내 병원균

A. 결과

1. 시험 결과의 기록

시료 번호	젖당 발효	포도당 발효	황화수소 생성	운동성	인돌요소	분해효소

2. 현미경 관찰

여러분의 시료를 유침 렌즈로 관찰 결과를 그리시오(그람염색).

3. 분리균은 어느 속에 속하는가?

____________________ ____________________

속명 번호

4. 문제점이 만일 있었다면 어떤 것들인가?

5. 이제 분리균의 속명이 밝혀졌다. 이 균의 종명을 밝히려면 어떤 단계를 거쳐야 할까?

B. 단답형 문제

1. 일차적으로 의학적 중요성을 지니는 세 종류의 장내 병원균을 적으시오.

2. 살모넬라를 쉬겔라와 분별할 수 있는 특징 중 하나가 살모넬라가 황화수소를 생성할 수 있는 능력이다. 여러분의 분리균이 황화수소를 생성했는지 여부를 결정해 주는 세 가지 가능성을 서술하시오.

3. 연구를 위하여 장내 세균을 우선적으로 키우려면 어떤 선택적 제제를 배지에 첨가하여야 하는가? 어떤 유형의 생장이 억제되는가?

4. 어떠한 특성이 살모넬라와 쉬겔라를 대부분의 다른 장내 세균으로부터 구별되도록 하는가? 이러한 분별에는 어떤 배지가 쓰이는가?

5. 살모넬라를 쉬겔라로부터 분별하는 두 가지 특성은?

6. 살모넬라와 쉬겔라 병원균과 구분하기 가장 어려운 대장균군은? 이들의 구분에 이용되는 주된 특성은?

7. 포도당 발효와 젖당 발효에 의해 생성되는 산은 동일한 시험관에서 어떻게 구별되는가?

8. 알칼리성 복귀(alkaline reversion)란? 그리고 왜 이 반응이 잘못된 음성 결과를 초래하는가?

9. 이번 실험에서 살모넬라와 쉬겔라를 분별하는 데 인돌 시험이 필요한가? 그 이유를 설명하시오.

인위적 역학 실험

A Synthetic Epidemic

EXERCISE 72

학습목표

이 실험을 수행한 후 여러분은 다음의 사항을 알 수 있을 것이다.

1. 역학분야에 관련된 용어를 정의한다.
2. 공통 발병 근원 전염병과 전파된 전염병을 구별한다.
3. 감염원이 인간으로부터 인간으로 전달되는지를 밝히기 위해 "미생물"을 탐지할 수 있는 시약을 사용하여 간단한 시험을 수행한다.
4. 사회적 질병의 근원과 확산을 추정하는 데 어떻게 역학이 이용되는지를 기술한다.
5. 어떻게 집단 면역이 사회적 질병의 확산을 저감시키고 질병에 걸리기 쉬운 개인을 감염으로부터 보호할 수 있는지 설명한다.

미생물이 몸속에 들어와서 숙주의 조직에서 증식하여 질병을 일으키는 것을 **감염 질병**(infectious disease)이라고 한다. 다른 사람에게 전달될 수 있는 감염 질병은 **전염성**(communicable)이다. 사람들 사이의 전염성 질병 매개자의 전달은 악수, 키스, 성행위와 같은 직접적인 접촉에 의해서 혹은 음식, 물, 물건, 동물 등을 통한 간접적인 방법으로 이루어진다.

역학(epidemiology)은 인간의 질병이 어떻게, 언제, 어디서, 무엇 때문에, 그리고 누가 인간 집단에게 질병을 확산시키고 전파하는지에 대하여 연구를 하는 학문이다. 역학자들은 전염의 근원을 찾는 의학 추적자이므로 그렇게 함으로써 전염이 확산되는 것을 차단할 수 있다.

전염병이 실제 진행되는지는 새로운 발병의 수를 이전의 기록과 비교하여 결정하게 된다. 만약 일정 기간 내에 새롭게 보고된 발병의 수가 특정지역에서 과도하게 나타난다면, **전염병**(epidemic)이 진행되고 있다고 간주한다. 최근 미국에서 발생한 관심을 둘 만한 전염병은 클라미디아(chlamydia)와 백일해(pertussis)이다. 만약 질병의 확산이 하나 혹은 둘 이상의 대륙들로 계속 진행되어지면 범세계적 **전염병**(pandemic)이 될 것이다. 범세계적 전염병의 한 예가 HIV/AIDS이다. 세계보건기구 (WHO)에 따르면 전 세계적으로 3천4백만 명의 HIV 감염자이다. *Mycobacterium tuberculosis*가 원인인 결핵도 세계 인구의 1/3이 기회주의적 세균에 감염되어 범세계적 전염병으로 간주된다. 특정지역에서 오랜 기간 동안 일정한 발병 비율을 유지하는 감염질병을 **풍토병**(endemic)이라 한다. 적도지역의 말라리아(malaria)가 대표적이다.

전염병은 두 가지 범주에 든다: 공통 근원 전염병과 숙주-숙주 전염병(그림 72.1 참조). 공통 근원 전염병은 빠른 속도로 발생하며 초기 발병 후 즉시 많은 발병이 이루어진다. 이 형태의 전염병은 일반적으로 오염된 기구(비동물적 도구)나 오염된 식품이나 물에 의한다. 공통 근원 전염병의 감염원이 파악되고 제거되면 새로운 발병의 수가 급격히 감소되며 전염병은 곧바로 사라진다. 2011년 8월부터 10월까지 미국 전역에서 147명이 콜로라도 농장에서 생산된 오염된 칸탈루프 멜론을

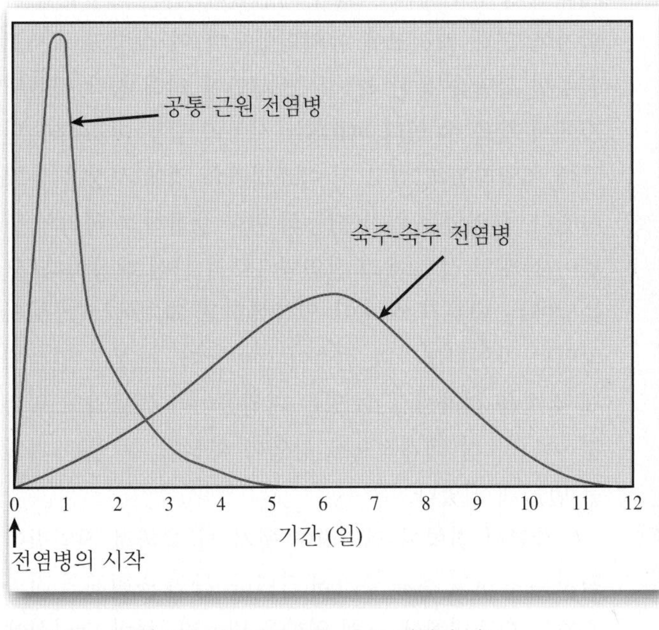

그림 72.1 공통 근원 전염병과 숙주–숙주 전염병 비교.

섭취한 후 *Listeria monocytogenes*에 감염되었다. 이 감염원이 파악되자 과일의 반환이 이루어졌고 전염병도 소멸되었다.

전파된 혹은 숙주-숙주 전염병은 발병 건수의 증가도 훨씬 느리지만 소멸되는 것도 매우 느리다. 이 전염병은 감염자, 운반자, 혹은 **벡터**(vector, 매개자)와의 직접 접촉을 통한 감염원의 전파에 의한다. 벡터는 곤충이나 설치동물과 같은 살아 있는 운반자로서 감염원을 전파시킨다. 전파된 전염병의 조절은 교육, 백신접종, 항바이러스제나 항생제의 투여, 첨단화된 위생 그리고 자발적 격리 등에 의해 가능하다. 숙주-숙주 전염병의 대표적인 예가 2009년의 H1N1 인플루엔자의 대발생이다. 결국 이것은 대륙을 넘어 사람으로부터 사람으로의 전파가 이루어져 범세계적 전염병으로 선포되었다. 여러 조절 방법이 결합하여 감염의 확산을 늦출 수 있었다.

인류의 역사는 전염병에 의해 투영된다. 인류 집단의 생장은 곡선을 이루고 전쟁에서는 지거나 이겼고, 질병의 대발생에 의해 이주가 일어났었다. 중세에는 *Yersinia pestis*의 감염에 의한 "흑사병" 혹은 림프절 페스트가 유럽민의 1/3을 사망케 했고 부와 빈곤의 재분배가 이루어졌다. 1918년에는 전 세계적인 전염병인 독감이 전 세계인의 1/3을 감염시켰다. 전염기간 중 인플루엔자 바이러스의 급속한 전파는 생활환경과 제 1차 세계대전 중 군인들의 여행에 기인했다. 천연두는 유럽 탐험가에 의해 멕시코에 유입되었으며 이 질병의 멕시코 원주민 집단을 통한 확산은 스페인에 의해 침략 당했던 것에서 찾을 수 있다. AIDS는 사하라 남부 아프리카 인구에 치명타를 입혔고 전 아프리카의 경제 성장을 둔화시켰다. 끊임없는 인간 행동의 변화 생물학적 테러의 위협이 장래의 전 세계적 전염병으로서 관심 대상이다. 오늘날에는 대륙간 여행이 일상화되고 과거에는 가보지 않았던 자연환경과의 접촉이 늘어났다. 이것은 인간에게 질병을 전파시킬 수 있는 미생물이나 동물과의 접촉뿐 아니라 전 세계적으로 감염이 확산될 수 있는 기회를 만들게 되었다.

감염성 질병이 전염병이 될지 전 세계적 전염병이 될지는 질병의 전파 주기에 달렸다. 감염 병원체의 전파 주기는 환경변화에 크게 영향을 받는다. 체력 단련실에서의 종사, 여행, 생활태도, 그리고 밀집 주거는 감염원과의 접촉을 유리하게 한다. 백신접종, 격리, 개선된 위생이 감염원에 대한 민감도를 낮출 수 있다. 극한의 기후현상도 인간과 벡터의 접촉을 바꿀 수 있으며 매개자 저장소, 천연 숙주 또는 병원체의 서식지를 확장시킬 수 있다. 감염성 병원체의 전파에 있어서 다른 중요한 관점은 감염기간의 길이이다. 에볼라(출혈열 바이러스) 감염에 의한 증상의 시작부터 사망에 이르기까지의 주기는 일반적으로 2~21일 동안이다. 비록 전염성이 매우 높더라도 에볼라는 비교적 좁은 지역에 국한되는데 증상의 발현으로부터 사망까지의 주기가 짧으므로 감염된 사람이 숙주나 전달자로서 활동할 수 있는 기간이 짧기 때문이다. HIV/AIDS의 경우에는 환자는 남은 생애 동안 감염성이 있다. 전달자로서 활동할 수 있는 기간이 훨씬 길며 따라서 질병을 전파시킬 대상이 증가된다. 마지막으로 클라미디아나 B형 간염 같은 몇몇 감염들은 무증상이다. 보균자들은 모르는 사이에 다른 사람에게 감염을 전파시킬 수 있고 집단에게 기회주의적 병원체를 확산시킬 수 있다.

인간 집단을 통한 전염병의 확산에 영향을 주는 다른 원리는 사회나 무리 면역이다. 한 집단의 일정 부분이 어떤 감염원에 대한 백신 접종을 한 경우나 면역이 되어 있다면 그 집단에서 대 발생은 일어날 것 같지 않다. 유아, 임산부 그리고 면역기능 상실자들처럼 백신 접종이 안 된 사람들도 어느 정도는 감염으로부터 보호된다. 그 이유는 매개자의 확산이 사회에서 제한되기 때문이다(그림 72.2).

국립보건원(NIH)은 집단을 통한 질병의 다양한 전파의 경중을 알 수 있게 해 주는 온라인상의 가상 시나리오를 개발했다. 상세한 정보는 다음을 참조하면 된다: URL: science.education.nih.gov/supplements/nih1/diseases/activities/activity4.htm.

미생물학 실험실은 대발생을 억제하여 전염병으로 확산되지 못하게 하는 데 있어서 매우 중요한 역할을 한다. 실험실의 역할은 제한적이지는 않지만 감염원이나 발생 환경으로부터 병원체 배양, 분리균의 동정, 혈청형별 분석 등이 있다. 미생물학 실험실의 결과 역학자들에게 질병의 **최초의 증례**(지침 증례; index case)라고 알려진 감염질병의 대발생의 최초의 사건을 결정하는 데 도움을 준다. 지침 증례의 동정은 어디에서 대발생이 시작

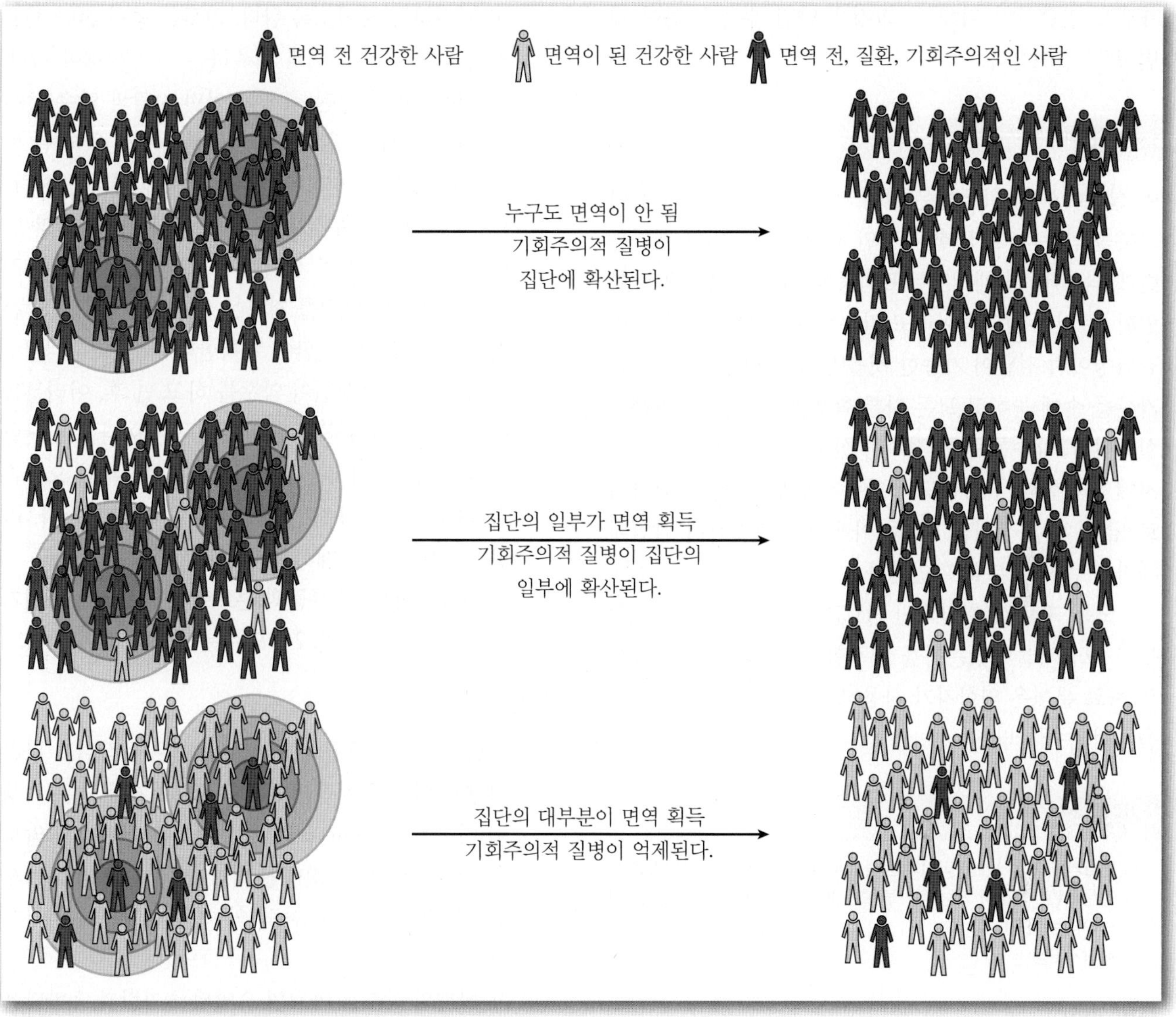

그림 72.2 사회 혹은 집단 면역(국가 알레르기-감염질환 연구소 자료).
Courtesy: National Institute of Allergy and Infectious Diseases.

되었는지를 파악하는 데 도움을 준다. 또한 미생물학 실험실은 감염질환의 추정이나 동정 결과를 보건 당국인 질병관리본부(Centers for Disease Control and Prevention, CDC)와 세계보건기구(World Health Organization, WHO)에 통보할 의무가 있다.

이 실험에서 소개하는 몇 가지 방법을 통해 역학자들의 연구들에 관하여 이해할 수 있을 것이다. 각 실험의 학생들은 가상의 질병의 확산을 모의하는 데 이용된 간단한 시약들을 이용하여 "인위적 감염"이 확산되는 실험에 참여할 것이다.

이 실험은 A와 B의 두 개의 다른 과정으로 접근할 것이다. 과정 A에서는 학생들은 악수를 통해 검출이 가능한 매개자를 옮긴다. 사용된 매개자는 UV 등을 이용해 육안으로 확인할 수 있다. 과정 A는 감염원이 물리적 접촉을 통해 사람으로부터 사람으로 옮겨지는 전염병을 대변하고, 학급 자료는 분석을 통해 지침증례를 결정하게 된다. 과정 B에서 학생들은 시험관의 액체의 교환을 통해 검출이 가능한 매개자를 옮긴다. 과정 B의 검출이 가능한 매개자는 NaOH인데 이 매개자는 지시약을 첨가하여 pH 변화를 유발한다. 과정 B는 감염원이 체액(침, 땀, 소변, 분비물)의 교환을 통해 사람으로부터 사람으로 옮겨지는 전염병을 대변한다. 사회(집단) 면역의 개념을 입증하기 위해 이 과정을 약간 수정을 하여 세 번 반복 실시한다.

과정 A

이 실험에서 각 학생들은 흰색 가루를 넣은 번호가 적힌 그릇을 받는다. 오직 한 사람만 검출이 가능한 매개자를 받게 되는데, 이 매개자는 UV 등을 이용해 육안으로 확인할 수 있는 감염원이라고 간주한다. 다른 학생들은 비감염성이며 전달이 가능한 것을 받게 된다. 모든 학생은 가루를 손에 묻히고 모든 다른 학생과 악수를 두 라운드 실시한다. 악수를 통한 접촉을 실험 보고서와 같은 기록지에 기록한다. 1 라운드의 악수가 끝난 후 손을 화장지로 닦은 후 화장지를 UV등 아래에서 관찰하여 감염매개자의 존재 여부를 확인한다.

모든 자료가 취합되면 (1) 감염의 최초 근원과 (2) 누가 보균자들이었는지를 결정할 것이다. 이 실험에서의 자료 분석은 역학자가 사용하는 절차와 유사하다. 다음처럼 수행한다.

재료

- 번호가 매겨진 1개의 미지의 흰색 가루가 담긴 페트리 접시(GloGem 같은 UV로 검출이 가능한 가루 혹은 베이킹 소다같은 UV로 검출이 되지않는 가루)
- 화장지 2장

준비 과정

1. 재료들이 준비된 후에, 각 화장지에 라운드 1과 라운드 2를 적는다.
2. 손을 씻은 후 완전히 건조한다.
3. 흰색 가루를 오른손 손바닥에 완전히 묻힌다.

   주의: 손에 대한 위의 준비과정이 일단 준비되면 손을 테이블 위에 놓거나 다른 물건에 접촉하면 안 된다.

라운드 1

1. 담당교수가 신호를 보내면 학생 1번은 첫 번째 실험의 위한 악수를 시작할 것이다. 담당교수는 여러분이 상대방과 악수를 해야 할 때를 알려 줄 것이다. 그때 여러분은 누구든 악수를 할 수 있다. 악수를 할 때 손바닥이 상대편의 손바닥을 정확히 그리고 완전히 밀착되도록 한다. 가루를 묻힌 손만 사용해야 하고 다른 물건과 접촉하는 것은 피해야 한다.
2. 각 라운드마다 모든 학생이 어떤 사람과 악수를 하는 데 있어서 담당교수는 여러분들에게 오직 한 번 악수를 시킬 것이다. 그러나 "악수를 청하는 사람"에 의한 선택은 무작위이므로 여러분은 "악수를 받는 사람"으로 몇 번 선택될 수도 있다. 라운드가 진행 될 때마다 "악수를 청하는 사람"과 "악수를 받는 사람" 의 이름을 칠판에 기록한다.
3. 실험의 모든 구성원이 악수를 하고 난 후, 여러분들은 누군가 "미생물"을 선택하였을 것이라고 판단할 필요가 있다. 이것을 알기 위해서 여러분의 오른손을 라운드 1로 표시된 화장지로 완전히 닦는다. 라운드 2가 수행될 때까지 화장지를 잘 보관한다.

   중요사항: 여러분들의 손으로 다른 물건을 만지지 않도록 한다. 라운드 2의 악수는 다음과 같이 한다.

라운드 2

1. 담당교수가 신호를 하면 학생 1번은 무작위로 다른 학생과 악수를 시작하며 라운드 1번처럼 모든 학생이 악수를 서로 한다. 다른 물건들은 건드리지 않도록 한다. 라운드가 진행될 때마다 "악수를 청하는 사람"과 "악수를 받는 사람"의 이름을 칠판에 기록한다.
2. 두 번째의 악수를 마치면 오염된 손가락과 손바닥을 라운드 2로 표시된 화장지로 닦는다.

화학적 동정

1. 이 실험에서 감염원이라고 여겨진 가루는 UV 아래서 형광을 띠는 구슬로 되어 있다. 화장지들을 암실에서 UV등 아래에 놓고 발광을 관찰한다. 발광 화장지는 감염원에 양성으로 해석한다. 라운드 1과 라운드 2의 결과를 기록한다.
2. 악수가 끝난 후 씻은 손을 UV등 아래에서 관찰한다. 이것은 손을 잘 씻는 것이 중요하다는 것을 알려준다.

결과의 표 정리

1. 칠판에 결과를 실험 보고서와 유사한 표로 작성한다.
2. 모든 결과가 작성되면 이 전염병의 지침 증례를 결

정하는 과정을 시작한다. 이것을 수행하는 데 가장 쉬운 방법은 악수의 흐름도를 함께 비교하는 것이다.

3. 양성 시험을 보인 사람들을 동정한다. 여러분들은 역학자들이 수행해야 하는 과정(접촉과 감염)을 반대로 수행한다고 보면 된다. 궁극적으로 누가 혹은 어떤 사람들로부터 전염병이 시작되었는가가 나타날 것이다.
4. 실험 보고서 72을 완성한다.

과정 A: 실험 결과 분석

담당교수 주의사항: GloGem과 UV 등이 없으면 옥수수 전분과 베이킹 파우더를 사용해도 좋다. 이 경우에는 "감염된 자" 가 누구인지 확인하기 위해 요오드를 사용한다. 학생들의 안전이 최우선하므로 이 실험에서 미생물을 절 대 사용해서는 안 된다.

과정 B

이 실험에서는 집단을 위해 지역 면역의 이득을 평가하게 된다. 각 라운드마다 모든 학생은 물(예민한 사람을 나타냄), 0.1 M NaOH(감염된 사람을 나타냄) 혹은 완충용액(백신을 접종한 사람을 나타냄)이 들어 있는 시험관을 받게 된다. 학생들은 자기의 시험관의 액체 일부분을 담당교수의 지시에 따라 서로 교환하게 된다. 각 라운드마다 한 학생은 3명의 다른 학생들과 액체를 교환할 수 있다. 라운드가 완결되면 "감염원"의 유무를 판단하기 위해 pH 지시약을 시험관에 떨어뜨린다.

다음과 같이 각 라운드를 진행하고 실험 보고서에 결과를 기입한다.

재료

- 멸균된 수술용 고무장갑(학생당 1개)
- 번호가 매겨진 마개가 있는 시험관 (증류수, 인산염 완충용액 (pH 6.8), 0.1 M NaOH 중 하나를 담고 있음)
- 스포이드
- 알코올에 녹여 증류수로 희석된 페놀프탈레인 용액(pH 지시약, 담당교수용)

주의

NaOH와 페놀프탈레인은 눈과 피부를 손상시킬 수 있다. 장갑을 꼭 착용하고, 만일 액체가 흐르면 담당교수에게 즉시 알린다.

라운드 1: 100% 예민한 집단

이 라운드를 위해 한 학생은 자신도 모르는 상태로 감염원에 감염되었고 나머지 학생들은 감염에 민감하다(물을 가진 학생).

1. 담당교수가 신호를 보내면 각각의 학생들은 시험관 액체를 교환할 학생을 선택하여 첫 번째 액체를 교환한다. 이때 스포이드를 사용하여 서너 방울을 교환한다.
2. 첫 번째 교환이 모두 끝난 후 다시 학생을 무작위로 선택하여 두 번째 교환을 한다. 두 번째 교환을 마친다.
3. 세 번째 교환을 위와 동일한 방법으로 실시한다.
4. 페놀프탈레인 1방울을 각자의 시험관에 떨어뜨린다. 액체가 분홍색으로 변하면 감염원에 양성이다.
5. 시험 반의 결과를 실험 보고서 72에 기록하고 과정 B: 결과의 분석을 실시한다.

라운드 2: 50% 예민한 집단

이 라운드를 위해 새로운 시험관을 받는다. 한 학생은 자신도 모르는 상태로 감염원에 감염되었고 나머지 학생들 중 50%는 감염에 민감하고(물을 가진 학생), 50%는 백신이 투여된 집단(완충용액을 가진 학생)이 된다.

1. 새로운 액체로 라운드 1과 같은 방법으로 액체를 교환한다.
2. pH 지시약으로 시험 결과를 확인한 후 시험 반의 결과를 실험 보고서 72에 기록하고 과정 B: 결과의 분석을 실시한다.

라운드 3: 10% 예민한 집단

이 라운드를 위해 새로운 시험관을 받는다. 한 학생은 자신도 모르는 상태로 감염원에 감염되었고 나머지 학생들 중 10%는 감염에 민감하고(물을 가진 학생), 90%는 백신이 투여된 집단(완충용액을 가진 학생)이 된다. 새로운 액체로 라운드 1과 같은 방법으로 액체를 교환한다. pH 지시약으로 시험 결과를 확인한 후 시험 반의 결과를 실험 보고서 72에 기록하고 과정 B: 결과의 분석을 실시한다.

실험 보고서

실험 보고서 72를 완성한다.

실험 보고서 72

이름: ______________________

날짜: ________ Section: ______________________

실험 72. 인위적 역학 실험

A. 과정 A: 결과와 분석

칠판 위 표에 이미 기록한 정보들을 아래의 표에 기록한다. "악수를 청하는 사람"은 담당교수가 지시하여 다른 사람과 악수를 한 사람이다. "악수를 받는 사람"은 악수를 청하는 학생이 개인적으로 선택한 사람을 나타낸다. UV에서 발광하는 화장지는 양성(+), 그렇지 않으면 음성(−)으로 나타낸다.

악수를 청하는 학생 라운드 1	결과 + 또는 −	악수를 받는 학생 라운드 1	결과 + 또는 −	악수를 청하는 학생 라운드 2	결과 + 또는 −	악수를 받는 학생 라운드 2	결과 + 또는 −
1.				1.			
2.				2.			
3.				3.			
4.				4.			
5.				5.			
6.				6.			
7.				7.			
8.				8.			
9.				9.			
10.				10.			
11.				11.			
12.				12.			
13.				13.			
14.				14.			
15.				15.			
16.				16.			
17.				17.			
18.				18.			
19.				19.			
20.				20.			

1. 지침 증례를 결정할 수 있는가? 그렇다면 누구인가? 아니면 이유를 설명하시오. ______________
2. 지침증례를 결정함으로써 무엇을 알 수 있는가? ______________
3. 라운드 1의 결과로 얼마나 많은 보균자가 발생했는가? ______________
4. 라운드 2의 결과로 얼마나 많은 보균자가 발생했는가? ______________

5. 집단의 어느 정도가 초기에 감염되었는가? 실험이 종료된 후에는 집단의 어느 정도가 감염되었는가?

____

6. 이 전염병의 전파방식은 무엇인가? ______________________________

7. 질병의 높은 전파율에 영향을 미치는 환경요인을 기술하시오. ______________________________

8. 만약 감기바이러스나 인플루엔자와 같은 진정한 감염원이었다면, 전파에 영향을 주는 요인들에 대하여 기술하시오. ______________________________

9. 어떻게 감염 경로를 차단할 수 있다고 생각하는가? ______________________________

10. 질병의 잠복기간이 질병의 확산에 어떻게 영향을 미치는가? ______________________________

11. 전염병이 발생했다는 확신을 갖기 위해 어떤 요인들이 검토되어져야 하는가? ______________________________

B. 과정 B: 결과와 분석

이 실험의 각 라운드의 학습반의 결과를 아래의 표에 기록한다. 각 라운드 중 질병에 걸린 예민한 사람의 비율을 계산한다. 계산식은 아래와 같다:

$$\frac{\text{새로 감염된 사람 수} \times 100}{\text{초기의 예민한 사람}}$$

라운드	초기의 감염자수	초기의 예민한 사람 수	새로 감염된 사람 수 (최종 감염자 수 – 1(초기))	질병에 걸린 예민한 사람의 비율
1	1	100% 반 = _____ 명		
2	1	50% 반 = _____ 명		
3	1	10% 반 = _____ 명		

1. 백신이 어떻게 병원체에 의한 감염으로부터 개인을 보호하는지 설명하시오.

____

____

2. 여러분의 결과를 바탕으로 백신이 접종된 개인들의 비율이 집단 속에서 질병의 확산에 어떻게 영향을 미치는가?

____

____

3. 사회(집단) 면역이 무엇이며 공중 보건에 주는 이득은 무엇인가?

____

____

PART 14

면역학과 혈청학

인체가 세균 혹은 바이러스와 같은 미생물들에 감염될 때, 침입하는 미생물들은 이들을 죽여서 숙주가 더 이상의 손상 혹은 사망에 이르지 않게하는 서로다른 유형의 세포들과 숙주인자들을 만나게 된다. 이러한 세포들과 인자들이 면역계를 구성하며, 면역계는 간, 비장, 림프선 등으로 이루어져 있다. 면역계는 미생물을 외부물질로 인식하여 **면역계**(tmmune system)를 이루는 세포들은 침입하는 미생물을 흡수하어 제거함으로써 이들의 증식과 전파를 막는다.

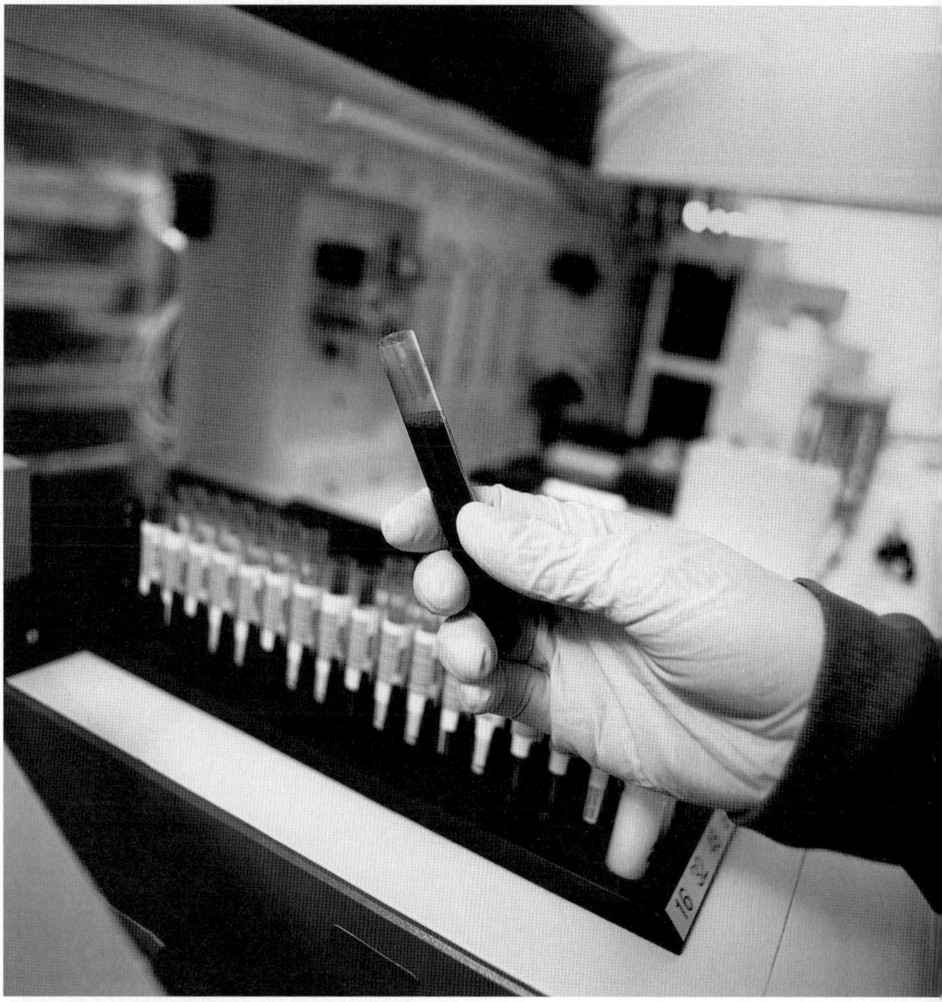

© Liquidlibrary/PictureQuest

많은 면역세포들은 **줄기세포**(stem cell)라고 하는 골수의 미분화 세포에서 분화된다. 줄기세포들은 목 아래의 나비처럼 생긴 흉선에서 발달과정을 거쳐 **T 림프구**[T lymphocyte; T 세포(T cell)]가 된다. 골수와 같은 다른 림프조직들에서 줄기세포는 발달과정를 거치면서 **B 림프구**[BT lymphocyte; B 세포(B cell)]가 된다. 이 두 가지 유형의 림프구들은 다양한 면역반응들에서 특정한 역할을 담당하게 된다.

침입하는 미생물물은 초기에 **대식세포**(macrophage)와 **호중구**(neutrophile)와 같은 백혈구를 만나게 된다. 미생물들은 흡수되어 파괴된다. 그러나, 미생물 혹은 바이러스의 성분들은 보존되어 대식세포와 같은 식균세포 표면에 제시된다. 이러한 성분들은 대개 단백질과 탄수화물로 구성되어 있으며 **항원**(antigen)이라 한다. 숙주에 대해 외부물질들인 단백질, 탄수화물, 핵산, 심지어 지질분자들은 항원으로서 면역반응을 유발한다. 면역계의 독특한 특성은 숙주를 구성하는 물질들과 침입자와 관련된 물질들을 구분할 수 있다는 점이다. 즉, 동물 혹은 인간의 면역계는 정상적으로는 자기 자신의 단백질과 탄수화물에는 반응하지 않는다. 이러한 자기인식에 관한 법칙이 깨지면 자기자신의 항원에 반응하여 관절염과 같은 **자가면역질환**(autoimmune disease)이 일어나게 된다.

대식세포 표면에 제시된 미생물항원들은 다양한 종류의 다른 면역세포들을 자극시킨다. 가령, 어떤 T 림프구들은 자극되어 미생물 혹은 바이러스에 감염된 세포들을 찾아서 죽인다. 이러한 살인 T 세포들은 감염된 세포의 표면에 제시된 항원들을 인식하여 감염된 세포들을 죽인다. 이러한 감염세포들의 죽음은 미생물 혹은 바이러스가 번식하여 새로운세포들을 감염시키는 것을 막아준다. 조력자 T 세포들 또한 자극되어 B 림프구들과 결합하는 류코트리엔과 사이토카인들과 화학적 신호를 보낸다. **B 림프구**(B lymphocyet)들은 원형질 세포로 분화되어 **항체**(antibody)라고 하는 숙주 인자를 만들어 낸는데, 항체는 항원과 결합하여 고정화시켜서 식균세포들은 이러한 결합에 의한 항원과 항체의 복합체를 흡수할 수 있다. 항체들은 대개 항원표면의 일부인 에피토프라고 하는 항원분자의 일부에 결합한다. 그러므로, 하나의 단백질분자에 대한 엄청나게 다양한 종류의 항체들이 존재한다. 항체분자들은 Y 자 모양이고, 항체분자의 뾰족한 부분에 항원의 에피토프가 결합하게 된다. 항체분자들은 두 개의 항원결합부위가 있기 때문에 동시에 서로 다른 항원들의 동일한 에피토프에 결합할 수 있다. 이에 따라 항원과 항체는 격자 모양의 복합체를 이루게 된다. 이로한 복합체가 식균세포들에 의해 파괴될 때 숙주세포에 손상을 줄 수있는 유리된 항원이 없게 된다.

숙주는 면역글로불린이라고도 하는 다양한 종류의 항체들을 만들어낸다. 면역글로불린 D (IgD) 는 B 세포 표면에 존재하여 식균세포에 제시된 항원들을 인식하는데 도움을 준다. IgA는 호흡기와 장에 존재하는 세포들 표면에 존재하며 호흡기와 소화기계를 보호하는 것으로 알려져 있다. IgE는 비만세포의 표면에 존재하고 알레르겐이라고 하는 항원에 결합한다. 항원과 결합 시 화학물질의 일종인 히스타민이 비만세포에서 방출되며 히스타민이 알레르기 증상들을 일으키게 된다. IgM과 IgG는 주로 혈청에서 발견되는데, 혈청은 혈구세포들이 떠 있는 투명한 액체이다. 항체들은 식균세포들로 하여금 항원들을 파괴시킬 수 있도록 유리된 항원들을 고정시킨다. IgM은 1차 반응에서 만들어진다. 즉, 숙주가 항원을 처음 접촉할 때 만들어지며, IgG는 항원에 대한 2차 혹은 기억 반응으로 만들어진다. 다음 표는 다양한 종류

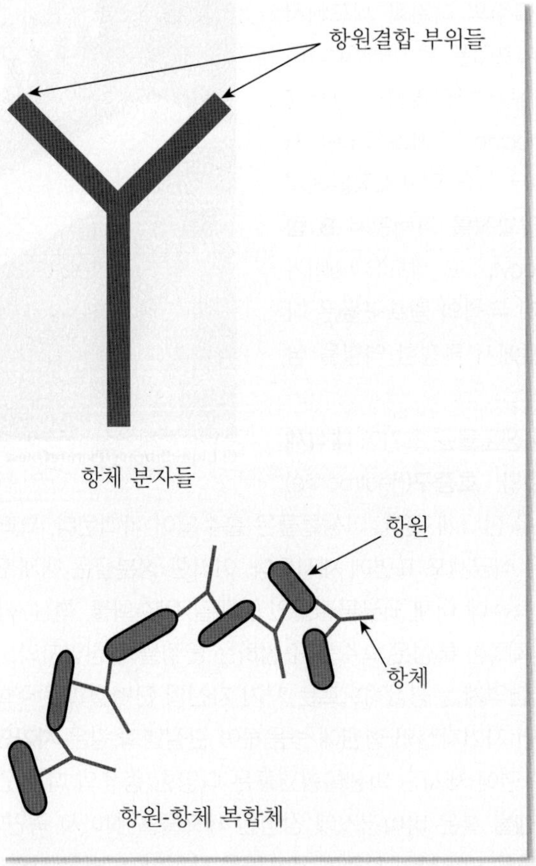

의 항체들과 이들의 기능에 대한 설명이다.

항체 종류와 기능

항체 종류	기능
IgM	1차 면역 반응
IgG	2차 면역 반응
IgE	비반세포로부터 히스타민 방출 유도
IgA	호흡기와 장 보호
IgD	B 세포에서 발견된 항원 인식

항체가 항원과 반응할 때, 그 결과는 항원의 특성에 따라 달라진다. 세포 혹은 바이러스와 같은 입자구조일 경우 항체들은 **응집반응**(agglutinate)을 일으켜서 덩어리가 생긴다. 단백질과 탄수화물과 같은 수용성 항원일 경우, 항체들은 **침강반응**(precipitante)을 유도한다. 이러한 유형의 반응들은 환자의 질환을 진단하는 데 유용하다. 질환의 과정에서, 환자 혈청에 존재하는 항체의 **양**(titer; 역가)은 증가한다. 항체 양의 증가는 질환의 진행정도를 알려주는 표지자가 된다. 환자로부터 혈액을 채취하고 희석된 혈청이 항원과 반응한다. 응집반응 혹은 침강반응을 나타나게 하는 최저 농도가 혈청의 양이 된다.

다음의 실험에서 항원-항체반응과 이들이 어떻게 질환을 추적하고 검출하는지를 알아본다.

슬라이드 응집시험: 혈청형 분류

Slide Agglutination Test: Serological Typing

EXERCISE

73

학습목표

이 실험을 수행한 후 여러분은 다음의 사항을 알 수 있을 것이다.

1. 항원,항체, 항혈청, 혈청형, 응집을 정의한다.
2. 응집반응을 이용하여 살모네라와 대장균군을 구별한다.

다른 종에 속하는 생물들은 형태와 생리뿐만 아니라 그들의 분자구조를 이루는 성분들에서도 차이를 보인다. 단백질, 다당류, 핵산, 지질(고분자들) 등이 생물의 분자구조를 이루게 된다. 이들 고분자들 중 일부는 항원으로서 작용하는데, 그 이유는 이들이 동물에 들어갈 때 면역계로 하여금 이들에 특이적인 항체생성을 유도하기 때문이다. 항원이 동물에는 외부 물질이고 동물의 항원과는 다르기 때문에 항체생성이 일어나게 된다. 세균 각종의 항원 구조는 인간의 지문처럼 종 특이적이서 세균을 규명하는 데 사용된다. *Enterobacteriacase*의 당지질(O-항원), 협막(K-항원), 편모(H-항원)들은 이 세균들을 혈청형에 따라 분류하는 데 이용된다. 혈청형은 종보다 더 특이적이다.

왜나하면 종들은 생리적으로 같을 수 있으나 항원 구성에서는 상당히 다르다. 가령 대장균의 혈청형인 *Escherichia coli* O157:H7 은 오염된 음식을 통해 전파되어 질환과 사망을 일으킬 수 있는 심각한 병원균이다. 이 세균은 정상적으로 장에 존재하는 *E. coli*와는 항원 구성에서 차별성을 보인다.

인간이 미생물의 침입을 받을 때 B 세포가 원형질 세포로 분화되어 침입하는 미생물 항원들에 특이적인 면역글로불린 혹은 항체들을 만들게 된다. 면역글로불린은 면역화된 사람의 혈액에 다량으로 존재한다. 혈청으로부터 혈구세포들이 분리되면 남겨진 맑은 액체가 면역글로불린 혹은 항체를 포함하는 데 이 액체를 항 혈청이라 한다.

미생물의 항원들은 혈청형 분석 절차에 의해 결정될 수 있다. 이 분석법은 미생물 현탁액을 미생물 관련 항원에 대한 항체를 포함하는 항혈청에 첨가하는 것이다. 항원이 존재하면 항혈청 내의 항체가 세균 세포의 항원과 결합하여 가시적인 응집체를 이루게 된다. 혈청형 분석은 인간에게 장티푸스열과 이질을 일으키는 살모넬라와 쉬겔라를 규명하는 데 유용하다. 가령, 살모넬라 세포관련 항원 차이에 근거하여 2,500종류의 혈청형으로 분류할 수 있다. 살모넬라 혹은 쉬겔라의 혈청형 분석은 특별한 균주 혹은 혈청형에 의해 발생한 전염병을 추적하는데 유용하다. 이 두 속의 세균들을 규명하는 데 있어서, 처음에는 생화학적 시험 들을 통해 살모넬라 혹은 쉬겔라를 규명하였고(실험 71), 이 후 혈청형 분석을 통

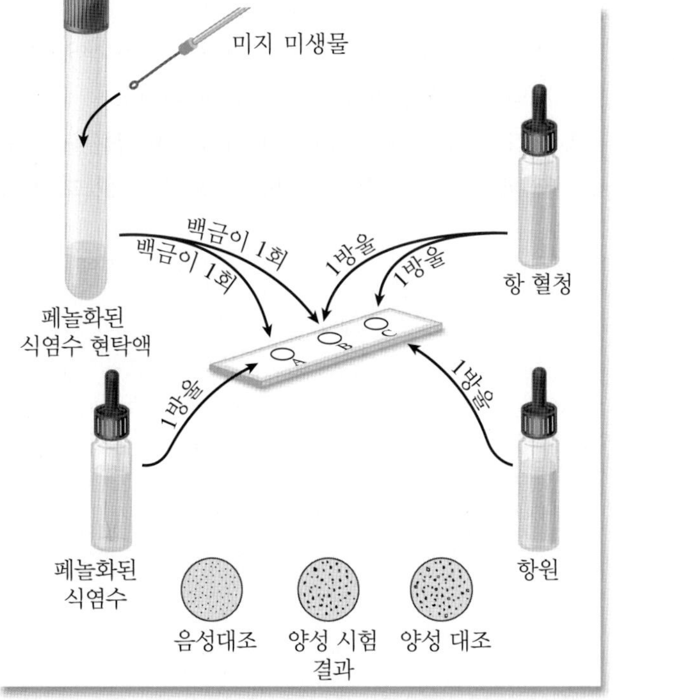

그림 73.1 슬라이드 응집기법.

해 특정 균주들을 규명하였다.

이 연습에서 두 가지 미지의 미생물들을 받게 되고 그 중 하나는 살모넬라균이다. 그림 73.1에 나타난 절차를 따라 이중 어느 것이 살모넬라균인지를 결정하게 될 것다. 두 가지 시험 대조군이 있음을 주목한다. **음성 대조군**(negative test control)은 슬라이드 A 홈에 넣어 응집반응이 안 생길 때 어떻게 보이는지를 관찰한다. 음성 대조군은 항원과 식염수의 혼합물이다. 양성 대조군(positive test control) 실험은 표준 항원과 항혈청이 있는 C 홈에서 이루어지며 전형적인 응집반응을 나타낸다.

재료

- 학생 1인당 2개의 수로 표시된 미지의 시료들 (살모넬라와 대장균균의 사면배지)
- *Salmonella* O-항원, 그룹 B (Difco #2840-56)
- *Salmonella* O 항혈청 poly A-I (Difco #2264-47)
- 디프레션 슬라이드 혹은 스폿 접시
- 페놀화된 식염수 병 (0.85% sodium chloride , 0.5% phenol)
- 학생 1인당 2개의 시험관
- 1 mL 피펫들

주의

*Salmonella typhimurium*은 장염을 일으킬 수 있는 병원균이므로 주의해야 한다.

1. 스폿 접시 혹은 디프레션 슬라이드의 세 개의 홈을 그림 73.1에서 처럼 A, B, C로 표지한다.
2. 각각의 서로 다른 시험관에 각각의 미생물을 1 mL의 페놀화된 식염수에 현탁시킴으로써 페놀화된 식염수 현탁액을 만든다. 생물을 충분히 섞어서 세균 덩어리들이 잘 퍼지게 한다. 이 혼합물이 혼탁해야 한다.
3. 한 시험관의 페놀화 식염수로부터 0.05 mL을 따서 A 홈과 B 홈에 옮긴다.
4. B홈과 C홈에 한 방울의 살모넬라 O 다가 항혈청을 넣는다. A 홈에는 한 방울의 페놀화 식염수를 넓고 C 홈에 한 방울의 살모넬라 O-항원, 그룹 B를 넣는다.
5. 각 홈에서 생물들을 깨끗한 접종 백금이로 섞어준다. 한 홈에서 다른 홈으로 이동할 때 반드시 백금이를 씻어라.
6. 세 가지 혼합물들을 비교한다. 응집반응은 C 홈(양성 대조군)에서 일어나야 하지만, A 홈(음성 대조군)에서는 일어나서는 안 된다. B홈에서 응집반응이 일어나면 생물은 살모넬라이다.
7. 다른 생물을 대상으로 다른 슬라이드에서 이 절차를 반복한다.

주의

모든 슬라이드와 시험관들을 담당교수가 공급한 살균용기에 넣어둔다.

실험 보고서

실험의 결과를 실험 보고서 73~74의 첫 부분에 기록한다.

*S. aureus*에 대한 슬라이드 응집시험

EXERCISE **74**

Slide Agglutination Test for *S. aureus*

학습목표

이 실험을 수행한 후 여러분은 다음의 사항을 알 수 있을 것이다.

1. 항체들이 라텍스 비드에 흡착되어 응집반응을 통해 수용성 항원을 검출하는지를 이해한다.
2. 라텍스 비드에 흡착된 항체를 이용하여 식중독균의 coagulase 혹은 단백질 A를 검출한다.

항체가 단백질 혹은 다당류와 같은 수용성 항원과 결합하면 가시적인 침강물이 형성되는 침강반응이 일어난다. 그러나 이 반응은 동등점(equivalence point)이라고 하는 항체와 항원의 정확한 비율에서 가장 잘 나타난다. 동등점에서 항원과 항체 사이에 침강물이 형성된다. 만약 항체 혹은 항원이 과다하면 수용성 복합체가 형성되어 가시적인 침강반응은 일어나지 않는다. 침강반응에서 항원 대 항체의 정확한 비율이 이루어지지 않으면 결과를 볼 수 없다. 단백질과 같은 수용성 항원는 응집 반응을 포함하는 변형된 절차를 통해 검출할 수 있다. 이 경우 수용성 항원에 대한 항체들은 폴리스티렌 재질의 라텍스 비드에 흡착되거나 화학적으로 결합된다(그림 74.1). 폴리스티렌 입자는 항체의 운반체가 되어 수용성 항원과 결합할 때 폴리스티렌 입자의 항체와 항원 사이에 응집반응이 일어난다(그림 74.2).

많은 공급자는 특정한 병원균 혹은 이들의 산물을 검출하기 위한 시험법을 고안했다. 이 경우, 의심대상인 식중독균이 효소인 **coagulase** 그리고/혹은 **단백질 A**를 결정하기 위해 Difco 실험실에서 제조한 시약들을 사용하게 될 것이다. Coagulase와 단백질 A는 *Staphylococcus aureus*의 독성인자로 알려져 있다. Coagulase는 감염부위 모세혈관의 응혈을 유도하여 염증반응에서 중요한 백혈구들이 감염부위로 이동하지 못하게 한다. 단백질 A는 항체와 결합하여 숙주 면역글로불린으로 세균 표면을 코팅시키는 *Staphylococcus aureus*의 세포벽 구성 성분이다. 면역글로불린 층은 백혈구에 의한 식균작용을 억제하여 세균이 파괴되는 것을 막아준다. Coagulase/단백질 A 시험에서 시험 시약은 Coagulase 와 단백질 A가 흡착된 노란색 라텍스 입자 현탁액이다. 시험용

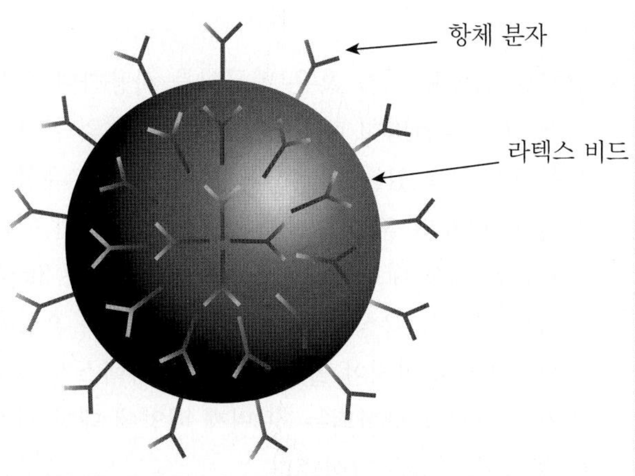

그림 74.1 라텍스 비드에 흡착된 항체 분자.

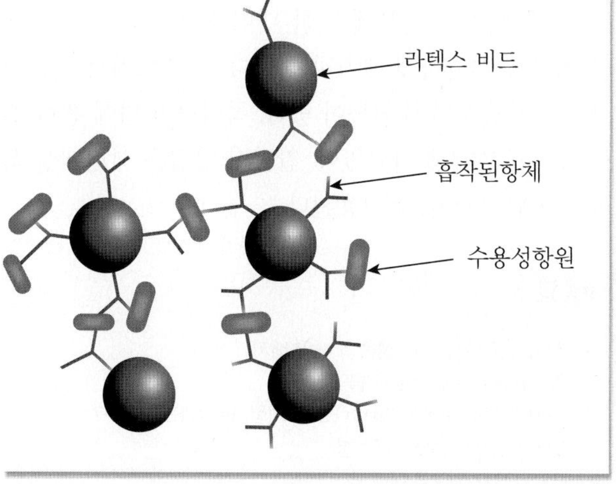

그림 74.2 라텍스 비드에 흡착된 항체와 수용성 항원 사이의 반응에 의한 응집반응.

그림 74.3 Coagulase 그리고/혹은 단백질 A 존재를 확인하기 위한 슬라이드 응집시험.

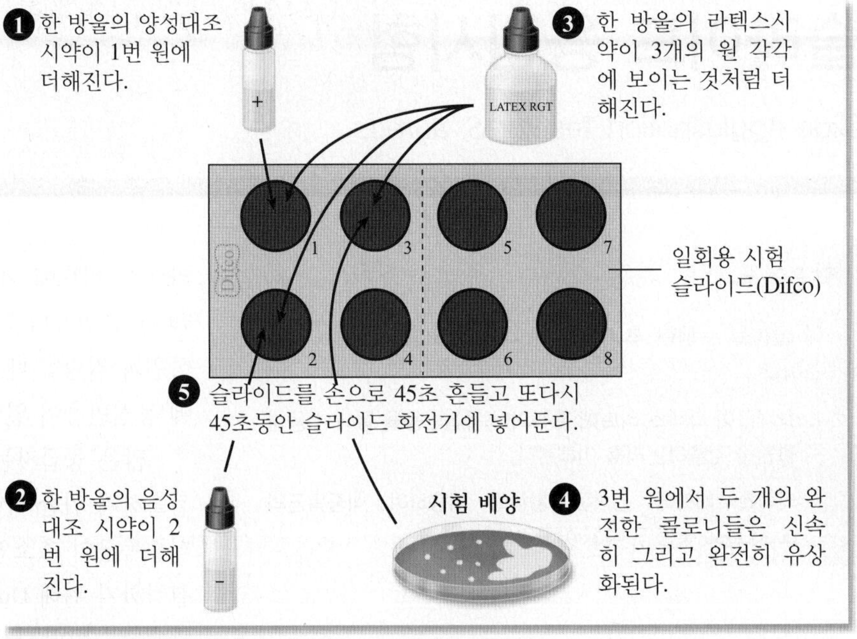

Staphylococcus 균주가 Coagulase 그리고/혹은 단백질 A를 만든다면 이 항원들은 라텍스 입자들, 항체들과 결합하여 라텍스 비드의 응집을 일으킨다.

응집반응이 일어나지 않는다는 것은 시험생물이 독성인자를 만들지 않음을 의미한다. 이 시험법은 매우 특이적이어서 배양 대신에 이용된다. 시약들이 시험 키트에 포함되어 양성 및 음성 대조 시험을 수행하게 된다. 이 시험은 8개의 검은 원들을 갖는 일회용 카드에서 수행된다. 그림 74.3에서 볼수 있듯이 3개의 원들은 하나의 모르는 것을 시험하기 위해 사용된다. 나머지 원들은 동시에 다섯 개의 모르는 것들을 시험하기 위해 사용된다. 검은 배경은 반응에 대한 대비를 잘 나타내서 응집반 여부를 신속하게 관찰하게 한다. 시험법에는 직접적 그리고 간접적인 방법들이 있다. 직접적 방법에 관한 절차는 그림 74.3에 나와있다. 간접적 방법은 시험대상 생물을 현탁시키는 데 사용된다.

재료

- 식중독균 유사 유사 생물의 배양 배지 (trypticase soy agar와 혈액)
- 아래와 같이 구성된 Staph Latex 시험키트 #3850-32-7
  Bacto Staph Latex 시약 병
  Bacto Staph 양성 대조 병
  Bacto Staph 음성 대조 병
  Bacto 정상 식염수 시약병
  일회용 시험슬라이드(흑색 원 카드)
  혼합용 스틱(최소 3개)
- 슬라이드 회전기

직접적 방법

그림 74.3에 나와 있는 직접적 방법의 실험 과정은 아래와 같다.

1. 한 방울의 Bacto Staph 양성 대조군 시약을 1번 원에 넣어 준다.
2. 한 방울의 Bacto Staph 음성 대조군 시약을 2번 원에 넣어준다.
3. 한 방울의 Bacto Staph 라텍스 시약을 1, 2, 3번 원에 넣어준다.
4. 멸균된 접종용 바늘 혹은 백금이를 사용하여 신속하게 그리고 완벽히 배지에서 얻는 두 개의 콜로니들을 3번 원에 있는 Staph 라텍스 시약으로 유상화시킨다. 별개의 혼합용 스틱을 이용하여 1번 원과 2번 원의 양성 대조군과 음성 대조군에 있는 Staph 라텍스 시약을 유상화시킨다. 세 원에서의 혼합은 신속하게 이루어져야 슬라이드 상의 라텍스가 건조되지 않아서 유상화되는 첫 번째 배양에 대한 시간이 증가되는 것을 막아준다.
5. 손으로 슬라이드를 45초간 흔들어준다.

6. 슬라이드를 분당 110~120회 회전이 가능한 슬라이드 회전기에 넣고 45초간 더 회전시킨다.
7. 표 74.1에서 처럼 즉시 결과를 읽어라. 45초 이전에 응집반응이 일어나면, 결과를 읽을 수 있을 것이다. 슬라이드는 간접 조명하에서 정상적인 거리에서 읽혀져야 한다.

간접적 방법

직접적 방법과 간접적 방법의 유일한 차이는 접종량과 미지의 시료를 유상화시키기 위해 식염수를 사용하는 것이다.

1. 한 방울의 Bacto Staph 양성 대조 시약을 1번 시험 원에 넣는다.
2. 한 방울의 Bacto Staph 음성 대조 시약을 2번 시험 원에 넣는다.
3. 한 방울의 Bacto 정상 식염수 시약을 3번 시험 원에 넣는다.
4. 멸균된 접종 바늘 혹은 고리를 이용하여, 시험용 배지로부터 얻은 4개의 콜로니들을 한 방울의 식염수가 있는 시험 원 3번에 넣고 유상화시킨다.
5. 한 방울의 Bacto Staph 라텍스 시약을 3개의 원 각각에 넣는다.
6. 각 원의 내용물들을 신속히 각각의 혼합 스틱을 이용하여 섞는다.
7. 슬라이드를 손으로 45초간 흔든다.

표 74.1

양성 반응	
4 +	크고 작은 응집된 노란 라텍스 비드 덩어리; 깨끗한 배경
3 +	크고 작은 응집된 노란 라텍스 비드 덩어리; 약간 혼탁한 배경
2 +	중간부터 작은 그러나 선명히 보이는 응집된 노란 라텍스 비드; 중간정도의 혼탁한 배경
1 +	미세한 응집된 노란 라텍스 비드 덩어리; 혼탁한 배경
음성 반응	
–	부드러운, 혼탁한 현탁액; 응집으로 볼 수 없는 알갱이 같은 모양
–	부드러운, 혼탁한 현탁액; 응집 혹은 입자들이 없는

8. 슬라이드를 분당 회전속도가 110~120회 사이인 슬라이드 회전기에 넣고 45초간 회전시킨다. 슬라이드는 직립식의 간접조명하에 읽혀져야 한다.
9. 표 74.1에 나와 있는 대로 결과를 즉시 읽는다. 45초 이전에 응집반응이 일어나면 그때 결과가 나올 것이다(그림 74.4).

실험 보고서

결과 보고서 73~74의 마지막 부분에 결과를 보고서를 작성한다.

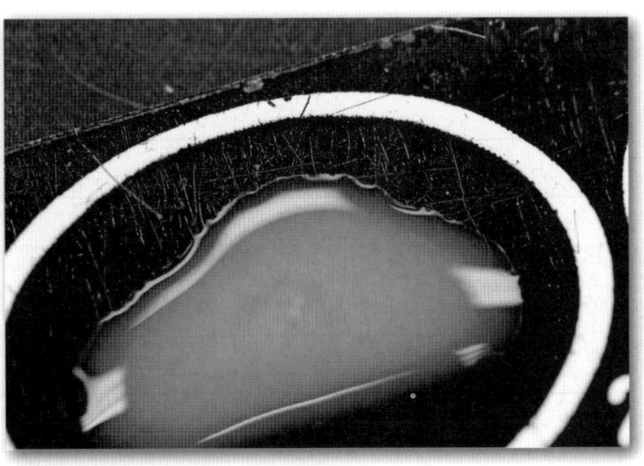

(a) (b)

그림 74.4 C-반응 단백질 응집시험 (a) 양성; (b) 음성.

실험 74. *S. aureus*에 대한 슬라이드응집시험

A. 결과

1. 각 홈의 혼합물의 모양을 설명하시오.

2. *S. aureus*에 대한 양성반응이 나타났는가? 그렇다면, 양성반응의 정도는?

B. 단답형 문제

1. 이 시험 키트로 검출되는 두 가지 *S. aureus* 항원들은?

2. 어느 유형의 명백한 *S. aureus*에 대한 시험이 응집반응과 상관관계를 갖는가?

3. 명백한 *S. aureus* 시험에 비해 응집반응이 갖는 장점은?

4. 라텍스 시험이 침강 유사 반응에 대해 갖는 장점은?

연쇄상구균에 대한 슬라이드 응집시험

Slide Agglutination Test for *Streptococcus*

EXERCISE **75**

학습목표

이 실험을 수행한 후 여러분은 다음의 사항을 알 수 있을 것이다.

1. 랜스필드에 의한 연쇄상구균 분류에서 탄수화물의 중요성을 이해한다.
2. 세포로부터 추출된 탄수화물 항원을 탄수화물 항원에 대한 항체로 코팅된 라텍스 비드에 반응시켜 알려지지 있지 않은 연쇄상구균을 규명한다.

랜스필드(Lancefield) 분류법은 연쇄상구균을 세포들과 연관된 탄수화물 항원을 기준으로 이 세균을 면역학적 그룹으로 분류한다(실험 70). 이 그룹들은 A 부터 V로 명명된다. 그러나 대개의 병원성 연쇄상구균은 A, B, C, D, F, G에 속해 있고 이들 세균들은 대개 혈액 한천배지에서 자랄 때 베타 용혈을 나타낸다. 연쇄상구균 세포에서 이러한 탄수화물 항원의 존재는 랜스필드(Lancefield) 그룹에 속하는 연쇄상구균에 대한 응집시험을 개발하는데 이용되어 왔다. 이 시험에서, 항원성 탄수화물은 먼저 효소에 의해 세포로부터 추출되고 특정한 탄수화물에 대한 항체로 코팅된 라텍스 비드와 반응하게 된다. 만약 탄수화물 항원들이 세포에 존재하고 효소에 의해 추출되었다면 흡착된 항체와 반응하여 라텍스 비드의 응집을 유도하게 될 것이다.

실험에서 의심되는 연쇄상 구균을 임상시료에서 추출하여 혈액한천배지에 넣어서 37 ℃에서 18~24시간 동안 배양한다. 베타 용혈현상을 나타내는 여러 개의 콜로니(2~5개)를 선별하여 세포로부터 항원을 끊어내는 추출용 효소로 처리한다. 추출물들은 항체로 코팅된 라텍스 비드와 혼합되어 응집 여부를 관찰하게 된다(그림 75.1). 다음 실험에서 이러한 절차를 이용하여 병원성 연쇄상구균을 시험하게 될 것이다.

재료

- cultures of *Streptococcus pyogenes, S. agalactiae, S. bovis, Enterococcus faecalis,* and *E. faecium* grown on blood agar plates at 37°C for 24 hours.
- unknown cultures of the above organisms (per group)
- Oxoid Diagnostic Streptococcal grouping kit, which consists of:
  라텍스 분류 시약들 A, B, C, D, F, G
  다가 양성 대조군
  추출 효소
  1회용 반응 카드
- 시험관 (혈청용)
- 피펫(1 mL)
- 파스퇴르 피펫
- 피펫 보조기구
- 나무 스틱

실험 방법

학생들은 짝을 이루어 일하게 된다. 각 학생은 하나의 알려진 배양균을 다른 학생은 모르는 배양균을 시험한다.

시험대상생물들				
S. PYOGENES	*S. AGALACTIAE*	*S. BOVIS*	*E. FAECALIS*	*E. FAECIUM*
Group No. 1	2	3	4	5
6	7	8	9	10
11	12	13	14	15

1. 시약병 라벨에 적혀 있는 양대로 추출효소와 물을 섞는다.
2. 알려진 시험대상 생물을 포함하는 시험관과 모르는 시험대상 생물을 포함하는 시험관을 표시해 둔다. 효소 0.4 mL을 각 시험관에 넣는다.
3. 백금이를 사용하여 알려진 생물체에 해당하는 2~5개의 콜로니들을 (2~3 mm) 취해서 적당한 추출효소 튜브에 넣는다.
4. 모른 생물체에 대해서 이 절차를 똑같이 수행한다.
5. 효소 추출 시험관을 37℃에서 5분간 반응한다. 5분 후 각 시험관을 강하게 흔들어주고 5분간 더 반응한

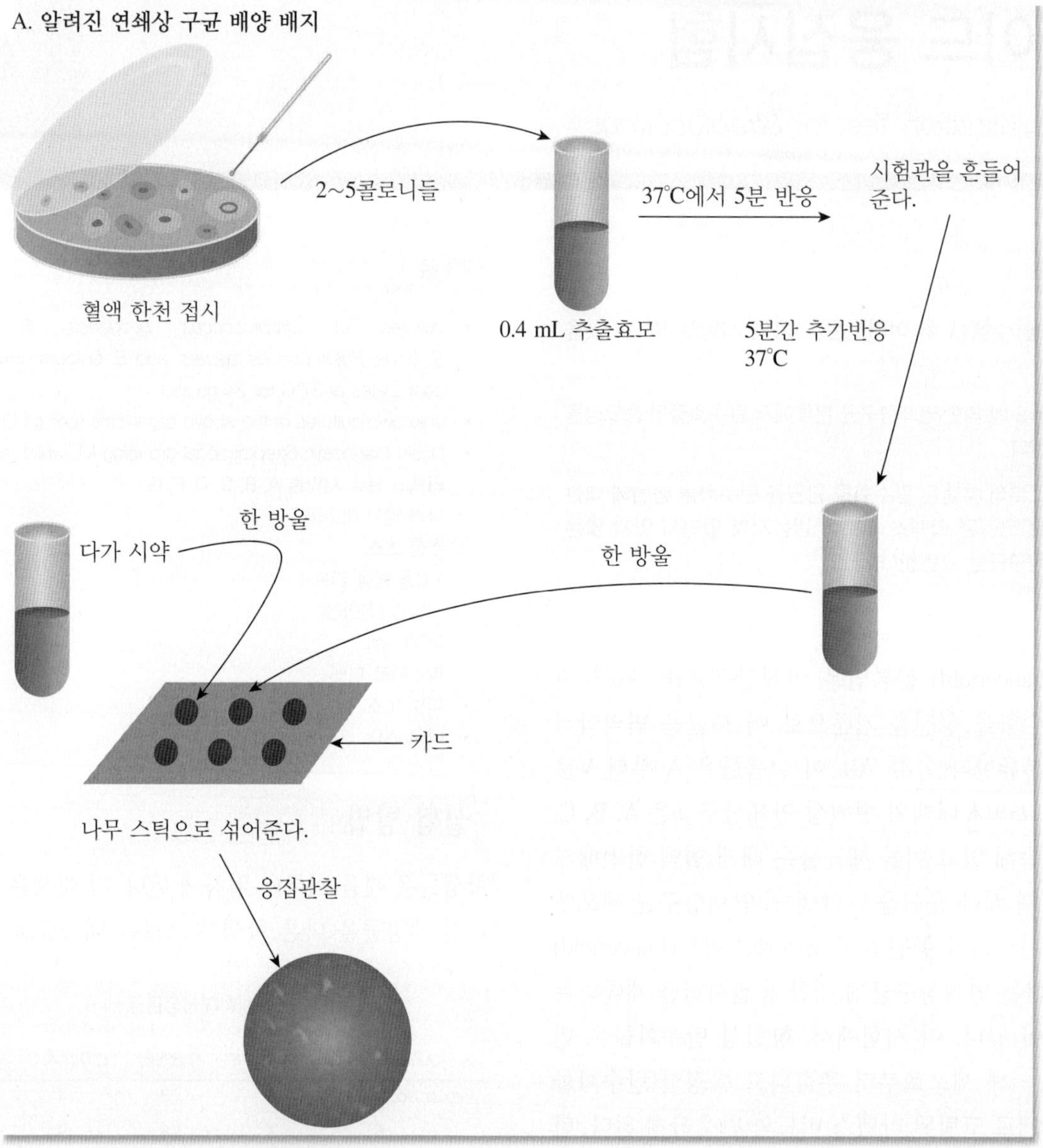

그림 75.1 알려진 그리고 모르는 연쇄상구균 콜로니들에 대한 응집시험을 위한 절차.

다.

6. 주의 깊게 알려진 연쇄상구균(A, B, C, D, F, G)에 해당하는 항체-라텍스 현탁액을 섞는다. 현탁액 한 방울을 반응 카드 링들 중 하나의 링에 넣어준다.
7. 카드 각각의 링에 다가 시약을 혼합한 후 분배한다. 이것이 양성 대조군이 된다.
8. 파스퇴르 피펫을 사용하여 알려진 배양액으로부터 한 방울의 추출효소를 알려진 배양균에 해당하는 라텍스 현탁액을 포함하는 카드의 링에 더해 준다. 다가 시약을 포함하는 링에 두 번째로 추출효소 한 방울을 넣어준다.
9. 나무 스틱을 사용하여 링의 전체 표면에 효소와 라텍스 현탁액을 도말한다. 별도의 나무스틱을 이용하여 다가 시약들과 알려진 효소 추출물에 대한 절차를 반복한다.
10. 카드를 앞뒤로 부드럽게 흔든다. 응집은 대개 30초 내에 일어난다.
11. 모르는 배양균을 시험하기 위해, 각각의 라텍스 현탁액 한 반응을 반응카드의 6개 서로 다른 원(A, B,

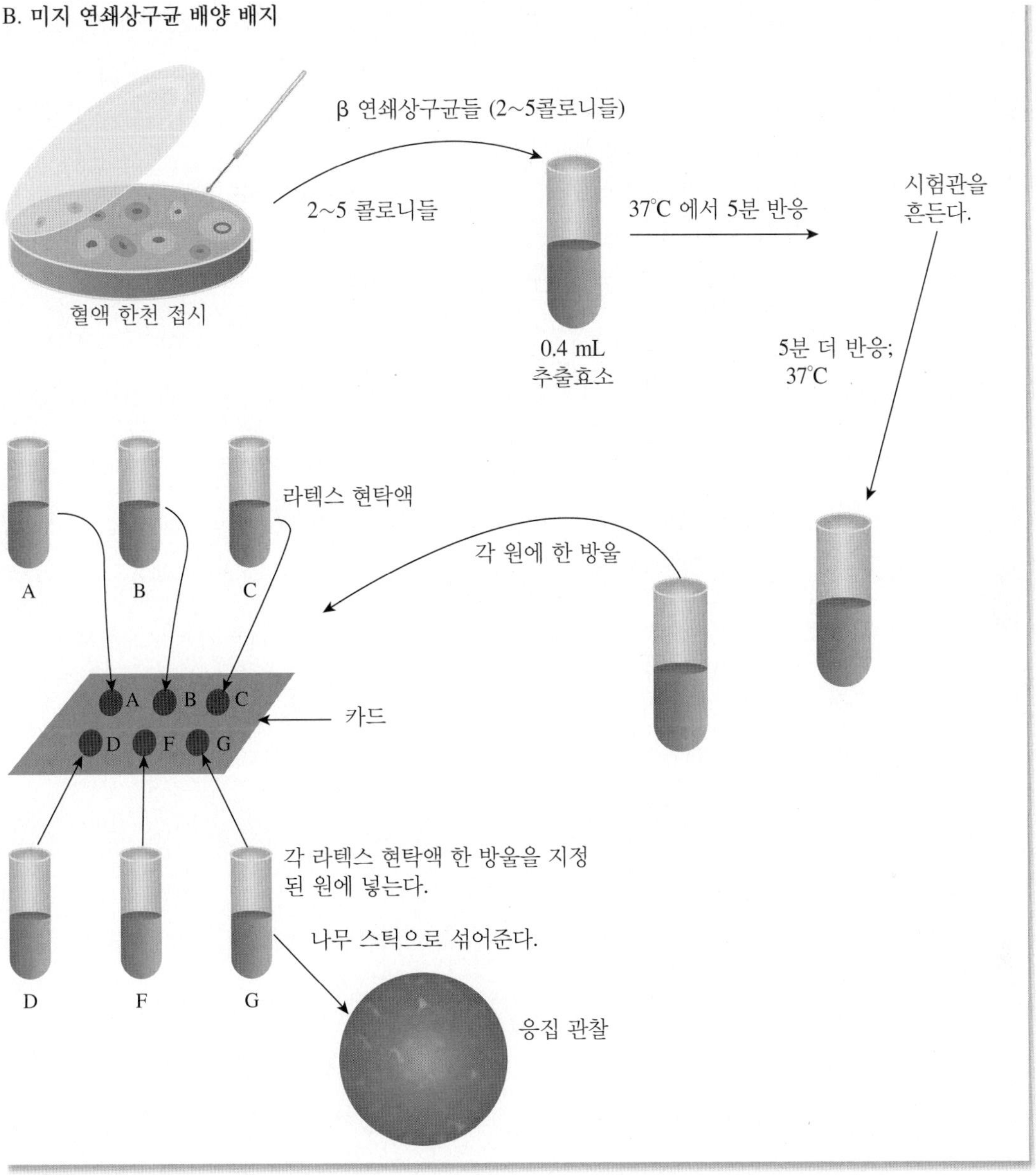

그림 75.1 (계속)

C, D, F, G)에 넣어준다.

12. 4가지 모르는 생물들로부터의 추출효소 한 방울을 다양한 라텍스 현탁액을 포함하는 각 원에 넣어준다.
13. 별도의 나무스틱으로 사용하여 추출효소와 라텍스 시약들을 섞는다.
14. 카드를 부드럽게 앞뒤로 흔들어준다. 어느 라텍스 현탁액이 모르는 생물로부터의 효소 추출물과 응집 반응을 일으키는지를 기록한다.

실험 보고서 75

이름: ______________________

날짜: ________ Section: ______________

실험 75. 연쇄상구균에 대한 슬라이드 응집시험

A. 결과

라텍스현탁액에 있는 알려진 배양균의 모양

다원가(polyvalent) 현탁액에 있는 알려진 배양균의 모양

모르는 생물	☐	☐	☐	☐	☐	☐
라텍스 혼합물 (응집은 +로, 응집이 없으면 −로 기록한다.)	A	B	C	D	F	G

B. 단답형 문제

1. 연쇄상구균에 대한 랜스필드(Lancefield) 분류법은 이 세포들의 어떠 특성에 근거하는가?

2. 왜 이 시험은 폐렴 구균(*Streptococcus pneumoniae*)에는 사용될 수 없는가?

3. 시험 그룹에 속하는 연쇄상구균이 나타내는 다른 중요한 특징은 무엇인가?

EXERCISE 76

이호성 항체 시험

The Heterophile Antibody Test

학습목표

이 실험을 수행한 후 여러분은 다음의 사항을 알 수 있을 것이다.

1. 이호성 항원과 항체를 정의한다.
2. 양의 적혈구세포가 이호성 항체들에 의해 응집되는 것이 어떻게 단핵구종을 진단하는 데 이용되는지를 이해할 수 있어야 한다.

미국에서 단핵구 종은 주로 13~25세 에서 일어나는 양성 질환이다. 이 질환은 헤르페스 바이러스의 일종인 **엡스타인-바 바이러스**(Epstein-Barr virus, EVB)에 의해 일어난다. 이 바이러스는 엄마로부터의 보호 항체가 사라지는 시점에 있는 대부분의 사람에 감염하고 목구멍 세포와 공생하게 된다. 미국에서의 연구결과에 따르면, 95%의 35~40세 성인들은 이 바이러스에 감염되었고, 감염된 사람들은 증상을 보이지는 않아도 이 바이러스를 침으로 흘려보낼 수 있다. 이 바이러스는 키스와 같은 친밀한 접촉을 통해 전파될 수 있다. 이 바이러스는 인간에 널리 퍼져 있고 쉽게 전파될 수 있어서 예방하는 것이 매우 중요하다.

감염성 단핵구 종은 청소년기에 바이러스에 감염된 경우 일어나는 것으로 알려져 있다. 이들에게 있어서 갑작스러운 발열, 인후염, 경부 림프절의 확장이 나타난다. 어떤 경우에서는 간과 비장 등도 관련된다. 초기에 바이러스는 입의 상피세포를 공격하고 나중에는 림프절로 퍼져서 항체를 생성하는 세포로 분화하는 B 림프구를 감염시킨다. 바이러스는 B 세포들을 죽일 수 있으나 대개 B 세포에 잠복하게 되고 이때 바이러스 DNA는 숙주세포 DNA에 들어가거나 플라스미드와 같은 유전적 요소로 존재한다. 감염된 B 세포는 증식하게 되고 면역글로불린의 일종인 IgM을 만든다. 감염된 B 세포에 반응하여 세포독성 T 세포는 감염된 B 세포를 죽인다. 림프구의 수가 50~90% 증가하는데 이는 이 질환과 관계된 백혈구 수의 증가를 의미한다(백혈구증).

단핵구 종의 진단은 증상과 비교적 단순한 혈청 선별시험(**이호성 항체 시험**; heterophile antibody test)을 통해 이루어진다. 이 시험은 감염된 B 세포에 의해 만들어지는 IgM 항체가 다른 동물의 세포들과 응집반응을 일으킨다는 사실에 근거한다. 질환이 진행됨에 따라 환자 혈청 내의 이호성 항체들의 **양**(titer)은 증가하고 급성 단핵구종에 있어서 매우 높게 된다. 이호성 항체는 엡스타인-바 바이러스에 특이적이지 않아서 이 바이러스 항원과는 특이적으로 반응하지 않는다. 그러나 이호성 항체 시험은 환자 혈청 내의 이호성 항체의 양이 질환에 의해 증가되어서 양의 적혈구세포를 이용한 응집 분석을 할 수 있기 때문에 유용한 선별 방법이 된다. 중요한 사실은 감염성 단핵구 종과 관련된 이호성 항체들은 건강한 사람들에서는 없다는 점이다. 이호성 항체는 혈청병과 같은 질환에서도 나타나며, 말, 반추동물, 양 일부 세균들에서 자연적으로 존재하는 항원인 포스만(Forssman) 항원에 대해 만들어지기도 한다. 감염성 단핵구 종 시험에서 이호성 항체가 검출된 사람들은 엡스타인-바 바이러스 항원과 이들 바이러스 항원에 대한 항체를 분석하는 분석하는 보다 더 복잡한 절차들 통해 감염 여부가 검증된다. 감염성 단핵구 종에 대한 이호성 항체 시험은 시험관 절차를 통해 수행되거나 시험카드에 나타나는 색깔이 양성임을 나타내는 신속한 정성분석을 통해 이루어진다. 시험관 방법에서 특정한 혈청양이 결정되어서 질환을 평가하는 데 도움이 된다.

혈청양을 결정하기 위한 시험관 절차는 양의 적혈구세포 현탁액을 다양하게 희석된 환자의 불활성화 혈청에 넣음으로써 이루어진다. 우선 환자의 혈청은 56℃에서 30분간 열처리하여 불활성화되며, 혈청 내의 단백질 복합체인 보체를 파괴한다. 보체는 적혈구에 결합하여 적혈구의 용해를 일으켜서 시험에 방해가 된다. 불활성화된 혈청은 희석되어 양의 적혈구와 혼합되고 시험관은 냉장고에서 하루 동안 반응시킨다. 양의 적혈구 세포를 응집시킬 수 있는 최저 희석을 혈청의 양(타이터)이라 한다. 1:28 희석률이 양성 질환을 나타내는 것으로 보고되었다. 따라서, 매우 높은 혈청 희석률이 여전히 응집을 유도한다면 이는 높은 수준의 이호성 항체들이 환자 혈청에 존재함을 의미하는 것이다. 질환이 진행함에 따라, 이호성 항체들의 수준이 증가하고 환자가 회복됨에 따라 그 수준은 감소한다. 그림 76.1은 전체 과정을 보여준다.

1차 실험

재료

- 10개의 깨끗한 혈청 시험관을 갖는 시험관 선반(와서만 유형)
- 식염수 용액 병(0.85% NaCl), 투명한 혹은 여과된
- 1 mL 피펫
- 5 mL 피펫
- 2% 양 적혈구 세포 현탁액
- 환자 혈청 (양성 반응을 보이는)

1. 보체를 불활성화시키기 위해 혈청을 56℃ 수조에 30분 동안 놓는다.
2. 시험관 선반 앞줄에 10개의 혈청 시험관을 놓고 연필로 1부터 10(왼쪽부터)까지 표시한다.
3. 1번 시험관에 0.8 mL의 생리식염수를 넣는다.
4. 5 mL 피펫을 사용하여 0.5 mL 식염수를 2번부터 10번 시험관에 분주한다.
5. 1 mL 피펫으로 0.2 mL 불할성화 혈청을 1번 시험관에 넣는다. 시험관의 내용물들을 섞는다.
6. 1번 시험관에서 0.5 mL을 시험관 2로 전달하고, 섞는 후, 시험관 2에서 0.5 mL을 시험관으로 전달한다, 그리고 이과정을 시험관 9까지 반복한다. 시험관 10번은 대조군이다.
7. 2% 양 적혈구 세포 0.2 mL을 1~10번까지 시험관에 넣고 시험관들을 흔들어준다. 혈청의 최종 희석률들은 그림 76.1에 나와 있다.
8. 시험관 선반을 상온에서 1시간 동안 정치하고 시험관들을 냉장고에 옮겨서 하루 동안 둔다.

2차 실험

시험관들을 희석률대로 시험관 선반에 준비하고 시험관

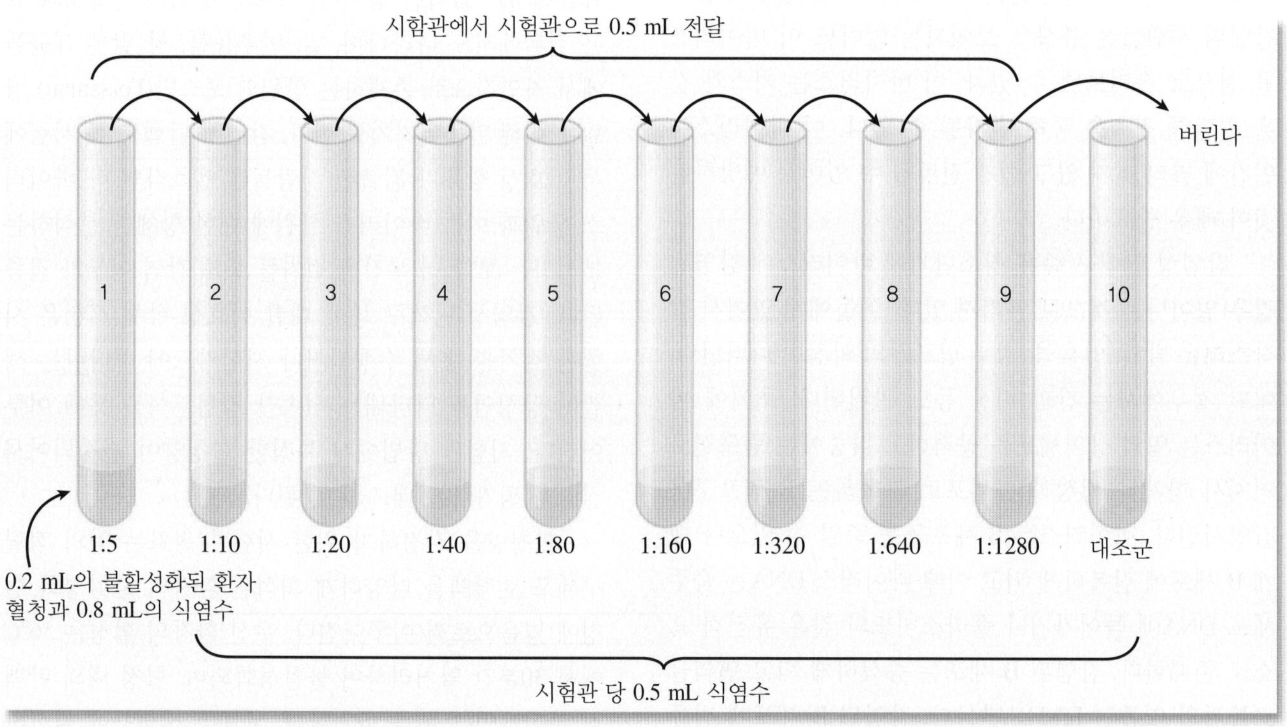

그림 76.1 이호성 항체시험을 준비하기 위한 절차들.

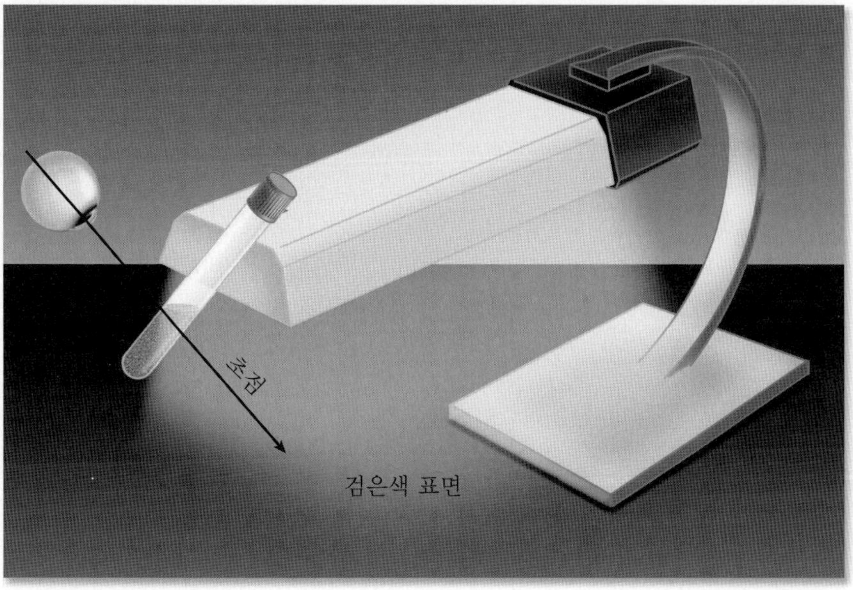

그림 76.2 응집은 검은색 표면에서 시험관을 조사할 때 쉽게 관찰된다.

을 머리 위로 잡고 아래를 바라보면서 대조군과 비교해 본다. 응집이 되지 않은 세포들은 시험관 아래로 떨어져서 작은 알갱이 같은 모양을 이루고(대조군에서 보이는 것과 같은), 응집된 세포들은 비정형적인 모양을 나타낸다(그림 76.2).

양은 양성 응집반응을 보이는 연속 희석에서의 마지막 희석률의 역이 된다.

실험 보고서

실험 76 결과 보고서를 작성한다.

실험 보고서 76

이름: ____________________

날짜: ________ Section: ____________

실험 76. 이호성 항체 시험

A. 결과

1. 시험대상 혈청의 양(타이터)은?

2. 결과는 의미가 있는가? 설명하시오.

B. 단답형 문제

1. 이 진단 시험은 어떤 질환에 이용되는가?

2. 이 질환을 일으키는 바이러스는?

3. 성인 중 몇 퍼센트가 이 바이러스에 대한 항체를 갖고 있는가?

4. 이호성 항체는 무엇인가? 왜 이들이 이 시험에 유용한가?

5. 감염을 확인하기 위해 수행되는 다른 혈액 검사법은 무엇인가?

두 방법 사이에서는 차이점이 있다. 우선, 혈청 내의 항체들은 불완전 알부민 유형으로써 식염수로 희석된 인간 적혈구 세포를 응집시키지 못한다. 그러므로, 전혈 혹은 적혈구를 혈장으로 희석해야 한다. 또 다른 차이점은 시험관 시험은 45℃에서 슬라이드 시험은 37℃ 등 고온에서 수행한다는 점이다.

이 실험에서, 혈액형 분석을 위해 두 가지 차별적인 슬라이드 방법이 소개된다. 만약, 랜드스테이너(Landsteiner) ABO 혈액형만이 결정된다면, 첫 번째 방법이 좋을 것이고, Rh 혈액형 분석이 추가되면, 슬라이드 워머를 이용하는 방법이 추가된다. 어느 방법을 사용하는지는 재료의 공급 여하에 따라 달라진다.

주의

혈액을 취급할 때, 다음의 사항을 준수한다.

1. 찌를 때 손가락을 항상 소독한다.
2. 멸균된 수술용 칼을 한 번만 사용한다.
3. 사용한 수술용 칼은 소독용 비이커에 넣어 둔다.
4. 다른 학생들의 혈액이 피부에 접촉되는 것을 피한다. 일회용 라텍스 장갑을 착용한다.
5. 혈액 채취 시 알코올로 손가락을 소독한다.

ABO 혈액형 분석

재료

- 작은 바이알(10 mm 직경, 50 mm 길이)
- 일회용 수술용 칼들(B-D Microlance, Serasharp, etc.)
- 70% 알코올과 솜
- 표지용 연필
- 현미경 슬라이드
- 분석용 혈청(항-A 와 항-B)
- 면봉 혹은 이쑤시개
- 식염수 용액 (0.85% NaCl)
- 1 mL 피펫
- 일회용 라텍스 장갑

주목: 멸균된 혈액은 생물학적 공급회사에서 구입하고 이 실험에서 교체된다

1. 슬라이드 가운데를 표지용 연필로 표시하여 슬라이드를 둘로 나눈다(그림 77.1). 왼쪽에는 항-A라고 적고 오른쪽에는 항-B라고 적는다.
2. 1 mL 의 식염수 용액을 작은 바이알 혹은 시험관에 넣는다.
3. 가운데 손가락을 70% 알코올로 적셔진 솜으로 문지르고 멸균된 일회용 수술용 칼로 살짝 찌른다. 2~3 방울의 혈액이 식염수와 잘 섞이게 하고, 시험관을 여러 번 뒤집어서 식염수로 세정한다
4. 한 방울의 적혈구 세포 현탁액을 슬라이드 각각의 측면에 넣어준다.
5. 한 방울의 항-A 혈청을 슬라이드 왼쪽측면에 넣고 한 방울의 항-B 혈청을 오른쪽측면에 넣는다. 슬라이드에 있는 물질에 의해 혈청 피펫의 끝이 오염되지 않도록 한다.
6. 슬라이드의 각 측면을 각각의 면봉 혹은 이쑤시개로 혼합시킨 후, 응집 여부를 관찰한다. 슬라이드는 채색된 흰색 배경 위 6인치 정도에 위치해야 하며 부드럽게 2~3분 동안 흔들어준다. 3분 후에 실험 보고서 77에 결과를 기록한다.

ABO와 Rh 혈액형 동시 분석

살펴본 바와 같이, Rh 혈액형 분석은 식염수로 희석되지 않은 혈액을 대상으로 고온에서 수행된다. 그림 77.2에서 보이는 고온상자가 이 절차에서 필수적이다. 이 시험에서 두 가지 요인이 중요하다: 아주 적은 양의 혈액이 사용되어야 한다(한 측면에 3 mm 직경의 한 방울의 혈액). 그리고 적절한 교반이 필요하다. 이러한 항체-항원 반응에 의한 응집반응은 미세한 덩어리를 만들게 된다. 그러므로, 주의 깊게 관찰해야 한다. 교반이 충분히 이루어지지 않으면, 응집이 뚜렷하게 나타나지 않을 것이다. 이러한 복합적인 방법에서 ABO 분류와 Rh 분류에 전혈을 사용할 것이다. 이 방법은 ABO 혈액형 분석을 교실에서 수행할 경우 만족할 만한 것이지만, 임상적인 상황에서는 적절하지 않다.

재료

- 특별히 표시된 슬라이드를 포함하는 슬라이드
- 항-A, 항-B, 항-D 분석용 혈청
- 면봉 혹은 이쑤시개
- 70% 알코올과 솜
- 일회용 멸균된 수술용 칼

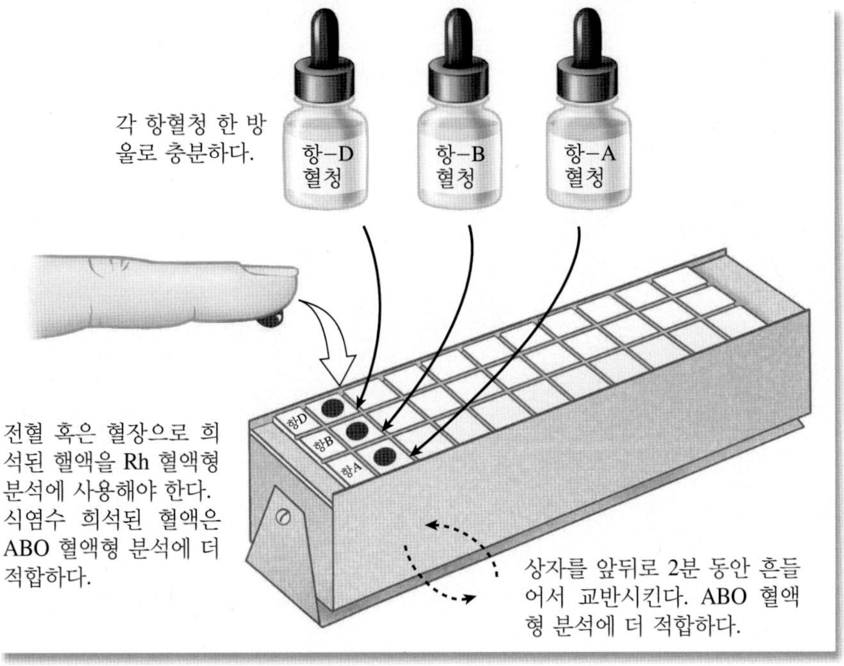

그림 77.2 고온상자를 이용한 혈액형 분석.

1. 가운데 손가락을 70% 알코올솜으로 문지르고 멸균된 수술용 칼로 살짝 찌른다. 한 방울의 혈액을 고온상자의 표지된 슬라이드의 세 스퀘어 각각에 넣는다. 혈청 대 혈액의 적절한 비율을 유지하기 위해서, 한 방울은 직경이 3 mm 이상이 되지 않아야 한다.
2. 한 방울의 항-D 혈청을 항-D 스퀘어의 혈액에 넣은 뒤 이쑤시개로 섞어주고, 시간에 주목한다. 응집반응에 2분만이 주어진다.
3. 한 방울의 항-B 혈청을 항-B 스퀘어에 넣고 한 방울의 항-A 혈청을 항-A 스퀘어에 넣는다. 혈청과 혈청를 양 스퀘어에서 각각의 깨끗한 이쑤시개로 혼합시킨다.
4. 상자를 앞뒤로 천천히 흔들어서 혼합물을 교반시킨다. 2분 후에 항-D 스퀘어에 응집이 일어났는지를 주의깊게 조사한다. 응집이 일어나지 않았다면 Rh 음성이다. 이 무렵에 ABO 혈액형 또한 결정될 수 있다.
5. 결과를 실험 보고서 77에 기록한다.

실험 보고서 77

이름: ______________________

날짜: ________ Section: ______________

실험 77. 혈액형 분류

A. 결과

1. 혈액형 분석 슬라이드의 각 혼합물을 설명하시오.

2. 결과들에 근거할 때, 여러분의 혈액형은?

3. 혈구세포에 어떤 항원들이 존재하는가?

4. 수혈이 필요하다면, 여러분은 어떤 혈액형을 받을 수 있는가?

5. 여러분의 혈액을 받을 수 있는 혈액형은 무엇인가?

B. 단답형 문제

1. 수혈 중에 혈액형이 맞지 않는 혈액을 받을 때 일어나는 현상은?

2. 보편적 수여 혈액형은 무엇인가? 설명하시오.

3. 보편적 공여 혈액형은 무엇인가? 설명하시오.

4. Rh 양성자를 판명하는 Rh 항원 종류는?

부록 A–표

표 I 국제 원자량

원소	기호	원자번호	원자량
알루미늄	Al	13	26.97
안티몬	Sb	51	121.76
비소	As	33	74.91
바륨	Ba	56	137.36
베릴륨	Be	4	9.013
비스무스	Bi	83	209.00
붕소	B	5	10.82
브롬	Br	35	79.916
카드뮴	Cd	48	112.41
칼슘	Ca	20	40.08
탄소	C	6	12.010
염소	Cl	17	35.457
크롬	Cr	24	52.01
코발트	Co	27	58.94
구리	Cu	29	63.54
플루오르	F	9	19.00
금	Au	79	197.2
수소	H	1	1.0080
요오드	I	53	126.92
철	Fe	26	55.85
납	Pb	82	207.21
마그네슘	Mg	12	24.32
망간	Mn	25	54.93
수은	Hg	80	200.61
니켈	Ni	28	58.69
질소	N	7	14.008
산소	O	8	16.0000
팔라듐	Pb	46	106.7
인	P	15	30.98
백금	Pt	78	195.23
칼륨	K	19	39.096
라듐	Ra	88	226.05
셀레늄	Se	34	78.96
규소	Si	14	28.06
은	Ag	47	107.880
나트륨	Na	11	22.997
스트론튬	Sr	38	87.63
황	S	16	32.066
주석	Sn	50	118.70
티타늄	Ti	22	47.90
텅스텐	W	74	183.92
우라늄	U	92	238.07
바나듐	V	23	50.95
아연	Zn	30	65.38
지르코늄	Zr	40	91.22

표 IV 항생제 감수성 시험 디스크 (계속)

항생물질	농도	개 / 10 팩
Moxalactam	30 μg	231610/231611
Nafcillin	1 μg	230866/231309
Nalidixic Acid	30 μg	230870/230874
Netilimicin	30 μg	231602/231603
Nitrofurantoin	100 μg	230801/231292
Penicillin	2 units	230914/231320
Piperacillin	100 μg	231608/231609
Rifampin	5 μg	231541/231544
Streptomycin	10 μg	230942/231328
Sulfisoxazole	0.25 mg	230813/231296
Tetracycline	5 μg	230994/231343
Ticarcillin	75 μg	231618/231619
Tobramycin	10 μg	231568/213569
Trimethoprim	5 μg	231600/231601
Vancomycin	30 μg	231034/231353

표 V 수소이온 농도 지시약

여러 가지 지시약이 이 안내서에 있는 실험의 배지에 사용되었다. 이 표는 각 지시약과 색깔 변화가 나타나는 pH 범위를 나타낸다. 하나의 특별한 범주 내에서 정확한 pH를 결정하기 위해서는 표준 색차관을 사용하여야 하며, 실험실에서 이용할 있다. 실험실 담당자와 상의한다.

지시약	산성 색깔	알칼리 색깔	pH 범위
Cresol Red	적	노랑	0.2-1.8
Metacresol Purple (acid range)	적	노랑	1.2-2.8
Thymol Blue	적	노랑	1.2-2.8
Bromphenol Blue	노랑	청	3.0-4.6
Bromcresol Green	노랑	청	3.8-5.4
Chlorcresol Green	노랑	청	4.0-5.6
Methyl Red	적	노랑	4.4-6.4
Chlorphenol Red	노랑	적	4.8-6.4
Bromcresol Purple	노랑	자색	5.2-6.8
Bromtheymol Blue	노랑	청	6.0-7.6
Neutral Red	적	황갈색	6.8-8.0
Phenol Red	노랑	적	6.8-8.4
Cresol Red	노랑	적	7.2-8.8
Metacresol Purple (alkaline range)	노랑	자색	7.4-9.0
Thymol Blue (alkaline range)	노랑	청	8.0-9.6
Cresolphthalein	무색	적	8.2-9.8
Phenolphthalein	무색	적	8.3-10.0

부록 B–지시약, 염색약, 시약

지시약

이 안내서에서 사용된 모든 시약은 (1) 95% 에탄올에 측정된 양의 지시약을 용해하고, (2) 측정된 양의 물을 넣고, (3) 여과지로 여과 하여 만들었다. 다음의 도표는 여러 가지 지시용액에 대해서 정확한 양의 지시약, 알코올과 물을 나타낸다.

지시 용액	지시약 (gm)	95% 에탄올 (mL)	증류수 H_2O (mL)
Bromcresol Green	0.4	500	500
Bromcresol Purple	0.4	500	500
Bromthymol Blue	0.4	500	500
Cresol Red	0.4	500	500
Methyl Red	0.4	500	500
Phenolphthalien	1.0	50	50
Phenol Red	0.2	500	500
Thymol Blue	0.4	500	500

염색약과 시약

Acid–Alcohol(Ziehl–Neelsen 염색)

95% 에틸알코올 97 mL에 3 mL 농축 hydrochloric acid을 첨가.

70% 알코올(95% 알코올 사용)

95% 알코올 . . . . 368.0 mL
증류수 . . . . 132.0 mL

Barritt's 시약(Voges–Proskauer 시험)

용액 A: 95% 에틸알코올 100 mL에 6g alpha-naphthol
용액 B: 증류수 100 mL에 16g potassium hydroxide
VP 시험용 O'Meara's 시약에 사용된 것처럼 크레아틴을 이 시약에는 사용하지 않는 것에 주의한다.

Carbolfchsin 염색 (Kinyoun 염색)

Basic fuchsin . . . . 4 gm
Pheno . . . . 8 mL
Alcohol (95%) . . . . 20 mL
증류수 . . . . 100 mL

basic fuchsin을 알코올에 녹이고 천천히 흔들면서 증류수를 첨가한다. phenol을 56℃의 수조에서 녹이고 염색약 8 mL를 첨가한다.

주의: acid-fast bacteria의 염색을 효율적으로 하기 위해, Tergitol No. 7 (Sigma Chemical Co.) 한 방울을 30∼40 mL의 Kinyoun carbolfuchsin 염색약에 첨가할 수 있다.

Crystal Violet 염색약 (Hucker 변형)

용액 A: 95% 에틸알코올 20 mL에 crystal violet (85%) 2.0g 녹인다.

용액 B: 증류수 80 mL에 ammonium oxalate 0.8 g을 녹인다.

용액 A와 용액 B를 혼합한다.

Diphenylamine 시약(질산 시험)

황산 60 mL과 증류수 29.8 mL의 혼합액에 diphenylamine 0.7 g을 녹인다.

냉각시키고 hydrochloric acid 13 mL을 천천히 첨가한다. 용액은 12시간 동안 방치한 후에 일부를 분리하여 시약이 포화되었음을 본다.

Gram's Iodine (Lugol's)

증류수 300 mL에 potassium iodine 2.0 g을 녹이고, iodine 결정체 1.0 g을 첨가한다.

Iodine 5% 수용액 (실험. 35)

증류수 300 mL에 potassium iodine 4.0 g을 녹이고 iodine 결정체 2.0 g을 첨가한다.

Kovacs' 시약 (indole 시험)

n-amyl 알코올 . . . .
75.0 mL
Hydrochloric acid(conc.) . . . . 25.0 mL
p-dimethylamine-benzaldehyde . . . . 5.0 g

Lactophrnol Cotton Blue 염색약

Phenol crystal . . . . 20 g
Lactic acid . . . . 20 mL
Glycerol . . . . 40 mL
Cotton blue 0.05g

뜨거운 물에서 열을 가하면서 서서히 혼합하는 방법으로 다른 성분들에 phenol crystal을 녹인다.

Malachite Green 용액 (포자 염색)

증류수 100 mL에 Malachite green oxalate 5.0g을 녹인다.

표 1 표준량

튜브	Barium Chloride 1% (mL)	Sulfuric Acid 1% (mL)	상응 값 세균의 밀도(백만/mL)
1	0.1	9.9	300
2	0.2	9.8	600
3	0.3	9.7	900
4	0.4	9.6	1200
5	0.5	9.5	1500
6	0.6	9.4	1800
7	0.7	9.3	2100
8	0.8	9.2	2400
9	0.9	9.1	2700
10	1.0	9.0	3000

McFaland Nephelometer Barium Sulfate Standaeds (실험. 46)

1% 수성 barium chloride와 1% 수성 황산 용액을 준비 한다.

깨끗하고 건조한 앰플에 표 1에 나타낸 양을 가한다. 앰플은 후에 밀도 결정을 위해 같은 직경의 시험관이어야 한다. 앰플을 봉하고 라벨한다.

Methylene blue (Loeffler's)

용액 A: ethyl alcohol (95%) 30.0 mL에 methylene blue (90% 농도) 0.3 g을 녹인다.

용액 B: 증류수 100 mL에 potassium hydroxide 0.01 g을 녹인다. A와 B용액을 혼합한다.

Naphthol, alpha

95% 에틸알코올에 5% 알파 나프톨

주의: 피부 접촉을 피한다. 알파–나프톨은 발암물질임을 고려한다.

Nessler's 시약 (암모니아 시험)

암모니아가 없는 차가운 증류수 3.5 mL에 potassium iodide 약 50 g을 녹인다. 약간 침전될 때 까지 mercuric chloride 포화용액을 더한다. potassium hydroxide 50% 용액 400 mL을 더한다. 1 L에 희석하고, 정치한 다음, 사용을 위해 상층액을 따른다.

Nigrosin 용액 (Dorner's)

Nigrosin, 수용성 . . . . 10 g
증류수 . . . . 100 mL

30분 끓인다. 방부제 0.5 mL formaldehyde (40%)을 더한다. 2중 여과지로 2번 여과하고, 무균 조건에 저장한다.

Nitrate 시험 시약

(Diphenylamine 참조)

Nitrate 시험 시약들

용액 A: 5N acetic acid (2.5 : 1 = 증류수 : glacial acetic acid) 1000 mL에 8 g sulfanilic acid를 녹인다.

용액 B: 5N acetic acid 1000 mL에 5 g dimethyl-alpha-naphthylamine을 녹인다. 용액을 섞으면 안 됨.

주의: 비록 잘 알려져 있지 않았지만 용액 B 속에 있는 dimethyl-alpha-naphthylamine은 발암 가능성이 있다. 안전을 위해 피부접촉을 피해야 한다.

Oxidase 시험 시약

증류수 100 mL에 dimethyl-ρ-phenylenediamine hydrochloride 1.0 g을 혼합한다. 되도록이면 신선하게 시약은 매일 만들어야 한다. 이 시약은 냉장고에 일주일 이상 넣어서는 안 된다. Tetramethyl-ρ-phenylenediamine dihydrochloride (1%)는 상당히 민감하고, 값이 비싸고, 구하기가 어렵다.

Phenolized saline

1 L 증류수에 8.5 g sodium chloride와 5.0 g phenol을 녹인다.

생리식염수

1 L 증류수에 8.5 g sodium chloride를 녹인다.

Potassium permanganate (fluorochrome 염색용)

$KMnO_4$ . . . . 2.5 g
증류수 . . . . 500.0 mL

Safranin (그람염색용)

Safranin O (95% 에탄올에 2.5% 용액) 10.0mL
증류수 100.0mL

Trommsdorf's 시약 (nitrite 시험)

물에 전분 4.0 g을 섞고 20% 수용성 zinc chloride 용액 100 mL을 계속적으로 스티어링 하면서 서서히 더한다. 전분이 가능한 한 많이 녹고 용액이 맑아질 때까지 계속 열을 가한다. 물로 희석하고 2 g의 potassium iodide를 넣는다. 1 L로 희석하고, 여과한 다음 황갈색 병에 저장한다.

Vaspar

Vaseline 1파운드와 paraffin 1 파운드를 함께 녹인다. 학생 사용용으로 작은 병에 넣는다.

Voges-Proskauer 시험 시약

(Barritt's 참조)

백혈구(WBC) 희석액

Hydrochloric acid . . . . 5 mL
증류수 . . . . 495 mL

보존을 위해 2개의 작은 결정체 thymol을 넣는다.

전통적인 배지

다음의 배지는 이 안내서의 실험에 사용되었다. 이들 배지 모두는 Difco 실험실, Detroit, Michigan 또는 Baltimore Biological 실험실(BBL), Bection의 사단, Dickinson & Co., Cockeysville, Maryland로부터 탈수된 형태로 이용할 수 있다. 조성, 방법 및 사용법은 안내서에서 찾을 수 있고, 요구에 응하여 무료로 공급된다.
각각 배지의 원천은 BBL은 (B), Difco는 (D)로 지정하였다.

- Bile esculin (D)
- Brewer's anaerobic agar (D)
- Desoxycholate citrate agar (B,D)
- Desoxycholate lactose agar (B,D)
- DNase test agar (B,D)
- Endo agar (B,D)
- Eugon agar (B,D)
- Fluid thioglycollate medium (B,D)
- Heart infusion agar (D)
- Hektoen enteric agar (B,D)
- Kligler iron agar (B,D)
- Lead acetate agar (D)
- Levine EMB agar (B,D)
- Lipase reagent (D)
- Litmus milk (B,D)
- Lowenstein-Jensen medium (B,D)
- MacConkey agar (B,D)
- Mannitol salt agar (B,D)
- MR-VP medium (D)
- *m*-Staphylococcus broth (D)
- Mueller-Hinton medium (B,D)
- Nitrate broth (D)
- Nutrient agar (B,D)
- Nutrient broth (B,D)
- Nutrient gelatin (B,D)
- Phenol red sucrose broth (B,D)
- Phenylalanine agar (D)
- Phenylethyl alcohol medium (B)
- Russell double sugar agar (B,D)
- Sabouraud's glucose (dextrose) agar (D)
- Semisolid medium (B)
- Simmons citrate agar (B,D)
- Snyder test agar (D)
- Sodium hippurate (D)
- Spirit blue agar (D)
- SS agar (B,D)
- Staphylococcus medium 110 (D)
- Starch agar (D)
- Trypticase soy agar (B)
- Trypticase soy broth (B)
- Tryptone glucose extract agar (B,D)
- Urea (urease test) broth (B,D)
- Veal infusion agar (B,D)
- Xylose lysine desoxycholate agar (B,D)

특수 배지

다음의 배지는 Difco와 BBL에서 제공된 안내서에 포함되어 있지 않으며, 때문에 준비 방법을 여기에 나타내었다.

Nitrate Succinate-Mineral Salt 고형배지 (실험. 51)

앞의 완전배지 1000 mL에 한천(agar) 15g을 첨가한다. 멸균하여 페트리 접시에 분주한다.

Nitrate Succinate – Mineral Salts 액체배지 (실험. 51)

이 배지는 토양으로부터 질소분해세균을 분리하기 위한 배지로 사용된다. 주의해야 할 것은 두 개의 저장 용액(A와 B)은 완전배지(complete medium)를 함께 만들기 전에 만들어 두어야 한다.

용액 A(Trace mineral Salts)

$FeSO_4 \cdot 7H_2O$	300 mg
$MnCl_2 \cdot 4H_2O$	180 mg
$Co(NO_3)_2 \cdot 7H_2O$	130 mg
$ZnSO_4 \cdot 7H_2O$	40 mg
H2MoO4	20 mg
$CuSO_4 \cdot 5H_2O$	1 mg
$CaCl_2$	1000 mg

이 용액은 사용 전까지 4°C에 저장해야 한다.

용액 B

NH_4Cl	1 g
Na_2HPO_4	2.14 g
KH_2PO_4	1.09 g
$MgSO_4 \cdot 7H_2O$	0.2 g
Trace mineral salts(Sol A)	10 mL
증류수	1000 mL

완전배지

용액 B	1000 mL
Sodium succinate	2 g
Potassium nitrate	3 g

pH를 6.8로 조정하고, 병에 분주한 다음 표준 조건에서 멸균한다.

* 탄수화물: 포도당이나 만니톨이 *Azotobacter*를 분리하는 데 사용될 수 있다. 탄수화물에 따라, 다른종의 *Azotobacter*를 얻을 수 있다. 포도당이나 만니톨은 염과 별도로 멸균해야 한다. 물 100 mL에 당을 녹이고 121℃에서 15분간 멸균한다. 염도 같은 방법으로 멸균한다. 멸균 후 두 용액을 무균조작으로 섞고 멸균된 8온즈 병(50 mL/병)에 넣는다.

Azotobacter를 위한 Nitrogen-Free Base (실험. 25)

K_2HPO_4	1 g
KH_2PO_4	0.2 g
$MgSO_4 \cdot 7H_2O$	0.2 g
$FeSO_4$ · 7H2O	0.05 g
$CaCl_2 \cdot 2H_2O$	0.1 g
$Na_2MoO_4 \cdot 2H_2O$	0.05 g
증류수	1000 mL
carbohydrate	10 g

pH 7.2로 조정

주의: 만약 배지를 즉시 사용하지 않을 경우 멸균은 필요하지 않다. 하지만 저장이 필요하면 멸균한다.

Phage Growth Medium (실험. 25)

KH_2PO_4	1.5 g
Na_2HPO_4	3.0 g
NH_4Cl	1.0 g
$MgSO_4 \cdot 7H_2O$	0.2 g
Glycerol	10.0 g
Acid-hydrolyzed casin	5.0 g
dl-tryptophan	0.01 g
Gelatin	0.02 g
Tween 80	0.2 g
증류수	1000.0 mL

121°C에서 20분 동안 멸균한다.

Phage Lysing Medium (실험. 25)

0.02 M 농도까지 올리기 위해서 위의 성장배지(growth medium)에 충분한 sodium cyanide (NaCN)를 넣는다. Lysing 배지 1 L에 대해서 약 1 g (실제 0.98 g)의 NaCN이 될 것이다. 이 lysing 배지 동량이 적어도 배양 마지막 6시간 내에 성장배지에 첨가되었을 경우 배지의 NaCN 농도는 0.01 M이다.

Purple Nonsulfer Medium (실험. 53)

이 배양 배지는 혐기성 광영양성(phototrophic) 세균의 증균과 배양에 사용된다. 이 배지를 만들기 위해 무엇보다도 먼저 전체를 한 묶음으로 하기 전에 3개의 저장용액(stock solution A, B, C)의 준비가 필요하다.

A. Iron Citrate 용액

Ammonium ferrous sulfate . . . . 748 g
Sodium citrate . . . . 1180 g
증류수 . . . . 500 mL
이 저장 용액은 사용할 때까지 4°C에 저장한다.

B. 비타민 B_{12} 용액

어떤 균주는 이 비타민이 필요하다. 이 용액 100 mL을 만들기 위해는 물 100 mL에 1 mg을 더한다. 필요시까지 4°C에 저장한다.

C. 미량(trace) 금속 용액

H_3BO_4 . . . . 2.86 g
$MnCl_2 \cdot H_2O$ . . . . 1.81 g
$ZnSO_4 \cdot 7H_2O$ . . . . 0.222 g
$Na_2MoO_4 \cdot 2H_2O$ . . . . 0.390 g
$CuSO_4 \cdot 5H_2O$ . . . . 0.079 g
$Co(NO_3)_2 \cdot 6H_2O$ . . . . 0.0494 g
증류수 . . . . 1000 mL
필요시까지 4°C에 저장한다.

완전 증균(complete enrichment) 배지

이 배지의 최종 성분은 다음과 같다. 어떤 균주를 위해서 숙신산은 유기탄소를 제공하고 yeast extract는 필수 비타민을 제공한다.

KH_2PO_4 . . . . 0.5 g
MgSO4 · 7H2O . . . . 0.2 g
NaCl . . . . 0.4 g
NH_4Cl . . . . 0.4 g
$CaCl_2 \cdot 2H_2O$ . . . . 0.05 g
Sodium succinate . . . . 1.0 g
Yeast extract . . . . 0.2 g
Iron citrate 용액 (A) . . . . 5 mL
비타민 B12 용액 (B) . . . . 0.1 mL
미량원소 용액 (C) . . . . 1 mL
증류수 . . . . 1000 mL
pH 6.8로 조정하고, 병에 분주한 다음 표준 조건에서 멸균한다.

Russell Double Sugar Agar (실험. 71)

Beef extract . . . . 1 g
Proteose Peptone No. 3 (Difco) . . . . 12 g
Lactose . . . . 10 g
Dextrose . . . . 1 g
Sodium chloride . . . . 5 g
Agar . . . . 15 g
Phenol red (Difco) . . . . 0.025 g
증류수 . . . . 1000 mL

25°C에서 최종 pH 7.5

물에 성분들을 녹이고 끓인다. 50~60°C로 식으면 튜브(직경 16 mm)당 약 8 mL을 분주한다. 슬랜트 튜브는 식힌다. 끝이 접한(butt) 깊이는 약 1/2정도로 한다.

Skim Milk Agar

Skim milk powder . . . . 100 g
Agar . . . . 15 g
증류수 . . . . 1000 mL

끓이면서 증류수 700 mL에 한천 15 g을 녹인다. 큰 플라스크에 붓고 121°C 15기압에서 멸균한다.

분리된 용기에서, 50°C로 데워진 물 300 mL에 skim milk 분말 100 g을 녹인다. 이 skim milk 용액은 113~115°C (8 기압)에서 20분간 멸균한다. 두 용액을 멸균 한 후 55°C로 식히고 하나의 플라스크에 섞어 거품이 생기지 않게 살살 흔든다. 멸균 페트리 접시에 분주한다.

SOC 배지 (실험. 66)

Tyrptone . . . . 20 g
Yeast extract . . . . 5 g
NaCl . . . . 0.6 g
KCl . . . . 0.18 g
$MgCl_2$ . . . . 2 g
$MgSO_4$ . . . . 2.5 g
Glucose . . . . 3.6 g
용질을 녹이기 위해서 증류수 950 mL를 첨가한다. 1M NaOH로 pH 7.0으로 조정하고 1000 mL를 맞춘다. 표준 조건에서 멸균한다.

Sodium Chloride (6.5%) Tolerance Broth (실험. 70)

Heart infusion broth . . . . 25 g

NaCl . . . . 60 g
지시약(95% 에탄올 100 mL에
brocresol purple 1.6 g) . . . . 1 mL
Dextrose . . . . 1 g
증류수 . . . . 1000 mL

1000 mL (최종 양)까지 모든 시약들을 함께 첨가. 15 × 125 mm 스크류 캡 튜브에 분주하고, 121℃에서 15분간 멸균한다.

양성반응은 지시약이 자색에서 노랑색으로 변했을 때 또는 비록 지시약이 변하지 않았더라도 생장이 분명할 때.

Sodium Hippurate Broth

Heart infusion broth . . . . 25 g
Sodium hippurate . . . . 10 g
증류수 . . . . 1000 mL

15 × 125 mm 스크류 캡 튜브에 분주한 후 121℃에서 15분 멸균한다. 증발되는 것을 방지하기 위해 캡은 꼭 잠근다.

Soft Nutrient Agar (bacteriophage용)

Dehydrated nutrient broth . . . . 8 g
Agar . . . . 7 g
증류수 . . . . 1000 mL

121℃에서 20분 동안 멸균한다.

Spirit Blue Agar (실험. 40)

이 배지는 세균에 의해 lipase 생산을 확인하기 위해 사용된다. Lipolytic 세균은 배지에서 창백한 라벤더색에서부터 진한 파란색에 이르기까지 변화의 원인이 된다.

Spirit blue agar (Difco) . . . . 35 g
Lipase 시약 (Difco) . . . . 35 mL
증류수 . . . . 1000 mL

끓는 물 1000 mL에 spirit agar을 녹인다. 121℃ 15기압에서 15분간 멸균한다. 55℃까지 식히고, 균일한 분포를 얻기 위해 교반한 35 mL의 lipase 시약을 서서히 첨가한다. 멸균 페트리 접시에 분주한다.

Tryptone Agar

Tryptone . . . . 10 g
Agar . . . . 15 g
증류수 . . . . 1000 mL

Tryptone Broth

Tryptone . . . . 10 g
증류수 . . . . 1000 mL

Tryptone Yeast Extract Agar

Tryptone . . . . 10 g
Yeast extract . . . . 5 g
Dipotassium phosphate . . . . 3 g
Sucrose . . . . 50 g
Agar . . . . 15 g
증류수 . . . . 1000 mL

pH 7.4

도표 1 API 20 E 체계의 시험 결과들의 해석

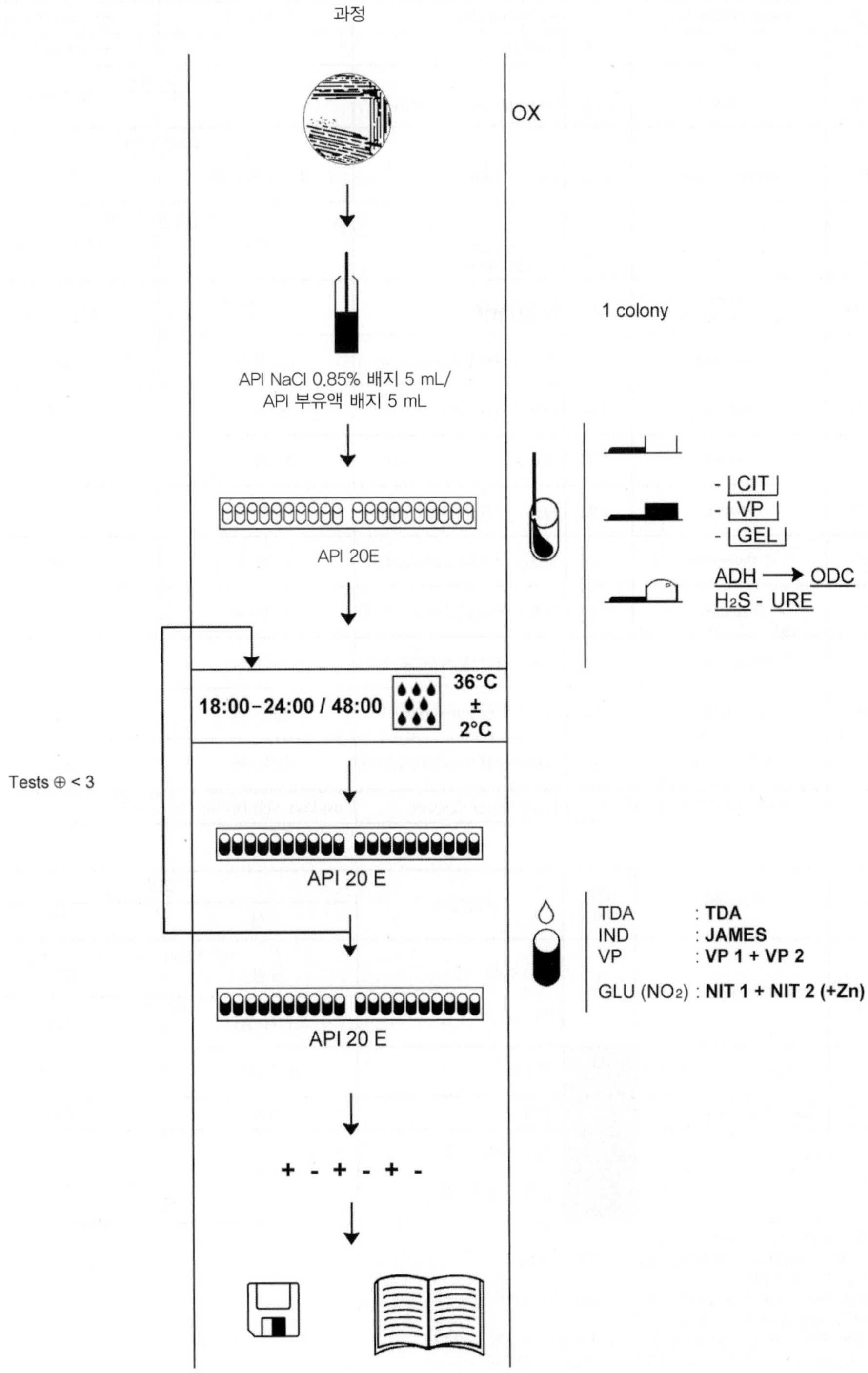

Courtesy of bioMérieux, Inc.

도표 II API 20E 체계의 해석 기호

판독표

시험	유효성분	QTY (mg/cup.)	반응/효소	결과	
				음성	양성
ONPG	2-nitrophenyl-ßD-galactopyranoside	0.223	ß-galactosidase (Ortho NitroPhenyl-ßD-Galactopyranosidase)	무색	노랑(1)
ADH	L-arginine	1.9	Arginine DiHydrolase	노랑	빨강/오렌지(2)
LDC	L-lysine	1.9	Lysine DeCarboxylase	노랑	빨강/오렌지(2)
ODC	L-ornithine	1.9	Ornithine DeCarboxylase	노랑	빨강/오렌지(2)
CIT	trisodium citrate	0.756	CITrate utilization	엷은 초록/노랑	청록/청(3)
H_2S	sodium thiosulfate	0.075	H_2S production	무색/회색	검은반점/얇은선
URE	urea	0.76	UREase	노랑	빨강/오렌지(2)
TDA	L-tryptophane	0.38	Tryptophane DeAminase	TDA/즉시 노랑	붉은 갈색
IND	L-tryptophane	0.19	INDole production	JAMES/즉시 무색 엷은초록/노랑	핑크
VP	sodium pyruvate	1.9	acetoin production (Voges-Proskauer)	VP1 + VP2/10분 무색	핑크/빨강(5)
GEL	Gelatin (bovine origin)	0.6	GELatinase	확산 없음	검은 색소 확산
GLU	D-glucose	1.9	발효 / 산화 (GLUcose) (4)	청/청-녹	노랑/회색노랑
MAN	D-mannitol	1.9	발효 / 산화 (MANnitol) (4)	청/청-녹	노랑
INO	inositol	1.9	발효 / 산화 (INOsitol) (4)	청/청-녹	노랑
SOR	D-sorbitol	1.9	발효 / 산화 (SORbitol) (4)	청/청-녹	노랑
RHA	L-rhamnose	1.9	발효 / 산화 (RHAmnose) (4)	청/청-녹	노랑
SAC	D-sucrose	1.9	발효 / 산화(SACcharose) (4)	청/청-녹	노랑
MEL	D-melibiose	1.9	발효 / 산화 (MELibiose) (4)	청/청-녹	노랑
AMY	amygdalin	0.57	발효 / 산화 (AMYhdalin) (4)	청/청-녹	노랑
ARA	L-arabinose	1.9	발효 / 산화 (ARAbinose) (4)	청/청-녹	노랑
OX	oxidase 시험 페키지 인서트 참조		cytochrome-Oxidase	oxidase 시험 페키지 인서트 참조	

보충 시험

시험	유효성분	QTY (mg/cup.)	반응/효소	결과	
				음성	양성
질산 환원 GLU 튜브	potassium nitrate	0,076	NO_2 생산	NIT 1+NIT 2/2-5 분 노랑	빨강
			N_2 가스 환원	Zn/5 분 오렌지-빨강	노랑
MOB	API M 배지 또는 현미경		운동성	비 운동성	운동성
McC	MacConkey 배지		성장	없음	있음
OF-F OF-O	glucose(배지의 API)		발효 :광유 존재 산화 : 공기 노출	녹색	노랑

(1) 아주 담황색은 또한 양성으로 간주.
(2) 배양 36~48시간 후 오렌지색은 음성으로 해야 한다.
(3) 호기성 상태에서 판독
(4) 발효는 튜브의 아래쪽에서 시작, 산화는 cupule에서 시작
(5) 10분 후 약한 분홍색은 음성으로 간주.
• 지적되는 양은 사용되는 원료양의 역가에 의존적으로 조정될 수 있다.
• 어떤 cupules는 동물 기원 산물인 펩톤(peptone)을 포함한다.

Courtesy of bioMérieux, Inc.

도표 III 그람음성 간균의 특성–API 20E 체계

동정표

36 ±2℃에서 18–24/48시간 후 양성 반응의 %

API 20E V4.1	ONPG	ADH	LDC	ODC	CIT	H2S	URE	TDA	IND	VP	GEL	GLU	MAN	INO	SOR	RHA	SAC	MEL	AMY	ARA	OX	NO2	N2	MOB	McC	OF/O	OF/F
Buttiauxella agrestis	100	0	0	85	25	0	0	0	0	0	0	100	100	0	1	99	0	92	99	100	0	100	0	100	100	100	100
Cedecea davisae	99	89	0	99	75	0	0	0	0	89	0	100	100	10	0	0	100	0	100	1	0	99	0	87	100	100	100
Cedecea lapagei	99	99	0	0	75	0	0	0	0	90	0	100	99	0	0	0	0	1	100	1	0	99	0	87	100	100	100
Citrobacter braakii	50	45	0	99	75	81	1	0	4	0	0	100	100	1	100	100	1	91	99	99	0	100	0	95	100	100	100
Citrobacter freundii	90	24	0	0	75	75	1	0	1	0	0	100	99	25	99	99	99	82	40	99	0	98	0	95	100	100	100
Citrobacter koseri/amalonaticus	99	75	0	100	97	0	1	0	99	0	0	100	100	25	99	99	1	1	98	99	0	100	0	95	100	100	100
Citrobacter koseri/farmeri	99	2	0	100	25	0	1	0	99	0	0	100	100	1	99	99	99	80	99	99	0	100	0	95	100	100	100
Citrobacter youngae	100	50	0	1	80	80	0	0	1	0	0	100	100	0	95	100	1	0	25	100	0	85	0	95	100	100	100
Edwardsiella hoshinae	0	0	100	99	50	94	0	0	99	0	0	100	100	0	0	1	100	0	0	1	0	100	0	100	100	100	100
Edwardsiella tarda	0	0	100	99	1	75	0	0	99	0	0	100	0	0	0	0	0	0	0	0	0	100	0	98	100	100	100
Enterobacter aerogenes	99	0	99	98	82	0	1	0	0	85	0	99	99	99	99	99	99	99	99	99	0	100	0	97	100	100	100
Enterobacter amnigenus 1	99	25	0	99	40	0	0	0	0	75	0	100	100	0	1	100	99	99	99	99	0	100	0	92	100	100	100
Enterobacter amnigenus 2	99	80	0	99	80	0	0	0	0	75	0	100	100	0	99	100	1	99	99	99	0	100	0	100	100	100	100
Enterobacter asburiae	100	25	0	99	80	0	0	0	0	10	0	100	99	25	100	0	99	0	100	100	0	100	0	95	100	100	100
Enterobacter cancerogenus	100	75	0	99	99	0	0	0	0	89	0	100	100	0	1	100	1	1	100	100	0	100	0	99	100	100	100
Enterobacter cloacae	98	82	1	92	90	0	1	0	0	85	0	99	99	12	90	85	96	90	99	99	0	100	0	95	100	100	100
Enterobacter gergoviae	99	0	32	100	75	0	99	0	0	90	0	100	99	23	1	100	99	100	99	100	0	100	0	90	100	100	100
Enterobacter intermedius	99	0	0	99	1	0	0	0	0	2	0	100	97	0	88	99	40	100	99	99	0	100	0	92	100	100	100
Enterobacter sakazakii	100	96	0	91	94	0	1	0	25	91	10	100	100	75	8	99	99	99	99	99	0	100	0	96	100	100	100
Escherichia coli 1	90	1	74	70	0	1	3	0	89	0	0	99	98	1	91	82	36	75	3	99	0	100	0	95	100	100	100
Escherichia coli 2	26	1	45	20	0	1	1	0	50	0	0	99	90	1	42	30	3	3	1	70	0	98	0	5	100	100	100
Escherichia fergusonii	96	1	99	100	1	0	0	0	99	0	0	100	99	1	0	87	0	1	99	99	0	100	0	93	100	100	100
Escherichia hermannii	100	0	1	100	1	0	0	0	99	0	0	100	100	0	0	99	25	0	99	99	0	100	0	99	100	100	100
Escherichia vulneris	100	30	50	0	0	0	0	0	0	0	0	100	100	0	1	95	7	95	95	99	0	100	0	100	100	100	100
Ewingella americana	98	0	0	0	75	0	0	0	0	95	1	99	99	0	0	1	0	1	50	1	0	100	0	60	100	100	100
Hafnia alvei 1	75	0	99	98	50	0	10	0	0	50	0	99	99	0	1	99	0	0	25	99	0	100	0	85	100	100	100
Hafnia alvei 2	50	0	99	99	1	0	1	0	0	10	0	99	98	0	1	1	1	0	0	1	0	100	0	0	100	100	100
Klebsiella oxytoca	99	0	80	0	89	0	78	0	99	80	0	100	100	99	100	99	99	100	100	100	0	100	0	0	100	100	100
Klebsiella pneumoniae ssp ozaenae	94	18	25	1	18	0	1	0	0	1	0	99	96	57	66	58	20	80	97	85	0	92	0	0	100	100	100
Klebsiella pneumoniae ssp pneumoniae	99	0	73	0	86	0	75	0	0	90	0	100	99	99	99	99	99	99	99	99	0	100	0	0	100	100	100
Klebsiella pneumoniae ssp rhinoscleromatis	1	0	0	0	0	0	0	0	0	0	0	99	100	90	90	75	75	1	99	10	0	100	0	0	100	100	100
Kluyvera spp	95	0	25	99	60	0	0	0	80	0	0	100	99	0	25	93	89	99	99	99	0	95	0	94	100	100	100
Leclercia adecarboxylata	99	0	0	0	0	0	1	0	99	0	1	100	99	0	2	100	66	99	99	100	0	100	0	100	100	100	100
Moellerella wisconsensis	97	0	0	0	40	0	0	0	15	1	0	100	1	0	0	0	100	99	0	0	0	90	0	0	100	100	100
Morganella morganii	1	0	10	98	1	1	99	93	99	0	0	99	0	0	0	0	1	0	0	0	0	88	0	95	100	100	100
Pantoea spp 1	85	1	0	0	13	0	1	0	1	9	1	100	99	1	26	1	98	26	59	61	0	85	0	85	100	100	100
Pantoea spp 2	99	1	0	0	99	0	1	0	53	62	4	100	99	36	82	90	98	81	99	99	0	85	0	85	100	100	100
Pantoea spp 3	99	1	0	0	21	0	1	0	1	86	15	100	99	34	1	97	93	23	65	97	0	85	0	85	100	100	100
Pantoea spp 4	86	1	0	0	29	0	1	0	59	1	1	99	100	10	32	99	72	89	99	99	0	85	0	85	100	100	100
Proteus mirabilis	1	0	0	99	50	75	99	98	1	1	82	98	0	0	0	0	1	0	0	0	0	93	0	95	100	100	100
Proteus penneri	1	0	0	0	1	20	100	99	0	0	50	99	0	0	0	0	100	0	1	0	0	99	0	85	100	100	100
Proteus vulgaris group	1	0	0	0	12	83	99	99	92	0	74	99	1	1	0	1	89	0	66	1	0	100	0	94	100	100	100
Providencia alcalifaciens/rustigianii	0	0	0	0	80	0	0	100	99	0	0	99	1	1	0	0	1	0	0	1	0	100	0	96	100	100	100
Providencia rettgeri	1	1	0	0	74	0	99	99	90	0	0	98	82	78	1	50	25	0	40	1	0	98	0	94	100	100	100
Providencia stuartii	1	0	0	0	85	0	30	98	95	0	0	98	3	80	0	0	15	0	0	0	0	100	0	85	100	100	100
Rahnella aquatilis	100	0	0	0	50	0	0	1	0	99	0	100	100	0	98	99	100	97	100	98	0	100	0	6	100	100	100
Raoultella ornithinolytica	100	0	99	99	99	0	85	0	100	65	0	100	100	99	100	100	100	100	100	100	0	100	0	0	100	100	100
Raoultella terrigena	100	0	99	6	52	0	0	0	0	75	0	99	99	99	99	99	100	100	100	99	0	100	0	0	100	100	100
Salmonella choleraesuis ssp arizonae	98	75	97	98	75	99	0	0	1	0	0	100	99	0	99	99	1	78	0	99	0	100	0	99	100	100	100
Salmonella choleraesuis ssp choleraesuis	0	15	99	99	6	64	0	0	0	0	0	100	99	0	98	99	0	20	0	0	0	100	0	95	100	100	100
Salmonella ser.Gallinarum	0	1	100	1	0	25	0	0	0	0	0	100	100	0	0	1	0	0	0	100	0	100	0	0	100	100	100

도표 III 그람음성 간균의 특성–API 20E 체계 (계속)

API 20E V4.1	ONPG	ADH	LDC	ODC	CIT	H2S	URE	TDA	IND	VP	GEL	GLU	MAN	INO	SOR	RHA	SAC	MEL	AMY	ARA	OX	NO2	N2	MOB	McC	OF/O	OF/F
Salmonella ser.Paratyphi A	0	5	0	99	0	1	0	0	0	0	0	100	99	0	99	98	0	96	0	99	0	100	0	95	100	100	100
Salmonella ser.Pullorum	0	1	75	100	0	85	0	0	0	0	0	100	100	0	0	100	0	0	0	75	0	100	0	0	100	100	100
Salmonella typhi	0	1	99	0	0	8	0	0	0	0	0	100	99	0	99	0	0	99	0	0	0	100	0	97	100	100	100
Salmonella spp	1	56	82	93	65	83	0	0	1	0	1	99	100	40	99	86	1	90	1	99	1	100	0	95	100	100	100
Serratia ficaria	99	0	0	0	100	0	0	0	0	40	90	100	100	50	99	74	99	99	100	99	0	92	0	100	100	100	100
Serratia fonticola	99	0	73	99	75	0	0	0	0	0	0	100	100	97	100	99	30	99	99	99	0	99	0	91	100	100	100
Serratia liquefaciens	95	1	78	98	80	0	2	0	0	59	65	100	99	80	98	2	99	72	97	97	0	100	0	95	100	100	100
Serratia marcescens	94	0	95	95	96	0	25	0	1	70	87	100	99	85	98	1	99	68	97	25	0	95	0	97	100	100	100
Serratia odorifera 1	95	0	95	99	95	0	0	0	99	50	99	100	99	99	99	99	99	99	99	99	0	99	0	100	100	100	100
Serratia odorifera 2	95	0	96	1	95	0	0	0	99	50	99	100	99	99	99	99	1	99	99	95	0	99	0	100	100	100	100
Serratia plymuthica	99	0	0	0	65	0	0	0	0	65	50	100	90	70	70	1	99	85	98	98	0	99	0	50	100	100	100
Serratia rubidaea	99	0	30	0	92	0	1	0	0	71	82	99	99	75	1	3	99	95	99	99	0	100	0	85	100	100	100
Shigella spp	1	0	0	1	0	0	0	0	29	0	0	99	63	0	7	7	1	20	0	50	0	100	0	0	100	100	100
Shigella sonnei	96	0	0	93	0	0	0	0	0	0	0	99	99	0	1	75	1	1	0	99	0	100	0	0	100	100	100
Yersinia enterocolitica	80	0	0	90	0	0	98	0	50	5	0	99	99	25	98	1	99	4	75	75	0	98	0	2	100	100	100
Yersinia frederiksenii/intermedia	99	0	0	75	1	0	99	0	99	1	0	100	99	25	99	99	99	1	99	99	0	98	0	5	100	100	100
Yersinia kristensenii	80	0	0	80	0	0	99	0	97	0	0	100	99	10	99	0	0	0	99	99	0	98	0	5	100	100	100
Yersinia pestis	68	0	0	0	0	0	0	0	0	1	0	99	99	0	70	0	0	0	30	30	0	47	0	0	99	100	100
Yersinia pseudotuberculosis	98	0	0	0	1	0	99	0	0	0	0	99	97	0	0	75	0	50	25	50	0	95	0	0	100	100	100
Aeromonas hydrophila gr. 1	98	90	25	1	25	0	0	0	85	25	90	99	99	1	3	5	97	1	75	75	100	97	0	95	99	99	99
Aeromonas hydrophila gr. 2	99	97	80	1	80	0	0	0	85	80	97	97	99	9	9	1	80	1	75	5	100	97	0	95	99	99	99
Aeromonas salmonicida ssp salmonicida	1	60	1	0	0	0	0	0	1	0	75	50	54	0	0	0	0	0	1	0	100	98	0	1	99	99	99
Grimontia hollisae	1	0	0	0	0	0	0	0	94	0	0	10	0	0	0	0	0	0	0	0	100	100	0	0	99	99	99
Photobacterium damselae	1	99	75	0	1	0	98	0	0	10	1	50	0	0	0	0	1	0	0	0	100	100	0	25	99	99	99
Plesiomonas shigelloides	95	99	100	100	0	0	0	0	100	0	0	99	0	99	0	0	0	0	0	0	100	99	0	95	99	99	99
Vibrio alginolyticus	0	0	98	75	60	0	1	0	100	10	75	99	100	0	1	0	100	0	10	1	100	47	0	100	99	94	94
Vibrio cholerae	98	1	94	97	75	0	0	0	99	58	92	98	98	0	0	0	94	0	5	0	100	96	0	100	96	99	99
Vibrio fluvialis	95	99	0	0	1	0	0	0	80	0	75	75	80	0	1	0	75	0	36	75	100	100	0	100	99	99	99
Vibrio mimicus	99	0	99	99	50	0	0	0	99	1	99	99	99	0	0	0	0	0	0	0	100	95	0	100	95	99	99
Vibrio parahaemolyticus	0	0	100	99	50	0	1	0	100	1	75	100	99	0	0	1	1	0	12	50	100	63	0	100	98	99	99
Vibrio vulnificus	99	0	91	90	25	0	0	0	99	1	99	99	75	0	0	0	1	0	90	0	99	54	0	100	99	99	99
Pasteurella aerogenes	99	0	0	80	0	0	99	0	0	0	0	99	0	97	0	1	99	0	0	75	75	100	0	0	100	100	100
Pasteurella multocida 1	4	0	0	25	0	0	0	0	99	0	0	29	1	0	1	0	75	0	0	0	99	90	0	0	2	23	23
Pasteurella multocida 2	7	0	0	45	0	0	0	0	99	0	0	44	99	0	99	0	99	0	0	0	89	90	0	0	2	23	23
Pasteurella pneumotropica/ Mannheimia haemolytica	60	0	1	10	0	0	25	0	15	7	3	35	12	12	12	1	35	1	2	1	80	99	0	0	9	33	33
Acinetobacter baumannii/calcoaceticus	0	0	0	0	51	0	1	0	0	5	5	99	0	0	0	0	0	99	1	99	0	3	0	0	90	98	0
*Bordetella/Alcaligenes/Moraxella spp **	0	0	0	0	52	0	14	1	0	25	1	0	0	0	0	0	0	0	0	0	95	62	1	75	75	0	0
Burkholderia cepacia	50	0	25	16	78	0	0	0	0	1	43	60	1	0	0	0	13	0	7	20	90	40	0	99	88	97	0
Chromobacterium violaceum	0	99	0	0	75	0	0	0	14	0	99	99	0	0	0	0	10	0	0	0	99	75	0	99	99	99	99
Chryseobacterium indologenes	5	0	0	0	12	0	90	0	75	0	80	0	0	0	0	0	0	0	0	0	99	20	0	0	57	90	10
Chryseobacterium meningosepticum	77	0	0	0	20	0	1	0	85	0	90	0	0	0	0	0	0	0	0	0	99	6	0	0	48	93	6
Eikenella corrodens	0	0	75	99	0	0	0	0	0	0	0	0	0	0	0	0	0	0	0	0	100	95	0	1	1	49	49
Myroides /Chryseobacterium indologenes	0	0	0	0	50	0	75	0	0	1	75	0	0	0	0	0	0	0	0	0	99	0	0	0	84	2	2
Ochrobactrum anthropi	15	0	0	0	30	0	25	1	0	15	0	1	0	0	0	0	0	0	0	10	90	42	60	99	99	47	0
Pseudomonas aeruginosa	0	89	0	0	92	0	25	0	0	1	75	50	0	0	0	0	1	10	1	25	97	12	56	97	100	98	0
Pseudomonas fluorescens/putida	0	75	0	0	75	0	0	0	0	10	27	25	0	0	0	0	0	25	1	20	99	26	0	100	96	93	0
Pseudomonas luteola	86	75	0	0	94	0	0	0	0	25	13	84	0	1	0	1	1	15	1	85	0	30	0	100	91	94	0
Pseudomonas oryzihabitans	0	0	0	0	89	0	0	0	0	25	1	10	0	1	0	1	0	10	0	45	0	7	0	100	99	99	0
Non-fermenter spp	1	1	0	0	37	0	1	0	0	15	9	9	0	0	0	1	1	1	1	1	93	48	35	99	85	49	0
Shewanella putrefaciens group	0	0	0	80	75	75	1	0	0	0	75	1	0	0	0	0	1	0	0	2	99	96	0	100	96	9	0
Stenotrophomonas maltophilia	70	0	75	1	75	1	0	0	0	0	90	1	0	0	0	0	0	0	0	0	1	26	1	100	91	49	0

* Brucella spp possible

Courtesy of bioMérieux, Inc.

도표 IV 장내세균과의 특성–Enterotube II 체계

Groups			REACTIONS	GAS PRODUCTION 가스 생산	LYSINE	ORNITHINE	H_2S	INDOLE	ADONITOL	LACTOSE	ARABINOSE	SORBITOL	VOGES-PROSKAUER	DULCITOL	PHENYLALANINE DEAMINASE	UREA	CITRATE
ESCHERICHIEAE		*Escherichia*	+ 100.0	+J 92.0	d 80.6	d 57.8	−K 4.0	+ 96.3	− 5.2	+J 91.6	+ 91.3	± 80.3	− 0.0	d 49.3	− 0.1	− 0.1	− 0.2
		Shigella	+ 100.0	−A 2.1	− 0.0	∓B 20.0	− 0.0	∓ 37.8	− 0.0	−B 0.3	± 67.8	∓ 29.1	− 0.0	d 5.4	− 0.0	− 0.0	− 0.0
EDWARDSIELLEAE		*Edwardsiella*	+ 100.0	+ 99.4	+ 100.0	+ 99.0	+ 99.6	+ 99.0	− 0.0	− 0.0	∓ 10.7	− 0.2	− 0.0	− 0.0	− 0.0	− 0.0	− 0.0
SALMONELLEAE		*Salmonella*	+ 100.0	+C 91.9	+H 94.6	+I 92.7	+E 91.6	− 1.1	− 0.0	− 0.8	± 89.2	+ 94.1	− 0.0	d D 86.5	− 0.0	− 0.0	d F 80.1
		Arizona	+ 100.0	+ 99.7	+ 99.4	+ 100.0	+ 98.7	− 2.0	− 0.0	d 69.8	+ 99.1	+ 97.1	− 0.0	− 0.0	− 0.0	− 0.0	+ 96.8
	CITROBACTER	*freundii*	+ 100.0	+ 91.4	− 0.0	d 17.2	± 81.6	− 6.7	− 0.0	d 39.3	+ 100.0	+ 98.2	− 0.0	d 59.8	− 0.0	dw 89.4	+ 90.4
		amalonaticus	+ 100.0	+ 97.0	− 0.0	+ 97.0	− 0.0	+ 99.0	− 0.0	± 70.0	+ 99.0	+ 97.0	− 0.0	∓ 11.0	− 0.0	± 81.0	+ 94.0
		diversus	+ 100.0	+ 97.3	− 0.0	+ 99.8	− 0.0	+ 100.0	+ 100.0	d 40.3	+ 98.0	+ 98.2	− 0.0	± 52.2	− 0.0	dw 85.8	+ 99.7
PROTEEAE	*PROTEUS*	*vulgaris*	+ 100.0	±G 86.0	− 0.0	− 0.0	+ 95.0	+ 91.4	− 0.0	− 0.0	− 0.0	− 0.0	− 0.0	− 0.0	+ 100.0	+ 95.0	d 10.5
		mirabilis	+ 100.0	+G 96.0	− 0.0	+ 99.0	+ 94.5	− 3.2	− 0.0	− 2.0	− 0.0	− 0.0	∓ 16.0	− 0.0	+ 99.6	± 89.3	± 58.7
	MORGANELLA	*morganii*	+ 100.0	±G 86.0	− 0.0	+ 97.0	− 0.0	+ 99.5	− 0.0	− 0.0	− 0.0	− 0.0	− 0.0	− 0.0	+ 95.0	+ 97.1	−L 0.0
	PROVIDENCIA	*alcalifaciens*	+ 100.0	d G 85.2	− 0.0	− 1.2	− 0.0	+ 99.4	+ 94.3	− 0.3	− 0.7	− 0.6	− 0.0	− 0.0	+ 97.4	− 0.0	+ 97.9
		stuartii	+ 100.0	− 0.0	− 0.0	− 0.0	− 0.0	+ 98.6	∓ 12.4	− 3.6	− 4.0	− 3.4	− 0.0	− 0.0	+ 94.5	∓ 20.0	+ 93.7
		rettgeri	+ 100.0	∓G 12.2	− 0.0	− 0.0	− 0.0	+ 95.9	+ 99.0	d 10.0	− 0.0	− 1.0	− 0.0	− 0.0	+ 98.0	+ 100.0	+ 96.0
KLEBSIELLEAE	*ENTEROBACTER*	*cloacae*	+ 100.0	+ 99.3	− 0.0	+ 93.7	− 0.0	− 0.0	∓ 28.0	± 94.0	+ 99.4	+ 100.0	+ 100.0	d 15.2	− 0.0	± 74.6	+ 98.9
		sakazakii	+ 100.0	+ 97.0	− 0.0	+ 97.0	− 0.0	∓ 16.0	− 0.0	+ 100.0	+ 100.0	− 0.0	+ 97.0	− 6.0	− 0.0	− 0.0	+ 94.0
		gergoviae	+ 100.0	+ 93.0	± 64.0	+ 100.0	− 0.0	− 0.0	− 0.0	∓ 42.0	+ 100.0	− 0.0	+ 100.0	− 0.0	− 0.0	+ 100.0	+ 96.0
		aerogenes	+ 100.0	+ 95.9	+ 97.5	+ 95.9	− 0.0	− 0.8	+ 97.5	+ 92.5	+ 100.0	+ 98.3	+ 100.0	− 4.1	− 0.0	− 0.0	+ 92.6
		agglomerans	+ 100.0	∓ 24.1	− 0.0	− 0.0	− 0.0	∓ 19.7	− 7.5	d 52.9	+ 97.5	d 26.3	± 64.8	d 12.9	∓ 27.6	d 34.1	d 84.2
	HAFNIA	*alvei*	+ 100.0	+ 98.9	+ 99.6	+ 98.6	− 0.0	− 0.0	− 0.0	d 2.8	+ 99.3	− 0.0	± 65.0	− 2.4	− 0.0	− 3.0	d 5.6
	SERRATIA	*marcescens*	+ 100.0	±G 52.6	+ 99.6	+ 99.6	− 0.0	−w 0.1	∓ 56.0	− 1.3	− 0.0	+ 99.1	+ 98.7	− 0.0	− 0.0	d w 39.7	+ 97.6
		liquefaciens	+ 100.0	d 72.5	± 64.2	+ 100.0	− 0.0	−w 1.8	− 8.3	d 15.6	+ 97.3	+ 97.3	∓ 49.5	− 0.0	− 0.9	d w 3.7	+ 93.6
		rubidaea	+ 100.0	d G 35.0	± 61.0	− 0.0	− 0.0	−w 2.0	± 88.0	+ 100.0	+ 100.0	− 8.0	+ 92.0	− 0.0	− 0.0	d w 4.0	± 88.0
	KLEBSIELLA	*pneumoniae*	+ 100.0	+ 96.0	+ 97.2	− 0.0	− 0.0	− 0.0	± 89.0	+ 98.7	+ 99.9	+ 99.4	+ 93.7	∓ 33.0	− 0.0	+ 95.4	+ 96.8
		oxytoca	+ 100.0	+ 96.0	+ 97.2	− 0.0	− 0.0	+ 100.0	± 89.0	∓ 98.7	+ 100.0	+ 98.0	+ 93.7	∓ 33.0	− 0.0	∓ 95.4	∓ 96.8
		ozaenae	+ 100.0	d 55.0	∓ 35.8	− 1.0	− 0.0	− 0.0	+ 91.8	d 26.2	+ 100.0	± 78.0	− 0.0	− 0.0	− 0.0	d 14.8	d 28.1
		rhinoschleromatis	+ 100.0	− 0.0	− 0.0	− 0.0	− 0.0	− 0.0	+ 98.0	d 6.0	+ 100.0	+ 98.0	− 0.0	− 0.0	− 0.0	− 0.0	− 0.0
YERSINIAE	*YERSINIA*	*enterocolitica*	+ 100.0	− 0.0	− 0.0	+ 90.7	− 0.0	∓ 26.7	− 0.0	− 0.0	+ 98.7	+ 98.7	− 0.1	− 0.0	− 0.0	+ 90.7	− 0.0
		pseudotuberculosis	+ 100.0	− 0.0	− 0.0	− 0.0	− 0.0	− 0.0	− 0.0	− 0.0	± 55.0	− 0.0	− 0.0	− 0.0	− 0.0	+ 100.0	− 0.0

E. *S. enteritidis* bioserotype Paratyphi A and some rare biotypes may be H_2S negative.
F. *S. typhi*, *S. enteritidis* bioserotype Paratyphi A and some rare biotypes are citrate-negative and *S. cholerae-suis* is usually delayed positive.
G. The amount of gas produced by *Serratia*, *Proteus* and *Providencia alcalifaciens* is slight; therefore, gas production may not be evident in the ENTEROTUBE II.
H. *S. enteritidis* bioserotype Paratyphi A is negative for lysine decarboxylase.
I. *S. typhi* and *S. gallinarum* are ornithine decarboxylase-negative.
J. The Alkalescens-Dispar (A-D) group is included as a biotype of *E. coli*. Members of the A-D group are generally anaerogenic, nonmotile and do not ferment lactose.
K. An occasional strain may produce hydrogen sulfide.
L. An occasional strain may appear to utilize citrate.

도표 V API Staph에 대한 반응 해석

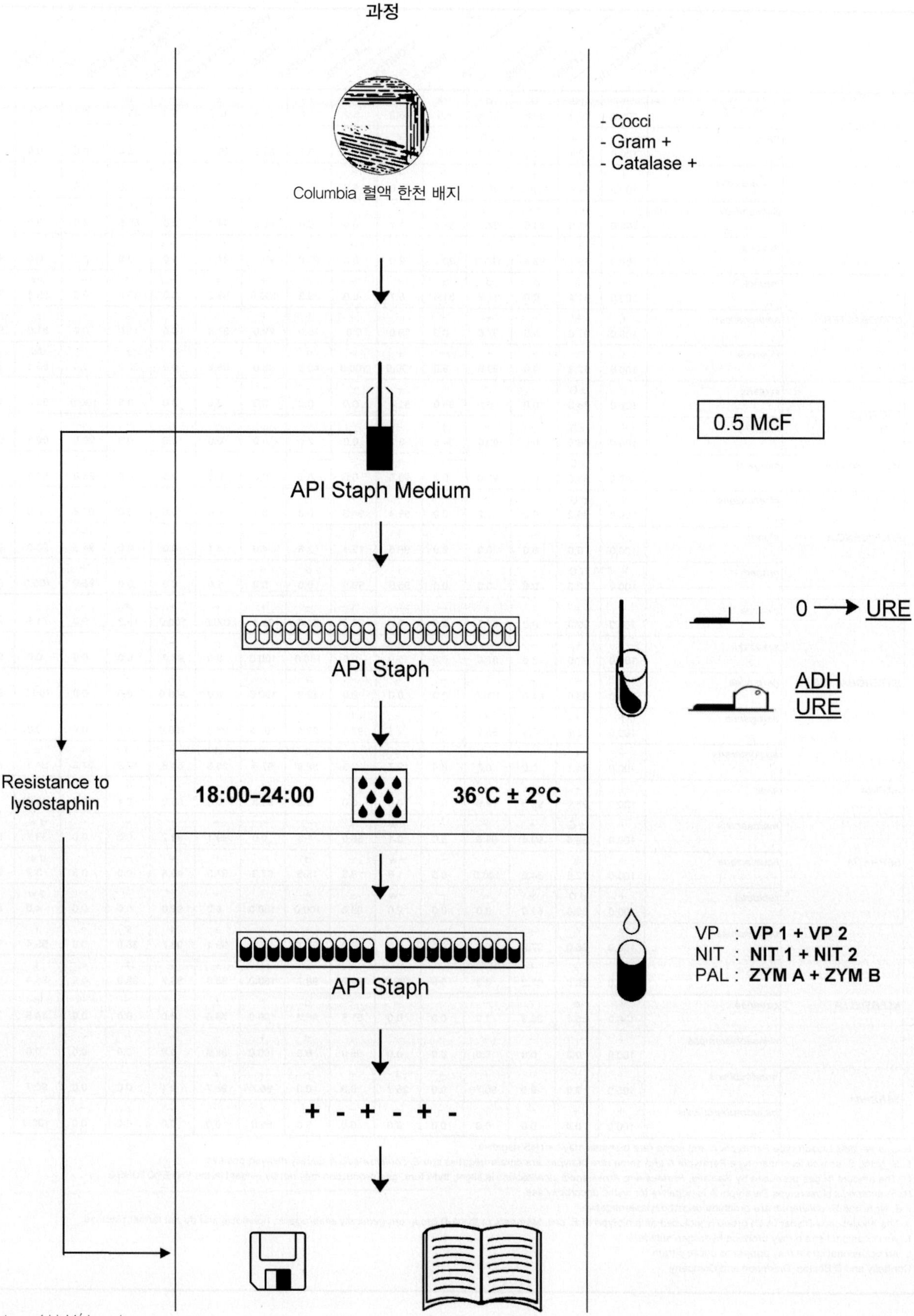

Courtesy of bioMérieux, Inc.

도표 VI API Staph 시험의 생화학

판독표

시험	유효성분	QTY (mg/cup.)	반응/효소	결과	
				음성	양성
0	기질 없음		음성 조절	적	—
GLU	D-glucose	1.56	(양성조절) (D-GLUcose)	적	노랑
FRU	D-fructose	1.4	산성화 (D-FRUctose)	적	노랑
MNE	D-mannose	1.4	산성화 (D-ManNoseE)	적	노랑
MAL	D-maltose	1.4	산성화 (D-MALtose)	적	노랑
LAC	D-lactose (bovine origin)	1.4	산성화 (D-LACtose)	적	노랑
TRE	D-trehalose	1.32	산성화 (D-TREhalose)	적	노랑
MAN	D-mannitol	1.36	산성화 (D-MANiTol)	적	노랑
XLT	xylitol	1.4	산성화 (XYLiTol)	적	노랑
MEL	D-melibiose	1.32	산성화 (D-MELibiose)	적	노랑
				NIT + NIT2/10분	
NIT	potassium nitrate	0.08	아질산염에서 질산염의 환원	무색-밝은핑크	적
				ZYMA + ZYMB/10분	
PAL	ß-naphthyl phosphate	0.0244	ALkaline Phosphatase	노랑	자색
				VP 1 + VP 2/10분	
VP	sodium pyruvate	1.904	Acetyl-methyl-carbinol 생산 (Voges Proskauer)	무색-밝은핑크	자-핑크
RAF	D-raffinose	1.56	산성화 (RAFfinose)	적	노랑
XYL	D-xylose	1.4	산성화 (XYLose)	적	노랑
SAC	D-saccharose (sucrose)	1.32	산성화 (SACcharose)	적	노랑
MDG	methyl-αD-glucopyranoside	1.28	산성화(methyl- D-Glucopyranoside)	적	노랑
NAG	N-acetyl-glucosamine	1.28	산성화 (N-acetyl-glucosamine)	적	노랑
ADH	L-arginine	1.904	Arginine DiHydrolase	노랑	오렌지-적
URE	urea	0.76	UREase	노랑	적-자

산성화 시험은 음성(o)과 양성(GLU)으로 통제되어 비교 되어야 한다.
- MNE와 XLT가 양성 시험에 의해 준비되거나 따를 때 오렌지 시험은 음성으로 간주해야 한다.
- 지적되는 량은 이용되는 원료의 역가에 의존적으로 조정될 것이다.
- 어떤 cupules는 동물 기원 산물인 펩톤(peptone)을 포함한다.

Lysostaphin 저항성 시험

P agar에서 lysostaphin에 대한 저항성 결정은 제조자의 추천에 따르거나 또는 다음과 같은 과정으로 지적된다.
시험을 수행함에 있어서 세균 부유액(약 107/mL)로 P agar 플레이트에 접종한다.
36±2℃에서 10~20분간 건조를 위해 둔다.
agar 표면에 lysostaphin 용액(200 ug/mL)을 떨어뜨린다.
35~37℃에서 18~24시간 배양한다.
세균 배양물의 전체 또는 부분적인 용해는 효소에 감수성이 있다는 것을 나타낸다.
이 시험은 21번째 시험 구성요소이다. 이것은 만약 lysostaphin에 저항성이 결정되면 양성으로 생각한다.

Courtesy of bioMérieux, Inc.

도표 VII API Staph 단면도 기록기

동정표

36±2에서 18~24시간 후 양성 반응의 %

API STAPH V4.0	0	GLU	FRU	MNE	MAL	LAC	TRE	MAN	XLT	MEL	NIT	PAL	VP	RAF	XYL	SAC	MDG	NAG	ADH	URE	LSTR
Staphylococcus aureus	0	100	100	95	96	88	91	80	0	0	83	97	78	1	0	97	2	90	80	80	0
Staphylococcus auricularis	0	100	99	36	72	10	90	9	0	0	81	0	1	0	0	40	0	15	90	1	0
Staphylococcus capitis	0	100	99	80	43	22	2	36	0	0	86	23	90	0	0	50	0	1	85	35	0
Staphylococcus caprae	0	100	99	70	10	75	74	10	0	0	99	95	99	0	0	0	0	1	99	60	0
Staphylococcus carnosus	0	100	100	99	0	99	99	99	0	0	99	83	83	0	0	0	0	100	100	0	0
Staphylococcus chromogenes	0	100	100	99	79	100	100	13	0	0	96	96	1	0	1	100	0	31	89	95	0
Staphylococcus cohnii ssp cohnii	0	100	99	66	99	2	97	88	33	0	21	66	94	0	0	2	0	9	2	1	0
Staph.cohnii ssp urealyticum	0	100	100	99	98	98	100	94	64	0	1	94	87	0	0	0	0	98	0	99	0
Staphylococcus epidermidis	0	100	99	70	99	81	2	0	0	1	80	84	68	1	0	97	4	18	73	88	0
Staphylococcus haemolyticus	0	99	75	5	99	80	91	60	0	1	78	3	57	0	0	98	13	83	85	1	0
Staphylococcus hominis	0	98	94	41	97	50	86	28	0	1	82	27	70	1	0	97	4	50	43	84	0
Staphylococcus hyicus	0	100	99	99	0	87	99	0	0	0	90	90	15	0	0	99	2	93	100	68	0
Staphylococcus lentus	0	100	100	100	100	100	100	100	7	99	92	21	57	100	100	100	28	100	0	1	0
Staphylococcus lugdunensis	0	100	89	88	99	66	99	0	0	0	99	16	99	0	0	100	0	90	1	50	0
Staphylococcus saprophyticus	0	100	99	2	97	90	99	88	22	0	35	14	79	1	0	96	1	70	30	65	0
Staphylococcus schleiferi	0	100	80	100	0	1	71	0	0	0	99	97	99	0	0	0	0	94	99	0	0
Staphylococcus sciuri	0	99	99	99	99	70	93	98	0	0	83	67	30	0	16	95	7	68	0	0	0
Staphylococcus simulans	0	100	100	57	11	95	92	73	4	0	83	27	38	0	4	97	2	90	97	84	0
Staphylococcus warneri	0	99	99	50	98	19	96	70	0	0	23	16	90	0	0	99	0	6	77	97	0
Staphylococcus xylosus	0	100	100	92	81	85	95	90	30	9	82	75	67	11	82	87	10	80	5	90	0
Kocuria kristinae	0	99	96	99	90	9	84	3	0	0	6	3	93	0	0	90	12	0	0	0	97
Kocuria varians/rosea	0	91	92	8	1	1	8	1	0	0	75	4	8	4	8	4	0	1	1	29	95
Micrococcus spp	0	2	4	0	1	0	1	0	0	0	8	15	1	0	0	1	0	1	11	11	91

Courtesy of bioMérieux, Inc.

• 이건형	군산대학교	• 박석환	군산대학교
• 박성주	대전대학교	• 박정우	울산대학교
• 박진숙	한남대학교	• 성치남	순천대학교
• 송홍규	강원대학교	• 안태석	강원대학교
• 이강석	중앙대학교	• 이근광	고구려대학교
• 이영만	아주대학교	• 이오형	목포대학교
• 정두일	강원대학교	• 정춘수	울산대학교
• 조남영	대전대학교	• 차창준	중앙대학교
• 최원자	이화여자대학교		

벤슨의 **미생물학 실험** 13th Edition
Benson's Microbiological Applications

정가 28,000원

인 쇄 2015년 9월 1일 초판 1쇄
발 행 2015년 9월 10일 초판 1쇄
저 자 Alfred Brown · Heidi Smith
역 자 이건형 박석환 박성주 박정우 박진숙 성치남
송홍규 안태석 이강석 이근광 이영만 이오형
정두일 정춘수 조남영 차창준 최원자
발행인 정우용
발행처 도서출판 **동화기술**
경기도 파주시 광인사길 201(문발동, 파주출판도시)
Tel (031)955-4211~6 donghwae@kornet.net
Fax (031)955-4217 www.donghwapub.co.kr
(등록) 1977년 12월 19일/9-16호

Printed in Korea
ISBN 978-89-425-9031-5

NINTH EDITION

마케팅의 기초

FOUNDATIONS OF MARKETING

Cengage

Foundations Of Marketing,
Ninth Edition

William M. Pride
O. C. Ferrell

Original edition © 2022 South-Western, a part of Cengage Learning.
Foundations Of Marketing 9th Edition by William M. Pride and O. C. Ferrell
ISBN: 9780357129463

This edition is translated by license from South-Western, a part of Cengage Learning, for sale in Korea only.

ISBN-13: 979-11-88425-20-4

Cengage Learning Korea Ltd.
14F YTN Newsquare 76 Sangamsan-ro
Mapo-gu Seoul 03926 Korea
Tel: (82) 2 1533 7053
Fax: (82) 2 330 7001

Printed in Korea
Print Number: 01 Print Year: 2023